국가전문

맞춤형화장품
조제관리사
2022

핵심요약 + 기출유형 1,300제

이설훈 편저

예문사

머리말

최근 화장품 분야의 개성과 다양성을 추구하는 소비자의 요구에 따라 완제품, 원료 등을 혼합하여 제공하는 형태의 맞춤형화장품판매업이 생겼습니다. 이를 전문적으로 수행할 맞춤형 화장품 조제관리사는 시험을 반드시 통과해야 그 자격을 가지게 됩니다.

맞춤형 화장품 조제관리사 시험의 대략적인 내용과 목적은 다음과 같습니다.

첫째, 화장품 법규의 이해. 모든 산업은 법으로 관리되는 제도 안에서 운영됩니다. 그러나 이런 법은 회사의 법무팀, 혹은 허가팀만의 업무가 아니고 화장품업에 종사하는 모두가 숙지하여야 할 사항입니다. 따라서 맞춤형화장품 조제관리사도 핵심적인 내용을 숙지하고 있어야 합니다.

둘째, 화장품의 이해. 화장품의 내용물 혹은 원료를 혼합할 때 자신이 배합하는 성분이 어떤 것인지, 안정하게 화장품의 내용물이 유지되는 이치와 혼합의 원리에 대해서 잘 이해하고 있어야 할 것입니다. 또한 이런 원료들의 기능이 무엇이고 왜 사용되는지 알고 있어야 합니다.

셋째, 화장품 안전관리의 이해. 우수 화장품 제조기준은 주로 화장품 제조업자와 관련된 사항이고, 맞춤형화장품의 혼합 및 소분에 직접 적용되는 사항은 아닙니다. 그러나 안전관리 단원에서 학습한 개념을 잘 이해해야 향후 맞춤형화장품 실무에도 응용할 수 있을 것입니다.

넷째, 피부 및 모발의 이해. 소비자의 요구 혹은 특성에 맞는 제품을 만들기 위해서는 피부 및 모발의 타입별로 어떤 화장품이 적절한지 추천할 수 있어야 합니다.

다섯째, 맞춤형화장품 제도의 이해. 기존의 화장품 제조업과 화장품 책임판매업과는 다른 맞춤형화장품만의 제도를 이해하는 것도 중요합니다.

본 수험서는 화장품학을 전공하는 학부생을 대상으로, 또한 미용업 등에 종사하며 화장품에 대한 이해를 넓히기 위해 향장에스테틱 대학원에 진학한 학생들을 대상으로 화장품 법규, 화장품학, 피부과학 등을 강의한 경험을 바탕으로 하여 수험생의 눈높이에 맞추어 구성하였습니다.

맞춤형화장품 조제관리사가 필수적으로 알아야 할 핵심적인 사항들을 중심으로 최대한 이해하기 쉽게 정리하였으며, 관련법 또한 모든 법률 조항을 나열하는 것보다는 그 의미를 이해하는 방향으로 구성하였습니다. 세부적으로 더 궁금한 부분은 국가법령정보센터를 활용하여 검색을 통해 확인해 보는 것을 추천드립니다. 또한 기출유형 1,300문제의 경우, 식품의약품안전처의 예시문항 및 제1회~4회 기출복원문제 유형과 유사한 형태로 제작하였습니다. 특히 핵심이 되는 문제들은 비슷한 유형을 반복적으로 출제하여, 수험생들의 이해도를 높이고 시험에 적응할 수 있도록 구성하였습니다.

수험생 여러분의 합격에 많은 도움이 되기를 기원합니다.

편저 이설훈 드림

시험가이드

시험일정

구분	접수기간	시험일	합격자 발표일
제5회	22. 1. 25.(화)~22. 2. 4.(금)	22. 3. 5.(토)	22. 3. 25.(금)
제6회	22. 7. 26.(화)~22. 8. 5.(금)	22. 9. 3.(토)	22. 9. 30.(금)

※ 각 회차별 시행에 대한 자세한 내용은 시험일 90일 전 공지되는 시험공고를 참고해주시기 바랍니다.
※ 제5회 자격시험부터 「화장품법」 제3조의5(맞춤형화장품조제관리사의 결격사유) 신설('22. 2. 18. 시행)에
   따라 결격사유가 적용되오니 자세한 내용은 시험공고를 참고해주시기 바랍니다.
※ 합격 기준 : 전 과목 총점의 60% 이상을 득점하고, 각 과목 만점의 40% 이상을 득점한 자
※ 응시 수수료 : 100,000원

문항 유형 및 배점

과목별	문항 유형	과목별 총점	시험방법	시험기간
화장품법의 이해	선다형 7문항 단답형 3문항	100점	필기 시험	• 입실시간 9:00 • 시험시간 9:30~11:30(120분)
화장품 제조 및 품질관리	선다형 20문항 단답형 5문항	250점		
유통화장품의 안전관리	선다형 25문항	250점		
맞춤형화장품의 이해	선다형 28문항 단답형 12문항	400점		

시험 영역

과목별	문항 유형	
화장품법의 이해	1.1 화장품법	1.2 개인정보 보호법
화장품 제조 및 품질관리	2.1 화장품 원료의 종류와 특성	2.2 화장품의 기능과 품질
	2.3 화장품 사용제한 원료	2.4 화장품 관리
	2.5 위해사례 판단 및 보고	
유통화장품의 안전관리	3.1 작업장 위생관리	3.2 작업자 위생관리
	3.3 설비 및 기구 관리	3.4 내용물 원료 관리
	3.5 포장재의 관리	
맞춤형화장품의 이해	4.1 맞춤형화장품 개요	4.2 피부 및 모발 생리구조
	4.3 관능평가 방법과 절차	4.4 제품 상담
	4.5 제품 안내	4.6 혼합 및 소분
	4.7 충진 및 포장	4.8 재고관리

수험자 유의사항

- 수험자는 시험 시행 전까지 시험장 위치 및 교통편을 확인하여야 하며(단, 시험실 출입은 할 수 없음), 시험 당일 교시별 입실 시간까지 신분증, 수험표, 필기구를 지참하고 해당 시험실의 지정된 좌석에 착석하여야 합니다.

  ※ 입실시간 이후부터는 입실이 불가합니다.

  ※ 신분증 미지참 시 시험 응시가 불가합니다.

- 개인용 손목시계를 준비하여 시험 시간을 관리하기 바라며, 휴대전화를 비롯하여 데이터를 저장할 수 있는 전자기기는 시계 대용으로 사용할 수 없습니다.

  ※ 교실에 있는 시계와 감독위원의 시간 안내는 단순 참고 사항이며 시간 관리의 책임은 수험자에게 있습니다.

  ※ 손목시계는 시각만 확인할 수 있는 단순한 것을 사용하여야 하며, 손목시계용 휴대전화를 비롯하여 부정행위에 활용될 수 있는 시계는 모두 사용을 금합니다.

- 시험 시간 중에는 화장실에 갈 수 없고 종료 시까지 퇴실할 수 없으므로 과다한 수분 섭취를 자제하는 등 건강 관리에 유의하시기 바랍니다.

  ※ '시험 포기 각서' 제출 후 퇴실한 수험자는 재입실·응시 불가하며 시험은 무효 처리합니다.

  ※ 단, 설사·배탈 등 긴급사항 발생으로 시험 도중 퇴실 시 재입실이 불가하고, 시험 시간 종료 전까지 시험 본부에서 대기해야 하며 시험이 무효 처리됩니다.

- 수험자는 감독위원의 지시에 따라야 하며, 부정한 행위를 한 수험자에게는 해당 시험을 무효로 하고, 그 처분일로부터 3년간 시험에 응시할 수 없습니다.

- 답안지는 문제번호가 1번부터 100번까지 양면으로 인쇄되어 있습니다. 답안 작성 시에는 반드시 시험문제지의 문제번호와 동일한 번호에 작성하여야 합니다.

- 선다형 답안 작성은 반드시 컴퓨터용 사인펜으로 작성하여야 합니다. 답안 수정이 필요할 경우 감독관에게 답안지 교체를 요청해야 하며, 수정테이프(액) 등을 사용했을 경우 채점상의 불이익을 받을 수 있으므로 사용하지 마시기 바랍니다.

- 단답형 답안 작성은 반드시 검정색 볼펜으로 작성하여야 합니다. 답안 정정 시에는 반드시 정정 부분을 두 줄(=)로 긋고 해당 답안 칸에 다시 기재하여야 하며, 수정테이프(액) 등을 사용했을 경우 채점상의 불이익을 받을 수 있으므로 사용하지 마시기 바랍니다.

- 채점은 전산 자동 판독 결과에 따르므로 유의사항을 지키지 않거나(지정필기구 미사용) 응시자의 부주의(인적사항 미기재, 답안지 기재·마킹 착오, 불완전한 마킹·수정, 예비마킹 등)로 판독불능, 중복판독 등 불이익이 발생할 경우 응시자 책임으로 이의제기를 하더라도 받아들여지지 않습니다.

- 본인이 작성한 답안지를 열람하고 싶은 응시자는 합격일 이후 별도 공지사항을 참고하시기 바랍니다.

제1회~4회 시험 분석

과목별		Part 01	Part 02	Part 03	Part 04
문항수		10	25	25	40
제1회 시험	Level 1	7	10	10	15
	Level 2	2	10	13	19
	Level 3	1	5	2	6
제2회 시험	Level 1	4	6	6	13
	Level 2	2	8	13	15
	Level 3	4	11	6	12
제3회 시험	Level 1	2	8	14	10
	Level 2	5	15	10	27
	Level 3	3	2	1	3
제4회 시험	Level 1	1	8	5	10
	Level 2	7	16	18	28
	Level 3	2	1	2	2

Level 1 기본적인 개념을 이해하면 풀 수 있는 문제

[객관식] 맞춤형화장품에 해당하지 않는 것은?

[주관식] (벌크) 제품이란 충진(1차 포장) 이전의 제조 단계까지 끝낸 제품을 말한다.

Level 2 원료의 제한 함량 등의 세부적 수치를 알아야 하는 문제, 핵심 개념을 응용한 문제

[객관식] 맞춤형화장품의 형태를 보고 향료에 대한 알러지가 있는 고객에게 안내해야 할 내용으로 적절한 것은?

[주관식] 화장품 전성분 표기 중 사용상의 제한이 필요한 보존제에 해당하는 성분을 골라 이름과 사용한도를 기입하시오.

Level 3 법령이나 고시 등의 전문적인 내용을 이해하지 못하면 풀 수 없는 문제

[객관식] 납, 니켈, 비소, 안티몬, 카드뮴을 한 번에 분석할 수 있는 방법은?

[주관식] 미생물 한도를 측정을 위해~총 제품 ml당 호기성 생균 수를 구하고 유통화장품 안전기준에 적합한지 적으시오.

2021년 시험 분석

제3, 4회 시험은 제2회 시험 때 어려웠다고 알려진 행정처분, 퍼머넌트웨이브용 제품 및 헤어스트레이너 제품의 안전 기준 시험법, 인체세포 배양액의 안전기준, 미생물 시험법의 세부 사항 등 Level 3에 해당하는 내용이 출제되지 않았다. 이에 난이도가 평이 하나는 의견이 많았다. 그러나 '기능성화장품의 기준 및 시험방법' 내의 세부 사항인 점도, 히드로퀴논 등 전문적인 문제는 여전히 조금씩 출제되고 있다. 또한 Level 2 수준의 문제는 사용상의 제한이 있는 원료의 함량, 전성분의 표기법 등을 한 문제 안에서 조합한 형태의 복합적 문제가 출제되는 경향이 나타났다. 또한 모발의 세부구조, 천연화장품 규정, 포장 용기의 재질, CGMP 세척제의 종류 등 세부 내용의 출제 범위가 확대되고 있는 경향을 나타냈다. 또한 표시광고 규정에 대한 문제의 출제가 늘어나는 경향이 있었다. 이에 전체적으로 Level 2 수준의 문제의 비율이 증가하였다.

시험 준비 전략

- 수험서에 정리되어 있는 개념을 이해하는 데 우선적으로 충실해야 한다!
  각각의 파트는 맞춤형장품 조제관리사가 알아야 할 다양한 화장품의 분야의 내용이 쉽게 정리되어 있어 단기 학습에 적합하다.

- 자주 출제되는 부분에서는 단기적으로 기억할 전략을 세워야 한다!
  보존제, 자외선 차단제, 기능성 고시원료, 알러지 유발 향료의 리스트 및 함량에 대한 문제가 자주 출제되고 있으므로 이에 대한 대비가 필요하다.

- 법령이나 고시의 세부적인 부분을 모두 다 공부하기는 어렵다!
  법령이나 고시의 내용이 방대하기 때문에 시간이 부족하다면 우선 기출복원문제 및 기출 변형 문제, 실전 모의고사 등 문제풀이 위주의 빠른 학습을 추천한다.

도서의 구성과 활용

단원별 핵심요약
+기출 유형 문제

2021년 기출분석+단원별 핵심요약

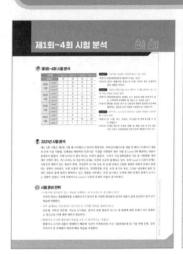

- 본격적인 학습에 앞서 2021년의 시험 분석과 그에 따른 준비 전략을 살펴봄으로써 효과적인 학습 계획을 세울 수 있습니다.
- 단기합격을 위해 핵심요약 이론에 식약처 가이드의 페이지를 표시하여 연계학습이 가능하도록 하였습니다.
- 2021년에 출제된 주요 키워드를 핵심요약 이론마다 표시하여 확실하게 학습할 수 있도록 구성하였습니다.

단원별 기출유형 1,300제

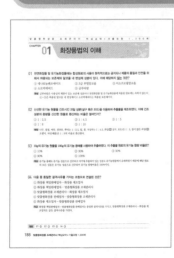

- 단원별로 기출유형 문제를 수록하여 중요 개념을 다시 한 번 이해할 수 있도록 하였습니다.
- 제1회~4회 기출복원문제와 식약처 예시 문항의 유형을 반영한 문제들을 대거 수록 하여 2022년 시험에 확실하게 대비할 수 있도록 하였습니다.
- 문제 아래 해설을 수록함으로써 빠르게 학습할 수 있도록 구성하였고, 오답 해설도 함께 수록하여 명확한 개념 정리가 이루어 지도록 하였습니다.

제1회~4회 기출복원문제
+ 실전모의고사

제1회~4회 기출복원문제

- 제1회~4회 기출문제를 완벽히 복원하여 수록하였습니다.
- 기출복원문제를 시험 전 미리 풀어봄으로써 문제의 유형과 난이도를 확인할 수 있고, 놓치거나 헷갈렸던 단원의 개념을 한 번 더 확실하게 학습할 수 있습니다.

실전모의고사 5회분

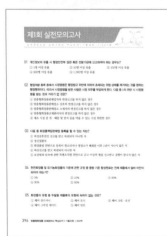

제5회 실전모의고사 정답 및 해설

- 제1회~4회 기출복원문제의 유형과 출제 경향을 적용한 실전모의고사 5회분을 제공함으로써 실전감각을 키울 수 있도록 하였습니다.
- 저자의 강의 경력에서 얻은 노하우를 십분 활용한 해설을 수록하여, 수험생들이 시험에 필요한 지식을 효율적으로 학습할 수 있도록 하였습니다.

차례

HIDDEN CARD 제1회~4회 기출복원문제

제1회 기출복원문제	10
제2회 기출복원문제	34
제3회 기출복원문제	62
제4회 기출복원문제	90

PART 01 단원별 핵심요약

CHAPTER 01 화장품법의 이해	120
CHAPTER 02 화장품 제조 및 품질관리	133
CHAPTER 03 유통화장품의 안전관리	147
CHAPTER 04 맞춤형화장품의 이해	166

PART 02 단원별 기출유형문제

CHAPTER 01 화장품법의 이해	188
CHAPTER 02 화장품 제조 및 품질관리	206
CHAPTER 03 유통화장품의 안전관리	255
CHAPTER 04 맞춤형화장품의 이해	312

PART 03 실전모의고사

제1회 실전모의고사	396
제2회 실전모의고사	418
제3회 실전모의고사	439
제4회 실전모의고사	459
제5회 실전모의고사	483

PART 04 실전모의고사 정답 및 해설

제1회 실전모의고사 정답 및 해설	508
제2회 실전모의고사 정답 및 해설	516
제3회 실전모의고사 정답 및 해설	525
제4회 실전모의고사 정답 및 해설	533
제5회 실전모의고사 정답 및 해설	542

맞춤형화장품 조제관리사 핵심요약+기출유형 1,300제

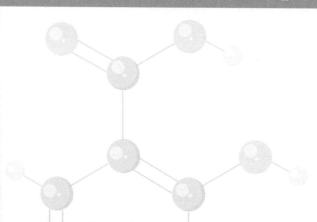

HIDDEN CARD

제1회~4회 기출복원문제

제1회 기출복원문제
제2회 기출복원문제
제3회 기출복원문제
제4회 기출복원문제

제1회 기출복원문제

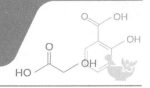

맞 춤 형 화 장 품 조 제 관 리 사 핵 심 요 약 + 기 출 유 형 1 , 3 0 0 제

01 다음 중 맞춤형화장품 판매업 신고를 할 수 있는 자는?

① 피성년후견인 선고를 받고 복권되지 아니한 자

② 정신질환자

③ 보건범죄 단속에 관한 특별조치법 위반으로 금고 이상의 형을 선고받고 집행이 끝나지 않은 자

④ 파산선고를 받고 복권되지 아니한 자

⑤ 화장품법 위반으로 등록이 취소되거나 영업소가 폐쇄 이후 1년이 지나지 않은 자

해설 ②의 결격사유는 화장품 제조업 등록 시에만 해당한다.

02 천연화장품 및 유기농화장품의 기준에 관한 규정 중 중량 기준 천연 함량은 전체 제품에서 얼마 이상이 되어야 하는가?

① 5%   ② 10%   ③ 80%

④ 90%   ⑤ 95%

해설 • 천연화장품 : 중량 기준 천연 함량이 전체 제품의 95% 이상으로 구성되어야 한다.

       • 유기농화장품 : 유기농 함량이 전체 제품의 10% 이상이어야 하며, 유기농 함량을 포함한 천연 함량이 전체 제품의 95% 이상으로 구성되어야 한다.

03 다음 중 맞춤형화장품에 해당하지 않는 것은?

① 제조된 화장품의 내용물에 다른 화장품의 내용물을 추가하여 혼합한 화장품

② 제조된 화장품의 내용물에 식품의약품안전처장이 정하는 원료를 추가하여 혼합한 화장품

③ 수입된 화장품의 내용물을 소분한 화장품

④ 식품의약품안전처장이 정하는 원료를 이용하여 제작한 화장품

⑤ 제조된 화장품의 내용물에 수입된 화장품의 내용물을 추가하여 혼합한 화장품

해설 내용물에 식품의약품안전처장이 정하는 원료를 추가하는 것은 가능하나, 기본 내용물 없이 원료만으로 화장품을 제작하는 것은 허용되지 않는다.

정답   01 ②   02 ⑤   03 ④

04 다음 맞춤형화장품 조제관리사가 포장재 입고 시 확인해야 할 사항 중 안전용기 대상 품목에 해당하는 것은?

> ㄱ. 아세톤을 함유하는 네일 에나멜 리무버 및 네일 폴리시 리무버
> ㄴ. 미세한 알갱이가 함유되어 있는 스크러브 세안제
> ㄷ. 어린이용 오일 등 개별포장당 탄화수소류를 10% 이상 함유하고 운동점도가 21센티스톡스(섭씨 40도 기준) 이하인 비에멀전 타입의 액체 상태의 제품
> ㄹ. 퍼머넌트 웨이브 제품 및 헤어스트레이트너 제품
> ㅁ. 개별포장당 메틸 살리실레이트를 5% 이상 함유하는 액체 상태의 제품

① ㄱ, ㄴ, ㄷ   ② ㄴ, ㄷ, ㅁ   ③ ㄴ, ㄷ, ㄹ
④ ㄱ, ㄷ, ㅁ   ⑤ ㄷ, ㄹ, ㅁ

해설 안전용기·포장이란 만 5세 미만의 어린이가 개봉하기 어렵도록 설계·고안된 용기나 포장을 말한다. 즉, ㄱ, ㄷ, ㅁ의 제품은 안전용기로 포장해야 한다.

05 화장품이 제조된 날부터 적절한 보관 상태에서 제품이 고유의 특성을 간직한 채 소비자가 안정적으로 사용할 수 있는 최소한의 기한을 뜻하는 것은?

① 유통기한   ② 사용기한   ③ 보존기한
④ 상미기한   ⑤ 사용기간

해설 사용기한에 대한 설명이다. 참고로 개봉 후 사용기한을 기재할 경우 제조연월일을 병행 표기해야 하며 사용기간과 사용기한은 다른 의미로 쓰인다.

06 화장품의 유형 중 기초화장품의 유형에 속하지 않는 것은?

① 손, 발의 피부연화제품   ② 수렴·유연·영양 화장수
③ 팩, 마스크   ④ 에센스, 오일
⑤ 폼 클렌저(foam cleanser)

해설 폼 클렌저(foam cleanser)는 기초화장품이 아니라 인체 세정용 제품에 속한다.

07 다음 중 pH 3.0~9.0 범위로 관리되어야 하는 제품은?

① 셰이빙 크림   ② 클렌징 워터   ③ 클렌징 오일
④ 바디로션, 헤어젤   ⑤ 메이크업 리무버

해설 물을 포함하지 않는 제품, 사용 후 곧바로 닦아내는 제품은 pH 관리 기준을 적용하지 않는다.

08 유해사례의 보고에 관한 설명으로 옳은 것은?

① 중대한 유해사례 : 유해사례 중 피부가 붉어지는 것과 같은 증상이 발생한 경우이다.

② 정기보고 : 유해사례의 정보를 안 날로부터 15일 이내에 식품의약품안전처장에게 보고해야 한다.

③ 유해사례 : 화장품의 사용 중 발생한 바람직하지 않고 의도되지 아니한 징후, 증상 또는 질병을 말하며, 당해 화장품과 반드시 인과관계를 가져야 하는 것은 아니다.

④ 유해사례의 보고 : 화장품 제조업자의 의무이다.

⑤ 신속보고 : 중대한 유해사례를 안 날로부터 30일 이내 보고해야 한다.

> 해설 ① 중대한 유해사례 : 사망이나 생명의 위협, 입원 연장 등의 사고가 발생하는 것을 말한다(피부가 붉어지는 경우는 경미한 것으로 판단).
> ② 정기보고 : 신속보고 대상이 아닌 경우 6개월마다 보고한다.
> ④ 유해사례의 보고 : 책임판매업자의 의무이다.
> ⑤ 신속보고 : 15일 이내에 보고해야 한다.

09 비중이 0.8인 액체 300ml의 중량은?

① 120g　　　　　　② 240g　　　　　　③ 360g

④ 420g　　　　　　⑤ 500g

> 해설 '비중×부피＝중량'이다. 따라서 0.8×300＝240g이다.

10 중대한 유해사례 또는 이와 관련하여 식품의약품안전처장이 보고를 지시한 경우, 누가 언제까지 보고해야 하는가?

① 화장품 제조업자, 30일 이내　　　　② 화장품 제조업자, 6개월 이내

③ 화장품 책임판매업자, 15일 이내　　④ 화장품 책임판매업자, 30일 이내

⑤ 화장품 책임판매업자, 6개월 이내

> 해설 중대한 유해사례는 사망이나 생명의 위협, 입원 연장 등의 사고 발생 등을 말하는 것으로, 이에 대한 보고는 책임판매업자의 의무이다. 또한 신속보고에 해당하는 사항이므로 15일 이내에 보고해야 한다.

11 기능성화장품 심사 시 제출해야 하는 안전성 관련 자료로 적합한 것은?

① 다회 투여 독성 시험 자료　　　　② 2차 피부 자극 시험 자료

③ 안점막 자극 시험 자료　　　　　　④ 광안정성 시험 자료

⑤ 효력 평가 자료

> 해설 기능성화장품 심사 시 제출해야 하는 안전성 관련 자료에는 단회 투여 독성 시험 자료, 1차 피부 자극 시험 자료, 광독성 및 광감작성 시험 자료 등이 있다.
> ⑤ 효력 시험 자료는 기능성화장품의 효능을 입증하는 자료의 하나이다.

12 다음 중 기능성화장품에 속하지 않는 것은?

① 피부에 탄력을 주어 피부의 주름을 완화 또는 개선하는 기능을 가진 화장품

② 자외선을 차단 또는 산란시켜 자외선으로부터 피부를 보호하는 기능을 가진 화장품

③ 일시적으로 모발의 색상을 변화시키는 제품

④ 체모를 제거하는 기능을 가진 화장품

⑤ 여드름성 피부를 완화하는 데 도움을 주는 화장품

해설 모발의 색상을 변화[탈염(脫染)·탈색(脫色)을 포함한다]시키는 기능을 가진 화장품은 기능성화장품에 속한다. 다만, 일시적으로 모발의 색상을 변화시키는 제품은 제외한다.

13 다음 설명 중 빈칸에 들어갈 말로 옳은 것은?

> 다음 각 목의 어느 하나에 해당하는 성분을 0.5% 이상 함유하는 제품의 경우에는 해당 품목의 안정성 시험 자료를 최종 제조된 제품의 사용기한이 만료되는 날로부터 (   )간 보존할 것
> 가. 레티놀(비타민 A) 및 그 유도체
> 나. 아스코빅애씨드(비타민 C) 및 그 유도체
> 다. 토코페롤(비타민 E)
> 라. 과산화화합물
> 마. 효소

① 1개월   ② 3개월   ③ 6개월
④ 1년   ⑤ 2년

해설 안정성은 제형과 효능성분이 분해되어 기능을 상실하지 않도록 하는 것이다. 위 성분들은 제조 초기 안정할 수 있으나 시간의 경과에 따라 분해될 수 있기 때문에 사용기한 만료 후 1년간 자료를 보존해야 한다.

14 맞춤형화장품 조제관리사가 하는 업무로 옳은 것은?

> ㄱ. 매년 안정성 확보 및 품질관리에 관한 교육을 받았다.
> ㄴ. 내용물에 페녹시에탄올을 추가하여 판매하였다.
> ㄷ. 향수 200ml를 40ml씩 소분해서 판매하였다.
> ㄹ. 내용물에 Sodium PCA를 혼합하여 판매하였다.
> ㅁ. 내용물에 나이아신 아마이드를 추가하여 판매하였다.

① ㄱ, ㄴ, ㄷ   ② ㄴ, ㄷ, ㅁ   ③ ㄱ, ㄷ, ㄹ
④ ㄹ, ㅁ, ㄷ   ⑤ ㄷ, ㄹ, ㅁ

해설 ㄴ, ㅁ과 같은 보존제와 기능성 고시 원료는 혼합하여 판매할 수 없다.

---

15 다음 중 과태료 대상자에 해당하지 <u>않는</u> 것은?

① 국민보건에 위해를 끼칠 우려가 있는 화장품이 유통 중인 사실을 알게 되었음에도 화장품을 회수하거나 회수하는 데에 필요한 조치를 하지 않은 경우
② 기능성화장품 심사 등 변경심사를 받지 않은 경우
③ 동물실험을 실시한 화장품 또는 동물실험을 실시한 화장품 원료를 사용하여 제조 또는 수입한 화장품을 유통, 판매한 경우
④ 맞춤형화장품 조제관리사의 교육이수 의무에 따른 명령을 위반한 경우
⑤ 폐업 등의 신고를 하지 않은 경우

해설 ①은 과태료가 아니라 벌금에 해당하는 위반 사례이다.

16 개인정보보호 원칙에 맞지 <u>않는</u> 것은?

① 목적 이외의 용도로 활용하는 것을 금지한다.
② 정확성, 완전성 및 최신성을 보장해야 한다.
③ 익명 처리가 가능하여도 신뢰도 향상을 위해 실명을 받을 수 있다.
④ 사생활 침해를 최소화해야 한다.
⑤ 개인정보의 처리에 관한 사항을 공개하고 열람청구권 등 정보주체의 권리를 보장한다.

해설 익명 처리가 가능한 경우에는 익명 처리하여야 한다.

17 다음 중 개인정보의 수집 · 이용이 가능한 경우를 <u>모두</u> 고른 것은?

ㄱ. 개인정보처리자의 동의를 받은 경우
ㄴ. 법률에 특별한 규정이 있거나 법령상 의무를 준수하기 위하여 불가피한 경우
ㄷ. 공공기관이 법령 등에서 정하는 소관 업무의 수행을 위하여 불가피한 경우
ㄹ. 사전동의를 받을 수 있더라도 명백히 정보주체 또는 제3자의 급박한 생명, 신체, 재산의 이익을 위하여 필요하다고 인정되는 경우
ㅁ. 명백하게 정보주체의 권리보다 우선하지 않으나 정보주체의 정당한 이익을 달성하기 위하여 필요한 경우

① ㄱ, ㄴ, ㄷ   ② ㄴ, ㄷ, ㅁ   ③ ㄴ, ㄷ, ㄹ
④ ㄱ, ㄹ, ㅁ   ⑤ ㄷ, ㄹ, ㅁ

해설 ㄱ. 개인정보처리자가 아니라 정보주체의 동의를 받아야 한다.
ㄹ. 사전동의를 받을 수 없는 상황에서 정보주체의 급박한 생명의 이익이 있는 경우에 가능하다.

18 다음 중 맞춤형화장품 조제관리사가 사용할 수 있는 원료는?

① 페녹시에탄올   ② 옥토크릴렌   ③ 레티놀
④ 세틸에틸헥사노에이트   ⑤ 에칠헥실메톡시신나메이트

해설 세틸에틸헥사노에이트는 에스테르 오일로 사용 가능하다. 페녹시에탄올(보존제), 옥토크릴렌, 에칠헥실메톡시신나메이트(자외선 차단제), 레티놀(기능성 화장품 고시원료) 등은 사용할 수 없는 원료에 해당한다.

---

19 물에 녹기 쉬운 염료에 알루미늄 등의 염이나 황산알루미늄, 황산지르코늄 등을 가해 물에 녹지 않도록 불용화시킨 유기안료는?

① 유기안료　　　　　　　② 레이크　　　　　　　③ 진주광택 안료

④ 백색안료　　　　　　　⑤ 체질안료

해설 레이크는 용해되기 쉬운 유기분자 염료를 고체의 기질에 금속염 등으로 결합시켜 제작하는 유기안료로, 색상과 안정성이 안료와 염료의 중간 정도이다.

20 다음 중 자외선 차단 성분과 최대 함량을 올바르게 연결한 것은?

① 에칠헥실메톡시신나메이트 – 1%　　　　② 페녹시에탄올 – 1%

③ 옥토크릴렌 – 10%　　　　　　　　　　④ 레티놀 – 1%

⑤ 세틸에틸헥사노에이트 – 5%

해설 에칠헥실메톡시신나메이트도 옥토크릴렌과 같은 유기 자외선 차단제이나 최대 함량은 1%가 아닌 7.5%이다. 페녹시에탄올은 보존제이고, 레티놀은 기능성 원료이며, 세틸에틸헥사노에이트는 일반 원료이다.

21 다음 중 기능성 원료의 성분 및 함량을 올바르게 연결한 것은?

① 에칠헥실메톡시신나메이트 – 7.5%　　　② 페녹시에탄올 – 1%

③ 옥토크릴렌 – 10%　　　　　　　　　　④ 알부틴 – 10%

⑤ 닥나무추출물 – 2%

해설 알부틴도 피부 미백 기능의 기능성 원료이나 함량은 2~5%이다. 에칠헥실메톡시신나메이트와 옥토크릴렌은 자외선 차단제이며, 페녹시에탄올은 보존제이다.

22 다음 중 화장품 배합 금지 원료는?

① 메틸파라벤　　　　　　② 에틸파라벤　　　　　　③ 부틸파라벤

④ 페닐파라벤　　　　　　⑤ 이소프로필파라벤

해설 보존제의 일종인 파라벤류는 다양한 구조의 변형이 가능하고 배합에도 많이 사용되나, 페닐파라벤은 화장품 배합 금지 원료로 모든 화장품에 사용이 금지된다.

23 다음 중 사용상의 제한 원료와 그 사용 한도를 올바르게 연결한 것은?

① 징크옥사이드 – 7.5%　　② 페녹시에탄올 – 1%　　③ 티타늄디옥사이드 – 10%

④ 알부틴 – 10%　　　　　⑤ 닥나무추출물 – 2%

해설 보존제(방부제) 및 자외선 차단제류 등이 사용상의 제한이 있는 원료에 해당한다. 자외선 차단제 중 티타늄디옥사이드와 징크옥사이드의 사용한도는 25%이고 알부틴과 닥나무추출물은 기능성 원료이다.

정답　19 ②　20 ③　21 ⑤　22 ④　23 ②

24 다음 빈칸에 들어갈 말로 옳은 것은?

> 착향 성분 중 알려지 유발 성분 25종은 사용 후 씻어내지 않는 제품에 (　　　)을/를 초과하여 함유했을 경우 유발 성분을 표시해야 한다.

① 10%　　　　　　　② 1%　　　　　　　③ 0.1%

④ 0.01%　　　　　　⑤ 0.001%

해설 사용 후 세척되는 제품 중 알려지 유발 성분이 0.01%를 초과하여 함유되는 경우 표시해야 하며, 씻어내지 않는 제품의 경우 0.001%를 초과한다면 표시한다. 그 이외에는 향료라고 표시한다.

25 탈모 증상의 완화에 도움을 주는 기능성 성분에 해당하는 것은?

① 비오틴, L−멘톨, 징크피리치온, 덱스판테놀

② 살리실릭애씨드

③ 레티놀, 레티닐 팔미테이트, 아데노신

④ 나이아신아마이드, 아스코빌 글루코사이드, 알부틴

⑤ 티타늄 디옥사이드, 징크옥사이드

해설 ②는 여드름 완화, ③은 주름 개선, ④는 피부 미백, ⑤는 자외선 차단에 각각 도움을 주는 원료이다.

26 화장품 제품별 미생물 한도 기준을 연결한 것으로 옳은 것은?

① 눈화장용 제품류−500개/g　　　② 어린이 제품−1,000개/g

③ 크림−2,000개/g　　　　　　　④ 에센스−3,000개/g

⑤ 토너−5,000개/g

해설 어린이 제품과 눈화장용 제품의 미생물 한도 기준은 500개/g이며, 기타 제품은 1,000개/g이다.

27 화장품을 제조하면서 비의도적으로 유도된 물질의 검출 허용 한도로 적합한 것은?

① 디옥산 : 1,000ppm 이하

② 납 : 점토를 원료로 사용한 분말제품은 50ppm 이하, 그 밖의 제품은 20ppm 이하

③ 수은 : 10ppm 이하

④ 비소 : 100ppm 이하

⑤ 안티몬 : 100ppm 이하

해설 ① 디옥산 : 100ppm 이하
　　③ 수은 : 1ppm 이하
　　④ 비소 : 10ppm 이하
　　⑤ 안티몬 : 10ppm 이하

28 다음 중 기준일탈 제품의 폐기 처리 순서를 옳게 나열한 것은?

> ㄱ. 격리 보관
> ㄷ. 기준일탈의 처리
> ㅁ. 기준일탈 제품에 불합격 라벨 첨부
> ㅅ. 시험, 검사, 측정에서 기준일탈 결과 나옴
>
> ㄴ. 기준일탈 조사
> ㄹ. 폐기처분 또는 재작업 또는 반품
> ㅂ. 시험, 검사, 측정의 틀림 없음 확인

① ㄷ → ㄴ → ㅂ → ㅅ → ㄹ → ㄱ → ㅁ
② ㅁ → ㄴ → ㅂ → ㄷ → ㅅ → ㄱ → ㄹ
③ ㅅ → ㄴ → ㄹ → ㄷ → ㅁ → ㅂ → ㄱ
④ ㅅ → ㄴ → ㅂ → ㄷ → ㅁ → ㄱ → ㄹ
⑤ ㅅ → ㄴ → ㅂ → ㄷ → ㅁ → ㄹ → ㄱ

해설 기준일탈 조사란 일탈 원인에 대해서 조사를 실시하고 시험 결과를 재확인하는 과정이다. 측정에서 일탈 결과가 나올 시(ㅅ) 기준일탈을 조사하게 된다. 측정에 틀림없음이 확인되면 기준일탈의 처리를 진행한다. 즉, 처리 순서는 'ㅅ → ㄴ → ㅂ → ㄷ → ㅁ → ㄱ → ㄹ'이다.

29 다음 중 화장품 혼합 시 사용하는 기기는?

① Pump
② Scale
③ Homogenizer
④ pH meter
⑤ Cutometer

해설 Homomixer는 유상과 수상, 계면활성제를 교반하여 에멀젼 구조로 만드는 데 사용된다.

30 유통화장품 안전기준 등에 관한 규정에서 다음에 해당하는 성분을 한꺼번에 분석할 수 있는 방법은?

> 납, 니켈, 비소, 안티몬, 카트뮴

① 디티존법
② 원자흡광광도법
③ 유도결합플라즈마분광기
④ 유도결합플라즈마 – 질량분석기를 이용한 방법(ICP-MS)
⑤ 푹신아황산법

해설 디티존법(납 분석법), 푹신아황산법(메탄올 분석법), 원자흡광광도법과 유도결합플라즈마분광기 등은 제시된 성분을 동시에 분석할 수 없다.

31 안전관리 기준 중 내용량의 기준에 대한 설명으로 A와 B에 들어갈 말로 적절한 것은?

> • 제품 (A)개를 가지고 시험할 때 그 평균 내용량이 표기량에 대하여 (B) 이상
> • 화장 비누의 경우 건조중량을 내용량으로 할 것

① A : 3, B : 90%　　　　② A : 5, B : 95%　　　　③ A : 3, B : 97%

④ A : 5, B : 97%　　　　⑤ A : 3, B : 99%

해설　제품 3개를 가지고 시험할 때 그 평균 내용량이 표기량에 대하여 97% 이상이어야 한다. 만약 이 기준치를 벗어날 경우 6개를 더 취하여 총 9개의 평균 내용량이 97% 이상이어야 한다. 따라서 A는 3, B는 97%이다.

32 광노화를 일으키는 자외선의 파장 범위는?

① 200~280nm　　　　② 280~300nm　　　　③ 300~400nm

④ 400~600nm　　　　⑤ 800~1,000nm

해설　UVA(300~400nm)의 영역이 광노화를 일으키고, UVB(280~300nm)의 영역은 일광화상을 일으킨다.

33 다음 사용상 주의사항은 어떠한 제품의 개별항목에 대한 내용인가?

> • 두피, 얼굴, 눈, 목, 손 등에 약액이 묻지 않도록 유의하고 얼굴 등에 약액이 묻었을 때에는 즉시 물로 씻어낼 것
> • 머리카락의 손상 등을 피하기 위하여 용법, 용량을 지켜야 하며, 가능하면 일부에 시험적으로 사용하여 볼 것
> • 섭씨 15도 이하의 어두운 장소에 보존하고 색이 변하거나 침전된 경우에는 사용하지 말 것
> • 개봉한 제품은 7일 이내에 사용할 것
> • 제2단계 액 중 주성분이 과산화수소인 제품은 검은 머리카락이 갈색으로 변할 수 있으므로 유의하여 사용할 것

① 퍼머넌트웨이브 제품 및 헤어스트레이트너 제품
② 모발용 샴푸
③ 손발톱 제품류
④ 미세한 알갱이가 함유되어 있는 스크러브 세안제
④ 손 · 발의 피부연화제품

해설　과산화수소 등에 의해 손상가능성이 있는 퍼머액 제품의 주의사항이다.

34 화장품 사용 시의 공통적인 주의사항에 해당하지 않는 것은?

① 화장품 사용 시 또는 사용 후 직사광선에 의하여 사용 부위가 붉은 반점, 부어오름 또는 가려움증 등의 이상증상이나 부작용이 있는 경우 전문의 등과 상담할 것
② 상처가 있는 부위 등에는 사용을 자제할 것
③ 어린이의 손이 닿지 않는 곳에 보관할 것
④ 직사광선을 피해서 보관할 것
⑤ 눈에 들어갔을 때에는 즉시 씻어낼 것

해설　⑤의 경우는 두발용 · 두발염색용 화장품의 개별적 주의사항이다.

정답　31 ③　32 ③　33 ①　34 ⑤

35 다음 중 회수 대상 화장품이 <u>아닌</u> 것은?

① 맞춤형화장품 조제관리사를 두지 아니하고 판매한 맞춤형화장품
② 안전용기 사용기준에 위반되는 화장품
③ 호기성 미생물이 100개/g 검출된 화장품
④ 전부 또는 일부가 변패(變敗)된 화장품
⑤ 화장품에 사용할 수 없는 원료를 사용한 화장품

해설 병원성 미생물(화농균, 농룡균, 대장균)에 오염된 경우는 회수 대상이지만, 일반 호기성 미생물은 1,000개/g의 관리 기준이 있다.

36 화장품 작업장 내 직원의 위생기준에 적합한 것은?

> ㄱ. 청정도에 맞는 적절한 작업복, 모자와 신발을 착용하고 필요할 경우는 마스크, 장갑을 착용한다.
> ㄴ. 피부에 외상이 있거나 질병에 걸린 직원은 화장품과 직접적으로 접촉되지 않도록 격리되어야 한다.
> ㄷ. 음식물을 반입은 가능하다.
> ㄹ. 방문객과 훈련받지 않은 직원은 필요한 보호 설비를 갖춘다면 안내자 없이도 접근 가능하다.
> ㅁ. 적절한 위생관리 기준 및 절차를 마련하고 제조소 내의 모든 직원은 이를 준수해야 한다.

① ㄱ, ㄴ, ㄷ   ② ㄱ, ㄴ, ㅁ   ③ ㄴ, ㄷ, ㅁ
④ ㄷ, ㄹ, ㅁ   ⑤ ㄱ, ㄹ, ㅁ

해설 ㄷ. 음식물 반입은 불가하다.
　　ㄹ. 방문객은 반드시 위생 교육을 받아야 하며, 안내자의 안내가 있어야 한다.

37 원료, 내용물 및 포장재 입고 기준에서 시험기록서의 필수 기재사항이 <u>아닌</u> 것은?

① 원자재 공급자가 정한 제품명
② 원자재 공급자명
③ 수령일자
④ 공급자가 부여한 제조번호 또는 관리번호
⑤ 공급자가 만든 제조일자

해설 공급자가 만든 제조일자는 시험기록서에 기재하지 않아도 된다.

38 완제품의 입고, 보관 및 출하 절차의 순서로 적합한 것은?

ㄱ. 임시 보관　　　　　　　　ㄴ. 검사 중(시험 중) 라벨 부착
ㄷ. 출하　　　　　　　　　　　ㄹ. 완제품시험 합격
ㅁ. 보관　　　　　　　　　　　ㅂ. 포장 공정
ㅅ. 합격 라벨 부착

① ㄱ → ㄷ → ㅅ → ㅂ → ㄴ → ㄹ → ㅁ
② ㅂ → ㄴ → ㄱ → ㄹ → ㅅ → ㅁ → ㄷ
③ ㄴ → ㄹ → ㄱ → ㄷ → ㅅ → ㅂ → ㅁ
④ ㄴ → ㄱ → ㄹ → ㅂ → ㅅ → ㅁ → ㄷ
⑤ ㅅ → ㅂ → ㅁ → ㄴ → ㄹ → ㄱ → ㄷ

해설 제조된 제품의 포장 공정 후 제품 시험에 합격하면 보관 후에 출하한다. 따라서 순서는 'ㅂ → ㄴ → ㄱ → ㄹ → ㅅ → ㅁ → ㄷ'이다.

39 다음 중 보관용 검체의 주의사항으로 적합한 것은?

① 제품을 희석하여 보관한다.
② 각 뱃치보다는 하나의 제품에 하나의 검체를 보관한다.
③ 일반적으로는 각 뱃치별로 제품 시험을 2번 실시할 수 있는 양을 보관한다.
④ 사용기한 경과 후 1년간 또는 개봉 후 사용기간을 기재하는 경우에는 제조일로부터 2년간 보관한다.
⑤ 제품에 가장 가혹한 조건에서 보관한다.

해설 ① 제품을 그대로 보관한다.
　　　② 뱃치마다 대표 제품을 보관한다.
　　　④ 제조일로부터 3년간 보관한다.
　　　⑤ 제품이 가장 안정한 조건에서 보관한다.

40 다음 중 인위적으로 화장품을 제조하면서 비의도적으로 유도된 물질의 검출 허용 한도에 대한 안전관리 기준이 없는 것은?

① 수은　　　　　　　② 안티몬　　　　　　③ 코발트
④ 디옥산　　　　　　⑤ 납

해설 ① 수은 : 1ppm 이하
　　　② 안티몬 : 10ppm 이하
　　　④ 디옥산 : 100ppm 이하
　　　⑤ 납 : 점토를 원료로 사용한 분말제품은 50ppm 이하, 그 밖의 제품은 20ppm 이하

41 다음 중 맞춤형화장품을 바르게 판매한 것은?

> ㄱ. 맞춤형화장품 조제관리사가 일반 화장품을 판매하였다.
> ㄴ. 화장품의 내용물에 페녹시에탄올을 첨가하여 판매하였다.
> ㄷ. 향수 200ml를 40ml로 소분하여 판매하였다.
> ㄹ. 화장품의 내용물에 옥토크릴렌을 첨가하여 판매하였다.
> ㅁ. 원료를 공급하는 화장품 책임판매업자가 기능성화장품에 대한 심사를 받은 원료와 내용물을 혼합하였다.

① ㄱ, ㄴ, ㄷ   ② ㄱ, ㄷ, ㅁ   ③ ㄴ, ㄷ, ㅁ
④ ㄴ, ㄷ, ㄹ   ⑤ ㄷ, ㄹ, ㅁ

해설 ㄴ, ㄹ과 같이 사용상의 제한이 있는 보존제와 자외선 차단 성분을 첨가하여 판매하는 것은 금지되어 있다.

42 다음 중 화장품의 안전을 확보하기 위한 일반적인 사항과 화장품 위해평가 시 고려해야 할 사항, 방법, 절차로 옳은 것은?

① 노출평가 : 화장품 등을 통하여 사람이 바르거나 섭취하는 위해요소의 양 또는 수준을 정량적 및(또는) 정성적으로 산출하는 과정

② 위해도 결정 : 위해요소의 노출량과 유해영향 발생과의 관계를 정량적으로 규명하는 단계로 동물실험 등의 불확실성 등을 고려하여 독성값(NOAEL) 또는 인체안전기준(TDI, ADI, RfD 등)을 결정

③ 위험성 확인 : 인체가 화장품 사용으로 유해요소에 노출되었을 때 발생할 수 있는 위해영향과 발생확률을 과학적으로 예측하는 일련의 과정

④ 위험성 결정 : 평가대상 위해요인이 인체건강에 미치는 위해영향 발생과 위해 정도를 정량적 또는 정성적으로 예측하는 과정

⑤ 위해평가 : 독성실험 및 역학연구 등 문헌을 통해 화학적·미생물적·물리적 위해요인의 유해성, 독성 및 그 정도와 영향 등을 파악하고 확인하는 과정

해설 화장품 위해평가 시 고려해야 할 사항, 방법, 절차
  ② 위해도 결정 : 평가대상 위해요인이 인체건강에 미치는 위해영향 발생과 위해 정도를 정량적 또는 정성적으로 예측하는 과정
  ③ 위험성 확인 : 독성실험 및 역학연구 등 문헌을 통해 화학적·미생물적·물리적 위해요인의 유해성, 독성 및 그 정도와 영향 등을 파악하고 확인하는 과정
  ④ 위험성 결정 : 위해요소의 노출량과 유해영향 발생과의 관계를 정량적으로 규명하는 단계로 동물실험 등의 불확실성 등을 고려하여 독성값(NOAEL) 또는 인체안전기준(TDI, ADI, RfD 등)을 결정
  ⑤ 위해평가 : 인체가 화장품 사용으로 유해요소에 노출되었을 때 발생할 수 있는 위해영향과 발생확률을 과학적으로 예측하는 일련의 과정

정답 41 ②   42 ①

43 화장품 주의사항 중 공통사항에 해당하는 것은?

① 알갱이가 눈에 들어갔을 때에는 물로 씻어내고, 이상이 있는 경우에는 전문의와 상담할 것

② 상처가 있는 부위 등에는 사용을 자제할 것

③ 눈에 들어갔을 때에는 즉시 씻어낼 것

④ 개봉한 제품은 7일 이내에 사용할 것

⑤ 털을 제거한 직후에는 사용하지 말 것

해설 ① 미세한 알갱이가 함유되어 있는 스크러브 세안제의 개별 주의사항
③ 두발용, 두발염색용 및 눈 화장용 제품류의 개별 주의사항
④ 퍼머넌트웨이브 제품 및 헤어스트레이트너 제품의 개별 주의사항
⑤ 체취 방지용 제품의 개별 주의사항

44 화장품의 품질요소에 해당하지 <u>않는</u> 것은?

① 안전성　　　　　　② 안정성　　　　　　③ 유효성

④ 사용성　　　　　　⑤ 약효성

해설 약리작용을 나타내는 것은 의약품의 영역으로 화장품의 품질요소에 해당하지 않는다.

45 화장품에 대한 설명으로 옳지 <u>않은</u> 것은?

① 인체를 청결·미화하여 매력을 더하고 용모를 밝게 변화시킴

② 피부와 모발 및 구강의 건강을 유지하고 증진함

③ 방법 : 인체에 바르고 문지르거나 뿌리는 등의 방식 및 이와 유사한 것

④ 작용 : 인체에 대한 작용이 경미한 것

⑤ 제외 : 약품에 해당하는 물품 제외

해설 구강은 화장품의 영역에 해당하지 않는다.

46 자외선에 의해서 피부에 홍반이 발생하는 최소의 농도를 뜻하는 것으로 SPF를 측정하는 데 사용되는 것은?

① MPPD　　　　　　② MED　　　　　　③ SED

④ HT25　　　　　　⑤ MOS

해설 MED는 Minimal Erythma Dosage의 약자로 UVB에 의한 일광화상 시 발생하는 에너지의 양이다.

47 피부 미백 기능성 고시 원료 중 비타민 C 유도체에 해당하지 <u>않는</u> 것은?

① 에칠아스코빌에텔
② 아스코빌글루코사이드
③ 마그네슘아스코빌포스페이트
④ 아스코빌테트라이소팔미테이트
⑤ 레티닐팔미테이트

해설 레티닐팔미테이트는 레티놀의 유도체로 주름 개선 기능성 성분이다.

48 화장품의 성분과 기능이 올바르게 연결된 것은?

① 계면활성제 : 제형 안정성을 저해하는 금속 제거
② 고분자 화합물 : 점도 증가와 피막 형성
③ 금속 이온 봉쇄제 : 피부의 수분을 유지
④ 보습제 : 유상과 수상의 혼합 촉진
⑤ 보존제 : 주름 개선 촉진

해설 고분자 원료를 첨가하여 배합하면 점도가 증가하고 사용감을 변화시켜 제형의 안정성이 개선된다.
　　① 계면활성제 : 유상과 수상의 혼합 촉진
　　③ 금속 이온 봉쇄제 : 제형 안정성을 저해하는 금속 제거
　　④ 보습제 : 피부의 수분을 유지
　　⑤ 보존제 : 제형 내 미생물 생성 억제

49 천연화장품에서 5% 이하로 사용할 수 있는 합성원료에 해당하지 <u>않는</u> 것은?

① 보존제
② 알코올 내 변성제
③ 천연원료에서 석유화학용제로 추출된 일부 원료(베타인 등)
④ 천연유래, 석유화학 유래를 모두 포함하는 원료(카복시메틸−식물폴리머 등)
⑤ 미네랄 원료(화석원료 기원물질 제외)

해설 미네랄 원료(화석원료 기원물질 제외)는 천연원료로 천연 함량기준(95%)에 포함된다.

50 화장품의 표시기준 중 2차 포장에 전성분 대신 표시성분을 기재할 수 있는 용량의 기준은?

① 10ml 이하　　　　② 30ml 이하　　　　③ 50ml 이하
④ 80ml 이하　　　　⑤ 100ml 이하

해설 50ml 이하의 제품은 전성분 대신 표시성분(지정성분 : 함량의 한도가 정해져 있는 성분)을 표기할 수 있다. 다만 모든 성분을 확인할 수 있는 전화번호나 홈페이지 주소 등을 기재해야 한다.

정답　47 ⑤　48 ②　49 ⑤　50 ③

51 다음 중 회수대상 화장품의 위해 등급이 <u>다른</u> 하나는?

① 이물이 혼입되었거나 부착되어 보건위생상 위해를 발생할 우려가 있는 화장품

② 안전용기 사용기준에 적합하지 않은 화장품

③ 사용기한 또는 개봉 후 사용기간을 위조 · 변조한 화장품

④ 등록을 하지 아니한 자가 제조한 화장품 또는 제조 · 수입하여 유통 · 판매한 화장품

⑤ 신고를 하지 아니한 자가 판매한 맞춤형화장품

> 해설 ②는 나 등급에 해당하고 나머지는 다 등급에 해당한다. 참고로 가 등급이 가장 높은 수준이다.

52 다음 중 자외선 차단 기능이 있는 성분이 <u>아닌</u> 것은?

① 산화아연(징크옥사이드)

② 이산화티탄(티타늄디옥사이드)

③ 벤질알코올

④ 옥시벤존

⑤ 에칠헥실살리실레이트

> 해설 벤질알코올은 보존제 성분이다.

53 팩에 사용할 수 있는 성분 중 피막 형성 및 점증제로 사용되는 것은?

① 왁스, 에스터오일　　② 알코올, 증류수　　③ 폴리비닐알코올, 카보머

④ 코치닐, 황색산화철　　⑤ 글리세린, 세라마이드

> 해설 폴리비닐알코올, 카보머 등의 고분자 성분은 피막 형성과 점증제로 사용된다.

54 착향제 성분으로서 알러지 유발 가능성으로 기재 · 표시해야 하는 성분에 해당하지 <u>않는</u> 것은?

① 아밀신남알　　② 참나무이끼추출물　　③ 나무이끼추출물

④ 리날룰　　⑤ 알파 – 비사보롤

> 해설 알파 – 비사보롤은 미백 기능성 고시 성분이다.

55 화장품의 내용물 색상이 변하고 분리되었다면 화장품 품질 속성의 어느 부분을 갖추지 <u>못한</u> 것인가?

① 안전성　　② 안정성　　③ 유효성

④ 사용성　　⑤ 약효성

> 해설 화장품은 내용물이나 성분의 물리적인 안정성을 유지시켜야 한다.
> ① 안전성은 화장품을 사용하는 소비자에게 부작용 등을 나타내지 않는 속성을 뜻한다.

정답　51 ②　52 ③　53 ③　54 ⑤　55 ②

56 맞춤형화장품이 다음과 같은 형태로 조성되어 있다. 향료에 대한 알러지가 있는 고객에게 안내해야 할 내용으로 적절한 것은?

> [전성분]
> 정제수, 글리세린, 스쿠알란, 피이지 소르비탄 지방산 에스터, 페녹시에탄올, 향료, 유제놀, 리모넨

① 이 제품은 알러지를 유발할 수 있는 유제놀, 리모넨이 포함되어 있어 사용상의 주의를 요함
② 이 제품은 알러지를 유발할 수 있는 글리세린이 포함되어 있어 사용상의 주의를 요함
③ 이 제품은 알러지를 유발할 수 있는 페녹시에탄올이 포함되어 있어 사용상의 주의를 요함
④ 이 제품은 알러지를 유발할 수 있는 피이지 소르비탄 지방산 에스터가 포함되어 있어 사용상의 주의를 요함
⑤ 이 제품은 알러지를 유발할 수 있는 스쿠알란이 포함되어 있어 사용상의 주의를 요함

> 해설 유제놀, 리모넨은 식약처에서 고시한 25종의 알러지 유발 가능성이 있는 성분에 해당한다. 따라서 향료에 대한 알러지가 있는 고객에게 이를 안내해야 한다.

57 글리세린과 같은 보습제의 성분의 역할로 적절한 것은?

① 피부를 유연하게 한다.
② 피부의 주름을 개선하는 데 도움을 준다.
③ 피부의 수분 증발을 억제하여 수분을 유지시킨다.
④ 멜라닌 생성을 억제하여 피부색을 희게 하는 데 도움을 준다.
⑤ 제형의 점도를 증가시키고 피막을 형성한다.

> 해설 ①은 유성 성분, ②는 주름 개선 기능성 성분, ④는 미백 기능성 성분, ⑤는 고분자 성분에 대한 설명이다.

58 다음 〈보기〉의 사용상 주의사항을 기재 · 표시해야 하는 화장품의 유형은?

> ┤ 보기 ├
> • 눈, 코 또는 입 등에 닿지 않도록 주의하여 사용할 것
> • 프로필렌 글리콜(Propylene glycol)을 함유하고 있으므로 이 성분에 과민하거나 알러지 병력이 있는 사람은 신중히 사용할 것(프로필렌 글리콜 함유제품만 표시한다)

① 퍼머넌트웨이브 제품 및 헤어스트레이트너 제품
② 손 · 발의 피부연화 제품(요소제제의 핸드크림 및 풋크림)
③ 손 · 발톱용 제품류
④ 미세한 알갱이가 함유되어 있는 스크러브 세안제
⑤ 체취 방지용 제품

> 해설 ①~⑤ 모두 개별 주의사항이 있는 제품이나, 〈보기〉는 "손 · 발의 피부연화 제품(요소제제의 핸드크림 및 풋크림)"에 해당하는 주의사항이다.

정답 56 ① 57 ③ 58 ②

59 다음과 같은 화장품의 효능과 효과를 표시·광고할 수 있는 화장품의 유형은?

> - 피부에 색조효과를 준다.
> - 피부를 보호하고 건조를 방지한다.
> - 수분이나 오일 성분으로 인한 피부의 번들거림과 피부의 결점을 감추어준다.
> - 피부의 거칠어짐을 방지한다.

① 눈 화장 제품류   ② 방향용 제품류   ③ 메이크업 제품류
④ 기초화장용 제품류   ⑤ 면도용 제품류

해설 색조효과를 주는 기능은 메이크업 제품에 해당한다. 눈 화장 제품류는 별도로 구분한다.

60 책임판매 후 안전관리 기준에서 "안전 확보 조치"에 대한 설명으로 적절한 것은?

① 소비자의 반품 사례 분석을 실시하여 그 결과에 따른 조치를 취하는 것
② 소비자 만족도를 조사하여 그 결과에 따른 조치를 취하는 것
③ 안전관리 정보를 신속히 검토하여 조치가 필요하다고 판단될 경우 회수, 폐기, 판매정지의 조치를 취하는 것
④ 화장품 내용물의 변색 및 물리적 변화에 다른 필요한 조치를 취하는 것
⑤ 학회, 문헌, 그 밖의 연구보고 등에서 정보를 수집·기록하는 것

해설 안전 확보 조치는 안전관리 정보를 신속히 검토하여 조치가 필요하다고 판단될 경우 회수, 폐기, 판매정지의 조치를 취하는 것을 의미한다.
①, ②, ④ 책임판매업자의 기본적인 활동으로 법적인 정의가 없다.
⑤ 안전관리 정보 수집에 해당한다.

61 다음 중 방충·방서의 방법으로 틀린 것은?

① 배기구, 흡기구에 필터를 설치한다.
② 폐수구에 트랩을 설치한다.
③ 문 하부에는 스커트를 설치한다.
④ 골판지, 나무 부스러기를 방치하지 않는다.
⑤ 실내압을 외부보다 낮춘다.

해설 공조장치를 활용하여 실내압을 외부보다 높게 한다.

62 작업장의 설비 세척 원칙과 거리가 먼 것은?

① 위험성이 없는 용제(물이 최적)로 세척한다.
② 가능하면 세제를 사용한다.
③ 증기 세척은 좋은 방법이다.
④ 브러시 등으로 문질러 지우는 것을 고려한다.
⑤ 분해할 수 있는 설비는 분해해서 세척한다.

해설 가능하면 세제를 사용하지 않고 세척한다.

정답   59 ③   60 ③   61 ⑤   62 ②

63 제조시설의 청정도 등급 중 포장실은 어떤 등급으로 관리되어야 하는가?

① 1등급   ② 2등급   ③ 3등급

④ 4등급   ⑤ 5등급

해설 포장실과 같이 화장품 내용물이 노출되지 않는 곳은 3등급으로 관리되어야 한다.

64 공기조절 장치에 사용되는 필터 중 다음의 〈보기〉에 해당하는 필터는?

┤ 보기 ├

- 세척 후 3~4회 재사용 가능
- Medium Filter 전처리용
- 필터 입자 5μm

① Pre filter   ② Medium filter   ③ Hepa filter

④ Medium Bag filter   ⑤ Nano Filter

해설 Pre filter는 Medium filter나 Hepa filter의 전처리용으로 사용된다.

65 유통화장품의 안전기준 중 포름알데히드의 검출 허용 한도 기준으로 적합한 것은? (단, 물휴지는 제외한다.)

① 1μg/g   ② 10μg/g   ③ 100μg/g

④ 1,000μg/g   ⑤ 2,000μg/g

해설 포름알데히드는 2,000μg/g의 검출 허용 한도 기준을 가지며, 물휴지의 경우 20μg/g 이하로 관리되어야 한다.

66 다음 중 회수대상 화장품의 위해 등급이 <u>다른</u> 하나는?

① 사용기한 또는 개봉 후 사용기간을 위조 · 변조한 화장품

② 등록을 하지 아니한 자가 제조한 화장품 또는 제조 · 수입하여 유통 · 판매한 화장품

③ 신고를 하지 아니한 자가 판매한 맞춤형화장품

④ 맞춤형화장품 조제관리사를 두지 아니하고 판매한 맞춤형화장품

⑤ 화장품에 사용할 수 없는 원료를 사용한 화장품

해설 ⑤는 가 등급에 해당한다. 나머지는 다 등급에 해당한다.

67 우수화장품의 제조관리 기준에서 적합 판정기준을 벗어난 완제품, 벌크제품 또는 반제품을 재처리하여 품질이 적합한 범위에 들어오도록 하는 작업을 말하는 것은?

① 교정   ② 유지관리   ③ 회수

④ 재작업   ⑤ 위생관리

해설 ① 교정 : 규정된 조건하에서 측정기기나 측정 시스템에 의해 표시되는 값과 표준기기의 참값을 비교하여 이들의 오차가 허용범위 내에 있음을 확인하고, 허용범위를 벗어나는 경우 허용범위 내에 들도록 조정하는 것을 말한다.
② 유지관리 : 적절한 작업 환경에서 건물과 설비가 유지되도록 하는 정기적 · 비정기적인 지원 및 검증 작업을 말한다.
③ 회수 : 판매한 제품 가운데 품질 결함이나 안전성 문제 등으로 나타난 제조번호의 제품(필요시 여타 제조번호 포함)을 제조소로 거두어들이는 활동을 말한다.
⑤ 위생관리 : 대상물의 표면에 있는 바람직하지 못한 미생물 등 오염물을 감소시키기 위해 시행되는 작업을 말한다.

정답   63 ③   64 ①   65 ⑤   66 ⑤   67 ④

68 우수화장품의 제조관리 기준에서 규정된 합격 판정 기준에 일치하지 않는 검사 또는 실험결과를 뜻하는 것은?

① 일탈　　　　　　　　　② 기준일탈　　　　　　　　③ 오염

④ 적합판정기준　　　　　⑤ 위생관리

> **해설** ① 일탈 : 제조 또는 품질관리 활동 등의 미리 정하여진 기준을 벗어나 이루어진 행위를 말한다.
> ③ 오염 : 제품에서 화학적, 물리적, 미생물학적 문제 또는 이들이 조합되어 나타내는 바람직하지 않은 문제가 발생하는 것을 말한다.
> ④ 적합 판정 기준 : 시험 결과의 적합 판정을 위한 수적인 제한, 범위 또는 기타 적절한 측정법을 말한다.
> ⑤ 위생관리 : 대상물의 표면에 있는 바람직하지 못한 미생물 등 오염물을 감소시키기 위해 시행되는 작업을 말한다.

69 맞춤형화장품 판매업자의 혼합 · 소분 안전관리기준에 적합하지 <u>않은</u> 것은?

① 혼합 · 소분 전에 혼합 · 소분에 사용되는 내용물 또는 원료에 대한 제조성적서를 확인할 것

② 혼합 · 소분 전에 손을 소독하거나 세정할 것. 다만, 혼합 · 소분 시 일회용 장갑을 착용하는 경우에는 그렇지 않음

③ 혼합 · 소분 전에 혼합 · 소분된 제품을 담을 포장용기의 오염 여부를 확인할 것

④ 혼합 · 소분에 사용되는 장비 또는 기구 등은 사용 전에 그 위생 상태를 점검하고, 사용 후에는 오염이 없도록 세척할 것

⑤ 혼합 · 소분의 안전을 위해 식품의약품안전처장이 정하여 고시하는 사항을 준수할 것

> **해설** 제조성적서가 아니라 원료에 대한 품질성적서를 확인하여야 한다.

70 맞춤형화장품의 판매내역서에 포함되어야 할 사항과 거리가 <u>먼</u> 것은?

① 제조번호

② 사용기한 또는 개봉 후 사용 기간

③ 판매일자

④ 판매량

⑤ 효력 시험 결과

> **해설** 효력 시험 결과는 기능성화장품 심사와 관련된 서류이다.

71 모공을 통해 체취 형성의 역할을 하며 수분을 주로 방출하는 것은?

① 소한선　　　　　　　　② 대한선　　　　　　　　③ 피지선

④ 갑상선　　　　　　　　⑤ 모세혈관

> **해설** 대한선에 대한 설명으로 아포크린한선으로도 불린다.

72 모발의 구조 중 피부 밖으로 돌출되어 있는 부분은?

① 모공　　　　　　　　　② 모근　　　　　　　　　③ 모간

④ 모유두　　　　　　　　⑤ 피지선

> **해설** 모간을 제외한 나머지는 피부 속으로 함몰된 구조이다.

정답　68 ②　69 ①　70 ⑤　71 ②　72 ③

73 다음 고객의 피부 상담 및 분석 결과에 따라 고객에게 안내할 수 있는 방법 중 **잘못된** 것은?

> • 상담 내용 : 피지가 심해지고 화장이 잘 무너짐, 모공이 커져 보임
> • 분석 결과 : 피부의 유분이 과다함

① 수렴제를 사용하여 모공의 축소를 제안
② 클렌징을 통한 모공 청소 제안
③ 각질 제거를 통한 모공 관리 제안
④ 피지 흡착제품을 통한 피지 감소 제안
⑤ 충분한 보습을 위한 영양크림 제안

해설 유분 함량이 많은 영양크림은 유분이 많은 피부에는 부적합하다.

74 기능성화장품의 심사 자료 중 유효성 자료로 필수적인 것은?

① 효력 시험 자료　　　　② 인체 적용 시험 자료　　　　③ 단회 투여 독성 시험자료
④ 1차 피부 자극 시험 자료　　⑤ 인체 첩포 시험 자료

해설 유효성 자료에는 효력 시험 자료와 인체 적용 시험 자료가 있으나, 인체 적용 시험 자료가 있을 때 효력 시험 자료는 생략할 수 있다. 나머지는 안전성 입증 자료이다.

75 맞춤형화장품 판매업의 신고 시 제출해야 할 내용과 거리가 **먼** 것은?

① 맞춤형화장품 판매업을 신고한 자의 성명
② 맞춤형화장품 판매업자을 신고한 자의 생년월일
③ 맞춤형화장품 판매업소의 상호 및 소재지
④ 맞춤형화장품 조제관리사의 성명, 생년월일 및 자격증 번호
⑤ 맞춤형화장품 판매 품목

해설 판매업 신고 시 ①~④의 내용을 반드시 포함하여 맞춤형화장품 신고서를 작성한 후, 맞춤형화장품 판매업소의 소재지를 관할하는 지방식품의약품안전처장에게 제출한다.

76 맞춤형화장품 판매업의 변경신고를 해야 하는 사항이 **아닌** 것은?

① 맞춤형화장품 판매업자를 변경하는 경우
② 맞춤형화장품 판매 품목을 변경하는 경우
③ 맞춤형화장품 판매업소의 상호를 변경하는 경우
④ 맞춤형화장품 판매업소의 소재지를 변경하는 경우
⑤ 맞춤형화장품 조제관리사를 변경하는 경우

해설 판매 품목의 변경은 신고 사항이 아니다.

정답 　73 ⑤　74 ②　75 ⑤　76 ②

77 수상과 유상을 혼합한 에멀전 제작의 형태 중 유상의 성분이 수상에 포함된 형태를 의미하는 것은?

① w/s　　　　　　　　② w/o　　　　　　　　③ o/w

④ w/o/w　　　　　　　⑤ w/s/w

해설　o/w는 유상(oil)이 수상(water)에 포함된 형태를 의미한다.

78 다음의 상담 내용을 바탕으로 고객에게 혼합할 수 있는 내용물과 원료로 적합한 것은?

> 고객 : 피부 주름 개선과 피부 보습을 개선하는 제품을 사용하고 싶습니다.

	내용물	원료
①	아데노신 함유 제품	글리세린
②	글리세린 함유 제품	아데노신
③	나이아신아마이드 함유 제품	아데노신
④	아데노신 함유 제품	나이아신아마이드
⑤	글리세린 함유 제품	나이아신아마이드

해설　주름개선 원료가 포함되어 책임판매업자가 신고한 제품에 보습 원료를 추가할 수 있지만, 기능성 고시 원료를 첨가할 수는 없다. 따라서 해당 고객에게는 ①이 가장 적합하다.

79 맞춤형화장품 판매업자의 의무가 <u>아닌</u> 것은?

① 맞춤형화장품 판매장 내 시설 · 기구를 정기적으로 점검하여 보건위생상 위해가 없도록 관리할 것
② 혼합 · 소분에 사용된 내용물 · 원료의 내용 및 특성을 소비자에게 설명할 것
③ 맞춤형화장품 사용 시의 주의사항을 소비자에게 설명할 것
④ 맞춤형화장품 사용과 관련된 부작용 발생사례에 대해서는 지체없이 식품의약품안전처장에게 보고할 것
⑤ 기능성화장품의 심사 자료를 식품의약품안전처장에 제출할 것

해설　⑤의 경우는 맞춤형화장품 판매업자의 의무에 해당하지 않는다.

80 사용상의 제한이 있는 맞춤형화장품 원료 중 보존제에 해당하는 것은?

① 호모살레이트
② 티타늄디옥사이드
③ 글루타랄
④ p-아미노페놀
⑤ 레조시놀

해설　①, ② 호모살레이트, 티타늄디옥사이드는 자외선 차단 성분으로 사용상의 제한이 있는 원료이다.
　　　④, ⑤ p-아미노페놀과 레조시놀은 염모제 성분으로 사용상의 제한이 있는 원료이다.

정답　77 ③　78 ①　79 ⑤　80 ③

81 사용상의 제한이 있는 원료 중 보존제에서는 [벤조익애씨드, 그 (   ) 및 에스텔류]와 같이 유사한 구조를 포함하여 정의하고 있다. (   )에 해당하는 것은?

> • (   )의 예 : 소듐, 포타슘, 칼슘, 마그네슘, 암모늄, 에탄올아민, 클로라이드, 브로마이드, 설페이트, 아세테이트, 베타인 등
> • 에스텔류 : 메칠, 에칠, 프로필, 이소프로필, 부틸, 이소부틸, 페닐

해설 기본 물질의 산의 수소 이온을 금속 이온 또는 금속성 이온으로 치환한 것을 염류라고 한다.

82 화장품법 시행규칙 별표 3 제1호 가목에 따른 영유아용 제품류 또는 어린이용 제품은 화장품의 (   ) 자료를 작성 및 보관해야 한다.

83 위해평가는 인체가 화장품에 존재하는 위해요소에 노출되었을 때 발생할 수 있는 유해영향과 발생확률을 과학적으로 예측하는 일련의 과정으로 위험성 확인, 위험성 결정, (A), (B) 등 일련의 단계를 말한다.

해설 A : 위험성이 있는 물질이라도 인체에 흡수된 양에 따라서 문제가 있는지 판단할 수 있는데, 이 과정을 노출 평가라 한다.
B : 위험성과 노출 정도를 종합적으로 판단하여 위해도를 결정하는 과정을 위해도 결정이라고 한다.

84 다음 (A), (B)에 들어갈 내용을 순서대로 적으시오.

> (A) : 화장품 제조 시 내용물과 직접 접촉하는 포장용기
> (B) : (A)을 수용하는 1개 또는 그 이상의 포장과 보호재 및 표시의 목적으로 한 포장

해설 내용물과 직접 접촉하는 용기를 1차 포장이라고 하며, 그 이외의 포장을 2차 포장이라고 한다.

85 (   ) 제품이란 충진(1차 포장) 이전의 제조 단계까지 끝낸 제품을 말한다.

해설 원료를 이용하여 최종 제형의 형태로 제작된 것을 벌크 제품이라고 한다. 참고로 반제품이란 제조공정 단계에 있는 것으로서 필요한 제조공정을 더 거쳐야 벌크 제품이 된다.

86 다음은 어떤 성분이 함유된 화장품의 사용상 주의사항의 개별사항 표시에 대한 규정이다. 이 성분은 무엇인가?

> • 햇빛에 대한 피부의 감수성을 증가시킬 수 있으므로 자외선 차단제를 함께 사용할 것
> • 일부에 시험 사용하여 피부 이상을 확인할 것
> • 고농도의 (   ) 성분이 들어있어 부작용이 발생할 우려가 있으므로 전문의 등에게 상담할 것[(   ) 성분이 10퍼센트를 초과하여 함유되어 있거나 산도가 3.5 미만인 제품만 표시한다.]

해설 화장품의 사용상 주의사항 중 AHA를 포함한 제품의 개별사항 내용이다. 단 0.5% 이하 AHA 함유 제품에는 해당하지 않는다.

정답
81 염류   82 안전성   83 (A) 노출 평가, (B) 위해도 결정   84 (A) 1차 포장, (B) 2차 포장   85 벌크
86 알파 – 하이드록시애씨드(AHA)

87 석탄의 콜타르에 함유된 방향족 물질을 원료로 하여 합성한 색소로, 색상이 선명하고 미려해서 색조 제품에 널리 사용되지만 안전성에 대한 이유로 지속적으로 모니터링되는 것은?

해설 합성염료의 종류로 석유에서 분리된 성분을 기반으로 만들어져 타르색소라고 한다.

88 기능성화장품의 심사 시 제출해야 하는 유효성 또는 기능에 관한 자료 중 심사대상의 효능을 뒷받침하는 비임상시험 자료에 해당하는 것은?

해설 효력 시험 자료는 인체를 대상으로 하는 시험 자료에 대비하여 세포 등의 인체 외 실험을 한 자료를 말한다.

89 화장비누의 경우 제품에 남아 있는 유리알칼리 성분의 제한 한도는 (　　) 이하이다.

해설 유지류나 오일에 수산화나트륨(알칼리 성분) 등을 첨가해서 제조할 경우 남아 있는 유리알칼리 성분을 관리해야 한다.

90 착향제의 전성분 표시 방법 중 "향료"로 표시할 수 있으나 식약청장이 고시한 (　　) 유발 물질이 있는 경우 해당 성분의 명칭을 기재해야 한다.

해설 사용 후 세척되는 제품은 0.01%를 초과하는 경우 표시하며, 씻어내지 않는 제품은 0.001%를 초과한 경우 표시한다. 그 이외에는 향료라고 표시해야 한다.

91 전성분의 표시는 화장품에 사용된 함량순으로 많은 것부터 기재한다. 다만 혼합 원료는 개개의 성분으로서 표시하고 (　　) 이하로 사용된 성분, 착향제 및 착색제에 대해서는 순서에 상관없이 기재할 수 있다.

해설 1%를 기준으로 그 이상 포함된 성분은 많이 사용된 함량의 순서대로 기입한다.

92 아래의 내용과 함께 1차 포장에 꼭 기재해야 하는 사항은?

> • 화장품 명칭
> • 영업자 상호
> • 사용기한 또는 개봉 후 사용기간

해설 용기의 크기에 따라서 50ml 이하의 경우 분리배출은 표기하지 않아도 된다.

93 실험실의 배양접시, 인체로부터 분리한 모발 및 피부, 인공피부 등 인위적 환경에서 시험물질과 대조물질을 처리한 후 결과를 측정하는 것을 무엇이라 하는가?

해설 참고로 인위적 환경이 아닌 실제 살아 있는 생명체 등에서 수행하는 실험은 in vivo 실험 또는 생체 내 실험이라고 한다.

94 각질층의 지질을 구성하는 요소 중 그 비중이 가장 높은 것은?

해설 세라마이드−자유지방산−콜레스테롤로 구성된 세포 간 지질은 피부장벽의 중요한 구조이다.

정답　87 타르색소　88 효력 시험 자료　89 0.1%　90 알러지　91 1%　92 제조번호　93 인체 외 시험/생체 외 시험　94 세라마이드

95 다음의 〈보기〉는 맞춤형화장품의 전성분 항목이다. 소비자에게 사용된 성분에 대해 설명하기 위하여 다음 화장품 전성분 표기 중 미백 기능성 화장품의 고시 원료에 해당하는 성분을 하나 고르시오.

┤ 보기 ├

정제수, 글리세린, 1,2 헥산－디올, 알파－비사보롤, 다이메티콘/비닐다이메티콘크로스폴리머, C12－14파레스－3, 메틸 파라벤, 향료

해설 알파－비사보롤과 같이 식품의약품안전처장이 고시한 기능성화장품의 효능·효과를 나타내는 원료는 맞춤형화장품 조제관리사가 직접 배합할 수 없다. 다만, 맞춤형화장품 판매업자에게 원료를 공급하는 화장품 책임판매업자가 화장품법 제4조에 따라 해당 원료를 포함하여 기능성화장품에 대한 심사를 받거나 보고서를 제출한 경우는 제외한다.

96 광선의 투과를 방지하는 용기 또는 투과를 방지하는 포장을 한 용기는?

해설 빛에 의하여 분해되기 쉬운 성분이 함유된 경우 이를 보호하기 위해 차광 용기를 사용한다.

97 (   )은/는 유해사례와 화장품 간의 인과관계 가능성이 있다고 보고된 정보로서 그 인과관계가 알려지지 아니하거나 입증 자료가 불충분한 것을 말한다.

해설 식품의약품안전처장 등은 안전성 정보를 검토 및 평가하며 후속 조치를 취하는데, 충분한 증거가 없는 정보는 실마리 정보로 관리한다.

98 모발의 구조 중 가장 많은 부피를 차지하고 멜라닌 색소를 보유하여 색을 나타내며 탄력, 질감, 색상 등 주요 특성을 나타내는 부분은?

해설 모피질(콜텍스)은 모표피로 둘러싸인 내부구조를 의미하며, 케라틴 섬유구조를 가진 모피질 세포로 구성되어 튼튼하고 모발의 물리적인 성질을 결정한다. 참고로 모표피(큐티클)는 화학적 저항성이 강하여 외부로부터 모발을 보호하는 껍질에 해당한다.

99 다음의 〈보기〉의 화장품 전성분 표기 중 사용상의 제한이 필요한 보존제에 해당하는 성분 한 개를 골라 작성하고 그 원료의 사용한도를 기입하시오.

┤ 보기 ├

정제수, 글리세린, 다이프로필렌글라이콜, 토코페릴아세테이트, 다이메티콘/비닐다이메티콘크로스폴리머, C12－14파레스－3, 벤질알코올, 향료

해설 벤질알코올은 보존제로서 사용상의 제한이 필요한 원료이다.

100 피부의 표피층에 존재하며 자외선을 차단하기 위한 색소를 형성하여 피부를 보호하는 기능을 담당하는 세포를 (   )(이)라고 한다.

해설 기저층에서 합성한 원료를 각질 형성 세포에 전달한다.

정답　95 알파－비사보롤　96 차광 용기　97 실마리 정보　98 모피질　99 벤질알코올, 1.0%
100 멜라닌 형성 세포(멜라노사이트)

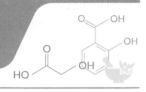

제2회 기출복원문제

맞 춤 형 화 장 품 조 제 관 리 사 핵 심 요 약 + 기 출 유 형 1 . 3 0 0 제

01 화장품 제조업자의 내용과 거리가 먼 것은?

① 소비자의 요청에 맞추어 화장품의 내용물은 소분하여 판매한다.

② 쥐 · 해충 및 먼지 등을 막을 수 있는 시설을 갖춘다.

③ 제조소, 시설 및 기구를 위생적으로 관리하고 오염되지 않도록 한다.

④ 제조관리기준서 · 제품표준서 · 제조관리기록서 및 품질관리기록서(전자문서 형식을 포함한다)를 작성 · 보관한다.

⑤ 화장품책임판매업자의 지도 · 감독 및 요청에 따른다.

해설 소비자의 요청에 맞추어 화장품의 내용물을 소분하여 판매하는 것은 맞춤형화장품 판매업의 업무에 해당한다.

02 개인정보 보호법에서 '처리되는 정보에 의해서 알아볼 수 있는 사람'을 뜻하는 용어는?

① 개인정보　　　　　　　② 처리　　　　　　　③ 정보주체

④ 개인정보처리자　　　　⑤ 개인정보호책임자

해설 정보주체는 처리되는 정보에 의해서 알아볼 수 있는 사람으로, 그 정보의 주체가 되는 사람을 의미한다.

03 다음 중 화장품의 유형과 제품 종류가 바르게 연결된 것은?

① 눈 화장용 제품류 : 헤어틴트

② 인체 세정용 제품류 : 물휴지

③ 기초화장용 제품류 : 셰이빙 크림

④ 두발용 제품류 : 아이메이크업 리무버

⑤ 면도용 제품군 : 클렌징 워터

해설 ① 눈 화장용 제품류 : 아이메이크업 리무버
　　③ 기초화장용 제품류 : 클렌징 오일, 워터
　　④ 두발용 제품류 : 헤어틴트
　　⑤ 면도용 제품군 : 셰이빙 크림

정답 01 ① 02 ③ 03 ②

04 자외선 차단 기능성화장품에서 1시간 침수 후에도 자외선 차단지수가 50% 이상을 유지하는 제품에 한하여 표시할 수 있는 것은?

① SPF50   ② PA+++   ③ 내수성

④ 지속 내수성   ⑤ Non-Nano

> 해설 ① SPF는 UVB를 차단하는 기능이 있는 제품에 표시할 수 있다.
> ② PA은 UVA를 차단하는 기능이 있는 제품에 표시할 수 있다.
> ④ 지속 내수성은 2시간 침수 후에도 자외선 차단지수가 50% 이상을 유지하는 제품에 표시할 수 있다.
> ⑤ Non-Nano는 관리대상이 아니다.

05 색조 화장품에서 색감과 광택, 사용감 등을 조절할 목적으로 사용하는 안료는?

① 카르사민   ② 카올린   ③ 산화아연

④ 울트라마린   ⑤ 진주 광택 안료

> 해설 카올린은 체질 안료의 일종으로 발색단을 가지지 않아 색을 나타내지 않고 사용감 등을 조절하기 위해서 사용된다.
> ⑤ 진주 광택 안료는 메탈릭한 간섭색을 나타내는 원료이다.

06 다음에서 위해성 등급이 가장 높은 회수대상화장품을 고르면?

① 등록을 하지 아니한 자가 제조한 화장품 또는 제조 · 수입하여 유통 · 판매한 화장품

② 맞춤형화장품조제관리사를 두지 아니하고 판매한 맞춤형화장품

③ 기능성화장품의 기능성을 나타나게 하는 주원료 함량이 기준치에 부적합한 경우

④ 사용기한 또는 개봉 후 사용기간을 위조 · 변조한 화장품

⑤ 기준 이상의 미생물이 검출된 화장품

> 해설 기준 이상의 미생물이 검출된 화장품은 화장품 안전기준을 위반한 것으로 나 등급에 해당하며, 나머지들은 다 등급에 해당한다. 나 등급보다 등급이 낮다.

07 화장품 책임판매업자의 안전관리정보의 신속보고와 정기보고의 보고 주기로 적절하게 짝지어진 것은?

	신속보고	정기보고
①	15일	3개월
②	15일	6개월
③	1개월	1년
④	3개월	30일
⑤	6개월	15일

> 해설 신속보고와 정기보고는 보고 기간에 대한 규정이 다르다. 신속보고는 15일 이내이고, 정기보고는 6개월마다(매 반기 종료 후) 보고한다.

정답   04 ③   05 ②   06 ⑤   07 ②

08 다음의 성분 중 피막을 형성하기에 적절한 고분자 성분은?

① 잔탄검   ② 카보머   ③ 비즈왁스

④ 고급지방산   ⑤ 폴리비닐피롤리돈

> **해설** 피막을 형성하기에 적절한 고분자 성분은 폴리비닐피롤리돈이다.
> ①, ② 잔탄검과 카보머는 점도 증가를 위해 많이 사용된다.
> ③, ④ 비즈왁스와 고급지방산은 유성성분의 일종이다.

09 우수화장품 제조기준 중 화장품 작업장 내 직원의 위생 기준에 적합하지 <u>않은</u> 것은?

① 피부에 외상이 있거나 질병에 걸린 직원은 화장품의 품질에 영향을 주지 않는다는 품질관리 책임자의 소견이 있기 전까지는 격리해야 한다.

② 음식물 등을 반입해서는 아니 된다.

③ 청정도에 맞는 적절한 작업복, 모자와 신발을 착용하고 필요할 경우는 마스크, 장갑을 착용한다.

④ 작업 전에 복장점검을 하고 적절하지 않을 경우는 시정한다.

⑤ 기준 및 절차를 준수할 수 있도록 교육훈련을 받아야 한다.

> **해설** 피부에 외상이 있거나 질병에 걸린 직원은 화장품의 품질에 영향을 주지 않는다는 의사의 소견이 있기 전까지는 격리해야 한다.

10 우수화장품 제조기준에서 작업장의 곤충, 해충이나 쥐를 막을 원칙으로 옳지 <u>않은</u> 것은?

① 벽, 천장, 창문, 파이프 구멍에 틈이 없도록 한다.

② 골판지, 나무 부스러기를 일정 구역에 보관한다.

③ 벽, 천장, 창문, 파이프 구멍에 틈이 없도록 한다.

④ 폐수구에는 트랩을 설치한다.

⑤ 빛이 밖으로 새어나가지 않게 한다.

> **해설** 골판지, 나무 부스러기를 방치하지 않는다. 방치하게 될 경우 벌레의 집이 된다.

11 우수화장품 제조기준에서 원료, 내용물 및 포장재 입고 기준으로 〈보기〉의 빈칸에 들어갈 내용은?

┤ 보기 ├

> 원자재 용기에 (　　　)이/가 없는 경우에는 관리번호를 부여하여 보관하여야 한다.

① 제조번호   ② 라벨   ③ 성적서

④ 사용기한   ⑤ 시험기록서

> **해설** 원자재 용기에 제조번호가 없는 경우에는 관리번호를 부여하여 보관하여야 한다.

정답   08 ⑤   09 ①   10 ②   11 ①

12 입고된 원료, 내용물 및 포장재의 품질관리 기준에서 기준일탈의 조사과정의 순서로 적합한 것은?

> (ㄱ)–(ㄴ)–(ㄷ)–재시험–결과 검토–재발 방지책

	ㄱ	ㄴ	ㄷ
①	Laboratory Error 조사	추가 시험	재검체 채취
②	Laboratory Error 조사	재검체 채취	추가 시험
③	추가 시험	Laboratory Error 조사	재검체 채취
④	재검체 채취	추가 시험	Laboratory Error 조사
⑤	재검체 채취	Laboratory Error 조사	추가 시험

> 해설 ㄱ. Laboratory Error 조사 : 담당자의 실수, 분석기기 문제 등의 여부 조사
> ㄴ. 추가 시험 : 오리지널 검체를 대상으로 다른 담당자가 실시
> ㄷ. 재검체 채취 : 오리지널 검체가 아닌 다른 검체 채취

13 다음 중 유통화장품의 안전관리기준에 대한 설명으로 옳지 <u>않은</u> 것은?

> [안전관리 기준]
> • 유해물질을 선정하고 허용한도를 설정
> • 미생물에 대한 허용한도를 설정

① 화장품을 제조하면서 인위적으로 첨가하지 않았을 경우 안전기준을 충족한다.
② 제조과정 중 비의도적으로 이행된 경우 안전기준을 충족하지 않는다.
③ 보관과정 중 비의도적으로 이행된 경우 안전기준을 충족한다.
④ 포장재로부터 비의도적으로 이행된 경우 안전기준을 충족한다.
⑤ 기술적으로 완전한 제거가 불가능한 경우에만 검출한도가 적용된다.

> 해설 유통화장품 내에 유해물질 및 미생물이 허용치 이하로 검출되면 안전기준을 충족한 제품이다. 만약 유해물질과 미생물이 제조과정 중 비의도적으로 이행된 경우에는 안전기준을 충족하지만 의도적으로 첨가하는 경우는 안전기준을 위반하는 것이다.

14 맞춤형화장품 판매업의 신고 시 제출해야 할 내용과 거리가 <u>먼</u> 것은?

① 맞춤형화장품 판매 가격
② 맞춤형화장품 판매업자의 상호 및 소재지
③ 맞춤형화장품 조제관리사의 성명, 생년월일
④ 맞춤형화장품 조제관리사의 자격증 번호
⑤ 맞춤형화장품 판매업을 신고한 자

> 해설 맞춤형화장품 신고서에 포함된 내용은 맞춤형화장품 판매업소의 소재지를 관할하는 지방식품의약품안전청장에게 제출한다. 이때, 품목의 판매 가격은 신고 사항이 아니다.

정답 12 ① 13 ② 14 ①

15 맞춤형화장품 조제관리사가 화장품 안전성 확보 및 품질관리를 위해 받아야 하는 교육 주기는?

① 15일 ② 3개월 ③ 6개월

④ 1년 ⑤ 2년

해설 맞춤형화장품 조제관리사는 화장품 안전성 확보 및 품질관리를 위해 책임판매관리자와 함께 매년 교육을 받아야 한다.

16 미백기능성 고시 성분 및 그 함량으로 옳은 것은?

① 에칠헥실메톡시신나메이트 – 7.5%

② 페녹시에탄올 – 1%

③ 옥토크릴렌 – 10%

④ 알부틴 – 2~5%

⑤ 닥나무추출물 – 10%

해설 ①, ③ 에칠헥실메톡시신나메이트, 옥토크릴렌은 자외선 차단성분이다.
② 페녹시에탄올은 보존제이다.
⑤ 닥나무추출물도 피부 미백기능의 기능성 원료이며 함량은 2%이다.

17 다음 〈보기〉에서 설명하는 피부 타입은?

┤ 보기 ├

• 2가지 이상의 타입이 공존한다.
• T-zone 주위로 지성 피부의 특성을 나타낸다.
• U-zone 주위로 건성 피부의 특성을 나타낸다.

① 정상 피부 ② 지성 피부 ③ 건성 피부
④ 복합성 피부 ⑤ 민감성 피부

해설 복합성 피부는 T-zone 주위로 피지선의 활동이 활발한 상태이나, U-zone을 중심으로는 분비량이 적어서 두 가지 타입의 고민을 같이 나타낸다.

18 다음 〈보기〉에서 설명하는 모발의 구조는?

┤ 보기 ├

모발의 85~90%를 차지하고 멜라닌 색소를 보유하여 탄력, 질감, 색상 등 주요 특성을 나타낸다.

① 모표피 ② 모피질 ③ 모수질
④ 모간 ⑤ 모근

해설 모피질에 대한 내용으로 모피질 세포들은 그 사이의 간층 물질로 결합되어 있으며, 가로 방향으로는 절단하기 어려우나 세로 방향으로는 잘 갈라진다.

정답 15 ④ 16 ④ 17 ④ 18 ②

19 〈보기〉 중 화장품의 안정성 실험의 종류와 조건에 대한 설명으로 옳은 것은?

┤ 보기 ├

ㄱ. 장기보존 시험 – 6개월 이상 시험하는 것을 원칙 – 실온보관 화장품 : 온도 25±2℃
ㄴ. 가속 시험 – 온도 순환(–15~45℃)을 통한 냉동 · 해동 조건 실시
ㄷ. 가혹 시험 – 6개월 이상 시험하는 것을 원칙 – 온도 40±2℃
ㄹ. 개봉 후 안정성 시험 – 6개월 이상 시험하는 것을 원칙 – 3로트 이상에 대하여 시험하는 것을 원칙

① ㄱ, ㄷ   ② ㄱ, ㄹ   ③ ㄴ, ㄹ
④ ㄴ, ㄴ   ⑤ ㄷ, ㄹ

해설 ㄴ. 가속 시험은 장기보존 시험보다 온도를 15℃ 높여야 하며, 6개월 이상 시험하는 것을 원칙으로 하고 온도는 40±2℃가 적당하다.
ㄷ. 가혹 시험은 온도 순환(–15~45℃)을 통해 냉동 · 해동 조건을 실시한다.

20 화장품 책임판매업자 A씨는 위해(危害)를 끼치거나 끼칠 우려가 있는 B화장품이 유통 중인 사실을 알게 되었다. 그러나 브랜드 평판 하락을 우려해서 해당 화장품의 회수 조치를 하는 데에 필요한 조치를 취하지 않았다. 이때 받게 되는 처분은?

① 3년 이하의 징역 또는 3천만원 이하의 벌금
② 2년 이하의 징역 또는 2천만원 이하의 벌금
③ 1년 이하의 징역 또는 1천만원 이하의 벌금
④ 200만원 이하의 벌금
⑤ 100만원 이하의 과태료

해설 화장품 책임판매업자는 위해 화장품을 회수하거나 회수하는 데에 필요한 조치를 하여야 한다. 이를 위반할 시 200만원 이하의 벌금에 처해진다.

21 〈보기〉와 같은 경우 화장품법에 따라 받게 되는 처분은?

┤ 보기 ├

제품별로 안전과 품질을 입증할 수 있는 안전성 자료를 작성 · 보관하지 않고, 영유아 또는 어린이가 사용할 수 있는 화장품임을 표시 · 광고하려는 경우

① 3년 이하의 징역 또는 3천만원 이하의 벌금
② 2년 이하의 징역 또는 2천만원 이하의 벌금
③ 1년 이하의 징역 또는 1천만원 이하의 벌금
④ 200만원 이하의 벌금
⑤ 100만원 이하의 과태료

해설 어린이가 화장품을 잘못 사용하여 인체에 위해를 끼치는 사고가 발생하지 아니하도록 안전용기 · 포장을 사용한 것을 위반한 경우와 마찬가지로 1년 이하의 징역 또는 1천만원 이하의 벌금의 행정 처분을 받는다.

정답 19 ② 20 ④ 21 ③

22 〈보기〉와 같은 경우 화장품법에 따라 받게 되는 처분은?

┤ 보기 ├

맞춤형화장품 조제관리사를 고용하여 맞춤형화장품 판매업을 신고한 뒤 즉시 해고하여 맞춤형화장품 조제관리사 없이 맞춤형화장품을 영업하다가 적발된 경우

① 3년 이하의 징역 또는 3천만원 이하의 벌금
② 2년 이하의 징역 또는 2천만원 이하의 벌금
③ 1년 이하의 징역 또는 1천만원 이하의 벌금
④ 200만원 이하의 벌금
⑤ 100만원 이하의 과태료

해설 화장품제조업 또는 화장품책임판매업을 등록을 위법하게 한 경우와 마찬가지로 가장 큰 행정 처분인 3년 이하의 징역 또는 3천만원 이하의 벌금을 받는다.

23 기능성 제품의 효능 · 효과와 유효성 및 기능을 입증하는 시험 중 올바르게 짝지어진 것은?
① 주름을 완화 - IGA등급 개선 시험
② 미백에 도움 - UVA에 의한 색소침착 억제 실험
③ 자외선으로부터 피부를 보호 - 세포 내 콜라겐 생성 시험
④ 여드름성 피부를 완화하는 데 도움 - 티로시나아제 활성 억제 실험
⑤ 탈모증상 완화에 도움 - Phototrichogram 사진 촬영 분석 시험

해설 ① 주름을 완화 - 세포 내 콜라겐 생성 시험
② 미백에 도움 - 티로시나아제 활성 억제 실험
③ 자외선으로부터 피부를 보호 - UVA에 의한 색소침착 억제 실험
④ 여드름성 피부를 완화하는 데 도움 - IGA등급 개선 시험

24 세포 또는 조직에 대한 품질 및 안전성 확보에 필요한 정보를 확인할 수 있도록 〈보기〉의 내용을 포함한 세포 · 조직 채취 및 (   )를 작성 · 보존하여야 한다. 괄호 안에 들어갈 적절한 문서는?

┤ 보기 ├

• 채취한 의료기관 명칭
• 채취 연월일
• 공여자 식별 번호
• 공여자의 적격성 평가 결과
• 동의서
• 세포 또는 조직의 종류, 채취방법, 채취량, 사용한 재료 등의 정보

① 품질성적서   ② 판매내역서   ③ 독성시험자료
④ 판매신고서   ⑤ 검사기록서

해설 공여자는 건강한 성인으로서 감염증이나 질병으로 진단되지 않은 것을 확인하는 적격성 평가 결과를 확보해야 한다. 즉, 세포 · 조직 채취 및 검사기록서를 작성 후 보관해야 한다.

정답   22 ①   23 ⑤   24 ⑤

25 인체세포조직 배양액 안전기준 중 채취, 배양시설 및 환경의 관리 사항으로 옳지 <u>않은</u> 것은?

① 제조공정 중 오염을 방지하는 등 위생관리를 위한 제조위생관리 기준서를 작성하고 이에 따라야 한다.

② 인체 세포·조직 배양액을 제조하는 배양시설은 청정등급 1B(Class 10,000) 이상의 구역에 설치하여야 한다.

③ 제조 시설 및 기구는 정기적으로 점검하여 관리되어야 한다.

④ 인체 세포·조직은 채취 혹은 보존에 필요한 위생상의 관리가 가능한 배양기관에서 채취된 것만을 사용한다.

⑤ 제조 시설 및 기구는 작업에 지장이 없도록 배치되어야 한다.

해설 인체 세포·조직은 채취 혹은 보존에 필요한 위생상의 관리가 가능한 의료기관에서 채취된 것만을 사용한다.

26 인체 세포·조직 배양액 안전기준에 적합한 경우 이를 화장품에 사용할 수 있다. 다음 중 용어의 정의로 적절하지 <u>않은</u> 것은?

① "공여자 적격성검사"란 공여자에 대하여 문진, 검사 등에 의한 진단을 실시하여 해당 공여자가 세포 배양액에 사용되는 세포 또는 조직을 제공하는 것에 대해 적격성이 있는지를 판정하는 것을 말한다.

② "공여자"란 배양액에 사용되는 세포 또는 조직을 제공하는 사람을 말한다.

③ "청정등급"이란 부유입자 및 미생물이 유입되거나 잔류하는 것을 통제하여 일정 수준 이하로 유지되도록 관리하는 구역의 관리수준을 정한 등급을 말한다.

④ "인체 세포·조직 배양액"은 인체에서 유래된 세포 또는 조직을 배양한 후 세포와 조직을 포함하는 배양액을 말한다.

⑤ "윈도우 피리어드(window period)"란 감염 초기에 세균, 진균, 바이러스 및 그 항원-항체-유전자 등을 검출할 수 없는 기간을 말한다.

해설 "인체 세포·조직 배양액"은 인체에서 유래된 세포 또는 조직을 배양한 후 세포와 조직을 제거하고 남은 액을 말한다.

27 총 호기성 생균수 시험법은 화장품 중 총 호기성 생균(세균 및 진균)수를 측정하는 시험방법이다. 다음 중 세균수를 분석하는 방법과 조건으로 적절한 것은?

	분석 방법	조건
①	한천평판도말법	30~35℃, 5일
②	한천평판희석법	30~35℃, 48시간
③	한천평판도말법	20~25℃, 48시간
④	한천평판희석법	35~42℃, 48시간
⑤	한천평판희석법	30~35℃, 5일

해설 한천평판희석법과 한천평판도말법은 고체 배지에서 미생물을 배양하여 콜로니(균집락)의 수를 확인할 수 있는 방법이다. 세균은 30~35℃에서 48시간 배양하여 확인하고, 진균은 20~25℃에서 5일 배양 후 확인한다.

28 반영구 염모방식인 산성 염모제의 적절한 pH는?

① pH 3~3.5　　　　　② pH 4~4.5　　　　　③ pH 5~5.5

④ pH 6~6.5　　　　　⑤ pH 7~7.5

해설 모발 단백질의 등전점인 pH 3.7 이하로 내려가면 모발은 +전하를 가지에 된다. 음전하를 가지는 색소가 모발 표면에 결합하는 원리에 의해 pH는 모발 단백질의 등전점보다 낮아야 한다. 즉, 반영구 염모방식인 산성 염모제의 적절한 수치는 pH 3~3.5이다.

29 퍼머넌트웨이브용 및 헤어스트레이트너 제품의 안전기준은 아래와 같다. 이를 확인하기 위한 시험방법에서 A와 B에 적절한 것을 순서대로 나열한 것은?

[안전기준]

냉 2욕식 1제(치오글리콜릭 애시드 및 그 염류)	
알카리(0.1N 염산 소비)	검체 1ml에서 7ml 이하
산성에서 끓인 후의 환원성 물질	2~11%

[시험법]

알카리	검체 10ml에 물을 넣어 100ml로 만든다. 이 검액 20ml에 0.1N 염산으로 적정하며 지시약 색상의 변화를 관찰한다(지시약 A 사용).
산성에서 끓인 후의 환원성 물질	검액 20ml에 물 50%, 황산 5ml를 넣고 가열하여 5분간 끓인다. 식힌 후 0.1N 요오드 액으로 적정한다(지시약 : B 사용).

	A	B
①	메칠레드시액	전분지시액
②	황산	메칠레드시액
③	전분지시액	요오드액
④	염산	요오드액
⑤	요오드액	전분지시액

해설 1제 내의 알카리 성분을 확인하기 위해 염산을 가해서 메칠레드시액으로 적정한다. 또한 환원성 물질을 적정하기 위해서는 요오드를 사용하여 전분지시액으로 적정한다.

30 화장품의 안전관리 기준의 퍼머넌트웨이브제에 대한 규정에서 시스테인, 시스테인염류 또는 아세틸시스테인을 주성분으로 하는 냉 2욕식 퍼머넌트웨이브용 제품의 시스테인의 관리 기준에서 A에 해당하는 것은?

환원성 물질	시스테인, 시스테인염류 또는 아세틸시스테인	
사용 조건	냉 2욕식(실온 사용)	가온 2욕식(60도 이하)
알카리 (0.1N 염산 소비)	검체 1ml에서 12ml 이하	검체 1ml에서 9ml 이하
시스테인	A	1.5~5.5%
환원후의 환원성 물질	0.65% 이하	0.65% 이하
공통	중금속 20μg/g, 비소 5μg/g, 철 2μg/g 이하	

① 3.0~7.5% ② 6.5% ③ 1.5~5%
④ 4% ⑤ 0.65%

> **해설** 냉 2욕식 퍼머넌트제품 1제 내의 시스테인 함량의 범위는 3.0~7.5%로 규정되고, 가온 2욕식의 경우 1.5~5.5%로 제한된다.

31 화장품의 안전관리 기준의 퍼머넌트웨이브제에 대한 규정에서 시스테인, 시스테인염류 또는 아세틸시스테인을 주성분으로 하는 가온 2욕식 퍼머넌트웨이브용 제품(사용 시 약 60℃ 이하로 가온 조작하여 사용하는 것)의 제1제의 적절한 pH는?

① pH 2.5~4.5 ② pH 4~10.5 ③ pH 4~9.5
④ pH 5~5.5 ⑤ pH 8~9.5

> **해설** 시스테인을 주성분으로 하는 가온 2욕식의 제1제는 pH 4.0~9.5의 범위를 가진다. 이보다 낮은 온도에서 진행하며 시스테인을 주성분으로 하는 냉 2욕식 제1제는 pH 8.0~9.5 사이의 범위를 가진다.

32 다음 〈보기〉 중 퍼머 시 사용할 수 있는 환원제 2가지로 옳은 것은?

┤ 보기 ├
ㄱ. 시스테인 ㄴ. 과산화수소수
ㄷ. 치오글라이콜릭애시드 ㄹ. 베헨트리늄 클로라이드
ㅁ. 살리실릭애시드

① ㄱ, ㄷ ② ㄱ, ㄹ ③ ㄴ, ㄹ
④ ㄷ, ㅁ ⑤ ㄹ, ㅁ

> **해설** 모발 단백질 사이의 이황화결합(disulfide bond)을 자르는 것은 모발 단백질이 환원되는 것으로 정의하기 때문에 시스테인 혹은 치오글라이콜릭애시드를 사용한다. 이후 모발의 형태를 변형시키고 과산화수소수 제제로 다시 이황화결합을 만들어주는 산화 과정을 통해서 종료한다.
> ㄹ. 베헨트리늄 클로라이드는 양이온성 계면활성제로 모발 코팅 등에 사용된다.
> ㅁ. 살리실릭애시드는 여드름 피부를 완화하는 데 도움을 주는 기능성 고시원료로 사용된다.

33 사용상의 제한이 필요한 염모제의 성분이 <u>아닌</u> 것은?

① 퀴닌   ② 과산화수소수   ③ 니트로-p-페닐렌디아민

④ p-아미노페놀   ⑤ 레조시놀

> 해설   퀴닌은 샴푸에서 0.5%까지의 사용한도가 있는 사용상의 제한이 필요한 원료이고 기타제품에 사용하지 못하나, 염모
> 제 성분은 아니다. 나머지는 염모제에 사용되는 사용상의 제한이 있는 원료에 속한다.
>
>   ② 과산화수소-12%
>   ③ 니트로-p-페닐렌디아민-3%
>   ④ p-아미노페놀-0.9%
>   ⑤ 레조시놀-2%

34 내용량이 50ml 또는 50g 초과인 제품의 경우 표기해야 하는 내용으로 올바르지 <u>않은</u> 것은?

① 중량   ② 분리배출 표시   ③ 표시성분

④ 제조번호   ⑤ 사용 시의 주의사항

> 해설   표시성분은 50ml 이하 제품의 2차 포장 기재사항으로 전성분을 표시해야 한다.

35 기능성화장품의 식약처 기능성 고시 원료와 그 함량으로 적합한 것은?

① 옥토크릴렌-8%

② 아데노신-1~2%

③ 벤질알코올-1%

④ 닥나무 추출물-2%

⑤ 니트로-p-페닐렌디아민-3%

> 해설   아데노신은 주름개선 기능성 원료이지만 0.04%의 함량 제한을 가진다. 니트로-p-페닐렌디아민은 염모제 성분, 벤
> 질알코올은 보존제, 옥토크릴렌은 자외선 차단 성분으로 사용상의 제한이 있는 원료이다.

36 작업소의 공기조절의 4대 요소와 관리기기가 바르게 연결된 것은?

① 청정도-공기정화기   ② 실내온도-가습기   ③ 향기-디퓨저

④ 습도-송풍기   ⑤ 기류-열교환기

> 해설   ② 실내온도-열교환기
>   ③ 향은 CGMP의 공기조절요소에 해당하지 않는다.
>   ④ 습도-가습기
>   ⑤ 기류-송풍기

정답   33 ①   34 ③   35 ④   36 ①

37 표시 · 광고 관련 행정처분 중 1차 위반 시 처분이 <u>다른</u> 하나는?

① 기능성화장품 심사 없이 주름개선 표시 · 광고

② 여드름을 치료하는 화장품을 표시 · 광고

③ 유기농화장품에 적합하지 않은 제품을 표시 · 광고

④ 아토피 협회인증을 표시 · 광고

⑤ 부작용이 전혀 없다고 표시 · 광고

> **해설** 화장품으로 여드름을 치료한다는 등 의약품으로 오인하게 하는 표시 · 광고를 하는 경우 1차 위반 시 판매 및 광고
> 정지 3개월의 처분을 받는다. 나머지는 2개월의 처분을 받는다.

38 화장품의 내용량 기준 및 표시사항에 적합한 것은?

① 제품 3개를 가지고 시험할 때 그 평균 내용량은 표기량에 대하여 95% 이상 되어야 한다.

② 화장비누는 수분함량중량과 건조중량을 표시해야 한다.

③ 기준치를 벗어날 경우 6개의 평균 내용량이 기준치 이상 되어야 한다.

④ 화장비누는 수분함량중량을 시험한다.

⑤ 내용량은 1차 포장의 필수 기재사항이다.

> **해설** ① 제품 3개를 가지고 시험할 때 그 평균 내용량은 표기량에 대하여 97% 이상 되어야한다.
> ③ 기준치를 벗어날 경우 9개의 평균 내용량이 기준치 이상 되어야 한다.
> ④ 화장비누는 건조중량을 기준으로 시험한다. 표시는 수분함량과 건조중량을 표시한다.
> ⑤ 내용량은 2차 포장의 필수 기재사항이다.

39 화장품 전성분 표시제도의 표시방법에서 거리가 <u>먼</u> 것은?

① 글자 크기 : 1포인트 이상

② 표시 순서 : 제조에 사용된 함량이 많은 것부터 기입

③ 순서 예외 : 1% 이하로 사용된 성분, 착향료, 착색제는 함량 순으로 기입하지 않아도 됨

④ 표시 제외 : 원료 자체에 이미 포함되어있는 미량의 보존제 및 안정화제

⑤ 향료 표시 : 착향제는 "향료"라고 기입한다.

> **해설** 화장품 전성분 표시 글자는 알아볼 수 있는 5포인트 이상의 크기로 기입해야 한다.

40 표피에서 분화도가 가장 낮은 단계에 있는 것은?

① 각질층	② 투명층	③ 과립층
④ 유극층	⑤ 기저층	

> **해설** 표피층의 각질형성세포는 각질층을 만들기 위해서 기처층에서 분화해 나간다. 즉 기저층의 분화도가 가장 낮다.

정답 37 ② 38 ② 39 ① 40 ⑤

41 다음 중 사용상의 제한이 있는 자외선차단제 및 그 함량으로 옳은 것은?

① 알파비사보롤 : 0.5%

② 글루타랄 : 0.1%

③ 티타늄디옥사이드 : 25%

④ 세틸피리듐 클로라이드 : 0.08%

⑤ 트리클로카반 : 0.2%

해설 티타늄디옥사이드는 자외선을 산란시키는 무기자외선 차단소재이다.
① 알파비사보롤은 미백기능성 소재이다.
②, ④, ⑤ 글루타랄, 세틸피리듐 클로라이드, 트리클로카반은 사용상의 제한이 있는 보존제이다.

42 다음 중 알레르기 유발 가능성이 있는 향료 25종에 포함되는 성분이 <u>아닌</u> 것은?

① 신나밀알코올　　　　② 브로모신남알　　　　③ 벤질신나메이트

④ 헥실신남알　　　　　⑤ 아밀신나밀알코올

해설 브로모신남알은 방충제에 쓰이는 성분이다.

43 화장품을 제조하면서 비의도적으로 유도된 물질의 검출 허용한도로 잘못 연결된 것은?

① 철 : 2μg/g 이하

② 안티몬 : 10μg/g 이하

③ 카드뮴 : 5μg/g 이하

④ 납 : 20μg/g(일반 제품)

⑤ 프탈레이트류 : 100μg/g 이하

해설 철은 유해화학물질에 해당하지 않아 화장품에서 검출되어도 무방하다. 산화철은 색조화장품의 안료로 사용된다.

44 다음 〈보기〉 중 화장품에서 사용이 금지된 프탈레이트의 원료로 짝지어진 것은?

보기
ㄱ. 디에틸프탈레이트　　　　　　　　ㄴ. 부틸벤질프탈레이트
ㄷ. 디부틸프탈레이트　　　　　　　　ㄹ. 디부틸프탈레이트
ㅁ. 디에틸헥실프탈레이트

① ㄱ, ㄷ, ㅁ　　　　② ㄱ, ㄹ, ㅁ　　　　③ ㄴ, ㄹ, ㅁ

④ ㄴ, ㄷ, ㅁ　　　　⑤ ㄷ, ㄹ, ㅁ

해설 ㄴ, ㄷ, ㅁ는 화장품 배합 급지 원료이며 비의도적으로 들어간 경우 합이 100ppm 이하로 관리되어야 한다. 디에틸프탈레이트, 디부틸프탈레이트는 매니큐어, 모발스프레이 등에 사용된다.

45 화장품 사용 시 알러지, 피부 자극 등이 발생하였다. 이 경우 화장품 선택에서 가장 중요하게 고려해야 할 품질 속성은 무엇인가?

① 안전성   ② 안정성   ③ 유효성
④ 사용성   ⑤ 약효성

해설 화장품은 약리작용은 없더라도 소비자가 안심하고 사용할 수 있는 안전성을 가장 중요하게 고려해야 할 특성이다.

46 위해성 평가에 대한 내용 중 옳은 것은?

① 비발암성의 안전역이 100 이상이면 안전하다고 판단한다.
② 발암성 물질의 평생발암 위험도가 100 이상이면 안전하다고 판단한다.
③ 노출평가는 실험 및 문헌 연구로 독성물질의 유해성 정도를 확인하는 과정이다.
④ 임산부를 대상으로 평가를 실시할 수 없다.
⑤ 위험성 확인은 화장품 내의 농도, 사용량 등으로 인체에 흡수되는 용량을 결정하는 단계이다.

해설 ② 발암성 물질의 평생발암 위험도가 10^{-5} 이하이면 안전하다고 판단한다.
③ 위험성 확인 단계는 실험 및 문헌 연구로 독성물질의 유해성 정도를 확인하는 과정이다.
④ 특정 집단에 노출될 가능성이 클 경우 어린이 및 임산부 등 민감집단이나 고위험집단을 대상으로 위해성 평가를 실시할 수 있다.
⑤ 노출평가는 화장품 내의 농도, 사용량 등으로 인체에 흡수되는 용량을 결정하는 단계이다.

47 맞춤형화장품 판매영업장의 폐업 시 개인정보의 파기 원칙에 적합하지 않은 것은?

① 인쇄물, 서면 형태의 기록은 파쇄한다.
② 개인정보를 파기할 때에는 복구 또는 재생되지 아니하도록 조치한다.
③ 전자적 파일 형태인 경우 복원이 불가능한 방법으로 영구 삭제한다.
④ 기록물, 그 밖의 기록매체인 경우 소각한다.
⑤ 인쇄물, 서면일 경우는 사본을 제작·보관한다.

해설 기록 매체의 경우 파쇄 소각으로 없애고 사본을 남기지 않는다.

48 다음 〈보기〉 중 얼굴과 손에 반점이 생기고 이와 비슷한 유해사례가 지속적으로 발생할 경우 책임판매업자가 해야 하는 일은?

┤ 보기 ├

ㄱ. 식약처장에게 즉시 보고   ㄴ. 회수
ㄷ. 6일 안에 계획서 보고   ㄹ. 지방식품의약품안전청장에게 회수계획서 제출
ㅁ. 2달 안에 회수

① ㄱ, ㄷ, ㅁ   ② ㄱ, ㄴ, ㄹ   ③ ㄴ, ㄹ, ㅁ
④ ㄴ, ㄷ, ㅁ   ⑤ ㄷ, ㄹ, ㅁ

해설 얼굴과 손에 반점이 생기고 이와 비슷한 유해사례가 지속적으로 발생될 경우 나 등급에 해당하므로, 책임판매업자는 식약처장에게 즉시 보고한 후 5일 안에 회수계획서를 제출하고, 30일 이내에 회수하여야 한다.

정답   45 ①   46 ①   47 ⑤   48 ②

49 맞춤형화장품을 사용한 고객에게 부작용이 나타났을 경우, 맞춤형화장품 판매업자가 취해야 하는 조치로 올바른 것은?

① 혼합 · 소분에 사용된 내용물 · 원료의 내용 및 특성을 소비자에게 설명한다.

② 식품의약품안전처장에게 지체 없이 보고한다.

③ 맞춤형화장품 사용 시의 주의사항을 소비자에게 설명한다.

④ 혼합에 사용할 시설, 기구를 점검한다.

⑤ 판매내역서를 보관한다.

> **해설** 부작용 발생 시 맞춤형화장품 판매업자는 식품의약품안전처장에게 지체 없이 보고해야 한다. 나머지는 기본적인 맞춤형화장품 판매업자의 의무이다.

50 친구의 추천으로 주름화장품 에센스를 썼는데 효과가 없고 피부에 알러지가 발생하였다. 맞춤형화장품 조제관리사가 〈보기〉의 전성분을 확인한 후 할 수 있는 설명과 거리가 먼 것은?

┤ 보기 ├

정제수, 글리세린, 알부틴, 벤질알코올, 히알루론산, 리모넨, 페녹시에탄올, 유화제, 부틸렌글라이콜, 참깨오일

① 주름개선 성분이 없습니다.

② 알부틴 부작용이 있을 수 있습니다.

③ 리모넨 성분에 의해서 알레르기가 있을 수 있습니다.

④ 벤질알코올은 방부제로 사용되었습니다.

⑤ 참깨오일이 있어서 알러지가 있을 수 있습니다.

> **해설** 참깨오일은 알러지 관련 주의 내용에 해당사항이 없다.
> ① 알부틴은 미백기능성 고시성분으로 위 화장품에는 주름개선 기능성 성분이 함유되어 있지 않다.
> ② 알부틴은 부작용에 유의해야 한다.

51 색소 침착을 막아주는 물질 중 자외선 차단제를 사용할 때 자외선을 흡수하는 성질이 <u>다른</u> 것은?

① 호모살레이트   ② 에칠헥실메톡시신나메이트   ③ 아보벤존
④ 벤조페논-3   ⑤ 티타늄디옥사이드

> **해설** 무기자외선 차단제인 티타늄디옥사이드는 자외선을 산란시키고, 나머지는 유기자외선 차단제로서 자외선을 흡수하여 열에너지로 변환시킨다.

52 피부에서 작용하는 효소 중 효소의 반응을 위해서 구리를 필요로 하는 효소는?

① 티로시나아제   ② 콜라게나아제   ③ 엘라스티나아제
④ 젤라티나아제   ⑤ 스트로멜라이신

> **해설** ②, ④, ⑤ 콜라게나아제, 젤라티나아제, 스트로멜라이신(콜라게네이즈 활성화) 등은 아연을 필요로 한다.
> ③ 엘라스티나아제는 금속 이온 없이 활성을 나타낸다.

정답 49 ② 50 ⑤ 51 ⑤ 52 ①

53 화장품 표시 – 광고 규정에 따른 용기 기재사항에서 다음과 같은 50ml 초과 제품의 1차 포장에 기입해야 하는 기재사항이 <u>아닌</u> 것은?

제품명:A로션

제조번호:1234

┤ 보기 ├

ㄱ. 화장품 사용 시 주의사항　　　　　　ㄴ. 사용기한
ㄷ. 책임판매업자의 상호　　　　　　　　ㄹ. 용량/중량
ㅁ. 전성분

① ㄱ, ㄴ, ㄹ　　　　　　② ㄱ, ㄹ, ㅁ　　　　　　③ ㄴ, ㄹ, ㅁ
④ ㄴ, ㄷ, ㅁ　　　　　　⑤ ㄷ, ㄹ, ㅁ

해설 화장품 사용 시 주의사항, 용량/중량, 전성분은 2차 포장 기재사항에 해당한다.

54 피부 자극에 의해서 발생하는 대표적인 현상이 <u>아닌</u> 것은?

① 부종　　　　　　② 흑화　　　　　　③ 통증
④ 홍조　　　　　　⑤ 발열

해설 피부 자극에 의한 염증 반응은 면역반응의 일종으로 발생한다. 흑화는 멜라닌 형성이 증가한 경우로 피부 자극에 의한 직접적인 현상은 아니다.

55 다음 중 세포 내 소기관 중 호흡을 담당하는 것은?

① 골지체　　　　　　② 엑소좀　　　　　　③ 엔도좀
④ 미토콘드리아　　　⑤ 핵

해설 ① 골지체 : 물질의 저장 및 분비에 관여
　　 ② 엑소좀(세포 바깥 소체) : 세포 내 물질을 외부로 전달
　　 ③ 엔도좀 : 세포 내에서 형성된 막 구조, 세포 내 전달 담당
　　 ⑤ 핵 : 유전정보 보관

56 다음 〈보기〉는 맞춤형 화장품 매장에서의 대화이다. 구매할 수 있는 제품에 해당하는 유형이 <u>아닌</u> 것은?

┤ 보기 ├

점원 : 저번 제품은 잘 쓰셨나요?
고객 : 네, 좋았습니다.
점원 : 그럼 지난번 걸로 드릴까요?
고객 : 아니요, 이번에는 다른 유형으로 10㎖ 소분해주세요.

① 흑채   ② 제모왁스   ③ 손소독제
④ 외음부세정제   ⑤ 데오드란트

해설 손소독제는 의약외품으로 화장품의 영역이 아니다.

57 영유아용 화장품에 사용된 함량을 표시해야 하는 성분은?

① 페녹시에탄올   ② 글리세린   ③ 카나우바왁스
④ 비이온성 계면활성제   ⑤ 팔미틱애씨드

해설 사용상의 제한이 있는 원료인 방부제(페녹시에탄올)를 영유아용 제품에 사용한 경우 그 함량을 표시해야 한다.

58 피부 조직에 대한 설명 중 <u>틀린</u> 것은?

① 케라티노사이트 : 표피층을 구성하고 각질을 형성한다.
② 멜라노사이트 : 멜라닌 색소를 형성하여 피부색을 결정한다.
③ 모세혈관 : 표피, 진피까지 혈관을 분포한다.
④ 교원세포 : 진피층에서 콜라겐 등의 물질을 합성한다.
⑤ 소한선 : 체온을 조절하는 땀을 분비한다.

해설 모세혈관은 진피까지 분포한다.

59 피부자극이 가장 낮은 계면 활성제의 분류는?

① 음이온계 계면활성제   ② 비이온계 계면활성제   ③ 양이온계 계면활성제
④ 양쪽성 계면활성제   ⑤ 친수성 계면활성제

해설 비이온성 계면활성제는 피부자극이 낮아 화장품 제조에 가장 많이 사용된다.

60 알코올, 비타민, 고급지방산 중 지용성인 것들로 올바르게 구성되어 있는 것은?

① 세틸알코올, 토코페롤, 라우릭애씨드
② 이소스테아릴알코올, 아스코빅애씨드, 팔미틱애씨드
③ 세틸알코올, 아스코빅애씨드, 스테아릭애씨드
④ 에틸알코올, 토코페롤, 라우릭애씨드
⑤ 에틸알코올, 판토테닉애씨드, 스테아릭애씨드

해설 세틸알코올, 라우릭애씨드, 비타민 E(토코페롤)은 지용성이고, 비타민C(아스코빅애씨드), 비타민 B5(판토테닉애씨드), 에틸알코올은 수용성이다.

정답   56 ③   57 ①   58 ③   59 ②   60 ①

61 다음 〈보기〉중 주름개선 기능성 크림을 광고할 수 있는 내용으로 옳지 못한 것을 <u>모두</u> 고른 것은?

┤ 보기 ├

ㄱ. 이 화장품의 주름 개선 효과는 정말 최고입니다!
ㄴ. 피부에 탄력을 주어 주름 개선에 효과가 있답니다.
ㄷ. 홍길동 피부과 의사가 추천한 크림입니다.
ㄹ. 폴리에톡실레이티드레틴아마이드가 0.2퍼센트 함유되어 있습니다.
ㅁ. 포름알데하이드가 함유되어 있지 않습니다.

① ㄱ, ㄷ, ㅁ   ② ㄱ, ㄹ, ㅁ   ③ ㄴ, ㄹ, ㅁ
④ ㄴ, ㄷ, ㅁ   ⑤ ㄷ, ㄹ, ㅁ

> **해설** 유효성과 관련하여 피부에 탄력을 주어 주름 개선에 효과가 있다는 표현은 가능하다. 또한 식약처에 보고한 경우, 고시 성분인 폴리에톡실레이티드레틴아마이드 함유에 대한 표현은 가능하다.
> ㄱ. 최고, 최상 등의 배타적인 표현은 광고할 수 없다.
> ㄷ. 의사 등이 추천한다는 내용은 광고할 수 없다.
> ㅁ. 제품에 특정성분이 있지 않다는 표현은 시험 분석자료로 입증을 해야 가능하다.

62 계면활성제 음이온, 양이온, 비이온, 양쪽성 각각의 원료와 맞게 연결된 것은?

① 실리콘계 : 코코암포글리시네이트
② 양쪽성 : 글리세릴모노스테아레이트
③ 양이온 : 다이메티콘코폴리올
④ 비이온 : 세테아디모늄클로라이드
⑤ 음이온 : 암모늄라우릴설페이트

> **해설** ① 실리콘계 : 다이메티콘코폴리올
> ② 양쪽성 : 코코암포글리시네이트
> ③ 양이온 : 세테아디모늄클로라이드
> ④ 비이온 : 글리세릴모노스테아레이트

63 화장품을 제조하면서 비의도적으로 유도된 물질의 검출 허용 한도로 잘못 연결된 것은?

① 수은 : $1\mu g/g$ 이하   ② 카드뮴 : $5\mu g/g$ 이하   ③ 비소 : $5\mu g/g$ 이하
④ 니켈 : $10\mu g/g$(일반 제품)   ⑤ 납 : $20\mu g/g$(일반 제품)

> **해설** 비소의 경우 $10\mu g/g$으로 유지되어야 한다.

정답   61 ①   62 ⑤   63 ③

64 화장품 내의 미생물의 허용 한도로 적합한 것은?

① 기타화장품 : 대장균 1,000개/g(mL) 이하

② 눈화장용 제품류 : 총호기성생균수 1,000개/g(mL) 이하

③ 물휴지 : 세균 및 진균수 각각 100개/g(mL) 이하

④ 영유아 제품류 : 총호기성생균수 1,000개/g(mL) 이하

⑤ 기타화장품 : 총호기성생균수 10,000개/g(mL) 이하

해설 ①, ⑤ 기타화장품 : 총호기성생균수 1,000개/g(mL) 이하, 대장균 등의 병원성 미생물 불검출
②, ④ 눈화장용 제품류 및 영유아 제품류 : 총호기성생균수 500개/g(mL) 이하

65 다음 중 화장품 내에 인위적으로 화장품을 제조하면서 비의도적으로 유도된 물질의 검출 허용 한도에 대한 안전관리기준에 적합한 것은?

① 프탈레이트류 : 10μg/g   ② 메탄올 : 0.02(v/v)%   ③ 디옥산 : 100μg/g

④ 포름알데하이드 : 2μg/g   ⑤ 옥토크릴렌 : 3%

해설 ① 프탈레이트류 100μg/g
② 메탄올 : 0.2(v/v)%
④ 포름알데하이드 20μg/g
⑤ 옥토크릴렌은 자외선 차단 성분으로 사용상의 제한이 있는 원료에 속한다.

66 노화 피부에 대한 설명으로 옳지 않은 것은?

① 표피가 두꺼워졌다.

② 히알루론산 합성이 감소하였다.

③ 콜라겐의 합성이 감소하였다.

④ 자외선을 많이 받은 부위가 노화가 빠르게 진행되었다.

⑤ 콜라겐 분해효소의 활성이 증가했다.

해설 노화에 따라서 표피의 두께는 감소하게 된다.

67 다음 〈보기〉의 전성분 표기 중 자료 제출 생략이 가능한 기능성화장품 원료로 옳은 것은?

───┤ 보기 ├───

정제수, 글리세린, 페녹시에탄올, 유용성감초추출물, 카보머, 녹차추출물, 폴리에톡실레이티드레틴아마이드, 향료

① 페녹시에탄올, 유용성감초추출물

② 글리세린, 페녹시에탄올

③ 유용성감초추출물, 카보머

④ 유용성감초추출물, 폴리에톡실레이티드레틴아마이드

⑤ 폴리에톡실레이티드레틴아마이드, 향료

해설 유용성감초추출물은 미백기능성 고시 성분이고, 폴리에톡실레이티드레틴아마이드는 주름개선기능성 고시 성분이므로 자료 제출 생략이 가능한 기능성화장품 원료이다. 글리세린(보습제) 페녹시에탄올(방부제), 녹차추출물(일반 효능 성분), 향료(향 성분)는 자료를 제출해야 하는 원료이다.

정답 64 ③ 65 ③ 66 ① 67 ④

68 맞춤형화장품조제관리사 A씨가 보습에센스를 만들었다. 여기에 향료를 0.2%를 배합하였는데, 다음은 그 향료의 조성 목록이다. 이때 향료로 표기하지 않고 따로 알레르기 유발물질로서 기재해야 하는 것을 〈보기〉에서 <u>모두</u> 고른 것은?

[향료의 조성]
• 알코올 10%   • 리모넨 10%
• 1,2 헥산 디올 5%   • 시트로넬롤 5%
• 시트랄 1%   • 벤질알코올 0.1%
• 글리세린 0.1%

┤ 보기 ├

ㄱ. 1,2 헥산 디올   ㄴ. 리모넨
ㄷ. 벤질알코올   ㄹ. 시트랄
ㅁ. 시트로넬롤

① ㄱ, ㄷ, ㅁ   ② ㄱ, ㄹ, ㅁ   ③ ㄴ, ㄹ, ㅁ
④ ㄴ, ㄷ, ㅁ   ⑤ ㄷ, ㄹ, ㅁ

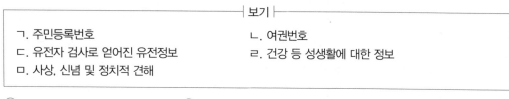

해설 씻어내지 않는 제품 중 0.001%를 초과하여 함유하면 알러지 유발 가능성이 있는 25종의 향료 성분은 별도로 표시해야 한다. 향료를 0.2% 사용하면 최종적으로 리모넨 0.02%, 시트랄 0.002%, 시트로넬롤 0.01%가 되어 모두 표시해야 한다.

69 다음 〈보기〉 중 개인정보 보호법에서 정하는 민감 정보에 해당하는 것은?

┤ 보기 ├

ㄱ. 주민등록번호   ㄴ. 여권번호
ㄷ. 유전자 검사로 얻어진 유전정보   ㄹ. 건강 등 성생활에 대한 정보
ㅁ. 사상, 신념 및 정치적 견해

① ㄱ, ㄷ, ㅁ   ② ㄱ, ㄹ, ㅁ   ③ ㄴ, ㄹ, ㅁ
④ ㄴ, ㄷ, ㅁ   ⑤ ㄷ, ㄹ, ㅁ

해설 정보주체의 사생활을 침해할 우려가 있는 개인정보들을 민감 정보라 하고, 개인을 고유하게 구별하게 하는 주민등록번호와 여권번호 등은 고유식별 정보라고 한다.

70 기능성화장품의 안전성 자료에 대한 실험법과 방법이 바르게 연결된 것은?

① 1차 피부 자극 시험 : Inhibition zone test

② 피부감작 시험 : Maximization test

③ 유전독성 시험 : Draize test

④ 안점막 자극 시험 : Adjuvant and strip method

⑤ 광독성 시험 : Oral mucosal irritation test

해설 ① 미생물 억제 시험 테스트 : Inhibition zone test

③ 안점막자극 시험 : Draize test

④ 광독성 시험 : Adjuvant and strip method

⑤ 구강 점막 자극 테스트 : Oral mucosal irritation test

71 섬유아 세포가 생산하지 <u>않는</u> 것은?

① 콜라겐   ② 히알루론산   ③ 엘라스틴

④ 콘드로이친황산   ⑤ 케라틴

해설 케라틴 단백질은 각질의 주요 성분으로, 각질형성세포(케라티노사이트)가 생성한다.

72 작업장의 청정도 등급 및 관리 기준 중 각 등급에 해당하는 관리 기준으로 옳은 것은?

① 1등급 : 환기장치

② 2등급 : 낙하균 30개/hr 또는 부유균 200개/m³

③ 3등급 : 공기순환 20회/hr 이상

④ 4등급 : pre filter, 온도 조절

⑤ 5등급 : 낙하균 10개/hr 또는 부유균 20개/m³

해설 등급 수가 낮을수록 엄격한 관리를 한다.

① 1등급 : 낙하균 10개/hr 또는 부유균 20개/m³, 공기순환 20회/hr 이상

③ 3등급 : pre filter, 온도 조절

④ 4등급 : 환기장치

73 유기농 화장품에서 사용할 수 <u>없는</u> 화학 – 생물학적인 공정은?

① 오존 분해   ② 설폰화   ③ 비누화

④ 자연발효   ⑤ 에스텔화

해설 설폰화, 탈색 · 탈취, 방사선 조사, 수은화합물을 사용한 처리, 포름알데히드 사용, 에틸렌옥사이드 사용 등은 유기농 화장품에서 금지된 제조공정이다. 오존 분해, 비누화, 자연발효, 에스텔화는 허용된 공정이다.

74 멜라닌 색소 이동에 직접적으로 관여하지 <u>않는</u> 단백질은?

① 키네신   ② 액틴   ③ par-3

④ 리포폴리사카라이드   ⑤ 미오신

해설 리포폴리사카라이드는 그람음성균의 외부를 구성하는 것으로서 지질다당류로 불린다.

정답 70 ②   71 ⑤   72 ②   73 ②   74 ④

75 다음 〈보기〉 중 우수화장품 제조기준(CGMP)의 용어로 옳은 것은?

┤ 보기 ├

ㄱ. 일탈 : 제조 또는 품질관리 활동 등의 미리 정하여진 기준을 벗어나 이루어진 행위
ㄴ. 평가 : 규정된 합격 판정 기준에 일치하지 않는 검사, 측정 또는 시험결과
ㄷ. 재검토 : 적합 판정기준을 벗어난 완제품, 벌크제품 또는 반제품을 재처리하여 품질이 적합한 범위에 들어
오도록 하는 작업
ㄹ. 공정관리 : 제조공정 중 적합판정기준의 충족을 보증하기 위하여 공정을 모니터링하거나 조정하는 모든
작업
ㅁ. 회수 : 판매한 제품 가운데 품질 결함이나 안전성 문제 등으로 나타난 제조번호의 제품을 판매소로 거두
어들이는 활동

① ㄱ, ㄷ, ㅁ   ② ㄱ, ㄹ, ㅁ   ③ ㄴ, ㄹ, ㅁ
④ ㄴ, ㄷ, ㅁ   ⑤ ㄷ, ㄹ, ㅁ

해설 ㄴ. 규정된 합격 판정 기준에 일치하지 않는 검사, 측정 또는 시험결과는 '기준일탈'이다.
　　　ㄷ. 적합 판정기준을 벗어난 완제품, 벌크제품 또는 반제품을 재처리하여 품질이 적합한 범위에 들어오도록 하는 것은
　　　'재작업'이다.

76 다음 〈보기〉 중 동물실험을 실시한 화장품이 허용되는 경우는?

┤ 보기 ├

ㄱ. 동물실험대체법이 존재하나 데이터의 정확성을 위해 실시한 경우
ㄴ. 화장품 수출을 위하여 수출 상대국의 법령에 따라 동물실험이 필요한 경우
ㄷ. 유해성이 없는 원료에 대해 마케팅을 위한 데이터를 확보하기 위한 경우
ㄹ. 수입하려는 상대국의 법령에 따라 제품 개발에 동물실험이 필요한 경우
ㅁ. 다른 법령에 따라 동물실험을 실시하여 개발된 원료를 화장품의 제조 등에 사용하는 경우

① ㄱ, ㄷ, ㅁ   ② ㄱ, ㄹ, ㅁ   ③ ㄴ, ㄹ, ㅁ
④ ㄴ, ㄷ, ㅁ   ⑤ ㄷ, ㄹ, ㅁ

해설 ㄱ. 동물실험대체법이 존재하지 아니하여 동물실험이 필요한 경우 동물실험을 실시할 수 있다.
　　　ㄷ. 국민보건상 위해 우려가 제기되는 화장품 원료 등에 대한 위해평가를 하기 위하여 필요한 경우 동물실험을 실시할
　　　수 있다.

77 다음 중 물과 가장 유사한 수준의 표면 장력을 가지는 성분은?

① 헥센   ② 글리세린   ③ 벤젠
④ 에탄올   ⑤ 아세톤

해설 물은 수소결합에 의해 분자 간의 인력이 커서 표면장력이 크다(71.97). 글리세린도 유사한 표면 장력을 가지며(63),
나머지 성분들은 인력이 약해서 표면장력이 작다.
① 헥센(18.4)
③ 벤젠(29)
④ 에탄올(22.27)
⑤ 아세톤(23.7)

정답   **75** ②   **76** ③   **77** ②

78 남성형 탈모에 관련된 효소로, 테스토스테론을 디히드로테스토스테론으로 변환시키는 효소는?

① 5－알파－환원효소　　　② 아로마테이즈　　　③ 콜라게네이즈

④ 젤라티네이즈　　　　　⑤ 엘라스테이즈

> 해설　남성호르몬인 테스토스테론이 디히드로테스토스테론으로 변환되면 남성호르몬 수용체에 더 강하게 작용한다. 남성
> 호르몬의 활성이 강할수록 모발의 성장기가 짧아서 경모가 연모로 바뀌는 탈모가 진행된다.
> ② 아로마테이즈는 남성호르몬을 여성호르몬으로 변환시킨다.
> ③ 콜라게네이즈는 콜라겐을 분해하는 효소이다.
> ④ 젤라티네이즈는 단일 가닥 콜라겐인 젤라틴을 분해하는 효소이다.
> ⑤ 엘라스테이즈는 엘라스틴을 분해하는 효소이다.

79 화장품에 사용할 수 <u>없는</u> 알코올류는?

① 벤질알코올

② 클로로부탄올

③ 2,2,2－트리브로모에탄올

④ 이소프로필벤질페논

⑤ 2, 4-디클로로벤질알코올

> 해설　2,2,2－트리브로모에탄올은 화장품에 사용할 수 없는 원료로, 마취제 성분이다. 나머지 알코올류는 사용상의 제한이
> 있는 살균보존제 성분이다.

80 다음 중 가 등급 위해성 화장품을 고르면?

① 화장품에 사용할 수 없는 원료를 사용한 화장품

② 신고를 하지 아니한 자가 판매한 맞춤형화장품

③ 맞춤형화장품 조제관리사를 두지 아니하고 판매한 맞춤형화장품

④ 등록을 하지 아니한 자가 제조한 화장품 또는 제조ㆍ수입하여 유통ㆍ판매한 화장품

⑤ 이물이 혼입되었거나 부착되어 보건위생상 위해를 발생할 우려가 있는 화장품

> 해설　가, 나, 다 등급 중 가 등급의 가장위해도가 높다. ①은 가 등급이고, 나머지는 다 등급에 해당한다.

81 화장품은 일반 화장품과 (㉠)으로 분류되고 (㉠)은 주름개선, 미백, 자외선 차단 등 11개의 기능을 가진다.

> 해설　기능성화장품은 화장품법 및 시행규칙에서 지정한 효능ㆍ효과를 따르면서, 식약처에서 품질과 안전성 및 효능을 심사
> 받은 화장품을 뜻한다.

정답　78 ①　79 ③　80 ①　81 기능성화장품

82 개인정보처리자의 영상정보처리기기(CCTV) 설치·운영 제한에서 영상정보처리기기를 설치·운영하는 자(이하 "영상정보처리기기운영자"라 함)는 정보주체가 쉽게 인식할 수 있도록 다음의 사항이 포함된 안내판을 설치해야 한다. 다음의 안내판에 추가적으로 고시해야 할 것을 작성하시오.

CCTV 설치안내	
설치 목적	시설 안전 관리
설치 장소	XX 빌딩
촬영 시간	24시간 연속 촬영 및 녹화
책임자	관리자 01-234-567

해설 영상정보처리기기는 일정한 공간에 지속적으로 설치되어 사람 또는 사물의 영상 등을 촬영하거나 이를 유·무선망을 통하여 전송하는 장치이다. 따라서 촬영 범위에 대해서도 고시해야 한다. 매장에서 외부인이 출입할 수 있는 곳은 개인정보보호 원칙을 적용받는다.

83 사용상의 제한이 있는 원료 중 기타원료에 대한 내용을 기입하시오.

──┤ 보기 ├──

- 베헨트리모늄클로라이드의 사용 한도는 단일 성분으로 혹은 세트리모늄클로라이드 또는 스테아트리모늄클로라이드와 혼합하여 사용하는 경우는 혼합 사용의 합으로서 사용 후 씻어내는 두발용 제품류 및 두발 염색용 제품류에 (　　　)%이다.
- 베헨트리모늄클로라이드를 세트리모늄클로라이드 또는 스테아트리모늄클로라이드와 혼합하여 사용하는 경우, 세트리모늄클로라이드 또는 스테아트리모늄클로라이드의 사용 한도는 사용 후 씻어내는 두발용 제품류 및 두발 염색용 제품류에 (　　　)%이다.

해설 베헨트리모늄클로라이드와 세트리모늄클로라이드는 양이온을 띄는 성질로 모발에 달라붙어 두발용 제품이나 두발용 염색제품에 사용된다. 하지만 피부 자극 등의 위험성이 있어 함량의 제한이 있다.

84 허브식물의 잎이나 꽃을 수증기 증류법으로 증류하면 물과 함께 휘발성 오일 성분이 증류되어 나온다. 이러한 오일 성분은 주로 (　　　) 계열 혼합물로서 고유의 향기를 가지며 화장품에서 천연향료로 많이 사용된다. 아로마 테라피 등에서 자주 사용되는 이러한 천연오일을 통칭하여 정유라고 한다. 〈보기〉 중 정유에 해당하는 것을 고르시오.

──┤ 보기 ├──

모노테르펜	고급알코올	고급지방산	에스터오일	실리콘 오일
중성지방	왁스	세라마이드	플라보노이드	

해설 피톤치드라고 불리는 식물 유래 성분은 천연향과 다양한 기능을 타나낸다. 모노테르펜을 기본 구조로 두 개가 결합하면 다이테르펜, 세 개가 결합하면 트리테르펜이 된다. 대표적으로 모노테르펜(제라니올, 멘솔), 다이테르펜(카디넨, 편백), 트리테르펜(아시아틱 애시드) 등의 성분이 있다.

정답　82 촬영 범위　83 5.0, 2.5　84 모노테르펜

85 피부에서 햇빛을 흡수할 때 생성되는 비타민은 비타민 (㉠)이다. 지질을 구성하는 (㉡) 의 일종의
성분을 전구체로 사용하여 합성된다.

> 해설 우리 몸에 풍부한 지질을 구성하는 콜레스테롤의 일종인 7−dehydrocholesterol이 피부에서 자외선을 흡수하여 구
> 조가 비타민 D로 변형된다.

86 다음 3가지 위반사항에 대한 처벌 기준에 공통적으로 적용되는 기간을 작성하시오.

- 화장품책임판매업소의 소재지 변경을 등록하지 않은 경우 : 판매 업무 정지 (   )개월
- 화장품 제조소의 소재지 변경을 등록하지 않은 경우 : 제조업무 정지 (   )개월
- 책임판매관리자를 두지 않은 경우 : 판매 업무 정지 (   )개월

> 해설 각각 1차 위반에 해당하는 행정처분이므로 모두 정지 1개월의 처벌을 받는다. 위반 횟수가 증가할수록 처분 기준도
> 증가한다.

87 다음 〈보기〉는 용기에 대한 설명이다. 빈칸에 들어갈 말을 순서대로 작성하시오.

───┤ 보기 ├───

- (   )용기 : 일상의 취급 또는 보통 보존상태에서 외부로부터 고형의 이물이 들어가는 것을 방지하고 고형
  의 내용물이 손실되지 않도록 보호할 수 있는 용기
- (   )용기 : 일상의 취급 또는 보통 보존상태에서 액상 또는 고형의 이물 또는 수분이 침입하지 않고 내용
  물을 손실, 풍화, 조해 또는 증발로부터 보호할 수 있는 용기

> 해설 밀폐용기의 내용물에 추가적으로 수분이 침입하는 것을 막고 내용물의 수분 손실까지 방지할 수 있는 용기를 기밀용기
> 로 규정한다.

88 유통화장품 안전기준의 미생물한도 시험법에 따라서 로션의 미생물 한도를 측정을 위해 검체 전처리
과정이 끝난 0.1ml를 미생물 배양 고체 배지에 도말하여 확인한 결과 세균은 평균 62개 진균의 경우
평균 26개의 군집락이 형성되었다. 총 제품 ml당 호기성 생균수를 구하고 유통화장품 안전기준에 적합
한지 적으시오.

검체 전처리	검체를 1/10로 희석
전처리한 검체 도말한 부피	0.1ml
세균용 배지 집락 평균	62
진균용 배지 집락 평균	26
총 호기성 생균수	( )개/ml
적합 여부	적합/ 부적합

> 해설 검체 전처리를 위하여 미생물 배양 배지에 제품을 1/10로 희석하게 된다. 이를 0.1ml만 분주하게 되어 62+26=88,
> 88×100=8,800개가 된다. 이는 1,000개/ml로 관리되는 기준에 부적합하다.

정답 85 ㉠ D, ㉡ 콜레스테롤 86 1개월 87 밀폐, 기밀 88 ㉠ 8,800개, 부적합

89 다음 맞춤형화장품판매업자의 준수사항에서 알맞은 말을 순서대로 작성하시오.

> [혼합 소분의 안전관리 기준]
> 맞춤형화장품 조제에 사용하는 내용물 및 원료의 혼합 · 소분 (㉠)에 대해 사전에 검토하여 최종 제품의
> (㉡) 및 (㉢)을 확보할 것

해설 최종 혼합된 맞춤형화장품이 유통화장품 안전관리 기준에 적합한지에 대한 품질과 안전성을 사전에 확인해야 하고, 적합한 범위 안에서 내용물 간(또는 내용물과 원료) 혼합이 가능하다.

90 치오글리콜산이 사용하는 기능성화장품의 기능을 작성하시오.

해설 치오글리콜산은 모발의 단백질 결합을 약화시켜 제모를 쉽게 하도록 도와주는 기능을 한다.

91 다음 〈보기〉는 '맞춤형화장품판매업 가이드라인' 중 일부이다. ㉠과 ㉡에 들어갈 말로 알맞은 것을 가이드라인에 제시된 정확한 용어로 작성하시오.

> ┤ 보기 ├
> • 혼합 소분 전에 혼합 소분된 제품을 담을 포장용기의 (㉠) 여부를 확인할 것
> • 맞춤형화장품판매업자는 판매량, 판매일자, 제조번호 및 사용기한 또는 개봉 후 사용기간이 기입된 (㉡)을
> /를 보관해야 한다.

해설 내용물 또는 원료에 대한 품질성적서를 확인, 손을 소독하거나 세정, 포장용기의 오염 여부를 확인함으로써 혼합 · 소분 안전관리기준을 준수해야 한다. 또한 판매내역서를 통해 향후 발생할 수 있는 문제를 추적할 수 있도록 해야 한다.

92 〈보기〉는 기능성화장품 심사 시 제출해야 하는 안전성 관련 자료 중 '광독성 및 광감작성 시험자료'의 면제 사유이다. 빈칸에 들어갈 말을 작성하시오.

> ┤ 보기 ├
> 자외선에서 흡수가 없음을 입증하는 (   ) 시험자료를 제출하는 경우에는 면제한다.

해설 광독성과 광감작성은 자외선을 흡수할 수 있는 물질이 자외선을 흡수한 후 나타나는 변화로 그 이전에 나타나지 않던 독성과 감작성(알러지)을 일으키는지 확인하는 실험이다. 따라서 어떤 물질이 자외선을 흡수하지 않는 것을 입증하면 면제될 수 있다. 이때 흡광도란 어떤 물질이 특정한 파장의 빛을 흡수하는 것을 의미한다.

93 화장품 바코드 표시는 국내에서 화장품을 유통판매하고자 하는 (   )가 한다.

해설 화장품코드는 각자의 화장품을 식별하기 위하여 고유하게 설정된 번호로서 국가식별코드, 화장품제조업자 등의 식별코드, 품목코드 및 검증번호(Check Digit)를 포함한 12 또는 13자리의 숫자를 말한다. 국내에 유통되는 모든 화장품은 바코드를 표시해야 하며, 그 의무는 책임판매업자에게 있다.

정답 89 ㉠ 범위, ㉡ 품질, ㉢ 안전성 90 제모 혹은 체모 제거 91 ㉠ 오염, ㉡ 판매내역서 92 흡광도 93 책임판매업자

94 〈보기〉는 알려진 유발 가능성이 있는 향료를 사용한 경우 제품별로 표시해야 할 함량이다. 빈칸에 각각 들어갈 말을 작성하시오.

┤ 보기 ├
- 사용 후 씻어내는 제품 : (   )% 초과
- 사용 후 씻어내지 않는 제품 : (   )% 초과

해설 씻어내지 않는 크림과 같은 제품은 인체에 흡수될 가능성이 더 크기 때문에 씻어내는 제품보다 적은 함량이 들어가도 표시해야 한다. 알려진 유발 가능성이 있는 향료를 사용하는 경우 사용 후 씻어내는 제품은 0.01%, 사용 후 씻어내지 않는 제품은 0.001%를 초과하면 사용 향료를 표시해야 한다.

95 자외선 차단지수(SPF) (   ) 이하 제품의 경우 자료 제출이 면제된다. 단, 효능 · 효과를 기재 표시할 수 없다.

해설 기능성화장품은 유효성을 입증하는 자료를 제출하여야 한다. 자외선 차단제품의 경우 SPF, PA, 내수성 등의 설정 근거 자료를 제출해야 한다. 다만, 자외선 차단지수(SFP) 10 이하의 제품의 경우 자료 제출이 면제된다.

96 다음 빈칸에 알맞은 단어를 화장품법에 근거한 정확한 용어로 작성하시오.

[화장품 정의]
화장품이란 인체를 청결 · 미화하여 매력을 더하고 용모를 밝게 변화시키거나 피부 · (㉠)의 건강을 유지 또는 증진하기 위하여 인체에 바르고 문지르거나 뿌리는 등 이와 유사한 방법으로 사용되는 것으로 인체에 대한 작용이 경미한 것을 의미한다. (㉡)(이)란 화장품의 용기 · 포장에 기재하는 문자 · 숫자 · 도형 또는 그림 등을 말한다.

해설 화장품은 피부뿐만 아니라, 모발에 사용되는 샴푸, 염색제 등도 포함된다. 화장품의 1차 포장 또는 2차 포장에 기재하는 것을 표시라고 하고 신문, TV등의 매체를 통해서 전달하는 정보는 광고라고 한다.

97 안전용기의 포장 규정에서 빈칸 안에 각각 들어갈 말로 적합한 것을 작성하시오.

[안전용기 – 포장]
어린이용 오일 등 개별 포장당 (   )류를 (   )퍼센트 이상 함유하고 운동점도가 21센티스톡스(섭씨 40도 기준) 이하인 비에멀젼 타입의 액체 상태 제품

해설 어린이용 오일 등 개별 포장당 탄화수소류를 10퍼센트 이상 함유하고 운동점도가 21센티스톡스(섭씨 40도 기준) 이하인 비에멀젼 타입의 액체 상태 제품은 어린이가 투명한 유성성분 등을 물로 오인하여 먹는 경우를 방지하기 위해 포장 규정을 지켜야 한다.

정답 94 0.01, 0.001 95 10 96 ㉠ 모발, ㉡ 표시 97 탄화수소, 10

98 영유아 또는 어린이 사용 화장품을 표시·광고해야 할 때, 나이의 기준은 〈보기〉와 같다. 빈칸에 각각 들어갈 말을 작성하시오.

> • 영유아 : 만 (   )세 이하
> • 어린이 : 만 (   )세 이상부터 만 (   )세 이하까지

해설 화장품의 1차 포장 또는 2차 포장에 영유아 또는 어린이가 사용할 수 있는 화장품임을 특정하여 표시하는 경우나 매체·수단에 영유아 또는 어린이가 사용할 수 있는 화장품임을 특정하여 광고하는 경우, 제품별로 안전과 품질을 입증할 수 있는 자료를 작성 및 보관해야 한다. 이때, 영유아는 만 3세 이하, 어린이는 만 4세 이상부터 만 13세 이하까지의 나이를 말한다.

99 피부의 pH는 피부의 상태에 따라 변할 수 있다. 이때 피부의 pH는 피부의 다양한 구조에서 (   )의 pH를 측정하는 것이다.

해설 피부는 외부로부터 미생물의 침입을 막기 위해서 산도를 pH4.5~5.5 정도의 범위로 낮게 유지한다. 피지에서 분비된 자유 지방산, 세포에서 전달된 수소 이온 등에 의해서 낮아지며 표피의 최외곽층인 각질층에서만 pH가 변화하게 된다.

100 피부는 외부 자극에 대한 감각을 인지하는 기능이 있다. 그중에서 촉각을 담당하는 세포를 〈보기〉에서 골라 작성하시오.

> ┤ 보기 ├
> 크라우제, 멜라노사이트, 메르켈, 케라티노사이트, 루피니, 파치니, 교원세포

해설 메르켈 세포는 진피층에 존재하는 신경세포로 촉각을 담당한다. 크라우제는 냉각, 루피니는 온각, 파치니는 입각 등의 감각을 담당한다. 멜라노사이트는 멜라닌의 합성, 케라티노사이트는 표피층 형성, 교원세포는 진피층을 형성하는 역할을 한다.

정답 98 3, 4, 13 99 각질층 100 메르켈

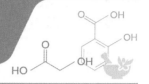

01 맞춤형화장품 판매업을 하던 A씨는 개인사정으로 업체를 B씨에게 양도하기로 하였다. 이때 손님들의 개인정보도 함께 제공하기로 하였다. 이를 위해 정보주체의 동의를 받기 위해서 알려야 할 사항과 거리가 먼 것은?

① 개인정보를 제공받는 자
② 개인정보를 제공받는 자의 개인정보 이용 목적
③ 제공하는 개인정보 항목
④ 개인정보를 제공받는 자의 개인정보 보유 및 이용 기간
⑤ 개인정보보호법에 따라서 거부할 권리가 없다는 사실

해설 정보주체의 동의를 받기 위해 동의를 거부할 권리가 있다는 사실 및 동의 거부 시의 불이익을 알려야 한다.

02 다음 빈칸에 들어갈 말로 적절한 것은?

> 개인정보를 처리하기 위해서 법정 대리인의 동의를 받아야 하는 나이는 만 (   )세 미만이다.

① 3
② 5
③ 13
④ 14
⑤ 18

해설 화장품의 경우는 만 3세 미만을 영유아로 분류, 만 13세 미만을 어린이 화장품 대상으로 한다. 안전용기는 5세 미만의 어린이를 대상으로 한다. 개인정보보호법은 만 14세 미만을 기준으로 한다.

03 개인정보의 처리에 관한 업무를 총괄해서 책임지는 사람을 뜻하는 것은?

① 개인정보처리자
② 개인정보 보호책임자
③ 정보주체
④ 제3자
⑤ 공공기관

해설 개인정보 보호책임자는 개인정보의 처리에 관한 업무를 총괄해서 책임지는 사람을 뜻한다.
　　① 개인정보처리자 : 업무를 목적으로 개인정보파일을 운용하기 위하여 스스로 또는 다른 사람을 통하여 개인정보를 처리하는 공공기관, 법인, 단체 및 개인
　　③ 정보주체 : 처리되는 정보에 의하여 알아볼 수 있는 사람으로서 그 정보의 주체가 되는 사람

정답 01 ⑤ 02 ④ 03 ②

04 다음 빈칸에 들어갈 말로 적절한 것은?

> 천연화장품은 중량 기준 천연 함량이 전체 제품의 (　　　)% 이상 함유되어야 한다.

① 5%　　　　　　　　② 10%　　　　　　　　③ 60%
④ 90%　　　　　　　　⑤ 95%

해설 천연 함량은 95% 이상이 되어야 한다. 합성원료는 제품의 품질과 안전을 위해 5% 이하 허용된다.

05 신선한 유기농 원물 100g을 물로만 추출하여 1,000g의 추출물을 얻게 되었다. 이 원료의 유기농 함량 비율은 얼마인가?

① 100%　　　　　　　② 90%　　　　　　　　③ 50%
④ 30%　　　　　　　　⑤ 10%

해설 물로만 추출한 원료의 경우 유기농 함량 비율(%)은 '(신선한 유기농 원물/추출물)×100'이므로 (100/1,000)×100 = 10%이다.

06 다음 중 회수 대상 화장품 중 위해등급이 가장 높은 것을 고르면?

① 전부 또는 일부가 변패(變敗)된 화장품
② 이물이 혼입되었거나 부착되어 보건위생상 위해를 발생할 우려가 있는 화장품
③ 기능성화장품의 기능성을 나타나게 하는 주원료 함량이 기준치에 부적합한 화장품
④ 사용기한 또는 개봉 후 사용기간을 위조·변조한 화장품
⑤ 안전용기·포장 기준에 위반되는 화장품

해설 ①~④는 다 등급에 해당한다. ⑤는 나 등급에 해당하여 다 등급보다 더 높다.

07 작업소의 시설에 관한 규정 중 거리가 먼 것은?

① 제조하는 화장품의 종류·제형에 따라 적절히 구획·구분되어 있어 교차오염 우려가 없을 것
② 바닥, 벽, 천장은 가능한 청소하기 쉽게 매끄러운 표면을 지니고 소독제 등의 부식성에 저항력이 있을 것
③ 환기가 잘되고 청결할 것
④ 청소를 위해서 제품의 품질에 영향을 주지 않는 원료를 사용할 것
⑤ 수세실과 화장실은 접근이 쉬워야 하나 생산구역과는 분리되어 있어야 할 것

해설 청소를 위해서 제품의 품질에 영향을 주지 않는 소모품을 사용해야 한다. 이때 "소모품"이란 청소, 위생 처리 또는 유지 작업 동안에 사용되는 물품(세척제, 윤활제 등)을 말한다. 반면 "원료"란 벌크 제품의 제조에 투입하거나 포함되는 물질을 말한다.

정답 **04** ⑤ **05** ⑤ **06** ⑤ **07** ④

08 CGMP의 품질관리 과정의 기준일탈의 조사 절차에서 아래 〈보기〉에 해당하는 것은?

┤ 보기 ├

- 1회 실시, 오리지널 검체로 실시
- 최초의 담당자와 다른 담당자가 실시

① laboratory error 조사　　② 재발 방지책 수립　　③ 추가시험
④ 재시험　　　　　　　　　⑤ 결과검토

　해설　추가시험은 오리지널 검체를 대상으로 다른 담당자가 실시하는 시험이다.
　　　　① Laboratory error 조사 : 담당자의 실수, 분석기기 문제 등의 여부 조사
　　　　④ 재시험 : 재검체를 대상으로 다른 담당자가 실시(재검체 채취 : 오리지널 검체가 아닌 다른 검체 채취)

09 CGMP의 품질관리 과정에서 표준품과 주요 시약의 용기에 기재해야 하는 사항이 <u>아닌</u> 것은?

① 명칭　　　　　　　　　　② 구입일　　　　　　　　③ 보관조건
④ 사용기한　　　　　　　　⑤ 역가

　해설　개봉일을 기재해야 한다. 사용기한 정보를 통해서 표준품과 시약의 사용기한 정보를 알 수 있다. 구입일은 필수적인
　　　　사항이 아니다.

10 CGMP에서 기준일탈의 조사 결과에 따라서 진행하는 사항 중 〈보기〉의 괄호 안에 공통적으로 들어가
는 내용은?

┤ 보기 ├

- 시험결과 기준일탈이라는 것이 확실하다면 제품 품질은 (　　　　)이다.
- 제품의 (　　　　)이 확정되면 우선 해당 제품에 (　　　　) 라벨을 부착한다.
- (　　　　)보관소(필요 시 시건장치를 채울 필요도 있음)에 격리 · 보관한다.

① 일탈　　　　　　　　　　② 반제품　　　　　　　　③ 재작업
④ 부적합　　　　　　　　　⑤ 교정

　해설　① 일탈 : 제조 또는 품질관리 활동 등의 미리 정하여진 기준을 벗어나 이루어진 행위
　　　　② 반제품 : 제조공정 단계에 있는 것으로서 필요한 제조공정을 더 거쳐야 벌크 제품이 되는 것
　　　　③ 재작업 : 적합판정기준을 벗어난 완제품, 벌크 제품 또는 반제품을 재처리하여 품질이 적합한 범위에 들어오도록
　　　　　　하는 작업
　　　　⑤ 교정 : 규정된 조건하에서 측정기기나 측정 시스템에 의해 표시되는 값과 표준기기의 참값을 비교하여 이들의 오차
　　　　　　가 허용범위 내에 있음을 확인하고, 허용범위를 벗어나는 경우 허용범위 내에 들도록 조정하는 것

11 CGMP에서 기준일탈 제품의 재작업 원칙과 거리가 <u>먼</u> 것은?

① 기준일탈 제품은 폐기하는 것이 가장 바람직함
② 미리 정한 절차를 따라 확실한 처리를 하고 실시한 내용을 모두 문서에 남김
③ 재작업이란 배치 전체 또는 일부에 추가 처리를 하여 부적합품을 적합품으로 다시 가공하는 일
④ 제조일로부터 1년이 경과하지 않았거나 사용기한이 1년 이상 남아있는 경우만 가능
⑤ 변질 · 변패 또는 병원미생물에 오염된 경우는 반드시 품질보증 책임자의 승인이 필요함

　해설　재작업은 변질 · 변패 또는 병원미생물에 오염되지 아니한 경우만 가능하다.

　정답　08 ③　09 ②　10 ④　11 ⑤

12 CGMP의 청정도 관리 등급은 숫자가 낮을수록 엄격히 관리되어야 한다. 다음의 시설 중 가장 엄격하게 관리되어야 하는 시설은?

① 포장재 보관소   ② 완제품 보관소   ③ 포장실
④ 제조실   ⑤ 갱의실

> **해설** 화장품의 내용물이 노출되는 제조실은 2등급, 내용물이 노출되지 않는 포장실은 3등급, 내용물이 완전 폐색되는 일반 작업실인 포장재 보관소, 완제품 보관소, 갱의실 등은 4등급이다. 따라서 보기 중 가장 엄격하게 관리되어야 하는 시설은 제조실이다.

13 CGMP의 원료, 내용물, 포장재의 보관 및 관리 기준에 적합하지 <u>않은</u> 것은?

① 원료와 포장재가 재포장될 때, 새로운 용기에는 원래와 구분되는 라벨링 부착
② 과도한 열기, 추위, 햇빛 또는 습기에 노출되어 변질되는 것을 방지
③ 원료와 포장재의 용기는 밀폐
④ 청소와 검사가 용이하도록 충분한 간격 유지
⑤ 바닥과 떨어진 곳에 보관

> **해설** 원료와 포장재가 재포장될 때, 새로운 용기에는 원래와 동일한 라벨링을 부착해야 한다.

14 다음 중 유통화장품 안전기준상 pH 3.0~9.0의 기준을 지켜야 하는 것은?

① 영·유아용 샴푸   ② 세이빙 크림   ③ 메이크업 리무버
④ 클렌징 오일   ⑤ AHA를 함유한 토너

> **해설** pH 기준의 경우 물을 포함하지 않는 제품과 바로 물로 씻어 내는 제품은 제외한다. 여기에는 영·유아용 세정용 제품도 포함된다. 단, AHA를 함유한 제품은 pH 규정을 지켜야 한다.

15 다음의 [품질 성적서]는 화장품 책임판매업자로부터 수령한 주름개선기능성 화장품(기초화장품 크림)의 시험 결과이다 맞춤형화장품 조제관리사의 조치로 적절한 것은?

[품질 성적서]	
시험 항목	**시험 결과**
아데노신	표시량의 89%
호기성 생균	10cfu/g
니켈	5μg/g
pH	5.5
내용량	표시량의 98%

① 기능성화장품의 기능을 나타나게 하는 주원료의 함량이 기준치에 부적합하다.
② 제품내에 미생물은 검출되면 안 된다. 판매 금지 후 책임판매자를 통하여 회수 조치한다.
③ 유해불질의 검출한도에 적합하지 않다. 판매 금지 후 책임판매자를 통하여 회수 조치한다.
④ 유통화장품 안전관리기준에 pH에 적합하지 않다. 판매 금지 후 책임판매자를 통하여 회수 조치한다.
⑤ 내용량의 기준에 적합하지 않다. 판매 금지 후 책임판매자를 통하여 회수 조치한다.

정답 12 ④   13 ①   14 ⑤   15 ①

해설 기능성화장품의 기능을 나타나게 하는 주원료의 함량은 90% 이상을 유지해야 한다. 기초화장품 크림의 경우 호기성 생균 1,000cfu/g 이하(②), 니켈 10μg/g(③), pH 3.0~9.0(④), 내용량 97% 이상(⑤)이면 기준에 충족한다.

16 CGMP의 제품 출하 흐름도에서 각각에 적합한 것으로 짝지어진 것은?

[흐름도]
포장공정 → (㉠) 라벨 부착 → 임시 보관 → 시험 합격 → (㉡) 라벨 부착 → 보관 → 출하

	㉠	㉡
①	임시보관	부적합
②	격리 중	재처리
③	시험 중	합격
④	격리 중	합격
⑤	시험 중	부적합

해설 완제품의 규정 합격 판정을 위해 "시험 중" 라벨을 붙여서 임시 보관한다. 이후 판정에 합격한 경우 "합격" 라벨을 부착하고 출하를 위해 보관한다.

17 다음의 유해화학물질 중 물휴지가 다른 화장품에 비해서 특별히 관리되는 항목으로 짝지어진 것은?

┤ 보기 ├
비소, 수은, 안티몬, 메탄올, 포름알데하이드, 디옥산

① 메탄올-포름알데하이드　　② 비소-수은　　③ 안티몬-디옥산
④ 디옥산-수은　　⑤ 포름알데하이드-비소

해설 • 메탄올 : 0.2(v/v)% 이하, 물휴지는 0.002(v/v)% 이하
　　• 포름알데하이드 : 2,000μg/g 이하, 물휴지는 20μg/g 이하

18 다음의 유해화학물질 중 눈화장용 제품 및 색조화장용 제품에서 다른 화장품에 비해서 특별히 관리되는 항목은?

① 프탈레이트류　　② 비소　　③ 니켈
④ 수은　　⑤ 안티몬

해설 니켈의 검출 허용 한도는 눈화장용 제품에서 35μg/g 이하, 색조화장용 제품에서 30μg/g 이하, 그 밖의 제품에서 10μg/g 이하이다.

19 화장품 내의 미생물의 분석 결과 아래와 같은 결과를 확보하였다. 이 경우 유통화장품 안전관리 기준에 부적합한 제품은?

[결과서]
• 세균수 125개/g
• 진균수 200개/g

① 영유아용 로션　　　　　② 아이새도우　　　　　③ 물휴지
④ 크림　　　　　　　　　　⑤ 마스카라

<u>해설</u> 총 생균수는 125＋200＝325개/g이다. 이 경우 물휴지를 제외한 다른 품목의 기준은 합격이지만 물휴지는 세균 및 진균수가 각각 100개/g가 되어야 한다.

20 다음 성분을 함유한 제품에 공통적으로 표시해야 하는 주의사항은?

┤ 보기 ├
• 살리실릭애씨드 및 그 염류 함유 제품
• 아이오도프로피닐부틸카바메이트(IPBC) 함유 제품

① 「인체적용시험자료」에서 구진과 경미한 가려움이 보고된 예가 있음
② 눈에 접촉을 피하고 눈에 들어갔을 때는 즉시 씻어낼 것
③ 이 성분에 과민한 사람은 신중히 사용할 것
④ 사용 시 흡입되지 않도록 주의할 것
⑤ 만 3세 이하 어린이에게는 사용할지 말 것

<u>해설</u> ① 알부틴 2% 이상 함유 제품
② 실버나이트레이트 함유 제품, 과산화수소 및 과산화수소 생성물질 함유 제품, 벤잘코늄클로라이드, 벤잘코늄브로마이드 및 벤잘코늄사카리네이트 함유 제품
③ 포름알데하이드 0.05% 이상 함유 제품
④ 스테아린산아연 함유 제품

21 다음의 [주의사항]을 공통적으로 표시해야 하는 제품군을 〈보기〉에서 모두 고른 것은?

[주의사항]
프로필렌 글리콜(Propylene glycol)을 함유하고 있으므로 이 성분에 과민하거나 알려진 병력이 있는 사람은 신중히 사용할 것(프로필렌 글리콜 함유 제품만 표시)

┤ 보기 ├
㉠ 손·발의 피부연화 제품　　　　　㉡ 외음부 세정제
㉢ 체취 방지용 제품　　　　　　　　㉣ 미세한 알갱이가 함유되어 있는 스크럽 세안제
㉤ 손발톱용 제품류

① ㉠, ㉡　　　　　　② ㉠, ㉢　　　　　　③ ㉡, ㉤
④ ㉢, ㉣　　　　　　⑤ ㉠, ㉤

<u>정답</u> 19 ③　20 ⑤　21 ①

ⓒ 체취 방지용 제품 : 털을 제거한 직후에는 사용하지 말 것
　　　　ⓔ 미세한 알갱이가 함유되어 있는 스크럽 세안제 : 세안제 : 알갱이가 눈에 들어갔을 때에는 물로 씻어내고, 이상이
　　　　　　있는 경우에는 전문의와 상담할 것
　　　　ⓜ 손발톱용 제품류 : 손발톱 및 그 주위 피부에 이상이 있는 경우에는 사용하지 말 것

22 다음의 계면활성제 중 구조상 그 성격이 가장 다른 것은?

① 소디움라우릴설페이트　　　② 세테아디모늄 클로라이드　　　③ 베헨트라이모늄 클로라이드

④ 벤잘코늄 클로라이드　　　⑤ 폴리쿼너늄

해설 ①은 음이온계 계면활성제이고 ②~⑤는 양이온계 계면활성제이다.

23 다음의 고분자 성분 중 도포 후 경화되어 표면에 막을 형성하는 대표적인 성분은?

① 잔탄검　　　　　　② 퀸시드검　　　　　　③ 카복시메틸 셀룰로오즈

④ 니트로셀룰로오즈　　　⑤ 카보머

해설 ④를 제외한 나머지 성분은 제형의 점도를 상승시키는 점증제 기능으로 사용된다.

24 다음 효능 · 효과 중 화장품에 금지된 표현은?

① 피부의 손상을 회복 또는 복구한다.

② 피부 거칢을 방지하고 살결을 가다듬는다.

③ 피부를 청정하게 한다.

④ 피부를 보호하고 건강하게 한다.

⑤ 피부에 수렴효과를 주며, 피부 탄력을 증가시킨다.

해설 ①은 의약품으로 오인할 수 있어 금지된 효능 · 효과의 표현이다. ②~⑤는 기초화장용 제품류의 효능 · 효과이다.

25 다음 중 사용상의 제한이 있는 원료에 해당하지 않는 것은?

① 보존제　　　　　② 자외선차단제　　　　　③ 색조제품의 색소

④ 염모제 성분　　　⑤ 향료

해설 기능과 함량에 제한이 있는 원료를 사용상의 제한이 있는 원료로 분류한다. 보존제, 자외선차단제, 염모제 성분 등은
[별표2]로 구분되어 맞춤형화장품 조제관리사는 배합하지 못하며, 색소도 종류와 함량이 제한되어 있다. 향료는 사용
상의 제한성분이 아니다.

정답 22 ① 23 ④ 24 ① 25 ⑤

26 다음의 성분 중 피부의 표피의 각질형성세포에 의해서 만들어지는 성분이 <u>아닌</u> 것으로 연결된 것은?

┤ 보기 ├

멜라닌, 세라마이드, 천연보습인자, 콜라겐, 케라틴, 히알루론산

① 멜라닌, 세라마이드, 천연보습인자
② 세라마이드, 천연보습인자, 콜라겐
③ 천연보습인자, 콜라겐, 케라틴
④ 콜라겐, 케라틴, 히알루론산
⑤ 콜라겐, 히알루론산, 멜라닌

해설 • 콜라겐, 히알루론산 : 섬유아세포(교원세포, 파이브로블라스트)
　　 • 멜라닌 : 멜라닌형성세포(멜라노사이트)

27 피부의 부속 기관 중 유성 성분을 분비하여 피부와 모발에 윤기를 부여하는 기관은?

① 표피　　　　　　　　② 진피　　　　　　　　③ 대한선
④ 피지선　　　　　　　⑤ 소한선

해설 피지선에서 분비된 피지는 피부와 모발의 윤기를 부여한다.
　　 ① 표피는 외부의 이물질의 침입을 막고 내부의 수분을 보호한다.
　　 ② 진피는 탄력을 유지한다.
　　 ③, ⑤ 대한선, 소한선은 땀을 분비한다.

28 모발의 구조 중 〈보기〉의 기능을 하는 것으로 바르게 연결된 것은?

┤ 보기 ├

㉠ 모발의 구조를 만드는 세포
㉡ 모발의 구조를 만드는 세포에 영양을 공급하는 세포

	㉠	㉡
①	모간	모모세포
②	모피질	모유두 세포
③	모유두세포	모모세포
④	모모세포	모유두세포
⑤	모간	모근

해설 • 모간 : 피부에 노출된 모발
　　 • 모근 : 피부 속에 있는 모발
　　 • 모피질 : 모발의 90% 정도를 차지하여 탄력, 질감의 특성을 나타냄

정답 　26 ⑤　27 ④　28 ④

29 맞춤형화장품 조제관리사가 다음의 내용으로 상담 시 피부색의 변화를 확인하기 위해서 필요한 기기와 추천해 줄 수 있는 제품을 적절히 연결한 것은?

> [상담]
> 고객 : 이번 여름 휴가 이후 피부색이 많이 짙어진 것 같습니다. 휴가 이전의 피부색과 비교하여 확인해 주시고 피부색을 밝게 하기 위해 적절한 제품을 추천해 주세요.

	분석 기기	제품
①	Cutometer	살리실릭애시드 함유 제품
②	Chromamater	아데노신 함유 제품
③	Corneometer	비오틴 함유 제품
④	Chromamater	나이아신아마이드 함유 제품
⑤	Corneometer	아스코빌글루코사이드 함유 제품

해설 • 분석 기기
　　－Cutometer : 탄력측정기
　　－Corneometer : 수분측정기
　　－Chromamater : 색차계(색상측정기)
　　• 제품
　　－살리실릭애시드 함유 제품 : 여드름 완화
　　－아데노신 함유 제품 : 주름 개선
　　－비오틴 함유 제품 : 탈모 증상의 완화
　　－아스코빌글루코사이드, 나이아신아마이드 함유 제품 : 피부 미백에 도움

30 다음 중 화장품에 금지된 효능－효과의 표현이 <u>아닌</u> 것은?

① 부작용이 전혀 없다.　　② 피하지방의 분해를 돕는다.　③ 눈썹이 자란다.
④ 근육이 이완된다.　　　　⑤ 기미주근깨 완화에 도움이 된다.

해설 ⑤의 표현은 미백기능성 화장품의 심사(보고) 자료로 입증하면 가능하다.

31 다음의 상담 내용을 바탕으로 맞춤형화장품 조제관리사가 할 수 있는 조치는?

> [상담]
> 고객 : 요즘 피부의 주름이 증가하고 있습니다. 야외 활동도 증가할 것 같아서 일광 화상도 걱정이 됩니다.

① 아데노신 함유 제품 내용물에 징크옥사이드의 배합으로 맞춤형화장품 제조
② 알부틴 함유 제품의 추천
③ 이산화티탄 함유 제품에 레티닐팔미테이트의 배합으로 맞춤형화장품 제조
④ 아데노신 함유 제품의 추천
⑤ 살리실릭애시드 함유 제품의 추천

해설 아데노신은 주름 개선 기능성 성분으로 기능성 화장품으로 인증받은 제품은 추천할 수 있다. 자외선 차단 성분(징크옥사이드)이나 기능성 화장품의 원료(레티닐팔미테이트, 살리실릭애시드) 등을 원료로 배합하는 것은 금지된다.

정답　29 ④　30 ⑤　31 ④

32 다음의 향료 중 맞춤형화장품 조제관리사가 배합할 수 없는 성분은?

① 파네솔   ② 아니스에탄올   ③ 나무이끼추출물
④ 리모넨   ⑤ 머스크 케톤

해설 머스크 케톤은 사용상의 제한이 있는 원료 [별표2]의 기타 사항에 포함된 원료이다. 따라서 맞춤형화장품 조제관리사가 배합할 수 없다.

33 〈보기〉의 빈칸에 들어갈 말로 가장 적절한 것은?

┤ 보기 ├

간략한 표시가 가능한 화장품에는 2차 포장에 다음의 내용만 표시할 수 있다. 이 기준에 적합한 것은 (　　)g 이하의 화장품이다.

[2차 포장]
제품명
책임판매업자 또는 맞춤형화장품판매업자의 상호
제조번호 및 사용기한
가격

① 10   ② 20   ③ 30
④ 40   ⑤ 50

해설 10g 이하의 제품은 간략한 표시가 가능하다. 견본품인 경우도 간략한 표시가 가능하다.

34 사용 기준이 지정 · 고시된 원료 중 보존제의 함량을 2차 포장에 기재해야 하는 경우는?

① 천연화장품으로 표시 – 광고하려는 경우
② 성분명을 제품 명칭의 일부로 사용한 경우
③ 기능성화장품의 경우
④ 만 3세 이하의 영유아용 제품류인 경우
⑤ 인체 세포 조직 배양액이 들어 있는 경우

해설 만 3세 이하의 영유아용 제품류인 경우 및 만 4세 이상부터 만 13세 이하까지의 어린이가 사용할 수 있는 제품임을 특정하여 표시 · 광고하려는 경우 2차 포장에 기재해야 한다.

35 다음 중 보존제 함량 기준을 위반한 경우는?

① 페녹시에탄올 0.8%
② 트리클로산 0.1%
③ 징크피리치온 1%
④ 벤조익애씨드 0.4%
⑤ 세틸피리디늄클로라이드 0.04%

해설 징크피리치온은 함량이 0.5%로 제한된다.

정답 32 ⑤   33 ①   34 ④   35 ③

36 다음은 자외선 차단 기능성 화장품 내의 자외선 차단 성분의 함량을 분석한 결과이다. 함량 기준을 위반한 경우는?

① 드로메트리졸트리실록산－10%

② 옥토크릴렌－10%

③ 비스에칠헥실옥시페놀메톡시페닐트리아진－10%

④ 호모살레이트－10%

⑤ 벤조페논－3－10%

해설 벤조페논－3는 함량이 5%로 제한된다.

37 다음의 원료 중 맞춤형화장품 조제관리사가 배합할 수 있는 원료는?

① 건강틴크　　　　　　② 고추틴크　　　　　　③ 칸타리스틴크

④ 만수국꽃 추출물　　　⑤ 올리브오일

해설 ①~④는 사용상의 제한이 있는 원료의 [별표2]에 해당하며, 따라서 맞춤형화장품 조제관리사가 배합할 수 없는 원료이다.

38 신선한 유기농 원물을 건조시킨 뿌리 성분을 이용하여 추출물을 제조하였다. 이때 건조성분의 중량을 신선한 원물로 환산하는 비율은 얼마인가?

① 1 : 2.5　　　　　　② 1 : 4.5　　　　　　③ 1 : 5

④ 1 : 8　　　　　　⑤ 1 : 10

해설 • 나무, 껍질, 씨앗, 견과류, 뿌리 : 1 : 2.5
　　 • 잎, 꽃, 지상부 : 1 : 4.5
　　 • 과일(예 살구, 포도) : 1 : 5
　　 • 물이 많은 과일(예 오렌지, 파인애플) : 1 : 8

39 다음의 고객의 상담에 따라서 맞춤형화장품 조제관리사가 조치를 취하지 못한 경우는?

① [고객] 피부가 건조하고 당기는 느낌을 받습니다. [추천] 글리세린을 추가 배합 제조

② [고객] 피부에 여드름의 고민이 있습니다. [추천] 살리실릭애시드 함유 제품 추천

③ [고객] 피부색이 짙어지고 칙칙해 집니다. [추천] 닥나무 추출물 함유 제품 추천

④ [고객] 피부에 각질이 일어나고 있습니다. [추천] AHA 함유 제품 추천

⑤ [고객] 피부에 화장품 사용 후 붉은 반점이 생겼습니다. [추천] 어성초 성분을 추가 배합 제조

해설 화장품 사용 후 붉은 반점이 생긴 경우는 해당 화장품 사용 중단 및 전문의와의 상담을 권고해야 한다.

40 다음 중 맞춤형화장품 조제관리사가 올바르게 업무를 진행한 경우는?

> ㉠ 일반인에 판매할 목적으로 출시된 화장품을 소분하여 판매하였다.
> ㉡ 화장품의 내용물에 쿠민 열매 오일을 첨가하여 판매하였다.
> ㉢ 화장품의 내용물에 히알루론산을 첨가하여 판매하였다.
> ㉣ 원료를 공급하는 화장품 책임판매업자가 기능성화장품에 대한 심사를 받은 원료와 내용물을 혼합하였다

① ㉠, ㉡   ② ㉠, ㉢   ③ ㉠, ㉣
④ ㉡, ㉢   ⑤ ㉢, ㉣

해설 ㉠ 일반인에 판매할 목적으로 출시된 화장품을 소분하여 판매할 수 없고 맞춤형화장품을 위해 출시한 내용물만 소분, 혼합이 가능하다.
㉡ 쿠민 열매 오일은 사용상의 제한이 있는 원료이다.

41 다음 〈보기〉의 설명에 적절한 용기의 재질은?

> ┤ 보기 ├
> • 투명하고 광택이 있다.   • 내약품성이 우수하다.
> • 샴푸 등을 포장하는 데 사용된다.   • 단단하다.

① HDPE   ② LDPE   ③ PET
④ PP   ⑤ PS

해설 ① HDPE : 내약품성이 우수하고 단단하나 투명하지 않다.
② LDPE : 탄력성이 있어 스퀴즈 타입의 용기에 쓰인다.
④ PP : 뚜껑 등의 소재로 사용된다.
⑤ PS : 충격방지용 외장포장재로 쓰이며 내약품성이 약하다.

42 다음 성분 중 알러지 유발 가능성이 있는 25종의 향료에 포함되지 <u>않는</u> 것은?

① 시트랄   ② 멘톨   ③ 쿠마린
④ 제라니올   ⑤ 파네솔

해설 멘톨은 탈모 증상의 완화에 도움을 주는 원료이다.

43 다음은 맞춤형화장품 조제관리사가 책임판매업자로부터 받은 썬크림 제형의 품질 성적서이다. 다음의 항목 중 안전기준에 적합하지 않은 것은?

[품질 성적서]

시험 항목	시험 결과
징크옥사이드	10%
시녹세이트	7%
수은	0.05μg/g
호기성 생균수	15cfu/g
페녹시 에탄올	0.5%

① 징크옥사이드　　　② 시녹세이트　　　③ 수은
④ 호기성 생균수　　　⑤ 페녹시 에탄올

해설 시녹세이트는 자외선 차단원료로 제한 농도는 5%이다.

44 퍼머넌트웨이브용 제품 및 헤어 스트레이너 제품의 공통적인 안전기준 중 〈보기〉의 빈칸에 적합한 것을 고르시오.

┤ 보기 ├
- 중금속 : (㉠)
- (㉡) : 5μg/g
- 철 : 2μg/g

	㉠	㉡
①	5μg/g	비소
②	5μg/g	납
③	10μg/g	비소
④	20μg/g	비소
⑤	10μg/g	납

해설 중금속 20μg/g, 비소 5μg/g, 철 2μg/g 이하로 공통적으로 관리된다.

45 다음 중 맞춤형화장품의 변경 신고가 필요한 것이 아닌 것은?
① 맞춤형화장품 판매업자를 변경하는 경우
② 맞춤형화장품의 판매 품목을 변경하는 경우
③ 맞춤형화장품 판매업소의 상호를 변경하는 경우
④ 맞춤형화장품 조제관리사를 변경하는 경우
⑤ 맞춤형화장품 판매업소 소재지를 변경하는 경우

해설 판내 품목은 판매 신고 및 변경 신고 항목에 해당하지 않는다.

정답 43 ②　44 ④　45 ②

46 다음 중 화장품의 포장재에 대한 설명과 거리가 먼 것은?

① 포장재의 입고 시 품질을 입증할 수 있는 검증자료를 공급자로부터 공급받아야 한다.

② 포장재 보관소의 청정도 등급은 4등급이다.

③ 제품과 직접 접촉하는 것을 1차 포장이라고 한다.

④ 운송을 위해 사용되는 외부 박스를 포장재라고 한다.

⑤ 제품과 직접 접촉하지 않는 포장재를 2차 포장이라고 한다.

해설 포장재란 화장품의 포장에 사용되는 모든 재료를 말하며, 운송을 위해 사용되는 외부 포장재는 제외한 것이다. 제품과 직접적으로 접촉하는지 여부에 따라 1차 또는 2차 포장재로 분류한다.

47 다음 〈보기〉의 화장품 제형에 대한 설명으로 적합한 것은?

┤ 보기 ├

액체를 침투시킨 분자량이 큰 유기분자로 이루어진 반고형상의 제형

① 로션제   ② 침적마스크제   ③ 겔제
④ 에어로졸제   ⑤ 분말제

해설 ① 로션제 : 수상과 유상을 유화제를 이용하여 일정하게 만든 제형
② 침적마스크제 : 액제, 로션제, 크림제, 겔제 등을 부직포 등의 지지체에 침적하여 만든 것
④ 에어로졸제 : 원액을 같은 용기 또는 다른 용기에 충전한 분사제(액화기체, 압축기체 등)의 압력을 이용하여 안개 모양, 포말상 등으로 분출하도록 만든 것
⑤ 분말제 : 균질하게 분말상 또는 미립상으로 만든 것을 말하며, 부형제 등을 사용할 수 있는 것

48 다음 중 화장품의 분류로 적합하지 <u>않은</u> 것은?

① 아이크림(눈 주위 제품) – 기초화장용 제품

② 외음부세정제 – 인체 세정용 제품

③ 클렌징오일 – 인체 세정용 제품

④ 아이메이크업 리무버 – 인체 세정용 제품

⑤ 손발의 피부연화 제품 – 기초화장용 제품

해설 아이메이크업 리무버는 눈화장용 제품류로 구분된다.

49 다음의 전성분 표에서 성분을 그 기능상 다른 것으로 대체하려 한다. 잘못 이어진 것은?

[전성분]
정제수, 글리세린, 카보머, 폴리솔베이트80, 카나우바왁스, 페녹시에탄올

① 글리세린 – 1,2 헥산디올   ② 카보머 – 잔탄검   ③ 폴리솔베이트80 – 솔비톨
④ 카나우바왁스 – 비즈왁스   ⑤ 페녹시에탄올 – 벤질알코올

정답   46 ④   47 ③   48 ④   49 ③

    ① 보습제
    ② 고분자 점증제
    ④ 유성성분(왁스)
    ⑤ 페녹시에탄올 보존제

50 다음은 맞춤형화장품 조제관리사가 내용물을 받을 때 확인한 제품의 품질성적서이다. 유통화장품 안전기준에 적합하지 않아 반품해야 하는 경우는?

[품질성적서 ㉠]

• 제형 : 일반 크림	• 중금속 : 디옥산 20μg/g, 비소 5μg/g
• 미생물 : 호기성세균 900개/g	

[품질성적서 ㉡]

• 제형 : 눈화장제품	• 중금속 : 니켈 40μg/g, 비소 5μg/g
• 미생물 : 진균 200개/g	

[품질성적서 ㉢]

• 제형 : 일반 크림	• 중금속 : 안티몬 1μg/g, 카드뮴 1μg/g
• 미생물 : 대장균 100개/g	

[품질성적서 ㉣]

• 제형 : 일반 크림	• 중금속 : 디옥산 20μg/g, 카드뮴 1μg/g
• 미생물 : 호기성세균 200개/g	

---

① ㉠, ㉡   ② ㉡, ㉢   ③ ㉢, ㉣
④ ㉠, ㉢   ⑤ ㉡, ㉣

해설 ㉡ 진균은 호기성세균에 포함되고 눈화장제품에서 검출 허용 한도는 500개/g이므로 정상이다. 그러나 눈화장제품에서 니켈의 검출 허용 한도가 35μg/g이므로 40μg/g인 제품은 안전기준에 적합하지 않다.
㉢ 병원성 미생물인 대장균은 검출되어서는 안 된다.

51 다음은 맞춤형화장품 조제관리사가 고객과의 상담을 통해서 제품을 추천해 준 내용이다. 정확하지 <u>않은</u> 것은?

① 주름에 대해서 고민을 상담한 고객에게 아데노신 함유 제품을 추천하였다.
② 탈모에 대한 고민을 상담한 고객에게 살리실릭애시드 함유 제품을 추천하였다.
③ 자외선에 의한 일광화상을 고민하는 고객에게 이산화티탄함유 제품을 추천하였다.
④ 여드름성 피부를 고민하는 고객에게 살리실릭애시드 함유 제품을 추천하였다.
⑤ 탈모에 대한 고민을 상담한 고객에게 비오틴 함유 제품을 추천하였다.

해설 살리실릭애시드를 함유한 제품은 여드름성 피부를 완화하는 데 도움을 주는 성분이다(인체세정용 제품에 한함).

정답 50 ② 51 ②

52 천연화장품 및 유기농화장품에는 합성원료의 사용이 원칙적으로는 금지되나 제품의 품질과 안전을 위해서 허용되는 보존제 성분이 있다. 이에 해당하지 <u>않는</u> 것은?

① 벤조익애씨드 및 그 염류   ② 벤질알코올   ③ 살리실릭애씨드 및 그 염류
④ 소르빅애씨드   ⑤ 헥사미딘

해설   헥사미딘은 사용상의 제한이 있는 보존제 성분이나 천연화장품 및 유기농화장품에 허용된 원료에는 속하지 않는다.

53 화장품의 CGMP 규정에서 시험용 검체를 채취하고 시험용 검체의 용기에 기재해야 하는 사항과 거리가 먼 것은?

① 명칭   ② 확인코드   ③ 사용기한
④ 제조번호   ⑤ 검체 채취 일자

해설   사용기한 등은 완제품에 해당하는 내용이다. 검체는 완제품의 사용기한 경과 후 1년까지 보관하여야 하나, 완제품의 사용기한을 기입하지는 않는다.

54 1제와 2제로 구분된 퍼머넌트웨이브용 제품 및 헤어 스트레이너 제품에서 1제와 2제에 사용할 수 있는 환원성, 산화성 물질로 바르게 연결된 것은?

	1제	2제
①	과산화수소	시스테인
②	치오글리콜릭애씨드	과산화수소
③	시스테인	치오글리콜릭애씨드
④	과산화수소	브롬산 나트륨
⑤	아세틸 시스테인	치오글리콜릭애씨드

해설   1제의 환원성 물질(치오글리콜릭애씨드, 시스테인, 아세틸 시스테인 등)이 시스테인 결합을 깨고, 2제의 산화성 물질(과산화수소, 브롬산 나트륨 등)이 시스테인 결합을 다시 생성시킨다.

55 다음은 A제품과 B제품의 전성분과 함량이다. 이를 각각 60%와 40%로 혼합할 때 전성분 표로 적절한 것은?

[제품 A]
정제수(90%), 올리브 오일(5%), 1,2 – 헥산다이올(5%)
[제품 B]
정제수(84%), 글라이콜(10%), 녹차 추출물(6%)

① 정제수, 올리브 오일, 글라이콜, 녹차 추출물, 1,2 – 헥산다이올
② 정제수, 글라이콜, 올리브 오일, 녹차 추출물, 1,2 – 헥산다이올
③ 정제수, 글라이콜, 올리브 오일, 1,2 – 헥산다이올, 녹차 추출물
④ 올리브 오일, 녹차 추출물, 1,2 – 헥산다이올, 글라이콜, 정제수
⑤ 글라이콜, 녹차 추출물 , 1,2 – 헥산다이올, 정제수

정답   52 ⑤   53 ③   54 ②   55 ②

전성분은 많이 들어간 성분을 먼저 나오게 하여 순서대로 기입한다. 정제수(87.6%), 글라이콜(4%), 올리브 오일(3%), 1,2-헥산다이올(3%), 녹차 추출물(2.4%)

56 다음 〈보기〉 중 CGMP의 용어의 정의가 바르게 연결된 것은?

┤ 보기 ├

㉠ 제조 및 품질과 관련한 결과가 계획된 사항과 일치하는지의 여부와 제조 및 품질관리가 효과적으로 실행되고 목적 달성에 적합한지 여부를 결정하기 위한 체계적이고 독립적인 조사

㉡ 제조 및 품질과 관련한 결과가 계획된 사항과 일치하는지의 여부와 제조 및 품질관리가 효과적으로 실행되고 목적 달성에 적합한지 여부를 결정하기 위한 회사 내 자격이 있는 직원에 의해 행해지는 체계적이고 독립적인 조사

㉢ 화장품의 포장에 사용되는 모든 재료를 말하며 제품과 직접적으로 접촉하는지 여부에 따라 1차 또는 2차로 분류

	㉠	㉡	㉢
①	내부감사	감사	포장재
②	감사	공정관리	소모품
③	위생관리	감사	포장재
④	감사	내부감사	소모품
⑤	감사	내부감사	포장재

해설 • 위생관리 : 대상물의 표면에 있는 바람직하지 못한 미생물 등 오염물을 감소시키기 위해 시행되는 작업 관리
• 공정관리 : 제조공정 중 적합판정기준의 충족을 보증하기 위하여 공정을 모니터링하거나 조정하는 모든 작업
• 소모품 : 청소, 위생 처리 또는 유지 작업 동안에 사용되는 물품(세척제, 윤활제 등)

57 메탄올은 유해화학물질로서 화장품 내의 검출 허용 한도로 지정하여 관리되는 물질이다. 그러나 〈보기〉와 같은 과정에 의해서 포함될 수 있다. 이때 빈칸에 들어갈 알맞은 농도는?

┤ 보기 ├

화장품 중 "메탄올"은 사용할 수 없는 원료이나, 에탄올을 화장품 원료로 사용한 제품의 경우 에탄올에 미량의 메탄올이 불순물로 포함될 수 있기 때문에 메탄올 관리가 필요하다. 이때 에탄올 및 이소프로필알코올의 변성제로서만 알코올 중 ( )%까지 사용된다.

① 1   ② 2   ③ 3
④ 4   ⑤ 5

해설 에탄올이 식용(술) 등으로 사용되는 것을 막기위해서 변성제를 첨가하는데, 이때 메탄올이 사용되기도 한다. 이 경우도 에탄올의 5% 이하로 첨가하는 것으로 규정하고 있다.

58 다음 〈보기〉에서 말하는 색재의 종류는?

┤ 보기 ├

콜타르 혹은 그 중간 생성물에서 유래되었거나 유기합성하여 얻은 색소 및 그 레이크, 염, 희석제와의 혼합물

① 착색안료　　　　　　② 백색안료　　　　　　③ 타르색소
④ 코치닐 색소　　　　　⑤ 진주광택 안료

해설 ①, ②, ⑤ 색소가 아니고 안료에 속한다. ④ 코치닐 색소는 자연에서 얻어지는 색소이다.

59 다음 중 제품의 종류에 관계없이 0.7%까지 배합 가능한 원료는?

① 트리클로산
② 징크피리치온
③ 벤조익애씨드, 그 염류 및 에스텔류
④ 세틸피리디늄클로라이드
⑤ 페녹시에탄올

해설 ① 사용 후 씻어내는 인체세정용 제품류 등에 0.3% 제한
　　② 사용 후 씻어내는 제품에 징크피리치온 제한
　　③ 산으로서 0.5%
　　④ 0.08%

60 다음 중 퍼머넌트 웨이브 제품 및 헤어스트레이트너 제품의 사용상의 주의사항에 해당하지 않는 것은?

① 두피·얼굴·눈·목·손 등에 약액이 묻지 않도록 유의하고, 얼굴 등에 약액이 묻었을 때에는 즉시 물로 씻어낼 것
② 특이체질, 생리 또는 출산 전·후이거나 질환이 있는 사람 등은 사용을 피할 것
③ 머리카락의 손상 등을 피하기 위하여 용법·용량을 지켜야 하며, 가능하면 일부에 시험적으로 사용하여 볼 것
④ 알갱이가 눈에 들어갔을 때에는 물로 씻어내고, 이상이 있는 경우에는 전문의와 상담할 것
⑤ 섭씨 15도 이하의 어두운 장소에 보존하고, 색이 변하거나 침전된 경우에는 사용하지 말 것

해설 ④는 미세한 알갱이가 함유되어 있는 스크럽 세안제에 해당하는 내용이다.

정답　58 ③　59 ⑤　60 ④

61 화장품의 사용상의 주의사항에서 〈보기〉에 해당하는 성분은?

─────────────┤ 보기 ├─────────────

「인체적용시험자료」에서 구진과 경미한 가려움이 보고된 예가 있음

① 살리실릭애씨드 및 그 염류 함유 제품
② 아이오도프로피닐부틸카바메이트(IPBC) 함유 제품
③ 알부틴 2% 이상 함유 제품
④ 알루미늄 및 그 염류 함유 제품
⑤ 포름알데히드 0.05% 이상 함유 제품

> **해설** ①, ② 만 3세 이하 어린이에게는 사용하지 말 것
> ④ 알루미늄 및 그 염류를 함유하고 있으므로 신장질환이 있는 사람은 사용 전에 의사와 상의할 것
> ⑤ 이 성분에 과민한 사람은 신중히 사용할 것

62 〈보기〉는 화장품의 사용상의 주의사항이다. 이에 해당하는 성분은?

─────────────┤ 보기 ├─────────────

사용 시 흡입되지 않도록 주의할 것(기초화장용 제품류 중 파우더 제품에 한함)

① 과산화수소 및 과산화수소 생성물질 함유 제품
② 벤잘코늄클로라이드, 벤잘코늄브로마이드 및 벤잘코늄사카리네이트 함유 제품
③ 실버나이트레이트 함유 제품
④ 스테아린산아연 함유 제품
⑤ 카민 또는 코치닐추출물 함유 제품

> **해설** ①~③ 눈에 접촉을 피하고 눈에 들어갔을 때는 즉시 씻어낼 것
> ⑤ 이 성분에 과민하거나 알레르기가 있는 사람은 신중히 사용할 것

63 사용상의 제한이 있는 원료 중 땅콩오일에 대한 설명이다. 빈칸에 적합한 농도는?

땅콩오일, 추출물 및 유도체 : 원료 중 땅콩 단백질의 최대 농도는 (   )ppm을 초과하지 않아야 한다.

① 0.1   ② 0.2   ③ 0.3
④ 0.4   ⑤ 0.5

> **해설** 땅콩오일, 추출물 및 유도체는 사용상의 제한이 있는 원료 [별표2]에 해당하며, 맞춤형화장품 조제관리사가 배합할 수 없다. 원료 중 땅콩 단백질의 최대 농도는 0.5ppm을 초과하지 않아야 한다.

64 외음부세정제의 사용상의 주의사항에 해당하지 <u>않는</u> 것은?

① 정해진 용법과 용량을 잘 지켜 사용할 것

② 만 13세 이하 어린이에게는 사용하지 말 것

③ 임신 중에는 사용하지 않는 것이 바람직함

④ 분만 직전의 외음부 주위에는 사용하지 말 것

⑤ 프로필렌글리콜을 함유하고 있으므로 이 성분에 과민하거나 알려진 병력이 있는 사람은 신중히 사용할 것

해설 외음부세정제는 만 3세 이하 어린이에게 사용하지 말아야 한다.

65 맞춤형화장품 조제관리사가 배합할 수 없는 자외선 차단 성분과 그 사용 한도가 적절히 연결된 것은?

① 호모살레이트, 5%　　② 벤조페논-8, 3%　　③ 티타늄디옥사이드, 20%

④ 벤질알코올, 1%　　⑤ 페녹시에탄올, 1%

해설 ①, ③ 자외선 차단 성분이다. 호모살레이트는 10%, 티타늄디옥사이드는 25%의 함량 제한을 가진다.
④, ⑤ 보존제 성분이다. 함량 제한은 바르게 표시되었다.

66 위해화장품의 공표 명령을 받은 영업자는 지체 없이 일간신문 및 해당 영업장의 인터넷 홈페이지에 게시하여야 한다. 여기에 해당하지 <u>않는</u> 것은?

① 제품명　　② 제조번호　　③ 사용기한

④ 회수사유　　⑤ 회수량

해설 회수량은 실제로 시중에서 회수된 양을 말하며, 회수 종료 보고서에 작성하거나 공표해야 하는 내용에는 해당하지 않는다.

67 화장품이 미생물 한도 시험법에서 총 호기성 생균수는 세균과 진균수의 합으로 확인한다. 이때 한천평판도말법 검체 처리 후 각 배지의 배양 조건에 적합한 것은?

┤ 보기 ├

• 세균 : (㉠)도, 48시간 배양
• 진균 : 20~25도, (㉡)일간 배양

	㉠	㉡
①	20~25	1
②	25~30	3
③	30~35	5
④	20~25	3
⑤	30~35	1

해설 세균이 자라는 데 적합한 온도는 30~35도이다 진균은 적어도 5일 배양한다.

정답 64 ②　65 ②　66 ⑤　67 ③

68 10ml 초과 50ml 이하 화장품 용기의 2차 포장의 기재사항에 대한 설명으로 거리가 먼 것은?

① 기능성 화장품의 효능 – 효과를 나타나게 하는 원료는 표시해야 한다.
② 전성분 표시는 하지 않아도 된다.
③ 과일산은 표시하여야 한다.
④ 알러지 유발 향료 성분은 2차 포장에 반드시 기재해야 한다.
⑤ 보존제 성분은 표시해야 한다.

해설 알러지 유발 성분은 전성분 기재에 해당하여 기재하지 않아도 된다.
①, ③, ⑤ 표시성분에 해당하여 기재해야 한다.
② 전성분은 표시하지 않아도 된다. 다만, 모든 성분을 확인할 수 있는 전화번호나 홈페이지는 기재해야 한다.

69 다음 중 회수대상화장품의 위해등급이 다 등급에 해당하는 것은?

① 화장품에 사용할 수 없는 원료를 사용한 화장품
② 안전용기 · 포장 기준에 위반되는 화장품
③ 기능성화장품의 기능성을 나타나게 하는 주원료 함량이 기준치에 부적합한 경우
④ 기준이상의 미생물이 검출된 화장품
⑤ 기준이상의 유해물질이 검출된 화장품

해설 ① 가 등급
②, ④, ⑤ 나 등급

70 다음은 사용 후 씻어내는 제품에 포함된 착향제와 그 함량이다. 알러지 유발 성분으로 표기해야 하는 것은 몇 개인가?

> 파네솔(0.1%), 제라니올(0.05%), 신나밀알코올(0.01%), 벤질신남일알코올(0.005%), 벤조신나메이트(0.001%), 벤질벤조에이트(0.0005%)

① 2개   ② 3개   ③ 4개
④ 5개   ④ 6개

해설 제시된 6가지 성분 모두 알러지 유발 가능성이 있는 원료 25종에 속한다. 다만 사용 후 씻어내는 제품에는 0.01%를 '초과'하여 함유된 경우에 성분명을 표시해야 하므로, 파네솔(0.1%), 제라니올(0.05%)가 이에 속한다.

71 자외선 차단 효과 측정 시 사용되는 "최소지속형즉시흑화량" 측정에 사용되는 자외선 A의 파장 범위는?

① 200~280   ② 280~300   ③ 320~400
④ 400~600   ⑤ 800~1,000

해설 자외선은 PA 수치를 산출하는 실험에 사용되고 피부색을 어둡게 만드는 원인이 된다. 이보다 파장인 짧은 것은 UVB(②), UVC(①)에 해당하고 ④는 가시광선, ⑤는 적외선의 영역에 해당한다.

72 화장품의 안전성 정보 관리 규정 중 중대한 유해사례에 해당하지 않는 것은?

① 사망을 초래하거나 생명을 위협하는 경우

② 입원 또는 입원 기간의 연장이 필요한 경우

③ 지속적 또는 중대한 불구나 기능 저하를 초래하는 경우

④ 선천적 기형 또는 이상을 초래하는 경우

⑤ 유해사례와 화장품 간의 인과관계 가능성 입증자료가 불충분한 것

> 해설 ①~④는 중대한 유해사례에 대한 설명이며, ⑤는 실마리 정보에 대한 설명이다.

73 책임판매업자의 안전성 정보 관리 규정 중 중대한 유해사례의 신속보고는 정보를 안 날부터 (   )일 이내에 이루어져야 한다.

① 7   ② 15   ③ 21

④ 30   ⑤ 180

> 해설 유해사례 보고는 매반기 종료 후 보고하여야 하고 중대한 유해사례는 15일 이내에 신속 보고해야 한다.

74 화장품의 안정성 시험 중 실온(25도)보다 15도 이상 높게 설정하여 진행하는 시험법은?

① 장기보존시험   ② 단기보존시험   ③ 가속시험

④ 가혹시험   ⑤ 개봉 후 안정성시험

> 해설 ①, ⑤ 제품의 사용조건에 맞는 실온에서 수행
> ④ −15에서 45도의 온도를 순환하며 진행
> ② 안정성 시험 조건에 속한 용어가 아님

75 화장품의 장기보존 및 가속시험에서 용기 적합성 시험에 해당하는 설명으로 옳은 것은?

① 균등성, 향취 및 색상, 사용감, 액상, 유화형, 내온성 시험

② 성상, 향, 사용감, 점도, 질량변화, 분리도, 유화상태, 경도 및 pH 등 제제의 물리 · 화학적 성질 평가

③ 정상적으로 제품 사용 시 미생물 증식을 억제하는 능력이 있음을 증명하는 미생물학적 시험 및 필요 시 기타 특이적 시험을 통해 미생물에 대한 안정성 평가

④ 제품과 용기 사이의 상호작용(용기의 제품 흡수, 부식, 화학적 반응 등)에 대한 적합성을 평가

⑤ 온도 순환(−15~45℃), 냉동−해동 또는 저온−고온의 가혹조건에서 평가

> 해설 ① 일반 시험
> ② 물리 · 화학적 시험
> ③ 미생물학적 시험
> ⑤ 장기보존 및 가속시험에 속하지 않는 가혹시험

---

76 다음 중 화장품 내의 미생물 허용 한도에 적합한 경우는?

① 총호기성생균수는 기타 제품의 경우 1,000개/g 이하, 녹농균은 불검출되어야 한다.

② 총호기성생균수는 영 – 유아 제품류의 경우 600개/g 이하, 대장균은 불검출되어야 한다.

③ 총호기성생균수는 물티슈의 경우 2,000개/g 이하, 황색포도상구균은 불검출되어야 한다.

④ 총호기성생균수는 눈화장제품류의 경우 500개/g 이하, 진균류는 불검출되어야 한다.

⑤ 총호기성생균수는 영 – 유아화장품의 경우 500개/g 이하, 세균류는 불검출되어야 한다.

> **해설** 총 호기성 생균수는 영 – 유아용 제품류 및 눈화장용 제품류의 경우 500개/g 이하, 물휴지의 경우 100개/g 이하, 기타 화장품은 1,000개/g 이하여야 하며, 병원성세균(대장균, 녹농균, 황색포도상구균)은 불검출되어야 한다. 호기성 생균에는 세균과 진균이 포함되어 관리되므로 세균과 진균류는 한도 내로 검출되어도 된다.

77 다음의 비타민 혹은 비타민 유도체에서 사용상의 제한이 있는 원료 [별표2]에 해당하는 것은?

① 나이아신아마이드　　　　② 레티놀　　　　③ 토코페놀

④ 덱스판테놀　　　　⑤ 아스코빅애씨드

> **해설** 토코페롤(비타민 E)의 사용 한도는 20%로 사용상의 제한이 있는 원료 중 [별표2]의 기타 항목에 해당한다.
> ①, ⑤ 나이아신아마이드(비타민 B3), 아스코빅애씨드(비타민 C) : 미백기능성 고시 원료
> ② 레티놀(비타민 A) : 주름 개선 기능성 고시 원료
> ④ 덱스판테놀(비타민 B5) : 탈모 증상의 완화 기능성 고시 원료

78 다음은 로션 형태의 맞춤형화장품에서 검출된 유해화학물질의 농도이다. 허용 한도에 적합한 것을 고르시오(모든 농도 단위는 $\mu g/g$).

① 납 10, 니켈 35, 수은 1　　② 납 20, 니켈 30, 수은 1　　③ 납 30, 니켈 20, 수은 5

④ 납 10, 니켈 10, 수은 1　　⑤ 납 30, 니켈 5, 수은 5

> **해설** • 납 : 점토를 원료로 사용한 분말 제품은 50$\mu g/g$ 이하, 그 밖의 제품은 20$\mu g/g$ 이하
> • 니켈 : 눈화장용 제품은 35$\mu g/g$ 이하, 색조화장용 제품은 30$\mu g/g$이하, 그 밖의 제품은 10$\mu g/g$ 이하
> • 수은 : 1$\mu g/g$ 이하

79 다음 보존제의 기능을 할 수 있는 성분 중 폴리올의 구조를 가지고 보습제로도 사용되는 성분은?

① 클로로부탄올　　　　② 글루타랄　　　　③ 벤질알코올

④ 페녹시에탄올　　　　⑤ 1.2 헥산 디올

> **해설** 1.2 헥산 디올은 보습제의 기능을 하는 폴리올 구조의 물질로 water activity를 낮추어 미생물의 활동은 억제한 방식으로 사용된다. 나머지는 보존제로서 사용상의 제한이 있는 원료로 구분된다.

정답 76 ①　77 ③　78 ④　79 ⑤

80 화장품의 안전관리 기준 중 내용량의 기준으로 적합한 것은?

> • 제품 (㉠)를 가지고 시험할 때 그 평균 내용량이 표기량에 대하여 (㉡) 이상
> • 기준치를 벗어난 경우 : 6개를 더 취하여 시험하여 평균 내용량이 기준치 이상

	㉠	㉡
①	3개	95%
②	5개	95%
③	3개	97%
④	4개	97%
⑤	5개	97%

해설 화장비누의 경우 건조중량을 내용량으로 하지만 다른 모든 제품은 표기량을 기준으로 한다. 이때 제품 3개를 가지고 시험하여 표기량에 대하여 97% 이상을 나타내어야 내용량 기준의 합격이 된다.

81 보기의 메이크업리무버와 같은 제품이 속하는 화장품의 유형 분류는?

┤ 보기 ├

클렌징워터, 클렌징 오일, 클렌징 로션, 클렌징 크림

해설 폼클렌저, 액체 비누 등의 씻어내는 사용법의 제품은 인체세정용 제품류로 분류되며, 클렌징워터 등의 닦아내는 제품은 기초화장용제품류로 분류된다.

82 천연화장품 또는 유기농화장품으로 인증을 받은 인증사업자가 인증의 유효기간을 연장받으려는 경우에는 유효기간 만료 (   )일 전까지 그 인증을 한 인증기관에 식품의약품안전처장이 정하여 고시하는 서류를 갖추어 제출해야 한다.

해설 천연화장품 또는 유기농화장품으로 인증을 받으려는 화장품제조업자, 화장품책임판매업자 또는 연구기관등은 지정받은 인증기관에 식품의약품안전처장이 정하여 고시하는 서류를 갖추어 인증을 신청해야 한다. 이후 인증의 유효기간을 연장받으려고 할 때 만료 90일 전까지 제출해야 한다.

83 화장품의 정의를 이해하기 위해서 의약품의 기능과 대상을 비교하는 다음 표의 빈칸에 들어갈 말로 알맞은 것을 작성하시오.

구분	기능	대상	부작용
화장품	인체의 청결 – 미화	정상인	인정하지 않음
의약품	( )의 치료	환자	인정함

해설 화장품은 인체를 청결·미화하여 매력을 더하고 용모를 밝게 변화시키고 피부와 모발의 건강을 유지하고 증진한다. 이에 비해 의약품은 질병의 치료를 목적으로 한다.

---

84 책임판매관리자 및 맞춤형화장품 조제관리사는 보수교육을 매년 1회 받아야 한다. 이때 교육시간은 (　　　)시간 이상, (　　　)시간 이하로 한다.

> 해설 식약처장이 정한 교육실시기관에서 시행하고 4~8시간 동안의 교육을 매년 받아야 한다.

85 각질의 피부 장벽층을 통과하여 증발하는 수분을 측정하여 장벽의 세기와 건강을 측정하는 피부 분석법은 (　　　) 분석법이라고 한다.

> 해설 TEWL은 Trans Epidermal Water Loss의 약자이며, 수분의 증발량을 의미한다. 경피수분손실 분석법이라고도 한다.

86 피부 세포 중 다음의 설명에 해당하는 세포의 이름을 〈보기〉에서 찾아 순서대로 기입하시오.

- (　　　) : 에너지를 저장하고 피부에서 열의 발산을 억제하여 체온을 유지함
- (　　　) : 진피층의 콜라겐섬유와 세포외 기질 등을 합성함

───────────────┤ 보기 ├───────────────

섬유아세포, 지방세포, 멜라닌세포, 각질형성세포, 랑게르한세포

> 해설 • 멜라닌세포 : 멜라닌을 합성하여 피부색을 결정
> • 각질형성세포 : 표피를 구성하고 각질층으로 분화함
> • 랑게르한세포 : 표피에서 면역 기능을 담당

87 피부의 턴오버를 촉진시키는 성분 중 AHA에 해당하는 것을 〈보기〉에서 2개 고르시오.

───────────────┤ 보기 ├───────────────

살리실릭애씨드, 글라이콜릭애씨드, 락틱애씨드, 아세틱애씨드, 히알루로닉애씨드

> 해설 AHA는 하이드록시애씨드의 alpha 위치에 OH(하이드록시)기가 있는 형태이다. 살리실릭애씨드는 턴오버를 촉진시키기는 하지만 BHA(betahydroxyacid)에 속한다. 아세틱애씨드와 히알루로닉애씨드는 OH(하이드록시)기가 없는 형태이다.

88 각질형성세포가 만드는 단백질의 일종으로, 표피 분화 과정에서 분해되어 천연보습인자 등의 성분을 구성하는 데 사용되는 단백질은?

> 해설 필라그린 단백질을 구성하는 아미노산 성분들이 분해되어 천연보습인자 내의 소듐 PCA 등을 구성한다.

───────────────────────────────

정답 84 4, 8 85 TEWL 또는 경피수분손실 86 지방세포, 섬유아세포 87 글라이콜릭애씨드, 락틱애씨드 88 필라그린

89 화장품에 사용되는 보습제(humectant) 중 OH기가 3개가 있고 가장 보편적으로 사용되는 성분을 〈보기〉에서 고르시오.

| 보기 |

폴리에틸렌글리콜, 글리세린, 솔비톨, 프로필렌글리콜

해설 글리세린(3개), 폴리레틸렌글리콜(2개 이하), 솔비톨(6개), 프로필렌글리콜(2개)

90 다음의 설명에서 나열되는 것과 같이 다양한 기능으로 사용되는 성분은?

- 비듬 및 가려움을 덜어주고 씻어내는 제품(샴푸 린스)에서 1.0%
- 탈모 증상의 완화에 사용되는 고시성분 (1.0%)
- 보존제로 사용 후 씻어내는 제품에 0.5%

해설 징크피리치온은 비듬의 원인균을 억제하는 효능이 있어 비듬 및 가려움을 억제한다.

91 〈보기〉는 안전용기 포장을 사용하여야 할 품목에 대한 설명이다. 빈칸에 들어갈 성분으로 알맞은 것을 순서대로 기입하시오.

| 보기 |

- (   )을/를 함유하는 네일 에나멜 리무버 및 네일 폴리시 리무버
- 개별 포장당 (   )을/를 5% 이상 함유하는 액체 상태의 제품
- 어린이용 오일 등 개별 포장당 탄화수소류를 10% 이상 함유하고 운동점도가 21 센티스톡스(섭씨 40도 기준) 이하인 비에멀젼 타입의 액체 상태의 제품

해설 아세톤과 메틸살리실레이트의 경우 어린이가 오인하여 삼킬 경우 중독사고를 일으킬 수 있기 때문에, 이를 함유하는 제품은 안전용기포장을 하여야 한다.

92 책임판매업자는 다음에 해당하는 물질의 안정성 시험자료를 제품의 사용기한이 만료되는 날부터 1년간 보존해야 한다. 빈칸에 해당하는 것을 기입하시오.

- 레티놀(비타민 A) 및 그 유도체
- 아스코빅애시드(비타민 C) 및 그 유도체
- 토코페롤(비타민 E)
- (   )
- 효소

해설 안정성 시험은 화학적으로 불안정한 성분을 사용한 경우 사용기한 내 안정성을 확보하게 하는 것을 목적으로 한다. 과산화화합물 및 문제에 나열된 성분은 화학적으로 불안정한 것으로 잘 알려져 있다.

---

93 다음 〈보기〉와 같은 사용상의 주의사항을 작성해야 하는 제품의 pH는 얼마인가?

---| 보기 |---

고농도의 AHA 성분이 들어 있어 부작용이 발생할 우려가 있으므로 전문의 등에게 상담할 것(AHA 성분이 10 퍼센트를 초과하여 함유되어 있거나 산도가 (   )미만인 제품만 표시)

해설 pH는 제품의 산도를 의미하며, 수치가 낮을수록 산도가 높은 것이다. 고농도의 AHA 성분은 제품의 pH를 낮추게 되고, 이에 3.5 미만의 경우에는 〈보기〉와 같은 사용상의 주의사항을 표시한다.

94 기능성 화장품으로 인정받아 판매를 하려는 경우에는 심사를 받거나 보고서를 제출해야 한다. 이때 이미 심사를 받은 기능성 화장품과 〈보기〉 가~마의 항목이 동일한 경우에 가능하다. 빈칸에 알맞은 내용을 작성하시오.

---| 보기 |---

가. 효능 · 효과가 나타나게 하는 원료의 종류 · 규격 및 함량(액상은 농도)
나. 효능 · 효과(SPF 측정값이 (   )% 이하 범위에 있는 경우 같은 효능 · 효과로 봄)
다. 기준(pH에 관한 기준 제외) 및 시험방법
라. 용법 · 용량   마. 제형

해설 기능성 화장품은 유효성과 안전성을 검증받기 위해서 심사를 받는다. 그러나 기존에 이미 심사를 받은 경우와 동일하면 보고로 진행할 수 있는데, 그 효능에서 큰 차이가 없어야 하고 자외선 차단 제품의 경우 SPF 측정값이 −20% 이하인 경우 효능이 동일하다고 간주한다.

95 다음 〈보기〉의 기능성 화장품의 종류에서 빈칸 안에 적절한 것을 순서대로 기입하시오.

---| 보기 |---

• (   ) 증상의 완화에 도움을 주는 화장품. 다만, 코팅 등 물리적으로 모발을 굵게 보이게 하는 제품은 제외한다.
• (   )로 인한 붉은 선을 엷게 하는 데 도움을 주는 화장품

해설 탈모 증상의 완화는 기능성화장품의 범위이다. 모발을 굵게 하는 등의 설명에서 탈모 증상의 완화를 유추할 수 있다. 또한 튼살은 급작스러운 체중의 증가로 피부조직이 붉은 선을 나타내는 등과 같은 증상을 타내내는 것이다.

96 책임판매 후 안전관리 기준(사후관리기준)에서 빈칸에 적절한 용어를 작성하시오.

화장품책임판매업자는 책임판매관리자에게 학회, 문헌, 그 밖의 연구보고 등에서 안전관리 정보를 수집 · 기록하도록 해야 한다. 이때 "안전관리 정보"란 화장품의 품질, 안전성 · (   ) 그 밖에 적정 사용을 위한 정보를 말한다.

해설 유효성은 화장품의 기능이 정상적으로 나타나는 것을 의미하며, 학회, 문헌, 그 밖의 연구보고 등에서 이에 문제가 없는지 확인해야 한다.

정답 93 3.5 94 −20 95 탈모, 튼살 96 유효성

97 다음은 베이비 샴푸의 전성분이다. 이 중 함량을 기재 – 표시해야 하는 성분을 작성하시오.

> [전성분]
> 정제수, 디소듐라우레스설포석시네이트, 포타슘코코일글리시네이트, 부틸렌글라이콜, 폴리쿼터늄 – 10, 알로베라추출물, 1,2 – 헥산디올, 세틸피리디늄클로라이드

해설 만 3세 이하의 영유아용 제품류인 경우 사용기준이 지정·고시된 원료 중 보존제의 함량을 기재 – 표시하여야 한다. 문제의 〈전성분〉에서 '세틸피리디늄클로라이드'는 보존제 성분이다.
- 계면활성제 : 디소듐라우레스설포석시네이트, 포타슘코코일글리시네이트, 폴리쿼터늄 – 10
- 보습제 : 부틸렌글라이콜, 1,2 – 헥산디올

98 화장품의 안전관리 기준에서 제형의 pH는 (   )~(   ) 사이의 범위로 허용되어 있다. 이에 제외되는 품목은 (   )을 포함하지 하는 제품과 사용 후 곧바로 씻어내는 제품이다. 빈칸에 적절한 것을 순서대로 작성하시오.

해설 수소이온의 농도로 계산되는 pH는 물이 있는 제품에서 관리된다. 또한 7일 때 중성을 나타내고 산성의 경우 3까지, 염기성의 경우 9까지 허용 범위가 된다.

99 다음의 대화를 보고 추천해 줄 수 있는 최소의 SPF 수치와 손님이 원하는 성분을 2가지 기입하시오.

> [대화]
> 손님 : 저는 10분 정도 햇빛을 받으면 화상을 입는 민감한 피부입니다. 그러나 휴가를 맞이하여 야외에서 4시간 정도 활동하고 싶습니다. 그러나 유기 자외선 차단제가 들어가 제품은 사용하고 싶지 않습니다. 어떤 성분이 들어있는 제품을 사용하면 될까요? SPF 수치는 어느 정도의 제품이 좋을지요?
> 조제관리사 : SPF (   ) 이상의 제품을 추천드립니다. 유기 자외선 차단제 성분이 아닌 (   )과/와 (   )이/가 들어간 제품을 사용하시면 됩니다.

해설 4시간을 분으로 환산하면 240분이다. 10분 만에 화상을 입는 사람 기준으로 피부에 닿는 UVB의 양을 1/24로 감소시켜야 하며 이는 SPF24 제품으로 가능하다(SPF에서의 24의 의미가 UVB를 1/24로 감소시킨다는 의미이다). 무기 자외선 차단 성분은 이산화티탄과 산화아연이 있다.

100 표시·광고 규정에서 아래의 빈칸에 해당하는 것을 작성하시오.

> - 규정 : 의사·치과의사·한의사·약사·의료기관 또는 그 밖의 자가 이를 지정·공인·추천·지도·연구·개발 또는 사용하고 있다는 내용이나 이를 암시하는 등의 표시·광고를 하지 말 것
> - 예외 : (   )화장품, 천연화장품 또는 유기농화장품 등을 인증·보증하는 기관으로서 식품의약품안전처장이 정하는 기관은 제외한다)

해설 무슬림의 윤리적 소비를 위한 인증 제도이다.

정답 97 세틸피리디늄클로라이드 98 3, 9, 물 99 24, 이산화티탄(티타늄디옥사이드), 산화아연(징크옥사이드) 100 할랄

제4회 기출복원문제

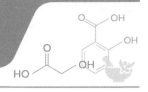

맞춤형화장품 조제관리사 핵심요약+기출유형 1,300제

---

01 다음 중 작업장의 청정도 등급에 대한 설명으로 올바른 것은?

작업실	청정 공기순환	관리 기준
① 클린벤치	10회/hr 이상	낙하균 10개/hr 또는 부유균 20개/m³
② 원료 칭량실	환기장치	낙하균 20개/hr 또는 부유균 30개/m³
③ 포장실	10회/hr 이상	갱의, 포장재의 외부 청소 후 반입
④ 화장품 내용물이 노출되는 작업실	차압관리	낙하균 30개/hr 또는 부유균 200개/m³
⑤ 내용물 보관소	20회/hr 이상	낙하균 10개/hr 또는 부유균 20개/m³

해설 ① 클린벤치 : 20회/hr 이상
　　 ② 원료 칭량실 : 10회/hr 이상, 낙하균 30개/hr 또는 부유균 200개/m³
　　 ③ 포장실 : 차압관리
　　 ⑤ 내용물 보관소 : 10회/hr 이상, 낙하균 30개/hr 또는 부유균 200개/m³

---

02 〈보기〉에서 기준일탈 폐기 처리 과정을 순서대로 나열한 것은?

| 보기 |

　ㄱ. 기준일탈 조사　　　　　　　　　　ㄴ. 기준일탈 처리
　ㄷ. 시험, 검사, 측정에서 기준일탈 결과 나옴　　ㄹ. 기준일탈 제품에 대해 불합격 라벨 첨부
　ㅁ. '시험, 검사, 측정이 틀림없음'을 확인　　ㅂ. 폐기처분
　ㅅ. 격리보관

① ㄷ - ㄱ - ㅁ - ㄴ - ㄹ - ㅅ - ㅂ
② ㄷ - ㄱ - ㄴ - ㅁ - ㄹ - ㅅ - ㅂ
③ ㄷ - ㄱ - ㄴ - ㄹ - ㅁ - ㅂ - ㅅ
④ ㄱ - ㄷ - ㄹ - ㅁ - ㄴ - ㅅ - ㅂ
⑤ ㄱ - ㄷ - ㄴ - ㅁ - ㄹ - ㅂ - ㅅ

해설 기준일탈의 결과를 확인한 이후 기준일탈의 조사를 진행한다.

정답　01 ④　02 ①

03 천연화장품의 용기와 포장에 사용할 수 없는 재질에 해당하는 것을 〈보기〉 중 <u>모두</u> 고르시오.

┤ 보기 ├

ㄱ. 폴리염화비닐(PVC)
ㄴ. AS수지
ㄷ. 폴리스티렌폼
ㄹ. 고밀도 폴리에틸렌(HDPE)
ㅁ. 스테인리스 스틸
ㅂ. 폴리스티렌

① ㄱ, ㄴ   ② ㄱ, ㄷ   ③ ㄱ, ㅂ
④ ㄴ, ㄷ   ⑤ ㄷ, ㅂ

해설 폴리염화비닐(PVC)과 폴리스티렌폼(Polystyrene foam)은 포장에 사용할 수 없도록 규정되어 있다.

04 회수대상 화장품을 회수·폐기한 후 지방식품의약품안전청장에게 제출해야 하는 문서로 〈보기〉 중 적절한 것을 <u>모두</u> 고르시오.

┤ 보기 ├

ㄱ. 폐기확인서
ㄴ. 회수확인서
ㄷ. 평가보고서
ㄹ. 폐기신고서
ㅁ. 회수계획서

① ㄱ, ㄴ, ㄷ   ② ㄱ, ㄴ, ㄹ   ③ ㄱ, ㄷ, ㄹ
④ ㄴ, ㄷ, ㄹ   ⑤ ㄴ, ㄹ, ㅁ

해설 ㄹ. 폐기신고서는 적절한 명칭이 아니다. 폐기확인서가 공식적인 명칭이다.
     ㅁ. 회수계획서는 회수 전에 제출한다.

05 〈보기〉 중 알레르기 유발 성분의 표기로 옳지 <u>않은</u> 것은?

┤ 보기 ├

ㄱ. A성분, B성분, C성분, 향료, 쿠마린, 리날룰
ㄴ. A성분, B성분, C성분, 향료(쿠마린, 리날룰)
ㄷ. A성분, 향료, B성분, C성분, 쿠마린, 리날룰(함량 순으로 기재)
ㄹ. A성분, B성분, C성분, 리날룰, 쿠마린, 향료
ㅁ. A성분, 향료, B성분, C성분, 쿠마린, 리날룰(알레르기 유발 성분)

① ㄱ, ㄷ   ② ㄱ, ㅁ   ③ ㄴ, ㄷ
④ ㄴ, ㅁ   ⑤ ㄹ, ㅁ

해설 괄호를 사용하거나 알레르기 유발 성분이라는 것을 적을 필요는 없다.

06 CGMP의 규정 중 작업장에 사용되는 세제의 종류와 사용법에 대해서 거리가 먼 것을 고르시오.

① 계면활성제는 세정제의 주요성분으로 이물을 제거한다. 알킬설페이트 등이 있다.

② 금속이온봉쇄제는 세정효과를 증가시키며, 소듐글루코네이트 등이 있다.

③ 유기폴리머는 세정제 잔류성을 강화시키며, 셀룰로오즈 유도체 등이 있다.

④ 용제는 계면활성제의 세정효과 증대의 특성이 있으며, 글리콜, 벤질알코올 등이 있다

⑤ 표백성분은 색상 개선과 살균작용이 있고, 대표적인 성분으로 4급 암모늄 화합물이 있다.

해설 표백성분은 색상 개선과 살균작용이 있고, 대표적인 성분으로 활성염소가 있다.

07 CGMP의 규정 중 세척 후 판정하는 방법의 린스 정량법에 대한 설명과 거리가 먼 것은?

① 린스 액의 최적 정량을 위하여 HPLC법 이용

② 잔존물의 유무를 판정하기 위해서 박층 크로마토그래프법(TLC)에 의한 간편 정량법 실시

③ 린스액 중의 총유기탄소를 총유기탄소(Total Organic Carbon, TOC) 측정기로 측정

④ UV를 흡수하는 물질 잔존 여부 확인

⑤ 천 표면의 잔류물 유무로 세척 결과 판정(흰 천이나 검은 천)

해설 ⑤는 닦아내기 판정에 대한 설명이다.

08 화장품의 품질의 유효성을 확보하기 위한 성분의 연결이 잘못된 것은?

① 생물학적 유효성 – 미백 : 알부틴 나이아신아마이드

② 화학적 유효성 – 자외선 차단 : 옥시벤존,

③ 화학적 유효성 – 자외선 차단 : 티타늄옥사이드, 징크옥사이드

④ 생물학적 유효성 – 주름 : 아데노신

⑤ 심리적 유효성 – 향에 의한 기분의 완화 : 자스민 향료

해설 자외선 차단제 중 티타늄옥사이드, 징크옥사이드는 물리적으로 자외선을 산란시킨다. 반면 유기 자외선 차단제는 자외선을 화학적으로 흡수한다.

09 CGMP의 규정 중 설비의 이송파이프에 대한 설명으로 거리가 먼 것은?

① 파이프 시스템은 정상적으로 가동하는 동안 가득 차도록 하고 사용하지 않을 때는 배출하도록 고안되어야 함

② 오염시킬 수 있는 막힌 관(dead legs)이 없도록 함

③ 파이프 시스템은 축소와 확장을 최소화하도록 고안되어야 함

④ 메인 파이프에서 두 번째 라인으로 흘러가도록 밸브를 사용할 때 밸브는 데드렉(dead leg)을 방지하기 위해 주 흐름에 가능한 한 가깝게 위치해야 함

⑤ 밸브를 많이 설치하여 조절이 쉽도록 함

해설 시스템에서 밸브와 부속품이 일반적인 오염원이기 때문에 최소의 숫자로 설계되어야 한다.

정답 06 ⑤ 07 ⑤ 08 ③ 09 ⑤

10 다음 모발에 대한 설명 중 거리가 먼 것을 고르시오.

① 모발의 주기는 성장기 – 휴지기 – 퇴행기를 반복한다.

② 모모세포는 모유두(毛乳頭) 조직 내에 있으면서 두발을 만들어 내는 세포이다

③ 모유두는 모세혈관이 엉켜 있으며 이를 통해 두발을 성장시키는 영양분과 산소를 운반하고 있다.

④ 모수질은 두발 중심 부근의 공동(속이 비어 있는 상태) 부위이다.

⑤ 큐티클층의 최외곽에는 에피큐티클 층이 있고 단백질 용해성의 약품(친유성, 알칼리 용액)에 대한 저항성이 가장 강한 성질을 나타낸다.

해설 모발의 주기는 성장기 – 퇴행기 – 휴지기를 반복한다.

11 다음 중 표피의 설명에 대한 것으로 거리가 먼 것은?

① 피부 장벽을 구성하여 외부 이물질의 침입을 막는다.

② 멜라닌을 합성하고 보유하여 피부색을 나타내고 자외선을 방어한다.

③ 콜라겐으로 구성되어 피부에 탄력을 부여한다.

④ 각질세포는 케라틴 단백질이 주요 구성 성분이다.

⑤ 천연보습 인자 성분을 포함하여 수분의 증발을 억제한다.

해설 '콜라겐으로 구성되어 피부에 탄력을 부여한다'는 표피가 아닌 진피의 기능이다.

12 다음은 새로운 립스틱 제품의 평가를 위해 소비자 20명을 대상으로 진행하는 관능평가이다. 해당하는 관능평가의 종류는?

> [설문지]
> 제품의 정보가 가려져 있는 A 제품과 B 제품을 사용해 보시고 더 선호하는 제품을 A 혹은 B의 형태로 작성해 주세요.

① 일반인 – 맹검 – 분석　　② 일반인 – 비맹검 – 기호성　　③ 전문가 – 맹검 – 기호성

④ 전문인 – 비맹검 – 분석　　⑤ 일반인 – 맹검 – 기호성

해설 일반인을 대상으로 제품의 정보를 제공하지 않고(맹검), 선호 여부를 조사하는 기호성 분석이다.

13 〈보기〉의 맞춤형화장품의 혼합에 사용하는 기기의 특성에 해당하는 것을 고르시오.

> ─────┤ 보기 ├─────
> '아지믹서'라고도 불리며 봉의 끝부분에 회전 날개가 붙어 있어 내용물을 혼합하는 데 사용할 수 있다.

① 스틱성형기　　　　　② 오버헤드스터러　　　　　③ 온도계

④ 핫플레이트　　　　　⑤ 호모믹서

해설 ① 스틱성형기 : 립스틱 등의 성형
　　③ 온도계 : 온도의 측정
　　④ 핫플레이트 : 내용물 등의 가열
　　⑤ 호모믹서 : 회전 날개가 원통에 둘러싸인 형태로 내용물을 혼합

정답　10 ①　11 ③　12 ⑤　13 ②

14 CGMP의 규정 중 적합 판정 기준을 벗어난 제품의 재작업 여부를 승인하는 사람은?

① 책임판매관리자　　　　② 맞춤형화장품 조제관리사　　③ 품질보증책임자

④ 화장품제조업자　　　　⑤ 화장품책임판내업자

> 해설 변질, 변패 여부 등을 확인하고 품질보증책임자에 의해서 승인된 경우에 재작업이 가능하다.

15 다음 〈보기〉의 용기의 특징에 해당하는 것을 바르게 연결하시오.

┤ 보기 ├

㉠ 반투명, 광택, 유연성 우수, 튜브 등에 사용
㉡ 내충격성 양호, 금속 느낌을 주기 위한 소재로 사용

	㉠	㉡
①	HDPE	PP
②	PET	HDPE
③	PP	ABS
④	PET	PVC
⑤	LDPE	ABS

> 해설 • HDPE : 광택이 없으며 수분 투과가 적음
> • PET : 딱딱하며 투명성이 우수하고 광택, 내약품성이 우수함
> • PP : 반투명하며 광택, 내약품성이 우수하고 내충격성이 우수하여 잘 부러지지 않음
> • PVC : 투명하며 성형 가공성이 우수함

16 다음 중 음이온계 계면활성제에 해당하는 것은?

① 솔비탄라우레이트
② 소듐라우릴설페이트
③ 코카미도프로필베타인
④ 벤잘코늄클로라이드
⑤ 글리세릴 모노스테아레이트

> 해설 • 비이온 : 솔비탄라우레이트, 글리세릴 모노스테아레이트
> • 양이온 : 벤잘코늄클로라이드
> • 양쪽성 : 코카미도프로필베타인

17 다음 [광고]의 밑줄 친 부분에서, 금지된 표현의 수(㉠) 및 실증이 필요한 표현의 수(㉡)는 몇 개인지 바르게 연결된 것을 고르시오.

> [광고]
> 이 크림은 <u>A 병원장의 추천</u>을 받았으며 <u>부작용 없이</u> 사용할 수 있습니다. <u>피부장벽 손상의 개선에 도움</u>을 주며, <u>피부결이 20% 개선</u>되고, 피부에 <u>디톡스 효과</u>를 가져옵니다(<u>무 스테로이드</u>).

	㉠	㉡
①	5	1
②	4	2
③	3	3
④	2	4
⑤	1	5

해설 • 금지 표현 : 병원장의 추천, 부작용 없이, 디톡스 효과, 무 스테로이드
      • 실증 대상 : 피부장벽 손상의 개선에 도움, 피부결이 20% 개선

18 다음 중 화장품에 금지된 효능 – 효과의 표현은?

① 붓기 완화   ② 다크서클 완화   ③ 콜라겐의 증가
④ 피부 혈행 개선   ⑤ 면역 강화

해설 ①~④는 표시광고 실증 대상에 해당한다. 실증자료로 입증하면 표현이 가능하다.

19 다음의 전성분 표에서 비즈왁스의 함량이 될 수 있는 것을 고르시오. (단, 사용상의 제한이 있는 원료 및 기능성 고시원료는 최대 함량을 사용함)

> [전성분]
> 정제수, 올리브오일, 페녹시에탄올 비즈왁스, 폴리에톡실레이티드레틴아마이드

① 3%   ② 1.5%   ③ 0.4%
④ 0.1%   ⑤ 0.05%

해설 전성분 표는 함량이 높은 순으로 기재한다. 페녹시에탄올은 1%, 폴리에톡실레이티드레틴아마이드는 0.2%가 최대 함량이다. 따라서 비즈왁스는 1% 이하 0.2% 이상으로 배합될 수 있다. 보기 중 이 사이에 있는 것은 0.4%가 유일하다.

정답 17 ② 18 ⑤ 19 ③

20 유통화장품의 안전 기준에서 미생물과 유해물질의 허용한도에 대한 설명 중 (   )에 알맞은 것을 순서대로 나열한 것은?

> [유통화장품 안전기준]
> 화장품을 제조하면서 다음 각 호의 물질을 (㉠)으로 첨가하지 않았으나, 제조 또는 보관 과정 중 포장재로부터 이행되는 등 (㉡)으로 유래된 사실이 객관적인 자료로 확인되고 기술적으로 완전한 제거가 불가능한 경우

	㉠	㉡
①	비의도적	정상적
②	인위적	비의도적
③	인위적	시험적
④	정상적	비의도적
⑤	시험적	정상적

해설 '인위적'으로 첨가하지 않고 '비의도적'으로 유래된 경우에 한한다.

21 로션에 쓸 수 없고, 샴푸에만 사용 가능한 성분으로 연결된 것은?

① 살리실릭애씨드 – 메칠이소치아졸리논
② 징크피리치온 – 메칠이소치아졸리논
③ 메칠이소치아졸리논 – 살리실릭애씨드
④ 벤제토늄클로라이드 – 징크피리치온
⑤ 트리클로카반 – 징크피리치온

해설 • 징크피리치온 : 사용 후 씻어내는 제품에 0.5%
　　 • 메칠이소치아졸리논 : 사용 후 씻어내는 제품에 0.0015%

22 다음 위해평가 과정의 용어에 해당하는 것을 순서에 따라 바르게 기입한 것은?

> • (㉠) : 위해요소에 노출됨에 따라 발생할 수 있는 독성의 정도와 영향의 종류 등을 파악
> • (㉡) : 위해요소 및 이를 함유한 화장품의 사용에 따른 건강상 영향에 대해 인체노출허용량(독성기준값) 및 노출 수준을 고려하여 사람에게 미칠 수 있는 위해의 정도와 발생 빈도 등을 정량적으로 예측

	㉠	㉡
①	위험성 확인	위해도 결정
②	위해도 결정	위험성 결정
③	노출평가	위험성 결정
④	위험성 결정	위해도 결정
⑤	위험성 확인	노출평가

해설 • 위험성 결정 : 동물실험 결과 등으로부터 독성기준값을 결정
　　 • 노출평가 : 화장품의 사용으로 인해 위해요소에 노출되는 양 또는 노출 수준을 정량적 또는 정성적으로 산출

정답 20 ② 21 ② 22 ①

23 다음의 보기에 해당하는 사용상의 주의사항을 표시해야 하는 제품은?

┤ 보기 ├

- 같은 부위에 연속해서 3초 이상 분사하지 말 것
- 가능하면 인체에서 20cm 이상 떨어져서 사용할 것
- 눈 주위 또는 점막 등에 분사하지 말 것

① 미세한 알갱이가 함유되어 있는 스크럽 세안제
② 손발톱용 제품류
③ 두발용 · 두발염색용 및 눈 화장용 제품류
④ 고압가스를 사용하는 에어로졸 제품
⑤ 체취 방지용 제품

해설 ① 미세한 알갱이가 함유되어 있는 스크럽 세안제 : 알갱이가 눈에 들어갔을 때에는 물로 씻어내고, 이상이 있는 경우
　　　에는 전문의와 상담할 것
　　② 손발톱용 제품류 : 손발톱 및 그 주위 피부에 이상이 있는 경우에는 사용하지 말 것
　　③ 두발용 · 두발염색용 및 눈 화장용 제품류 : 눈에 들어갔을 때에는 즉시 씻어낼 것
　　⑤ 체취 방지용 제품 : 털을 제거한 직후에는 사용하지 말 것

24 다음은 알부틴 로션제의 개별 기준 및 시험 방법에 대한 사항이다. 빈칸에 공통적으로 들어갈 성분은?

┤ 보기 ├

기능성화장품 약 1g을 정밀하게 달아 이동상을 넣어 분산시킨 다음 10mL로 하고 필요하면 여과하여 검액으
로 한다. 따로 (　　) 표준품 약 10mg을 정밀하게 달아 이동상을 넣어 녹여 100mL로 한 액 1mL를 정확하게
취한 후, 이동상을 넣어 정확하게 1,000mL로 한 액을 표준액으로 한다. 검액 및 표준액 각 20μL씩을 가지고
다음 조작 조건으로 액체크로마토그래프법에 따라 시험할 때 검액의 (　　) 피크는 표준액의 (　　) 피크보다
크지 않다(1ppm).

① 납　　　　　　　　　　② 비소　　　　　　　　　　③ 감광소
④ 히드로퀴논　　　　　　⑤ 과산화수소

해설 히드로퀴논은 알부틴과 유사한 구조를 가진 성분으로 기미 치료 성분인 의약품에 해당한다. 알부틴 로션제에서 검출
　　한계를 정해 두고 있다.

25 안전용기, 포장이 필요한 제품으로 가장 거리가 먼 것을 고르시오.
① 아세톤을 함유하는 네일 에나멜 리무버 및 네일 폴리시 리무버
② 어린이용 오일 등 개별포장당 탄화수소류를 10퍼센트 이상 함유한 제품
③ 운동점도가 11센티스톡스(섭씨 40도 기준) 이하인 비에멀젼 타입의 액체 상태 제품
④ 개별포장당 메틸 살리실레이트를 5퍼센트 이상 함유하는 액체 상태의 제품
⑤ 만 5세 미만의 어린이가 개봉하기 어렵게 설계 · 고안된 용기나 포장

해설 운동점도가 21센티스톡스(섭씨 40도 기준) 이하인 비에멀젼 타입의 액체 상태 제품

정답　23 ④　24 ④　25 ③

26 맞춤형화장품 판매업자의 의무와 거리가 먼 것은?

① 맞춤형화장품 혼합, 소분에 사용된 내용물, 원료 특성 설명은 생략 가능하다.

② 맞춤형화장품 사용 시의 주의사항은 소비자에게 설명해야 한다.

③ 맞춤형화장품 사용과 관련된 부작용 발생 사례에 대해서는 지체 없이 식품의약품안전처장에게 보고 해야 한다.

④ 맞춤형화장품 판매내역서를 작성, 보관하여야 한다.

⑤ 맞춤형화장품의 원료목록 및 생산실적 등을 기록 · 보관하여 관리해야 한다.

해설 혼합 · 소분에 사용된 내용물 · 원료의 내용 및 특성을 설명할 의무가 있다.

27 다음 중 맞춤형화장품 조제관리사가 배합할 수 <u>없는</u> 원료는?

① 라놀린   ② 파라핀   ③ 카나우바왁스

④ 올리브오일   ⑤ 소합향나무 발삼오일

해설 소합향나무 발삼오일은 사용상의 제한이 있는 원료 [별표2]에 0.6%로 함량 제한이 있다. 사용상의 제한이 있는 원료는 맞춤형화장품 조제관리사가 배합할 수 없다.

28 화장품의 포장에 기재해야 하는 사항 중 맞춤형화장품에는 생략이 가능한 항목은?

① 식품의약품안전처장이 정하는 바코드

② 기능성화장품의 경우 심사받거나 보고한 효능 · 효과, 용법 · 용량

③ 성분명을 제품 명칭의 일부로 사용한 경우 그 성분명과 함량

④ 인체 세포 · 조직 배양액이 들어 있는 경우 그 함량

⑤ 화장품에 천연 또는 유기농으로 표시 · 광고하려는 경우에는 원료의 함량

해설 식품의약품안전처장이 정하는 바코드, 수입화장품인 경우에는 제조국의 명칭, 제조회사명 및 그 소재지는 맞춤형화 장품의 경우 생략이 가능하다.

29 다음의 표시 – 광고의 표현 중 화장품에 사용 가능한 것은?

① 메디슨   ② 드럭   ③ 코스메슈티컬

④ 거칢 방지   ⑤ 피로회복

해설 ④를 제외한 항목은 의약품으로 오인할 우려가 있어서 화장품에는 금지되는 표현이다.

30 화장품의 성분 중 피부에 조이는 느낌을 주는 기능을 하는 것은?

① 보존제   ② 보습제   ③ 수렴제

④ 점도조절제   ⑤ 분산제

해설 ① 보존제 : 미생물의 번식을 방지하는 데 쓰이는 물질
② 보습제 : 피부 수분의 유지를 위해 사용되는 물질
④ 점도조절제 : 화장품의 점도를 유발하고 사용감을 높이는 물질
⑤ 분산제 : 안료를 분산시키는 목적으로 사용되는 계면활성제

정답   26 ①   27 ⑤   28 ①   29 ④   30 ③

31 다음의 보기에 해당하는 위해성을 가진 화장품의 회수 기간은?

┤ 보기 ├

맞춤형화장품 조제관리사를 두지 아니하고 판매한 맞춤형화장품

① 7일   ② 15일   ③ 30일
④ 3개월   ⑤ 6개월

해설 맞춤형화장품 조제관리사를 두지 아니하고 판매한 맞춤형화장품의 위해성은 다 등급에 해당한다. 이 경우 회수를 시작한 날부터 30일 이내에 회수해야 한다.

32 회수대상인 화장품임을 안 날부터 며칠 이내에 회수계획서를 지방식품의약안정청장에게 제출해야 하는가?

① 3일   ② 5일   ③ 7일
④ 15일   ⑤ 30일

해설 회수계획서는 5일 이내에 제출해야 하고 '해당 품목의 제조 · 수입기록서 사본', '판매처별 판매량 · 판매일 등의 기록', '회수 사유를 적은 서류'가 포함되어야 한다.

33 다음 중 "눈에 접촉을 피하고 눈에 들어갔을 때 즉시 씻어낼 것"이라는 사용상의 주의사항을 기입해야 하는 것으로 연결된 것은?

① 과산화수소수 함유 제품 – 스테아린산아연 함유 제품
② 과산화수소수 함유 제품 – 실버나이트레이트 함유 제품
③ 살리실릭애씨드 함유 제품 – 벤잘코늄클로라이드 함유 제품
④ 알부틴 2% 이상 함유 제품 – 벤잘코늄클로라이드 함유 제품
⑤ 카민 함유 제품 – 알부틴 2% 이상 함유 제품

해설 • 과산화수소수 함유 제품, 실버나이트레이트 함유 제품, 벤잘코늄클로라이드 함유 제품 : 눈에 접촉을 피하고 눈에 들어갔을 때 즉시 씻어낼 것
• 살리실릭애씨드 함유 제품 : 만 3세 이하 어린이에게는 사용하지 말 것
• 알부틴 2% 이상 함유 제품 : 「인체적용시험자료」에서 구진과 경미한 가려움이 보고된 예가 있음
• 카민 함유 제품 : 이 성분에 과민하거나 알레르기가 있는 사람은 신중히 사용할 것

34 다음은 화장품의 사용상 주의사항 중 공통사항에 해당하는 것이다. 빈칸에 들어갈 말로 적절히 연결된 것을 고르시오.

> ┤ 보기 ├
>
> 화장품 사용 시 또는 사용 후 (   )에 의하여 사용 부위에 붉은 반점, 부어오름 또는 가려움증 등의 이상 증상이나 부작용이 있는 경우 (   ) 등과 상담할 것

① 오남용 – 책임판매관리자
② 직사광선 – 책임판매관리자
③ 직사광선 – 전문의
④ 부작용 – 맞춤형화장품 조제관리사
⑤ 오남용 – 전문의

해설 화장품의 성분으로 인해 직사광선 등을 받을 때 자극이 커지는 경우가 있다. 부작용이 생기면 사용을 중단하고 전문의와 상담한다.

35 다음의 기능 중 화장품의 표시 – 광고 기준에 적합하지 <u>않은</u> 것은?

① 여드름의 흔적을 제거한다.
② 피부의 거칠어짐을 방지하고 살결을 가다듬는다.
③ 피부를 청정하게 한다.
④ 피부에 수렴 효과를 준다.
⑤ 면도로 인한 상처를 방지한다.

해설 '여드름의 흔적을 제거한다.'는 의약품의 기능으로 화장품에는 사용하지 못한다.

36 책임판매업자의 안전성 정보 관리기준에서 중대한 유해사례와 거리가 <u>먼</u> 것은?

① 사망을 초래하거나 생명을 위협하는 경우
② 입원 또는 입원 기간의 연장이 필요한 경우
③ 지속적 또는 중대한 불구나 기능 저하를 초래하는 경우
④ 선천적 기형 또는 이상을 초래하는 경우
⑤ 사용 부위에 붉은 반점이 생기는 경우

해설 중대한 유해사례는 의학적으로 중요한 상황으로, ⑤는 이에 해당하지 않는다.

정답 34 ③ 35 ① 36 ⑤

37 화장품의 사용 및 보관 방법 중 다음의 〈보기〉에 해당하는 것은?

┤ 보기 ├

섭씨 15도 이하의 어두운 장소에 보존하고, 색이 변하거나 침전된 경우에는 사용하지 말 것

① 고압가스를 사용하는 에어로졸 제품
② 알파-하이드록시애시드 함유 제품
③ 손·발의 피부연화 제품
④ 모발용 샴푸
⑤ 퍼머넌트 웨이브 제품 및 헤어스트레이트너 제품

해설 일반적인 화장품의 경우 '어린이의 손이 닿지 않는 곳에 보관할 것', '직사광선을 피해서 보관할 것' 등의 보관상 주의사항이 있으나, 퍼머넌트 웨이브 제품 및 헤어스트레이트너 제품은 '섭씨 15도 이하의 어두운 장소에 보존할 것'이라는 개별 주의사항이 있다.

38 다음 중 사용상의 제한이 있는 원료에 해당하지 <u>않는</u> 것은?

① 미생물의 성장을 억제한 보존제
② 자외선을 차단하는 자외선 차단제
③ 머리색을 변화시키는 산화 염모제
④ 색조 화장을 위한 색소
⑤ 주름 개선을 위한 기능성 화장품 고시 소재

해설 ①~④는 사용상의 제한이 있는 원료이므로 맞춤형화장품 조제관리사가 배합할 수 없다.

39 피부의 수분을 증가시키는 성분 중 수분과 결합하는 능력이 좋아서 습윤제로 불리는 성분과 거리가 <u>먼</u> 것은?

① 글리세린　　　　　　② 부틸렌 글라이콜　　　　　③ 락틱애씨드
④ 솔비톨　　　　　　　⑤ 파라핀

해설 파라핀은 물과의 친화력이 없고 막을 형성하여 피부의 수분 증발을 억제한다. 밀폐제로 분류된다.

40 계면활성제의 친수성과 친유성의 비율에 따른 분류를 HLB라고 한다. 숫자가 클수록 친수성이 크다. 다음 중 기초적인 o/w 유화에 적합한 HLB의 범위는?

① 1~3　　　　　　　　② 4~6　　　　　　　　　③ 7~9
④ 8~18　　　　　　　　⑤ 15~18

해설 ① 1~3 : 소포제
② 4~6 : w/o 유화
③ 7~9 : 분산제
⑤ 15~18 : 가용화제

정답 37 ⑤　38 ⑤　39 ⑤　40 ④

41 다음의 안료 중 그 기능이 <u>다른</u> 것은?

① 마이카　　　　　　② 탈크　　　　　　③ 카올린

④ 이산화티탄　　　　⑤ 새리사이트

해설　이산화티탄은 피부를 희게 나타내게 하는 백색안료이다. 나머지는 희석, 광택, 사용감을 조절하는 체질안료이다.

42 작업장은 세척 이외에도 미생물의 존재를 가정하고 주기적으로 소독을 통하여 오염을 방지해야 한다. 이때 사용하기에 적합한 소독액은?

① 폴리올　　　　　　② 70% 에탄올　　　③ 칼슘카보네이트

④ 글리콜　　　　　　⑤ 소듐글루코네이트

해설　① 폴리올 : 유기폴리머. 세정 효과 증대

③ 칼슘카보네이트 : 연마제. 기계적 작용에 의한 세정 증대

④ 글리콜 : 용제, 계면활성제. 세정 효과 증대

⑤ 소듐글루코네이트 : 금속이온봉쇄제. 세정 효과 증대

43 작업장 내 직원의 위생을 위한 손 세제의 사용법에 대한 설명으로 거리가 먼 것은?

① 고형 타입의 핸드 워시는 주로 산성을 나타낸다.

② 흐르는 물을 이용하여 손을 세척한다.

③ 핸드새니타이저는 물을 사용하지 않고 세정 기능을 나타낸다.

④ 작업장 입실 전, 화장실 이용 이후 시행한다.

⑤ 종이타월 혹은 드라이어를 이용하여 건조한다.

해설　핸드 워시는 고형 타입 비누의 단점을 보완하기 위해 액상으로 구성되고 주로 알카리성을 띤다.

44 작업장의 위생 유지관리 활동에서 방충 – 방서의 대책과 거리가 먼 것은?

① 창문은 차광하고 야간에 빛이 밖으로 새어나가지 않게 함

② 폐수구에 트랩을 설치

③ 파이프는 받침대 등으로 고정하고 벽에 닿지 않게 함

④ 폐수구에 트랩을 설치

⑤ 골판지, 나무 부스러기를 방치하지 않음

해설　파이프는 받침대 등으로 고정하고 벽에 닿지 않게 하여 '청소가 용이하도록' 한다.

45 화장품 제조 설비 중 〈보기〉의 설명에 해당하는 것은?

┤ 보기 ├

공정 단계 및 완성된 포뮬레이션 과정에서 공정 중인 또는 보관용 원료를 저장하기 위해 사용되는 용기

① 교반장치　　　　　　　② 호스　　　　　　　③ 제품충전기
④ 탱크　　　　　　　　　⑤ 펌프

> 해설　① 교반장치 : 제품의 균일성을 얻기 위해 혼합
> ② 호스 : 다른 위치로 제품을 전달
> ③ 제품충전기 : 완성된 내용물을 1차 용기에 넣기 위해 사용
> ⑤ 펌프 : 액체를 다른 지점으로 이동

46 원자재 입고 절차 중 육안 확인 시 물품에 결함이 있을 경우 취할 수 있는 조치와 거리가 먼 것은?

① 입고 보류　　　　　　　② 격리보관　　　　　　　③ 재작업
④ 폐기　　　　　　　　　⑤ 공급업자에게 반송

> 해설　재작업은 직접 생산한 내용물에 대한 품질관리의 활동이다.

47 원자재의 입고 시 관리기준에서 빈칸에 적절한 것으로 연결된 것은?

┤ 보기 ├

자재의 입고 시 (㉠), 원자재 공급업체 (㉡) 및 현품이 서로 일치하여야 하며, 필요한 경우 운송 관련 자료를 추가적으로 확인할 수 있음

	㉠	㉡
①	수입기록서	설명서
②	성적서	판매내역서
③	신고서	신청서
④	구매요구서	성적서
⑤	구매요구서	계획서

> 해설　구매요구서에는 제조업자가 원자재 공급업자에게 요구하는 구매 품명별 규격이 명시되어 있다. 이와 원자재 공급업체에서 시험한 성적서를 비교하여야 한다.

48 다음의 〈보기〉는 원료 및 포장재의 품질관리에 대한 사항이다. 빈칸에 들어갈 용어로 적절한 것은?

┤ 보기 ├

허용 가능한 사용기한을 결정하기 위한 시스템을 확립해야 한다. 이러한 시스템은 물질의 정해진 사용기한이 지나면 해당 물질을 (   )하여 사용 적합성을 결정한다.

① 재작업　　　　　　　　② 재평가　　　　　　　　③ 폐기
④ 반송　　　　　　　　　⑤ 격리

해설 재평가 방법을 확립해 두면 보관기한이 지난 원료를 재평가해서 사용할 수 있다.

49 완제품의 출고 전 품질관리를 위한 작업 중 〈보기〉에서 설명하는 것은?

┤ 보기 ├

제품의 사용 중에 발생할지도 모르는 재검토 작업에 대비한다. 품질상에 문제가 발생하여 재시험이 필요할 때 또는 발생한 불만에 대처하기 위하여 품질 이외의 사항에 대한 검토가 필요하게 될 경우에 사용한다.

① 검체　　　　　　　　　② 뱃치　　　　　　　　　③ 벌크제품
④ 원자재　　　　　　　　⑤ 보관용 검체

해설 보관용 검체는 제품 출시 이후 사용 중 발생하는 불만에 대한 재검토를 위해 보관하는 검체이다.

50 제품의 출고 기준에서 다음의 〈보기〉가 설명하는 원칙에 해당하는 것은?

┤ 보기 ├

• 입고 및 출고 상황을 관리 · 기록해야 함
• 특별한 환경을 제외하고 재고품 순환은 오래된 것이 먼저 사용되도록 보증해야 함
• 나중에 입고된 물품이 사용기한이 짧은 경우 또는 특별한 사유가 발생할 경우, 먼저 입고된 물품보다 먼저 출고할 수 있음

① 재고관리　　　　　　　② 출하　　　　　　　　　③ 합격 판정
④ 반품　　　　　　　　　⑤ 선입선출

해설 오래된 것이 먼저 사용되도록 하는 방식을 '선입선출'이라고 한다.

51 영유아 또는 어린이가 사용할 수 있는 화장품임을 표시 · 광고하려는 경우에는 제품별로 안전과 품질을 입증할 수 있는 제품별 안전성 자료를 작성 및 보관해야 한다. 다음의 (   )에 해당하는 것은?

• 제품 및 제조 방법에 대한 설명 자료
• 화장품에 대한 안전성 평가 자료
• 제품의 (   )에 대한 증명 자료

① 품질　　　　　　　　　② 안정성　　　　　　　　③ 함량
④ 적합성　　　　　　　　⑤ 효능 · 효과

해설 가능성 화장품의 효능 · 효과 및 표시광고 실증 중 효능 · 효과에 대한 자료가 해당한다.

정답　48 ②　49 ⑤　50 ⑤　51 ⑤

52 유통화장품 안전기준 중 pH 3.0~9.0의 규제를 받지 않는 제품은?

① 영−유아용 크림   ② 클렌징오일   ③ 헤어로션
④ 유연 화장수   ⑤ 바디로션

해설 물을 포함하지 않는 제품의 경우는 pH 기준에 해당하지 않는다.

53 다음은 물휴지의 제품 성적서이다. 유통화장품 안전 관리 기준에 위반된 경우는 모두 몇 개인가?

[성적서]
세균 10개/g
진균 120개/g
메탄올 0.2%
포름알데히드 500μg/g
수은 0.1μg/g

① 1   ② 2   ③ 3
④ 4   ⑤ 5

해설 기준상 진균 100개/g 이하, 메탄올 0.0025% 이하, 포름알데히드 20μg/g 이하여야 하므로 3개 위반이다.

54 다음 중 총 호기성 생균수가 600개/g으로 검출될 경우 유통화장품 안전기준의 미생물의 한도에 부적합한 것은 총 몇 개인가?

──┤ 보기 ├──

영유아용 로션, 아이라이너, 립스틱, 쉐이빙 로션, 마스카라

① 1   ② 2   ③ 3
④ 4   ⑤ 5

해설 눈화장 제품류(아이라이너, 마스카라), 영유아용 제품류(영유아용 로션)는 500개/g으로 관리되어야 한다.

55 다음 중 니켈이 34μg/g으로 검출되면 유통화장품 안전기준에 위배되는 제품의 개수는?

──┤ 보기 ├──

아이 메이크업 리무버, 폼 클렌저, 헤어토닉, 립밤, 파운데이션

① 1   ② 2   ③ 3
④ 4   ⑤ 5

해설 • 눈화장용 제품(아이메이크업 리무버) : 35μg/g 이하
      • 색조화장용 제품(립밤, 파운데이션) : 30μg/g 이하
      • 그 밖의 제품(헤어토닉) : 10μg/g 이하

정답 52 ②   53 ③   54 ③   55 ④

56 다음은 내용량이 50g인 제품의 3개의 시험 결과이다. 표기량의 몇 %인지와 합격/불합격 여부를 바르게 연결한 것은?

┤ 보기 ├

| • 제품 1 : 48g | • 제품 2 : 50g | • 제품 3 : 47g |

① 98.7%, 합격   ② 97.7%, 불합격   ③ 97.7%, 합격

④ 96.7%, 합격   ⑤ 96.7%, 불합격

해설 표기된 내용량 기준 97% 이상이 되어야 합격이다.

57 CGMP 규정 중 혼합 및 소분의 위생관리 규정과 거리가 먼 것은?

① 청정도에 맞는 작업복, 모자 및 신발 착용
② 작업복 등은 목적과 오염도에 따라 세탁을 하고 필요에 따라 소독
③ 작업 전에 복장 점검을 하고 적절하지 않을 경우는 시정
④ 제조 및 보관지역 내에서만 음식 섭취
⑤ 제품 품질 및 안정성에 악영향을 미칠 수 있는 건강 조건을 가진 직원은 원료, 포장, 제품 또는 제품 표면에 직접 접촉 금지

해설 음식, 음료수 및 담배 등은 제조 및 보관 지역과 분리된 지역에서만 섭취

58 설비 기구의 유지관리를 위한 주요 활동에 대한 설명이다. 순서대로 바르게 나열된 것은?

| ㉠ 부품의 정기 교체, 시정 실시를 지양 |
| ㉡ 고장 시의 긴급 점검과 수리 |
| ㉢ 계측기에 대한 교정 |

	㉠	㉡	㉢
①	예방적 활동	정기 검정	유지보수
②	유지보수	정기 검정	예방적 활동
③	외관 검사	기능측정	작동 점검
④	예방적 활동	유지보수	정기 검정
⑤	청소	유지보수	정기 검정

해설 ㉠ 문제가 생기기 전에 '예방적 활동'을 한다.
㉡ 고장 시 수리하는 것을 '유지보수'라 한다.
㉢ 계측기에 대한 교정이 '정기 검정'이다.
상기 사항이 유지관리의 기본적인 활동이다.

59 표피의 분류 중 진피층과 경계를 이루고 멜라닌 합성세포가 존재하는 층은?

① 각질층   ② 과립층   ③ 유극층

④ 기저층   ⑤ 망상층

해설 기저－유극－과립－각질층으로 분화되어 간다. 망상층은 진피층의 구조이다.

정답 56 ⑤ 57 ④ 58 ④ 59 ④

60 피부에서 기능을 하는 다양한 효소 중 주름 개선의 타겟이 되는 것과 거리가 먼 효소는?

① 콜라게네이즈 ② 젤라티네이즈 ③ 티로시네이즈

④ 스트로멜라이신 ⑤ 엘라스티나아제

해설 티로시네이즈는 피부색의 합성에 관여하여 미백 화장품과 관련이 있다.

61 다음의 피부 타입 중 〈보기〉의 설명에 해당하는 것은?

──── 보기 ────

• 2가지 이상의 타입이 공존함
• T−zone 주위로는 피지 분비가 많음
• U−zone 주위로는 수분이 부족함

① 정상 피부 ② 지성 피부 ③ 건성 피부

④ 복합성 피부 ⑤ 민감성 피부

해설 건성과 지성의 복합적인 문제를 보이는 피부 타입을 복합성 피부라고 한다.

62 혼합, 소분 특성 분석에 필요한 기기 중 〈보기〉에서 설명하는 기기는?

──── 보기 ────

반 고형 제품의 유동성을 측정할 때 사용

① pH 미터 ② 경도계 ③ 밸런스

④ 광학 현미경 ⑤ 온도계

해설 ③ 밸런스 : 무게를 측정한다.
　　④ 광학현미경 : 유화입자의 크기를 확인할 수 있다.

63 〈보기〉에서 설명하는 용기는?

──── 보기 ────

일상의 취급 또는 보통 보존상태에서 액상 또는 고형의 이물 또는 수분이 침입하지 않음

① 밀폐용기 ② 기밀용기 ③ 안전용기

④ 밀봉용기 ⑤ 차광용기

해설 ① 밀폐용기 : 고형의 이물 침입 방지
　　③ 안전용기 : 만 5세 미만의 어린이가 개봉하기 어렵게 설계 · 고안된 용기나 포장
　　④ 밀봉용기 : 기체 또는 미생물의 침입 방지
　　⑤ 차광용기 : 광선의 투과를 방지

정답 60 ③ 61 ④ 62 ② 63 ②

64 다음 〈보기〉 중 50ml 초과 제품의 1차 포장에 필수적인 기재사항이 아닌 것은 <u>모두</u> 몇 개인가?

┤ 보기 ├

제품명, 책임판내업자의 상호, 전성분, 용량/중량, 사용기한, 기능성화장품 문구

① 1　　　　　　　　　② 2　　　　　　　　　③ 3
④ 4　　　　　　　　　⑤ 5

해설 전성분, 용량/중량, 기능성화장품 문구는 필수적인 사항이 아니다.

65 다음 중 해당 원료의 함량을 표시하여야 하는 대상이 <u>아닌</u> 것은?

① 성분명을 제품 명칭의 일부로 사용한 경우
② 화장품에 천연 또는 유기농으로 표시 · 광고하려는 경우
③ 인체 세포 · 조직 배양액이 들어있는 경우
④ 3세 이하의 영유아용 제품류에 보존제를 사용하는 경우
⑤ 알러지 유발 가능성이 있는 25종의 향료를 사용하는 경우

해설 알러지 유발 가능성이 있는 25종의 향료를 사용하는 경우 일정 이상의 함량이 들어가면 향료의 이름만 표시한다.

66 다음 중 맞춤형화장품에서 정하는 영업의 범위에 해당하는 것은?

① 책임판매업자가 소비자에게 판매할 목적으로 만든 내용물을 소분하여 판매
② 원료만을 가지고 제형을 제작하여 판매
③ 화장 비누를 소분하여 판매
④ 책임판매업자가 기능성화장품으로 심사받은 내용물을 소분하여 판매
⑤ 모발염색제를 소비자의 요구대로 섞어 조색하여 판매

해설 책임판매업자가 맞춤형화장품을 위해 제작한 내용물만 판매할 수 있다. 이때 고형 비누는 제외된다.

67 맞춤형화장품 판매를 하기 위해서 지방식품의약품안전청장에 제출해야 하는 서류는?

① 맞춤형화장품 판매 신고서
② 맞춤형화장품 판매 등록서
③ 맞춤형화장품 판매 허가서
④ 맞춤형화장품 판매 보고서
⑤ 맞춤형화장품 판매 심사서

해설 화장품 제조업과 책임판매업은 등록 대상이다. 반면 맞춤형화장품 판매업은 신고 대상이다. 따라서 신고서를 제출한다.

정답　64 ③　65 ⑤　66 ④　67 ①

68 다음 중 맞춤형화장품 조제관리사가 배합할 수 있는 원료는?

① 만수국꽃 추출물 ② 머스크케톤 ③ 비즈왁스
④ 시스테인 ⑤ 아데노신

> 해설 만수국꽃 추출물, 시스테인, 머스크케톤은 사용상의 제한이 있는 원료이며 아데노신은 기능성 고시원료이다. 이들은 배합할 수 없다.

69 맞춤형화장품 조제관리사는 〈보기〉의 두 가상의 제형 중 A를 60%, B를 40% 혼합하였다. 사용상의 제한이 있는 성분은 최대 함량을 배합하였다면, 올바른 전성분의 표시는?

┤ 보기 ├

- 제형 A : 정제수, 비타민 E, 페녹시에탄올
- 제형 B : 정제수, 이산화티탄, 마그네슘아스코빌포스페이트

① 정제수, 이산화티탄, 비타민 E, 페녹시에탄올, 마그네슘아스코빌포스페이트
② 정제수, 비타민 E, 이산화티탄, 마그네슘아스코빌포스페이트, 페녹시에탄올
③ 정제수, 이산화티탄, 페녹시에탄올, 비타민 E, 마그네슘아스코빌포스페이트
④ 정제수, 페녹시에탄올, 이산화티탄, 비타민 E, 마그네슘아스코빌포스페이트
⑤ 정제수, 비타민 E, 이산화티탄, 페녹시에탄올, 마그네슘아스코빌포스페이트

> 해설 전성분은 함량이 많은 순으로 표시된다. 두 제형 모두 정제수가 앞서 표기되었으므로 혼합 후에도 정제수가 가장 앞에 표시된다. 이후 함량의 제한이 있는 성분들은 이산화티탄 25%, 비타민 E 20%, 마그네슘아스코빌포스페이트 3%, 페녹시에탄올 1%가 들어갔으며, 6 : 4로 배합한 경우 비타민 E 12%, 이산화티탄 10% 마그네슘아스코빌포스페이트 1.2%, 페녹시에탄올 0.6%의 순서가 된다.

70 〈보기〉는 미백기능성 화장품의 기준 및 시험 방법에 대한 내용이다. (   )에 들어갈 적합한 성분은?

┤ 보기 ├

유용성감초추출물은 감초 Glycyrrhiza glabra L. var. glandulifera Regel et Herder, Glycyrrhiza uralensis Fisher 또는 그 밖의 근연식물(Leguminosae)의 뿌리를 무수 에탄올로 추출하여 얻은 추출물을 다시 에칠 아세테이트로 추출한 다음 추출액을 감압농축하여 건조한 유용성 추출물을 가루로 한 것이다. 이 원료는 정량할 때 (   )을/를 35.0% 이상 함유한다.

① 에탄올 ② 글라블리딘 ③ 알파 비사보롤
④ 고추틴크 ⑤ 머스크자일렌

> 해설 글라블리딘은 유용성 감초 추출물에서 미백의 효능을 내는 지표 물질이다.

정답 68 ③ 69 ② 70 ②

71 화장품 제형의 정의 중 〈보기〉에 해당하는 것은?

┤ 보기 ├

균질하게 미립상으로 만든 것을 말하며, 부형제 등을 사용할 수 있다.

① 에어로겔제 ② 겔제 ③ 로션제
④ 침적마스크제 ⑤ 분말제

해설 분말제는 가루 형태의 제제를 뜻한다.

72 다음은 화장품의 물리적 특성인 점도에 대한 설명이다. 빈칸에 적합한 것을 순서대로 나열한 것은?

┤ 보기 ├

• 액체가 일정 방향으로 운동할 때 내부마찰력이 발생하는데 이 성질을 점성이라고 한다.
• 점성은 면의 넓이 및 그 면에 대하여 수직 방향의 속도구배에 비례하고 그 비례정수를 (㉠)라 하며 일정 온도에 대하여 그 액체의 고유한 정수이다.
• 그 단위로는 (㉡)을/를 쓴다.

	㉠	㉡
①	절대 점도	센티스톡스
②	상대 점도	셀시우스
③	상대 점도	센티 포아스
④	상대 점도	센티 스톡스
⑤	절대 점도	센티 포아스

해설 절대 점도란 점도의 절대적인 수치를 의미한다. 흐르는 유동 상태에서 그 물질의 운동 방향에 거슬러 저항하는 끈끈한 정도를 절대적 크기로 나타낸 것으로, 유체 그 자체의 고유한 점성 저항력을 나타내는 지표로 쓰일 수 있다. 1cm 떨어진 평행한 판 사이에 유체가 1dyne의 힘을 받을 때 1초(1s) 사이에 유체가 1cm 이동하면 1포아스(P) 라고 나타낸다. 센티포아즈는 포아스의 1/100의 단위이다.

73 다음의 상담 내용을 바탕으로 맞춤형화장품 조제관리사가 분석에 사용할 수 있는 기기와 추천해 줄 수 있는 화장품이 바르게 연결된 것은?

[상담]
요즘 모발이 가늘어지고 머리가 빠지는 것 같습니다. 탈모 증상 완화에 도움을 줄 수 있는 적절한 제품이 있을지요?

① Phototrichogram, 아데노신 함유제품
② Sebumeter, 징크피리치온 함유제품
③ Friction meter, 엘 -멘톨 함유 제품
④ Corneometer, 비오틴 함유 제품
⑤ Phototrichogram, 덱스판테놀 함유 제품

해설 Phototrichogram은 모발의 수를 분석하는 데 사용된다. 탈모 증상 완화에 도움을 주는 기능성 화장품의 원료는 덱스판테놀, 비오틴, 엘-멘톨, 징크피리치온 등이 있다.

정답 71 ⑤ 72 ⑤ 73 ⑤

74 몸에서 나는 체취로 고민하는 소비자에게 그 원인을 설명하려고 한다. 다음에 해당하는 피부의 부속 기관과 적절한 추천 제품으로 연결된 것은?

> [피부 부속 기관]
> • 모공에 연결된 땀샘
> • 수분과 함께 단백질 등의 성분을 함유하여 체취를 구성
> • 세균 등에 의해 부패되면 악취를 형성하는 주요 원인

① 대한선, 데오도란트
② 소한선, 데오도란트
③ 피지선, 향낭
④ 소한선, 제모 왁스
⑤ 대한선, 손발의 피부연화제품

해설 대한선은 모공에 연결되어 있고 악취 형성에 주요 작용을 한다. 체취 방지용 제품에는 데오도란트가 있다.

75 다음 중 화장품제조업자가 갖추어야 할 시설기준과 거리가 먼 것은?
① 쥐·해충 및 먼지 등을 막을 수 있는 시설
② 작업대 등 제조에 필요한 시설 및 기구
③ 공기조절을 위한 공기정화 시설
④ 원료·자재 및 제품을 보관하는 보관소
⑤ 원료·자재 및 제품의 품질검사를 위하여 필요한 시험실

해설 공기조절을 위한 공기정화 시설은 CGMP의 사항이나 제조업자의 필수사항은 아니다.

76 다음 중 〈보기〉에서 설명하는 안정성 자료를 확보해야 하는 성분과 거리가 먼 것은?

―――| 보기 |――――

> 다음 각 목의 어느 하나에 해당하는 성분을 0.5퍼센트 이상 함유하는 제품의 경우에는 해당 품목의 안정성시험 자료를 최종 제조된 제품의 사용기한이 만료되는 날부터 1년간 보존할 것

① 레티놀(비타민A) 및 그 유도체
② 아스코빅애시드(비타민C) 및 그 유도체
③ 비오틴(비타민 B)
④ 과산화화합물
⑤ 효소

해설 화학적으로 불안정한 성분을 사용한 경우 사용기한 내 안정성을 확보하게 하기 위함이다. 비오틴은 해당하지 않고 토코페롤(비타민E)이 안정성 자료가 필요하다.

77 다음 중 두발염색용 제품류에 속하지 <u>않는</u> 것은?

① 헤어틴트 ② 헤어컬러스프레이 ③ 염모제

④ 흑채 ⑤ 탈색용 제품

해설 흑채는 두발용 제품으로 분류된다.

78 정보주체의 동의 없이 개인정보를 이용할 수 있는 경우에 해당하지 <u>않는</u> 것은?

① 정보주체 또는 그 법정대리인이 의사표시를 할 수 없는 상태에 있거나 주소불명 등으로 사전 동의를 받을 수 없는 경우로서 명백히 정보주체 또는 제3자의 급박한 생명, 신체, 재산의 이익을 위하여 필요하다고 인정되는 경우

② 정보주체와의 계약의 체결 및 이행을 위하여 불가피하게 필요한 경우

③ 공공기관이 법령 등에서 정하는 소관 업무의 수행을 위하여 불가피한 경우

④ 법률에 특별한 규정이 있거나 법령상 의무를 준수하기 위하여 불가피한 경우

⑤ 정보주체의 권리가 개인정보처리자의 정당한 이익보다 우선하는 경우

해설 개인정보처리자의 정당한 이익을 달성하기 위하여 필요한 경우로서 명백하게 정보주체의 권리보다 우선하는 경우

79 다음 중 개인정보의 처리에 해당하지 <u>않는</u> 것은?

① 개인정보의 수집

② 개인정보의 보유

③ 개인정보의 파기

④ 개인정보가 기록된 우편물의 전달

⑤ 개인정보의 공개

해설 개인정보가 기록된 우편물을 전달하는 경우는 개인정보의 처리에 해당하지 않는다.

80 다음 중 개인정보에 해당하는 것은?

① 사망한 자의 정보

② 법인, 단체에 관한 정보

③ 개인사업자의 상호명

④ 법인, 단체의 대표자에 대한 정보

⑤ 사물에 관한 정보

해설 개인정보는 개인을 알아볼 수 있는 정보이다. 법인, 단체의 대표자에 대한 정보는 개인정보에 해당한다.

정답 77 ④ 78 ⑤ 79 ④ 80 ④

81 식품의약품안전처장은 화장품 제조 등에서 사용할 수 없는 원료를 지정하여 고시하여야 한다. 또한 보존제, (　　), 자외선차단제 등과 같이 특별한 사용상의 제한이 필요한 원료에 대하여는 그 사용 기준을 지정하여 고시하여야 한다.

> 해설 맞춤형화장품 조제관리사는 보존제, 자외선 차단제 등의 [별표2]에 해당하는 원료를 배합할 수 없다. 색소의 경우도 [별표2] 에는 해당하지 않으나 종류와 함량에 대한 사용 기준이 정해져 있다.

82 다음 〈보기〉는 포장 공간에 대한 설명이다. (　　)에 들어갈 숫자로 적절한 것을 순서대로 작성하시오.

| 보기 |

제품의 종류별 포장방법에 관한 기준에서 단위제품으로 두발 세정용 제품류의 포장 공간 비율은 (　　)% 이하로 제한하며, 최대 (　　)차 포장까지 가능하다.

> 해설 인체 및 두발 세정용 제품은 15%, 이하 기타 화장품은 10% 이하로 제한된다. 포장은 2차 포장까지 가능하다.

83 다음 〈보기〉는 CGMP의 용어에 대한 설명이다. (　　)에 들어갈 말로 적절한 것은?

| 보기 |

(　　)이란, 규정된 조건하에서 측정기기나 측정 시스템에 의해 표시되는 값과 표준기기의 참값을 비교하여 이들의 오차가 허용범위 내에 있음을 확인하고, 허용범위를 벗어나는 경우 허용범위 내에 들도록 조정하는 것을 말한다.

> 해설 검사 · 측정 · 시험장비 및 자동화장치는 계획을 수립하여 정기적으로 교정 및 성능점검을 하고 기록해야 한다.

84 다음 〈보기〉의 빈칸에 들어갈 말로 적절한 것을 순서대로 작성하시오.

합성 원료는 천연화장품 및 유기농화장품 제조에 사용할 수 없는 것이 원칙이지만, 천연화장품 또는 유기농화장품의 품질 또는 안전을 위해 필요하나 따로 자연에서 대체하기 곤란한 원료는 (　　)% 이내에서 사용할 수 있다. 이 경우에도 석유화학 부분은 (　　)%를 초과할 수 없다.

> 해설 보존제, 변성제, 천연에서 석유화학용제로 추출된 일부 원료, 천연유래−석유화학유래를 모두 포함하는 원료 등이 해당한다.

85 다음의 맞춤형화장품 규정 중 빈칸에 들어갈 말로 적절한 것을 순서대로 작성하시오.

다음 각 목의 사항이 포함된 맞춤형화장품 판매내역서를 작성 · 보관할 것
가. 제조번호(식별번호)
나. 사용기한 또는 개봉 후 사용기간
다. (　　) 및 (　　)

> 해설 품질내역서는 내용물, 원료 공급업체가 작성하고, 판매내역서는 맞춤형화장품 판매업자가 작성한다.

정답 81 색소 82 15, 2 83 교정 84 5, 2 85 판매량, 판매일자

86 다음 기능성 화장품의 시험법에서 빈칸에 들어갈 말로 적절한 것을 순서대로 작성하시오.

> 제제를 만들 경우에는 따로 규정이 없는 한 그 보존 중 성상 및 품질의 기준을 확보하고 그 유용성을 높이기 위하여 부형제, 안정제, 보존제, 완충제 등 적당한 (   )를 넣을 수 있다. 검체의 채취량에 있어서 "약"이라고 붙인 것은 기재된 양의 ±(   )%의 범위를 뜻한다.

[해설] 첨가제는 해당 제제의 안전성에 영향을 주지 않아야 하며, 또한 기능을 변하게 하거나 시험에 영향을 주어서는 안 된다.

87 다음 〈보기〉 중 '3세 이하 어린이에게 사용하지 말아야 한다'는 주의사항 표시 문구가 있어야 하는 성분을 모두 골라 적으시오.

> ──────┤ 보기 ├──────
>
> 과산화수소, 살리실릭애씨드, 스테아린산아연, 아이오도프로피닐부틸카바메이트, 실버나이트레이트, 폴리에톡실레이티드레틴아마이드

[해설] • 과산화수소, 실버나이트레이트 : 눈의 접촉을 피하고 눈에 들어갔을 때는 즉시 씻어낼 것
   • 스테아린산아연 : 사용 시 흡입되지 않도록 주의할 것
   • 폴리에톡실레이티드레틴아마이드 : 「인체적용시험자료」에서 경미한 발적, 피부건조, 화끈감, 가려움, 구진이 보고된 예가 있음

88 유성 원료는 피부 표면에 유성막을 형성하여 수분의 증발을 억제하고 피부를 유연하게 하는 원료이다. 그 기원에 따른 종류의 구분에는 동물 유래 원료, 식물 유래 원료와 함께 탄소와 수소만으로 구성되어 산화와 변질의 우려가 없는 (   ) 유래 원료가 있다.

[해설] 파라핀과 바셀린 등이 대표적인 성분이다.

89 다음 〈보기〉는 화장품 책임판매업자의 보고에 대한 의무이다. 빈칸에 들어갈 말로 적절한 것은?

> ──────┤ 보기 ├──────
>
> • 화장품책임판매업자는 생산 실적 또는 수입 실적을 식품의약품안전처장에게 보고하여야 한다.
> • 화장품의 제조 과정에 사용된 (   )의 목록을 화장품의 유통 · 판매 전까지 보고해야 한다.

[해설] 화장품의 안전을 지키기 위한 사후관리 항목의 하나로 영업자의 의무 중 하나이다.

90 다음은 식품의약안전처장이 화장품의 안전한 사용을 위하여 행해야 하는 감독에 관련된 내용이다. 빈칸에 들어갈 말을 작성하시오.

> 시설기준에 적합하지 아니하거나 노후 또는 오손되어 있어 그 시설로 화장품을 제조하면 화장품의 안전과 품질에 문제의 우려가 있다고 인정되는 경우에는 화장품제조업자에게 그 시설의 (   )를 명하거나 해당 시설의 전부 또는 일부의 사용금지를 명할 수 있다.

[해설] 작업소, 보관소, 시험실 등이 없는 것과 같이 시설기준에 적합하지 않은 경우 개수 명령을 내리게 된다.

[정답] 86 첨가제, 10 87 살리실릭애씨드, 아이오도프로피닐부틸카바메이트 88 미네랄(광물성) 89 원료 90 개수

91 다음 〈구조식〉은 퍼머넌트웨이브용 제품 및 헤어 스트레이너 제품에서 제1제로 사용되는 환원성 물질의 구조식이다. 이와 같은 분자 구조를 갖는 성분을 〈보기〉에서 고르시오.

```
[구조식]
        O
        ‖
HS      C
   \   / \
    CH₂    OH
```

─┤ 보기 ├─

과산화수소수, 브롬산나트륨, 시스테인, 아세틸시스테인, 치오글리콜릭애씨드

> **해설** 시스테인, 아세틸시스테인, 치오글리콜릭애씨드는 환원성 물질이다. 그중 구조식은 치오글리콜릭애씨드의 구조이다. 구조식에 나타나는 SH가 그 역할을 한다. 과산화수소수, 브롬산나트륨은 산화제로 제2제에서 사용된다.

92 다음은 향료의 전성분 표시 기준 중, 알러지 유발 가능성이 있는 성분명의 표기에 해당하는 규정이다. 빈칸에 들어갈 말로 적절한 것을 순서대로 작성하시오.

크림 제품(용량 400g)에 '시트로넬롤'이 0.02g 들어 있을 때 해당 알레르기 유발 성분이 제품의 내용량에서 차지하는 함량의 비율은 (　　　)%로, 사용 후 씻어내지 않는 제품의 알레르기 유발물질 표시 지침인 (　　　)%를 초과하므로 전성분에 표시하여야 한다.

> **해설** 사용 후 씻어내지 않는 제품은 0.001%를 초과할 경우, 사용 후 씻어내는 제품은 0.01%를 초과할 경우 해당 성분을 표시한다. 크림은 씻어내지 않는 제품에 해당한다.

93 다음 〈보기〉의 빈칸에 들어갈 말로 적절한 것을 순서대로 작성하시오.

알파−하이드록시애씨드(α−hydroxyacid, AHA) 함유 제품의 사용 시 주의사항은 다음과 같다. (단, (　　　)% 이하의 AHA가 함유된 제품은 제외한다)
가. 햇빛에 대한 피부의 감수성을 증가시킬 수 있으므로 자외선 차단제를 함께 사용할 것(씻어내는 제품 및 두발용 제품은 제외한다)
나. 일부에 시험 사용하여 피부 이상을 확인
다. 고농도의 AHA 성분이 들어 있어 부작용이 발생할 우려가 있으므로 전문의 등에게 상담할 것(AHA 성분이 (　　　)%를 초과하여 함유되어 있거나 산도가 3.5 미만인 제품만 표시한다)

> **해설** 글라이콜릭애씨드, 락틱애씨드 등의 성분을 AHA라고 한다. 피부의 턴오버를 촉진시키나, 부작용 등의 우려가 있어 농도에 따라서 주의사항을 표시하도록 관리된다.

정답 91 치오글리콜릭애씨드 92 0.005, 0.001 93 0.5, 10

94 CGMP의 용어에 대한 〈보기〉의 설명에서 빈칸에 들어갈 말로 적절한 것은?

┤ 보기 ├

(   )(이)란 적합 판정기준을 벗어난 완제품, 벌크제품 또는 반제품을 재처리하여 품질이 적합한 범위에 들어오도록 하는 것을 말한다. (   ) 처리 실시의 결정은 품질보증책임자가 한다.

해설 기준일탈 제품에 대해, 폐기하면 큰 손해가 발생하고 재작업을 해도 제품 품질에 악영향을 미치지 않을 때 실시한다.

95 화장품이 가져야 할 품질의 속성을 설명하는 것으로서, 〈보기〉의 빈칸에 공통으로 들어가는 단어를 작성하시오.

┤ 보기 ├

• 열(   ) : 다양한 온도 변화 조건에서 화장품 성분이 일정한 상태를 유지하는 성질
• 광(   ) : 다양한 광 조건에서 화장품 성분이 일정한 상태를 유지하는 성질
• 산화(   ) : 산소 및 기타 화학물질과의 산화 반응이 유발되지 않고 화장품 성분이 일정한 상태를 유지하는 성질

해설 안정성은 화장품 사용기간 중 변색, 변취, 변질 등의 품질의 변화가 없어야 하고 효능, 성분 등 또한 변질 없이 유지되어야 하는 물리/화학적 속성을 의미한다.

96 다음 '화장품의 표시 – 기재사항의 규정'에서 빈칸에 들어갈 말로 적절한 것을 순서대로 쓰시오.

성분명을 제품명에 사용했을 때 그 성분명과 (   )을/를 기재하여야 한다. 단, (   ) 제품은 제외한다.

해설 화장품의 2차 포장에 기재하는 사항으로 총리령으로 정한 것 중의 하나이다.

97 피부의 구조 중 하나로 콜라겐과 섬유아세포, 모세혈관 등이 분포하고 피부의 탄력을 결정하는 데 중요한 역할을 하는 것은?

해설 표피층보다 아래에 있다. 주로 콜라겐 섬유로 구성된다.

98 다음 빈칸에 들어갈 피부 성분의 명칭을 순서대로 작성하시오.

• (   ) 단백질 : 각질층과 모발의 대부분을 구성하는 섬유 구조의 단백질로 외부로부터의 이물질 침입을 방어한다.
• (   ) : 모공을 통해서 분비되는 성분 중의 하나로, 지방 성분으로 구성되며 피부와 모발의 윤기를 부여한다.

해설 케라틴 단백질은 피부장벽의 각질세포 대부분을 차지하고 있다.

정답 94 재작업 95 안정성 96 함량, 방향용 97 진피 98 케라틴, 피지

99 다음 빈칸에 들어갈 말로 적절한 것은?

(   ) 제형 : 소량의 오일 등이 물에 용해되어 투명하게 보이는 제형으로, 스킨, 토너 등의 제형

해설 마이셀의 크기가 가시광선의 파장보다 작아서 투명하게 보인다.

100 다음 〈보기〉의 대화 1, 2에서 빈칸 ㉠과 ㉡에 들어갈 말로 적절한 것은?

─┤ 보기 ├─

[대화 1]
- 소비자 : 퍼머넌트를 했는데 원하는 형태가 나오지 않았습니다. 어떤 문제가 있었는지요?
- 조제관리사 : (㉠)은/는 모발의 대부분의 부피를 차지하고 퍼머넌트웨이브용 제품 및 헤어 스트레이너 제품의 산화 환원 기작이 일어나는 곳입니다. 이곳에 약품이 제대로 침투하지 않는 것 같습니다.

[대화 2]
- 소비자 : 모발을 염색하려 하였는데 암모니아 성분을 사용하지 않았더니 잘되지 않았습니다. 이유가 무엇인지요?
- 조제관리사 : 암모니아는 (㉡)을/를 손상시켜 염료와 과산화수소가 속으로 잘 스며들 수 있도록 하는 역할을 합니다. 과산화수소는 (㉠) 속의 멜라닌 색소를 파괴하여 탈색을 잘 시키고 염색이 잘되게 합니다. (㉡)은/는 화학적 저항성이 강하여 외부로부터 모발을 보호합니다.

해설 모피질(콜텍스)은 모표피로 둘러싸인 내부구조를 의미하며, 케라틴 섬유 구조를 가진 모피질 세포로 구성되어 튼튼하고 모발의 물리적인 성질을 결정한다. 모표피(큐티클)는 화학적 저항성이 강하여 외부로부터 모발을 보호하는 껍질의 역할을 한다. 퍼머넌트나 염색 시 이를 약하게 만들어야 약품의 침투가 쉽다.

정답   99 가용화   100 ㉠ 모피질, ㉡ 모표피

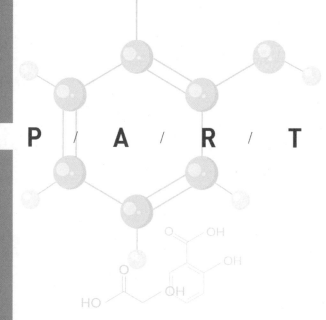

P / A / R / T

01

단원별 핵심요약

CHAPTER 01 ┃ 화장품법의 이해
CHAPTER 02 ┃ 화장품 제조 및 품질관리
CHAPTER 03 ┃ 유통화장품의 안전관리
CHAPTER 04 ┃ 맞춤형화장품의 이해

CHAPTER
01 **화장품법의 이해**

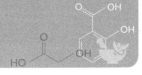

TOPIC **01** 화장품법

1 화장품법의 입법 취지 표준교재 12p

1. 목적

화장품의 제조 · 수입 · 판매 및 수출 등에 관한 사항을 규정함으로써 국민보건 향상과 화장품 산업의 발전에 기여

2. 화장품법 본문 구성

① 1장 총칙 : 화장품법의 목적 제시, 용어의 정의 및 사업 형식의 규정
② 2장 화장품의 제조유통 : 영업자의 의무 규정, 기능성화장품 심사, 위해 화장품의 회수 등
③ 3장 화장품의 취급 : 화장품의 제조 및 포장, 표시광고 등의 준수사항과 영업 및 판매 시의 금지사항 정의
④ 4장 감독 : 식품의약품안전처장 등 정부 기관의 의무 규정
⑤ 5장 보칙 : 법률의 보완적인 세부내용을 기재
⑥ 6장 벌칙 : 화장품법 위반자에 대한 벌칙 등의 징벌 사항 규정

3. 화장품의 정의 2020 기출

① 기능
㉠ 인체를 청결 · 미화하여 매력을 더하고 용모를 밝게 변화시킴
㉡ 피부와 모발의 건강을 유지하고 증진함

② 방법 : 인체에 바르고 문지르거나 뿌리는 등의 방식 및 이와 유사한 것
③ 작용 : 인체에 대한 작용이 경미한 것
④ 제외 : 약품에 해당하는 물품

4. 화장품, 의약외품, 의약품의 구분

구분	화장품	의약외품	의약품
대상	정상인	정상인	환자
목적	청결 · 미화	질병 예방, 위생	질병의 진단 · 치료
부작용	인정하지 않음	인정하지 않음	인정함
종류	크림, 헤어염색	치약, 반창고, 보건마스크	항생제, 스테로이드제

2 화장품의 유형 표준교재 16p

1. 화장품의 유형(화장품법 시행규칙 [별표3], 의약품은 제외)

① 종류 : 13종에 따른 화장품 유형의 분류

② 세부 분류

    ㉠ 영 · 유아용(만 3세 이하의 어린이용을 말한다. 이하 같다) 제품류 : 영 · 유아용 샴푸, 린스, 로션, 크림, 인체 세정용 제품, 목욕용 제품

    ㉡ 목욕용 제품류 : 목욕용 오일 · 정제 · 캡슐, 소금류, 버블 배스(bubble baths), 그 밖의 목욕용 제품류

    ㉢ 인체 세정용 제품류
- 폼 클렌저, 바디 클렌저, 액체비누, 화장 비누(고체 형태의 세안용 비누, 외음부 세정제)
- 물휴지. 그 밖의 인체 세정용 제품류

    ㉣ 눈 화장용 제품류 : 아이브로 펜슬, 아이 라이너, 아이 섀도, 마스카라, 아이 메이크업 리무버, 그 밖의 눈 화장용 제품류

    ㉤ 방향용 제품류 : 향수, 분말향, 향낭(香囊), 콜롱(cologne), 그 밖의 방향용 제품류

    ㉥ 두발 염색용 제품류 : 헤어 틴트, 헤어 컬러스프레이, 염모제, 탈염 · 탈색용 제품, 그 밖의 두발 염색용 제품류

    ㉦ 색조 화장용 제품류
- 볼연지, 페이스 파우더, 페이스 케이크, 파운데이션, 메이크업 베이스
- 립글로스, 립밤, 바디페인팅, 페이스페인팅, 분장용 제품
- 그 밖의 색조 화장용 제품류

    ㉧ 두발용 제품류
- 헤어 컨디셔너, 헤어 토닉, 헤어 스프레이 · 무스 · 왁스 · 젤, 샴푸, 린스
- 퍼머넌트 웨이브, 헤어 스트레이트너, 흑채, 그 밖의 두발용 제품류

    ㉨ 손 · 발톱용 제품류
- 베이스코트, 언더코트, 네일폴리시, 네일에나멜, 탑코트, 네일 크림 · 로션 · 에센스
- 네일폴리시 · 네일에나멜 리무버, 그 밖의 손 · 발톱용 제품류

ⓔ 면도용 제품류
  - 애프터셰이브 로션, 남성용 탤컴, 프리셰이브 로션, 셰이빙 크림, 셰이빙 폼
  - 그 밖의 면도용 제품류
ⓚ 기초화장용 제품류 : 수렴 · 유연 · 영양 화장수, 마사지 크림, 에센스, 오일, 파우더, 바디 제품, 팩, 마스크, 눈 주위 제품, 로션, 크림, 손 · 발의 피부연화 제품, 클렌징 워터, 클렌징 오일, 클렌징 로션, 클렌징 크림 등 메이크업 리무버, 그 밖의 기초화장용 제품류 `2021 기출`
ⓣ 체취 방지용 제품류 : 데오도런트, 그 밖의 체취 방지용 제품류
ⓟ 체모 제거용 제품류 : 제모제, 제모왁스, 그 밖의 체모 제거용 제품류

2. 화장품의 분류

① 기본적인 화장품의 분류에 특정한 기능, 사용된 소재 규정, 제작 방식에 따라서 추가적인 세부 기준을 정함

② 기능성 화장품 `2021 기출` `2020 기출`
  ㉠ 목적 : 기능의 종류와 효능의 범위를 규정하여 안전성과 유효성을 확보
  ㉡ 특징 : 식약처장에게 안전성와 유효성을 인정받아야 판매 가능
  ㉢ 종류 : 11종의 유형이 존재(화장품법 시행규칙에 따른 분류)
    - 피부에 멜라닌 색소가 침착하는 것을 방지하여 기미 · 주근깨 등의 생성을 억제함으로써 피부의 미백에 도움을 주는 기능을 가진 화장품
    - 피부에 침착된 멜라닌 색소의 색을 엷게 하여 피부의 미백에 도움을 주는 기능을 가진 화장품
    - 피부에 탄력을 주어 피부의 주름을 완화 또는 개선하는 기능을 가진 화장품
    - 강한 햇볕을 방지하여 피부를 곱게 태워주는 기능을 가진 화장품
    - 자외선을 차단 또는 산란시켜 자외선으로부터 피부를 보호하는 기능을 가진 화장품
    - 모발의 색상을 변화[탈염(脫染) · 탈색(脫色)을 포함한다]시키는 기능을 가진 화장품. 다만, 일시적으로 모발의 색상을 변화시키는 제품은 제외함
    - 체모를 제거하는 기능을 가진 화장품. 다만, 물리적으로 체모를 제거하는 제품은 제외함
    - 탈모 증상의 완화에 도움을 주는 화장품. 다만, 코팅 등 물리적으로 모발을 굵게 보이게 하는 제품은 제외함
    - 여드름성 피부를 완화하는 데 도움을 주는 화장품. 다만, 인체세정용 제품류로 한정함
    - 피부장벽(피부의 가장 바깥쪽에 존재하는 각질층의 표피를 말한다)의 기능을 회복하여 가려움 등의 개선에 도움을 주는 화장품
    - 튼살로 인한 붉은 선을 엷게 하는 데 도움을 주는 화장품

③ 천연화장품 · 유기농화장품
  ㉠ 목적 : 소재 및 제작 공정에 대한 기준을 정해 정확한 정보 제공
  ㉡ 천연화장품 : 중량 기준 천연함량이 전체 제품에서 95% 이상

ⓒ 유기농화장품 : 중량 기준 천연함량이 전체 제품에서 95% 이상이고, 유기농함량이 전체 제품에서 10% 이상

- 피부장벽(피부의 가장 바깥쪽에 존재하는 각질층의 표피를 말한다)의 기능을 회복하여 가려움 등의 개선에 도움을 주는 화장품

ⓔ 천연원료 : 유기농원료+식물원료+동물원료+미네랄원료(화석원료 기원물질 제외)

ⓜ 유기농원료 : 친환경농어업 육성 및 유기식품 등의 관리 · 지원에 관한 법률(국내법) 및 "외국정부" 및 "국제유기농업운동연맹에 등록된 인증기관"에 의해 인증받은 유기농수산물 및 이를 허용 방법에 따라 물리적으로 가공한 것

ⓗ 유래원료 : 허용하는 화학적, 생물학적 공정에 따라서 3~5의 원료를 가공한 원료

ⓢ 천연함량비율(%)＝물 비율＋천연원료비율＋천연유래원료 비율

ⓞ 포장 제한 : 천연화장품 및 유기농화장품의 용기와 포장에 폴리염화비닐(PVC ; Polyvinyl chloride), 폴리스티렌폼(Polystyrene foam)을 사용할 수 없음 2021 기출

ⓩ 합성원료 : 원칙적으로 사용금지이나 제품의 품질과 안전을 위해 5% 이하 허용

- 보존제, 알코올 내 변성제
- 천연원료에서 석유화학용제로 추출된 일부 원료(베타인 등)
- 천연유래, 석유화학 유래를 모두 포함하는 원료(카복시메틸 – 식물폴리머 등)
- ※ 석유화학 부분(petrochemical moiety의 합)은 전체 제품에서 2%를 초과할 수 없다. 석유화학 부분은 다음과 같이 계산한다. 2021 기출
    석유화학 부분(%)=석유화학 유래 부분 몰중량/전체 분자량×100

ⓩ 인증 : 식품의약품안전처장은 천연화장품 및 유기농화장품의 품질제고를 유도하고 소비자에게 보다 정확한 제품정보가 제공될 수 있도록 식품의약품안전처장이 정하는 기준에 적합한 천연화장품 및 유기농화장품에 대하여 인증할 수 있음 2021 기출

- 유효기간 : 인증을 받은 날부터 3년
- 연장 신청 : 유효기간 만료 90일 전

④ 맞춤형화장품

ⓐ 종류

- 제조 또는 수입된 화장품의 내용물에 다른 화장품의 내용물이나 식품의약품안전처장이 정하는 원료를 추가하여 혼합한 화장품
- 제조 또는 수입된 화장품의 내용물을 소분(小分)한 화장품

ⓑ 해설 : 제조업자의 허가된 시설 안에서 제작되어야 했던 기존의 방식과 다른 형태의 화장품 규정

③ 화장품법에 따른 영업의 종류 [표준교재 25p]

1. 목적

① 개요 : 화장품의 제조 및 유통과정의 특성에 따른 영업 형태 규정

② 종류 : 화장품제조업, 화장품책임판매업, 맞춤형화장품 판매업

③ 관리방식

    ㉠ 등록 혹은 신고를 통해서 결격사유자를 제한

    ㉡ 각 영업자의 의무를 규정하여 안전한 화장품의 유통을 추진

④ 결격사유

    ㉠ 화장품제조업

- 정신질환자, 마약중독자
- 피성년후견인 또는 파산 선고를 받고 복권되지 아니한 자
- 화장품법 또는 보건범죄 단속에 관한 특별조치법 위반으로 금고 이상의 형을 선고받고 집행이 끝나지 않은 자
- 등록이 취소되거나 영업소가 폐쇄된 이후 1년이 지나지 않은 자

    ㉡ 화장품책임판매업, 맞춤형화장품 판매업

- 피성년후견인 또는 파산 선고를 받고 복권되지 아니한 자
- 화장품법 또는 보건범죄 단속에 관한 특별조치법 위반으로 금고 이상의 형을 선고받고 집행이 끝나지 않은 자
- 등록이 취소되거나 영업소가 폐쇄된 이후 1년이 지나지 않은 자

    ㉢ 맞춤형화장품 조제관리사

- 정신질환자(전문의가 맞춤형화장품조제관리사로서 적합하다고 인정하는 사람은 제외), 마약중독자
- 피성년후견인 또는 파산선고를 받고 복권되지 아니한 자
- 화장품법 또는 보건범죄 단속에 관한 특별조치법 위반으로 금고 이상의 형을 선고받고 집행이 끝나지 않은 자
- 맞춤형화장품조제관리사의 자격이 취소된 날부터 3년이 지나지 아니한 자

2. 화장품제조업

① 개요 : 화장품의 전부 또는 일부를 제조(2차 포장 또는 표시만의 공정 제외)

② 해설 : 화장품의 제조에 필요한 시설 및 기구, 제조공정을 관리하며 원료로부터 화장품을 제작하는 영업 형태

③ 영업의 구분

    ㉠ 화장품을 직접 제조하는 영업

ⓛ 화장품 제조를 위탁받아 제조하는 영업

ⓒ 화장품의 포장(1차 포장만 해당한다)을 하는 영업

3. 화장품책임판매업

① 개요 : 취급하는 화장품의 품질 및 안전 등을 관리하면서 이를 유통 · 판매하거나 수입대행형 거래를 목적으로 알선 · 수여(授與)하는 영업

② 해설 : 화장품의 시장 출하에 전체적인 책임을 지는 영업자

ⓐ 품질관리 및 책임판매 후 안전관리 등의 의무가 부여됨

ⓑ 해외에서 수입한 경우도 해당 제품의 책임판매업자에게 책임이 부여됨

③ 영업의 구분

ⓐ 화장품제조업자(법 제3조 제1항에 따라 화장품제조업을 등록한 자)가 화장품을 직접 제조하여 유통 · 판매하는 영업

ⓑ 화장품제조업자에게 위탁하여 제조된 화장품을 유통 · 판매하는 영업

ⓒ 수입된 화장품을 유통 · 판매하는 영업

ⓓ 수입대행형 거래(전자상거래 등에서의 소비자보호에 관한 법률 제2조 제1호에 따른 전자상거래만 해당한다)를 목적으로 화장품을 알선 · 수여(授與)하는 영업

④ 등록 : 등록신청서를 지방식품의약품안전처장에게 제출

4. 맞춤형화장품 판매업

① 개요 : 맞춤형화장품을 판매하는 영업

② 해설 : 화장품의 내용물의 가공과정의 위생적 관리 의무뿐만 아니라 새롭게 만들어진 화장품의 안전관리 의무가 동시에 부여되는 영업자

③ 영업의 구분

ⓐ 제조 또는 수입된 화장품의 내용물에 다른 화장품의 내용물이나 식품의약품안전처장이 정하여 고시하는 원료를 추가하여 혼합한 화장품을 판매하는 영업

ⓑ 제조 또는 수입된 화장품의 내용물을 소분(小分)한 화장품을 판매하는 영업

④ 신고 : 식품의약품안전처장에게 신고

⑤ 준수사항 : 맞춤형화장품 조제관리사를 고용하여야 함

④ 화장품의 품질 요소(안전성, 안정성, 유효성) 2019 기출 표준교재 29p

1. 안전성(Safety) 2020 기출

① 알러지, 피부 자극, 트러블 등의 부작용 없이 안전하게 사용

② 많은 사람이 장시간 동안 지속적으로 사용함에 따라 주의

2. 안정성(Stability)

① 화장품 사용 기간 중 변색, 변취, 변질 등의 품질의 변화가 없어야 함

② 효능, 성분 등의 변질 없이 함량이 유지되어야 함

3. 유효성(Efficacy)

① 화장품 사용 목적에 따른 기능이 충분히 나타나야 함

② 보습과 수분 공급, 세정 등의 기초 제품의 기능

③ 발색 및 색체부여의 색조제품의 기능

④ 자외선 차단, 모발 염색 등의 기능성 화장품의 기능

4. 사용성

사용감이 우수하고 편리해야 하며 퍼짐성이 좋고 피부에 쉽게 흡수되어야 함

⑤ 화장품의 사후관리 기준 표준교재 35p

1. 용어의 정의

① 안전관리 정보 : 화장품의 품질, 안전성·유효성, 그 밖에 적정 사용을 위한 정보

② 안전확보 업무 : 화장품책임판매 후 안전관리 업무 중 정보 수집, 검토 및 그 결과에 따른 필요한 조치에 관한 업무

2. 안전확보 업무에 관련된 조직 및 인원

① 화장품책임판매업자는 책임판매관리자를 두어야 함

② 안전확보 업무를 적정하고 원활하게 수행할 인원을 확보

3. 안전관리 정보 수집

책임판매관리자는 학회, 문헌, 그 밖의 연구보고 등에서 안전관리 정보를 수집·기록

4. 안전관리 정보의 검토 및 그 결과에 따른 안전확보 조치

① 책임판매관리자의 업무

㉠ 수집한 안전관리 정보를 신속히 검토·기록할 것

㉡ 수집한 안전관리 정보의 검토 후 안전확보 조치 시행 → 필요한 경우 회수, 폐기, 판매정지 실시 → 첨부문서의 개정 → 식품의약품안전처장에게 보고

㉢ 안전확보 조치계획을 화장품책임판매업자에게 문서로 보고한 후 그 사본을 보관

ⓔ 화장품책임판매업자는 생산실적 또는 수입실적을 식품의약품안전처장에게 보고

ⓜ 화장품의 제조과정에 사용된 원료의 목록을 화장품의 유통·판매 전까지 보고

5. 회수처리

① 책임판매관리자의 업무

    ㉠ 회수한 화장품은 구분하여 일정 기간 보관한 후 폐기 등 적당한 방법으로 처리

    ㉡ 회수 내용을 적은 기록을 작성하고 화장품책임판매업자에게 문서로 보고

6. 제품의 안정성 자료확보 `2021 기출` `2019 기출`

① 목적 : 화학적으로 불안정한 성분을 사용한 경우 사용기한 내 안정성을 확보하게 함

② 내용 : 다음의 어느 하나에 해당하는 성분을 0.5퍼센트 이상 함유하는 제품의 경우에는 해당 품목의 안정성 시험 자료를 최종 제조된 제품의 사용기한이 만료되는 날부터 1년간 보존할 것

    ㉠ 레티놀(비타민 A) 및 그 유도체

    ㉡ 아스코빅애시드(비타민 C) 및 그 유도체

    ㉢ 토코페롤(비타민 E)

    ㉣ 과산화화합물

    ㉤ 효소

7. 화장품의 과태료 부과 대상 `2019 기출`

① 기능성화장품 심사 등 변경심사를 받지 않은 경우

② 화장품의 생산실적 또는 수입실적 또는 화장품 원료의 목록 등을 보고하지 아니한 경우

③ 동물실험을 실시한 화장품 또는 동물실험을 실시한 화장품 원료를 사용하여 제조 또는 수입한 화장품을 유통·판매한 경우

④ 책임판매 관리자 및 맞춤형화장품 조제관리사의 교육 이수 의무에 따른 명령을 위반한 경우

⑤ 화장품의 판매 가격을 표시하지 아니한 경우

⑥ 폐업 등의 신고를 하지 않은 경우

⑦ 식약처장이 지시한 보고를 하지 아니한 경우

⑧ 맞춤형화장품조제관리사 또는 이와 유사한 명칭을 사용한 자

⑨ 맞춤형화장품 원료의 목록을 보고하지 아니한 자

8. 감독 및 벌칙

감독	교육명령, 보고와 검사, 시정 명령, 검사 명령, 회수 폐기 명령, 등록취소, 청문, 과징금 처분, 위반사실공표

벌칙	• 벌칙
	  − 3년 이하의 징역 또는 3천만원 이하의 벌금
	  − 1년 이하의 징역 또는 1천만원 이하의 벌금
	  − 200만원 이하의 벌금
	• 과태료 : 100만원 이하의 과태료

행정 처분	• 등록을 취소하거나 영업소 폐쇄 • 품목의 제조 · 수입 및 판매의 금지 • 1년의 범위에서 기간을 정하여 그 업무의 전부 또는 일부에 대한 정지를 명함

TOPIC 02 개인정보보호법

❶ 개인정보보호법에 근거한 고객정보 입력 표준교재 47p

1. 개인정보 보호법

① 목적 : 개인정보의 처리 및 보호에 관한 사항을 정하여 개인의 자유와 권리를 보호

② 원칙

  ㉠ 목적 이외의 용도 활용 금지

  ㉡ 정확성, 완전성 및 최신성을 보장

  ㉢ 안전하게 관리

  ㉣ 개인정보의 처리에 관한 사항을 공개하고 열람청구권 등 정보주체의 권리를 보장

  ㉤ 사생활 침해를 최소화

  ㉥ 익명 처리가 가능하면 익명 처리

③ 정보주체의 권리

  ㉠ 정보 제공을 받을 권리

  ㉡ 동의 여부, 동의 범위 선택 및 결정

  ㉢ 열람을 요구할 권리

  ㉣ 처리 정지, 정정, 삭제 및 파기 요구 권리

  ㉤ 개인정보처리에 의한 발생한 피해를 신속하고 공정하게 구제받을 권리

2. 개인정보의 입력

① 개인정보를 수집, 이용할 수 있는 경우
  ㉠ 정보주체의 동의를 받은 경우(다음의 내용을 정보 주체에 알려야 한다)
    • 개인정보의 수집 및 이용목적
    • 개인정보의 항목
    • 개인정보의 보유 및 이용기간
    • 동의를 거부할 권리가 있다는 사실 및 동의 거부 시의 불이익
  ㉡ 법률에 특별한 규정이 있거나 법령상 의무를 준수하기 위하여 불가피한 경우
  ㉢ 공공기관이 법령 등에서 정하는 소관 업무의 수행을 위하여 불가피한 경우
  ㉣ 정보주체와의 계약의 체결 및 이행을 위하여 불가피하게 필요한 경우
  ㉤ 정보주체 또는 그 법정대리인이 의사표시를 할 수 없는 상태에 있거나 주소불명 등으로 사전 동의를 받을 수 없는 경우로서 명백히 정보주체 또는 제3자의 급박한 생명, 신체, 재산의 이익을 위하여 필요하다고 인정되는 경우
  ㉥ 개인정보처리자의 정당한 이익을 달성하기 위하여 필요한 경우로서 명백하게 정보주체의 권리보다 우선하는 경우. 이 경우 개인정보처리자의 정당한 이익과 상당한 관련이 있고 합리적인 범위를 초과하지 아니하는 경우에 한함

② 개인정보의 수집 제한
  ㉠ 목적에 필요한 최소한의 정보를 수집
  ㉡ 최소한의 개인정보라는 입증책임은 개인정보처리자에 있음
  ㉢ 최소한의 정보 외의 개인정보 수집에는 동의하지 아니할 수 있다는 사실을 알려야 함

③ 개인정보를 제3자에게 제공할 수 있는 경우
  ㉠ 정보주체의 동의를 받은 경우(다음의 내용을 정보 주체에 알려야 한다)
    • 개인정보를 제공받는 자
    • 개인정보를 제공받는 자의 개인정보 이용목적
    • 제공하는 개인정보 항목
    • 개인정보를 제공받는 자의 개인정보 보유 및 이용기간
    • 동의를 거부할 권리가 있다는 사실 및 동의 거부 시의 불이익
    • 개인 정보를 수집한 목적 범위 이내인 경우

④ 개인정보처리자에게 개인정보를 제공받은 자는 목적 이외의 용도 이용 및 제3자 제공이 금지(단, 아래의 경우는 예외)
  ㉠ 정보주체에게 별도 동의를 받은 경우
  ㉡ 다른 법률에 의한 특별규정이 있는 경우

⑤ 동의를 받는 내용(동의 사항을 구분하여 정보주체가 명확히 인지하게 해야 함)
  ㉠ 개인정보의 수집 · 이용 목적, 수집 · 이용하려는 개인정보의 항목
  ㉡ 계약 체결 등을 위하여 정보주체의 동의 없이 처리할 수 있는 개인정보 동의가 필요한 개인정보 구분
  ㉢ 만 14세 미만 아동의 개인정보를 처리하기 위하여 법정대리인의 동의를 받아야 함
  ㉣ 표시방법
    • 글씨의 크기 : 9포인트 이상
    • 다른 내용보다 20퍼센트 이상 크게
    • 글씨의 색깔, 굵기 또는 밑줄 등을 통하여 그 내용이 명확히 표시되도록 할 것

⑥ 동의를 받는 방법
  ㉠ 동의 내용이 적힌 서면을 정보주체에게 직접 발급하거나 우편, 팩스 등의 방법으로 전달 후 정보주체가 서명하거나 날인한 동의서를 받는 방법
  ㉡ 전화를 통하여 동의 내용을 정보주체에게 알리고 동의의 의사표시를 확인하는 방법
  ㉢ 전화를 통하여 동의 내용을 정보주체에게 알리고 정보주체에게 인터넷 주소 등을 통하여 동의 사항을 확인하도록 한 후 다시 전화를 통하여 그 동의 사항에 대한 동의의 의사표시를 확인하는 방법
  ㉣ 인터넷 홈페이지 등에 동의 내용을 게재하고 정보주체가 동의 여부를 표시하도록 하는 방법
  ㉤ 동의 내용이 적힌 전자우편을 발송하여 정보주체로부터 동의의 의사표시가 적힌 전자우편을 받는 방법

3. 개인정보의 처리 제한

① 민감정보의 처리제한 : 정보 주체의 사생활을 현저히 침해할 개인정보는 처리금지
  ㉠ 사상 · 신념, 노동조합 · 정당의 가입 · 탈퇴, 정치적 견해
  ㉡ 건강, 성생활 등에 대한 정보
  ㉢ 유전자 검사 등의 결과로 얻어진 유전정보

② 고유식별정보의 처리제한 : 개인을 고유하게 구별하기 위해 구별된 개인정보는 처리금지 2020 기출
  ㉠ 주민등록번호
  ㉡ 여권번호
  ㉢ 운전면허의 면허번호
  ㉣ 외국인등록번호
  ※ 개인정보처리 동의 이외에 추가적인 별도의 동의를 받은 경우 가능

② 개인정보 보호법에 근거한 고객정보 관리 _{표준교재 50p}

1. 안전 조치의 의무

개인정보가 분실, 도난, 유출, 위조, 변조, 훼손되지 않도록 해야 함

2. 다음의 안정성 확보 조치 시행

① 개인정보의 안전한 처리를 위한 내부 관리계획의 수립 · 시행
② 개인정보에 대한 접근 통제 및 접근 권한의 제한 조치
③ 개인정보를 안전하게 저장 · 전송할 수 있는 암호화 기술의 적용 또는 이에 상응하는 조치
④ 개인정보 침해사고 발생에 대응하기 위한 접속기록의 보관 및 위조 · 변조 방지를 위한 조치
⑤ 개인정보에 대한 보안프로그램의 설치 및 갱신
⑥ 개인정보의 안전한 보관을 위한 보관시설의 마련 또는 잠금장치의 설치 등 물리적 조치

3. 개인정보의 처리 방침의 수립

아래의 사항이 포함된 개인정보 처리 방침을 수립해야 함

필수적 기재사항	임의적 기재사항
• 개인정보의 처리 목적 • 개인정보의 처리 및 보유 기간 • 개인정보의 제3자 제공에 관한 사항(해당되는 경우에만 정함) • 개인정보처리의 위탁에 관한 사항(해당되는 경우에만 정함) • 정보주체와 법정대리인의 권리 · 의무 및 그 행사방법에 관한 사항 • 처리하는 개인정보의 항목 • 개인정보의 파기에 관한 사항 • 개인정보 보호책임자에 관한 사항 • 개인정보 처리방침의 변경에 관한 사항 • 개인정보의 안전성 확보조치에 관한 사항 • 개인정보 자동 수집 장치의 설치 · 운영 및 그 거부에 관한 사항	• 정보주체의 권익침해에 대한 구제방법 • 개인정보의 열람청구를 접수 · 처리하는 부서 • 영상정보처리기기 운영 · 관리에 관한 사항(개인정보 보호법 제25조 제7항에 따른 '영상정보처리기기 운영 · 관리방침'을 개인정보처리방침에 포함하여 정하는 경우)

4. 개인정보 보호 책임자의 지정 및 업무 범위

① 개인정보 보호 계획의 수립 및 시행
② 개인정보 처리 실태 및 관행의 정기적인 조사 및 개선
③ 개인정보 처리와 관련한 불만의 처리 및 피해 구제
④ 개인정보 유출 및 오용 · 남용 방지를 위한 내부통제시스템의 구축
⑤ 개인정보 보호 교육 계획의 수립 및 시행
⑥ 개인정보파일의 보호 및 관리 · 감독

5. 개인정보 유출의 통지

① 유출된 개인정보의 항목

② 유출된 시점과 그 경위

③ 유출로 인하여 발생할 수 있는 피해를 최소화하기 위하여 정보주체가 할 수 있는 방법 등에 관한 정보

④ 개인정보처리자의 대응조치 및 피해 구제 절차

⑤ 정보주체에게 피해가 발생한 경우 신고 등을 접수할 수 있는 담당 부서 및 연락처

※ 1천 명 이상의 개인정보가 유출된 경우 개인정보처리자는 행정부장관 혹은 전문기관에 신고하여야 한다.

6. 개인정보의 파기 2020 기출

① 보유기간의 경과, 개인정보의 처리 목적 달성 등 그 개인정보가 불필요하게 되었을 때

② 개인정보를 파기할 때에는 복구 또는 재생되지 아니하도록 조치

③ 전자적 파일 형태인 경우 : 복원이 불가능한 방법으로 영구 삭제

④ 기록물, 인쇄물, 서면, 그 밖의 기록매체인 경우 : 파쇄 또는 소각

7. 영상정보 처리기기

영상정보 처리기기 허용	• 법령에서 구체적으로 허용하고 있는 경우 • 범죄의 예방 및 수사를 위하여 필요한 경우 • 시설안전 및 화재 예방을 위하여 필요한 경우 • 교통단속을 위하여 필요한 경우 • 교통정보의 수집분석 및 제공을 위하여 필요한 경우
설치 운영 안내	다음 사항이 포함된 안내판을 설치하는 등 필요한 조치를 하여야 함 2020 기출 • 설치 목적 및 장소 • 촬영 범위 및 시간 • 관리책임자 성명 및 연락처

CHAPTER 02 화장품 제조 및 품질관리

TOPIC 01 화장품 원료의 종류와 특성

1 화장품 원료의 종류 표준교재 62p

1. 기초화장품의 구성 원료

① 목적 : 피부의 수분과 유분을 공급하여 피부의 건강한 대사 활동을 유지

② 구성 원료

⊙ 수성원료 : 피부에 수분 공급

ⓒ 유성원료 : 피부 표면의 수분 증발을 억제하고 유연함 유지

ⓒ 계면활성제 : 유성 원료와 수성 원료가 잘 섞이게 하여 제형을 안정하게 유지

ⓔ 보습제 : 피부 표면 및 내부에서 수분 보유를 촉진

ⓜ 폴리머 : 제형의 점도를 증가시켜 안정하게 하고 사용감을 조정

ⓗ 방부제 : 미생물의 증식을 억제하여 화장품의 품질 유지

ⓐ 활성원료 : 주름개선, 미백, 자외선 차단, 턴오버 촉진 등의 활성을 나타냄

ⓞ 향료 : 후각의 감각을 조정하여 향취 개선

ⓩ 기타 첨가제 : 산화방지제 및 금속 이온 봉쇄제

2. 색조 화장품의 구성 원료

① 목적 : 피부에 색상을 부여해 색조 및 입체감을 부여

② 기초 화장품의 구성 원료에 색재(색상을 나타내는 소재)를 추가하여 사용됨

2 화장품에 사용된 성분의 특성 표준교재 67p

1. 수성원료

① 정제수 : 화장품의 주원료로 가장 많이 사용되는 성분

⊙ 이온교환수지로 정제한 이온교환수를 자외선 램프로 멸균한 뒤 사용

ⓒ 세균에 오염되지 않게 사용

ⓒ 금속이온 Ca^{2+}나 Mg^{2+} 등에 오염되지 않게 사용

② 에탄올

    ㉠ 휘발성의 무색 투명 액체

    ㉡ 향료나 유기 화합물 등을 녹여 쓰는 용매

    ㉢ 수렴, 청결, 가용화, 건조 촉진제로 사용

③ 변성알코올 : 소량의 변성제를 에탄올에 첨가하여 술맛을 떨어뜨림으로써 음주에는 적합하지 않지만 그 외 다른 용도로 사용할 수 있도록 함

2. 유성 원료

① 기능

    ㉠ 피부 표면의 수분 증발을 억제하여 피부 보호

    ㉡ 피부를 유연하고 광택 있게 함

② 천연 유성 원료 : 동식물로부터 추출

③ 합성 유성 원료(미네랄, 광물성 원료) : 광물에서 추출하거나 합성을 통해 제작 2021 기출

3. 보습제

① 특징

    ㉠ 물과의 친화력이 좋아 피부에 수분을 장시간 잡아줄 수 있는 성분

    ㉡ 친수성 성분으로 물에 잘 용해됨

    ㉢ 피부 표면이나 속에 침투하여 수분의 증발을 억제함

    ㉣ 분자 구조에 하이드록시 그룹(OH) 구조가 많아 수분과 친화력이 좋음

② 종류 : 폴리올, 천연보습인자, 고분자 보습제로 구분

4. 고분자(폴리머)

① 정의 : 기본 구조체가 반복되어 분자량이 높은 물질을 고분자(폴리머)라 지칭

② 기능 및 종류

    ㉠ 점증제 : 제형의 점도를 향상시켜 제형의 안정성을 증가시키거나 사용감을 변화시킴

천연 유래	잔탄검(미생물 발효 다당류 폴리머), 퀸시드검(식물 유래 다당류 폴리머) 등
합성 원료	카복시메틸 셀룰로오즈(CMC), 카보머 등

    ㉡ 피막제 : 도포 후 경화되어(굳어서) 막을 형성하여 표면을 코팅하는 데 사용

    ㉢ 니트로룰로오즈, 폴리비닐 알코올, 폴리비닐피롤리돈 등이 있음

    ㉣ 네일 에나멜, 헤어 스프레이 등에 적용됨

5. 색재

① 정의 : 색조 제품에서 색상을 나타내기 위하여 사용되는 원료

② 구분

　㉠ 염료(Dye)

　　• 물이나 유기 용매에 분자 하나하나 용해된(소금물 형식) 형태로 발색(유기분자)

　　• 물에 녹으면 수용성 염료, 오일에 녹으면 유용성 염료

　　• 유기 단분자로 분자 구조의 구성에 따라서 발색하는 색상이 결정됨

　　• 유기 단분자인 염료는 피부에 침투하기 좋아 착색은 쉬우나, 외부의 빛이나 열에 의해 분해
　　　되거나 변형되기 쉬움

　㉡ 안료(Pigment)

　　• 물이나 유기 용매에 용해되지 않고 입자를 이루어 분산된 형태(흙탕물 형식)로 발색(주로 광물질)

　　• 내구성과 내열성, 그리고 빛에 대한 저항성 면에서 염료에 비해 훨씬 우수

착색 안료	• 화장품에 색상을 부여하는 기능 • 광물 내 구성된 금속의 상태에 따라서 색상이 결정됨
백색 안료	• 피부를 하얗게 나타낼 목적으로 사용하는 원료 • 커버력을 주는 목적으로도 사용
체질 안료 (Extender pigment)	• 색을 나타내거나 흰색을 나타내는 안료 이외에 제형을 구성하여, 희석제로서의 역할 • 색감과 광택, 사용감 등을 조절할 목적으로 적용 • 발색단이 없어 색상을 나타내지 않고 흰색을 나타내나, 백색 안료 정도의 흰색을 띄지는 　않음
진주 광택 안료	• 메탈릭한 느낌의 광채를 부여하기 위한 안료 • 굴절률이 다른 두 가지 물질의 두께를 조절하여 간섭색을 구현(보강간섭)

③ 기타

　㉠ 레이크 : 유기분자 염료를 고체의 기질에 금속염 등으로 결합시켜 제작

　㉡ 유기안료 : 합성될 때부터 물과 유기 용매에 녹지 않는 형태

　※ 해설 : 레이크와 유기안료는 유기분자로 구성되었으나 단일 분자의 형태로 존재하지 않고 고형의 형태로 응
　　집되어 안료의 형태로 분산시켜 적용함

❸ 원료 및 제품의 성분 정보 　표준교재 72p

1. 화장품 원료 지정에 관한 규정(화장품에 사용할 수 있는 성분에 관한 규정)

① 네가티브 리스트 제도

　㉠ 화장품에 사용할 수 없는 성분 및 사용상의 제한이 있는 물질을 제외하고 모든 물질을 사용할
　　수 있는 자율성을 부여하는 규정

　㉡ 대신 화장품을 책임판매허는 업체에 시고 발생 시의 책임을 부여함

② 사용할 수 없는 성분 : 의약품 원료, 안정상에 문제가 있는 물질 등 사용해서는 안 되는 성분을 리스트화함

③ 사용상의 제한이 있는 성분 : 보존제, 자외선 차단제, 색소 등은 고시된 성분과 목적 이외에 사용할 수 없음

2. 소비자의 안전을 위한 성분 정보 표시제도

① 화장품 전성분 표시제도

ⓐ 방식 : 화장품 제조에 사용된 모들 물질을 화장품 용기 및 포장에 한글로 표시함

ⓑ 표시 방법

- 글자 크기 : 5포인트 이상 2020 기출
- 표시 순서 : 제조에 사용된 함량 순으로 많은 것부터 기입
- 순서 예외 : 1% 이하로 사용된 성분, 착향료, 착색제는 함량 순으로 기입하지 않아도 됨

ⓒ 착향제는 "향료"로 기입(예외 : 알러지 유발 가능성이 있는 향료 25종은 해당 성분명으로 기입)

알러지 유발 고시 성분 2020 기출	25종 향료가 고시됨 1) 아밀신남알(CAS No 122-40-7) 2) 벤질알코올(CAS No 100-51-6) 3) 신나밀알코올(CAS No 104-54-1) 4) 시트랄(CAS No 5392-40-5) 5) 유제놀(CAS No 97-53-0) 6) 하이드록시시트로넬알(CAS No 107-75-5) 7) 이소유제놀(CAS No 97-54-1) 8) 아밀신나밀알코올(CAS No 101-85-9) 9) 벤질살리실레이트(CAS No 118-58-1) 10) 신남알(CAS No 104-55-2) 11) 쿠마린(CAS No 91-64-5) 12) 제라니올(CAS No 106-24-1) 13) 아니스에탄올(CAS No 105-13-5) 14) 벤질신나메이트(CAS No 103-41-3) 15) 파네솔(CAS No 4602-84-0) 16) 부틸페닐메칠프로피오날(CAS No 80-54-6) 17) 리날룰(CAS No 78-70-6) 18) 벤질벤조에이트(CAS No 120-51-4) 19) 시트로넬롤(CAS No 106-22-9) 20) 헥실신남알(CAS No 101-86-0) 21) 리모넨(CAS No 5989-27-5) 22) 메칠2-옥티노에이트(CAS No 111-12-6) 23) 알파-이소메칠이오논(CAS No 127-51-5) 24) 참나무이끼추출물(CAS No 90028-68-5) 25) 나무이끼추출물(CAS No 90028-67-4)
표기	사용 후 씻어내는 제품에는 0.01% 초과, 사용 후 씻어내지 않는 제품에는 0.001% 초과 함유하는 경우에 한한다.

ㄹ 혼합 원료는 혼합된 원료의 개별 성분 기재

ㅁ 표시 제외
  - 원료 자체에 이미 포함되어 있는 미량의 보존제 및 안정화제
  - 제조 과정에서 제거되어 최종 제품에 남아있지 않는 성분(예 휘발성 용매)

3. 화장품에 사용되는 사용제한 원료의 종류 및 사용 한도

① 법적 근거 : 화장품법 화장품의 안전기준에서 원료에 대한 기준을 설정함
② 대상 : 보존제, 자외선 차단제 등
③ 방법 : 사용기준을 지정하여 고시함(고시된 원료 이외에는 사용할 수 없다)

4. 보존제의 사용기준(원료의 종류와 사용 한도)

① 보존제 : 화장품이 보관 및 사용되는 기간 동안 미생물 성장을 억제해서 화장품의 품질을 유지하는 성분

② 사용 이유
  ㄱ 미생물은 공기, 동식물, 광물 등 자연계에 광범위하게 존재
  ㄴ 화장품의 제조 과정 중 1차 오염 가능
  ㄷ 소비자가 손 또는 도구를 이용하면서 2차 오염 가능

③ 미생물 억제 성질의 인체 위해성 평가 후 조치
  ㄱ '사용 가능한 보존제 및 사용 한도'를 정해 규제 예 파라벤류
  ㄴ 사용 금지 원료로 지정 예 페닐파라벤

5. 자외선 차단제의 종류 및 사용기준

① 목적 : UVB와 UVA로부터 피부를 보호하기 위한 소재 사용
② UVB : UV 영역 중 파장의 길이가 짧고 에너지가 커 일광화상 유발
③ UVA : UV 영역 중 파장이 길고 피부를 흑화시키는 역할
④ 종류

유기 자외선 차단제	• 유기분자의 구조가 자외선을 흡수한 뒤 열에너지 형태로 전환시키는 방식 • 자극의 우려가 있음 • 백탁 없이 사용 가능
무기 자외선 차단제	• 무기 입자에 의해 자외선을 산란시키는 형식 • 백탁현상 발생 • 자극에 대한 우려가 적음 • 종류 : 이산화티탄(TiO_2)과 산화아연(ZnO)이 사용됨 • 한도 : 25%까지 사용 가능

6. 향료의 전성분 표시

① "향료"로 표시 : 들어간 성분이 영업상의 비밀일 경우 고려함

② 예외 : 알러지 유발 가능성이 있는 성분은 성분명 표기 `2020 기출`

    ㉠ 사용 후 세척되는 제품 : 0.01% 초과 시

    ㉡ 사용 후 세척되는 제품 이외의 화장품 : 0.001% 초과 시

TOPIC 02 화장품 관리 `표준교재 134p`

1. 화장품의 사용 방법

인체에 바르고 문지르거나 뿌리는 등 이와 유사한 방법 사용

2. 보관 및 취급 방법(일반적인 화장품)

① 사용 후에는 반드시 마개를 닫아둘 것

② 유아 · 소아의 손이 닿지 않는 곳에 보관할 것

③ 고온 또는 저온의 장소 및 직사광선이 닿는 곳에는 보관하지 말 것

3. 사용기한(일반적인 화장품)

① 제품의 포장 용기에 명시된 사용기한 내에 사용

② 제품의 포장 용기에 명시된 개봉 후 사용기간(개봉 후 사용기한을 기재할 경우 제조연월일을 병행 표기) 내에 사용

4. 화장품 사용 시의 주의 사항

① 화장품 사용 시 또는 사용 후 직사광선에 의하여 사용 부위에 붉은 반점, 부어오름 또는 가려움증 등의 이상 증상이나 부작용이 있는 경우 전문의 등과 상담할 것

② 상처가 있는 부위 등에는 사용을 자제할 것

③ 보관 및 취급 시의 주의사항

    ㉠ 어린이의 손이 닿지 않는 곳에 보관할 것

    ㉡ 직사광선을 피해서 보관할 것

④ 화장품의 안전 정보 관련 사용상의 주의사항(성분별)

대상 성분	주의사항
과산화수소 및 과산화수소 생성물질 함유 제품	눈에 접촉을 피하고 눈에 들어갔을 때는 즉시 씻어낼 것
벤잘코늄클로라이드, 벤잘코늄브로마이드 및 벤잘코늄사카리네이트 함유 제품	눈에 접촉을 피하고 눈에 들어갔을 때는 즉시 씻어낼 것
스테아린산아연 함유 제품 (기초화장용 제품류 중 파우더 제품에 한함) 2021 기출	사용 시 흡입되지 않도록 주의할 것
살리실릭애씨드 및 그 염류 함유 제품 (샴푸 등 사용 후 바로 씻어내는 제품 제외) 2021 기출	만3세 이하 어린이에게는 사용하지 말 것
실버나이트레이트 함유 제품	눈에 접촉을 피하고 눈에 들어갔을 때는 즉시 씻어낼 것
아이오도프로피닐부틸카바메이트(IPBC) 함유 제품(목욕용제품, 샴푸류 및 바디클렌저 제외) 2021 기출	만 3세 이하 어린이에게는 사용하지 말 것
알루미늄 및 그 염류 함유 제품(체취방지용 제품류에 한함)	알루미늄 및 그 염류를 함유하고 있으므로 신장질환이 있는 사람은 사용 전에 의사와 상의할 것
알부틴 2% 이상 함유 제품 2021 기출	「인체적용시험자료」에서 구진과 경미한 가려움이 보고된 예가 있음
글라이콜릭애씨드, 락틱애씨드 및 시트릭애씨드 등 알파-하이드록시애씨드 (α-hydroxy acid, AHA) 함유 제품 (0.5% 이하의 AHA가 함유된 제품은 제외)	• 알파-하이드록시애씨드(AHA)를 함유하고 있어 햇빛에 대한 피부의 감수성을 증가시킬 수 있으므로 자외선 차단제를 함께 사용할 것(씻어내는 제품 및 두발용 제품 제외) • AHA를 함유하고 있으므로 처음 사용하는 경우에는 적은 부위에 발라 피부이상을 확인할 것 • 고농도의 AHA 성분이 들어 있으므로 사용 전에 피부과전문의 등에게 상담할 것 (AHA 성분을 10% 초과하여 함유하거나 산도 3.5 미만의 제품에 한함)
카민 또는 코치닐추출물 함유 제품	이 성분에 과민하거나 알레르기가 있는 사람은 신중히 사용할 것
포름알데히드 0.05% 이상 함유 제품	이 성분에 과민한 사람은 신중히 사용할 것
폴리에톡실레이티드레틴아마이드 0.2% 이상 함유 제품	「인체적용시험자료」에서 경미한 발적, 피부건조, 화끈감, 가려움, 구진이 보고된 예가 있음

5. 화장품의 표시광고

① 표시 · 광고 시 준수 사항

㉠ 의약품으로 오인하게 할 우려가 있는 표시 · 광고를 하지 말 것

㉡ 기능성화장품이 아닌 것으로서 기능성화장품으로 오인시킬 우려가 있는 효능 · 효과 표시 및 화장품의 유형별 효능 · 효과의 범위를 벗어나는 표시 · 광고를 하지 말 것

㉢ 의사 · 치과의사 · 한의사 · 약사 또는 기타의 자가 이를 지정 · 공인 · 추천 · 지도 또는 사용하고 있다는 내용 등의 표시 · 광고를 하지 말 것

㉣ 외국 제품을 국내 제품으로, 또는 국내 제품을 외국 제품으로 오인하게 할 우려가 있는 표시 · 광고를 하지 말 것

㉤ 불법적으로 외국 상표 · 상호를 사용하는 광고나 외국과의 기술제휴를 하지 아니하고 외국과의 기술제휴 등을 표현하는 표시 · 광고를 하지 말 것

ⓗ 경쟁상품과 비교하는 표시·광고는 비교 대상 및 기준을 분명히 밝히고 객관적으로 확인될 수 있는 사항만을 표시·광고해야 하며, 배타성을 띤 "최고" 또는 "최상" 등의 절대적 표현의 표시·광고를 하지 말 것

ⓢ 사실과 다르거나 부분적으로 사실이라고 하더라도 전체적으로 보아 소비자가 오인할 우려가 있는 표시·광고 또는 소비자를 속이거나 소비자가 속을 우려가 있는 표시·광고를 하지 말 것

ⓞ 품질·효능 등에 관하여 객관적으로 확인될 수 없거나 확인되지 아니하였음에도 불구하고 이를 광고하거나 효능·효과의 범위를 초과하는 표시·광고를 하지 말 것

ⓩ 저속하거나 혐오감을 주는 표현을 한 표시·광고를 하지 말 것

ⓩ 국제적 멸종위기종의 동·식물의 가공품이 함유된 화장품을 표현 또는 암시하는 표시·광고를 하지 말 것

ⓚ 사실 여부와 관계없이 다른 제품을 비방하거나 비방한다고 의심이 되는 광고를 하지 말 것

② 의약품으로 오인할 수 있어 금지된 효능·효과 관련 표현 예시 2021 기출

구분	금지 표현
질병 진단·치료·경감·처치 또는 예방, 의학적 효능·효과 관련	• 아토피 • 모낭충 • 심신피로 회복 • 건선 • 노인소양증 • 살균·소독 • 항염·진통 • 해독 • 이뇨 • 항암 • 항진균·항바이러스 • 근육 이완 • 통증 경감 • 면역 강화, 항알러지 • 찰과상, 화상 치료·회복 • 관절, 림프선 등 피부 이외 신체 특정 부위에 사용하여 의학적 효능, 효과 표방 • 여드름 • 기미, 주근깨(과색소침착증) • 항균 • 임신선, 튼살 • 기저귀 발진 • 피부 독소를 제거한다(디톡스, detox). • 피부의 손상을 회복 또는 복구한다. • 상처로 인한 반흔을 제거 또는 완화한다. • ○○○의 흔적을 없애준다. 　예 여드름, 흉터의 흔적을 제거한다. • 홍조, 홍반을 개선, 제거한다. • 가려움을 완화한다(피부 건조에 기인한 가려움 완화는 제외). • 뾰루지를 개선한다.
모발 관련 표현	• 발모 • 탈모 방지, 양모 • 모발의 손상을 회복 또는 복구한다. • 제모에 사용한다.

구분	금지 표현
모발 관련 표현	• 빠지는 모발을 감소시킨다. • 모발 등의 성장을 촉진 또는 억제한다. • 모발의 두께를 증가시킨다. • 속눈썹, 눈썹이 자란다.
생리활성 관련	• 혈액순환, 피부재생, 세포재생 • 호르몬 분비 촉진 등 내분비 작용 • 유익균의 균형 보호 • 질내 산도 유지, 질염 예방 • 땀 발생을 억제한다. • 세포 성장을 촉진한다. • 세포 활력(증가), 세포 또는 유전자(DNA) 활성화
신체 개선 표현	• 다이어트, 체중 감량 • 피하지방 분해 • 얼굴 윤곽 개선, V라인, 체형 변화 • 몸매 개선, 신체 일부를 날씬하게 한다. • 가슴에 탄력을 주거나 확대시킨다. • 얼굴 크기가 작아진다.
원료 관련 표현	원료 관련 설명 시 의약품 오인 우려 표현 사용
기타	메디슨(medicine), 드럭(drug), 코스메슈티컬 등을 사용한 의약품 오인 우려 표현

③ 표시 광고 관련 개정 사항

구분	현행	개정
모발 관련 금지 표현 완화	(금지 표현) 빠지는 모발을 감소시킨다.	(광고 실증 시 가능한 표현) 빠지는 모발을 감소시킨다. (기능성화장품 효력자료에 포함됨)
	모발의 손상을 회복 또는 복구한다.	모발의 손상을 개선한다.
광고 실증 대상 추가	〈추가〉	• 피부장벽 손상의 개선에 도움 • 피부 피지분비 조절 • 미세먼지 차단, 미세먼지 흡착 방지 • 모발의 손상을 개선한다. • 빠지는 모발을 감소시킨다.
기타	(금지 표현) 얼굴 윤곽개선, V라인, 필러(filler)	(색조 화장용 제품류 등으로서) '연출한다'는 의미의 표현을 함께 나타내는 경우 제외
외국어 광고 제한	〈신설〉	가이드라인 사용금지 표현과 동일/유사한 의미의 영어 및 제2외국어 표현도 제한됨을 명시

④ 화장품 표시광고 실증에 대한 규정

분류	표현	입증 자료
화장품 표시·광고 실증에 관한 규정	• 여드름성 피부에 사용에 적합 • 항균(인체세정용 제품에 한함) • 일시적 셀룰라이트 감소 • 붓기 완화 • 다크서클 완화 • 피부 혈행 개선	인체적용시험 자료

분류	표현	입증 자료
화장품 표시·광고 실증에 관한 규정	피부노화 완화, 안티에이징, 피부노화 징후 감소	인체적용시험 자료 혹은 인체외 시험자료
	• 콜라겐 증가, 감소 또는 활성화 • 효소 증가, 감소 또는 활성화	기능성화장품에서 해당 기능을 실증한 자료
	기미, 주근깨 완화에 도움	미백 기능성화장품 심사(보고) 자료
효능·효과·품질	화장품의 효능·효과에 관한 내용	인체적용시험 자료 또는 인체외 시험자료
	시험·검사와 관련된 표현 예 피부과 테스트 완료	인체적용시험 자료 또는 인체외 시험자료
	제품에 특정성분이 들어 있지 않다는 '무(無) ㅇㅇ' 표현	시험분석자료
	타 제품과 비교하는 내용의 표시·광고 예 "ㅇㅇ보다 지속력이 5배 높음"	인체적용시험 자료 또는 인체외 시험자료

TOPIC 03 위해사례 판단 및 보고

1 위해 여부 판단

1. 일반 사항

① 화장품은 제품 설명서, 표시사항 등에 따라 정상적으로 사용하거나 또는 예측함

② 가능한 사용 조건에 따라 사용하였을 때 인체에 안전하여야 함

2. 위해성 평가

① 대상 : 국내외에서 유해물질이 포함된 것으로 알려진 화장품 원료

② 의무 : 식품의약품안전처장은 위해요소를 평가하여 위해 여부 결정

③ 조치 : 화장품 제조에 사용할 수 없는 원료로 지정하거나 사용기준 지정

3. 유해성과 유해물질

① 용어의 정의

㉠ 유해성 : 화학물질의 독성 등 사람의 건강이나 환경에 좋지 아니한 영향을 미치는 화학물질 고유의 성질

㉡ 위해성 : 유해성이 있는 화학물질이 노출되는 경우 사람의 건강이나 환경에 피해를 줄 수 있는 정도

㉢ 유해물질 : 유해성을 가진 화학물질

ⓔ 유해성의 종류

생식 · 발생 독성	자손 생성을 위한 기관의 능력 감소 및 개체의 발달과정에 부정적인 영향 미침
면역 독성	면역 장기에 손상을 주어 생체 방어기전 저해
항원성	항원으로 작용하여 알러지 및 과민 반응 유발
유전 독성	유전자 및 염색체에 상해를 입힘
발암성	장기간 투여 시 암(종양)의 발생
전신 독성	생체 내 다양한 장기 조직에 손상 유발(예 간 독성)
피부 일차 자극	피부 접촉 후 홍반, 가피 형성, 부종 등 국소 부위에 일어나는 자극
피부 감작성	피부에 반복적으로 노출되었을 경우 나타날 수 있는 홍반 및 부종 등의 면역학적 피부 과민 반응

4. 위해평가의 원리

① 진행 단계

ⓖ 위험성 확인(Hazard Identification) : 독성실험 및 역학연구 등 문헌을 통해 화학적 · 미생물적 · 물리적 위해요인의 유해성, 독성 및 그 정도와 영향 등을 파악하고 확인하는 과정

※ 해설 : 어떤 유해물질이 어떠한 독성을 가지는지 확인하는 과정(예 간 독성 등) 2021 기출

ⓛ 위험성 결정(Hazard Characterization) : 위해요소의 노출량과 유해영향 발생과의 관계를 정량적으로 규명하는 단계로 동물실험 등의 불확실성 등을 고려하여 독성값(NOAEL) 또는 인체안전기준(TDI, ADI, RfD 등)을 결정

※ 해설 : 확인된 독성에 대해 동물실험 등에서 한계용량 등을 파악하여 안전하다고 판단되는 용량 결정

ⓒ 노출평가(Exposure Assessment) : 화장품 등을 통하여 사람이 바르거나 섭취하는 위해요소의 양 또는 수준을 정량적 및(또는) 정성적으로 산출하는 과정

※ 해설 : 화장품 내 농도, 사용량 등을 분석하여 인체에 흡수되는 용량을 결정

ⓔ 위해도 결정(Risk Characterization) : 위험성 확인, 위험성 결정 및 노출평가 결과를 근거로 하여 평가대상 위해요인이 인체건강에 미치는 위해영향 발생과 위해 정도를 정량적 또는 정성적으로 예측하는 과정 2021 기출

※ 해설 : 안전하다고 판단되는 양과 흡수되는 양을 비교하여 위해도 결정

5. 위해평가 세부사항

① 위해도 결정 : 유해성의 종류에 따라 위해성 평가 방식이 달라짐

② 비발암성 독성의 사례(전신 독성, 면역 독성, 항원성 독성, 생식 독성 등)

ⓖ 최대무독성량(NOAEL ; No Observed Adverse Effect Level) : 유해 작용이 관찰되지 않는 최대 투여량

ⓛ 전신노출량(SED ; Systemic Exposure Dosage) : 하루에 화장품을 사용할 때 흡수되어 혈류로 들어가서 전신적으로 작용할 것으로 예상하는 양

ⓒ 안전역(MOS ; Margin of Safety) : 최대무독성량 대비 전신노출량의 비율, 숫자가 커질수록 위험한 농도 대비 전신노출량이 작아 안전하다고 판단함[안전역(MOS) = NOAEL/SED]

③ 안전역을 계산한 값이 100 이상이면 위해 가능성이 낮다고 판단함

② 위해사례 보고

1. 책임판매 후 안전관리 기준 : 책임판매 관리자의 의무

① 안전관리 정보 수집 : 학회, 문헌, 그 밖의 연구보고 등에서 정보를 수집 · 기록

② 안전 확보 조치

　ⓐ 안전관리 정보를 신속히 검토 · 기록

　ⓑ 조치가 필요하다고 판단될 경우 회수, 폐기, 판매정지 또는 첨부문서의 개정, 식품의약품안전처장에게 보고

2. 화장품 안전성 정보관리 규정 : 효율적인 안전성 관련 정보관리

① 용어의 정의

　ⓐ 유해사례(AE ; Adverse Event/Adverse Experience)

　　• 화장품의 사용 중 발생한 바람직하지 않고 의도되지 아니한 징후, 증상 또는 질병

　　• 당해 화장품과 반드시 인과관계를 가져야 하는 것은 아님

　ⓑ 중대한 유해사례(Seriouse AE)

　　• 사망을 초래하거나 생명을 위협하는 경우

　　• 입원 또는 입원기간의 연장이 필요한 경우

　　• 지속적 또는 중대한 불구나 기능 저하를 초래하는 경우

　　• 선천적 기형 또는 이상을 초래하는 경우

　　• 기타 의학적으로 중요한 상황

　ⓒ 실마리 정보(Signal) 2019 기출 : 유해사례와 화장품 간의 인과관계 가능성이 있다고 보고된 정보로서 그 인과관계가 알려지지 아니하거나 입증자료가 불충분한 경우

　ⓓ 안전성 정보 : 화장품과 관련하여 국민보건에 직접 영향을 미칠 수 있는 안전성 · 유효성에 관한 새로운 자료, 유해사례 정보 등

② 유해사례 보고(책임판매업자)

　ⓐ 신속보고 규정

일시	정보를 안 날로부터 15일 이내
보고	식품의약품안전처장에게 보고
대상	• 중대한 유해사례 또는 이와 관련하여 식품의약품안전처장이 보고를 지시한 경우 • 판매중지나 회수에 준하는 외국정부의 조치 또는 이와 관련하여 식품의약품안전처장이 보고를 지시한 경우

ⓒ 정기보고 규정

일시	매 반기 종료 후(6개월)
보고	식품의약품안전처장에게 보고
대상	신속보고 대상이 아닌 경우

❸ 위해 화장품의 회수 및 위해 등급 표준교재 140p

1. 회수 대상 화장품의 종류 2019 기출

① 화장품 내용물의 위반
- ㉠ 전부 또는 일부가 변패(變敗)된 화장품, 병원미생물에 오염된 화장품
- ㉡ 이물이 혼입되었거나 부착되어 보건위생상 위해를 발생할 우려가 있는 화장품
- ㉢ 화장품에 사용할 수 없는 원료를 사용한 화장품
- ㉣ 유통화장품 안전관리 기준에 적합하지 아니한 화장품
- ㉤ 기준 이상의 유해물질 및 기준 이상의 미생물 검출 등(내용량의 기준에 관한 부분은 제외한다)
- ㉥ 사용기한 또는 개봉 후 사용기간을 위조 · 변조한 화장품

② 영업자의 의무 위반
- ㉠ 등록을 하지 아니한 자가 제조한 화장품 또는 제조 · 수입하여 유통 · 판매한 화장품
- ㉡ 신고를 하지 아니한 자가 판매한 맞춤형화장품
- ㉢ 맞춤형화장품 조제관리사를 두지 아니하고 판매한 맞춤형화장품

2. 회수 대상 화장품의 위해 등급 2020 기출 2019 기출

① 구분 : 위해성이 높은 순서에 따라 가 등급, 나 등급 및 다 등급으로 구분
② 등급별 예시

가 등급	화장품에 사용할 수 없는 원료를 사용한 화장품
나 등급	• 유통화장품 안전관리 기준에 적합하지 않은 것 • 기준 이상의 유해물질 및 기준 이상의 미생물 검출 등 • 개별 화장품 안전기준에 적합하지 않은 것(단, 내용량의 기준에 관한 부분과 기능성화장품의 기능성 주원료 함량이 기준치에 부적합한 경우는 제외한다) • 안전용기 · 포장 기준에 위반되는 화장품 　예 어린이 제품 pH, 비누 내 알칼리 함량 등
다 등급	• 전부 또는 일부가 변패(變敗)된 화장품, 병원미생물에 오염된 화장품 • 이물이 혼입되었거나 부착되어 보건위생상 위해를 발생할 우려가 있는 화장품 • 기능성화장품의 기능성을 나타나게 하는 주원료 함량이 기준치에 부적합한 경우 • 사용기한 또는 개봉 후 사용기간을 위조 · 변조한 화장품 • 등록을 하지 아니한 자가 제조한 화장품 또는 제조 · 수입하여 유통 · 판매한 화장품 • 신고를 하지 아니한 자가 판매한 맞춤형화장품 • 맞춤형화장품 조제관리사를 두지 아니하고 판매한 맞춤형화장품

3. 위해 화장품의 회수 계획 및 회수 절차

① 대상 : 화장품을 회수하거나 회수하는 데에 필요한 조치를 하려는 영업자

② 조치 : 해당 화장품에 대하여 즉시 판매중지 등의 필요한 조치

③ 회수 대상 화장품이라는 사실을 안 날부터 5일 이내에 회수계획서를 지방식품의약품안전청장에게 제출 2020 기출

    ㉠ 해당 품목의 제조 · 수입기록서 사본

    ㉡ 판매처별 판매량 · 판매일 등의 기록

    ㉢ 회수 사유를 적은 서류

④ 위해성 등급에 따른 회수 기간 2020 기출

    ㉠ 가 등급 : 회수를 시작한 날부터 15일 이내

    ㉡ 나 등급 또는 다 등급 : 회수를 시작한 날부터 30일 이내

4. 위해 화장품의 폐기

① 회수한 화장품을 폐기하려는 경우 : 지방식품의약품안전청장에게 제출할 서류는 폐기신청서에 회수계획서와 회수 확인서

② 폐기확인서를 2년간 보관

5. 회수 종료 후의 절차

① 지방식품의약품안전청장에게 제출 : 회수종료신고서

② 첨부 서류 2021 기출

    ㉠ 회수확인서

    ㉡ 폐기확인서(폐기한 경우만 해당)

    ㉢ 평가보고서

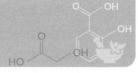

CHAPTER 03 유통화장품의 안전관리

TOPIC 01 우수화장품 제조 및 품질관리 기준(CGMP) 표준교재 158p

1. GMP 정의 및 종류

① 정의 : 좋은 제품을(Good) 제조하기 위한(Manufacturing) 실행 규정(Practice)
② 화장품 : 우수화장품 제조 및 품질 관리 기준(CGMP ; Cosmetic GMP)
③ 목적
    ㉠ 소비자 보호
    ㉡ 제품의 품질 보증
④ GMP 3대 요소
    ㉠ 인위적 과오의 최소화
    ㉡ 미생물 및 교차오염으로 인한 품질 저하 방지
    ㉢ 고도의 품질 관리 체계 확립

2. 문서화(4대 기준서)

① 목적 : GMP 활동을 정확하게 실시하기 위함
② 원칙 : 화장품 제조의 모든 것을 문서에 남겨야 하며, 문서화된 증거만 믿어야 함
③ 종류
    ㉠ 제품표준서 : 해당 품목의 모든 정보를 포함(제품명, 효능·효과, 원료명, 제조지시서 등)
    ㉡ 제조관리기준서 : 제조 과정에 착오가 없도록 규정(제조공정에 관한 사항, 시설 및 기구 관리에 대한 사항, 원자재 관리에 관한 사항, 완제품 관리에 대한 사항 등)
    ㉢ 품질관리기준서 : 품질 관련 시험사항 규정(시험지시서, 시험 검체 채취 방법 및 주의사항, 표준품 및 시약관리 등)
    ㉣ 제조위생기준서 : 작업소 내 위생관리를 규정(작업원 수세, 소독법, 복장의 규격, 청소 등)

3. 주요 용어의 정의 `2020 기출`

① 일탈 : 제조 또는 품질관리 활동 등의 미리 정하여진 기준을 벗어나 이루어진 행위

② 기준일탈(out-of-specification) : 규정된 합격 판정 기준에 일치하지 않는 검사, 측정 또는 시험결과를 말함

③ 반제품 : 제조공정 단계에 있는 것으로서 필요한 제조공정을 더 거쳐야 벌크 제품이 되는 것

④ 벌크 제품 : 충전(1차 포장) 이전의 제조 단계까지 끝낸 제품

⑤ 제조단위 또는 뱃치 : 하나의 공정이나 일련의 공정으로 제조되어 균질성을 갖는 화장품의 일정한 분량

⑥ 완제품 : 출하를 위해 제품의 포장 및 첨부문서에 대한 표시공정 등을 포함한 모든 제조공정이 완료된 화장품

⑦ 재작업 : 적합 판정 기준을 벗어난 완제품, 벌크제품 또는 반제품을 재처리하여 품질이 적합한 범위에 들어오도록 하는 작업

(TOPIC `02`) 작업장 위생관리

■ 작업장의 위생 기준 `표준교재 160p`

1. 건물에 대한 규정

① 건물은 다음과 같이 위치, 설계, 건축 및 이용되어야 함

ㄱ 제품이 보호되도록 할 것

ㄴ 청소가 용이하도록 하고 필요한 경우 위생관리 및 유지관리가 가능하도록 할 것

ㄷ 제품, 원료 및 포장재 등의 혼동이 없도록 할 것

② 건물은 제품의 제형, 현재 상황 및 청소 등을 고려하여 설계하여야 함

2. 시설에 대한 규정

① 작업소는 다음에 적합하여야 함

ㄱ 적절히 구획·구분되어 있어 교차오염의 우려가 없을 것

ㄴ 바닥, 벽, 천장 : 청소하기 쉽게 매끄러운 표면을 지니고 소독제 등의 부식성에 저항력을 지닐 것

ㄷ 환기가 잘되고 청결할 것

ㄹ 외부와 연결된 창문은 가능한 열리지 않도록 할 것

ㅁ 작업소 내의 외관 표면은 가능한 매끄럽게 설계하고, 청소, 소독제의 부식성에 저항력을 지닐 것

ㅂ 수세실과 화장실은 접근이 쉬워야 하나 생산구역과 분리되어 있을 것

     ⊗ 작업소 전체에 적절한 조명을 설치하고, 조명이 파손될 경우를 대비해 제품을 보호할 수 있는 처리절차를 마련할 것

     ⊚ 제품의 오염을 방지하고 적절한 온도 및 습도를 유지할 수 있는 공기조화시설을 구비할 것

     ㋨ 효능이 입증된 세척제 및 소독제를 사용할 것

     ㋩ 제품의 품질에 영향을 주지 않는 소모품을 사용할 것

② 제조 및 품질관리에 필요한 설비 등은 다음에 적합하여야 함

     ㉠ 사용목적에 적합하고 청소가 가능하며 필요한 경우 위생 · 유지 관리가 가능하여야 함

     ㉡ 사용하지 않는 연결 호스와 부속품은 청소 등 위생관리를 하며 건조한 상태로 유지

     ㉢ 설비 등은 제품의 오염을 방지하고 배수가 용이하도록 설계 · 설치하며, 제품 및 청소 소독제와 화학반응을 일으키지 않을 것

     ㉣ 설비 등의 위치는 원자재나 직원의 이동으로 인하여 제품의 품질에 영향을 주지 않도록 할 것

     ㉤ 용기는 먼지나 수분으로부터 내용물을 보호할 수 있을 것

     ㉥ 제품과 설비가 오염되지 않도록 배관 및 배수관을 설치하며, 배수관은 역류되지 않아야 하고, 청결을 유지할 것

     ㉦ 천장 주위의 대들보, 파이프, 덕트 등은 가급적 노출되지 않도록 설계하고, 파이프는 받침대 등으로 고정하고 벽에 닿지 않게 하여 청소가 용이하도록 설계할 것

     ㉧ 시설 및 기구에 사용되는 소모품은 제품의 품질에 영향을 주지 않도록 할 것

3. 공기 조절의 세부 규정

① 정의 : 공기의 온도, 습도, 공중미립자, 풍량, 풍향, 기류의 전부 또는 일부를 자동적으로 제어하는 일

② 목적 : 온도 및 습도 유지, 제품의 오염 방지 2020 기출

번호	4대 요소	대응 설비
1	청정도	공기정화기
2	실내온도	열교환기
3	습도	가습기
4	기류	송풍기

‖ 공기 조절의 4대 요소 ‖

③ 청정도 등급 2021 기출 2020 기출

     ㉠ 구조 조건 및 관리 기준에 따라 1~4등급으로 분류됨

     ㉡ 화장품 원료와 내용물이 노출되는 제조실과 충전실 등은 2등급으로 관리

청정도 등급	대상 시설	해당 작업실	청정공기 순환	구조 조건	관리 기준 (환경모니터링)	작업 복장
1	청정도 엄격 관리	Clean bench	20회/hr 이상 또는 차압 관리	Pre-filter, Med-filter, HEPA-filter, Clean bench/booth, 온도 조절	낙하균 10개/hr 또는 부유균 20개/m^3	작업복, 작업모, 작업화
2	화장품 내용물이 노출되는 작업실	제조실, 성형실, 충전실, 내용물 보관소, 원료 청정실, 미생물 시험실	10회/hr 이상 또는 차압 관리	Pre-filter, Med-filter(필요 시 HEPA-filter), 분진발생실 주변 양압·제진 시설	낙하균 30개/hr 또는 부유균 200개/m^3	작업복, 작업모, 작업화
3	화장품 내용물이 노출되지 않는 곳	포장실	차압 관리	Pre-filter, 온도 조절	갱의, 포장재의 외부 청소 후 반입	작업복, 작업모, 작업화
4	일반 작업실 (내용물 완전폐색)	포장재 보관소, 완제품 보관소, 관리품 보관소, 원료 보관소, 갱의실, 일반 시험실	환기 장치	환기(온도 조절)	–	–

∥ 청정도 등급에 따른 구조 조건 및 관리 기준 ∥

④ 필터의 종류와 규정

　㉠ 필터를 통해 외기를 순환시키고 도입함

　㉡ 정해진 기능을 검사하여 관리 및 보수

　㉢ 필요한 경우 교체

P/F	PRE Filter(세척 후 3~4회 재사용) • Medium Filter 전처리용 • Media : Glass Fiber, 부직포 • 압력손실 : 9mmAq 이하 • 필터입자 : 5μm
M/F	Medium Filter • Media : Glass Fiber • HEPA Filer 전처리용 • B/D 공기정화, 산업공장 등에 사용 • 압력손실 : 16mmAq 이하 • 필터입자 : 0.5μm
H/F	HEPA(High Efficiency Particulate) Filter • 0.3μm의 분진 99.97% 제거 • Media : Glass Fiber • 반도체공장, 병원, 의약품, 식품산업에 사용 • 압력손실 : 24mmAq 이하 • 필터입자 : 0.3μm

∥ 필터의 종류와 기능 ∥

구분	Pre filter	Pre bag filter	Medium filter	Medium bag filter	HEPA filter	
사진						
특징	• HEPA, Medium 등의 전처리용 • 대기 중 먼지 등 인체에 해를 미치는 미립자(10~30μm)를 제거 • 압력손실이 낮고 고효율로 Dust 포집량이 큼 • 물 또는 세제로 세척하여 사용 가능하므로 경제적(재사용 2~3회) • 두께 조정과 재단이 용이하여 교환 또는 취급이 쉬움 • Bag type은 처리용량을 4배 이상 높일 수 있음		• 포집효율 95%를 보증하는 중고 성능 Fliter • Clean Room 정밀기계공업 등에 있어 Hepa Filter 전처리용 • 공기정화, 산업공장 등에 있어 최종 Filter로 사용 • Frame은 P/Board or G/Steel 등으로 제작되어 견고함 • Bag type은 먼지 보유 용량이 크고 수명이 김 • Bag type은 포집효율이 높고 압력 손실이 적음		• 사용온도 최고 250℃에서 0.3μm 입자들 99.97% 이상 • 포집성능을 장시간 유지할 수 있는 Filter • 필름, 의약품 등의 제조 Line에 사용 • 반도체, 의약품 Clean Oven에 사용	

‖ 필터의 형태 및 특징 ‖

⑤ 차압
　　㉠ 원리 : 등급이 낮은 작업실의 공기가 높은 등급으로 흐르지 못하게 함
　　㉡ 실압 높은 순서 : 2급지 > 3급지 > 4급지
　　㉢ 분진 및 악취 발생 시설 : 해당 작업실을 음압으로 관리, 오염방지책 마련

2 작업장의 위생 상태　표준교재 165p

① 곤충, 해충이나 쥐를 막을 수 있는 대책을 마련하고 정기적으로 점검 · 확인
② 제조, 관리 및 보관 구역 내의 바닥, 벽, 천장 및 창문은 항상 청결하게 유지
③ 제조시설이나 설비의 세척에 사용되는 세제 또는 소독제는 효능이 입증된 것을 사용하고, 잔류하거나 적용하는 표면에 이상을 초래하지 아니하여야 함
④ 제조시설이나 설비는 적절한 방법으로 청소하여야 하며, 필요한 경우 위생관리 프로그램을 운영하여야 함

3 작업장의 위생 유지 관리 활동

1. 작업소의 위생 유지 원칙

① 건물, 시설 및 주요 설비는 정기적으로 점검하여 화장품의 제조 및 품질 관리에 지장이 없도록 유지 · 관리 · 기록해야 함
② 결함 발생 및 정비 중인 설비는 적절한 방법으로 표시하고, 고장 등 사용이 불가할 경우 표시해야 함

③ 세척한 설비는 다음 사용 시까지 오염되지 아니하도록 관리해야 함

④ 모든 제조 관련 설비는 승인된 자만이 접근·사용해야 함

⑤ 제품의 품질에 영향을 줄 수 있는 검사·측정·시험장비 및 자동화장치는 계획을 수립하여 정기적으로 교정 및 성능점검을 하고 기록해야 함

⑥ 유지관리 작업이 제품의 품질에 영향을 주어서는 안 됨

2. 곤충, 해충이나 쥐를 막을 세부 대책

① 원칙

ㄱ 벌레가 좋아하는 것을 제거

ㄴ 빛이 밖으로 새어나가지 않게 함

ㄷ 조사 및 구제

② 방충 대책의 구체적인 예

ㄱ 벽, 천장, 창문, 파이프 구멍에 틈이 없도록 함

ㄴ 개방할 수 있는 창문을 만들지 않음

ㄷ 창문은 차광하고 야간에 빛이 밖으로 새어나가지 않게 함

ㄹ 배기구, 흡기구에 필터 설치

ㅁ 폐수구에 트랩 설치

ㅂ 문 하부에 스커트 설치

ㅅ 골판지, 나무 부스러기를 방치하지 않음(벌레의 집이 된다)

ㅇ 실내압을 외부(실외)보다 높게 함(공기조화장치)

ㅈ 청소와 정리정돈

ㅊ 해충, 곤충의 조사와 구제 실시

4 작업장의 위생 유지를 위한 세제 및 소독제의 종류와 사용법 표준교재 170p

1. 세제와 소독제의 규정

① 청소와 세제와 소독제는 효능이 확인되고 효과적이어야 함

② 관리 방법

ㄱ 적절한 라벨을 통해 명확하게 확인되어야 함

ㄴ 원료, 포장재 또는 제품의 오염을 방지하기 위해서 적절히 선정, 보관, 관리 및 사용되어야 함

2. 세척대상 및 확인방법

① 육안 확인
② 천으로 문질러 부착물로 확인
③ 린스액의 화학분석
④ 린스 정량법 `2021 기출`
  ㉠ 린스 액을 선정하여 설비 세척
  ㉡ 린스 액의 현탁도를 확인하고, 필요 시 다음 중에서 적절한 방법을 선택하여 정량, 결과 기록
    • 린스 액의 최적 정량을 위하여 HPLC법 이용
    • 잔존물의 유무를 판정하기 위해서 박층 크로마토그래프법(TLC)에 의한 간편 정량법 실시
    • 린스 액 중의 총 유기 탄소를 총유기탄소(Total Organic Carbon, TOC) 측정기로 측정
    • UV를 흡수하는 물질 잔존 여부 확인

3. 설비 세척의 원칙

① 위험성이 없는 용제(물이 최적) 및 증기로 세척
② 가능한 세제를 사용하지 않음
③ 브러시 등으로 문질러 지울 것
④ 분해할 수 있는 설비는 분해해서 세척
⑤ 세척 후는 반드시 "판정"
⑥ 판정 후의 설비는 건조 · 밀폐해서 보존
⑦ 세척의 유효기간 설정

4. 세제의 특징

① 요건
  ㉠ 우수한 세정력
  ㉡ 표면 보호
  ㉢ 세정 후 표면에 잔류물이 없는 건조 상태
  ㉣ 사용 및 계량의 편리성
  ㉤ 적절한 기포 거동
  ㉥ 인체 및 환경 안전성
  ㉦ 충분한 저장 안정성

② 세제의 구성성분 2021 기출

구성 성분	기능 및 특징	대표 성분
계면활성제	세정제의 주요성분 이물질 제거	알킬벤젠설포네이트(ABS), 알칸설포네이트(SAS), 알파올레핀설포네이트(AOS), 알킬설페이트(AS), 비누(Soap), 알킬에톡시레이트(AE), 지방산알칸올아미드(FAA), 알킬베테인(AB)/알킬설포베테인(ASB)
연마제	기계적 마찰 작용에 의한 세정효과	칼슘카보네이트(Calcium Carbonate), 클레이, 석영
표백제	색상개선 및 살균	활성염소 또는 활성염소 생성 물질
살균제	미생물의 살균	4급암모늄 화합물, 양성계면활성제, 알코올류, 산화물, 알데히드류, 페놀유도체
금속이온봉쇄제	세정효과 증대	소듐트리포스페이트(Sodium Triphosphate), 소듐사이트레이트(Sodium Citrate), 소듐글루코네이트(Sodium Gluconate)
용제	세정효과 증대	알코올(Alcohol), 글리콜(Glycol), 벤질알코올(Benzyl Alcohol)
유기 폴리머	세정효과 증대 및 잔류성 강화	셀룰로오스 유도체(Cellulose derivative), 폴리올(Polyol)

TOPIC 03 작업자 위생관리

1 작업장 내 직원의 위생 기준 설정

1. 원칙

① 적절한 위생관리 기준 및 절차를 마련
  ㉠ 작업 시 직원의 복장, 건강상태 확인
  ㉡ 직원에 의한 제품의 오염 방지에 관한 사항
  ㉢ 직원의 손 씻는 방법
  ㉣ 직원의 작업 중 주의사항
  ㉤ 방문객 및 교육훈련을 받지 않은 직원의 위생관리
② 기준 및 절차를 준수할 수 있도록 교육 훈련

2. 세부 내용

① 적절한 위생관리 기준 및 절차를 마련하고 제조소 내의 모든 직원은 이를 준수해야 함
② 작업소 및 보관소 내의 모든 직원은 화장품의 오염을 방지하기 위해 규정된 작업복을 착용해야 하고 음식물 등을 반입해서는 안 됨

③ 피부에 외상이 있거나 질병에 걸린 직원은 건강이 양호해지거나 화장품의 품질에 영향을 주지 않는다는 의사의 소견이 있기 전까지는 화장품과 직접적으로 접촉되지 않도록 격리되어야 함
④ 제조구역별 접근권한이 없는 작업원 및 방문객은 가급적 제조, 관리 및 보관구역 내에 들어가지 않도록 하고, 불가피한 경우 사전에 직원 위생에 대한 교육 및 복장 규정에 따르도록 감독하여야 함

❷ 작업자 위생 유지를 위한 세제의 종류와 사용법

1. 손세제의 구성

① 고형 타입의 비누
② 액상타입의 핸드 워시(hand wash)
③ 물을 사용하지 않는 핸드새니타이저(hand sanitizer)

2. 사용법 : 적절한 주기와 방법으로 시행

① 시기 : 입실 전, 오염되었을 때, 화장실 사용 이후
② 방법
　㉠ 흐르는 물에 세척
　㉡ 비누를 이용하여 세척
　㉢ 타월 또는 드라이어로 건조
　㉣ 건조 후 소독제 도포(70% 에탄올 등)

3. 인체 세정제의 종류

① 비누베이스 : 알카리성 비누가 주성분
② 계면활성제 베이스 : 계면활성제가 주세정성분인 약산성, 중성타입
③ 혼합 베이스 : 액체비누와 계면활성제를 조합한 중성타입

1 설비기구의 위생 기준 설정

1. 유지관리 기준

① 예방적 활동(Preventive activity) : 주요 설비 및 시험장비 대상
  ㉠ 부품 정기 교체
  ㉡ 시정 실시(망가지고 수리하는 것)를 지양

② 유지보수(maintenance) : 고장 시의 긴급 점검과 수리
  ㉠ 기능이 변화해도 좋으나 제품 품질에 영향이 없게 함
  ㉡ 사용할 수 없을 때 사용 불능 표시

③ 정기 검교정(Calibration) : 제품 품질에 영향을 주는 계측기에 대한 교정

2. 설비 유지 관리 주요사항

① 예방적 실시(Preventive Maintenance)가 원칙
  ㉠ 설비마다 절차서 작성
  ㉡ 계획을 가지고 실행(연간계획이 일반적)
  ㉢ 책임 내용은 명확하게 함
  ㉣ 유지하는 기준은 절차서에 포함
  ㉤ 점검체크시트를 사용하면 편리함

② 점검항목
  ㉠ 외관검사 : 더러움, 녹, 이상소음, 이취 등
  ㉡ 작동점검 : 스위치, 연동성 등
  ㉢ 기능측정 : 회전수, 전압, 투과율, 감도 등
  ㉣ 청소 : 외부표면, 내부
  ㉤ 부품 교환, 개선(제품 품질에 영향을 미치지 않는 것이 확인되면 적극적으로 개선)

1 원료, 내용물 및 포장재 입고 기준 표준교재 208p

1. 입고관리 목표와 방식

① 목적 : 화장품의 제조와 포장에 사용되는 모든 원료 및 포장재의 부적절하고 위험한 사용, 혼합 또는 오염을 방지
② 방식
  ㉠ 해당 물질의 검증, 확인, 보관, 취급 및 사용을 보장할 수 있도록 절차 수립
  ㉡ 외부로부터 공급된 원료 및 포장재는 규정된 완제품 품질 합격판정기준을 충족

2. 입고관리 기준

① 제조업자는 원자재 공급자에 대한 관리감독을 적절히 수행하여 입고관리가 철저히 이루어지도록 하여야 함
② 원자재의 입고 시 구매요구서, 원자재 공급업체 성적서 및 현품이 서로 일치하여야 하고, 필요한 경우 운송 관련 자료를 추가적으로 확인할 수 있음
③ 원자재 용기에 제조번호가 없는 경우에는 관리번호를 부여하여 보관하여야 함
④ 원자재 입고절차 중 육안 확인 시 물품에 결함이 있을 경우 입고를 보류하고 격리보관 및 폐기하거나 원자재 공급업자에게 반송하여야 함
⑤ 입고된 원자재는 "적합", "부적합", "검사 중" 등으로 상태를 표시하여야 함. 다만, 동일 수준의 보증이 가능한 다른 시스템이 있다면 대체할 수 있음
⑥ 원자재 용기 및 시험기록서의 필수 기재 사항
  ㉠ 원자재 공급자가 정한 제품명
  ㉡ 원자재 공급자명
  ㉢ 수령일자
  ㉣ 공급자가 부여한 제조번호 또는 관리번호

2 입고된 원료, 내용물 및 포장재 관리 기준 표준교재 215p

1. 보관 및 관리 원칙

① 보관 원칙
  ㉠ 보관 조건은 각각의 원료와 포장재의 세부 요건에 따라 적절한 방식으로 정의(예 냉장, 냉동보관)
  ㉡ 원료와 포장재가 재포장될 때, 새로운 용기에는 원래와 동일한 라벨링 부착

ⓒ 원료의 경우, 원래 용기와 같은 물질 혹은 적용할 수 있는 다른 대체 물질로 만들어진 용기를 사용

② 보관 조건
　ⓐ 각각의 원료와 포장재에 적합하게 보관
　ⓑ 과도한 열기, 추위, 햇빛 또는 습기에 노출되어 변질되는 것을 방지
　ⓒ 물질의 특징 및 특성에 맞도록 보관, 취급
　ⓓ 특수한 보관 조건은 적절하게 준수, 모니터링
　ⓔ 원료와 포장재의 용기는 밀폐
　ⓕ 청소와 검사가 용이하도록 충분한 간격 유지
　ⓖ 바닥과 떨어진 곳에 보관

③ 재포장 : 원료와 포장재가 재포장될 경우, 원래의 용기와 동일하게 표시
④ 판정 이후 관리 : 허가되지 않거나, 불합격 판정을 받거나, 의심스러운 물질의 허가되지 않은 사용을 방지[예 물리적 격리(quarantine)나 수동 컴퓨터 위치 제어 등의 방법]

❸ 입고된 원료, 내용물 및 포장재 출고 기준 표준교재 217p

1. 출고 원칙

① 해당 제품이 규격서를 준수하고, 지정된 권한을 가진 자에 의해 승인된 것임을 확인하는 절차서를 수립
② 절차서는 보관, 출하, 회수 시 완제품의 품질을 유지할 수 있도록 보장

2. 제품의 입고, 보관, 출하의 흐름

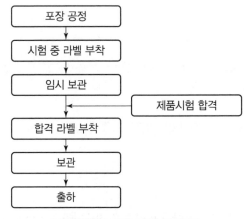

| 제품 입고, 보관, 출하 흐름도 |

3. 점검 작업

① 목적 : 완제품 재고의 정확성을 보증, 규정된 합격판정기준에 만족됨을 확인
② 검체 체취 : 제품 시험용 및 보관용 검체를 채취(충분한 수량 확보)
  ㉠ 제품 검체 채취
    • 담당 : 품질관리 부서에서 실시
    • 검체 채취자에게 검체 채취 절차 및 검체 채취 시의 주의사항을 교육, 훈련
  ㉡ 보관용 검체
    • 목적 : 제품의 사용 중에 발생할지도 모르는 재검토 작업에 대비
    • 재검토 작업 : 품질상에 문제가 발생하여 재시험이 필요할 때 또는 발생한 불만에 대처하기 위하여 품질 이외의 사항에 대한 검토가 필요하게 될 때 재시험이나 불만 사항의 해결을 위하여 사용

③ 보관용 검체 주의 사항
  ㉠ 제품을 그대로 보관
  ㉡ 각 뱃치를 대표하는 검체를 보관
  ㉢ 일반적으로는 각 뱃치별로 제품 시험을 2번 실시할 수 있는 양을 보관
  ㉣ 제품이 가장 안정한 조건에서 보관
  ㉤ 사용기한 경과 후 1년간 또는 개봉 후 사용기간을 기재하는 경우에는 제조일로부터 3년간 보관

4 입고된 원료, 내용물 및 포장재의 품질관리(폐기기준, 사용기한, 변질) 표준교재 223p

1. 품질관리

품질관리 프로그램의 핵심은 제조공정의 각 단계에서 제품 품질을 보장하고, 공정에서 발생한 문제를 확인할 수 있도록 원자재, 반제품 및 완제품에 대한 시험업무를 문서화된 종합적 절차로 마련하고 준수하는 것

2. 품질관리 원칙

① 원자재, 반제품 및 완제품에 대한 적합 기준을 마련
② 제조번호별로 시험기록을 작성하고 유지
③ 적합한 것을 확인하기 위하여 문서화되고 적절한 시험방법을 사용
④ 시험결과 적합 또는 부적합인지 분명히 기록
⑤ 데이터의 손쉬운 복구 및 추적이 가능한 방식으로 보관

3. 기준일탈 조사

① 정의 : 미확인 원인에 대하여 조사를 실시하고 시험결과를 재확인

② 순서 : 책임자에게 기준일탈을 보고한 후 조사

③ 판정 : 책임자에 의해 이행. 검체의 일탈(deviation), 부적합(rejection) 또는 이후의 평가를 위한 보류(pending)를 명확하게 결정

4. 기준일탈 조사 결과

① 시험 결과가 기준일탈이라는 것이 확실하다면 제품 품질은 "부적합"

② 제품의 부적합이 확정되면 우선 해당 제품에 부적합 라벨을 부착(식별표시)

③ 부적합보관소(필요시 시건장치를 채울 필요도 있음)에 격리 보관

④ 부적합의 원인(제조, 원료, 오염, 설비 등 종합적인 원인) 조사를 시작

⑤ 조사 결과를 근거로 부적합품의 처리 방법(폐기처분, 재작업, 반품)을 결정하고 실행

5. 사용기한

① 원료 및 포장재의 허용 가능한 사용 기한을 결정하기 위한 문서화된 시스템을 확립

② 사용기한이 규정되어 있지 않은 원료와 포장재는 품질부문에서 적절한 사용기한을 정할 수 있음

③ 이러한 시스템은 물질의 정해진 사용기한이 지나면, 해당 물질을 재평가하여 사용 적합성을 결정하는 단계들을 포함해야 함

④ 이 경우에도 최대 사용기한을 설정하는 것이 바람직함

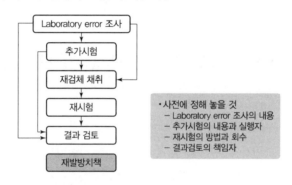

┃ 기준일탈 조사 절차 ┃

5 입고된 원료, 내용물 및 포장재의 폐기 절차 _{표준교재 220p}

1. 기준일탈 제품

① 정의 : 원료와 포장재, 벌크제품과 완제품이 적합판정기준을 만족시키지 못할 경우

② 처리 원칙

   ㉠ 기준일탈 제품은 폐기하는 것이 가장 바람직함

   ㉡ 미리 정한 절차를 따라 확실한 처리를 하고 실시한 내용을 모두 문서에 남김

   ㉢ 기준일탈이 된 완제품 또는 벌크제품은 재작업할 수 있음

   ㉣ 재작업 : 뱃치 전체 또는 일부에 추가 처리(한 공정 이상의 작업을 추가하는 일)를 하여 부적합품을 적합품으로 다시 가공하는 일

2. 재작업

① 재작업의 원칙

   ㉠ 폐기하면 큰 손해가 되는 경우

   ㉡ 권한 소유자에 의한 원인 조사

   ㉢ 재작업을 해도 제품 품질에 악영향을 미치지 않는 것을 예측

② 재작업 절차 _{2021 기출}

   ㉠ 재작업 처리 실시의 결정은 품질보증책임자가 실시

   ㉡ 승인이 끝난 재작업 절차서 및 기록서에 따라 실시

   ㉢ 재작업한 최종 제품 또는 벌크제품의 제조기록, 시험기록을 충분히 남김

   ㉣ 품질이 확인되고 품질보증책임자의 승인을 얻을 수 있을 때까지 재작업품은 다음 공정에 사용 또는 출하할 수 없음

3. 폐기 처리 기준

① 품질에 문제가 있거나 회수 · 반품된 제품의 폐기 또는 재작업 여부는 품질보증책임자에 의해 승인되어야 함 _{2021 기출}

② 그 대상이 다음을 모두 만족한 경우에 재작업 실시

   ㉠ 변질 · 변패 또는 병원미생물에 오염되지 아니한 경우

   ㉡ 제조일로부터 1년이 경과하지 않았거나 사용기한이 1년 이상 남아 있는 경우

③ 재입고할 수 없는 제품의 폐기처리규정을 작성하여야 하며, 폐기 대상은 따로 보관하고 규정에 따라 신속하게 폐기하여야 함

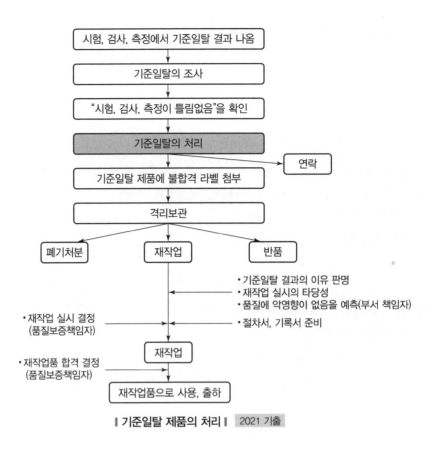

┃ 기준일탈 제품의 처리 ┃ 2021 기출

❶ 보관관리, 변질 상태, 관능검사, 품질기준

1. 유통화장품 안전 관리 기준

① 유통화장품은 안전관리 기준에 적합하여야 하며, 유통화장품 유형별로 안전관리 기준에 적합하여야 함

② 화장품 제작 중 유해물질이나 미생물의 오염 한도를 제한함(검출 허용 한도)

③ 화장품을 제조하면서 유해화학물질과 미생물을 인위적으로 첨가하지 않아야 함

④ 제조 또는 보관 과정 중 유해화학물질과 미생물이 포장재로부터 이행되는 등 비의도적으로 유래되어야 함 2021 기출

⑤ 유해화학물질과 미생물이 기술적으로 완전한 제거가 불가능해야 함

2. 유해 화학 물질의 허용 한도 `2020 기출`

① 납 : 점토를 원료로 사용한 분말제품은 50µg/g 이하, 그 밖의 제품은 20µg/g 이하

② 니켈 : 눈 화장용 제품은 35µg/g 이하, 색조 화장용 제품은 30µg/g 이하, 그 밖의 제품은 10µg/g 이하

③ 비소 : 10µg/g 이하

④ 수은 : 1µg/g 이하

⑤ 안티몬 : 10µg/g 이하

⑥ 카드뮴 : 5µg/g 이하

⑦ 디옥산 : 100µg/g 이하

⑧ 메탄올 : 0.2(v/v)% 이하, 물휴지는 0.002%(v/v) 이하

⑨ 포름알데하이드 : 2,000µg/g 이하, 물휴지는 20µg/g 이하

⑩ 프탈레이트류(디부틸프탈레이트, 부틸벤질프탈레이트 및 디에칠헥실프탈레이트에 한함) : 총 합으로서 100µg/g 이하

3. 미생물의 허용 한도 `2020 기출`

① 총호기성생균수는 영ㆍ유아용 제품류 및 눈화장용 제품류의 경우 500개/g(mL) 이하

② 물휴지의 경우 세균 및 진균수는 각각 100개/g(mL) 이하

③ 기타 화장품의 경우 1,000개/g(mL) 이하

④ 병원성 세균인 대장균(Escherichia Coli), 녹농균(Pseudomonas aeruginosa), 황색포도상구균(Staphylococcus aureus)은 불검출

4. pH 기준

① 대상 : 눈 화장용 제품류, 색조화장용 제품류, 두발용 제품류(샴푸, 린스 제외), 면도용 제품류(세이빙 크림, 세이빙 폼 제외), 기초화장용 제품류(클렌징 워터, 클렌징 오일, 클렌징 로션, 클렌징 크림 등 메이크업 리무버 제품 제외) 중 액, 로션, 크림 및 이와 유사한 제형

② 기준 : pH 기준 3.0~9.0 `2021 기출`

③ 제외

　㉠ 물을 포함하지 않는 제품과 사용 후 곧바로 물로 씻어 내는 제품은 제외 `2021 기출`

　㉡ 세정 제품(영ㆍ유아용 샴푸, 영ㆍ유아용 린스, 영ㆍ유아 인체 세정용 제품, 영ㆍ유아 목욕용 제품)

5. 영ㆍ유아 제품

① 영ㆍ유아 또는 어린이가 사용할 수 있는 화장품임을 표시ㆍ광고하려는 경우에는 제품별로 안전과 품질을 입증할 수 있는 다음의 자료를 작성 및 보관하여야 함

        ㉠ 제품 및 제조방법에 대한 설명 자료

        ㉡ 화장품의 안전성 평가 자료

        ㉢ 제품의 효능 · 효과에 대한 증명 자료

② 연령 기준

        ㉠ 영 · 유아 : 만 3세 이하

        ㉡ 어린이 : 만 4세 이상부터 만 13세 이하까지

6. 인체 세포 배양액 안전기준

① 용어의 정의 `2020 기출`

        ㉠ 인체 세포 · 조직 배양액 : 인체에서 유래된 세포 또는 조직을 배양한 후 세포와 조직을 제거하고 남은 액

        ㉡ 공여자 : 배양액에 사용되는 세포 또는 조직을 제공하는 사람

        ㉢ 공여자 적격성검사 : 공여자에 대하여 문진, 검사 등에 의한 진단을 실시하여 해당 공여자가 세포 배양액에 사용되는 세포 또는 조직을 제공하는 것에 대해 적격성이 있는지를 판정

② 일반사항

        ㉠ 누구든지 세포나 조직을 주고받으면서 금전 또는 재산상의 이익을 취할 수 없음

        ㉡ 특정인의 세포 또는 조직을 사용하였다는 내용의 광고를 할 수 없음

        ㉢ 체취 혹은 보존에 필요한 위생상의 관리가 가능한 의료기관에서 채취된 것만 사용

        ㉣ 채취하는 의료기관 및 인체 세포 · 조직 배양액을 제조하는 자는 업무 수행에 필요한 문서화된 절차를 수립하고 유지해야 하며 그에 따른 기록 보존

        ㉤ 화장품 제조 · 수입자는 안전하고 품질이 균일한 인체 세포 · 조직 배양액이 제조될 수 있도록 관리 · 감독을 철저히 함

③ 세포 · 조직의 채취 및 검사 : 다음의 내용을 포함한 세포 · 조직 채취 및 검사기록서 작성 · 보존

`2020 기출`

        ㉠ 채취한 의료기관 명칭

        ㉡ 채취 연월일

        ㉢ 공여자 식별 번호

        ㉣ 공여자의 적격성 평가 결과

        ㉤ 동의서

        ㉥ 세포 또는 조직의 종류, 채취 방법, 채취량, 사용한 재료 등의 정보

7. 화장품 미생물 한도 시험법

① 총호기성생균수 시험 : 화장품 속의 호기성 세균과 진균 수의 합을 확인하는 시험

② 시험 순서 : 검체 전처리 → 적합성 시험 → 본시험

③ 검체 전처리
    ㉠ 목적 : 방부제 등을 충분히 희석하여 실험의 정확도 향상
    ㉡ 방식 : 검체에 희석액, 분산제, 용매 등을 첨가하여 충분이 분산시킴
    ㉢ 희석 비율 : 1/10 정도 희석함

④ 적합성 시험
    ㉠ 화장품 전처리 과정으로 항균물질이 충분히 중화되었는지 확인
    ㉡ 희석액과 배지가 오염되지 않았는지 무균상태 확인

⑤ 본시험 `2021 기출`
    ㉠ 세균

배지	대두카제인소화액배지(액체) 혹은 대두카제인소화한천배지(고체)
조건	30~35℃, 48시간 배양

    ㉡ 진균

배지	사부로포도당액체배지 혹은 사부로포도당한천배지(고체)
조건	20~25℃, 5일간 배양

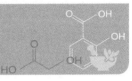

CHAPTER
04 맞춤형화장품의 이해

1 맞춤형화장품의 정의 [표준교재 252p]

1. 맞춤형화장품

① 제조 또는 수입된 화장품의 내용물에 다른 화장품의 내용물을 추가하여 혼합한 화장품
② 제조 또는 수입된 화장품의 내용물에 식품의약품안전처장이 정하는 원료를 추가하여 혼합한 화장품
③ 제조 또는 수입된 화장품의 내용물을 소분(小分)한 화장품

2. 맞춤형화장품 판매업

맞춤형화장품을 판매하는 영업

3. 맞춤형화장품의 신고

① 제출 : 맞춤형화장품 판매업소의 소재지를 관할하는 지방식품의약품안전청장
② 서식 : 맞춤형화장품 판매신고서
③ 내용
　㉠ 맞춤형화장품 판매업을 신고한 자의 성명 및 생년월일(법인인 경우에는 대표자의 성명 및 생년월일)
　㉡ 맞춤형화장품 판매업자의 상호 및 소재지
　㉢ 맞춤형화장품 판매업소의 상호 및 소재지
　㉣ 맞춤형화장품 조제관리사의 성명, 생년월일 및 자격증 번호

4. 맞춤형화장품 판매업의 변경신고

① 제출 : 맞춤형화장품 판매업소의 소재지를 관할하는 지방식품의약품안전청장
② 변경신고 사례
　㉠ 맞춤형화장품 판매업자를 변경하는 경우
　㉡ 맞춤형화장품 판매업소의 상호 또는 소재지를 변경하는 경우
　㉢ 맞춤형화장품 조제관리사를 변경하는 경우

5. 자격증 대여 등의 금지

① 맞춤형화장품조제관리사는 다른 사람에게 자기의 성명을 사용하여 맞춤형화장품조제관리사 업무를 하게 하거나 자기의 맞춤형화장품 조제관리사자격증을 양도 또는 대여하여서는 아니 됨

② 다른 사람의 맞춤형화장품 조제관리사자격증을 양수하거나 대여받아 이를 사용하여서는 아니 됨

6. 유사 명칭의 사용금지

맞춤형화장품조제관리사가 아닌 자는 맞춤형화장품조제관리사 또는 이와 유사한 명칭을 사용하지 못함

7. 자격의 취소

① 거짓이나 그 밖의 부정한 방법으로 맞춤형화장품조제관리사의 자격을 취득한 경우

② 결격사유자가 취득한 경우

③ 다른 사람에게 자기의 성명을 사용하여 맞춤형화장품조제관리사 업무를 하게 하거나 맞춤형화장품 조제관리사자격증을 양도 또는 대여한 경우

④ 거짓이나 그 밖의 부정한 방법으로 자격시험에 응시한 사람 또는 자격시험에서 부정행위를 한 사람에 대하여는 그 자격시험을 정지시키거나 합격을 무효로 함. 이 경우 자격시험이 정지되거나 합격이 무효가 된 사람은 그 처분이 있은 날부터 3년간 자격시험에 응시할 수 없음

8. 등록의 취소

맞춤형화장품판매업자가 시설기준을 갖추지 아니하게 된 경우

2 맞춤형화장품의 주요 규정 표준교재 285, 298p

1. 맞춤형화장품에 사용할 수 있는 원료

① 맞춤형화장품에 사용할 수 없는 원료를 제외하고 사용 가능

② 맞춤형화장품에 사용할 수 없는 원료

    ㉠ 화장품에 사용할 수 없는 원료

    ㉡ 화장품에 사용상의 제한이 필요한 원료 [별표 2]

    ㉢ 식품의약품안전처장이 고시한 기능성화장품의 효능·효과를 나타내는 원료(다만, 맞춤형화장품 판매업자에게 원료를 공급하는 화장품책임판매업자가 화장품법 제4조에 따라 해당 원료를 포함하여 기능성화장품에 대한 심사를 받거나 보고서를 제출한 경우는 제외한다)

    ※ 해설 : "식품의약품안전처장이 정하는 원료"를 화장품 안전기준 등에 대한 규정으로 정함

- 기본적인 화장품에 적용되는 "사용할 수 없는 원료"를 사용하지 못함(스테로이드 등)
- "사용상의 제한이 필요한 원료 중"(자외선 차단제, 보존제 등 [별표 2])은 사용할 수 없음
- 식품의약품안전처장은 보존제, 색소, 자외선 차단제 등과 같이 특별히 사용상의 제한이 필요한 원료에 대하여는 그 사용기준을 지정하여 [별표 2] 및 "화장품의 색소 종류와 기준 및 시험방법"으로 화장품에 사용할 수 있는 화장품의 색소 종류를 정함
- 맞춤형화장품에 사용할 수 없는 원료에는 [별표 2]만 해당

주름개선 식약처 고시원료 2020 기출		
연변	성분명	합량
1	레티놀	2,500IU/g
2	레티닐팔미테이트	10,000IU/g
3	아데노신	0.04%
4	폴리에톡실레이티드레틴아마이드	0.05~0.2%

피부미백 식약처 고시원료 2020 기출		
연변	성분명	합량
1	닥나무추출물	2%
2	알부틴	2~5%
3	에칠아스코빌에텔	1~2%
4	유용성감초추출물	0.05%
5	아스코빌글루코사이드	2%
6	마그네슘아스코빌포스페이트	3%
7	나이아신아마이드	2~5%
8	알파-비사보롤	0.5%
9	아스코빌테트라이소팔미테이트	2%

┃ 식품의약품안전처장이 고시한 기능성화장품의 효능·효과를 나타내는 원료 ┃

- 탈모 증상의 완화에 도움을 주는 고시 성분 [9조 별표 9] : 덱스판테놀, 비오틴, 엘 멘톨, 징크피리치온, 징크피리치온 액 50%
- 여드름성 피부 완화에 도움을 주는 고시 성분 [9조 별표 8] : 살리실릭애시드

2. 사용상의 제한이 있는 성분([별표 2]에서 핵심부분 요약) 2020 기출

① 보존제 성분

원료명	사용한도	비고
글루타랄(펜탄-1,5-디알)	0.1%	에어로졸(스프레이에 한함) 제품에는 사용금지
디아졸리디닐우레아	0.5%	
메칠이소치아졸리논	사용 후 씻어내는 제품에 0.0015%(단, 메칠클로로이소치아졸리논과 메칠이소치아졸리논 혼합물과 병행 사용 금지)	기타 제품에는 사용금지
벤잘코늄클로라이드, 브로마이드 및 사카리네이트	사용 후 씻어내는 제품에 벤잘코늄클로라이드로서 0.1%, 기타 제품에 벤잘코늄클로라이드로서 0.05%	
벤조익애씨드, 그 염류 및 에스텔류	산으로서 0.5%(다만, 벤조익애씨드 및 그 소듐염은 사용 후 씻어내는 제품에는 산으로서 2.5%)	

원료명	사용한도	비고
벤질알코올	1.0%(다만, 두발 염색용 제품류에 용제로 사용할 경우에는 10%)	
살리실릭애씨드 및 그 염류	살리실릭애씨드로서 0.5%	영유아용 제품류 또는 만 13세 이하 어린이가 사용할 수 있음을 특정하여 표시하는 제품에는 사용금지 (다만, 샴푸는 제외)
세틸피리디늄클로라이드	0.08%	
소듐라우로일사코시네이트	사용 후 씻어내는 제품에 허용	기타 제품에는 사용금지
소르빅애씨드 (헥사−2,4−디에노익 애씨드) 및 그 염류	소르빅애씨드로서 0.6%	
이소프로필메칠페놀 (이소프로필크레졸, o−시멘−5−올)	0.1%	
징크피리치온 2021 기출	사용 후 씻어내는 제품에 0.5%	기타 제품에는 사용금지
쿼터늄−15 (메텐아민 3−클로로알릴클로라이드)	0.2%	
클로로부탄올	0.5%	에어로졸(스프레이에 한함) 제품에는 사용금지
트리클로산	사용 후 씻어내는 인체세정용 제품류, 데오도런트(스프레이 제품 제외), 페이스파우더, 피부결점을 감추기 위해 국소적으로 사용하는 파운데이션(예 블레미쉬컨실러)에 0.3%	기타 제품에는 사용금지
트리클로카반 (트리클로카바닐리드)	0.2%(다만, 원료 중 3,3′,4,4′−테트라클로로아조벤젠 1ppm 미만, 3,3′,4,4′−테트라클로로아족시벤젠 1ppm 미만 함유하여야 함)	
페녹시에탄올	1.0%	

② 자외선 차단 성분 2020 기출

원료명	사용한도
벤조페논−3(옥시벤존)	5%
벤조페논−4	5%
벤조페논−8(디옥시벤존)	3%
비스에칠헥실옥시페놀메톡시페닐트리아진	10%
시녹세이트	5%
옥토크릴렌	10%
에칠헥실메톡시신나메이트	7.5%
에칠헥실살리실레이트	5%
징크옥사이드	25%

원료명	사용한도
티이에이－살리실레이트	12%
티타늄디옥사이드	25%
호모살레이트	10%

③ 맞춤형화장품 판매업자의 의무 `표준교재 258p`

1. 의미

맞춤형화장품 판매업자는 맞춤형화장품 판매장 시설 · 기구의 관리 방법, 혼합 · 소분 안전관리 기준의 준수 의무, 혼합 · 소분되는 내용물 및 원료에 대한 설명 의무 등을 가짐

2. 판매장 시설 · 기구의 관리 방법 및 혼합 · 소분 안전관리기준의 준수 의무

① 맞춤형화장품 판매장 시설 · 기구를 정기적으로 점검하여 보건위생상 위해가 없도록 관리할 것

② 다음의 혼합 · 소분 안전관리기준을 준수할 것

    ㉠ 혼합 · 소분 전에 혼합 · 소분에 사용되는 내용물 또는 원료에 대한 품질성적서를 확인할 것

    ㉡ 혼합 · 소분 전에 손을 소독하거나 세정할 것. 다만, 혼합 · 소분 시 일회용 장갑을 착용하는 경우에는 그렇지 않음

    ㉢ 혼합 · 소분 전에 혼합 · 소분된 제품을 담을 포장용기의 오염 여부를 확인할 것

    ㉣ 혼합 · 소분에 사용되는 장비 또는 기구 등은 사용 전에 그 위생 상태를 점검하고, 사용 후에는 오염이 없도록 세척할 것 `2020 기출`

    ㉤ 그 밖에 ㉠부터 ㉣까지의 사항과 유사한 것으로서 혼합 · 소분의 안전을 위해 식품의약품안전처장이 정하여 고시하는 사항을 준수할 것

③ 다음의 사항이 포함된 맞춤형화장품 판매내역서(전자문서로 된 판매내역서를 포함한다)를 작성 · 보관할 것 `2020 기출`

    ㉠ 제조번호(맞춤형화장품의 경우 식별번호를 제조번호로 함)

    ㉡ 사용기한 또는 개봉 후 사용기간

    ㉢ 판매일자 및 판매량

④ 원료 및 내용물의 입고, 사용, 폐기 내역 등에 대하여 기록 관리할 것

⑤ 맞춤형화장품의 원료목록 및 생산실적 등을 기록 · 보관하여 관리할 것

3. 혼합 · 소분되는 내용물 및 원료에 대한 설명 의무 `2020 기출`

① 맞춤형화장품 판매 시 다음의 사항을 소비자에게 설명할 것
  ㉠ 혼합 · 소분에 사용된 내용물 · 원료의 내용 및 특성
  ㉡ 맞춤형화장품 사용 시의 주의사항

② 맞춤형화장품 사용과 관련된 부작용 발생사례에 대해서는 지체 없이 식품의약품안전처장에게 보고할 것

4. 맞춤형화장품 판매업자 및 책임판매관리자 등의 의무

① 맞춤형화장품 판매업자는 화장품 관련 법령 및 제도(화장품의 안전성 확보 및 품질관리에 관한 내용을 포함한다)에 관한 교육을 받아야 함
② 책임판매관리자 및 맞춤형화장품 조제관리사는 화장품의 안전성 확보 및 품질관리에 관한 교육을 매년 받아야 함(4시간 이상, 8시간 이하의 집합교육 또는 온라인 교육) `2020 기출`
③ 화장품책임판매업자는 총리령으로 정하는 바에 따라 화장품의 생산실적 또는 수입실적, 화장품의 제조과정에 사용된 원료의 목록 등을 식품의약품안전처장에게 보고하여야 함. 이 경우 원료의 목록에 관한 보고는 화장품의 유통 · 판매 전에 하여야 함
④ 맞춤형화장품판매업자는 총리령으로 정하는 바에 따라 맞춤형화장품에 사용된 모든 원료의 목록을 매년 1회 식품의약품안전처장에게 보고하여야 함

5. 맞춤형화장품판매업소의 시설기준

맞춤형화장품의 품질 · 안전확보를 위하여 아래 시설기준을 권장
① 맞춤형화장품의 혼합 · 소분 공간은 다른 공간과 구분 또는 구획할 것
② 맞춤형화장품 간 혼입이나 미생물오염 등을 방지할 수 있는 시설 또는 설비 등을 확보할 것
③ 맞춤형화장품의 품질유지 등을 위하여 시설 또는 설비 등에 대해 주기적으로 점검 · 관리할 것

6. 맞춤형화장품판매업소의 위생관리

① 작업자 위생관리
  ㉠ 혼합 · 소분 시 위생복 및 마스크(필요시) 착용
  ㉡ 피부 외상 및 증상이 있는 직원은 건강 회복 전까지 혼합 · 소분 행위 금지
  ㉢ 혼합 전 · 후 손 소독 및 세척

② 맞춤형화장품 혼합 · 소분 장소의 위생관리
  ㉠ 맞춤형화장품 혼합 · 소분 장소와 판매 장소는 구분 · 구획하여 관리
  ㉡ 적절한 환기시설 구비
  ㉢ 작업대, 바닥, 벽, 천장 및 창문 청결 유지

ⓔ 혼합 전·후 작업자의 손 세척 및 장비 세척을 위한 세척시설 구비

ⓜ 방충·방서 대책 마련 및 정기적 점검·확인

③ 맞춤형화장품 혼합·소분 장비 및 도구의 위생관리

ㄱ 사용 전·후 세척 등을 통해 오염 방지

ㄴ 작업 장비 및 도구 세척 시에 사용되는 세제·세척제는 잔류하거나 표면 이상을 초래하지 않는 것을 사용

ㄷ 세척한 작업 장비 및 도구는 잘 건조하여 다음 사용 시까지 오염 방지

ㄹ 자외선 살균기 이용할 경우

• 충분한 자외선 노출을 위해 적당한 간격을 두고 장비 및 도구가 서로 겹치지 않게 한 층으로 보관

• 살균기 내 자외선램프의 청결 상태를 확인 후 사용

④ 맞춤형화장품 혼합·소분 장소, 장비·도구 등 위생 환경 모니터링

ㄱ 맞춤형화장품 혼합·소분 장소가 위생적으로 유지될 수 있도록 맞춤형화장품판매업자는 주기를 정하여 판매장 등의 특성에 맞도록 위생 관리할 것

ㄴ 맞춤형화장품판매업소에서는 작업자 위생, 작업환경위생, 장비·도구 관리 등 맞춤형화장품판매업소에 대한 위생 환경 모니터링 후 그 결과를 기록하고 판매업소의 위생 환경 상태를 관리할 것

7. 고객 개인 정보의 보호

① 맞춤형화장품판매장에서 수집된 고객의 개인정보는 개인정보보호법령에 따라 적법하게 관리할 것

② 수집된 고객의 개인정보는 개인정보보호법에 따라 분실, 도난, 유출, 위조, 변조 또는 훼손되지 않도록 취급하여야 함

③ 아울러 이를 당해 정보주체의 동의 없이 타 기관 또는 제3자에게 정보를 공개하여서는 아니 됨

TOPIC 02 피부 및 모발 생리 구조

1 피부의 생리 구조 표준교재 266p

1. 피부의 구조

① 외부 구조

ㄱ 소릉(Hill) : 피부에서 튀어나온 부분

ㄴ 소구(Furrow) : 피부에서 우묵하게 들어간 부분

ⓒ 모공

- 기능 : 모발(털), 피지, 대한선에서 분비되는 땀이 나오는 구멍
- 위치 : 소구와 소구가 만나는 곳에 위치

ⓡ 한공

- 기능 : 소한선에서 분비되는 땀이 나오는 구멍
- 위치 : 소릉에 위치

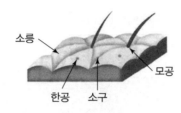

‖ 외부에서 확인 가능한 피부의 구조 ‖

② 내부 구조

ⓐ 구성 : 표피 – 진피 – 피하지방의 독립적인 조직이 순서대로 배열됨
ⓑ 표피 : 피부의 가장 외부에 존재하는 층. 유해물질을 차단하는 장벽 역할
ⓒ 진피 : 피부의 가장 많은 부분을 차지. 피부 탄력을 유지 `2021 기출`
ⓓ 피하 지방 : 지방세포로 구성되어 단열과 충격 흡수, 뼈와 근육 보호 등의 역할

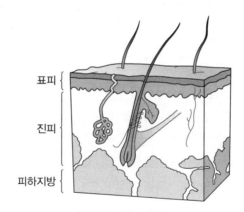

‖ 피부의 세부 구조 ‖

③ 피부의 부속기관

ⓐ 모발(털)

- 특성 : 모공 하부(모근)에서 모발 구조로 분화되어 모공 밖(모간)까지 성장
- 기능 : 체온 유지, 피부 보호

ⓑ 피지선 `2021 기출`

- 특성 : 모공에 연결되어 있고 피지분비 담당
- 기능 : 지방 성분의 피지 분비. 피부 모발에 윤기 부여

ⓒ 대한선(아포크린한선)
- 특성 : 모공에 연결된 땀샘
- 기능 : 수분과 함께 단백질 등의 성분을 함유하여 체취를 구성하는 땀 분비(세균 등에 의해 부패되면 악취를 형성하는 주요 원인)
ⓔ 소한선(에크린한선)
- 특성 : 독립적인 한공을 통해 땀을 분비하는 땀샘
- 기능 : 체온 유지의 기능에 핵심적인 역할. 무색무취의 땀 분비

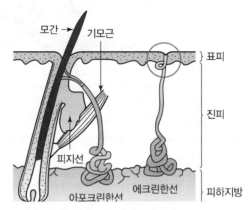

| 피부의 주요 부속 기관의 구조와 위치 |

2. 피부의 구조적 특성과 기능

① 표피의 특성
  ㉠ 구성 : 기저층-유극층-과립층-각질층
  ㉡ 기능 : 피부장벽의 기능을 하는 각질층을 구성하기 위해 분화
  ㉢ 특징 : 세포들이 밀착된 구조
    - 세포 : 각질형성 세포(Keratinocyte)로 주로 구성됨
    - 분화(Differentiation) : 세포의 특성이 변화하여 다른 형태의 세포가 되는 것
    - 증식(Proliferation) : 동일한 세포의 특성을 유지하며 세포의 수가 늘어나는 것
    - 분화 과정 : 기저층 → 유극층 → 과립층 → 각질층 2020 기출
    - 분화 기간 : 기저층 → 각질층까지 분화하는 데 2주, 각질층으로 2주간 존재하다 탈락함
    - 각화 과정 : 피부 표피의 각질형성 세포가 분화하여 각질을 형성하는 과정
  ㉣ 표피 구성층들의 역할
    - 각질층 : 피부의 최외곽을 구성. 생명 활동 없이 죽은 세포로 구성. 피부장벽의 핵심 구조
    - 과립층 : 피부장벽 형성에 필요한 성분을 제작하여 분비 담당
    - 유극층 : 표피에서 가장 두꺼운 층. 상처 발생 시 재생을 담당
    - 기저층 : 진피층과의 경계를 형성하며 1층으로 구성. 표피층 형성에 필요한 새로운 세포를 형성

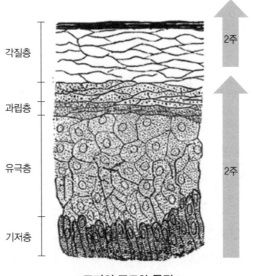

┃ 표피의 구조와 특징 ┃

② 진피의 특성

    ⊙ 구성 : 콜라겐, 엘라스틴과 같은 단백질 섬유와 히알루론산과 같은 당 성분 등이 대부분을 차지. 이를 제작하는 섬유아세포가 존재

    ⓒ 세포 : 섬유아세포(교원세포, Fibroblast)가 주요 기능 담당 `2021 기출`

    ⓒ 특징 : 유두층과 망상층으로 구성

    ⓒ 유두층 : 표피와 접해 있음. 섬유조직이 적어 표피로의 혈액 및 체액 공급이 용이함

    ⓒ 망상층 : 섬유조직이 많고 대부분의 진피를 구성하는 부분

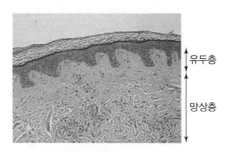

┃ 진피층의 형태와 구성 성분 ┃

3. 표피의 주요 특성

① 피부 장벽

    ⊙ 피부 장벽 : 각질층으로 구성된 피부 보호 구조의 명칭

      • 기능 : 피부 수분의 증발 억제, 외부의 미생물, 오염물질의 침입 방지

      • 구성 : 각질세포와 세포 간 지질로 구성됨

      • 성분 : 케라틴 단백질(58%), 천연보습인자(31%), 지질(11%)

- 특징 : 벽돌과 시멘트 구조(Brick&Mortar), 장벽 기능 손상 시 피부 트러블 발생

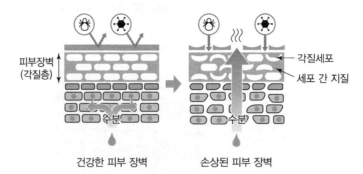

| 피부 장벽의 구조 |

ⓛ 각질세포와 천연보습인자
- 구성 : 케라틴 단백질로 구성된 물리적 장벽과 수분을 잡아주는 천연보습인자(NMF ; Natural Moisturizing Factor)로 구성
- 특징 : 피부 표면의 대부분의 면적을 구성
- 천연보습인자 : 필라그린과 같은 단백질이 표피 분화 과정에서 분해되어 아미노산을 구성. 그 외 이온, 유기산, 단당류 등과 같이 수분과의 친화력이 좋은 물질로 구성. 각질세포 내에 수분을 잡아주는 역할 2021 기출

천연보습인자 구성 성분	함유량(%)
아미노산, 펩타이드	40
소듐 PCA	12
젖산, 락틱산	12
우레아, 요소	7
이온(Cl+, Na+, K+, Ca2+, Mg2+, Po43-)	18.5
단당류	8.5
암모니아, 글루코사민, 크레아틴	1.5
기타	0.5

| 천연보습인자의 구성 성분 |

ⓒ 세포 간 지질의 특성 및 구성
- 기능 : 지질성분으로 구성되어 수분의 증발을 억제
- 구성 : 세라마이드(40~50 %), 지방산(30%), 콜레스테롤(15%) 등으로 구성. 친수성 성분과 친유성 성분이 배열됨. 이들이 반복되는 라멜라구조(교대구조)를 형성
- 특징 : 세라마이드가 부족한 경우 피부장벽이 약화되는 경우가 많음(아토피 환자 등). 계면활성제가 있는 세정제 등을 사용하면 세포 간 지질이 같이 씻겨나가 장벽이 약화됨

② 피부색
ⓛ 피부색의 결정 요인
- 색소 : 빛을 흡수하여 색을 나태내는 성분

- 종류 : 주로 피부 표피의 멜라닌 색소의 양이 피부색을 결정. 혈액 헤모들로빈이 붉은색을 나타내게 함(염증 등에 의해서 혈류량의 증가로 피부가 붉어짐)
- 분류 : 멜라닌 색소의 합성 정도가 인종별로 다르고 피부색을 결정
ⓒ 멜라닌 세포(멜라노사이트)
- 위치 : 표피의 기저층에 존재
- 구조 : 수지상(나뭇가지 형태)으로 표피 속으로 뻗어 있음
- 기능 : 멜라닌 색소를 합성하여 표피세포에 전달
- 전달 : 멜라노좀이라는 소기관 속에서 합성하여 멜라노좀의 형태로 각질 형성 세포에 전달
- 조절 : 자외선 등에 반응하여 합성량이 증가됨(동양인 기준)
ⓒ 멜라닌의 기능
- 기능 : 자외선을 흡수하여 피부를 보호(피부의 외곽측인 표피층에 존재하는 이유). 진피층에는 존재하지 않음
- 합성 : 타이로신이라는 아미노산을 기반으로 제작
- 효소 : Tyrosinase 등의 효소가 담당 2020 기출
ⓔ 기능성화장품과의 관계
- 미백 기능성 화장품 : 멜라닌 합성을 조절하여 피부를 밝게 하는 데 도움을 줌
  → 피부에 침착된 멜라닌 색소의 색을 엷게 하여 피부의 미백에 도움
- 기미 · 주근깨 : 피부에 부분적으로 멜라닌 합성이 균일하지 않을 때 형성됨
  → 피부에 멜라닌 색소가 침착되는 것을 방지하여 기미, 주근깨 등의 생성을 억제

2 모발의 생리 구조 표준교재 272p

1. 모발(털)의 특성

① 기능 : 보호, 노폐물의 배출, 감각
② 구조 : 케라틴 단백질로 이루어짐(80~90%)
③ 분포 : 전신에 150만개 정도 분포(손바닥 및 입술 등의 특정 지역 제외)

2. 모발의 구조

① 모발의 구조
ㄱ 모간 : 피부 표면에 노출된 모발, 모표피, 모피질, 모수질로 구성
ㄴ 모근 : 피부 속에 있는 모발
- 모낭 : 모근을 둘러 싸고 있으며 모발을 만드는 기관
- 모모세포 : 모발의 구조를 만드는 세포
- 모유두 : 진피에서 유래한 세포, 모낭 속에 있는 모모세포 등에 영양 공급

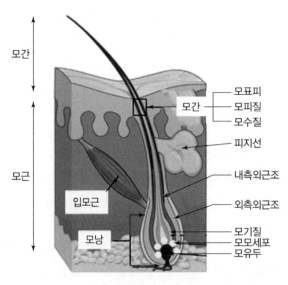

▎ **모발의 구조** ▎

② 모간의 구조

　㉠ 모표피(Cuticle) `2021 기출`

　　• 구성 : 편상의 무핵세포가 비늘 모양으로 겹쳐져 있음

　　• 기능 : 화학적 저항성이 강하여 외부로부터 보호

　　• 구조 : 사람의 경우 5~10층을 이룸. 1개의 세포가 모발의 1/2~1/3을 덮고 있음. 약 20% 만 노출되고 80%는 다른 세포에 겹쳐져 있음

　　• 특징 : 최외각 부분에 지질이 결합되어 있음. 멜라닌 색소가 없음

　㉡ 모피질(Cortex)

　　• 구성 : 각화된 모피질 세포와 결합 물질로 구성

　　• 기능 : 모발의 85~90%를 차지하고 멜라닌 색소를 보유하여 탄력, 질감, 색상 등 주요 특성 을 나타냄

　　• 구조 : 모피질 세포는 세로방향의 케라틴 단백질 섬유구조로 형성. 모피질세포들은 간층 물 질로 결합되어 있음. 가로방향으로는 절단하기 어려우나 세로방향으로는 잘 갈라짐

　㉢ 모수질

　　• 구성 : 벌집모양의 세포로 구성되고 멜라닌 색소 포함

　　• 특징 : 모발의 가장 안쪽을 구성되고 경모에는 있으나 연모에는 없음

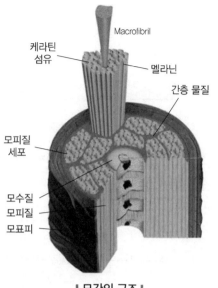

케라틴
섬유

Macrofibril

멜라닌

간층 물질

모피질
세포

모수질
모피질
모표피

┃모간의 구조┃

1. 성장기
   ① 비율 : 80~90%를 차지
   ② 특징 : 모모세포 등에 의한 모발 성장 활동이 활발하고 모발이 지속적으로 자라나는 시기
   ③ 기간 : 성장 속도와 성장기 기간에 비례하여 모발의 길이가 결정
      머리카락 3~5년(12mm/개월), 눈썹 3~5개월(5.4mm/개월), 수염 2~3년(11.4mm/개월)

2. 퇴화기
   ① 비율 : 1% 정도를 차지
   ② 특징 : 대사과정이 느려지며 성장이 정지됨

3. 휴지기
   ① 비율 : 10~15%
   ② 특질 : 모발과 피부의 결합력이 약화되어 물리적 충격에 탈모

TOPIC 03 혼합 및 소분

1 원료 및 제형의 물리적 특성 표준교재 295p

1. 화장품의 제조 원리

① 목적 : 수상성분과 유상성분을 하나의 제형으로 공급

② 특징 : 수상성분과 유상성분은 서로 섞이지 않는 성질을 가짐

※ 이들을 안정하게 혼합되어 있게 하기 위해서는 화학적으로는 계면활성제 성분이 포함되어야 하고, 물리적으로는 호모 믹서 등으로 마이셀을 작게 나누어 주어야 함

③ 마이셀(미셀, Micelle) : 계면활성제가 일정한 농도 이상(임계 미셀농도)으로 유지되면 일정한 형태로 모인 집합체를 형성함

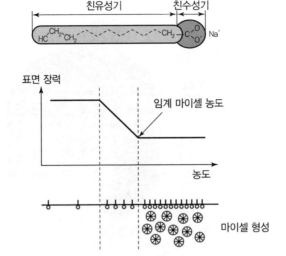

임계 마이셀 농도(CMC, Critical Micelle Concentration)

∥ 계면활성제에 의한 마이셀의 형성 ∥

④ 구분 : 최종적인 제형의 형태에 따라서 3가지 제형의 형태로 구분
  ㉠ 가용화 제형 : 소량의 오일이 수상에 혼합되어 있어 투명한 형상을 보이는 제형
  ㉡ 유화 제형 : 다량의 유상과 수상이 혼합되어 우윳빛을 나타내는 제형
  ㉢ 분산 제형 : 다량의 안료(고체입자)들이 수상이나 유상에 균일하게 혼합된 제형(주로 색조 제품)

2. 가용화

① 정의 : 물에 녹지 않는 소량의 성분을 투명한 상태로 용해시키는 것
② 제형 : 스킨, 토너, 헤어 토닉, 향수
③ 특징 : 미셀의 크기가 가시광선 파장(400~800nm)보다 작아 빛을 투과해 투명하게 보임

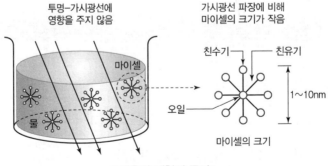

∥ 가용화 제형의 특징 ∥

3. 유화

① 정의 : 다량의 유상과 수상이 혼합되어 있음

② 제형 : 로션, 에센스, 크림 등

③ 특징 : 유화입자의 크기는 가시광선보다 커서 빛을 산란시켜 우유처럼 백탁화되어 보임

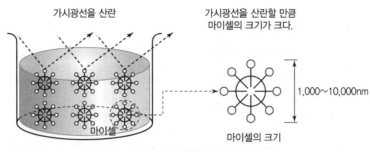

┃ 유화의 원리와 특징 ┃

4. 분산

① 정의 : 액상의 제형에 고체의 안료를 고르게 분산시켜 두는 기술

② 제형 : 파운데이션, 메이크업 베이스 등

③ 기기 : 볼밀, 롤러밀과 같은 물리적 교반기를 이용

5. 화장품 제형의 정의 2021 기출

① 로션제 : 유화제 등을 넣어 유성성분과 수성성분을 균질화하여 점액상으로 만든 것

② 액제 : 화장품에 사용되는 성분을 용제 등에 녹여서 액상으로 만든 것

③ 크림제 : 유화제 등을 넣어 유성성분과 수성성분을 균질화하여 반고형상으로 만든 것

④ 침적마스크제 : 액제, 로션제, 크림제, 겔제 등을 부직포 등의 지지체에 침적하여 만든 것

⑤ 겔제 : 액체를 침투시킨 분자량이 큰 유기분자로 이루어진 반고형상

⑥ 에어로졸제 : 원액을 같은 용기 또는 다른 용기에 충전한 분사제(액화기체, 압축기체 등)의 압력을 이용하여 안개모양, 포말상 등으로 분출하도록 만든 것

⑦ 분말제 : 균질하게 분말상 또는 미립상으로 만든 것을 말하며, 부형제 등을 사용할 수 있음

❷ 혼합 소분에 필요한 기구 사용 표준교재 303p

1. 화장품 혼합의 원리

① 목적 : 수상과 유상의 균일한 혼합을 통한 안정한 마이셀의 형성

② 방식

　　㉠ 화학적 안정화 : 계면활성제의 사용

　　㉡ 물리적 안정화 : 믹서를 이용한 혼합

③ 기타
    ⊙ 상온에서 고형인 크림 등은 가온하여(60~70도) 액상으로 만든 뒤 혼합
    ⊙ 수상원료와 유상원료를 분리하여 각각 먼저 혼합한 뒤에 둘을 혼합

2. 교반기(디스퍼, Disper) 2021 기출

① 구조 : 날(블레이드)이 돌아가면서 혼합
② 특징 : 호모믹서에 비해서 분산력은 약함
③ 적용 : 수상원료 믹스 자체 또는 유상원료 믹스 자체를 교반시킬 때 주로 사용됨

3. 호모믹서(Homo mixer)

① 구조 : 고정되어 있는 스테이터 주위를 로테이터가 밀착되어 회전하면서 혼합
② 특징 : 일반 교반기에 비해서 분산력이 강함
③ 적용 : 수상원료와 유상원료를 분산하여 마이셀의 형성을 유도

4. 타 산업의 기기 중 응용 가능한 기기

① 기기 : 공자전 교반기
② 원리 : 고속으로 진동하며 회전하여 교반(공전 및 자전)

③ 화장품 안정성 시험 2020 기출

1. 장기보존 시험

① 로트 선정 : 3로트 이상
② 보존조건

실온보관 화장품	• 온도 25±2℃, 상대습도 60±5% • 온도 30±2℃, 상대습도 66±5%
냉장보관 화장품	온도 5±3℃

③ 시험 기간 : 6개월 이상

2. 가속시험 2021 기출 2020 기출

① 로트 선정 : 3로트 이상
② 보존조건 : 장기 보존시험의 지정 저장 온도보다 15℃ 이상 높은 온도

실온보관 화장품	온도 40±2℃, 상대습도 75±5%
냉장보관 화장품	온도 25±2℃, 상대습도 60±5%

③ 시험 기간 : 6개월 이상

3. 가혹시험

① 로트 선정 : 검체의 특성에 따라서 적절히 선정

② 시험 조건

   ㉠ 광선, 온도, 습도의 3가지 조건은 검체의 특성을 고려하여 결정

   ㉡ 온도순환(−15~45℃), 냉동 · 해동 또는 저온 · 고온의 가혹조건

4. 개봉 후 안정성 시험

① 로트 선정 : 3로트 이상

② 보존조건 제품의 사용 조건을 고려하여, 적절한 온도, 시험기간 및 측정시기를 설정하여 시험

PART 01
PART 02
PART 03
PART 04

TOPIC **04**   충진 및 포장

1 용기 기재 사항 표준교재 128p

1. 화장품 표시 : 광고 규정에 따른 용기 기재 사항(용어의 정의)

① 목적 : 화장품의 안전한 사용을 위한 정보 제공

② 용어의 정의

   ㉠ 표시 : 화장품의 용기 · 포장에 기재하는 문자 · 숫자 · 도형

   ㉡ 1차 포장 : 화장품 내용물과 직접 접촉하는 용기

   ㉢ 2차 포장 : 1차 포장을 수용하는 1개 이상의 보호재 및 포장(첨부문서 포함)

   ㉣ 사용 기한 : 화장품이 제조된 날부터 적절한 보관 상태에서 제품의 고유한 특성을 유지한 채 소비자가 사용할 수 있는 최소한의 기한

2. 기재 사항 세부 규정

① 기본 사항(50㎖ 초과 제품)

   ㉠ 1차 포장 2020 기출

   • 제품명

   • 제조업자 및 책임판매업자의 상호

   • 제조번호 및 사용기한

   • 분리배출 표시

ⓛ 2차 포장
  - 제품명
  - 제조업자 및 책임판매업자의 상호 · 주소
  - 제조번호 및 사용기한
  - 전성분
  - 용량 · 중량
  - 기능성화장품 관련 문구
  - 사용 시의 주의사항
  - 분리배출 표시

② 예외 사항(50㎖ 이하 제품)
  ㉠ 1차 포장
    - 제품명
    - 제조업자 및 책임판매업자의 상호
    - 제조번호 및 사용기한
  ㉡ 2차 포장
    - 제품명
    - 제조업자 및 책임판매업자의 상호 · 주소
    - 제조번호 및 사용기한
    - 표시성분(지정성분) : 함량의 한도가 정해져 있는 성분 표기(다만, 모든 성분을 확인할 수 있는 전화번호나 홈페이지 주소 등 기재)
    - 용량 · 중량
    - 기능성화장품 관련 문구
    - 사용 시의 주의사항

③ 자원의 절약과 재활용 촉진에 관한 법률
  ㉠ 기본 사항(30㎖ 초과 제품) : 1차, 2차 포장에 분리배출 표시
  ㉡ 30㎖ 이하 제품 : 분리배출 표시 의무 없음

④ 총리령으로 정하는 사항(㉠, ㉾은 맞춤형화장품 제외) 2021 기출
  ㉠ 식품의약품안전처장이 정하는 바코드
  ㉡ 기능성화장품의 경우 심사받거나 보고한 효능 · 효과, 용법 · 용량
  ㉢ 성분명을 제품 명칭의 일부로 사용한 경우 그 성분명과 함량(방향용 제품은 제외한다)
  ㉣ 인체 세포 · 조직 배양액이 들어 있는 경우 그 함량
  ㉤ 화장품에 천연 또는 유기농으로 표시 · 광고하려는 경우에는 원료의 함량
  ㉾ 수입화장품인 경우에는 제조국의 명칭, 제조회사명 및 그 소재지

ⓢ 다음 품목의 경우는 사용기준이 지정·고시된 원료 중 보존제의 함량
- 만 3세 이하의 영유아용 제품류인 경우
- 만 4세 이상부터 만 13세 이하까지의 어린이가 사용할 수 있는 제품임을 특정하여 표시·광고하려는 경우

ⓞ 1차 포장 표시예외 : 소비자가 화장품의 1차 포장을 제거하고 사용하는 고형비누

② 용기 포장비율 표준교재 123p

1. 목적

포장폐기물의 발생을 억제하고 재활용을 촉진하기 위하여 제품을 제조·수입 또는 판매하는 자가 지켜야 할 제품의 포장재질·포장방법에 관한 기준 및 합성수지재질로 된 포장재의 연차별 줄이기 기준 등에 관한 사항을 규정함

2. 세부 내용 2021 기출

① 단위 제품 : 1회 이상 포장한 최소 판매단위의 제품
② 종합 제품 : 같은 종류 또는 다른 종류의 최소 판매단위의 제품을 2개 이상 함께 포장한 제품
　　㉠ 단위 제품 : 인체 및 두발 세정용 제품류. 공간비율 15% 이하, 횟수 2차 이하
　　㉡ 단위 제품 : 그 밖의 화장품류(방향제를 포함한다), 공간비율 10% 이하, 횟수 2차 이하
　　㉢ 종합 제품 : 화장품류, 공간비율 25% 이하, 횟수 2차 이하

③ 용기 규정 표준교재 121p

1. 안전용기·포장 2019 기출

① 정의 : 만 5세 미만의 어린이가 개봉하기 어렵게 설계·고안된 용기나 포장
② 품목
　　㉠ 아세톤을 함유하는 네일 에나멜 리무버 및 네일 폴리시 리무버
　　㉡ 어린이용 오일 등 개별포장 당 탄화수소류를 10% 이상 함유하고 운동점도가 21센티스톡스(섭씨 40도 기준) 이하인 비에멀젼 타입의 액체상태의 제품 2020 기출
　　㉢ 개별포장당 메틸 살리실레이트를 5% 이상 함유하는 액체상태의 제품
③ 제외 : 일회용 제품, 용기 입구 부분이 펌프 또는 방아쇠로 작동되는 분무용기 제품, 압축 분무용기 제품(에어로졸 제품 등)

2. 용기의 구분 [2020 기출] [2019 기출] [표준교재 129p]

① 밀폐용기(Well – closed container)
- ㉠ 일상의 취급 또는 보통 보존 상태에서 외부로부터 고형의 이물이 들어가는 것을 방지하고 고형의 내용물이 손실되지 않도록 보호할 수 있는 용기
- ㉡ 밀폐용기로 규정되어 있는 경우에는 기밀용기도 가능

② 기밀용기(Tight container)
- ㉠ 일상의 취급 또는 보통 보존상태에서 액상 또는 고형의 이물 또는 수분이 침입하지 않고 내용물을 손실, 풍화, 조해 또는 증발로부터 보호할 수 있는 용기
- ㉡ 기밀용기로 규정되어 있는 경우에는 밀봉용기도 가능

③ 밀봉용기(Hermetic container) : 일상의 취급 또는 보통의 보존상태에서 기체 또는 미생물이 침입할 염려가 없는 용기

④ 차광용기(Light resistant container) : 광선의 투과를 방지하는 용기 또는 투과를 방지하는 포장을 한 용기

3. 포장재의 종류 및 특징 [2021 기출]

포장재의 종류	특성	주요 용도
저밀도 폴리에틸렌(LDPE)	반투명, 광택, 유연성 우수	병, 튜브, 마개, 패킹 등
고밀도 폴리에틸렌(HDPE)	광택 없음, 수분 투과 적음	화장수, 유화 제품, 린스 등의 용기, 튜브
폴리프로필렌(PP)	반투명, 광택, 내약품성 우수, 내충격성 우수, 잘 부러지지 않음	캡
폴리스티렌(PS)	딱딱함, 투명, 광택, 치수 안정성 우수, 내약품성이 나쁨	콤팩트, 스틱 용기, 캡 등
AS 수지	투명, 광택, 내충격성, 내유성 우수	콤팩트, 스틱 용기 등
ABS 수지	내충격성 양호, 금속 느낌을 주기 위한 소재로 사용	금속 느낌을 주기 위한 도금 소재로 사용
PVC	투명, 성형 가공성 우수	리필 용기, 샴푸 용기, 린스 용기 등
PET	딱딱함, 투명성 우수, 광택, 내약품성 우수	스킨, 로션, 크림, 샴푸, 린스 등의 용기
알루미늄	가공성 우수	립스틱, 콤팩트, 마스카라, 스프레이 등
스테인리스 스틸	부식이 잘 되지 않음, 금속성 광택 우수	부식되면 안 되는 용기, 광택 용기

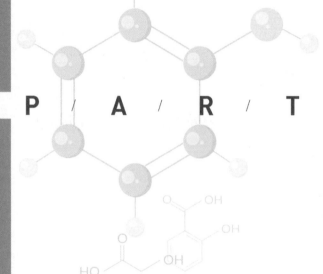

맞춤형화장품 조제관리사 핵심요약+기출유형 1,300제

P / A / R / T

02

단원별 기출유형문제

CHAPTER 01 | 화장품법의 이해
CHAPTER 02 | 화장품 제조 및 품질관리
CHAPTER 03 | 유통화장품의 안전관리
CHAPTER 04 | 맞춤형화장품의 이해

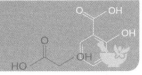

CHAPTER 01 화장품법의 이해

01 천연화장품 및 유기농화장품에는 합성원료의 사용이 원칙적으로는 금지되나 제품의 품질과 안전을 위해서 허용되는 보존제와 알코올 내 변성제 성분이 있다. 이에 해당하지 <u>않는</u> 것은?

① 데나토늄벤조에이트   ② 3급 부틸알코올   ③ 이소프로필알코올
④ 소르빅애씨드   ⑤ 글루타랄

해설 글루타랄은 사용상의 제한이 있는 보존제 성분이나 천연화장품 및 유기농화장품에 허용된 원료에는 속하지 않는다.
①~③은 허용된 알코올 내 변성제이고 소르빅애씨드는 허용된 보존제이다.

02 신선한 유기농 원물을 건조시킨 과일 성분(살구 혹은 포도)을 이용하여 추출물을 제조하였다. 이때 건조 성분의 중량을 신선한 원물로 환산하는 비율은 얼마인가?

① 1 : 2.5   ② 1 : 4.5   ③ 1 : 5
④ 1 : 8   ⑤ 1 : 10

해설 나무, 껍질, 씨앗, 견과류, 뿌리는 1 : 2.5, 잎, 꽃, 지상부는 1 : 4.5, 과일(예 살구, 포도)은 1 : 5, 물이 많은 과일(예 오렌지, 파인애플)은 1 : 8의 비율로 환산한다.

03 10g의 유기농 원물을 100g의 유기농 용매를 사용하여 추출하였다. 이 추출물 원료의 유기농 함량 비율은?

① 10%   ② 30%   ③ 50%
④ 90%   ⑤ 100%

해설 유기농 용매도 유기농 성분으로 간주되고 여기에 추출되어 있는 성분도 유기농원물에서 유래하였기 때문에 해당 원료의 모든 성분은 유기농 성분으로 간주되어 유기농 함량비율은 100%이다.

04 다음 중 동일한 결격사유를 가지는 조합으로 연결된 것은?

① 화장품 책임판매업자 – 화장품 제조업자
② 화장품 책임판매업자 – 맞춤형화장품 조제관리사
③ 맞춤형화장품 조제관리사 – 화장품 제조업자
④ 맞춤형화장품 판매업자 – 맞춤형화장품 조제관리사
⑤ 화장품 제조업자 – 맞춤형화장품 판매업자

해설 화장품 책임판매업자 – 맞춤형화장품 판매업자는 동일한 결격사유를 가지고, 맞춤형화장품 조제관리사 – 화장품 제조업자도 같은 결격사유를 가진다.

정답 **01** ⑤ **02** ③ **03** ⑤ **04** ③

05 천연화장품 및 유기농화장품에 사용할 수 있는 성분 중 천연원료에서 석유화학 용제를 이용하여 추출할 수 있는 성분과 거리가 먼 것은?

① 베타인 ② 카라기난 ③ 오리자놀

④ 피토스테롤 ⑤ 알킬아미도프로필베타인

해설 추출 이후 석유화학 용제 사용 시 반드시 최종적으로 모두 회수되거나 제거되어야 한다. 알킬아미도프로필베타인은 천연 유래, 석유화학 유래를 모두 포함하는 원료에 해당한다.

06 개인정보의 처리 행위에 해당하지 <u>않는</u> 것은?

① 수집 ② 연동 ③ 저장

④ 가공 ⑤ 전달

해설 다른 사람이 처리하고 있는 개인정보를 단순히 전달, 전송, 통과만 시켜주는 행위는 개인정보의 처리에 해당하지 않는다.

07 다음 중 개인정보에 해당하지 <u>않는</u> 것은?

① 개인사업자의 상호명
② CCTV에 기록된 개인 연상정보
③ 개인의 정치적 견해
④ 법인 · 단체의 대표자에 대한 정보
⑤ 주민등록번호

해설 개인정보는 살아 있는 사람에 대한 정보를 의미한다.

08 다음 중 맞춤형화장품판매업 신고를 할 수 있는 자는?

① 보건범죄 단속에 관한 특별조치법 위반으로 금고 이상의 형을 선고받고 집행이 끝나지 않은 자
② 보건범죄 단속에 관한 특별조치법 위반으로 영업소가 폐쇄된 이후 1년이 지나지 않은 자
③ 피성년후견인 선고를 받고 복권되지 아니한 자
④ 마약중독자
⑤ 화장품법 위반으로 등록이 취소된 이후 1년이 지나지 않은 자

해설 ④의 결격사유는 화장품 제조업 등록에만 해당한다.

09 천연화장품 및 유기농화장품의 기준에 관한 규정에 따르면 유기농화장품은 중량 기준으로 유기농 함량이 전체 제품에서 얼마 이상이 되어야 하는가?

① 5% ② 10% ③ 80%

④ 90% ⑤ 95%

해설 유기농화장품은 중량 기준으로 유기농 함량이 전체 제품에서 10% 이상이어야 하며, 유기농 함량을 포함한 천연 함량이 전체 제품에서 95% 이상으로 구성되어야 한다.

정답 05 ⑤ 06 ⑤ 07 ① 08 ④ 09 ②

10 면도용 제품류의 유형에 속하지 <u>않는</u> 것은?

① 애프터셰이브 로션 　　② 포마드 　　③ 프리셰이브 로션
④ 셰이빙 크림 　　⑤ 남성용 탤컴

해설 포마드는 두발용 제품류로 인체 세정용 제품에 속한다.

11 다음 중 기능성화장품에 속하지 <u>않는</u> 것은?

① 피부에 탄력을 주어 피부의 주름을 완화 또는 개선하는 기능을 가진 화장품
② 체모를 제거하는 기능을 가진 화장품
③ 탈모 증상의 완화에 도움을 주는 화장품
④ 여드름성 피부를 완화하는 데 도움을 주는 화장품
⑤ 식물의 원료를 함유하여 피부의 진정에 도움을 주는 화장품

해설 동식물 및 그 유래 원료 등을 함유한 화장품은 천연화장품에 해당한다.

12 다음 중 과태료 대상자에 해당하지 <u>않는</u> 것은?

① 기능성화장품 심사 등 변경심사를 받지 않은 경우
② 화장품의 생산실적, 수입실적 또는 화장품 원료의 목록 등을 보고하지 아니한 경우
③ 폐업 등의 신고를 하지 않은 경우
④ 화장품 내용물의 용량 또는 중량을 표시하지 않은 경우
⑤ 식약청장이 지시한 보고를 하지 아니한 경우

해설 화장품의 표시기재 사항을 위반한 경우 200만원 미만의 벌금에 해당한다.

13 화장품의 사후관리를 위해 화장품에 화학적으로 불안정한 성분을 0.5% 이상 사용한 경우 안정성시험 자료를 최종 제조된 제품의 사용기한이 만료되는 날부터 1년간 보존해야 하는 소재와 거리가 <u>먼</u> 것은?

① 레티놀(비타민A) 및 그 유도체
② 토코페롤(비타민E)
③ 아스코빅애시드(비타민C) 및 그 유도체
④ 수산화화합물
⑤ 효소

해설 수산화화합물이 아닌 과산화화합물이 그 기능이 유지되기 위해서 0.5% 이상 사용된 경우 안정성시험 자료를 최종 제조된 제품의 사용기한이 만료되는 날부터 1년간 보존해야 하는 성분이다.

정답　10 ②　11 ⑤　12 ④　13 ④

14 개인정보가 분실·도난·유출·위조·변조·훼손되지 않도록 해야 하는 안전성 확보 조치와 거리가 먼 것은?

① 개인정보의 안전한 처리를 위한 내부 관리계획의 수립·시행
② 개인정보에 대한 접근 통제 및 접근 권한의 제한 조치
③ 개인정보를 안전하게 저장·전송할 수 있는 암호화 기술의 적용 또는 이에 상응하는 조치
④ 개인정보 침해사고 발생에 대응하기 위한 접속기록의 보관 및 위조·변조 방지를 위한 조치
⑤ 개인정보에 대한 수집 동의

해설 개인정보의 수집 동의 과정은 개인정보를 수집·이용할 수 있는 기본적인 과정이다.

15 다음 중 맞춤형화장품 판매업 신고를 할 수 있는 자의 규정과 거리가 먼 것은?

① 피성년후견인 선고를 받고 복권되지 아니한 자
② 화장품법 위반으로 금고 이상의 형을 선고받고 집행이 끝나지 않은 자
③ 보건범죄 단속에 관한 특별조치법 위반으로 금고 이상의 형을 선고받고 집행이 끝나지 않은 자
④ 파산선고를 받고 복권되지 아니한 자
⑤ 화장품법 위반으로 등록이 취소되거나 영업소 폐쇄 이후 6개월이 지나지 않은 자

해설 맞춤형화장품 판매업을 신고할 수 있는 사람은 화장품법 위반으로 등록이 취소되거나 영업소 폐쇄 이후 1년이 지나지 않은 사람이다.

16 천연화장품에서 5% 이하로 사용할 수 있는 합성원료에 해당하지 않는 것은?

① 보존제
② 알코올 내 변성제
③ 천연원료에서 석유화학용제로 추출된 일부 원료(베타인 등)
④ 천연 유래, 석유화학 유래를 모두 포함하는 원료(카복시메틸 – 식물폴리머 등)
⑤ 유기 자외선 차단제

해설 천연화장품에서 합성원료는 미생물 증식 억제와 제형의 점도 유지 등을 위해 일부 허용된다. 다만, 유기 자외선 차단제는 미생물의 증식 억제와 점도 유지 등의 필수적 기능에 필요한 원료가 아니므로, 천연화장품에서는 사용할 수 없는 원료이다.

17 화장품의 유형 중 방향용 제품류의 유형에 속하지 않는 것은?

① 향수
② 향낭(香囊)
③ 콜롱(cologne)
④ 분말향
⑤ 향초

해설 향초는 화장품의 영역이 아니다.

정답 14 ⑤ 15 ⑤ 16 ⑤ 17 ⑤

18 다음 중 기능성화장품과 거리가 <u>먼</u> 것은?

① 피부의 멜라닌 색소를 화학적으로 분해하여 기미 · 주근깨 등의 생성을 억제함으로써 피부의 미백에 도움을 주는 기능을 가진 화장품

② 피부에 침착된 멜라닌 색소의 색을 엷게 하여 피부의 미백에 도움을 주는 기능을 가진 화장품

③ 피부에 탄력을 주어 피부의 주름을 완화 또는 개선하는 기능을 가진 화장품

④ 강한 햇볕을 방지하여 피부를 곱게 태워주는 기능을 가진 화장품

⑤ 자외선을 차단 또는 산란시켜 자외선으로부터 피부를 보호하는 기능을 가진 화장품

해설 색소 등을 화학적으로 분해하는 것은 염색제 등에 쓰이나 피부를 대상으로 하지 않는다. 단, 멜라닌 색소의 생성 과정을 조절하는 등은 가능하다.

19 다음 중 과태료 대상자에 해당하지 <u>않는</u> 것은?

① 기능성화장품 심사 등 변경심사를 받지 않은 경우

② 화장품의 생산실적, 수입실적 또는 화장품 원료의 목록 등을 보고하지 아니한 경우

③ 폐업 등의 신고를 하지 않은 경우

④ 화장품의 판매 가격을 표시하지 아니한 경우

⑤ 식약처장의 명령을 위반하거나 관계 공무원의 검사 · 수거 또는 처분을 거부 · 방해하거나 기피한 자

해설 식약처장이 지시한 보고를 하지 아니한 경우 과태료 대상이나, ⑤는 200만원 미만의 벌금에 해당한다.

20 화장품의 사후관리를 위해 화장품에 함유된 성분이 화학적으로 불안정한 성분을 사용한 경우 사용기한 내 안정성을 확보해야 한다. 〈보기〉의 성분이 얼마 이상 사용된 경우 안정성시험 자료를 최종 제조된 제품의 사용기한이 만료되는 날부터 1년간 보존해야 하는가?

┤ 보기 ├

레티놀(비타민A) 및 그 유도체, 아스코빅애시드(비타민C) 및 그 유도체, 효소 등

① 0.01% ② 0.1% ③ 0.5%
④ 1% ⑤ 2%

해설 레티놀과 비타민C의 경우 화학적으로 불안정한 소재이고, 효소는 단백질로 구성되어 입체 구조가 변형되면 기능을 상실하여 화장품 제형 중에서 안정하게 유지되는지 확인이 필요하다. 따라서 〈보기〉의 성분이 0.5% 이상 사용된 경우 안정성시험 자료를 최종 제조된 제품의 사용기한이 만료되는 날부터 1년간 보존해야 한다.

21 개인정보를 사용하기 위해서 정보주체의 동의를 받는 경우 알려야 할 사항과 거리가 <u>먼</u> 것은?

① 개인정보의 수집 및 이용목적

② 개인정보를 제공받는 자

③ 개인정보의 항목

④ 개인정보의 보유 및 이용기간

⑤ 동의를 거부할 권리가 있다는 사실 및 동의 거부 시의 불이익

해설 '개인정보를 제공받는 자'란 정보처리자가 제3자에게 개인정보를 제공할 때의 제3자를 의미하는 것이다. 따라서 개인정보를 사용하기 위해서 정보주체의 동의를 받는 경우 개인정보를 제공받는 자는 알려야 할 사항이 아니다.

정답 18 ① 19 ⑤ 20 ③ 21 ②

22 다음 〈보기〉의 빈칸에 공통적으로 들어갈 적절한 용어는?

┤ 보기 ├

화장품의 사후관리를 위해 화장품에 함유된 성분이 화학적으로 불안정한 성분을 사용한 경우 사용기한 내 (   )을/를 확보해야 한다. 해당 성분을 0.5% 이상 사용된 경우 (   ) 시험 자료를 최종 제조된 제품의 사용기한이 만료되는 날부터 1년간 보존해야 한다.

① 유효성　　　　　　　② 사용성　　　　　　　③ 안전성
④ 안정성　　　　　　　⑤ 약효성

해설 화장품의 제형이나 물리적 · 화학적인 기능을 유지하도록 하는 것은 '안정성(stability)'이다. 참고로 안전성(safety)은 화장품을 사용하였을 때 발생 가능한 피부 자극 등을 다루는 것이다.

23 다음 중 천연원료에 포함되지 <u>않는</u> 것은?

① 유기농원료　　　　　② 식물원료　　　　　　③ 동물원료
④ 미네랄원료(화석 기원 제외)　⑤ 보존제

해설 보존제는 천연원료가 아닌 합성원료로 규정되어 5% 이하로 사용해야 한다.

24 화장품의 유형 중 두발 염색용 제품류에 속하지 <u>않는</u> 것은?

① 헤어 틴트　　　　　　② 염모제　　　　　　　③ 헤어 컬러스프레이
④ 흑채　　　　　　　　⑤ 탈염 · 탈색용 제품

해설 흑채는 두발 염색용이 아닌 두발용 제품에 속한다.

25 개인정보보호법의 용어 중 개인정보의 안전한 관리를 위한 계획을 수립하고 개인정보 파일의 관리, 감독을 진행하는 사람은?

① 개인정보 처리자　　　② 정보주체　　　　　　③ 제3자
④ 법정 대리인　　　　　⑤ 개인정보 보호책임자

해설 개인정보 보호책임자의 업무에 대한 내용으로, 개인정보 처리자는 개인정보 보호책임자를 선임하여야 한다.

26 다음 중 기능성화장품과 거리가 <u>먼</u> 것은?

① 치아를 희고 건강하게 만들어 주는 화장품
② 피부에 침착된 멜라닌 색소의 색을 엷게 하여 피부의 미백에 도움을 주는 기능을 가진 화장품
③ 피부에 탄력을 주어 피부의 주름을 완화 또는 개선하는 기능을 가진 화장품
④ 강한 햇볕을 방지하여 피부를 곱게 태워주는 기능을 가진 화장품
⑤ 자외선을 차단 또는 산란시켜 자외선으로부터 피부를 보호하는 기능을 가진 화장품

해설 치아를 희게 하는 치약 등의 제품은 의약외품으로 분류된다.

정답 22 ④　23 ⑤　24 ④　25 ⑤　26 ①

27 과태료 대상자에 해당하지 <u>않는</u> 것은?

① 기능성화장품 심사 등 변경심사를 받지 않은 경우
② 화장품의 생산실적, 수입실적 또는 화장품 원료의 목록 등을 보고하지 않은 경우
③ 폐업 등의 신고를 하지 않은 경우
④ 식약처장이 지시한 보고를 하지 않은 경우
⑤ 화장품책임판매업을 하려는 자가 식품의약품안전처장에게 등록하지 않은 경우

해설 식품의약품안전처장에게 등록하지 않을 경우 3년 이하의 징역 또는 3천만원 이하의 벌금에 처한다.

28 화장품제조업자의 준수사항이 <u>아닌</u> 것은?

① 제조관리기준서 등을 작성, 보관한다.
② 시설기준에 적합한 제조소를 갖춘다.
③ 제조소를 위생적으로 관리하고 오염되지 않게 한다.
④ 맞춤형화장품 판매업자 등 관계자에게 문서로 연락, 지시한다.
⑤ 제조관리기록서 및 품질관리기록서 등을 작성, 보관한다.

해설 ④는 책임판매업자의 업무에 해당한다.

29 화장품법상 신고가 필요한 영업의 형태를 <u>모두</u> 고른 것은?

> ㄱ. 화장품을 직접 제조하는 영업
> ㄴ. 화장품 수입 대행형 거래업
> ㄷ. 화장품을 1차 포장하는 영업
> ㄹ. 화장품의 내용물에 원료를 혼합하는 영업
> ㅁ. 수입된 화장품의 소분업

① ㄱ, ㄴ   ② ㄴ, ㄷ   ③ ㄱ, ㄷ
④ ㄹ, ㅁ   ⑤ ㄷ, ㅁ

해설 ㄹ, ㅁ은 맞춤형화장품의 형태로 신고가 필요하다.

30 천연원료를 이용하여 허용하는 화학적 · 생물학적 공법에 따라 가공한 원료는?

① 천연함량원료   ② 유기농원료   ③ 유기농유래원료
④ 천연기원원료   ⑤ 천연유래원료

해설 천연유래원료는 천연원료를 가공한 원료를 말한다.

31 화장품의 유형 중 기초화장용 제품류에 속하지 <u>않는</u> 것은?

① 마사지 크림   ② 남성용 탤컴   ③ 파우더
④ 눈 주위 제품   ⑤ 클렌징 워터

해설 남성용 탤컴은 면도용 제품군에 속한다.

정답   27 ⑤   28 ④   29 ④   30 ⑤   31 ②

32 다음 중 기능성화장품에 속하지 <u>않는</u> 것은?

① 피부에 탄력을 주어 피부의 주름을 완화 또는 개선하는 기능을 가진 화장품

② 체모를 제거하는 기능을 가진 화장품

③ 탈모 증상의 완화에 도움을 주는 화장품

④ 셀룰라이트를 일시적으로 완화하는 데 도움을 주는 기초화장품

⑤ 튼살로 인한 붉은 선을 엷게 하는 데 도움을 주는 화장품

해설 셀룰라이트를 일시적으로 완화시키는 경우는 그 효능을 증명하면 광고를 할 수 있으나, 기능성화장품에 포함되지는 않는다.

33 다음 중 과태료 대상자에 해당하지 <u>않는</u> 것은?

① 화장품의 판매 가격을 표시하지 아니한 경우

② 화장품의 생산실적 또는 수입실적 또는 화장품 원료의 목록 등을 보고하지 아니한 경우

③ 책임판매 관리자 및 맞춤형화장품 조제관리사의 교육이수 의무에 따른 명령을 위반한 경우

④ 어린이가 화장품을 잘못 사용하여 인체에 위해를 끼치는 사고가 발생하지 아니하도록 한 안전용기 · 포장 사용을 위반한 경우

⑤ 동물 실험을 실시한 화장품 또는 동물 실험을 실시한 화장품 원료를 사용하여 제조 · 수입한 화장품을 유통 · 판매한 경우

해설 안전용기 사용 또는 포장을 위반한 경우는 1년 이하의 징역 또는 1천만원 미만의 벌금에 해당한다.

34 화장품 사용 시 알러지, 피부 자극 등이 발생하였다면 화장품 품질 속성의 어느 부분을 갖추지 <u>못한</u> 것인가?

① 안전성   ② 안정성   ③ 유효성

④ 사용성   ⑤ 약효성

해설 안전성(safety)은 화장품을 사용하였을 때 발생 가능한 피부 자극 등에 대한 안전을 보장하는 것이다.

35 개인정보 유출 확인 시 정보주체에게 알려야 하는 사항과 거리가 <u>먼</u> 것은?

① 유출된 개인정보의 항목

② 유출된 시점과 그 경위

③ 유출로 인하여 발생할 수 있는 피해를 최소화하기 위하여 정보주체가 할 수 있는 방법 등에 관한 정보

④ 정보주체의 대응조치 및 피해 구제 절차

⑤ 정보주체에게 피해가 발생한 경우 신고 등을 접수할 수 있는 담당부서 및 연락처

해설 정보주체가 아니라 책임이 있는 개인정보처리자의 대응조치에 대해서 안내해야 한다.

정답 32 ④ 33 ④ 34 ① 35 ④

36 다음 중 화장품법상 등록이 필요한 영업의 형태를 <u>모두</u> 고른 것은?

> ㄱ. 화장품의 내용물에 원료를 혼합하는 영업
>
> ㄴ. 화장품 수입 대행형 거래업
>
> ㄷ. 화장품을 1차 포장하는 영업
>
> ㄹ. 화장품을 직접 제조하는 영업
>
> ㅁ. 수입된 화장품의 소분업

① ㄱ, ㄴ, ㄷ   ② ㄴ, ㄷ, ㅁ   ③ ㄴ, ㄷ, ㄹ

④ ㄱ, ㄹ, ㅁ   ⑤ ㄱ, ㄷ, ㅁ

해설 ㄱ, ㅁ은 맞춤형화장품의 형태로 신고가 필요하다.

37 다음 중 천연원료에 포함되지 <u>않는</u> 것은?

① 유기농원료   ② 식물원료   ③ 동물원료

④ 미네랄원료(화석 기원 제외)   ⑤ 물

해설 천연함량 비율은 천연원료, 천연유래원료, 물 등이 포함되며, 이 중 천연원료란 유기농원료, 미네랄원료, 식물원료, 동물원료를 말한다.

38 화장품의 유형 중 눈화장용 제품류의 유형에 속하지 <u>않는</u> 것은?

① 눈 주위 화장품   ② 아이라이너   ③ 마스카라

④ 아이섀도   ⑤ 아이메이크업 리무버

해설 눈 주위 화장품은 기초화장품으로 분류된다.

39 다음 중 기능성화장품에 속하지 <u>않는</u> 것은?

① 피부에 탄력을 주어 피부의 주름을 완화 또는 개선하는 기능을 가진 화장품

② 체모를 제거하는 기능을 가진 화장품

③ 탈모 증상의 완화에 도움을 주는 화장품

④ 여드름성 피부에 사용하기 적합한 화장품

⑤ 튼살로 인한 붉은 선을 엷게 하는 데 도움을 주는 화장품

해설 여드름성 피부에 사용이 적합하다는 결과를 확보하면 광고할 수 있으나, 일반 화장품의 영역에 포함된다.

정답 36 ③ 37 ⑤ 38 ① 39 ④

40 화장품책임판매업자의 의무와 거리가 먼 것은?

① 품질관리 업무를 총괄한다.

② 시설기준에 적합한 제조소를 갖춘다.

③ 화장품제조업자, 맞춤형화장품 판매업자 등 관계자에게 문서로 연락, 지시한다.

④ 품질관리에 관한 기록 및 화장품제조업자의 관리에 관한 기록을 작성하고, 제조일(수입의 경우 수입일을 말한다)부터 3년간 보관해야 한다.

⑤ 품질관리 업무가 적정하고 원활하게 수행되는 것을 확인한다.

해설 화장품책임판매업자는 화장품책임판매관리자를 임명하여 ①, ③~⑤를 수행해야 할 의무가 있으며, ②는 제조업자의 의무에 해당한다.

41 개인정보의 파기에 관련된 규정과 거리가 먼 것은?

① 보유기간의 경과, 개인정보의 처리, 목적, 달성 등 그 개인정보가 불필요하게 되었을 때 파기

② 개인정보를 파기할 경우 복구 또는 재생되지 아니하도록 조치

③ 전자적 파일 형태인 경우 복원이 불가능한 방법으로 영구 삭제

④ 기록물, 그 밖의 기록매체인 경우 파쇄 또는 소각

⑤ 인쇄물, 서면일 경우 사본을 제작 보관

해설 기록 매체의 경우 파쇄 소각으로 없애고 사본을 남기지 않는다.

42 개인정보처리 동의를 받는 경우 정보주체에게 알려야 할 내용과 거리가 먼 것은?

① 개인정보의 수집 및 이용목적

② 개인정보의 항목

③ 개인정보처리자의 대응조치 및 피해 구제 절차

④ 동의를 거부할 권리가 있다는 사실 및 동의 거부 시의 불이익

⑤ 개인정보의 보유 및 이용기간

해설 ③은 개인정보의 유출 확인 시 정보주체에게 알려야 하는 사항에 해당한다.

43 다음 중 화장품법상 등록이 필요한 영업의 형태를 모두 고른 것은?

> ㄱ. 화장품을 직접 제조하는 영업
> ㄴ. 수입된 화장품의 소분업
> ㄷ. 화장품제조업자에게 위탁하여 제조된 화장품을 유통 · 판매하는 영업
> ㄹ. 화장품의 내용물에 원료를 혼합하는 영업
> ㅁ. 화장품 수입 대행형 거래업

① ㄱ, ㄴ, ㄹ   ② ㄴ, ㄷ, ㅁ   ③ ㄴ, ㄷ, ㄹ

④ ㄱ, ㄹ, ㅁ   ⑤ ㄱ, ㄷ, ㅁ

해설 ㄴ, ㄹ은 맞춤형화장품의 형태로 신고가 필요하다.

정답   40 ②   41 ⑤   42 ③   43 ⑤

44 천연화장품의 용기와 포장에 사용할 수 없는 소재는?

① 유리   ② 폴리염화비닐   ③ 종이

④ 알루미늄   ⑤ 폴리에틸렌

해설 폴리염화비닐뿐만 아니라 폴리스테렌 소재는 천연화장품의 용기와 포장에 사용할 수 없다.

45 화장품의 유형 중 인체 세정용 제품류의 유형에 속하지 <u>않는</u> 것은?

① 폼 클렌저

② 바디 클렌저

③ 화장 비누(고체 형태의 세안용 비누)

④ 액체 비누

⑤ 물휴지(식품접객업소에서 손을 닦는 용도)

해설 물휴지는 인체 세정용 제품에 해당하지만 식품접객업소에서 손을 닦는 용도, 시체를 닦는 용도는 제외된다.

46 다음 중 기능성화장품과 거리가 <u>먼</u> 것은?

① 피부의 멜라닌 색소가 침착하는 것을 방지하여 기미 · 주근깨 등의 생성을 억제함으로써 피부의 미백에 도움을 주는 기능을 가진 화장품

② 피부에 침착된 멜라닌 색소의 색을 엷게 하여 피부의 미백에 도움을 주는 기능을 가진 화장품

③ 체모를 제거하는 기능을 가진 화장품

④ 비듬 및 가려움을 덜어주는 화장품

⑤ 자외선을 차단 또는 산란시켜 자외선으로부터 피부를 보호하는 기능을 가진 화장품

해설 비듬과 가려움 완화는 두발류 제품의 기본적인 기능이므로 기능성화장품에 분류되지 않는다.

47 화장품법상 화장품의 정의와 거리가 <u>먼</u> 것은?

① 기능 : 인체를 청결, 미화하여 매력을 더하고 용모를 밝게 변화시킴

② 기능 : 피부의 모발의 건강을 유지하고 증진함

③ 방법 : 인체에 바르고 문지르거나 뿌리는 등의 방식 및 이와 유사한 것

④ 작용 : 인체에 대한 작용이 경미한 것

⑤ 포함 : 피부에 바르는 연고 형태의 약품

해설 약품에 해당하는 물품은 화장품의 정의에서 제외한다.

48 개인정보 처리 방침에서 필수로 기재해야 하는 사항이 <u>아닌</u> 것은?

① 개인정보의 처리 목적

② 개인정보의 처리 및 보유 기간

③ 개인정보 보호책임자에 관한 사항

④ 개인정보의 파기에 관한 사항

⑤ 개인정보의 열람청구를 접수 · 처리하는 부서

> **해설** 개인정보의 열람청구를 접수 · 처리하는 부서는 개인정보 처리 방침 중 임의적인 기재사항으로 구분된다. 나머지 ①~④는 필수적 기재사항이다.

49 개인정보가 분실, 도난, 유출, 위조, 변조, 훼손되지 않도록 해야 하는 안전성 확보 조치와 거리가 <u>먼</u> 것은?

① 만 14세 미만 아동의 개인정보를 처리하기 위한 법정대리인의 동의

② 개인정보를 안전하게 저장 · 전송할 수 있는 암호화 기술의 적용 또는 이에 상응하는 조치

③ 개인정보 침해사고 발생에 대응하기 위한 접속기록의 보관 및 위조 · 변조 방지를 위한 조치

④ 개인정보에 대한 보안프로그램의 설치 및 갱신

⑤ 개인정보의 안전한 보관을 위한 보관시설의 마련 또는 잠금장치의 설치 등 물리적 조치

> **해설** 법정대리인의 동의는 아동을 보호하기 위한 기본적인 과정이다.

50 화장품의 영업형태가 잘못 연결된 것은?

① 화장품 책임판매업 : 화장품을 직접 제조하여 유통 · 판매하는 영업

② 화장품 제조업 : 화장품 제조를 위탁받아 제조하는 영업

③ 화장품 책임판매업 : 수입된 화장품을 유통 · 판매하는 영업

④ 화장품 제조업 : 화장품을 2차 포장하는 영업

⑤ 화장품 책임판매업 : 화장품제조업자에게 위탁하여 제조된 화장품을 유통 · 판매하는 영업

> **해설** 1차 포장은 화장품의 내용물이 직접 닿는 용기를 말하며 내용물의 관리가 중요하기 때문에 제조업의 범위에 해당한다.

51 화장품법상 화장품의 정의와 거리가 <u>먼</u> 것은?

① 기능 : 인체를 청결, 미화하여 매력을 더하고 용모를 밝게 변화시킴

② 기능 : 피부의 모발의 건강을 유지하고 증진함

③ 방법 : 인체에 바르고 문지르거나 뿌리는 등의 방식 및 이와 유사한 것

④ 작용 : 인체에 대한 효능이 우수한 것

⑤ 제외 : 약품에 해당하는 물품

> **해설** 화장품은 인체에 대한 작용이 경미한 것이다. 인체에 대한 작용이 큰 것은 의약품의 범위에 해당한다.

정답 48 ⑤ 49 ① 50 ④ 51 ④

52 영 · 유아용 제품류로 분류되는 기준의 나이는?

① 만 2세   ② 만 3세   ③ 만 4세

④ 만 5세   ⑤ 만 6세

해설 영 · 유아용은 만 3세 이하의 어린이를 말한다. 영 · 유아용 샴푸, 린스, 로션, 크림, 오일, 인체세정, 목욕용 제품은 별도로 관리한다.

53 화장품책임판매업자의 의무와 거리가 **먼** 것은?

① 품질관리 업무를 총괄한다.

② 품질관리 업무가 적정하고 원활하게 수행되는 것을 확인한다.

③ 화장품제조업자, 맞춤형화장품 판매업자 등 관계자에게 문서로 연락, 지시한다.

④ 품질관리에 관한 기록 및 화장품제조업자의 관리에 관한 기록을 작성, 제조일(수입의 경우 수입일을 말한다)부터 3년간 보관해야 한다.

⑤ 제조소를 위생적으로 관리하고 오염되지 않게 한다.

해설 화장품책임판매업자는 화장품책임판매관리자를 임명하여 ①~④의 업무를 수행한다. ⑤는 제조업자의 의무에 해당한다.

54 제품의 영역과 대상과 기능이 바르게 짝지어진 것은?

구분	대상	기능
화장품	(㉠)	청결과 미화
의약외품	(㉡)	(㉢)

	구분	대상	기능
①	환자	정상인	질병의 예방
②	정상인	정상인	위생 관리
③	정상인	환자	질병의 예방
④	환자	환자	위생 관리
⑤	환자	환자	질병의 예방

해설 화장품은 정상인을 대상으로 청결과 미화를 위한 제품이고, 의약외품은 정상인을 대상으로 위생관리와 질병의 예방을 위한 제품이다. 환자를 대상으로 한 질병의 치료는 의약품의 영역이다.

55 다음 화장품의 품질 요소 중 빈칸에 해당하는 용어를 기입하시오.

> • (　　　) : 화장품 사용기간 중 변색, 변취, 변질 등의 품질의 변화가 없어야 함
> 　　　 효능, 성분 등의 변질 없이 함량이 유지되어야 함
> • 유효성 : 화장품 사용 목적에 따른 기능을 충분히 나타내야 함
> 　　　 보습과 수분 공급, 세정 등의 기초 제품의 기능
> 　　　 발색 및 색체 부여의 색조 제품의 기능
> 　　　 자외선 차단, 모발 염색 등의 기능성 화장품의 기능

해설 안정성에 관한 내용이며, 안전성(safety)과 안정성(stability)을 구분할 수 있어야 한다.

56 개인을 고유하게 구별하기 위해 구별된 개인정보를 뜻하는 것으로, 다음 예시에 해당하는 것을 기입하시오.

> • 주민등록번호 　　　　　　　　　 • 여권번호
> • 운전면허번호 　　　　　　　　　 • 외국인 등록번호

해설 고유식별번호는 기본적으로는 처리에 제한이 있으나 개인정보처리 동의 이외에 추가적인 별도의 동의를 받은 경우 처리가 가능하다.

57 천연화장품은 중량 기준 (　　　) 비율이 전체 제품에서 95% 이상인 것으로 정의한다. (　　　) 비율은 '물 비율＋천연원료 비율＋천연 유래원료 비율'을 합한 것을 의미한다. (　　　)에 해당하는 것을 기입하시오.

해설 물도 포함되어 많은 비율을 차지한다. 또한, 원료 자체와 그 원료를 가공한 것도 포함된다.

58 다음 화장품의 품질 요소 중 빈칸에 해당하는 용어를 기입하시오.

> • (　　　) : 알러지, 피부 자극, 트러블 등의 부작용 없이 안전하게 사용
> 　　　 많은 사람이 장시간 동안 지속적으로 사용함에 따라 주의해야 함
> • 사용성 : 사용감이 우수하고 편리해야 하며 퍼짐성이 좋고 피부에 쉽게 흡수되어야 함

해설 안전성에 관한 설명으로, 안전성(safety)과 안정성(stability)을 구분할 수 있어야 한다.

59 개인정보를 수집, 이용할 때 가장 기본적인 경우로 (　　　)에 알맞은 내용을 기입하시오.

> 정보주체의 (　　　)을/를 받은 경우 다음의 내용을 정보 주체에 알려야 한다.
> • 개인정보의 수집 · 이용 목적
> • 개인정보의 항목
> • 개인정보의 보유 및 이용기간
> • (　　　)을/를 거부할 권리가 있다는 사실 및 (　　　) 거부 시의 불이익

해설 개인정보를 수집, 이용할 때 위의 내용을 정보주체가 명확히 인지하게 해야 한다.

정답 **55** 안정성 **56** 고유식별번호 **57** 천연함량 **58** 안전성 **59** 동의

60 (   )원료란 친환경농어업 육성 및 유기식품 등의 관리·지원에 관한 법률(국내법) 및 "외국정부" 및 "국제유기농업운동연맹에 등록된 인증기관"에 의해 인증받은 (   )수산물 및 이를 허용 방법에 따라 물리적으로 가공한 것을 의미한다.

> 해설 유기농원료는 유기농수산물을 규정에서 허용하는 물리적 공정에 따라 가공한 것이다.

61 다음의 형태로 규정되는 화장품 영업의 형태를 기술하시오.

> • 화장품제조업자(법 제3조 제1항에 따라 화장품제조업을 등록한 자)가 화장품을 직접 제조하여 유통·판매하는 영업
> • 화장품제조업자에게 위탁하여 제조된 화장품을 유통·판매하는 영업
> • 수입된 화장품을 유통·판매하는 영업

> 해설 화장품책임판매업이란 취급하는 화장품의 품질 및 안전 등을 관리하면서 이를 유통·판매하거나 수입대행형 거래를 목적으로 알선·수여(授與)하는 영업을 말한다.

62 다음은 화장품과 구분되어야 할 제품의 유형과 특징이다. (   )에 해당하는 것을 기입하시오.

구분	화장품	( )	의약품
대상	정상인	정상인	환자
목적	청결·미화	질병 예방, 위생	질병의 진단·치료
부작용	인정하지 않음	인정하지 않음	인정함
종류	크림, 헤어염색	치약, 반창고, 보건마스크	항생제, 스테로이드제

> 해설 의약외품은 의약품의 치료 등의 기능은 없으나 안전하게 관리되어야 할 제품 구분 형식이다. 염모제 등이 의약외품에서 기능성화장품으로 변경되었다.

63 개인정보의 처리 및 보호에 관한 사항을 정하여 개인의 자유와 권리를 보호하기 위해 제정된 법을 무엇이라 하는지 기입하시오.

> 해설 개인정보보호법은 정보주체의 권리를 보호하고 사생활 침해를 최소화하기 위해 제정되었다.

64 화장품업을 하기 위하여 화장품 제조업자와 화장품 책임판매업자는 등록을 해야 한다. 이에 비하여 맞춤형화장품 판매업은 식품의약품안전처장에게 (   )을/를 하여야 한다.

> 해설 맞춤형화장품판매업을 하려는 자는 총리령으로 정하는 바에 따라 식품의약품안전처장에게 신고하여야 한다. 신고한 사항 중 총리령으로 정하는 사항을 변경할 때에도 또한 같다.

65 화장품제조업과 화장품책임판매업, 맞춤형화장품 판매업의 공통적인 결격 사유로, 질병, 장애, 노령 또는 그 밖의 사유로 인한 정신적 제약으로 사무를 처리할 능력이 지속적으로 결여되어 가정법원이 지정한 사람을 기입하시오.

> 해설 파산선고를 받은 사람과 함께 결격 사유가 된다.

정답 60 유기농 61 화장품책임판매업 62 의약외품 63 개인정보보호법 64 신고 65 피성년후견인

66 기능성화장품 중 하나에 대한 설명이다. ㉠, ㉡에 들어갈 내용으로 적절한 것을 기입하시오.

> (㉠) 증상의 완화에 도움을 주는 화장품. 다만, 코팅 등 (㉡)으로 모발을 굵게 보이게 하는 제품은 제외한다.

해설 흑채 등을 이용하여 물리적으로 모발을 굵게 보이게 하는 것은 기능성화장품이 아니고 두발용 화장품에 해당한다.

67 식품의약품안전처장은 천연화장품 및 유기농화장품의 품질 제고를 유도하고 소비자에게 보다 정확한 제품정보가 제공될 수 있도록 식품의약품안전처장이 정하는 기준에 적합한 천연화장품 및 유기농화장품에 대하여 인증할 수 있다. 이때 유효기간은 인증을 받은 날부터 (   )간이다.

해설 천연화장품 또는 유기농화장품으로 인증을 받으려는 화장품제조업자, 화장품책임판매업자 또는 연구기관 등은 지정받은 인증기관에 식품의약품안전처장이 정하여 고시하는 서류를 갖추어 인증을 신청해야 한다. 유효기간은 3년이고 이후 연장 신청을 해야 한다.

68 〈보기〉와 같은 제품이 속하는 화장품의 유형 분류로 적합한 것을 작성하시오.

> ─── 보기 ───
>
> 데오도란트 – (   ) 제품류

해설 대한선의 작용을 억제하여 체취를 방지하는 제품으로 화장품의 제품류에 속한다.

69 다음 개인정보보호법에 따른 용어 중 빈칸에 해당하는 것을 기입하시오.

> "(   )"란 업무를 목적으로 개인정보파일을 운용하기 위하여 스스로 또는 다른 사람을 통하여 개인정보를 처리하는 공공기관, 법인, 단체 및 개인이다.

해설 개인정보처리자란 정보주체로부터 정보 파일을 작성하여 운용하는 사람을 정의한다.

70 화장품 책임판매업자의 사후관리 기준 중 (   )에 들어갈 적절한 용어를 기입하시오.

> • (   ) 정보 : 화장품의 품질, 안전성·유효성, 그 밖에 적정 사용을 위한 정보
> • 안전확보 업무 : 화장품책임판매 후 안전관리 업무 중 정보 수집, 검토 및 그 결과에 따른 필요한 조치에 관한 업무

해설 책임판매업자는 화장품의 품질, 안전성 정보 등 안전관리 정보를 검토한 후 안전확보 조치를 시행해야 한다.

71 화장품제조업과 화장품책임판매업, 맞춤형화장품 판매업의 공통적인 결격 사유로 '(   )을/를 받고 복권되지 아니한 자'가 있다. 이는 개인이나 사업자가 지급불능의 상태가 되어 신청하게 되면 법원이 결정하게 된다.

해설 피성년후견인 선고를 받은 사람과 함께 결격 사유가 된다.

정답 | 66 ㉠ 탈모, ㉡ 물리적 67 3년 68 체취방지용 69 개인정보처리자 70 안전관리 71 파산선고

72 개인정보처리자의 안전조치 의무에서 다음 역할을 담당하는 자를 기입하시오.

> - 개인정보 보호 계획의 수립 및 시행
> - 개인정보 처리 실태 및 관행의 정기적인 조사 및 개선
> - 개인정보 처리와 관련한 불만의 처리 및 피해 구제
> - 개인정보 유출 및 오용 · 남용 방지를 위한 내부통제시스템의 구축
> - 개인정보 보호 교육 계획의 수립 및 시행
> - 개인정보파일의 보호 및 관리 · 감독

해설 개인정보보호책임자는 개인정보 처리방침에 관한 업무를 책임지는 자를 말한다.

73 화장품 책임판매업자의 사후관리 기준 중 (   )에 들어갈 적절한 용어를 기입하시오.

> - 안전관리 정보 : 화장품의 품질, 안전성 · 유효성, 그 밖에 적정 사용을 위한 정보
> - (   ) 업무 : 화장품책임판매 후 안전관리 업무 중 정보 수집, 검토 및 그 결과에 따른 필요한 조치에 관한 업무

해설 책임판매업자는 안전관리 정보 검토 후 안전확보를 위한 조치를 시행해야 한다.

74 다음은 화장품 제조업자의 영업에 대한 구분사항이다. (   )에 해당하는 것을 기입하시오.

> - 화장품을 직접 제조하는 영업
> - 화장품 제조를 위탁받아 제조하는 영업
> - 화장품의 포장[(   ) 포장만 해당한다]하는 영업

해설 1차 포장이란 화장품의 내용물과 직접 닿는 용기에 화장품 내용물을 담는 것을 말한다.

75 개인정보 보호법에 따른 용어의 정의를 기입하시오.

> "(   )"란 개인정보의 수집, 생성, 연계, 연동, 기록, 저장, 보유, 가공, 편집, 검색, 출력, 정정(訂正), 복구, 이용, 제공, 공개, 파기(破棄), 그 밖에 이와 유사한 행위이다.

해설 처리란 정보를 다루는 행위이다.

76 다음은 기능성화장품의 세부적인 내용을 정의한 것이다. (   )에 적합한 내용을 기입하시오.

> - 피부에 멜라닌 색소가 침착하는 것을 방지하여 (   ) 등의 생성을 억제함으로써 피부의 미백에 도움을 주는 기능을 가진 화장품
> - 피부에 침착된 멜라닌 색소의 색을 엷게 하여 피부의 미백에 도움을 주는 기능을 가진 화장품

해설 기미 · 주근깨는 멜라닌 색소의 생성이 부분적으로 불균일한 상태로, 이를 억제하는 것은 기능성화장품의 기능으로 정의되어 있다.

정답 **72** 개인정보보호책임자 **73** 안전확보 **74** 1차 **75** 처리 **76** 기미 · 주근깨

77 화장품의 분류 중 체취방지용 제품류의 대표적인 제품으로 한공과 모공을 물리적으로 막아서 분비되는 땀을 억제하여 체취를 방지하는 제품을 기입하시오.

<u>해설</u> 데오도런트에 대한 설명이다. 참고로 체취방지용 제품도 의약외품의 분류에서 화장품의 영역으로 변경되었다.

78 천연화장품 정의 중 첨연함량비율 95%를 유지하고 나머지 5% 이하에 해당하는 원료로서 원칙적으로 금지하지만 화장품의 안전을 위해 사용하는 원료를 뜻하는 것을 기입하시오.

<u>해설</u> 합성원료에 대한 설명으로 보존제나 천연유래, 석유화학 유래 구조를 모두 포함하는 원료 등이 해당한다.

79 화장품책임판매업자가 제조를 하거나 수입을 한 화장품을 시장에 출시하는 것을 뜻하는 용어를 기입하시오.

<u>해설</u> 화장품을 시장에 출시하는 것을 시장출하라고 한다. 화장품책임판매업자는 시장출하 이후 품질관리의 의무가 있다.

80 천연화장품과 유기농 화장품을 정의하는 기준 중 천연함량 비율에 속하는 것으로 (   )에 해당하는 것을 기입하시오.

> 천연함량 비율 = 물비율 + 천연원료 비율 + (   ) 비율

<u>해설</u> 천연유래원료는 천연원료를 화학적·생물학적 공정에 의해 가공한 원료이다.

정답 77 데오도런트 78 합성원료 79 시장출하 80 천연유래원료

CHAPTER 02 화장품 제조 및 품질관리

01 다음 〈보기〉에 해당하는 사용상의 주의사항을 표시해야 되는 제품은?

┤ 보기 ├

- 두피 · 얼굴 · 눈 · 목 · 손 등에 약액이 묻지 않도록 유의하고, 얼굴 등에 약액이 묻었을 때에는 즉시 물로 씻어낼 것
- 머리카락의 손상 등을 피하기 위하여 용법 · 용량을 지켜야 하며, 가능하면 일부에 시험적으로 사용하여 볼 것
- 개봉한 제품은 7일 이내에 사용할 것

① 외음부 세정제
② 손발톱용 제품류
③ 두발용 · 두발염색용 및 눈 화장용 제품류
④ 퍼머넌트웨이브 제품 및 헤어스트레이트너 제품
⑤ 체취 방지용 제품

해설 ① 외음부 세정제 : 임신 중에는 사용하지 않는 것이 바람직하며, 분만 직전의 외음부 주위에는 사용하지 말 것
② 손발톱용 제품류 : 손발톱 및 그 주위 피부에 이상이 있는 경우에는 사용하지 말 것
③ 두발용 · 두발염색용 및 눈 화장용 제품류 : 눈에 들어갔을 때에는 즉시 씻어낼 것
⑤ 체취 방지용 제품 : 털을 제거한 직후에는 사용하지 말 것

02 다음의 성분을 함유한 제품 중 공통적으로 주의사항을 표시해야 하는 내용은?

┤ 보기 ├

- 카민 또는 코치닐추출물 함유 제품
- 포름알데히드 0.05% 이상 함유 제품

① 「인체적용시험자료」에서 구진과 경미한 가려움이 보고된 예가 있음
② 눈에 접촉을 피하고 눈에 들어갔을 때는 즉시 씻어낼 것
③ 이 성분에 과민한 사람은 신중히 사용할 것
④ 사용 시 흡입되지 않도록 주의할 것
⑤ 신장질환이 있는 사람은 사용 전에 의사와 상의할 것

해설 ① 알부틴 2% 이상 함유 제품
② 실버나이트레이트 함유 제품
④ 스테아린산 함유 제품
⑤ 알루미늄 및 그 염류 함유 제품

정답 01 ④ 02 ③

03 다음의 주의사항을 공통적으로 표시해야 하는 제품군은?

> 눈에 들어갔을 때에는 즉시 씻어낼 것

> ㉠ 두발용 · 두발염색용 및 눈 화장용 제품류
> ㉡ 모발용 샴푸
> ㉢ 체취 방지용 제품
> ㉣ 미세한 알갱이가 함유되어 있는 스크럽 세안제
> ㉤ 손발톱용 제품류

① ㉠, ㉡   ② ㉠, ㉢   ③ ㉡, ㉤
④ ㉢, ㉣   ⑤ ㉠, ㉤

해설 ㉢ 체취 방지용 제품 : 털을 제거한 직후에는 사용하지 말 것
　　 ㉣ 미세한 알갱이가 함유되어 있는 스크럽 세안제 : 알갱이가 눈에 들어갔을 때에는 물로 씻어내고, 이상이 있는 경우에는 전문의와 상담할 것
　　 ㉤ 손발톱용 제품류 : 손발톱 및 그 주위 피부에 이상이 있는 경우에는 사용하지 말 것

04 다음의 효능 · 효과 중 화장품에 금지된 표현은?
① 속눈썹이 자란다.
② 피부 거칠음을 방지하고 살결을 가다듬는다.
③ 손상된 모발을 보호한다.
④ 피부를 보호하고 건강하게 한다.
⑤ 머리카락에 윤기를 준다.

해설 ①은 모발 관련 표현 중 금지된 사항이다.
　　 ③, ⑤는 두발용 제품류의 효능 · 효과이다.
　　 ②, ④는 기초화장용 제품류의 효능 · 효과이다.

05 다음의 표시 – 광고의 표현 중 화장품에 사용 가능한 것은?
① 건선   ② 근육 이완   ③ 코스메슈티컬
④ 피부 청정   ⑤ 통증 경감

해설 ④를 제외한 항목은 의약품으로 오인할 우려가 있어서 화장품에는 금지되는 표현이다.

06 다음의 광고 문구의 밑줄친 부분에서, 금지된 표현의 수 (㉠) 및 실증이 필요한 표현의 수 (㉡)은/는 몇 개인지 바르게 연결된 것은?

> [광고]
> 이 크림은 A 한의사의 추천을 받은 세계 최고의 제품입니다. 피부 혈행 개선에 도움을 주어 을 주며, 피부 장벽 개선에 도움을 주고, 다크서클이 완화되고, 피부 세포 성장을 촉진를 시킵니다.

① ㉠ 5, ㉡ 1   ② ㉠ 4, ㉡ 2   ③ ㉠ 3, ㉡ 3
④ ㉠ 2, ㉡ 4   ⑤ ㉠ 1, ㉡ 5

> 해설 금지 표현은 '한의사의 추천', '세계 최고', '피부 세포 성장을 촉진'이고, 실증대상은' 피부 혈행 개선에 도움', '다크서클이 완화', '피부 장벽 개선에 도움'이 있다. 따라서 ㉠, ㉡은 각각 3개가 들어간다.

07 다음 중 화장품에 금지된 효능·효과의 표현은?

① 붓기 완화   ② 거칠음 방지   ③ 콜라겐의 증가
④ 피부 노화 완화   ⑤ 세포 활력 증가

> 해설 ①, ③, ④는 표시광고 실증 대상에 해당하므로 실증자료로 입증하면 가능하고 ②는 화장품의 기본적인 기능이다.

08 다음 계면활성제 중에서 비이온계 계면활성제는?

① 소디움라우릴설페이트   ② 세테아디모늄 클로라이드   ③ 베헨트라이모늄 클로라이드
④ 코카미도프로필 베타인   ⑤ 글리세릴 모노스테아레이트

> 해설 ①은 음이온계 계면활성제이고 ②, ③은 양이온계 계면활성제이다. ④는 양쪽성 계면활성제이다.

09 다음의 전성분표에서 성분을 그 기능상 다른 것으로 대체하려 한다. 잘못 이어진 것을 고르시오.

> [전성분]
> 정제수, 1,3 부틸렌글라이콜, 퀸시드검, 글리세릴모노스테아레이트, 라놀린, 페녹시에탄올

① 1,3 부틸렌글라이콜 – 1,2 헥산디올
② 퀸시드검 – 잔탄검
③ 글리세릴모노스테아레이트 – 솔비톨
④ 라놀린 – 비즈왁스
⑤ 페녹시에탄올 – 벤질알코올

> 해설 글리세릴모노스테아레이트는 유상과 수상을 안정하게 만드는 유화제이다 이는 솔비톨과 같은 보습제로 대체될 수 없다.
> ① 보습제
> ② 고분자 점증제
> ④ 유성성분(왁스)
> ⑤ 페녹시에탄올 보존제

---

10 화장품의 품질의 유효성을 확보하기 위한 성분의 연결이 잘못된 것은?

① 생물학적 유효성 – 미백 : 알파비사보롤
② 생물학적 유효성 – 자외선 차단 : 벤조페논
③ 물리적적 유효성 – 자외선 차단 : 티타늄옥사이드, 징크옥사이드
④ 생물학적 유효성 – 주름 : 레티놀
⑤ 심리적 유효성 – 향에 의한 기분의 완화 : 로즈피탈 향료

해설 자외선 차단 성분 중 벤조페논은 화학적으로 자외선을 흡수한다.

11 다음 중 산화방지제로 사용될 수 있는 성분은?

① BHT
② 이디티에이(EDTA)
③ 코카미도프로필베타인
④ 에탄올
⑤ 카보머

해설 ② 이디티에이(EDTA) : 금속이온 봉쇄제
③ 코카미도프로필베타인 : 양쪽성 계면활성제
④ 에탄올 : 수렴제
⑤ 카보머 : 고분자 물질

12 다음의 천연 유래 유성 성분 중 고형을 띠지 않는 것은?

① 에뮤
② 쉐어버터
③ 칸데릴라
④ 카나우바
⑤ 라놀린

해설 에뮤오일은 액상을 나타낸다.
② 쉐어버터 : 고형 중성지방
③~⑤ 칸데릴라, 카나우바, 라놀린 : 왁스류(고형)

13 다음은 어린이용 삼푸의 전성분이다. 어린용 제품임을 광고하려는 경우, 함량을 기재 – 표시해야 하는 성분은?

> [전성분]
> 정제수, 소듐라우릴설페이트, 포타슘코코일글리시네이트, 부틸렌글라이콜, 벤잘코늄클로라이드, 알로베베라추출물, 글리세린, 페녹시에탄올

① 소듐라우릴설페이트
② 포타슘코코일글리시네이트
③ 부틸렌글라이콜
④ 페녹시에탄올
⑤ 알로에베라추출물

해설 만 4세 이상부터 만 13세 이하까지의 어린이가 사용할 수 있는 제품임을 특정하여 표시·광고하려는 경우 사용기준이 지정·고시된 원료 중 보존제의 함량을 기재·표시하여야 한다. 페녹시에탄올은 보존제 성분이다. 소듐라우릴설페이트, 포타슘코코일글리시네이트, 벤잘코늄클로라이는 계면활성제, 부틸렌글라이콜, 글리세린은 보습제이다.

14 다음은 A제품과 B제품의 전성분과 함량이다. 이를 각각 70%와 30%로 혼합할 때 전성분표로 적절한 것은?

> [제품 A]
> 정제수(90%), 이소프로필미리스테이트(5%), 솔비톨(4%)
>
> [제품 B]
> 정제수(90%), 히알루론산(8%), 인삼 추출물(2%)

① 정제수, 이소프로필미리스테이트, 히알루론산, 솔비톨, 인삼추출물
② 정제수, 이소프로필미리스테이트, 솔비톨, 히알루론산, 인삼추출물
③ 정제수, 히알루론산, 이소프로필미리스테이트, 솔비톨, 인삼 추출물
④ 히알루론산, 정제수, 이소프로필미리스테이트, 솔비톨, 인삼 추출물
⑤ 이소프로필미리스테이트, 정제수, 히알루론산, 솔비톨, 인삼추출물

> **해설** 전성분은 많이 들어간 성분을 먼저 나오게 하여 순서대로 기입한다. '정제수(90%), 이소프로필미리스테이트(3.5%), 솔비톨(2.8%), 히알루론산(2.4%), 인삼추출물(0.6%)'이 된다.

15 다음은 사용 후 씻어 내는 제품 속에 포함된 착향제와 그 함량이다. 알러지 유발 성분으로 표기해야 하는 것은 몇 개인가?

> 헥실신남알(0.1%), 아니스에탄올(0.05%), 시트랄(0.01%), 유제놀(0.005%), 벤조신나메이트(0.001%), 나무이끼추출물(0.0005%)

① 2개   ② 3개   ③ 4개
④ 5개   ⑤ 6개

> **해설** 6개는 모두 알러지 유발 가능성이 있는 원료 25종에 속한다. 사용 후 씻어내는 제품의 경우 0.01%를 '초과'하여 함유된 성분의 성분명을 표시해야 한다.

16 〈보기〉 중 알레르기 유발 성분의 표기로 옳지 **않은** 것은?

> ┤ 보기 ├
>
> ㄱ. A성분, B성분, C성분, 향료, 유게놀, 시트랄
> ㄴ. A성분, B성분, C성분, 향료, eugenol, citral
> ㄷ. A성분, 향료, B성분, C성분, 유게놀, 시트랄(함량순으로 기재)
> ㄹ. A성분, B성분, C성분, 유게놀, 시트랄, 향료
> ㅁ. A성분, 향료, B성분, C성분, 유게놀, 시트랄(알레르기 유발 성분)

① ㄱ, ㄷ   ② ㄱ, ㅁ   ③ ㄴ, ㄷ
④ ㄴ, ㅁ   ⑤ ㄹ, ㅁ

> **해설** 영문으로 작성하거나 알레르기 유발 성분이라는 것은 적을 필요 없다.

정답   14 ②   15 ①   16 ④

17 다음의 전성분 표에 밑줄 친 성분을 대체할 수 있는 성분과 가장 가까운 것은?

> [전성분]
> 정제수, 1,2 헥산디올, <u>이소프로필미리스테이트</u>, 글리세릴모노스테아레이트, 라놀린, 벤질알코올

① 세틸에틸헥사노에이트　　② 스테아릴알코올　　③ 세테아디모늄 클로라이드
④ 비즈왁스　　⑤ 페녹시에탄올

해설 이소프로필미리스테이트와 세틸에틸헥사노에이트는 유성성분 중 에스터 오일로 분류되어 대체할 수 있다.
　　② 스테아릴알코올 : 고급알코올
　　③ 세테아디모늄 클로라이드 : 계면활성제
　　④ 비즈왁스 : 유성성분 중 왁스
　　⑤ 페녹시에탄올 : 보존제

18 다음 성분의 배합 기준을 위반한 화장품 중 위해 등급이 <u>다른</u> 하나는?

① 갈란타민　　② 말라카이트 그린　　③ 안드로겐
④ 찬수국꽃 추출물　　⑤ 아데노신

해설 ①~④는 화장품에 사용이 금지된 원료이다. 이 성분이 들어가면 가 등급의 위해도를 가진다. ⑤ 아데노신은 기능성화
　　장품의 원료로서 함량 위반 시 다 등급의 위해 등급을 얻는다.

19 다음 중 회수 대상 화장품에 해당하지 <u>않는</u> 것은?

① 내용량의 기준을 위반한 화장품
② 일부가 변패된 화장품
③ 기준 이상의 미생물이 검출된 화장품
④ 맞춤형화장품 조제관리사를 두지 아니하고 판매한 맞춤형화장품
⑤ 사용기한을 위·변조한 화장품

해설 내용량의 기준 위반은 회수 대상이 아니다.

20 위해화장품이 폐기된 뒤 폐기확인서를 보관하여야 하는 기간은?

① 15일　　② 1개월　　③ 3개월
④ 1년　　⑤ 2년

해설 회수한 화장품을 폐기하기 위해서는 폐기신청서를 제출해야 하고 폐기 이후에는 폐기확인서를 2년간 보관하여야
　　한다.

정답　17 ①　18 ⑤　19 ①　20 ⑤

21 화장품의 원료에서 색을 나타내는 안료 중 이산화티탄, 산화아연과 같이 피부를 희게 나타내는 데 사용되는 것은?

① 백색 안료   ② 진주광택 안료   ③ 착색 안료

④ 체질 안료   ⑤ 채색 안료

해설 ② 진주 광택 안료 : 메탈릭한 광채를 나타낼 때
③ 착색 안료 : 색을 나타낼 때(벤가라, 울트라마린 등)
④ 체질 안료 : 희석제로서의 역할, 색감이나 광택 · 사용감을 조절할 때
⑤ 채색 안료 : 공식적인 분류법이 아님

22 피부의 수분 유지를 위해 사용되는 성분 중 성격이 <u>다른</u> 하나는?

① 글리세린   ② 히알루론산   ③ 에뮤 오일

④ 솔비톨   ⑤ 프로필렌글리콜

해설 에뮤 오일 등의 유성성분은 피부 표면에 유성막을 형성하여 수분의 증발을 억제한다(occlusive). 반면 수분과 친화력이 있는 수성성분은 수분과의 결합으로 수분의 증발을 억제한다(humectant).

23 색을 나타내는 색소 중 염료(dye)의 형태로 연지벌레에서 얻어지는 색소에 해당하는 것은?

① 코치닐   ② 카르사민   ③ 적색산화철

④ 이산화티탄   ⑤ 적색 504호

해설 코치닐 색소는 연지벌레에서 추출한 붉은색 색소로 립스틱 및 우유 등에도 사용된다.

24 다음의 유성성분 중 광물 등에서 얻어진 탄화수소 구조를 가지는 것은?

① 비즈왁스   ② 바세린   ③ 세틸알코올

④ 에뮤 오일   ⑤ 디메치콘

해설 바세린에 대한 설명으로, 다양한 길이의 탄화수소가 섞여 있어 젤리 형태를 나타낸다.

25 방부제의 성분과 그 최대 사용 한도로 맞는 것은?

① 벤질알코올－1 %   ② 아데노신－1%   ③ 나이아신아마이드－1%

④ 옥토크릴렌－5%   ⑤ 알파비사보롤 － 5%

해설 기능성 고시원료에 해당하는 원료명과 구분이 필요하다. 아데노신, 나이아신아마이드, 알파비사보롤은 기능성 고시원료이며, 옥토크릴렌은 자외선 차단제로 방부제가 아니다.

26 다음 자외선 차단 성분 중 백탁의 우려는 없으나 자극의 우려가 있는 유기 자외선 차단제에 속하는 원료는?

① 벤질알코올   ② 티타늄디옥사이드   ③ 옥토크릴렌

④ 징크옥사이드   ⑤ 페녹시에탄올

해설 옥토크릴렌에 대한 설명으로, 분자구조의 특성상 빛을 흡수하여 열에너지로 발산한다.

정답   21 ①   22 ③   23 ①   24 ②   25 ①   26 ③

27 바디워시에 알려지 유발 가능성이 있는 향료 성분이 몇 퍼센트를 초과하여 함유된 경우 표시해야 하는가?

① 1% ② 0.1% ③ 0.01%
④ 0.001% ⑤ 0.0001%

해설 알려지 유발 가능성이 있는 성분은 성분명을 표기해야 하는데, 사용 후 세척되는 제품은 0.01% 초과, 사용 후 세척되는 제품 이외의 화장품은 0.001%를 초과하여 함유되는 경우에 표기한다. 바디워시는 사용 후 세척되는 제품이므로 0.01% 초과 시 성분명을 표시한다.

28 다음에서 설명하는 UVA 차단에 의한 피부의 흑화 방지 기능을 산출하는 기능 규정은?

> 정의 : 제품을 바른 피부의 최소 흑화량/제품을 바르지 않은 피부의 최소 흑화량

① SPF ② PA ③ MED
④ MPPD ⑤ UVC

해설 PA는 Protection Factor of UVA의 약자이며, +의 개수로 표현한다.

29 다음 중 화장품으로 표시·광고할 수 <u>없는</u> 효능은?

① 살균·소독 ② 피부 독소 제거 ③ 면역 강화
④ 피부를 유연하게 함 ⑤ 피부 손상 회복

해설 질병을 진단·치료·경감·처치 또는 예방하는 효과나 의학적 효능·효과 관련 표현은 금지된다.

30 다음 중 화장품의 표시·광고에 대한 준수사항과 거리가 <u>먼</u> 것은?

① 의약품으로 오인하게 할 우려가 있는 표시·광고 금지
② 저속하거나 혐오감을 주는 표현을 한 표시·광고를 하지 말 것
③ 화장품의 유형별 효능·효과의 범위를 벗어나는 표시·광고 금지
④ 사실 유무를 확인해야만 다른 제품을 비방하는 광고 가능
⑤ 야생동식물의 가공품이 함유된 화장품을 표현 또는 암시하는 표시·광고를 하지 말 것

해설 비방하거나 비방한다고 의심이 되는 광고는 금지한다.

31 다음 중 위해도 평가 결과에 따라 안전하다고 판단하는 것은?

① 비발암성 물질 안전역 = 10
② 비발암성 물질 안전역 = 30
③ 비발암성 물질 안전역 = 90
④ 발암 물질 평생 발암 위험도 = 10^{-6}
⑤ 피부 감작성 물질 안전역 = 10^{-6}

해설 피부 감작성 물질 안전역이 1 이상인 경우, 평생 발암 위험도가 10^{-5} 이하인 경우, 비발암성 물질 안전역이 100 이상인 경우 안전하다고 판단한다.

정답 27 ③ 28 ② 29 ③ 30 ④ 31 ④

32 다음에서 설명하는 화장품의 위해 사례 판단과 보고의 용어에 해당하는 것은?

> 화장품과 관련하여 국민보건에 직접 영향을 미칠 수 있는 안전성·유효성에 관한 새로운 자료, 유해사례 정보

① 유해성   ② 위해성   ③ 유해물질
④ 실마리 정보   ⑤ 안전성 정보

해설 안전성 정보에 대한 설명으로, 화장품책임판매업자는 안전성 정보를 수집하여 식품의약품안전처장에게 보고해야 하는 의무를 지닌다.

33 다음 중 중대한 유해사례에 해당하지 <u>않는</u> 것은?

① 사망을 초래하거나 생명을 위협하는 경우
② 의학적으로 중요한 상황
③ 입원 또는 입원 기간의 연장이 필요한 경우
④ 지속적 또는 중대한 불구나 기능 저하를 초래하는 경우
⑤ 전부 또는 일부가 변패(變敗)된 화장품을 판매한 경우

해설 ⑤는 의학적으로 중대한 경우에 해당하지 않는다.

34 다음 〈보기〉의 사용상 주의사항에 해당하는 화장품의 유형은?

┤ 보기 ├

- 햇빛에 대한 피부의 감수성을 증가시킬 수 있으므로 자외선 차단제를 함께 사용할 것(씻어내는 제품 및 두발용 제품은 제외한다)
- 일부에 시험 사용하여 피부 이상을 확인할 것
- 고농도의 성분이 들어있어 부작용이 발생할 우려가 있으므로 전문의 등에게 상담할 것

① 고압가스를 사용하지 않는 분무형 자외선 차단제
② 알파－하이드록시애시드(α－hydroxyacid, AHA) 함유 제품
③ 손발의 피부연화 제품
④ 두발용, 두발염색용 및 눈 화장용 제품류
⑤ 퍼머넌트웨이브 제품 및 헤어스트레이트너 제품

해설 〈보기〉는 AHA를 포함한 제품의 주의사항이다(0.5% 이하로 함유된 제품은 제외한다).

정답 32 ⑤   33 ⑤   34 ②

35 화장품의 사용기한에 대한 정보를 표시하는 경우 〈보기〉에 해당하는 내용이 표시되어야 할 개별화장품의 종류는?

┤ 보기 ├

개봉한 제품은 7일 이내에 사용

① 퍼머넌트웨이브 제품 및 헤어스트레이트너 제품
② 고압가스를 사용하지 않는 분무형 자외선 차단제
③ 모발용 샴푸
④ 손발의 피부연화 제품
⑤ 체취 방지용 제품

해설 공기 유입에 의한 변질 가능성이 있는 퍼머액 제품의 주의사항이다.

36 다음 〈보기〉에서 빈칸에 들어갈 적절한 내용은?

┤ 보기 ├

위해도의 평가를 위한 데이터로 전신 노출량은 "전신 노출량(SED) = (화장품 1일 사용량×잔류지수×제품 내 농도×흡수율)/체중"으로 산출된다. 이때 화장품의 유형마다 접촉하는 시간이 달라서 잔류지수는 화장품의 유형에 따라 다르다.
• 크림과 같은 리브온 제품 : 1(사용량이 그대로 반영)
• 메이크업 리무버와 같은 세정 제품 : 0.1
• 샤워젤이나 비누 같은 세정 제품 : (   )

① 0.01   ② 1   ③ 10
④ 100   ⑤ 1,000

해설 세정 제품의 종류에 따라서도 잔류지수는 다르게 구분되는데, 샤워젤이나 비누 같은 세정 제품의 전신 노출량은 0.01 이다.

37 화장품의 원료 중 색을 나타내는 안료 색감과 광택 사용감 등을 조절할 목적으로 사용하는 것은?

① 이산화티탄   ② 마이카   ③ 산화아연
④ 울트라마린   ⑤ 벤가라

해설 체질 안료에 대한 내용으로 마이카, 탈크 등이 있다. 발색단을 가지지 않지만 백색 안료 수준의 흰색을 나타내지는 않는다.

정답 35 ① 36 ① 37 ②

38 〈보기〉는 화장품 사용 시 공통적으로 적용되는 주의사항이다. 일반적으로 발생할 수 있는 부작용의 사례로서 빈칸에 들어갈 단어로 적절한 것은?

┤ 보기 ├

화장품 사용 시 또는 사용 후 직사광선에 의하여 사용부위에 붉은 반점, (　　　) 또는 가려움 등의 이상 증상이나 부작용이 있는 경우 전문의 등과 상담할 것

① 피부 감수성　　　　　② 특이체질　　　　　③ 점막 손상
④ 알러지　　　　　　　⑤ 부어오름

해설 화장품 사용 시 또는 후에 사용부위가 부어오르거나, 붉은 반점 등이 있는 경우 전문의 등과 상담해야 한다. 〈보기〉 외의 공통사항으로는 상처가 있는 부위 등에는 사용하지 말 것, 직사광선을 피해서 보관할 것 등이 있다.

39 회수대상 화장품에 해당하지 않는 것은?

① 등록을 하지 아니한 자가 제조한 화장품 또는 제조 · 수입하여 유통 · 판매한 화장품
② 맞춤형화장품 조제관리사를 두지 아니하고 판매한 맞춤형화장품
③ 전부 또는 일부가 변패(變敗)된 화장품
④ 손발 피부연화 제품에서 프로필렌글리콜에 알러지 반응을 발생시킨 화장품
⑤ 사용기한 또는 개봉 후 사용기간을 위조 · 변조한 화장품

해설 ④는 사용상 발생할 수 있는 부작용으로 손 · 발 피부연화제품에 표시되는 사용상의 주의사항이다. 부작용 발생 시 소비자는 사용을 중단하는 것이 바람직하나, 회수대상 화장품은 아니다.

40 다음 중 양이온성 계면활성제가 사용되는 제품의 종류는?

① 헤어 트리트먼트　　　② 샴푸　　　　　　③ 크림
④ 바디 클렌저　　　　　⑤ 토너

해설 양이온 계면활성제는 모발 등에 흡착하여 정전기 등을 방지하고 잔류성이 좋아 헤어 트리트먼트에 사용된다.

41 계면활성제의 친수성 부위에 따른 분류 중 자극이 적어 유아용 세정제에 주로 쓰이는 계면활성제는?

① 음이온성 계면활성제　　② 양이온성 계면활성제　　③ 양쪽이온성 계면활성제
④ 비이온성 계면활성제　　⑤ 친수성 계면활성제

해설 ① 음이온성 계면활성제 : 기포생성력 우수, 합성세제나 비누 등
② 양이온성 계면활성제 : 살균작용, 헤어 린스 및 트리트먼트
④ 비이온성 계면활성제 : 화장품 제조에 가장 많이 사용됨
⑤ 친수성 계면활성제 : 일반적인 분류법에 해당하지 않음

정답　38 ⑤　39 ④　40 ①　41 ③

42 화장품에 사용되는 원료의 특성을 설명한 것으로 옳은 것은?

① 금속이온봉쇄제는 주로 점도 증가, 피막 형성 등의 목적으로 사용된다.

② 계면활성제는 산화되기 쉬운 성분을 함유한 물질에 첨가하여 산패를 막을 목적으로 사용된다.

③ 고분자화합물은 원료 중에 혼입되어 있는 이온을 제거할 목적으로 사용된다.

④ 산화방지제는 계면에 흡착하여 계면의 성질을 현저히 변화시키는 물질이다.

⑤ 유성원료는 수분의 증발을 억제하고 사용 감촉을 향상시키는 등의 목적으로 사용된다.

해설 유성원료는 화장품에서 수성원료와 함께 가장 많이 사용되는 원료이다.
　　① 금속이온봉쇄제는 원료 중에 혼입되어 있는 이온을 제거할 목적으로 사용된다.
　　② 계면활성제는 계면에 흡착하여 계면의 성질을 현저히 변화시키는 물질이다.
　　③ 고분자화합물은 주로 점도 증가, 피막 형성 등의 목적으로 사용된다.
　　④ 산화방지제는 산화되기 쉬워 성분을 함유한 물질에 첨가하여 산패를 막을 목적으로 사용된다.

43 다음 중 수성원료와 거리가 먼 것은?

① 증류수　　　　　　　② 꽃수　　　　　　　③ 효모발효여과물

④ 알코올　　　　　　　⑤ 고급알코올

해설 탄화수소 부위의 길이가 긴 것을 고급알코올이라 하고, 이는 유성원료에 포함된다.

44 화장품에 사용할 수 있는 원료를 규정할 때 보존제, 자외선차단제 등 고시된 성분과 목적 이외에 사용할 수 없는 원료를 뜻하는 것은?

① Negative 리스트　　② Positive 리스트　　③ 화장품 배합 금지 원료

④ 사용상의 제한이 있는 원료　　⑤ 기능성 고시 원료

해설 ④는 목적과 함량에 규제를 둔 것을 의미한다.

45 화장품 전성분 표시제도의 표시 방법에서 거리가 먼 것은?

① 글자 크기 : 5포인트 이상

② 표시 순서 : 제조에 사용된 함량이 많은 것부터 기입

③ 순서 예외 : 1% 이하로 사용된 성분, 착향료, 착색제는 함량 순으로 기입하지 않아도 됨

④ 표시 강조 : 원료 자체에 이미 포함되어 있는 미량의 보존제 및 안정화제도 반드시 기입

⑤ 향료 표시 : 착향제는 세부 성분을 모두 기입하지 않고 "향료"라고 기입(알러지 유발 가능성 향료 표시 기준 제외)

해설 원료 자체에 이미 포함되어 있는 미량의 성분은 표시에서 제외된다.

46 자외선 차단 성분과 그 최대 사용한도로 맞는 것은?

① 글루타랄 : 5%

② 알파비사보롤 : 1%

③ 에칠헥실메톡시신나메이트 : 7.5%

④ 페녹시에탄올 : 1%

⑤ 옥토크릴렌 : 25%

해설 자외선 차단제의 종류별로 사용한도가 규정되어 있다.
①, ④ 글루타랄, 페녹시에탄올 : 보존제(글루타랄 0.1%, 페녹시에탄올 1%)
② 알파비사보롤 : 미백 기능성 소재
⑤ 옥토크릴렌 : 최대 사용한도가 10%인 자외선 차단 성분

47 알려지 유발 가능성이 있는 향료를 사용한 경우 표시해야 할 제품과 그 함량이 바르게 짝지어진 것은?

① 샴푸, 0.01% 초과   ② 샴푸, 0.01% 이하   ③ 샴푸, 0.001% 초과

④ 크림, 0.01% 초과   ⑤ 크림, 0.001% 이상

해설 샴푸는 사용 후 세척되는 제품(0.01% 초과)으로, 크림은 그 외의 화장품(0.001% 초과)으로 분류된다.

48 다음 〈보기〉의 효능 및 효과를 표시 · 광고할 수 있는 화장품의 유형은?

┤ 보기 ├

• 피부 거칠음을 방지하고 살결을 가다듬는다.
• 피부를 청정하게 한다.
• 피부에 수분을 공급하고 조절하여 촉촉함을 주며, 유연하게 한다.
• 피부를 보호하고 건강하게 한다.
• 피부에 수렴효과를 주며, 피부탄력을 증가시킨다.

① 기초화장용 제품류   ② 면도용 제품류   ③ 눈 화장 제품류

④ 메이크업 제품류   ⑤ 방향용 제품류

해설 〈보기〉의 효능과 효과를 모두 포함하는 것은 기초화장품에 해당한다. 특히, 수렴효과 등은 기초화장품에서만 허용되는 표현이다.

49 다음 중 화장품으로 표시 · 광고할 수 있는 효능은?

① 얼굴 크기가 작아진다.

② 호르몬의 분비를 촉진한다.

③ 모발의 두께를 증가시킨다.

④ 세포의 활력을 증진시킨다.

⑤ 면도로 인한 상처를 방지한다.

해설 질병을 진단 · 치료 · 경감 · 처치 또는 예방하는 효과나 의학적 효능 · 효과 관련 표현은 표시 · 광고가 금지된다. 신체개선 표현과 생리활성 관련 표현도 금지된다.

정답 46 ③ 47 ① 48 ① 49 ⑤

50 화장품의 위해도 평가를 위한 전신 노출량 산정 시 흡수율은 기본적으로 몇 %로 정의하는가?

> 전신 노출량(SED) = (화장품 1일 사용량 × 잔류지수 × 제품 내 농도 × 흡수율)/체중

① 10%　　　　　　② 20%　　　　　　③ 30%
④ 40%　　　　　　⑤ 50%

해설 흡수율은 피부 흡수율에 대한 특별한 자료가 없는 경우 50%로 가정하여 사용한다.

51 체취방지용 제품의 사용상 주의사항에 해당하는 것은?

① 개봉한 제품은 7일 이내에 사용할 것
② 눈에 들어갔을 때에는 즉시 씻어낼 것
③ 털을 제거한 직후에는 사용하지 말 것
④ 만 3세 이하 어린이에게는 사용하지 말 것
⑤ 얼굴에 직접 분사하지 않고 손에 덜어 사용할 것

해설 체취방지용 제품은 털을 제거한 직후에는 사용하지 않는다.
① 퍼머넌트웨이브 제품의 사용상 주의사항이다.
② 모발용 샴푸의 사용상 주의사항이다.
④ 외음부 세정제의 사용상 주의사항이다.
⑤ 분무형 자외선 차단제의 사용상 주의사항이다.

52 다음 〈보기〉의 사용상 주의사항에 해당하는 화장품의 유형은?

> ─┤ 보기 ├─
> 얼굴에 직접 분사하지 않고 손에 덜어 얼굴에 바를 것

① 고압가스를 사용하지 않는 분무형 자외선 차단제
② 미세한 알갱이가 함유되어 있는 스크러브 세안제
③ 손발의 피부연화 제품
④ 두발용, 두발염색용 및 눈 화장용 제품류
⑤ 퍼머넌트웨이브 제품 및 헤어스트레이트너 제품

해설 고압가스를 사용하는 에어로졸 제품이 자외선 차단제인 경우 동일한 주의사항을 표시해야 한다.

53 다음 중 회수대상 화장품의 위해 등급이 다른 것은?

① 맞춤형화장품 조제관리사를 두지 아니하고 판매한 맞춤형화장품
② 신고를 하지 아니한 자가 판매한 맞춤형화장품
③ 어린이 제품의 pH 기준에 맞지 않는 화장품
④ 등록을 하지 아니한 자가 제조한 화장품 또는 제조·수입하여 유통·판매한 화장품
⑤ 이물이 혼입되었거나 부착되어 보건위생상 위해를 발생할 우려가 있는 화장품

해설 ③은 나 등급, 나머지는 다 등급에 해당한다. 나 등급에 해당하는 것이 다 등급보다 위해성이 높다고 판단한다.

정답 50 ⑤　51 ③　52 ①　53 ③

54 화장품 위해평가 시 고려해야 할 절차의 순서로 옳은 것은?

ㄱ. 노출 평가	ㄴ. 위해도 결정
ㄷ. 위험성 확인	ㄹ. 위험성 결정

① ㄱ → ㄴ → ㄷ → ㄹ　　　② ㄱ → ㄴ → ㄹ → ㄷ　　　③ ㄷ → ㄴ → ㄱ → ㄹ
④ ㄷ → ㄹ → ㄱ → ㄴ　　　⑤ ㄷ → ㄱ → ㄹ → ㄴ

해설 확인된 독성에 대해 한계용량 등을 파악하여 안전하다고 판단되는 용량을 결정한다. 이후 화장품 사용 시 흡수되는 용량을 확인하고 위해 영향과 발생 확률을 확인한다. 따라서 위해평가 시 고려해야 할 절차는 ㄷ → ㄹ → ㄱ → ㄴ이다.

55 다음 중 일반적인 화장품의 보관 및 취급 방법과 거리가 <u>먼</u> 것은?
① 밀폐된 장소에서 보관하지 말 것
② 직사광선이 닿는 곳에는 보관하지 말 것
③ 유아·소아의 손이 닿지 않는 곳에 보관할 것
④ 고온의 장소에 보관하지 말 것
⑤ 사용 후에는 반드시 마개를 닫아둘 것

해설 ①은 고압가스를 사용하는 제품에 표시해야 하는 특별한 취급 방법이다.

56 다음 중 사용상의 제한이 있는 원료는?
① 증점제　　　　　② 계면활성제　　　　　③ 피막제
④ 증류수　　　　　⑤ 자외선 차단 성분

해설 자외선 차단 성분은 보존제 등과 함께 용도와 함량의 제한이 있다.

57 착색 안료의 일종으로 푸른색을 나타내는 것은?
① 벵가라　　　　　② 울트라마린　　　　　③ 카본블랙
④ 산화 크롬　　　　⑤ 이산화티탄

해설 울트라마린은 황에 의해 푸른색을 나타낸다.

58 화장품의 주의사항 중 공통사항에 해당하는 것은?
① 알갱이가 눈에 들어갔을 때에는 물로 씻어내고, 이상이 있는 경우에는 전문의와 상담할 것
② 상처가 있는 부위 등에는 사용을 자제할 것
③ 눈에 들어갔을 때에는 즉시 씻어낼 것
④ 개봉한 제품은 7일 이내에 사용할 것
⑤ 털을 제거한 직후에는 사용하지 말 것

해설 ① 미세한 알갱이가 함유되어 있는 스크럽 세안제의 개별 주의사항
　　 ③ 두발용, 두발염색용 및 눈 화장용 제품류의 개별 주의사항
　　 ④ 퍼머넌트 웨이브 제품 및 헤어스트레이트너 제품의 개별 주의사항
　　 ⑤ 체취방지용 제품의 개별 주의사항

정답　54 ④　55 ①　56 ⑤　57 ②　58 ②

59 회수대상 화장품에 해당하지 <u>않는</u> 것은?

① 등록을 하지 아니한 자가 제조한 화장품 또는 제조 · 수입하여 유통 · 판매한 화장품

② 맞춤형화장품 조제관리사를 두지 아니하고 판매한 맞춤형화장품

③ 전부 또는 일부가 변패(變敗)된 화장품

④ 사용 부위에 부어오름 등의 부작용이 생긴 화장품

⑤ 사용기한 또는 개봉 후 사용기간을 위조 · 변조한 화장품

해설 ④는 일반적인 화장품에서 발생할 수 있는 부작용이며, 이는 사용상의 주의사항에 표시한다. 해당 부작용의 발생 시 소비자는 사용을 중단하는 것이 바람직하지만, 회수대상 화장품으로 분류되지는 않는다.

60 다음 〈보기〉는 안전성 보고에서 "중대한 유해사례"의 경우이다. 빈칸에 들어갈 단어로 적합한 것은?

┤ 보기 ├

ㄱ. 사망을 초래하거나 생명을 위협하는 경우

ㄴ. (　　) 또는 (　　) 기간의 연장이 필요한 경우

ㄷ. 지속적 또는 중대한 불구나 기능 저하를 초래하는 경우

ㄹ. 선천적 기형 또는 이상을 초래하는 경우

① 특이체질　　　　　② 입원　　　　　③ 불구
④ 요양　　　　　　　⑤ 알러지

해설 사망을 초래하거나, 입원 또는 입원 기간의 연장이 필요한 경우 등은 의학적으로 중요한 사례에 해당한다.

61 다음의 설명에 해당하는 유성성분은?

지방산과 알코올의 중합으로 이루어진 구조를 기본으로 하는 합성오일이며 산뜻한 사용감으로 화장품에 널리 사용됨

① 에스테르 오일(이소프로필 미리스테이트 등)

② 에뮤 오일

③ 실리콘 오일

④ 쉐어버터

⑤ 올리브 오일

해설 ② 에뮤 오일 : 동물에서 얻은 유지류로 상온에서 액체로 존재한다.
③ 실리콘 오일 : 유지류에 비해 산뜻한 사용감을 가진다.
④ 쉐어버터 : 식물에서 얻은 유지류로 상온에서 고체로 존재한다.
⑤ 올리브 오일 : 식물에서 얻은 유지류로 상온에서 액체로 존재한다.

PART 01

PART 02

PART 03

PART 04

62 화장품의 원료 중 색을 나타내는 안료로서 적색산화철과 같이 색을 나타내는 데 사용되는 것은?

① 백색 안료　　　　　　② 착색 안료　　　　　　③ 체질 안료
④ 진주 광택 안료　　　　⑤ 채색 안료

해설 ① 피부를 희게 나타내기 위해 사용
③ 색감과 광택, 사용감 등을 조절할 때 사용
④ 메탈릭한 광채를 나타낼 때 사용

63 다음의 성분 중 제형의 점도를 증가시키는 데 적절한 고분자성분은?

① 카보머　　　　　　　② 니트로셀룰로오즈　　　③ 비즈왁스
④ 고급지방산　　　　　⑤ 파라핀

해설 니트로셀룰로오즈는 피막을 형성하는 고분자성분이고, 비즈왁스, 고급지방산, 파라핀은 유성성분에 해당한다.

64 화장품의 색재를 나타내는 원료 중 물이나 유기 용매에 잘 녹는 것은?

① 백색 안료　　　　　　② 레이크　　　　　　　③ 유기 안료
④ 염료　　　　　　　　⑤ 착색 안료

해설 ① 백색 안료 : 피부를 하얗게 나타낼 때 사용한다.
② 레이크 : 염료를 금속염에 결합시킨 것으로 불용성이다.
③ 유기 안료 : 합성될 때부터 물과 유기 용매에 녹지 않는다.
⑤ 착색 안료 : 화장품에 색상을 부여하는 기능이 있다.

65 화장품 전성분 표시제도의 표시방법에서 거리가 먼 것은?

① 글자 크기 : 5포인트 이상
② 표시 순서 : 제조에 사용된 함량이 많은 것부터 기입
③ 순서 예외 : 1% 이하로 사용된 성분, 착향료, 착색제는 함량 순으로 기입하지 않아도 됨
④ 표시 제외 : 원료 자체에 이미 포함되어 있는 미량의 보존제 및 안정화제
⑤ 향료 표시 : 착향제는 세부 성분을 모두 기입해야 함

해설 착향제는 기본적으로 영업 기밀에 해당하여 "향료"라고 표시한다.

66 액체비누에 알러지 유발 가능성이 있는 향료 성분이 들어갔을 때 함량이 얼마를 초과한 경우 표시해야 하는가?

① 1%　　　　　　　　② 0.1%　　　　　　　③ 0.01%
④ 0.001%　　　　　　⑤ 0.0001%

해설 알러지 유발 가능성이 있는 성분은 성분명을 표기해야 한다. 사용 후 세척되는 제품은 0.01% 초과, 사용 후 세척되는 제품 이외의 화장품은 0.001% 초과 함유하는 경우에 표기한다. 액체비누는 사용 후 세척되는 제품으로 분류된다.

정답　62 ②　63 ①　64 ④　65 ⑤　66 ③

67 화장품 사용상에 제한이 있는 원료 중 제품의 변질을 막고 미생물의 성장을 억제하기 위한 성분과 예시가 바르게 짝지어진 것은?

① 살균제 – 페녹시에탄올 ② 항생제 – 글루타랄 ③ 보존제 – 벤질알코올

④ 착향제 – 벤질알코올 ⑤ 염색제 – 트리클로산

> 해설 항생제와 같은 의약품 살균제 등은 생활화학제품 등에서 사용되는 명칭으로 작용이 조금씩 다르다. 나머지 ①, ②, ④, ⑤의 예시는 모두 보존제에 해당한다.

68 다음의 자외선 차단 성분 중 백탁의 우려는 없으나 자극의 우려가 있는 유기 자외선 차단제에 속하는 원료는?

① 벤질알코올 ② 티타늄디옥사이드 ③ 징크옥사이드

④ 에칠헥실메톡시신나메이트 ⑤ 페녹시에탄올

> 해설 에칠헥실메톡시신나메이트에 대한 설명으로, 분자구조의 특성상 빛을 흡수하여 열에너지로 발산한다.

69 다음 중 화장품으로 표시 · 광고할 수 있는 효능은?

① 빠지는 모발 감소 ② 두피의 가려움을 없앰 ③ 기저귀 발진

④ 세포 활력 ⑤ 통증 경감

> 해설 질병을 진단 · 치료 · 경감 · 처치 또는 예방하는 효과나 의학적 효능 · 효과 관련 표현은 금지된다. 신체개선 표현과 생리활성 관련 표현도 금지된다.

70 다음 중 화장품의 표시 · 광고에 대한 준수 사항을 위반하지 <u>않은</u> 경우는?

① 의약품으로 오인하게 할 우려가 있는 표시 · 광고

② 기능성화장품이 아닌 것으로서 기능성화장품으로 오인시킬 우려가 있는 효능 · 효과 표시

③ 화장품의 유형별 효능 · 효과의 범위를 벗어나는 표시 · 광고

④ 외국제품을 국내제품으로 또는 국내제품을 외국제품으로 오인하게 할 우려가 있는 표시 · 광고

⑤ 화장품 성분에 대한 경쟁상품과의 비교 표시

> 해설 성분에 한하여 사실대로 하여야 한다.

71 다음의 위해도 평가 결과에 따라 안전하다고 판단하는 것은?

① 비발암성 물질 안전역 = 10

② 비발암성 물질 안전역 = 30

③ 비발암성 물질 안전역 = 90

④ 발암 물질 평생발암 위험도 = 100

⑤ 피부 감작성 물질 안전역 = 2

> 해설 피부 감작성 물질 안전역이 1 이상인 경우, 평생발암 위험도가 10^{-5} 이하인 경우, 비발암성 물질 안전역이 100 이상인 경우에 안전하다고 판단한다.

정답 67 ③ 68 ④ 69 ② 70 ⑤ 71 ⑤

72 다음에서 설명하는 화장품의 위해 사례 판단과 보고의 용어에 해당하는 것은?

> 유해 사례와 화장품 간의 인과관계 가능성이 있다고 보고된 정보로서 그 인과관계가 알려지지 아니하거나 입증자료가 불충분한 것

① 유해성　　　　　　　　② 위해성　　　　　　　　③ 유해물질
④ 실마리 정보　　　　　　⑤ 안전성 정보

해설 책임판매업자 등이 보고한 안전성 정보를 식품의약품안전처장이 판단하여 인과관계가 불충분한 것은 실마리 정보로 분류하여 관리한다.
① 유해성 : 사람의 건강이나 환경에 좋지 않은 영향을 미치는 화학물질 고유의 성질
② 위해성 : 유해성이 있는 화학물질이 노출되는 경우 사람의 건강이나 환경에 피해를 줄 수 있는 정도
③ 유해물질 : 유해성을 가진 화학물질
⑤ 안전성 정보 : 화장품과 관련하여 국민 보건에 직접 영향을 미칠 수 있는 안전성·유효성에 관한 새로운 자료 및 유해사례 정보

73 화장품 책임판매업자의 안전관리 정보 중 신속보고의 보고 주기는?

① 15일　　　　　　　　　② 1개월　　　　　　　　③ 1년
④ 3개월　　　　　　　　　⑤ 6개월

해설 신속보고와 정기보고는 보고 기간에 대한 규정이 다르다. 정기보고는 6개월이고 신속보고는 15일 이내이다.

74 화장품의 사용기한 대신 개봉 후 사용기간을 표시할 경우 병행 표기해야 하는 것은?

① 배치번호　　　　　　　　② 사용기한　　　　　　　③ 입고번호
④ 제조연월일　　　　　　　⑤ 제조번호

해설 개봉 후 사용기간을 기재할 경우 제조연월일을 병행 표기한다. 즉, 화장품이 제조된 날부터 적절한 보관 상태에서 제품이 고유의 특성을 간직한 채 소비자가 안정적으로 사용할 수 있는 최소한의 기한 정보를 제공해야 한다.

75 다음 〈보기〉의 사용상 주의사항에 해당하는 화장품의 유형은?

───────────┤ 보기 ├───────────

- 같은 부위에 연속해서 3초 이상 분사하지 말 것
- 가능하면 인체에서 20센티미터 이상 떨어져서 사용할 것
- 눈 주위 또는 점막 등에 분사하지 말 것. 다만, 자외선 차단제의 경우 얼굴에 직접 분사하지 말고 손에 덜어 얼굴에 바를 것
- 분사가스는 직접 흡입하지 않도록 주의할 것

① 고압가스를 사용하는 에어로졸 제품
② 미세한 알갱이가 함유되어 있는 스크러브 세안제
③ 손발의 피부연화 제품
④ 두발용, 두발염색용 및 눈 화장용 제품류
⑤ 퍼머넌트웨이브 제품 및 헤어스트레이트너 제품

해설 고압가스를 사용하는 에어로졸 제품에 대한 주의사항이나, 무스의 경우 〈보기〉의 사항은 제외한다.

───────────────────────────

정답　72 ④　73 ①　74 ④　75 ①

76 다음 〈보기〉의 빈칸에 들어갈 적절한 수치는?

---| 보기 |---

위해도의 평가를 위한 데이터로 전신 노출량은 "전신 노출량 (SED) = (화장품 1일 사용량×잔류지수×제품 내 농도×흡수율)/체중"으로 산출된다. 이때 화장품의 유형마다 접촉하는 시간이 달라서 잔류지수는 화장품의 유형에 따라 다르다.

- 크림과 같은 리브온 제품 : 1
- 메이크업 리무버와 같은 세정 제품 : (   )
- 샤워젤이나 비누 같은 세정 제품 : 0.01

① 0.001   ② 0.1   ③ 10
④ 100   ⑤ 1,000

해설 메이크업 리무버는 샤워젤 등에 비해 잔류기간이 길어 잔류지수는 0.1로 반영된다.

77 〈보기〉는 화장품 사용 시 모든 화장품에 적용되는 주의사항이다. 일반적으로 발생할 수 있는 부작용의 사례로서 빈칸에 들어갈 말로 적절한 것은?

---| 보기 |---

화장품 사용 시 또는 사용 후 직사광선에 의하여 사용 부위에 (   ), 부어오름 또는 가려움증 등의 이상 증상이나 부작용이 있는 경우 전문의 등과 상담할 것

① 피부 감수성   ② 특이체질   ③ 점막 손상
④ 알러지   ⑤ 붉은 반점

해설 공통적인 주의사항으로는 〈보기〉 이외에도 상처 부위 등에는 사용을 자제할 것, 직사광선을 피해서 보관할 것 등이 있다.

78 다음 중 위해성 등급이 가장 높은 회수대상 화장품을 고르시오.

① 등록을 하지 아니한 자가 제조한 화장품 또는 제조·수입하여 유통·판매한 화장품
② 맞춤형화장품 조제관리사를 두지 아니하고 판매한 맞춤형화장품
③ 기능성화장품의 기능성을 나타나게 하는 주원료 함량이 기준치에 부적합한 경우
④ 사용기한 또는 개봉 후 사용기간을 위조·변조한 화장품
⑤ 비누 내 알칼리 함량이 기준에 맞지 않는 화장품

해설 ①~④는 다 등급, ⑤는 나 등급에 해당한다. 나 등급에 해당하는 것이 다 등급보다 위해성이 더 높다고 판단한다.

79 다음 중 화장품의 안전을 확보하기 위한 일반적인 사항과 화장품 위해평가 시 고려해야 할 사항, 방법, 절차로 옳은 것은?

① 위험성 결정 : 화장품 등을 통하여 사람이 바르거나 섭취하는 위해요소의 양 또는 수준을 정량적 · 정성적으로 산출하는 과정

② 위해도 결정 : 위해요소의 노출량과 유해영향 발생과의 관계를 정량적으로 규명하는 단계로 동물실험 등의 불확실성 등을 고려하여 독성값(NOAEL) 또는 인체안전기준(TDI, ADI, RfD 등)을 결정

③ 위해평가 : 인체가 화장품 사용으로 유해요소에 노출되었을 때 발생할 수 있는 위해영향과 발생 확률을 과학적으로 예측하는 일련의 과정

④ 위험성 확인 : 평가대상 위해요인이 인체건강에 미치는 위해영향 발생과 위해 정도를 정량적 또는 정성적으로 예측하는 과정

⑤ 노출평가 : 독성실험 및 역학연구 등 문헌을 통해 화학적 · 미생물적 · 물리적 위해요인의 유해성, 독성 및 그 정도와 영향 등을 파악하고 확인하는 과정

> 해설 ① 위험성 결정 : 위해요소의 노출량과 유해영향 발생과의 관계를 정량적으로 규명하는 단계로 동물실험 등의 불확실성 등을 고려하여 독성값(NOAEL) 또는 인체안전기준(TDI, ADI, RfD 등)을 결정
> ② 위해도 결정 : 평가대상 위해요인이 인체건강에 미치는 위해영향 발생과 위해 정도를 정량적 또는 정성적으로 예측하는 과정
> ④ 위험성 확인 : 독성실험 및 역학연구 등 문헌을 통해 화학적 · 미생물적 · 물리적 위해요인의 유해성, 독성 및 그 정도와 영향 등을 파악하고 확인하는 과정
> ⑤ 노출평가 : 화장품 등을 통하여 사람이 바르거나 섭취하는 위해요소의 양 또는 수준을 정량적 · 정성적으로 산출하는 과정

80 계면활성제의 친수성 부위에 따른 분류 중 모발 등에 흡착하고 정전기를 방지하는 기능을 하는 계면활성제는?

① 음이온성 계면활성제 ② 양이온성 계면활성제 ③ 양쪽이온성 계면활성제
④ 비이온성 계면활성제 ⑤ 친수성 계면활성제

> 해설 ① 음이온성 계면활성제는 합성세제나 비누 등에 많이 사용된다.
> ③ 양쪽이온성 계면활성제는 피부 자극이 적어 유아용 세정제품에 사용된다.
> ④ 비이온성 계면활성제는 화장품 제조에 가장 많이 사용된다.
> ⑤ 친수성 계면활성제는 일반적인 분류법에 해당하지 않는다.

81 다음 중 동물성 원료와 거리가 먼 것은?

① 밀납 ② 카나우바 ③ 라놀린
④ 스쿠알렌 ⑤ 밍크 오일

> 해설 카나우바는 식물에서 얻어지는 식물성 왁스의 일종이다.

정답 79 ③ 80 ② 81 ②

82 다음 〈보기〉 중 유해성의 종류에 대해서 옳게 설명한 것을 <u>모두</u> 고르시오.

┌─────────────────────────── 보기 ───────────────────────────┐
ㄱ. 생식·발생 독성 : 자손 생성을 위한 기관의 능력 감소 및 개체의 발달과정에 부정적인 영향을 미침
ㄴ. 면역 독성 : 항원으로 작용하여 알러지 및 과민반응 유발
ㄷ. 항원성 : 면역 장기에 손상을 주어 생체 방어기전 저해
ㄹ. 유전독성 : 유전자 및 염색체에 상해를 입힘
ㅁ. 발암성 : 장기간 투여 시 암(종양)의 발생
└───┘

① ㄱ, ㄹ, ㅁ　　　　　② ㄱ, ㄴ, ㄷ　　　　　③ ㄱ, ㄷ, ㄹ
④ ㄴ, ㄷ, ㄹ　　　　　⑤ ㄷ, ㅁ, ㄹ

해설　ㄴ. 면역 독성 : 면역 장기에 손상을 주어 생체 방어기전을 저해
　　　ㄷ. 항원성 : 항원으로 작용하여 알러지 및 과민반응 유발

83 다음의 유성성분 중 광물 등에서 얻어진 탄화수소 구조를 가지는 것은?

① 올리브 오일　　　　② 세틸 알코올　　　　③ 파라핀
④ 에뮤 오일　　　　　⑤ 밀납

해설　파라핀은 탄소와 수소의 구조로만 이루어진 탄화수소 구조를 가진다.
　　　①, ④ 올리브 오일(식물)과 에뮤 오일(동물)은 트리글리세라이드 구조이다.
　　　② 세틸 알코올은 고급알코올류이다.
　　　⑤ 밀납은 왁스류에 해당한다.

84 다음의 성분 중 피막을 형성하기에 적절한 고분자 성분은?

① 카보머　　　　　　② 니트로셀룰로오즈　　③ 비즈왁스
④ 고급지방산　　　　⑤ 파라핀

해설　① 카보머는 점도 증가를 위해 많이 사용된다.
　　　③ 비즈왁스는 벌에게서 얻어낸 왁스류로 상온에서 고체이다.
　　　④ 고급지방산은 비누 제조 및 유화제로 사용된다.
　　　⑤ 파라핀은 상온에서 고체인 탄화수소이다.

85 화장품에 사용할 수 있는 원료를 규정할 때, 의약품 원료 등 화장품의 안전성을 위해 사용할 수 <u>없는</u> 원료를 뜻하는 것은?

① Negative 리스트　　② Positive 리스트　　③ 화장품 배합 금지 원료
④ 사용상의 제한이 있는 원료　　⑤ 기능성 화장품 고시

해설　스테로이드 등 의약품 원료로 부작용이 우려되는 원료 등이 포함된다.

86 자외선 차단 성분과 그 최대 사용 한도로 옳은 것은?

① 티타늄디옥사이드 : 25%　　② 아데노신 : 1%　　③ 페녹시에탄올 : 1%
④ 옥토크릴렌 : 5%　　⑤ 알파비사보롤 : 5%

해설 ② 아데노신 : 주름 개선 기능성 성분
③ 페녹시에탄올 : 보존제 성분
④ 옥토크릴렌 : 사용 한도가 10%인 자외선 차단 성분
⑤ 알파비사보롤 : 미백 기능성 소재

87 UVB 차단에 의한 피부의 홍반 생성 방지 기능을 산출하는 기능 규정은?

> 정의 : 제품을 바른 피부의 최소 홍반량/제품을 바르지 않은 피부의 최소 홍반량

① SPF　　② PA　　③ MED
④ MPPD　　⑤ UVC

해설 SPF는 Sun Protection Factor의 약자이며, UVB 차단에 의한 홍반 생성 감소를 측정하여 숫자로 표현한다.

88 다음의 효능 및 효과를 표시 · 광고할 수 있는 화장품은?

> 네일에나멜을 바르기 전에 네일에나멜의 피막밀착성을 좋게 한다.

① 베이스코트　　② 네일폴리시　　③ 네일 크림
④ 네일에나멜 리무버　　⑤ 네일 폴리시 리무버

해설 베이스코트는 에나멜 이전에 사용하는 매니큐어 제품류이다.

89 다음 중 화장품으로 표시 · 광고할 수 있는 효능은?

① 건선　　② 어린이 피부의 거칠음 방지　　③ 기저귀 발진
④ 세포 활력　　⑤ 노인소양증

해설 질병 진단 · 치료 · 경감 · 처치 또는 예방하는 효과나 의학적 효능 · 효과 관련 표현은 금지된다. 신체개선 표현과 생리활성 관련 표현도 금지된다.

90 위해도의 평가를 위한 데이터로 "유해 작용이 관찰되지 않는 최대 투여량"을 의미하는 것은?

① SED　　② NOAEL　　③ MOS
④ Retention Factor　　⑤ Adverse Event

해설 NOAEL은 No Observed Adverse Effect Level의 약자로 최대무독성량을 의미한다.

91 다음 중 항원성 독성의 위험성이 있는 물질이 함유된 화장품의 위해도 평가 결과에서 안전역을 산출했을 때 안전하다고 판단하는 것은?

① 안전역 $= 10^{-6}$
② 안전역 $= 10^{-5}$
③ 안전역 $= 1$
④ 안전역 $= 10$
⑤ 안전역 $= 100$

해설 항원성 독성의 위험성은 비발암성 물질의 위해도 결정을 따른다. 안전역이 100 이상인 경우 안전하다고 판단한다.

92 다음 중 회수대상 화장품의 위해 등급이 다른 것은?

① 기능성화장품의 기능성을 나타나게 하는 주원료 함량이 기준치에 부적합한 경우
② 신고를 하지 아니한 자가 판매한 맞춤형화장품
③ 맞춤형화장품 조제관리사를 두지 아니하고 판매한 맞춤형화장품
④ 등록을 하지 아니한 자가 제조한 화장품 또는 제조 · 수입하여 유통 · 판매한 화장품
⑤ 기준 이상의 미생물이 검출된 화장품

해설 ①~④는 다 등급, ⑤는 나 등급에 해당한다. 나 등급에 해당하는 것이 다 등급보다 위해성이 높다고 판단한다.

93 다음 〈보기〉의 사용상 주의사항에 해당하는 화장품의 유형은?

┤ 보기 ├

• 두피 · 얼굴 · 눈 · 목 · 손 등에 약액이 묻지 않도록 유의하고, 얼굴 등에 약액이 묻었을 때에는 즉시 물로 씻어낼 것
• 특이체질, 생리 또는 출산 전후이거나 질환이 있는 사람 등은 사용을 피할 것
• 머리카락의 손상 등을 피하기 위하여 용법 · 용량을 지켜야 하며, 가능하면 일부에 시험적으로 사용하여 볼 것

① 모발용 샴푸
② 미세한 알갱이가 함유되어 있는 스크러브 세안제
③ 손 · 발의 피부연화 제품
④ 두발용, 두발염색용 및 눈 화장용 제품류
⑤ 퍼머넌트웨이브 제품 및 헤어스트레이트너 제품

해설 ⑤는 약액에 의한 부작용을 예방하기 위한 주의 사항이다.

94 다음 중 일반적인 화장품의 보관 및 취급 방법과 거리가 먼 것은?

① 사용 후에는 반드시 마개를 닫아둘 것
② 직사광선이 닿는 곳에는 보관하지 말 것
③ 유아 · 소아의 손이 닿지 않는 곳에 보관할 것
④ 고온의 장소에 보관하지 말 것
⑤ 침전된 경우에 사용하지 말 것

해설 ⑤는 퍼머넌트웨이브 제품 및 헤어스트레이트너 제품에 해당하는 개별 주의사항이다.

정답 91 ⑤   92 ⑤   93 ⑤   94 ⑤

95 화장품의 일반적인 사용방법에 해당하는 것은?

① 인체에 바르고 문지르거나 뿌리는 등 이와 유사한 방법 사용

② 같은 부위에 연속해서 3초 이상 분사하지 말 것

③ 인체에서 20센티미터 이상 떨어져서 사용할 것

④ 눈 주위 또는 점막 등에 분사하지 말 것

⑤ 자외선 차단제의 경우 얼굴에 직접 분사하지 말고 손에 덜어 얼굴에 바를 것

해설 ②~⑤는 고압가스 제품류의 사용법이고, ①은 일반적인 화장품의 사용법에 해당한다.

96 화장품의 색재를 나타내는 원료 중 홍화잎에서 추출한 색소는?

① 코치닐 색소   ② 카르사민 색소   ③ 타르 색소

④ 아조계 염료   ⑤ 잔탄계 염료

해설 카르사민 색소는 홍화 꽃잎에서 추출한 붉은색 색소로 천연염료의 일종이다.

97 다음 중 화장품의 안전을 확보하기 위한 일반적인 사항과 화장품 위해평가 시 고려해야 할 사항, 방법, 절차로 바른 것은?

① 위험성 결정 : 화장품 등을 통하여 사람이 바르거나 섭취하는 위해요소의 양 또는 수준을 정량적 · 정성적으로 산출하는 과정

② 노출평가 : 위해요소의 노출량과 유해영향 발생과의 관계를 정량적으로 규명하는 단계로 동물실험 등의 불확실성 등을 고려하여 독성값(NOAEL) 또는 인체안전기준(TDI, ADI, RfD 등)을 결정

③ 위험성 확인 : 인체가 화장품 사용으로 유해요소에 노출되었을 때 발생할 수 있는 위해영향과 발생 확률을 과학적으로 예측하는 일련의 과정

④ 위해도 결정 : 평가대상 위해요인이 인체건강에 미치는 위해영향 발생과 위해 정도를 정량적 또는 정성적으로 예측하는 과정

⑤ 위해평가 : 독성실험 및 역학연구 등 문헌을 통해 화학적 · 미생물적 · 물리적 위해요인의 유해성, 독성 및 그 정도와 영향 등을 파악하고 확인하는 과정

해설 ① 위험성 결정 : 위해요소의 노출량과 유해영향 발생과의 관계를 정량적으로 규명하는 단계로 동물실험 등의 불확실성 등을 고려하여 독성값(NOAEL) 또는 인체안전기준(TDI, ADI, RfD 등)을 결정

② 노출평가 : 화장품 등을 통하여 사람이 바르거나 섭취하는 위해요소의 양 또는 수준을 정량적 · 정성적으로 산출하는 과정

③ 위험성 확인 : 독성실험 및 역학연구 등 문헌을 통해 화학적 · 미생물적 · 물리적 위해요인의 유해성, 독성 및 그 정도와 영향 등을 파악하고 확인하는 과정

⑤ 위해평가 : 인체가 화장품 사용으로 유해요소에 노출되었을 때 발생할 수 있는 위해영향과 발생 확률을 과학적으로 예측하는 일련의 과정

98 〈보기〉는 화장품 사용 시 모든 화장품에 적용되는 주의사항이다. 빈칸 안에 들어갈 단어로 적절한 것은?

┤ 보기 ├

화장품 사용 시 또는 사용 후 (　　　)에 의하여 사용부위에 붉은 반점, 부어오름 또는 가려움증 등의 이상 증상이나 부작용이 있는 경우 전문의 등과 상담할 것

① 미세한 알갱이　　　　　② 직사광선　　　　　③ 과산화수소수
④ 프로필렌글리콜　　　　　⑤ 고압가스

해설 광독성 등에 의해서 발생할 수 있는 부작용에 대한 주의사항이다.

99 회수대상 화장품에 해당하지 않는 것은?
① 사용 부위에 가려움증의 부작용이 생긴 화장품
② 맞춤형화장품 조제관리사를 두지 아니하고 판매한 맞춤형화장품
③ 전부 또는 일부가 변패(變敗)된 화장품
④ 등록을 하지 아니한 자가 제조한 화장품 또는 제조·수입하여 유통·판매한 화장품
⑤ 사용기한 또는 개봉 후 사용기간을 위조·변조한 화장품

해설 ①은 사용상의 주의사항에서 고려해야 할 화장품이고, ②~⑤는 회수 대상 화장품이다.

100 다음 〈보기〉는 안전성 보고에서 "중대한 유해사례"의 경우이다. 빈칸에 들어갈 단어로 적합한 것은?

┤ 보기 ├

• (　　　)을/를 초래하거나 생명을 위협하는 경우
• 입원 또는 입원 기간의 연장이 필요한 경우
• 지속적 또는 중대한 불구나 기능 저하를 초래하는 경우
• 선천적 기형 또는 이상을 초래하는 경우

① 사망　　　　　② 부어오름　　　　　③ 부작용
④ 요양　　　　　⑤ 알러지

해설 사망을 초래하거나 생명을 위협하는 경우는 의학적으로 중요한 사례에 해당한다.

101 화장품의 원료 중 색을 나타내는 안료로서 마이카 혹은 탈크 등과 같이 색감과 광택, 사용감 등을 조절할 목적으로 사용하는 것은?
① 백색 안료　　　　　② 착색 안료　　　　　③ 체질 안료
④ 진주 광택 안료　　　⑤ 채색 안료

해설 ① 백색 안료는 피부를 희게 나타내기 위해 사용한다.
② 착색 안료(벵가라, 울트라마린 등)는 색을 나타내기 위해서 사용된다.
④ 진주 광택 안료는 메탈릭한 광채를 나타낼 때 사용한다.

102 다음 중 유해성의 종류에 대해서 옳게 설명한 것을 모두 고르시오.

> ㄱ. 생식 · 발생 독성 : 자손 생성을 위한 기관의 능력 감소 및 개체의 발달과정에 부정적인 영향을 미침
> ㄴ. 면역 독성 : 면역 장기에 손상을 주어 생체 방어기전 저해
> ㄷ. 항원성 : 항원으로 작용하여 알러지 및 과민반응 유발
> ㄹ. 유전 독성 : 장기간 투여 시 암(종양)의 발생
> ㅁ. 발암성 : 유전자 및 염색체에 상해를 입힘

① ㄱ, ㄹ, ㅁ   ② ㄱ, ㄴ, ㄷ   ③ ㄱ, ㄷ, ㄹ
④ ㄴ, ㄷ, ㄹ   ⑤ ㄷ, ㅁ, ㄹ

해설 ㄹ. 유전 독성은 유전자 및 염색체에 상해를 입히는 것을 말한다.
ㅁ. 발암성은 장기간 투여 시 암(종양)이 발생하는 것이다.

103 색을 나타내는 색소 중 용매에 녹지 않고 고체의 형태로 흰색을 나타내는 안료에 해당하는 것은?

① 코치닐   ② 카르사민   ③ 벤가라
④ 이산화티탄   ⑤ 적색 504호

해설 이산화티탄은 백색 안료에 해당하며 피부를 하얗게 나타낼 목적으로 사용한다.

104 계면활성제의 특징 중 HLB에 대한 설명으로 거리가 먼 것은?

① 친수성과 친유성의 비율을 수치화한 것이다.
② 숫자가 클수록 친유성이 강하다.
③ 숫자가 클수록 유상을 수상에 유화시키기에 유리하다.
④ 숫자가 작을수록 수상을 유상에 유화시키기에 유리하다.
⑤ 비이온계 계면활성제도 구조에 따라서 다양한 HLB 값을 가진다.

해설 숫자가 클수록 친수성이 강하다.

105 보존제의 성분과 그 최대 사용한도로 옳은 것은?

① 호모살레이트 : 10%   ② 나이아신아마이드 : 1%   ③ 아데노신 : 1%
④ 티타늄디옥사이드 : 25%   ⑤ 페녹시에탄올 : 1%

해설 호모살레이트(10%)와 티타늄디옥사이드(25%)는 자외선 차단 성분, 나이아신아마이드(2~5%)는 미백 기능성 고시 소재, 아데노신(0.04%)은 주름개선 기능성 고시소재에 해당한다.

106 다음의 자외선 차단 성분 중 백탁의 우려가 있으나 자극의 우려는 없는 무기 자외선 차단제에 속하는 원료는?

① 벤질알코올   ② 호모살레이트   ③ 옥토크릴렌
④ 티타늄디옥사이드   ⑤ 에칠헥실메톡시신나메이트

해설 무기 자외선 차단제는 입자에 의해 빛을 산란시켜 자외선이 피부에 흡수되지 않게 한다.

정답   102 ②   103 ④   104 ②   105 ⑤   106 ④

107 다음과 같이 피부에 홍반을 일으키는 최소의 에너지인 SPF를 산출할 때 빈칸에 해당하는 것은?

> SPF = 제품을 바른 후의 (　　　)/제품을 바르기 전의 (　　　)

① MED ② MPPD ③ SPF
④ UVC ⑤ 아보벤존

해설 SPF는 Sun Protection Factor의 약자로 UVB 차단에 의한 홍반 생성 감소를 측정하고, MED는 피부 홍반을 발생시키는 최소의 UVB 양(홍반량)이다. 따라서 SPF는 제품을 바른 후의 최소 홍반량/제품을 바르기 전의 최소 홍반량으로 산출한다.

108 다음의 효능 및 효과를 표시·광고할 수 있는 화장품은?

> 두피 및 머리카락을 깨끗하게 씻어주고, 비듬 및 가려움을 덜어준다.

① 헤어 컨디셔너 ② 헤어 토닉 ③ 헤어 그루밍에이드
④ 헤어 오일 ⑤ 샴푸

해설 두발용 제품 중에서 샴푸 또는 린스에 해당하는 내용이다.

109 다음 중 표시·광고할 수 있는 화장품의 효능은?

① 살균·소독 ② 피하지방 분해 ③ 면역 강화
④ 피부의 거칠어짐 방지 ⑤ 신체의 일부를 날씬하게 함

해설 질병을 진단·치료·경감·처치 또는 예방하는 효과나 의학적 효능·효과 관련 표현은 금지된다. 또한 신체 개선 표현도 금지된다.

110 다음 〈보기〉의 사용상의 주의사항에 해당하는 화장품의 유형은?

> ┤ 보기 ├
>
> • 눈, 코 또는 입 등에 닿지 않도록 주의하여 사용할 것
> • 프로필렌 글리콜(Propylene glycol)을 함유하고 있으므로 이 성분에 과민하거나 알려지 병력이 있는 사람은 신중히 사용할 것(프로필렌 글리콜 함유 제품만 표시한다)

① 모발용 샴푸
② 미세한 알갱이가 함유되어 있는 스크러브 세안제
③ 손·발의 피부연화 제품
④ 두발용, 두발염색용 및 눈화장용 제품류
⑤ 퍼머넌트웨이브 제품 및 헤어스트레이트너 제품

해설 손·발의 피부연화(요소제제의 핸드크림 및 풋크림) 제품에 해당하는 주의사항이다.

111 다음 중 화장품의 표시·광고에 대한 준수사항과 거리가 먼 것은?

① 의사협회의 공인, 추천을 확보한 경우만 공인 제품이라는 표시·광고 가능

② 저속하거나 혐오감을 주는 표현을 한 표시·광고를 하지 말 것

③ 화장품의 유형별 효능·효과의 범위를 벗어나는 표시·광고 금지

④ 품질·효능 등에 관하여 객관적으로 확인될 수 없거나 확인되지 아니하였음에도 불구하고 이를 광고하거나 효능·효과의 범위를 초과하는 표시·광고를 하지 말 것

⑤ 야생동식물의 가공품이 함유된 화장품을 표현 또는 이를 암시하는 표시·광고를 하지 말 것

> 해설 의사, 한의사, 약사 등이 지정·공인·추천 또는 사용하고 있다는 내용은 금지된다.

112 다음의 위해도 평가 결과에 따라 안전하다고 판단하는 것은?

① 비발암성 물질 안전역＝10

② 비발암성 물질 안전역＝50

③ 비발암성 물질 안전역＝100

④ 발암 물질 평생발암 위험도＝100

⑤ 피부 감작성 물질 안전역＝0.5

> 해설 평생발암 위험도가 10^{-5} 이하인 경우, 피부 감작성 물질 안전역이 1 이상인 경우, 비발암성 물질 안전역이 100 이상인 경우에 안전하다고 판단한다.

113 다음에서 설명하는 화장품의 위해사례 판단과 보고의 용어에 해당하는 것은?

> 화학물질의 독성 등 사람의 건강이나 환경에 좋지 아니한 영향을 미치는 화학물질 고유의 성질

① 유해성   ② 위해성   ③ 유해물질

④ 실마리 정보   ⑤ 안전성 정보

> 해설 기본적으로 독성을 가지는 물질의 특성을 유해성이라고 한다.

114 책임판매 후 안전관리 기준에서 "안전확보 조치"에 대한 설명으로 적절한 것은?

① 소비자의 반품 사례를 분석·실시하는 것

② 소비자 만족도를 조사하는 것

③ 안전관리 정보를 신속히 검토하여 조치가 필요하다고 판단될 경우 식품의약품안전처장에 보고하는 것

④ 화장품 내용물의 변색 및 물리적 변화를 파악하는 것

⑤ 학회, 문헌, 그 밖의 연구보고 등에서 정보를 수집·기록하는 것

> 해설 수집된 안전관리 정보를 검토하여 조치가 필요하다고 판단될 경우 식품의약품안전처장에게 보고하는 것이 안전확보 조치에 해당한다.
> ①, ②, ④, ⑤ 안전관리 정보 수집

---

115 〈보기〉는 화장품 사용 시 모든 화장품에 적용되는 주의사항이다. 일반적으로 발생할 수 있는 부작용의 사례로서 빈칸에 들어갈 말로 적절한 것은?

┤ 보기 ├

화장품 사용 시 또는 사용 후 직사광선에 의하여 사용 부위에 (   ), (   ) 또는 (   ) 등의 이상 증상이나 부작용이 있는 경우 전문의 등과 상담할 것

① 피부 감수성, 점막 손상, 부어오름
② 붉은 반점, 부어오름, 가려움증
③ 점막 손상, 알러지, 가려움증
④ 알러지, 붉은 반점, 부어오름
⑤ 특이체질, 부어오름, 가려움증

해설 〈보기〉 외에도 상처 부위 등에는 사용을 자제할 것, 직사광선을 피해서 보관할 것 등의 주의사항이 있다.

116 원료공급자의 품질성적서 검사결과의 신뢰 기준과 거리가 <u>먼</u> 것은?

① GMP 이상으로 구축된 품질보증시스템의 검사 결과
② ISO 9000 이상으로 구축된 품질보증시스템의 검사 결과
③ 원료공급자의 검사결과는 원칙적으로 사용할 수 없음
④ 품질검사 위탁이 가능하도록 규정된 기관에서 시험·검사한 결과
⑤ 원료에 대해서 3로트 이상의 신뢰성을 확보한 경우

해설 원료공급자는 화장품 원료를 직접 제조하는 제조회사 또는 제조하거나 수입된 화장품 원료를 화장품 제조업자에게 판매하는 판매회사로 자체 검사의 신뢰기준을 준수한 검사결과의 경우 활용 가능하다.

117 착색 안료의 일종으로 붉은색을 나타내는 것은?

① 벤가라 ② 울트라마린 ③ 카본블랙
④ 산화크롬 ⑤ 이산화티탄

해설 ② 울트라마린은 푸른색을 띠는 안료이다.

118 다음 중 위해성 등급이 가장 높은 회수대상 화장품은?

① 어린이 안전용기 포장을 위반한 화장품
② 전부 또는 일부가 변패(變敗)된 화장품
③ 기능성화장품의 기능성을 나타나게 하는 주원료 함량이 기준치에 부적합한 경우
④ 사용기한 또는 개봉 후 사용기간을 위조·변조한 화장품
⑤ 신고를 하지 아니한 자가 판매한 맞춤형화장품

해설 ①은 나 등급에 해당하고 나머지는 다 등급에 해당한다. 나 등급에 해당하는 것이 다 등급보다 위해성이 높다고 판단한다.

119 다음 중 화장품의 안전을 확보하기 위한 일반적인 사항과 화장품 위해평가 시 고려해야 할 사항, 방법, 절차로 바른 것은?

① 노출평가 : 화장품 등을 통하여 사람이 바르거나 섭취하는 위해요소의 양 또는 수준을 정량적·정성적으로 산출하는 과정

② 위해도 결정 : 위해요소의 노출량과 유해영향 발생과의 관계를 정량적으로 규명하는 단계로 동물실험 등의 불확실성 등을 고려하여 독성값(NOAEL) 또는 인체안전기준(TDI, ADI, RfD 등)을 결정

③ 위험성 확인 : 인체가 화장품 사용으로 유해요소에 노출되었을 때 발생할 수 있는 위해영향과 발생 확률을 과학적으로 예측하는 일련의 과정

④ 위험성 결정 : 평가대상 위해요인이 인체건강에 미치는 위해영향 발생과 위해 정도를 정량적 또는 정성적으로 예측하는 과정

⑤ 위해평가 : 독성실험 및 역학연구 등 문헌을 통해 화학적·미생물적·물리적 위해 요인의 유해성, 독성 및 그 정도와 영향 등을 파악하고 확인하는 과정

해설 ② 위해도 결정 : 평가대상 위해요인이 인체건강에 미치는 위해영향 발생과 위해 정도를 정량적 또는 정성적으로 예측하는 과정
③ 위험성 확인 : 독성실험 및 역학연구 등 문헌을 통해 화학적·미생물적·물리적 위해요인의 유해성, 독성 및 그 정도와 영향 등을 파악하고 확인하는 과정
④ 위험성 결정 : 위해요소의 노출량과 유해영향 발생과의 관계를 정량적으로 규명하는 단계
⑤ 위해평가 : 인체가 화장품 사용으로 유해요소에 노출되었을 때 발생할 수 있는 위해영향과 발생 확률을 과학적으로 예측하는 일련의 과정

120 다음 중 양쪽이온성 계면활성제가 사용되기에 적합한 제품의 종류는?

① 헤어 트리트먼트　　　② 어린이용 샴푸　　　③ 크림
④ 헤어 린스　　　　　　⑤ 토너

해설 양쪽이온성은 음이온성보다 자극이 적어 유아용 세정제에 주로 쓰인다.

121 계면활성제의 친수성 부위에 따른 분류 중 자극이 적어 화장품의 제조에 가장 많이 사용되는 계면활성제는?

① 음이온성 계면활성제　　② 양이온성 계면활성제　　③ 양쪽이온성 계면활성제
④ 비이온성 계면활성제　　⑤ 친수성 계면활성제

해설 ① 음이온성은 세정력과 기포생성력이 우수하여 세정용으로 쓰인다.
② 양이온성은 살균 작용을 하고, 헤어 린스나 트리트먼트에 쓰인다.
③ 양쪽이온성은 음이온성에 비해 자극이 적어 유아용 세정제에 주로 쓰인다.
⑤ 친수성은 일반적인 분류법에 해당하지 않는다.

122 다음 피부의 수분 유지를 위해 사용되는 성분 중 성격이 다른 하나는?

① 글리세린　　　　　　② 세린　　　　　　③ 쉐어버터
④ 솔비톨　　　　　　　⑤ 헥산디올

해설 쉐어버터와 같은 유성 성분은 유성막을 형성하여 수분증발을 억제한다. 나머지 성분들은 물과 친화력이 있어 수분의 증발을 억제한다(Humectant).

정답 119 ①　120 ②　121 ④　122 ③

123 화장품에 사용되는 원료의 특성을 설명한 것으로 옳은 것은?

① 금속이온봉쇄제는 주로 점도 증가, 피막 형성 등의 목적으로 사용된다.
② 계면활성제는 계면에 흡착하여 계면의 성질을 현저히 변화시키는 물질이다.
③ 고분자화합물은 원료 중에 혼입되어 있는 이온을 제거할 목적으로 사용된다.
④ 산화방지제는 수분의 증발을 억제하고 사용감촉을 향상시키는 등의 목적으로 사용된다.
⑤ 유성원료는 산화되기 쉬운 성분을 함유한 물질에 첨가하여 산패를 막을 목적으로 사용된다.

해설 계면활성제는 수상과 유상이 에멀젼을 이루어 안정화하는 데 중요한 기능을 담당한다.
① 금속이온봉쇄제는 원료 중에 혼입되어 있는 이온을 제거할 목적으로 사용된다.
③ 고분자화합물은 주로 점도 증가, 피막 형성 등의 목적으로 사용된다.
④ 산화방지제는 산화되기 쉬운 성분을 함유한 물질에 첨가하여 산패를 막을 목적으로 사용된다.
⑤ 유성원료는 수분의 증발을 억제하고 사용감촉을 향상시키는 등의 목적으로 사용된다.

124 화장품의 색재를 나타내는 원료 중 유기성분으로 합성되었으며 물이나 유기 용매에 녹지 않는 형태는?

① 백색 안료　　　　　② 천연 염료　　　　　③ 유기 안료
④ 유기 염료　　　　　⑤ 착색 안료

해설 유기 안료란 합성될 때부터 물과 유기 용매에 녹지 않는 형태를 말한다.

125 크림에 알러지 유발 가능성이 있는 향료 성분이 들어갔을 때 그 함량이 얼마를 초과한 경우 성분명을 별도 표시해야 하는가?

① 1%　　　　　② 0.1%　　　　　③ 0.01%
④ 0.001%　　　　　⑤ 0.0001%

해설 크림과 같이 사용 후 세척되지 않는 화장품은 0.001% 초과 함유하는 경우 성분명을 표기해야 한다.

126 다음의 자외선 차단 성분 중 백탁의 우려가 있으나 자극의 우려는 없는 무기 자외선 차단제에 속하는 원료는?

① 벤질알코올　　　　　② 호모살레이트　　　　　③ 옥토크릴렌
④ 징크옥사이드　　　　　⑤ 에칠헥실메톡시신나메이트

해설 징크옥사이드와 같은 무기 자외선 차단제는 입자에 의해 빛을 산란시켜 피부에 흡수되지 않게 한다.
① 보존제이다.
②, ③, ⑤ 유기 자외선 차단제이다.

127 다음과 같은 경우에 해당하는 자외선 차단 수치는?

- 제품을 바른 피부의 최소 홍반량 : 50
- 제품을 바르지 않은 피부의 최소 홍반량 : 1

① SPF 15　　　　　② SPF 50　　　　　③ PA +
④ PA ++　　　　　⑤ SPF 30

해설 SPF는 검증을 통해 피부의 홍반 생성을 억제하는 기능을 산출한 수치이다.

정답　123 ②　124 ③　125 ④　126 ④　127 ②

128 다음의 효능 및 효과를 표시·광고할 수 있는 화장품은?

> "메이크업의 효과를 지속시킨다."

① 페이스 파우더(케익)　　② 리뤼드 파운데이션　　③ 볼연지
④ 메이크업 베이스　　　　⑤ 메이크업 픽서티브

해설 "메이크업의 효과를 지속시킨다."라는 표현은 메이크업 픽서티브에 한해서만 표시가 가능하다.

129 다음 중 화장품으로 표시·광고할 수 있는 효능은?

① 모낭충 제거
② 피하지방 분해
③ 여드름 치료
④ 면도로 인한 상처 방지
⑤ 아토피 협회의 인증을 받음

해설 질병의 진단·치료·경감·처치 또는 예방하는 효과나 의학적 효능·효과 관련 표현은 금지된다. 단, 면도용 제품의 기능에서 면도 시 발생할 수 있는 상처를 예방한다고 표시·광고하는 것은 가능하다.

130 위해도의 평가를 위한 데이터로 전신 노출량을 결정할 때 다음 〈보기〉와 같은 형태로 정의하는 것은?

──────┤ 보기 ├──────

• 크림과 같은 리브온 제품 : 1(사용량이 그대로 반영)
• 메이크업 리무버와 같은 세정 제품 : 0.1
• 샤워젤이나 비누 같은 세정 제품 : 0.01

① SED　　　　　　　　　② NOAEL　　　　　　　　③ MOS
④ Retention Factor　　　⑤ Adverse Event

해설 〈보기〉는 잔류지수(Retention Factor)를 의미한다. 전신 노출량(SED)은 "(화장품 1일 사용량×잔류지수×제품 내 농도×흡수율)/체중"으로 나타낸다.

131 다음 중 위해도 평가 결과에 따라 안전하다고 판단하는 것은?

① 면역독성 물질 안전역＝10
② 생식독성 물질 안전역＝50
③ 간독성 물질 안전역＝100
④ 발암 물질 평생발암 위험도＝100
⑤ 피부 감작성 물질 안전역＝0.5

해설 평생발암 위험도가 10^{-5} 이하인 경우, 피부 감작성 물질 안전역이 1 이상인 경우, 비발암성(간독성 포함) 물질 안전역이 100 이상인 경우에 안전하다고 판단한다.

정답 　128 ⑤　129 ④　130 ④　131 ③

132 다음 중 회수대상 화장품의 위해 등급이 다른 것은?

① 기준 이상의 유해물질이 검출된 화장품

② 신고를 하지 아니한 자가 판매한 맞춤형화장품

③ 맞춤형화장품 조제관리사를 두지 아니하고 판매한 맞춤형화장품

④ 등록을 하지 아니한 자가 제조한 화장품 또는 제조 · 수입하여 유통 · 판매한 화장품

⑤ 이물이 혼입되었거나 부착되어 보건위생상 위해를 발생할 우려가 있는 화장품

해설 ①은 나 등급, 나머지는 다 등급에 해당한다. 나 등급에 해당하는 것이 다 등급보다 위해성이 높다고 판단한다.

133 다음 중 산화방지 기능이 있는 성분으로 옳은 것은?

① AHA   ② BHT   ③ EDTA

④ 코카미도프로필베타인   ⑤ 폴리쿼너늄

해설 BHT, BHA, 비타민 E, 코엔자임 Q10 등은 산화방지제로 사용된다.
　　 ① AHA는 각질의 턴오버를 촉진시킨다.
　　 ③ EDTA는 금속이온 봉쇄제이다.
　　 ④ 코카미도프로필베타인은 양쪽성 계면활성제로 자극이 적은 세정제 등에 사용된다.
　　 ⑤ 폴리쿼너늄은 양이온계 계면활성제이다.

134 다음 〈보기〉는 알파 – 하이드록시애시드(α – hydroxyacid, AHA) 함유 제품의 주의사항이다. 이때, 몇 % 이하의 AHA가 함유된 제품은 제외되는가?

┤ 보기 ├
- 햇빛에 대한 피부의 감수성을 증가시킬 수 있으므로 자외선 차단제를 함께 사용할 것(씻어내는 제품 및 두 발용 제품은 제외한다)
- 일부에 시험 사용하여 피부 이상을 확인할 것
- 고농도의 AHA 성분이 들어 있어 부작용이 발생할 우려가 있으므로 전문의 등에게 상담할 것

① 0.1 %   ② 0.5 %   ③ 1%

④ 5%   ⑤ 10%

해설 0.5% 이하의 AHA가 함유된 제품은 제외된다.

135 다음 중 일반적인 화장품의 보관 및 취급 방법과 거리가 먼 것은?

① 사용 후에는 반드시 마개를 닫아둘 것

② 직사광선이 닿는 곳에는 보관하지 말 것

③ 유아 · 소아의 손이 닿지 않는 곳에 보관할 것

④ 색이 변한 경우에는 사용하지 말 것

⑤ 고온의 장소에 보관하지 말 것

해설 ④는 퍼머넌트웨이브 제품 및 헤어스트레이트너 제품의 개별사항에 해당한다.

정답 132 ① 133 ② 134 ② 135 ④

136 다음 중 화장품의 안전을 확보하기 위한 일반적인 사항과 화장품 위해평가 시 고려해야 할 사항, 방법, 절차로 바른 것은?

① 위해도 결정 : 화장품 등을 통하여 사람이 바르거나 섭취하는 위해요소의 양 또는 수준을 정량적 · 정성적으로 산출하는 과정

② 위험성 결정 : 위해요소의 노출량과 유해영향 발생과의 관계를 정량적으로 규명하는 단계로 동물실험 등의 불확실성 등을 고려하여 독성값(NOAEL) 또는 인체안전기준(TDI, ADI, RfD 등)을 결정

③ 노출평가 : 인체가 화장품 사용으로 유해요소에 노출되었을 때 발생할 수 있는 위해영향과 발생 확률을 과학적으로 예측하는 일련의 과정

④ 위험성 확인 : 평가대상 위해요인이 인체건강에 미치는 위해영향 발생과 위해 정도를 정량적 또는 정성적으로 예측하는 과정

⑤ 위해평가 : 독성실험 및 역학연구 등 문헌을 통해 화학적 · 미생물적 · 물리적 위해요인의 유해성, 독성 및 그 정도와 영향 등을 파악하고 확인하는 과정

> 해설 ① 위해도 결정 : 평가대상 위해요인이 인체건강에 미치는 위해영향 발생과 위해 정도를 정량적 또는 정성적으로 예측하는 과정
> ③ 노출평가 : 화장품 등을 통하여 사람이 바르거나 섭취하는 위해요소의 양 또는 수준을 정량적 · 정성적으로 산출하는 과정
> ④ 위험성 확인 : 독성실험 및 역학연구 등 문헌을 통해 화학적 · 미생물적 · 물리적 위해요인의 유해성, 독성 및 그 정도와 영향 등을 파악하고 확인하는 과정
> ⑤ 위해평가 : 인체가 화장품 사용으로 유해요소에 노출되었을 때 발생할 수 있는 위해영향과 발생 확률을 과학적으로 예측하는 일련의 과정

137 화장품 책임판매 후 안전관리 기준으로 적절한 것은?

① 원료공급자는 학회, 문헌, 그 밖의 연구보고 등에서 정보를 수집 · 기록해야 한다.

② 제조업자는 안전관리 정보를 신속히 검토 · 기록해야 한다.

③ 제조업자는 조치가 필요하다고 판단될 경우 회수해야 한다.

④ 책임판매관리자는 식품의약품안전처장에 보고하여야 한다.

⑤ 제조업자는 조치가 필요하다고 판단될 경우 첨부문서를 개정해야 한다.

> 해설 정보의 수집, 검토 · 기록, 제품 회수, 첨부문서 개정 등의 업무는 책임판매업자가 지정한 책임판매관리자의 의무이다.

138 회수대상 화장품에 해당하지 <u>않는</u> 것은?

① 기준 이상의 유해물질을 함유한 화장품

② 맞춤형화장품 조제관리사를 두지 아니하고 판매한 맞춤형화장품

③ 전부 또는 일부가 변패(變敗)된 화장품

④ AHA 성분이 들어간 화장품을 사용하여 햇빛에 대한 감수성이 증가한 화장품

⑤ 사용기한 또는 개봉 후 사용기간을 위조 · 변조한 화장품

> 해설 ④는 AHA 성분을 사용한 화장품에서 발생할 수 있는 부작용으로, AHA 성분이 0.5% 이상 함유된 제품에 사용상의 주의사항으로 표시한다. 해당 부작용의 발생 시 소비자는 사용을 중단하는 것이 바람직하지만, 회수대상 화장품으로 분류되지는 않는다.

정답　136 ②　137 ④　138 ④

139 다음 중 사용상의 제한이 있는 향료 성분은?

① 나무이끼추출물   ② 참나무이끼추출물   ③ 리모넨
④ 헥실신남알   ⑤ 머스크케톤

> 해설 머스크케톤은 향수류에 향료 원액이 8% 초과하여 함유된 경우 1.4%, 8% 이하로 함유된 경우에는 0.56%의 사용한도가 있다.

140 다음 중 음이온성 계면활성제가 사용되는 제품의 종류는?

① 헤어 트리트먼트   ② 샴푸   ③ 크림
④ 헤어 린스   ⑤ 토너

> 해설 음이온성 계면활성제는 세정효과가 우수하여 합성세제나 샴푸, 비누 등에 사용한다.

141 색을 나타내는 안료 중 메탈릭한 광채를 나타낼 때 사용되는 것은?

① 백색 안료   ② 착색 안료   ③ 체질 안료
④ 진주 광택 안료   ⑤ 채색 안료

> 해설 ① 백색 안료는 피부를 희게 나타내기 위해서 사용된다.
> ② 착색 안료(벤가라, 울트라마린 등)는 색을 나타내기 위해서 사용된다.
> ③ 체질 안료는 색감이나 광택, 사용감 등을 조절할 때 사용한다.

142 다음 피부의 수분 유지를 위해 사용되는 성분 중 성격이 <u>다른</u> 하나는?

① 글리세린   ② 에뮤오일   ③ 쉐어버터
④ 비즈왁스   ⑤ 파라핀

> 해설 글리세린은 수분과 친화력이 있는 수성성분으로 수분과의 결합을 통해 수분 증발을 억제한다(humectant). ②~⑤는 유성성분으로 피부 표면에 유성막을 형성하여 수분의 증발을 억제한다(occlusive).

143 다음은 어떤 유성성분에 대한 설명인가?

> • 실온에서 고체인 유성성분
> • 고급지방산과 고급알코올이 결합된 에스테를 형태의 골격구조
> • 동 · 식물성 오일에 비해 변질이 적어 안정성이 높음
> • 카나우바, 밀납

① 왁스   ② 에스테르 오일   ③ 실리콘 오일
④ 바세린   ⑤ 탄화수소

> 해설 왁스는 립스틱, 크림, 파운데이션 등의 고형화에도 사용된다.

144 다음의 유성 성분 중 유화보조제 등으로 사용되는 성분은?

① 왁스 　　　　② 고급알코올 　　　　③ 실리콘 오일
④ 에스테르 오일 　　　　⑤ 탄화수소

해설 고급알코올과 고급지방산은 친유성 성분과 친수성 성분을 동시에 가지고 있으며 유화보조제로 주로 사용된다. 이때 고급은 탄화수소 부분의 길이가 긴 것을 의미한다.

145 착향제 성분으로서 알러지 유발 가능성을 기재 · 표시해야 하는 성분에 해당하지 <u>않는</u> 것은?

① 이소유게놀 　　　　② 쿠마린 　　　　③ 제라니올
④ 파네솔 　　　　⑤ 메틸파라벤

해설 메틸파라벤은 알러지 유발 가능 성분이 아닌 보존제 성분이므로 알러지 유발 가능성을 기재 · 표시할 필요는 없다.

146 PA는 다음과 같이 정의된다. 빈칸에 들어갈 말로 적절한 것은?

PA = 제품을 바른 후의 (　　　　)/제품을 바르기 전의 (　　　　)

① MED 　　　　② MPPD 　　　　③ SPF
④ UVC 　　　　⑤ 아보벤존

해설 PA(Protection Factor of UVA)는 피부의 흑화를 방지하는 정도를 나타내는 자외선 차단 수치이다. MPPD는 피부를 흑화시키는 최소 UVA의 양을 의미한다.

147 알러지 유발 가능성이 있는 향료를 사용한 경우 표시해야 할 제품과 함량이 바르게 짝지어진 것은?

① 샴푸－0.01% 이상 　　　　② 샴푸－0.01% 초과 　　　　③ 샴푸－0.001% 초과
④ 크림－0.01% 초과 　　　　⑤ 크림－0.001% 이상

해설 사용 후 세척되는 제품은 0.01% 초과 함유하는 경우, 사용 후 세척되는 제품 이외의 화장품은 0.001% 초과 함유하는 경우에 성분명을 표기해야 한다. 샴푸는 사용 후 세척되는 제품이고 크림은 그 이외의 제품에 해당한다.

148 다음 〈보기〉의 효능 및 효과를 표시 · 광고할 수 <u>없는</u> 화장품은?

보기
• 머리카락에 수분, 지방을 공급하여 유지시켜준다. • 정전기의 발생을 방지하여 쉽게 머리를 단정하게 한다.

① 헤어 컨디셔너 　　　　② 헤어 토닉 　　　　③ 헤어 그루밍에이드
④ 헤어 오일 　　　　⑤ 포마드

해설 헤어 토닉을 제외한 두발용 제품류의 효능 · 효과에 해당한다.

정답　144 ②　145 ⑤　146 ②　147 ②　148 ②

149 다음 중 화장품으로 표시 · 광고할 수 있는 효능은?

① 빠지는 모발을 감소시킨다.

② 유익균의 균형을 보호한다.

③ 속눈썹이 자란다.

④ 머리카락의 윤기를 준다.

⑤ 신체의 일부를 날씬하게 한다.

해설 질병을 진단 · 치료 · 경감 · 처치 또는 예방하는 효과나 의학적 효능 · 효과 관련 표현은 금지된다. 신체 개선 표현과 생리활성 관련 표현도 금지된다.

150 다음 중 화장품의 표시 · 광고에 대한 준수사항과 거리가 먼 것은?

① 의약품으로 오인하게 할 우려가 있는 표시 · 광고 금지

② 저속하거나 혐오감을 주는 표현을 한 표시 · 광고를 하지 말 것

③ 화장품의 유형별 효능 · 효과의 범위를 벗어나는 표시 · 광고 금지

④ 외국제품을 국내제품으로 오인하게 할 우려가 있는 표시 · 광고 금지

⑤ 야생동식물의 가공품이 함유된 경우 이를 입증해야만 광고 가능

해설 야생동식물의 가공품이 함유된 화장품임을 표현 또는 암시하는 표시 · 광고를 하지 말아야 한다.

151 다음의 위해도 평가 결과에 따라 안전하다고 판단하는 것은?

① 면역독성 물질 안전역＝1

② 비발암성 물질 안전역＝10

③ 비발암성 물질 안전역＝100

④ 발암 물질 평생발암 위험도＝100

⑤ 항원성 독성 물질 안전역＝0.5

해설 평생발암 위험도가 10^{-5} 이하인 경우, 비발암성 물질(항원성 독성 포함) 안전역이 100 이상인 경우 안전하다고 판단한다.

152 다음 중 중대한 유해사례에 해당하지 <u>않는</u> 것은?

① 사망을 초래하거나 생명을 위협하는 경우

② 피부에 가려움이 발생한 경우

③ 입원 또는 입원기간의 연장이 필요한 경우

④ 지속적 또는 중대한 불구나 기능 저하를 초래하는 경우

⑤ 선천적 기형 또는 이상을 초래하는 경우

해설 중대한 유해사례란 의학적으로 중요한 경우에 해당한다. 피부에 가려움이 발생된 정도는 의학적으로 중대한 사례에 해당하지 않는다.

정답 149 ④ 150 ⑤ 151 ③ 152 ②

153 다음 설명하는 화장품의 위해 사례 판단과 보고의 용어에 해당하는 것은?

> 유해성을 가진 화학물질

① 유해성   ② 위해성   ③ 유해물질
④ 실마리 정보   ⑤ 안전성 정보

해설 화학물질의 독성 등 사람의 건강이나 환경에 좋지 아니한 영향을 미치는 화학물질 고유의 성질을 유해성이라고 하며, 이런 성질을 가진 물질을 유해물질이라고 한다.

154 다음 〈보기〉는 알파 – 하이드록시애시드(α – hydroxyacid, AHA) 함유 제품 중 산도가 얼마 미만인 제품의 주의사항인가?

> ┤ 보기 ├
>
> 고농도의 AHA 성분이 들어있어 부작용이 발생할 우려가 있으므로 전문의 등에게 상담할 것

① pH 1.5   ② pH 2.5   ③ pH 3.5
④ pH 4.5   ⑤ pH 5.5

해설 0.5% 이상 함유된 제품은 햇빛에 대한 피부의 감수성을 증가시킬 수 있으므로 자외선 차단제를 함께 사용할 것, 일부에 시험 사용하여 피부 이상을 확인할 것 등의 내용을 기본적으로 표시한다.

155 화장품의 원료에 대한 품질성적서의 요건과 거리가 먼 것은?

① 제조업체의 원료에 대한 자가품질검사 성적서
② 제조업체의 원료에 대한 공인검사기관 성적서
③ 원료업체의 원료에 대한 공인검사기관 성적서
④ 책임판매업체의 원료에 대한 자가품질검사 성적서
⑤ 원료업체의 원료에 대한 자가품질검사 성적서 중 2로트 이상의 신뢰성을 확보한 경우

해설 원료공급자의 검사결과 신뢰 기준 자율규약에 따라서 3로트 이상에 대해서 신뢰성을 확보하여야 한다.

156 다음 〈보기〉의 빈칸에 들어갈 적절한 수치는?

> ┤ 보기 ├
>
> 위해도의 평가를 위한 데이터로 전신노출량은 "전신 노출량(SED) = (화장품 1일 사용량 × 잔류지수 × 제품 내 농도 × 흡수율)/체중"으로 산출된다. 이때 화장품의 유형마다 접촉하는 시간이 달라 잔류지수는 화장품의 유형에 따라 다르다.
> • 크림과 같은 리브온 제품 : (   )
> • 메이크업 리무버와 같은 세정 제품 : 0.1
> • 샤워젤이나 비누 같은 세정 제품 : 0.01

① 0.001   ② 1   ③ 10
④ 100   ⑤ 1,000

해설 크림과 같이 사용 후 씻어내지 않는 리브온 제품은 사용량이 그대로 반영된다. 세정 제품도 종류에 따라서 다르게 구분된다.

정답   153 ③   154 ③   155 ⑤   156 ②

157 화장품의 원료 중 색을 나타내는 안료로서 색감과 광택, 사용감 등을 조절할 목적으로 사용하는 것은?

① 탈크
② 코치닐
③ 산화아연
④ 울트라마린
⑤ 벤가라

해설 체질 안료에 대한 설명으로 마이카, 탈크 등이 이에 해당한다.

158 화장품 주의사항의 공통사항에 해당하는 것은?

① 알갱이가 눈에 들어갔을 때에는 물로 씻어내고, 이상이 있는 경우에는 전문의와 상담할 것
② 정해진 용법과 용량을 잘 지켜 사용할 것
③ 털을 제거한 직후에는 사용하지 말 것
④ 개봉한 제품은 7일 이내에 사용할 것
⑤ 직사광선을 피해서 보관할 것

해설 ① 미세한 알갱이가 함유되어 있는 스크러브 세안제의 주의사항이다.
　　 ② 외음부 세정제의 주의사항이다.
　　 ③ 체취 방지용 제품의 주의사항이다.
　　 ④ 퍼머넌트 웨이브 제품 및 헤어스트레이트너 제품의 주의사항이다.

159 다음 중 위해성 등급이 가장 높은 회수대상 화장품은?

① 기준 이상의 미생물이 검출된 화장품
② 맞춤형화장품 조제관리사를 두지 아니하고 판매한 맞춤형화장품
③ 기능성화장품의 기능성을 나타나게 하는 주원료 함량이 기준치에 부적합한 경우
④ 사용기한 또는 개봉 후 사용기간을 위조·변조한 화장품
⑤ 신고를 하지 아니한 자가 판매한 맞춤형화장품

해설 ①은 나 등급에 해당하며 나머지는 다 등급에 해당한다. 나 등급에 해당하는 것이 다 등급보다 위해성이 높다고 판단한다.

160 다음 중 유해성에 대해서 옳게 설명한 것을 보기에서 모두 고르시오.

┌───┐
│ ㄱ. 생식·발생 독성 : 면역 장기에 손상을 주어 생체 방어기전 저해
│ ㄴ. 면역 독성 : 자손 생성을 위한 기관의 능력 감소 및 개체의 발달 과정에 부정적인 영향을 미침
│ ㄷ. 항원성 : 항원으로 작용하여 알러지 및 과민반응 유발
│ ㄹ. 유전독성 : 유전자 및 염색체에 상해를 입힘
│ ㅁ. 발암성 : 장기간 투여 시 암(종양)의 발생
└───┘

① ㄱ, ㄹ, ㅁ
② ㄱ, ㄴ, ㄷ
③ ㄱ, ㄷ, ㄹ
④ ㄴ, ㄷ, ㄹ
⑤ ㄷ, ㄹ, ㅁ

해설 ㄱ. 생식·발생 독성은 자손 생성을 위한 기관의 능력 감소 및 개체의 발달 과정에 부정적인 영향을 미치는 것을 말한다.
　　 ㄴ. 면역 독성은 면역 장기에 손상을 주어 생체 방어기전을 저해하는 것을 말한다.

161 다음 중 '눈에 접촉을 피하고 눈에 들어갔을 때는 즉시 씻어낼 것'이라는 주의사항 표시 문구가 있어야
하는 성분을 모두 적으시오.

┤ 보기 ├

과산화수소, 살리실릭애씨드, 스테아린산아연, 아이오도프로피닐부틸카바메이트, 실버나이트레이트, 폴리
에톡실레이티드레틴아마이드

해설 • 스테아린산아연 : 사용 시 흡입되지 않도록 주의할 것
  • 폴리에톡실레이티드레틴아마이드 : 「인체적용시험자료」에서 경미한 발적, 피부건조, 화끈감, 가려움, 구진이 보
    고된 예가 있음
  • 아이오도프로피닐부틸카바메이트, 살리실릭애씨드 : 만 3세 이하 어린이에게 사용하지 말 것

162 다음의 화장품의 제조원리 중 빈칸에 해당하는 것을 작성하시오.

(   ) 제형 : 다량의 오일 등이 물에 용해되어 유윳빛 색을 나타내는 제형, 로션, 크림 등의 제형에 해당함

해설 마이셀의 크기가 가시광선의 파장을 산란시킬 만큼 커서 우유빛을 내게 된다.

163 보습제는 물과의 친화력이 좋아 피부에 수분을 장시간 잡아 줄 수 있는 성분이다. 친수성 성분으로 물에
잘 용해되고, 피부 표면이나 속에 침투하여 수분의 증발을 억제한다. 그중 분자 구조에 하이드록시 그룹
(OH) 구조가 많아 수분과 친화력이 좋은 것을 (   )이라고 구분한다.

해설 글리세린, 프로필렌글리콜 등이 대표적인 성분이다. OH기가 많다는 뜻에서 폴리올이라고 불린다.

164 표시 − 광고 규정에서 다음 빈칸에 해당하는 것을 작성하시오.

(㉠)와/과 비교하는 표시 · 광고는 비교 대상 및 기준을 분명히 밝히고 객관적으로 확인될 수 있는 사항만을
표시 · 광고해야 하며, 배타성을 띤 "최고" 또는 "최상" 등의 (㉡) 표현의 표시 · 광고를 하지 말 것

해설 객관적 데이터가 있다면 경쟁상품과의 비교도 가능하다. 그러나 검증이 불가능한 절대적인 표현은 사용할 수 없다.

165 화장품에 사용되는 보습제(humectant)중 OH기가 6개가 있는 성분을 〈보기〉에서 고르시오.

┤ 보기 ├

폴리에틸렌글리콜, 글리세린, 솔비톨, 프로필렌글리콜

해설 글리세린(3개), 폴리레틸렌글리콜(2개 이하), 솔비톨(6개), 프로필렌글리콜(2개)

정답 161 과산화수소, 실버나이트레이트 162 유화 163 폴리올 164 ㉠ 경쟁상품, ㉡ 절대적 165 솔비톨

166 화장품 전성분 표시제도의 표시방법에서 빈칸에 들어갈 내용을 작성하시오.

- 글자 크기 : (   )포인트 이상
- 표시 순서 : 제조에 사용된 함량이 많은 것부터 기입
- 순서 예외 : 1% 이하로 사용된 성분, 착향료, 착색제는 함량 순으로 기입하지 않아도 됨
- 표시 제외 : 원료 자체에 이미 포함되어 있는 미량의 보존제 및 안정화제
- 향료 표시 : 착향제는 "향료"로 기입

해설 표시사항을 잘 확인할 수 있을 정도의 크기(5pt 이상)로 표시해야 한다.

167 화장품에 사용할 수 있는 원료를 규정하는 제도 중의 하나로서 빈칸에 들어갈 말로 적절한 것은?

화장품 사용금지 원료 : 화장품에 배합이 금지된 원료
화장품 (   ) 원료 : 기능과 함량을 정해 놓은 원료를 뜻하는 것으로 보존제와 자외선 차단제 등이 포함

해설 화장품법 '화장품의 안전기준'에서 원료에 대한 기준을 설정한다.

168 화장품 사용상의 주의사항과 개별 화장품의 주의사항에서 빈칸에 들어갈 말로 적합한 것은?

- 제품류 : 고압가스를 사용하는 에어로졸 제품
- 주의사항
  가. 같은 부위에 연속해서 3초 이상 분사하지 말 것
  나. 가능하면 인체에서 (   )센티미터 이상 떨어져서 사용할 것
  다. 눈 주위 또는 점막 등에 분사하지 말 것. 다만, 자외선 차단제의 경우 얼굴에 직접 분사하지 말고 손에
      덜어 얼굴에 바를 것

해설 에어로졸 제품은 안전성을 확보하기 위해서 적절한 거리를 두고 분사하도록 주의사항을 정하였다. 무스와 같은 제품은 폼이 형성되어 나오므로 제외된다.

169 다음의 〈보기〉에 해당하는 회수대상 화장품의 위해등급을 표시하시오.

┤ 보기 ├

- 등록을 하지 아니한 자가 제조한 화장품 또는 제조 · 수입하여 유통 · 판매한 화장품
- 신고를 하지 아니한 자가 판매한 맞춤형화장품
- 맞춤형화장품 조제관리사를 두지 아니하고 판매한 맞춤형화장품

해설 "가 → 나 → 다" 등급의 순서대로 위해도가 낮아지며 〈보기〉 모두 가장 낮은 등급에 해당한다.

정답 **166** 5 **167** 사용제한 **168** 20 **169** 다 등급

170 다음은 유해성의 종류에 대한 설명이다. 빈칸에 들어갈 말로 적절한 것은?

> 가. 생식, 발생 독성 : 자손 생성을 위한 기관의 능력 감소 및 개체의 발달과정에 부정적인 영향을 미침
> 나. 면역 독성 : 면역 장기에 손상을 주어 생체 방어기전 저해
> 다. (　　) : 항원으로 작용하여 알러지 및 과민반응 유발
> 라. 유전 독성 : 유전자 및 염색체에 상해를 입힘
> 마. 발암성 : 장기간 투여 시 암(종양) 발생

해설 벌에 쏘인 경우와 같이 알러지 반응을 일으킨다.

171 다음은 자외선의 영역에 대한 설명이다. 빈칸에 들어갈 말로 적절한 것은?

> • UVB : 일광화상을 유발하는 영역으로 SPF 지수의 산출 대상이 된다.
> • (　　) : 피부 흑화와 노화의 원인으로 PA 지수 산출의 대상이 된다.

해설 UVA는 UVB에 비해서 파장이 길지만 에너지는 작다. 피부 침투력이 좋아 내부에서 노화를 일으키고 멜라닌 생성을 촉진하며 PA지수 산출의 대상이 된다.

172 손 · 발의 피부연화 제품(요소제제의 핸드크림 및 풋크림)의 주의사항 중 빈칸에 해당하는 성분은?

> • 눈, 코 또는 입 등에 닿지 않도록 주의하여 사용할 것
> • (　　)을/를 함유하고 있으므로 이 성분에 과민하거나 알러지 병력이 있는 사람은 신중히 사용할 것

해설 프로필렌에 의한 알러지를 주의하기 위한 사항으로, 프로필렌글리콜을 함유한 제품에만 표시하는 주의사항이다.

173 다음 〈보기〉는 화장품 사용상의 주의사항 중 개별사항 표시에 대한 규정이다. 빈칸에 들어갈 말로 적합한 것은?

> ├ 보기 ┤
>
> • 햇빛에 대한 피부의 감수성을 증가시킬 수 있으므로 자외선 차단제를 함께 사용할 것
> • 일부에 시험사용하여 피부 이상을 확인할 것
> • 고농도의 AHA 성분이 들어있어 부작용이 발생할 우려가 있으므로 전문의 등에게 상담할 것. AHA 성분이 (　　)퍼센트를 초과하여 함유되어 있거나 산도가 3.5 미만인 제품만 표시한다.
> • 단 0.5% 이하 AHA함유 제품에는 해당하지 않는다.

해설 화장품 사용상의 주의사항 중 AHA를 포함한 제품의 내용이다.

정답　170 항원성　171 UVA　172 프로필렌글리콜　173 10

174 화장품 사용상의 주의사항과 개별 화장품의 주의사항에서 빈칸에 들어갈 말로 적절한 것은?

> • 제품류 : 손·발의 피부연화 제품[(   )제제의 핸드크림 및 풋크림]
> • 주의 사항
>   가. 눈, 코 또는 입 등에 닿지 않도록 주의하여 사용할 것
>   나. 프로필렌글리콜(Propylene glycol)을 함유하고 있으므로 이 성분에 과민하거나 알려지 병력이 있는 사
>   람은 신중히 사용할 것(프로필렌글리콜 함유 제품만 표시한다)

해설 피부연화 제품은 단백질을 연화시키는 제품이다.

175 다음은 화장품 안전성 정보관리 규정의 용어에 대한 설명이다. 빈칸에 들어갈 말로 적절한 것은?

> • 유해사례 : 화장품의 사용 중 발생한 바람직하지 않고 의도되지 아니한 징후, 증상 또는 질병
> • 실마리 정보 : 유해사례와 화장품 간의 인과관계 가능성이 있다고 보고된 정보로서 그 인과관계가 알려지
>   지 아니하거나 입증자료가 불충분한 것
> • (   ) : 화장품과 관련하여 국민보건에 직접 영향을 미칠 수 있는 안전성·유효성에 관한 새로운 자료,
>   유해사례 정보 등

해설 화장품에 들어간 성분으로 인해 발생하는 새로운 부작용 사례 등의 안정성 정보를 수집하는 것은 책임판매관리자의 의무
이다.

176 다음은 자외선의 영역에 대한 설명이다. 빈칸에 들어갈 말로 적절한 것은?

> • (   ) : 일광화상을 유발하는 영역으로 SPF 지수의 산출 대상이 된다.
> • UVA : 피부 흑화와 노화의 원인으로 PA 지수의 산출 대상이 된다.

해설 UVB는 UVA보다 파장이 짧고 에너지가 크다. 피부에 일광화상을 일으키는 주요 원인이다.

177 샴푸 1,000g의 용량에서 유게놀이 몇 mg 초과이면 성분명을 표기해야 하는가?

해설 샴푸는 사용 후 세척되는 제품에 해당하므로 100mg(0.01%)을 초과한 경우 표기해야 한다.

178 피부자극의 우려로 사용상의 제한이 있는 향료의 성분 중 빈칸에 들어갈 말로 적적한 것은?

> 가. 머스크자일렌 사용제한 기준 : 향료 원액을 8% 초과하여 함유하는 제품에 1.0%
> 나. (   ) 사용제한 기준 : 향료 원액을 8% 초과하여 함유하는 제품에 1.4%

해설 머스크케톤은 머스크 동물향을 모사하기 위해서 합성된 향으로 알러지 유발 가능성 25종과 달리 사용한도의 제한이
있다.

정답 **174** 요소   **175** 안정성 정보   **176** UVB   **177** 100mg   **178** 머스크케톤

179 다음 〈보기〉의 전성분 항목 중 알러지 유발 가능성이 있는 향료에 해당하는 성분을 하나 골라 작성하시오.

┤ 보기 ├

정제수, 글리세린, 1,2 헥산－디올, 알파－비사보롤, 다이메티콘/비닐다이메티콘크로스폴리머, C12－14파레스－3, 메틸 파라벤, 리모넨

해설 향료 성분 중 알러지 유발 가능성이 있는 성분에 대해 안내해야 한다. 참나무이끼추출물, 리모넨, 벤질알코올 등이 이에 해당한다.

180 과일산, 주석산 등의 성분으로 수용성을 나타내고, 각질의 턴오버를 촉진하기 위해서 사용되는 성분은?

해설 AHA는 산성을 나타내는 성분으로 피부의 pH를 낮추어 각질의 탈락을 촉진한다.

181 다음 〈보기〉의 화장품 전성분 표시 방법에서 빈칸에 들어갈 내용을 작성하시오.

┤ 보기 ├

- 글자 크기 : 5포인트 이상
- 표시 순서 : 제조에 사용된 함량이 많은 것부터 기입
- 순서 예외 : 1% 이하로 사용된 성분, 착향료, 착색제는 함량 순으로 기입하지 않아도 됨
- 표시 제외 : 원료 자체에 이미 포함되어 있는 미량의 보존제 및 안정화제
- 향료 표시 : 착향제는 (   )라고 기입

해설 향을 구성하는 성분의 비밀을 보장하기 위해서 "향료"라고 표시할 수 있다.

182 퍼머넌트웨이브 제품 및 헤어스트레이트너 제품의 주의사항 중 빈칸에 들어갈 말로 적절한 것은?

- 두피 · 얼굴 · 눈 · 목 · 손 등에 약액이 묻지 않도록 유의하고, 얼굴 등에 약액이 묻었을 때에는 즉시 물로 씻어낼 것
- 제2단계 퍼머액 중 그 주성분이 (   )인 제품은 검은 머리카락이 갈색으로 변할 수 있으므로 유의하여 사용할 것

해설 과산화수소는 모피질 속의 멜라닌을 파괴할 수 있어 머리색이 변할 수 있다.

183 제품의 종류 및 사용상의 주의사항 중 빈칸에 들어갈 성분은?

[손 · 발의 피부연화 제품]
- 종류 : (   )제제의 핸드크림, 풋크림
- 주의사항 : 눈, 코 또는 입 등에 닿지 않도록 주의하여 사용할 것

해설 요소(Urea)는 단백질을 연화시키는 기능이 있고, 화장품에는 10% 이하로 사용한다.

정답 179 리모넨 180 알파－하이드록시애씨드(AHA) 181 향료 182 과산화수소 183 요소

184 화장품 사용상의 주의사항과 개별 화장품의 주의사항에서 빈칸에 적합한 단어를 기입하시오.

> • 제품류 : 고압가스를 사용하는 에어로졸 제품
> • 주의 사항
>   가. 같은 부위에 연속해서 (　　)초 이상 분사하지 말 것
>   나. 가능하면 인체에서 20센티미터 이상 떨어져서 사용할 것
>   다. 눈 주위 또는 점막 등에 분사하지 말 것. 다만, 자외선 차단제의 경우 얼굴에 직접 분사하지 말고 손에
>   덜어 얼굴에 바를 것

해설 에어로졸 제품은 안전성을 확보하기 위해서 분사시간을 제한하도록 주의사항을 정하였다. 무스와 같은 제품은 폼이
형성되어 나오므로 제외된다.

185 다음 책임판매업자의 안정성 정보관리와 보고 규정에서 빈칸에 들어갈 적합한 것을 기입하시오.

> • 신속보고 : 중대한 유해사례 또는 이와 관련하여 식품의약품안전처장이 보고를 지시한 경우
> • (　　) : 신속보고 대상이 아닌 경우, 매반기 종료 후 보고

해설 신속보고는 정보를 안 날부터 15일 이내에, 정기보고는 6개월마다 보고한다.

186 화장품 전성분 표시제도의 표시 방법에서 빈칸에 들어갈 내용을 작성하시오.

> ─┤ 보기 ├─
>
> • 글자 크기 : 5포인트 이상
> • 표시 순서 : 제조에 사용된 함량이 많은 것부터 기입
> • 순서 예외 : (　　)% 이하로 사용된 성분, 착향료, 착색제는 함량 순으로 기입하지 않아도 됨
> • 표시 제외 : 원료 자체에 이미 포함되어 있는 미량의 보존제 및 안정화제
> • 향료 표시 : 착향제는 "향료"라고 기입

해설 많이 사용된 것을 우선 기입하고 미량의 성분(1% 이하)은 예외가 된다.

187 다음은 화장품 제품류와 효능 · 효과를 연결한 것이다. 빈칸에 들어갈 말로 적합한 것은?

> • (　　) 제품류 : 머리카락을 일시적으로 착색시킨다.
> • 두발용 제품류 : 머리카락에 윤기와 탄력을 준다.
> • 방향용 제품류 : 좋은 냄새가 나는 효과를 준다.

해설 두발 염색용 제품은 염모용 제품과 동일한 의미이다.

188 화장품의 원료 중 수성원료에 속하는 것으로 수렴, 청결, 가용화, 건조 촉진제로 사용되는 것은?

해설 에탄올은 물에 녹는 성질인 수용성 원료로 구분된다. 토너 등에 사용되어 수렴기능을 나타낸다.

정답 184 3 185 정기보고 186 1 187 두발 염색용 188 에탄올

189 다음 〈보기〉의 전성분 항목 중 알러지 유발 가능성이 있는 향료에 해당하는 성분을 하나 골라 작성하시오.

| 보기 |

정제수, 글리세린, 1,2 헥산-디올, 알파-비사보롤, 다이메티콘/비닐다이메티콘크로스폴리머, C12-14파레스-3, 메틸 파라벤, 참나무이끼추출물

해설 참나무이끼추출물은 식약처장이 고시한 25종의 알러지 유발 가능성 원료에 해당한다.

190 화장품 원료 중 고분자의 기능으로 빈칸에 들어갈 말은?

- 점증제 : 제형의 점도를 향상시켜 제형의 안정성을 증가시키거나 사용감을 변화시킴
- (   ) : 도포 후 경화되어(굳어서) 막을 형성하여 표면을 코팅하는 데 사용

해설 피막제는 네일 에나멜이나 헤어 스프레이에 적용되어 용매가 증발하여 굳어서 막을 형성하는 기능을 한다.

191 화장품 전성분 표시제도의 표시방법에서 빈칸에 들어갈 내용을 작성하시오.

| 보기 |

ㄱ. 글자 크기 : 5포인트 이상
ㄴ. 표시 순서 : 제조에 사용된 함량이 많은 것부터 기입
ㄷ. 순서 예외 : 1% 이하로 사용된 성분, 착향료, 착색제는 함량 순으로 기입하지 않아도 됨
ㄹ. 표시 제외 : 원료 자체에 이미 포함되어 있는 미량의 (   ) 및 안정화제
ㅁ. 향료 표시 : 착향제는 "향료"라고 기입

해설 원료의 부패 방지를 위해 사용된 미량의 보존제 성분은 기입하지 않아도 된다.

192 로션 100g의 용량에서 페녹시에탄올이 몇 g 이하이면 성분명을 함량 순서에 따라서 표시하지 않아도 되는가?

해설 함유량이 1% 이하인 경우 함량이 많은 순서대로 표시하지 않아도 된다.

193 화장품의 표시·광고 준수사항 중 빈칸에 적합한 것을 기입하시오.

- (   )으로 오인하게 할 우려가 있는 표시·광고를 하지 말 것
- 기능성화장품이 아닌 것으로서 기능성화장품으로 오인시킬 우려가 있는 효능·효과 표시 및 화장품의 유형별 효능·효과의 범위를 벗어나는 표시·광고를 하지 말 것
- 의사, 치과의사, 한의사, 약사 또는 기타의 자가 이를 지정·공인·추천·지도 또는 사용하고 있다는 내용 등의 표시·광고를 하지 말 것

해설 화장품의 기능 범위를 벗어난 것에 해당한다.

정답 189 참나무이끼추출물 190 피막제 191 보존제 192 1g 193 의약품

194 다음의 〈보기〉에 해당하는 회수대상 화장품의 위해등급을 표시하시오.

┤ 보기 ├
기준 이상의 유해물질 및 기준 이상의 미생물이 검출된 것

해설 〈보기〉 외에도 유통화장품 안전관리 기준에 적합하지 않은 것, 개별 화장품 안전기준에 적합하지 않은 것 등이 나 등급에 해당한다.

195 다음은 화장품 안전성 정보관리 규정상 용어의 정의이다. 빈칸에 들어갈 말로 적합한 것을 작성하시오.

- (   ) : 화장품의 사용 중 발생한 바람직하지 않고 의도되지 아니한 징후, 증상 또는 질병
- 실마리 정보 : 유해사례와 화장품 간의 인과관계 가능성이 있다고 보고된 정보로서 그 인과관계가 알려지지 아니하거나 입증자료가 불충분한 것
- 안정성 정보 : 화장품과 관련하여 국민보건에 직접 영향을 미칠 수 있는 안전성·유효성에 관한 새로운 자료, 유해사례 정보 등

해설 화장품 사용 후 부작용 등으로 피부가 붉어진 사례와 같은 유해사례를 수집하는 것은 책임판매관리자의 의무이다.

196 다음 〈보기〉의 형태로 전성분을 표시한 경우 문제가 되는 이유로 적절한 것은?

┤ 보기 ├
- Rose water, Glycerin, 1,2 Hexandiol, Carbomer, Phenoxyethnaol
  → 화장품 성분 사전에 따른 (   ) 명칭을 기재하지 않음

해설 수재되지 아니한 원료의 경우 화장품 성분 사전에 해당 원료의 명칭이 조속히 수재될 수 있도록 조치한다.

197 로션 1,000g의 용량에서 참나무이끼추출물이 몇 mg 초과이면 성분명을 표기해야 하는가?

해설 사용 후 세척되지 않는 제품은 10mg(0.001%)을 초과한 경우에 성분명을 표기해야 한다.

198 다음은 화장품의 금지된 효능·효과 표현 예시이다. 빈칸에 들어갈 말로 적절한 것은?

- 구분 : (   )의 진단·치료·경감·처치 관련 효능 표현
- 표현 : 아토피, 모낭충, 건선, 항암, 여드름

해설 질병의 예방, 의학적 효능·효과 관련 표현은 금지된다. 의약품으로 오인하게 하는 것도 금지된다.

199 다음의 〈보기〉에 해당하는 회수대상 화장품의 위해등급을 표시하시오.

┤ 보기 ├
화장품에 사용할 수 없는 원료를 사용한 화장품

해설 〈보기〉는 화장품의 위해등급 중 가장 높은 등급을 위반한 사례이다.

정답 **194** 나 등급 **195** 유해사례 **196** 한글 **197** 10mg **198** 질병 **199** 가 등급

200 다음은 타르색소의 사용 제한에 대한 내용이다. 빈칸에 들어갈 말로 적합한 것은?

> • 타르색소 : 콜타르, 그 중간생성물에서 유래되었거나 유기합성하여 얻은 색소 및 그 레이크, 염, 희석제와의 혼합물
> • (   ) : 눈썹, 눈썹 아래쪽 피부, 눈꺼풀, 속눈썹 및 눈(안구, 결막낭, 윤문상 조직을 포함한다)을 둘러싼 뼈의 능선 주위
> • 사용 제한 : (   ) 및 입술에 사용할 수 없음

해설 안료, 천연염료와는 별도로 사용 제한 사항이 있다.

CHAPTER 03 유통화장품의 안전관리

01 〈보기〉 중 CGMP의 용어의 정의가 바르게 연결된 것은?

| 보기 |

ⓐ : 적절한 작업 환경에서 건물과 설비가 유지되도록 정기적 · 비정기적인 지원 및 검증 작업을 말한다.
ⓑ : 출하를 위해 제품의 포장 및 첨부문서의 표시공정 등을 포함한 모든 제조공정이 완료된 화장품을 말한다.

① ⓐ 유지 관리, ⓑ 완제품
② ⓐ 교정, ⓑ 벌크 제품
③ ⓐ 유지 관리, ⓑ 반제품
④ ⓐ 교정, ⓑ 완제품
⑤ ⓐ 품질 보증, ⓑ 벌크 제품

해설 • 교정 : 규정된 조건하에서 측정기기나 측정 시스템에 의해 표시되는 값과 표준기기의 참값을 비교하여 이들의 오차가 허용범위 내에 있음을 확인하고, 허용범위를 벗어나는 경우 허용범위 내에 들도록 조정하는 것을 말한다.
• 벌크 제품 : 충전(1차 포장) 이전의 제조 단계까지 끝낸 제품을 말한다.
• 반제품 : 제조공정 단계에 있는 것으로서 필요한 제조공정을 더 거쳐야 벌크 제품이 되는 것을 말한다.
• 품질 보증 : 제품이 적합 판정 기준에 충족될 것이라는 신뢰를 제공하는 데 필수적인 모든 계획되고 체계적인 활동을 말한다.

02 CGMP의 규정 중 작업장에 사용되는 세제의 종류와 사용법에 대해서 바르게 연결된 것은?

| 보기 |

ⓐ : 세정제 잔류성을 강화시키고 셀룰로오즈 유도체 등이 있다.
ⓑ : 색상 개선과 살균작용이 있고 대표적인 성분으로 활성염소가 있다

① ⓐ 표백제, ⓑ 유기폴리머
② ⓐ 유기폴리머, ⓑ 연마제
③ ⓐ 유기폴리머, ⓑ 표백제
④ ⓐ 계면활성제, ⓑ 살균제
⑤ ⓐ 연마제, ⓑ 표백제

해설 ⓐ 유기폴리머 : 세정제 잔류성을 강화시키고 셀룰로오즈 유도체 등이 있다.
ⓑ 표백제 : 색상 개선과 살균작용이 있고 대표적인 성분으로 활성염소가 있다.
• 연마제 : 기계적 마찰에 의한 세정 효과(클레이 등)
• 계면활성제 : 세정제의 주요 성분, 이물질 제거(비누 등)
• 살균제 : 미생물의 살균(4급 암모늄염 등)

03 CGMP의 규정 중 세척 후 판정하는 방법의 린스 정량법에서 최적 정량을 위해서 사용할 수 있는 방법은?

① HPLC법 이용
② 박층 크로마토그래프법(TLC)
③ TOC 측정기로 측정
④ UV를 흡수 분석
⑤ 천 표면의 잔류물 유무 판단

> **해설** 잔존물의 양을 정확히 확인하기 위해서는 HPLC법을 사용해야 한다.
> ② 박층 크로마토그래프법(TLC)은 간편 정량이 가능하다.
> ③ 총유기탄소(Total Organic Carbon, TOC) 측정기로 총 유기 탄소를 측정한다.
> ④ UV 분석을 통해서 UV를 흡수하는 물질 잔존 여부의 확인이 가능하다.
> ⑤ 천 표면의 잔류물 유무 판단은 린스 정량법이 아니라 문질러 확인하는 방법의 일종이다.

04 작업자의 위생 유지를 위한 손세제의 구성 중 세제의 형상과 종류가 바르게 연결된 것은?

① 고형 – 핸드워시
② 액상 – 비누
③ 물이 필요 없는 타입 – 핸드새니타이저
④ 액상 – 핸드새니타이저
⑤ 물이 필요 없는 타입 – 비누

> **해설** ①, ⑤ 고형 – 비누
> ②, ④ 액상 – 핸드워시

05 완제품의 출고 기준에 적합하지 <u>않는</u> 것은?

① 완제품은 시험결과 적합으로 판정되고 책임판매업자가 출고 승인한 것만을 출고하여야 함
② 완제품은 적절한 조건하의 정해진 장소에서 보관하여야 함
③ 주기적으로 재고 점검을 수행해야 함
④ 출고는 선입선출 방식으로 하되, 타당한 사유가 있는 경우에는 그러지 아니할 수 있음
⑤ 출고할 제품은 원자재, 부적합품 및 반품된 제품과 구획된 장소에서 보관하여야 함

> **해설** 완제품은 시험결과 적합으로 판정되고 품질보증부서 책임자가 출고 승인한 것만을 출고하여야 한다.

06 설비 중 호스에 대한 설명으로 거리가 <u>먼</u> 것은?

① 호스와 부속품의 안쪽과 바깥쪽 표면은 모두 제품과 직접 접하기 때문에 청소의 용이성을 고려하여 설계한다.
② 투명한 재질은 청결과 잔금 또는 깨짐 같은 문제에 대한 호스의 검사를 용이하게 한다.
③ 긴 길이의 경우는 청소, 건조, 취급이 쉽고 제품이 축적되지 않게 하기 때문에 선호한다.
④ 세척제들이 호스와 부속품 제재에 적합한지 검토한다.
⑤ 부속품의 해체와 청소가 용이하도록 설계한다.

> **해설** 짧은 길이의 경우는 청소, 건조, 취급이 쉽고 제품이 축적되지 않게 하기 때문에 선호한다.

정답 03 ① 04 ③ 05 ① 06 ③

07 원료 및 내용물의 보관 관리 기준에서 다음에 적합한 용어는?

> 설정된 보관 기한이 지나면 사용의 적절성을 결정하기 위해 (　　　) 시스템을 확립하여야 하며, 동 시스템을 통해 보관 기한이 경과한 경우 사용하지 않도록 규정하여야 한다.

① 격리　　　　　　　② 합격 판정　　　　　　③ 재평가
④ 재작업　　　　　　⑤ 반품

해설 설정된 보관기간이 지난 것을 모두 폐기하는 것이 아니고 재평가 시스템을 확립한 후 이에 따라서 판단해야 한다.

08 CGMP의 규정 중 작업장에 사용되는 세제의 종류와 사용법에 대해서 바르게 연결된 것은?

─┤ 보기 ├─

> ㉠ : 기계적인 마찰에 의한 세정 효과로 칼슘카보네이트 등이 있다.
> ㉡ : 세정 효과의 증대를 위한 성분으로 소듐트리포스페이트 등이 있다.

① ㉠ 표백제, ㉡ 금속이온 봉쇄제
② ㉠ 유기폴리머, ㉡ 연마제
③ ㉠ 연마제, ㉡ 금속이온 봉쇄제
④ ㉠ 계면활성제, ㉡ 살균제
⑤ ㉠ 연마제, ㉡ 유기폴리머

해설 ㉠ 연마제 : 기계적인 마찰에 의한 세정 효과를 가져오고 칼슘카보네이트 등이 있다.
　　㉡ 소듐트리포스페이트는 금속이온과 결합하는 성질이 있어서 금속이온 봉쇄제로 사용된다.
　• 계면활성제 : 세정제의 주요 성분, 이물질 제거(비누 등)
　• 살균제 : 미생물의 살균(4급 암모늄염 등)
　• 유기폴리머 : 세정 효과 증대 및 잔류성 강화(폴리올 등)
　• 표백제 : 색상 개선 및 살균(활성염소 등)

09 다음 중 CGMP의 용어의 정의가 바르게 연결된 것은?

─┤ 보기 ├─

> ㉠ : 제품에서 화학적, 물리적, 미생물학적 문제 또는 이들이 조합되어 나타내는 바람직하지 않은 문제의 발생을 말한다.
> ㉡ : 규정된 합격 판정 기준에 일치하지 않는 검사, 측정 또는 시험결과를 말한다.

① ㉠ 위생 관리, ㉡ 일탈　　② ㉠ 오염, ㉡ 불만　　③ ㉠ 유지 관리, ㉡ 기준일탈
④ ㉠ 기준일탈, ㉡ 일탈　　⑤ ㉠ 오염, ㉡ 기준일탈

해설 • 불만 : 제품이 규정된 적합판정기준을 충족시키지 못한다고 주장하는 외부 정보를 말한다.
　• 일탈 : 제조 또는 품질관리 활동 등의 미리 정하여진 기준을 벗어나 이루어진 행위를 말한다.
　• 유지 관리 : 적절한 작업 환경에서 건물과 설비가 유지되도록 하는 정기적 · 비정기적인 지원 및 검증 작업을 말한다.
　• 위생 관리 : 대상물의 표면에 있는 바람직하지 못한 미생물 등 오염물을 감소시키기 위해 시행되는 작업을 말한다.

10 화장품의 품질관리를 위한 표준품 및 시약의 용기에 기재해야 하는 것이 아닌 것은?

① 명칭   ② 개봉일   ③ 보관조건
④ 사용기한   ⑤ 개봉자의 성명

> **해설** 개봉자의 성명은 필요하지 않다. 그러나 직접 제조한 경우 제조자의 성명을 기입해야 한다.

11 CGMP 규정 중 혼합 및 소분의 위생 관리 규정과 거리가 먼 것은?

① 직원은 별도의 지역에 의약품을 포함한 개인적인 물품을 보관한다.
② 작업복 등은 오염도에 따라서 즉시 폐기한다.
③ 작업 전에 복장 점검을 하고 적절하지 않을 경우는 시정한다.
④ 음식, 음료수 및 담배 등은 제조 및 보관 지역과 분리된 지역에서만 섭취한다.
⑤ 제품 품질 및 안정성에 악영향을 미칠 수 있는 건강 조건을 가진 직원은 원료, 포장, 제품 또는 제품 표면에 직접 접촉을 금지한다.

> **해설** 작업복 등은 목적과 오염도에 따라 세탁을 하고 필요에 따라 소독한다.

12 벌크 제품의 제조에 투입되어가 포함되는 물질은 의미하는 것은?

① 포장재   ② 원자재   ③ 원료
④ 소모품   ⑤ 시약

> **해설** ① 포장재 : 화장품의 포장에 사용되는 모든 재료를 말하며 운송을 위해 사용되는 외부 포장재는 제외한 것이다.
> ② 원자재 : 화장품 원료 및 자재를 말한다.
> ④ 소모품 : 청소, 위생 처리 또는 유지 작업 동안에 사용되는 물품(세척제, 윤활제 등)을 말한다.
> ⑤ 시약 : 품질 관리를 위한 표준품 등에 사용된다.

13 작업자가 작업모를 착용하지 않아도 되는 작업실에 해당하는 것은?

① 제조실   ② 성형실   ③ 충전실
④ 미생물 실험실   ⑤ 원료 보관소

> **해설** 4등급의 시설인 원료 보관소에서는 작업모를 착용하지 않아도 된다. 제조실, 성형실, 충전실, 미생물 실험실은 2등급 시설에 해당한다.

14 설비 중 호스에 대한 설명으로 거리가 먼 것은?

① 강화된 식품등급의 고무 또는 네오프렌의 성분 사용
② 일상적인 호스 세척 절차의 문서화가 확립되어야 함
③ 가는 부속품의 사용은 경우는 청소, 건조, 취급이 쉽고 제품이 축적되지 않게 하기 때문에 선호
④ 세척제들이 호스와 부속품 제재에 적합한지 검토
⑤ 부속품의 해체와 청소가 용이하도록 설계

> **해설** 가는 부속품의 사용은 가는 관이 미생물 또는 교차오염 문제를 일으킬 수 있게 하며 청소하기 어렵게 만들기 때문에 사용을 최소화해야 한다.

정답 10 ⑤   11 ②   12 ③   13 ⑤   14 ③

15 CGMP의 규정 중 세척 후 판정하는 방법의 린스 정량법에서 총유기탄소 정량을 위해서 사용할 수 있는 방법은?

① HPLC법
② 박층 크로마토그래프법(TLC)
③ TOC 측정기
④ UV를 흡수 분석
⑤ 천 표면의 잔류물 유무 판단

해설 총유기탄소(Total Organic Carbon, TOC) 측정기로 총 유기 탄소 측정방법이다.
　　　① HPLC법 : 잔존물의 양을 정확히 정량
　　　② 박층 크로마토그래프법(TLC) : 간편 정량 가능
　　　④ UV 분석 : UV를 흡수하는 물질 잔존 여부 확인 가능
　　　⑤ 천 표면의 잔류물 유무 판단 : 린스정량법이 아닌 문질러 확인 하는 방법의 일종

16 차압관리를 하지 않아도 되는 작업실에 해당하는 것은?

① 포장실　　　　　　　② 성형실　　　　　　　③ 충전실
④ 클린벤치　　　　　　⑤ 포장재 보관소

해설 4등급의 시설에서는 작업모를 착용하지 않아도 된다. 포장실(3등급), 클린벤치(1등급), 성형실과 충전실(2등급) 시설에 해당한다.

17 유통화장품의 안전기준에서 미생물과 유해물질의 허용 한도에 대한 설명 중 각각의 빈칸에 알맞은 것은?

> [유통화장품 안전기준]
> 화장품을 제조하면서 다음 각 호의 물질을 (㉠)으로 첨가하지 않았으나, 제조 또는 보관 과정 중 포장재로부터 (㉡)되는 등 비의도적으로 유래된 사실이 객관적인 자료로 확인되고 기술적으로 완전한 제거가 불가능한 경우

① ㉠ 비의도적, ㉡ 분해　　② ㉠ 인위적, ㉡ 이행　　③ ㉠ 인위적, ㉡ 합성
④ ㉠ 정상적, ㉡ 이행　　　⑤ ㉠ 시험적, ㉡ 합성

해설 인위적으로 첨가하지 않고 비의도적으로 유래된 경우에 한한다. 포장재로부터 이행되는 경우가 인위적으로 첨가하지 않는 사례에 해당한다.

정답 15 ③　16 ⑤　17 ②

18 퍼머넌트웨이브용 제품 및 헤어 스트레이너 제품의 공통적인 안전기준 중 다음에 적합한 것은?

┤ 보기 ├

- 중금속 : 20㎍/g 이하
- (㉠) : 5㎍/g 이하
- 철 : (㉡) 이하

① ㉠ 비소, ㉡ 5㎍/g   ② ㉠ 납, ㉡ 2㎍/g   ③ ㉠ 비소, ㉡ 10㎍/g

④ ㉠ 비소, ㉡ 2㎍/g   ⑤ ㉠ 납, ㉡ 10㎍/g

해설 퍼머넌트웨이브용 제품 및 헤어 스트레이너 제품의 공통적인 안전기준은 중금속 20㎍/g, 비소 5㎍/g, 철 2㎍/g 이하로 관리된다.

19 다음은 맞춤형화장품 조제관리사가 내용물을 받을 때 확인한 제품성적서이다. 유통화장품 안전기준에 적합하지 않아서 반품해야 하는 경우는?

[품질성적서 ㉠]
제형 : 바디클렌저, 중금속 : 디옥산 20㎍/g, 비소 5㎍/g , 미생물 : 호기성 세균 900개/g

[품질성적서 ㉡]
제형 : 크림, 중금속 : 디옥산 20㎍/g, 카드뮴 1㎍/g, 미생물 : 호기성 세균 200개/g

[품질성적서 ㉢]
제형 : 마스카라, 중금속: 니켈 25㎍/g , 비소 5㎍/g , 미생물 : 진균 600개/g

[품질성적서 ㉣]
제형 : 로션, 중금속 : 안티몬 1㎍/g, 카드뮴 1㎍/g, 미생물 : 화농균 100개/g

① ㉠, ㉡   ② ㉡, ㉢   ③ ㉢, ㉣

④ ㉠, ㉢   ⑤ ㉡, ㉣

해설 ㉢ 진균은 호기성 세균에 포함되고 마스카라(눈 화장 제품)에서 500개/g로 관리되어야 한다.
㉣ 병원성 미생물인 화농균은 검출되어서는 안 된다.

20 다음 중 화장품 내의 미생물 허용 한도에 적합한 경우는?

① 총호기성생균수 기타 제품 2,000개/g 이하, 화농균은 불검출되어야 한다.
② 총호기성생균수 영 · 유아 제품류 600개/g 이하, 대장균은 불검출되어야 한다.
③ 총호기성생균수 물티슈 20개/g, 황색포도상구균은 불검출되어야 한다.
④ 총호기성생균수 영 · 유아 화장품류 600개/g, 진균류는 불검출되어야 한다.
⑤ 총호기성생균수 눈 화장 제품류 500개/g, 세균류는 불검출되어야 한다.

해설 총호기성생균수는 영 · 유아용 제품류 및 눈 화장용 제품류의 경우 500개/g 이하, 물휴지의 경우 100개/g 이하 기타 화장품은 1,000개/g 이하, 병원성세균(대장균, 녹농균, 황색포도상구균)은 불검출되어야 한다. 호기성 생균에는 세균과 진균이 포함되어 관리되어 세균과 진균류는 한도 내로 검출되어도 된다.

정답   18 ④   19 ③   20 ③

21 아이브로우 형태의 화장품에서 검출된 유해 화학물질의 농도이다. 허용 한도에 적합한 것은? (모든 농도는 $\mu g/g$이다.)

① 납 10, 니켈 35, 수은 1   ② 납 20, 니켈 30, 수은 5   ③ 납 30, 니켈 20, 수은 5

④ 납 10, 니켈 10, 수은 10   ⑤ 납 30, 니켈 5, 수은 5

해설 • 납 : 점토를 원료로 사용한 분말제품은 $50\mu g/g$ 이하, 그 밖의 제품은 $20\mu g/g$ 이하
- 니켈 : 눈 화장용 제품은 $35\mu g/g$ 이하, 색조 화장용 제품은 $30\mu g/g$ 이하, 그 밖의 제품은 $10\mu g/g$ 이하
- 수은 : $1\mu g/g$ 이하

---

22 화장품의 안전관리 기준 중 내용량의 기준으로 적합한 것은?

- 제품 3개를 가지고 시험할 때 그 평균 내용량의 표기량에 대하여 (㉠) 이상
- 기준치를 벗어난 경우 : (㉡)개를 더 취하여 시험하여 평균 내용량이 기준치 이상

① ㉠ 95%, ㉡ 3개   ② ㉠ 95%, ㉡ 4개   ③ ㉠ 97%, ㉡ 5개

④ ㉠ 97%, ㉡ 6개   ⑤ ㉠ 98%, ㉡ 3개

해설 화장비누의 경우 건조중량을 내용량을 하지만 다른 모든 제품은 표기량을 기준으로 한다. 이때 제품 3개를 가지고 시험하여 표기량에 대하여 97% 이상을 나타내어야 내용량의 기준의 합격이 된다.

---

23 다음 중 니켈의 함량이 $28\mu g/g$으로 검출되었을 때 유통화장품 안전기준에 적합하지 <u>않는</u> 제품의 개수는?

┤ 보기 ├

영유아용 크림, 물휴지, 아이브로우, 립스틱, 볼연지

① 1   ② 2   ③ 3

④ 4   ⑤ 5

해설 눈 화장용 제품(아이브로우)은 $35\mu g/g$ 이하, 색조 화장용 제품(볼연지, 립스틱)은 $30\mu g/g$이하, 그 밖의 제품은 $10\mu g/g$ 이하로 검출되어야 한다.

---

24 다음 중 세균 350개/g, 진균 160개/g으로 검출되면 유통화장품 안전기준의 미생물의 한도에 부적합한 것의 개수는?

┤ 보기 ├

영 · 유아용 크림, 물휴지, 아이브로우, 립스틱, 볼연지

① 1   ② 2   ③ 3

④ 4   ⑤ 5

해설 물휴지는 세균과 진균 각각 100개/g 이하, 영 · 유아제품 및 아이브로우(눈 화장 제품)은 세균과 진균의 합이 500개/g 이하로 검출되어야 해서 부적합하다. 반면 색조 화장용 제품(볼연지, 립스틱)은 기타 화장품으로 미생물의 한도가 1,000개/g(mL) 이하이므로 적합하다.

정답 21 ① 22 ④ 23 ② 24 ③

25 화장품 내의 미생물 한도 시험법에서 미생물의 수를 확인하기 위해 전처리한 검체를 고체 배지 위에 도말하는 방식은?

① 한천 평판 도말법
② 한천 평판 희석법
③ 대두카제인소화액액체배지 배양
④ 사부로포도당액체배지 배양
⑤ 푹신아황산법

해설 한천 평판 도말법으로 고체 배지 위에 도말하면 세균이 자라서 군집을 형성하여 눈으로 확인할 수 있다.
　　② 한천 평판 희석법 : 검액과 배지를 혼합하여 도말하는 방식이다.
　　③, ④ 사부로포도당액체배지(진균) 및 대두카제인소화액액체배지 : 세균의 액체 배지 배양방식은 CFU(군집락수)를 확인할 수 없다.
　　⑤ 푹신아황산법 : 메탄올을 분석하는 방법이다.

26 제조 및 품질관리에 필요한 설비의 시설 기준에 적합하지 <u>않은</u> 것은?

① 사용 목적에 적합하고 청소가 가능하며, 필요한 경우 위생·유지 관리가 가능하여야 한다.
② 사용하지 않는 연결 호스와 부속품은 수분을 유지하여 보관한다.
③ 설비 등은 제품의 오염을 방지하고 배수가 용이하도록 설계한다.
④ 설비 등은 제품 및 청소 소독제와 화학반응을 일으키지 않아야 한다.
⑤ 설비 등의 위치는 원자재나 직원의 이동으로 인하여 제품의 품질에 영향을 주지 않도록 해야 한다.

해설 사용하지 않는 연결 호스와 부속품은 건조한 상태로 보관한다.

27 CGMP의 2가지 양대 목적에 해당하는 것은?

• 소비자 보호
• (　　　　　　)

① 인위적 과오의 최소화
② 제품의 품질 보증
③ 미생물 및 교차오염으로 인한 품질 저하 방지
④ 실행과정의 문서화
⑤ 고도의 품질 관리 체계 확립

해설 인위적 과오의 최소화, 고도의 품질 관리 체계 확립, 미생물 및 교차오염으로 인한 품질 저하 방지는 CGMP의 목적을 이루기 위한 3대 요소에 해당한다.

28 다음 〈보기〉에서 설명하는 GMP의 주요 용어에 해당하는 것은?

┤ 보기 ├

제조 또는 품질관리 활동 등의 미리 정하여진 기준을 벗어나 이루어진 행위를 말한다.

① 기준일탈　　　　　　　② 재작업　　　　　　　③ 제조
④ 교정　　　　　　　　　⑤ 일탈

해설 ① 기준일탈(out-of-specification) : 규정된 합격 판정 기준에 일치하지 않는 검사, 측정 또는 시험결과를 말한다.
② 재작업 : 적합 판정 기준을 벗어난 완제품, 벌크 제품 또는 반제품을 재처리하여 품질이 적합한 범위에 들어오도록 하는 작업을 말한다.
③ 제조 : 원료 물질의 측량부터 혼합, 충전(1차 포장), 2차 포장 및 표시 등의 일련의 작업을 말한다.
④ 교정 : 규정된 조건 하에서 측정기기나 측정 시스템에 의해 표시되는 값과 표준기기의 참값을 비교하여 이들의 오차가 허용범위 내에 있음을 확인하고, 허용범위를 벗어나는 경우 허용범위 내에 들도록 조정하는 것을 말한다.

29 GMP의 내용 중 반제품을 설명하는 것은?

① 충전(1차 포장) 이전의 제조 단계까지 끝낸 제품
② 제조공정 단계에 있는 것으로서 필요한 제조공정을 더 거쳐야 하는 것
③ 출하를 위해 제품의 포장 및 첨부문서 표시공정 등을 포함한 모든 제조공정이 완료된 화장품
④ 청소, 위생 처리 또는 유지 작업 동안에 사용되는 물품
⑤ 하나의 공정이나 일련의 공정으로 제조되어 균질성을 갖는 화장품의 일정한 분량

해설 ① 벌크 제품에 대한 설명이다.
③ 완제품에 대한 설명이다.
④ 소모품에 대한 설명이다.
⑤ 뱃치에 대한 설명이다.

30 청정도 등급에 의한 구분 시 제조실과 충전실이 갖추어야 할 등급은?

① 1등급　　　　　　　　② 2등급　　　　　　　　③ 3등급
④ 4등급　　　　　　　　⑤ 5등급

해설 화장품 내용물이 노출되는 제조실과 충전실 등은 2등급으로 유지되어야 한다.

31 다음 중 0.3μm 수준을 기준으로 여과하는 것은?

① Pre bag filter　　　　② Pre filter　　　　　　③ Hepa filter
④ Medium bag filter　　⑤ Nano filter

해설 참고로 Pre Filter는 5μm, Medium bag filter는 0.5μm 수준으로 여과할 수 있다.

32 작업소의 위생 유지 원칙과 거리가 먼 것은?

① 건물, 시설 및 주요 설비는 정기적으로 점검하여 화장품의 제조 및 품질관리에 지장이 없도록 유지 · 관리 · 기록하여야 한다.

② 결함 발생 및 정비 중인 설비는 적절한 방법으로 표시하고, 고장 등 사용이 불가할 경우 표시하여야 한다.

③ 세척한 설비는 다음 사용 시까지 오염되지 아니하도록 관리하여야 한다.

④ 모든 제조 관련 설비는 누구나 접근 · 사용이 가능하여 관리가 쉽도록 해야 한다.

⑤ 유지 관리 작업이 제품의 품질에 영향을 주어서는 안 된다.

해설 모든 제조 관련 설비는 승인된 자만이 접근 · 사용하여야 한다.

33 우수화장품 제조 기준 중 화장품 작업장 내 직원의 위생 기준에 적합한 것은?

> ㄱ. 청정도에 맞는 적절한 작업복, 모자와 신발을 착용하고 필요할 경우는 마스크, 장갑을 착용한다.
> ㄴ. 의약품을 포함한 개인적인 물품은 작업장 내 가까운 곳에 보관한다.
> ㄷ. 음식물 반입은 불가능하다.
> ㄹ. 적절한 위생 관리 기준 및 절차를 마련하고 제조소 내의 모든 직원은 이를 준수해야 한다.
> ㅁ. 작업 후에 복장 점검을 하고 적절하지 않을 경우는 시정한다.

① ㄱ, ㄴ, ㄷ   ② ㄱ, ㄴ, ㅁ   ③ ㄴ, ㄷ, ㅁ
④ ㄷ, ㄹ, ㅁ   ⑤ ㄱ, ㄷ, ㄹ

해설 ㄴ. 직원은 작업장이 아닌 별도의 지역에 의약품을 포함한 개인적인 물품을 보관한다.
　　ㅁ. 작업 전에 복장 점검을 하고 적절하지 않을 경우는 시정한다.

34 작업장의 위생 유지를 위한 설비 세척의 원칙과 거리가 <u>먼</u> 것은?

① 위험성이 없는 용제(물이 최적)로 세척한다.

② 가능한 한 세제를 사용하지 않는다.

③ 기구 보호를 위해서 증기 세척을 하지 않는다.

④ 가능하면 브러시 등으로 문질러 지우는 것을 고려한다.

⑤ 분해할 수 있는 설비는 분해해서 세척한다.

해설 증기 세척은 기구 보호에 좋은 방법이다.

35 우수화장품 제조 기준 중 설비기구의 유지 관리 주요사항으로 적합하지 <u>않은</u> 것은?

① 예방적 활동 : 부품을 정기적으로 교체한다.

② 예방적 활동 : 시정 실시를 원칙으로 한다.

③ 유지보수 : 고장 시의 긴급 점검과 수리를 의미한다.

④ 유지보수 : 사용할 수 없을 때 사용 불능 표시를 한다.

⑤ 정기 검교정 : 계측기에 대해 교정한다.

해설 시정 실시는 망가지고 나서 수리하는 것을 의미하므로 시정 실시를 지양해야 한다.

정답   32 ④   33 ⑤   34 ③   35 ②

36 다음 설비의 구성 재질과 세척 방법에 대한 설명으로 거리가 **먼** 것은?

> 제품 충전기는 제품을 1차 용기에 넣기 위해서 사용한다.

① 조작 중의 온도 및 압력이 제품에 영향을 끼치지 않아야 한다.
② 제품에 의해 부식될 경우를 대비해 교체 가능한 재질로 만든다.
③ 용접, 볼트, 나사, 부속품 등의 설비구성요소 사이에 전기·화학적 반응을 피하도록 구축되어야 한다.
④ 제품 충전기는 청소, 위생 처리 및 정기적인 감사가 용이하도록 설계한다.
⑤ 설비에서 물질이 완전히 빠져나가도록 설계한다.

해설 제품 혹은 어떠한 청소 또는 위생 처리 작업에 의해 부식되거나, 분해되거나, 스며들게 해서는 안 된다.

37 원료, 내용물 및 포장재 입고 기준 중 빈칸에 들어갈 말은?

> [원료, 포장재]
> • 시료를 채취한다.
> • 시료 채취 장소는 정해 놓는다(절차서).
> • (   )의 라벨을 부착한다.
> • 입고 시험을 의뢰한다(의뢰서 발행).

① 부적합　　　　　　　② 적합　　　　　　　③ 시험 중
④ 재포장　　　　　　　⑤ 표시

해설 시험 결과가 나오기 전까지 시험이 진행 중이라는 '시험 중' 라벨을 부착한다. 시험 결과에 따라서 '적합', '부적합' 등의 판정을 내리고 조치를 취한다.

38 입고된 원료, 내용물 및 포장재의 품질관리 기준에서 기준일탈의 조사과정의 순서에 적합한 것은?

> (㉠) – 추가 시험 – 재검체 채취 – 재시험 – (㉡) – (㉢)

	㉠	㉡	㉢
①	재발 방지책	결과 검토	Laboratory Error 조사
②	재발 방지책	Laboratory Error 조사	결과 검토
③	결과 검토	Laboratory Error 조사	재발 방지책
④	Laboratory Error 조사	재발 방지책	결과 검토
⑤	Laboratory Error 조사	결과 검토	재발 방지책

해설 ㉠ Laboratory Error 조사 : 담당자의 실수, 분석기기 문제 등의 여부 조사
㉡ 결과 검토 : 품질관리자가 결과를 승인
㉢ 재발 방지책 : 기준일탈 조사 결과에 기반하여 재발 방지책 수립
• 추가 시험 : 오리지널 검체를 대상으로 다른 담당자가 실시
• 재검체 : 오리지널 검체와 다른 검체를 의미
• 재시험 : 재검체를 대상으로 다른 담당자가 실시

39 원료 내용물의 보관·관리 기준과 거리가 먼 것은?

① 바닥과 떨어진 곳에 보관

② 특수한 보관 조건은 적절하게 준수, 모니터링

③ 원료와 포장재의 용기는 밀폐

④ 물질의 특징 및 특성에 맞도록 보관, 취급

⑤ 시장 출하 전에, 모든 완제품은 설정된 시험 방법에 따라 관리

해설 "시장 출하 전에, 모든 완제품은 설정된 시험 방법에 따라 관리"는 '완제품의 시험 및 판정 관리' 항목의 사항이다.

40 입고된 원료 및 내용물의 보관·관리 기준과 거리가 먼 것은?

① 품질에 나쁜 영향을 미치지 아니하는 조건에서 보관하여야 하며 보관기한을 설정한다.

② 바닥과 벽에 닿지 아니하도록 보관한다.

③ 선입선출에 의하여 출고할 수 있도록 보관한다.

④ 원자재, 시험 중인 제품 및 부적합품은 서로 혼동을 일으킬 우려가 없는 시스템에 의하여 보관되는 경우에도 각각 구획된 장소에서 보관한다.

⑤ 설정된 보관기한이 지나면 사용의 적절성을 결정하기 위해 재평가 시스템을 확립하여야 하며, 동 시스템을 통해 보관기한이 경과한 경우 사용하지 않도록 규정하여야 한다.

해설 원자재, 시험 중인 제품 및 부적합품은 각각 구획된 장소에서 보관하여야 한다. 다만, 서로 혼동을 일으킬 우려가 없는 시스템에 의하여 보관되는 경우에는 그러하지 아니한다.

41 완제품의 입고, 보관 및 출하 절차의 순서로 적합한 것은?

포장 공정-(㉠)-임시 보관-(㉡)-합격 라벨 부착-(㉢)-출하

	㉠	㉡	㉢
①	시험 중 라벨 부착	제품 시험 합격	보관
②	시험 중 라벨 부착	보관	제품 시험 합격
③	보관	제품 시험 합격	시험 중 라벨 부착
④	제품 시험 합격	보관	시험 중 라벨 부착
⑤	제품 시험 합격	시험 중 라벨 부착	보관

해설 시험 결과가 나오기 전까지 시험이 진행 중이라는 라벨을 부착하고, 제조된 제품의 포장 공정 후 임시 보관한다. 이후 제품 시험이 합격하면 보관 후 출하한다.

42 다음은 우수화장품 관리 기준에서 기준일탈 제품의 폐기 처리 순서이다. ㉠~㉢에 들어갈 말로 옳은 것은?

> 1. 시험, 검사, 측정에서 기준일탈 결과가 나옴
> 2. (㉠   )
> 3. 시험, 검사, 측정이 틀림없음을 확인
> 4. 기준일탈의 처리
> 5. (㉡   )
> 6. (㉢   )
> 7. 폐기처분 또는 재작업 또는 반품

	㉠	㉡	㉢
①	기준일탈 조사	기준일탈 제품에 불합격 라벨 첨부	격리 보관
②	기준일탈 조사	격리 보관	기준일탈 제품에 불합격 라벨 첨부
③	기준일탈 제품에 불합격 라벨 첨부	기준일탈 조사	격리 보관
④	격리 보관	기준일탈 제품에 불합격 라벨 첨부	기준일탈 조사
⑤	격리 보관	기준일탈 조사	기준일탈 제품에 불합격 라벨 첨부

해설 기준일탈 조사란 일탈 원인에 대해서 조사를 실시하고 시험 결과를 재확인하는 과정이다. 측정에서 일탈 결과가 나오면 기준일탈을 조사하게 된다. 측정에 틀림없음이 확인되면 기준일탈의 처리를 진행한다. 기준일탈 제품에 불합격 라벨을 첨부하여 다른 제품과 구별하게 하고 또한 격리 보관하여 혼동되지 않게 한다.

43 기준일탈 제품의 폐기 처리 기준과 거리가 먼 것은?

① 품질에 문제가 있거나 회수·반품된 제품의 폐기 또는 재작업 여부는 품질보증책임자에 의해 승인되어야 한다.
② 변질·변패 또는 병원미생물에 오염되지 아니한 경우 재작업이 가능하다.
③ 사용기한으로부터 1년이 경과하지 않은 경우 재작업이 가능하다.
④ 재입고할 수 없는 제품의 경우 폐기처리규정을 작성하여야 하며 폐기 대상은 따로 보관한다.
⑤ 재입고할 수 없는 제품의 경우 폐기처리규정에 따라 신속하게 폐기해야 한다.

해설 제조일로부터 1년이 경과하지 않았거나 사용기한이 1년 이상 남아있는 경우 재작업한다.

44 다음 중 인위적으로 화장품을 제조하면서 비의도적으로 유도된 물질의 검출 허용 한도에 대한 안전관리 기준의 적용을 받지 <u>않는</u> 것은?

① 비소   ② 니켈   ③ 이산화티탄

④ 안티몬   ⑤ 납

> 해설 이산화티탄은 자외선 차단 성분으로 사용상의 제한이 있는 원료이다.
> ① 비소 : 10ppm 이하
> ② 니켈 : 10ppm
> ④ 안티몬 : 10ppm 이하
> ⑤ 납 : 20ppm

45 화장품을 제조하면서 비의도적으로 유도된 물질의 검출 허용 한도에서 빈칸에 들어갈 말로 적합한 것은?

> [메탄올]
> • 일반 제품 : ( )(v/v)% 이하
> • 물휴지 : 0.002(v/v)% 이하

① 20   ② 2   ③ 0.2

④ 0.02   ⑤ 0.0002

> 해설 일반 제품은 물휴지에 비해서 허용 한도가 높으므로 0.2(v/v)% 이하로 검출되어야 한다.

46 유통화장품 안전관리 기준에서 미생물이 허용 한도 이하로 관리될 수 <u>없는</u> 경우는?

① 인체에 유익한 유산균을 화장품에 첨가한 경우
② 화장품을 제조하면서 다음의 물질을 인위적으로 첨가하지 않은 경우
③ 보관 과정 중 비의도적으로 유래된 경우
④ 제조 과정 중 비의도적으로 유래된 경우
⑤ 기술적으로 완전한 제거가 불가능한 경우

> 해설 유산균 발효물의 경우 미생물을 제거해야 화장품 원료로 사용 가능하다. ①의 경우 인위적으로 첨가한 경우가 되어 안전관리 기준에 위반된다.

47 화장품을 제조하면서 비의도적으로 유도된 물질의 검출 허용 한도로 <u>잘못</u> 연결된 것은?

① 수은 : 10ppm 이하 ② 카드뮴 : 5ppm 이하 ③ 비소 : 10ppm 이하

④ 안티몬 : 10ppm 이하 ⑤ 니켈 : 10ppm(일반 제품)

> 해설 중금속 중 수은의 허용 한도는 1ppm 이하로 가장 낮다.

48 화장품 제품 내 미생물 한도 기준에 적합한 기준은?

샴푸의 총호기성생균수는 ( )개/g 이하이다.

① 50   ② 100   ③ 500

④ 1,000   ⑤ 5,000

해설 두발용 제품군에 포함되는 샴푸는 기타 화장품에 해당한다. 기타 화장품의 총호기성생균수는 1,000개/g 이하, 물휴지는 100개/g 이하이다.

49 다음 중 pH 3.0~9.0을 유지해야 하는 제품과 거리가 먼 것은?

① 눈 화장 제품류 – 마스카라
② 색조 화장용 제품류 – 파운데이션
③ 두발용 제품류 – 헤어 토닉
④ 기초 화장 제품류 – 로션
⑤ 두발용 제품류 – 샴푸

해설 사용한 후 곧바로 물로 씻어 내는 제품은 제외된다.

50 유통화장품 안전기준 중 개별 화장품 기준에서 비누에 대한 것으로 빈칸에 들어갈 수치는?

비누는 유리알칼리 ( ) 이하(화장 비누에 한함)

① 1%   ② 0.5%   ③ 0.1%

④ 0.05%   ⑤ 0.001%

해설 비누는 유지류나 오일에 수산화나트륨들을 첨가하여 제조한다. 이때 유리알칼리 성분을 0.1% 이하로 남아 있게 유지해야 한다.

51 CGMP의 4개 기준서에 속하지 않는 것은?

① 제품표준서   ② 제조관리기준서   ③ 품질관리기준서
④ 제조위생관리기준서   ⑤ 제조절차서

해설 제조절차서는 제조관리기준서 내에 포함되는 문서이다.

52 GMP의 내용 중 1차 포장재를 설명하는 것은?

① 화장품 원료 및 자재
② 벌크 제품과 직접 닿는 포장재
③ 제품과 직접 접촉하지 않는 포장재
④ 운송을 위해 사용되는 외부 포장재
⑤ 청소, 위생 처리 또는 유지 작업 동안에 사용되는 물품

해설 포장재란 화장품의 포장에 사용되는 모든 재료를 말하며 운송을 위해 사용되는 외부 포장재는 제외한 것이다. 제품과 직접적으로 접촉하는지 여부에 따라 1차 또는 2차 포장재로 구분한다.

정답 48 ④ 49 ⑤ 50 ③ 51 ⑤ 52 ②

53 다음 〈보기〉에서 설명하는 GMP의 주요 용어에 해당하는 것은?

┤ 보기 ├

주문 준비와 관련된 일련의 작업과 운송 수단에 적재하는 활동으로 제조소 외로 제품을 운반하는 것

① 출하 ② 재작업 ③ 제조
④ 교정 ⑤ 일탈

해설 ② 재작업 : 적합 판정기준을 벗어난 완제품, 벌크 제품 또는 반제품을 재처리하여 품질이 적합한 범위에 들어오도록
하는 작업을 말한다.
③ 제조 : 원료 물질의 칭량부터 혼합, 충전(1차 포장), 2차 포장 및 표시 등의 일련의 작업을 말한다.
④ 교정 : 조건하에서 측정기기나 측정 시스템에 의해 표시되는 값과 표준기기의 참값을 비교하여 이들의 오차가 허용
범위 내에 있음을 확인하고, 허용범위를 벗어나는 경우 허용범위 내에 들도록 조정하는 것을 말한다.
⑤ 일탈 : 제조 또는 품질 관리 활동 등의 미리 정하여진 기준을 벗어나 이루어진 행위를 말한다.

54 청정도 등급에 의한 구분 시 강의실, 일반 실험실이 갖추어야 할 등급은?

① 1등급 ② 2등급 ③ 3등급
④ 4등급 ⑤ 5등급

해설 일반적으로 청정도는 1~4등급으로 분류되며, 내용물이 노출되지 않는 강의실과 일반 실험실은 가장 낮은 4등급 청정
도에 해당한다.

55 제조 및 품질관리에 필요한 설비의 시설 기준에 적합하지 <u>않은</u> 것은?

① 사용 목적에 적합하고, 청소가 가능하며, 필요한 경우 위생·유지 관리가 가능하여야 한다.
② 사용하지 않는 연결 호스와 부속품은 건조한 상태로 유지한다.
③ 설비 등은 제품의 오염을 방지하고 배수가 용이하도록 설계한다.
④ 설비 등은 제품 및 청소 소독제와 화학반응을 일으키지 않아야 한다.
⑤ 설비 등의 위치는 원자재나 직원의 이동을 최우선으로 고려해야 한다.

해설 설비 등의 위치는 원자재나 직원의 이동으로 인하여 제품의 품질에 영향을 주지 않도록 해야 한다.

56 작업소의 위생 유지 원칙과 거리가 <u>먼</u> 것은?

① 건물, 시설 및 주요 설비는 정기적으로 점검하여 화장품의 제조 및 품질 관리에 지장이 없도록 유지·
관리·기록하여야 한다.
② 결함 발생 및 정비 중인 설비는 적절한 방법으로 표시하고, 고장 등 사용이 불가할 경우 표시하여야
한다.
③ 오염을 대비해 사용 직전에 세척하여야 한다.
④ 모든 제조 관련 설비는 승인된 자만이 접근·사용하여야 한다.
⑤ 유지 관리 작업이 제품의 품질에 영향을 주어서는 안 된다.

해설 세척한 설비는 다음 사용 시까지 오염되지 아니하도록 관리하여야 한다.

57 〈보기〉에 해당하는 공기 조절 장치에 사용될 필터로 옳은 것은?

┤ 보기 ├
- 세척 후 3~4회 재사용 가능
- Medium Filter의 전처리용
- 필터 입자 5μm

① Pre bag filter   ② Medium filter   ③ Hepa filter
④ Medium bag filter   ⑤ Nano filter

해설 Pre bag filter는 Medium filter나 Hepa filter의 전처리용으로 사용하며, Pre bag filter와 Pre filter로 구분된다.

58 작업장의 위생 유지를 위한 설비 세척의 원칙과 거리가 먼 것은?

① 세척 후는 반드시 "판정"한다.
② 판정 후의 설비는 건조・밀폐해서 보존한다.
③ 증기 세척은 좋은 방법이다.
④ 가능하면 브러시 등으로 문질러 지우는 것을 고려한다.
⑤ 설비의 안정성을 위해 최대한 분해하지 않고 세척한다.

해설 분해할 수 있는 설비는 분해해서 세척한다.

59 우수화장품 제조 기준 중 화장품 작업장 내 직원의 적절한 위생 관리 기준 및 절차에 해당하지 <u>않는</u> 것은?

① 직원의 작업 중 주의사항
② 직원의 작업 시 복장 확인
③ 직원의 작업 시 건강 상태 확인
④ 직원의 영양 상태 확인
⑤ 직원의 손 씻는 방법

해설 영양 상태는 직원의 위생 관리 기준 및 절차에 해당하지 않는다. 주로 직원에 의한 제품의 오염 방지에 관한 사항의 기준에 대한 내용을 담고 있으며, 추가적으로 방문객 및 교육훈련을 받지 않은 직원의 위생 관리도 포함한다.

60 원료, 내용물 및 포장재 입고 기준과 거리가 먼 것은?

① 원자재 공급자에 대한 관리・감독을 적절히 수행하여 입고 관리가 철저히 이루어지도록 하여야 한다.
② 원자재의 입고 시 구매 요구서, 원자재 공급업체 성적서 및 현품이 서로 일치하여야 한다.
③ 원자재 용기에 제조번호가 없는 경우에는 자재 공급업자에게 반송하여야 한다.
④ 원자재 입고 절차 중 육안 확인 시 물품에 결함이 있을 경우 입고를 보류하고 격리 보관 및 폐기하거나 원자재 공급업자에게 반송하여야 한다.
⑤ 입고된 원자재는 "적합", "부적합", "검사 중" 등으로 상태를 표시하여야 한다.

해설 원자재 용기에 제조번호가 없는 경우에는 관리번호를 부여하여 보관하여야 한다.

57 ①   58 ⑤   59 ④   60 ③

61 〈보기〉 중 각 설비에 대한 세척을 위한 조건과 구성 재질에 대한 내용으로 적합한 것은?

┤ 보기 ├

ㄱ. 탱크 : 제조물과의 반응으로 인한 부식을 고려하여 정기교체가 가능한 소재를 사용한다.
ㄴ. 교반장치 : 믹서를 설치할 모든 젖은 부분 및 탱크와의 공존이 가능한지를 확인한다.
ㄷ. 제품 충전기 : 제품에 의해서나 어떠한 청소 또는 위생처리작업에 의해 부식되거나, 분해되거나 스며들게 해서는 안 된다.
ㄹ. 교반장치 : 봉인(seal)과 개스킷에 의해서 제품과의 접촉으로부터 분리되어 있는 내부 패킹과 윤활제를 사용한다.
ㅁ. 칭량장치 : 계량적 눈금의 노출된 부분들은 칭량 작업에 간섭하더라도 피복제를 사용하여 보호하는 것이 중요하다.

① ㄱ, ㄴ, ㄷ   ② ㄱ, ㄴ, ㄹ   ③ ㄱ, ㄷ, ㅁ
④ ㄴ, ㄷ, ㄹ   ⑤ ㄷ, ㄹ, ㅁ

해설 ㄱ. 탱크 : 제조물과의 반응으로 부식되거나 분해를 초래하는 반응이 있어서는 안 된다.
ㅁ. 칭량장치 : 계량적 눈금의 노출된 부분들은 칭량 작업에 간섭하지 않는다면 보호적인 피복제를 사용한다.

62 다음 중 설비와 기능이 바르게 연결된 것은?

ㄱ. 탱크 : 공정 중이거나 보관하는 원료 저장
ㄴ. 펌프 : 제품을 1차 용기에 넣기 위해 사용
ㄷ. 교반장치 : 제품의 균일성을 얻기 위해 물리적으로 혼합하는 장치
ㄹ. 칭량장치 : 양과 기준을 만족하는지를 보증하기 위해 중량적으로 측정
ㅁ. 제품 충전기 : 액체를 한 지점에서 다른 지점으로 이동하기 위해 사용

① ㄱ, ㄴ, ㄷ   ② ㄱ, ㄷ, ㄹ   ③ ㄴ, ㄷ, ㄹ
④ ㄴ, ㄷ, ㅁ   ⑤ ㄷ, ㄹ, ㅁ

해설 ㄴ. 펌프 : 액체를 한 지점에서 다른 지점으로 이동하기 위해 사용
ㅁ. 제품 충전기 : 제품을 1차 용기에 넣기 위해 사용

63 입고된 원료, 내용물 및 포장재의 보관·관리의 기준에 적절한 용어는?

[판정 이후 관리]
허가되지 않거나, 불합격 판정을 받거나, 아니면 의심스러운 물질의 허가되지 않은 사용을 방지 : (　　　)나 수동 컴퓨터 위치 제어 등의 방법으로 실행

① 밀폐   ② 물리적 격리   ③ 재포장
④ 모니터링   ⑤ 간격 유지

해설 물리적 격리(quarantine)를 통하여 허가되지 않은 사용을 방지할 수 있다.

64 제품의 출하 관리 기준에서 시험 및 판정에 관한 사항이다. 빈칸에 들어갈 말로 적절한 것은?

> [시험 및 판정]
> - 시장 출하 전에, 모든 완제품은 설정된 시험 방법에 따라 관리한다.
> - 합격판정기준에 부합하여야 한다.
> - (   )에서 취한 검체가 합격 기준에 부합했을 때만 완제품의 (   )을/를 불출할 수 있다.

① 재고   ② 뱃치   ③ 내용물
④ 반제품   ⑤ 벌크

해설 ① 재고 : 출하되지 않고 대기 중인 제품을 말한다.
　　　③ 내용물 : 1차 포장 속의 최종 제형을 말한다.
　　　④ 반제품 : 제조공정 단계에 있는 것으로서 필요한 제조공정을 더 거쳐야 벌크 제품이 되는 것을 말한다.
　　　⑤ 벌크 : 충전(1차 포장) 이전의 제조 단계까지 끝낸 제품을 말한다.

65 원료 내용물의 입고 관리 기준 사항과 거리가 먼 것은?

① 보관용 검체   ② 합격 · 불합격 판정   ③ 보관 환경 설정
④ 정기적 재고 관리   ⑤ 사용기한 설정

해설 제품의 출하를 결정하는 검체 이외에 별도의 보관용 검체를 확보하여 재시험 등의 상황에 대비해야 한다.

66 〈보기〉에서 설명하는 우수화장품 제조 관리 기준은?

> ┤ 보기 ├
>
> 공정에서 발생한 문제를 확인할 수 있도록 원자재, 반제품 및 완제품에 대한 시험업무를 문서화된 종합적인 절차로 마련하고 준수하는 것

① 입고 관리   ② 품질 관리   ③ 출고 관리
④ 보관 관리   ⑤ 재고 관리

해설 품질관리는 제조공정의 각 단계에서 제품 품질을 보장하기 위한 활동이다.

67 원료와 포장재, 벌크 제품과 완제품의 폐기 기준에서 다음 기준일탈 제품의 처리 원칙에 대한 용어는?

> 뱃치 전체 또는 일부에 추가 처리(한 공정 이상의 작업을 추가하는 일)를 하여 부적합품을 적합품으로 다시 가공하는 일

① 재작업   ② 반품   ③ 일탈
④ 뱃치   ⑤ 폐기 처분

해설 기준일탈 제품은 폐기하는 것이 가장 바람직하나 부적합품을 적합품으로 다시 가공하는 재작업을 진행할 수 있다.

정답　64 ②　65 ①　66 ②　67 ①

68 우수화장품 품질관리 기준에서 품질관리 기준과 거리가 <u>먼</u> 것은?

① 기준일탈이 된 경우는 규정에 따라 책임자에게 보고한 후 조사하여야 하며, 조사 결과는 작업자에 의해 일탈, 부적합, 보류가 명확히 판정되어야 한다.

② 원자재, 반제품 및 완제품에 대한 적합 기준을 마련하고 제조번호별로 시험 기록을 작성·유지하여야 한다.

③ 시험결과 적합 또는 부적합인지 분명히 기록하여야 한다.

④ 원자재, 반제품 및 완제품은 적합 판정이 된 것만을 사용하거나 출고하여야 한다.

⑤ 모든 시험이 적절하게 이루어졌는지 시험기록을 검토한 후 적합, 부적합, 보류를 판정하여야 한다.

해설 조사 결과는 책임자에 의해 일탈, 부적합, 보류가 명확히 판정되어야 한다.

69 다음 유통화장품의 안전관리 기준의 적용을 받지 <u>않는</u> 경우는?

> [안전관리 기준]
> • 유해물질을 선정하고 허용 한도를 설정
> • 미생물에 대한 허용 한도를 설정

① 화장품의 품질 개선을 위해서 인위적으로 허용치 이하를 첨가한 경우

② 제조 과정 중 비의도적으로 이행된 경우

③ 보관 과정 중 비의도적으로 이행된 경우

④ 포장재로부터 비의도적으로 이행된 경우

⑤ 기술적으로 완전한 제거가 불가능한 경우

해설 화장품을 제조하면서 인위적으로 첨가하지 않아야 한다.

70 화장품을 제조하면서 비의도적으로 유도된 물질의 검출 허용 한도로 적합한 것은?

> [물휴지]
> • 메탄올 : (   )(v/v)% 이하
> • 포름알데히드 : 20ppm 이하

① 0.002   ② 0.02   ③ 0.2

④ 2   ⑤ 20

해설 메탄올은 0.002(v/v)% 이하로 검출되어야 한다.

71 화장품을 제조하면서 비의도적으로 유도된 납의 검출 허용 한도로 <u>잘못</u> 연결된 것은?

① 마스카라 − 50ppm   ② 파운데이션 − 20ppm   ③ 크림 − 20ppm

④ 에센스 − 20ppm   ⑤ 물휴지 − 20ppm

해설 점토를 원료로 사용한 분말제품은 50ppm 이하, 그 밖의 제품은 20ppm 이하이며 마스카라는 그 밖의 제품에 해당한다.

정답   68 ①   69 ①   70 ①   71 ①

72 다음 중 화장품에서 검출되어서는 안 되는 미생물과 거리가 먼 것은?

① 병원성 세균　　　　　② 총호기성생균수　　　　　③ 대장균
④ 녹농균　　　　　　　　⑤ 황색포도상구균

해설 화장품에서 병원성 미생물인 대장균, 녹농균, 황색포도상구균은 검출되면 안 되는 미생물이다.

73 화장품 제품 내 미생물 한도 기준으로 빈칸에 들어갈 적합한 기준은?

아이라이너의 총호기성생균수 허용 한도는 (　　　)개/g 이하이다.

① 50　　　　　　　　　② 100　　　　　　　　　③ 500
④ 1,000　　　　　　　　⑤ 5,000

해설 아이라이너는 눈 화장용 제품류로 분류된다. 영ㆍ유아용 제품류 및 눈 화장용 제품류의 경우 500개/g 이하로 관리된다.

74 다음 중 pH 3.0~9.0을 유지해야 하는 제품과 거리가 먼 것은?

① 영ㆍ유아 제품류 – 영ㆍ유아 크림
② 면도용 제품류 – 애프터셰이브 로션
③ 두발용 제품류 – 헤어 토닉
④ 기초 화장 제품류 – 크림
⑤ 기초 화장 제품류 – 오일

해설 물을 포함하지 않는 제품과 사용한 후 곧바로 물로 씻어 내는 제품은 제외된다.

75 유통화장품 안전기준 등에 관한 규정에서 디티존법 분석법으로 확인할 수 있는 유해 성분은?

① 디옥산　　　　　　　　② 납　　　　　　　　　③ 비소
④ 포름알데히드　　　　　⑤ 프탈레이트

해설 납은 디티존법, 원자흡광분광기(AAS)법, 유도결합플라즈마분광기(ICP)법, 유도결합플라즈마 – 질량분석기(ICP – MS)법으로 분석이 가능하다.

76 다음 국가 중 제조업자에게 CGMP가 법적 의무로 규정된 국가는?

① 한국　　　　　　　　　② 중국　　　　　　　　　③ 유럽
④ 일본　　　　　　　　　⑤ 미국

해설 우리나라의 경우 권장사항이나 의무사항은 아니며, 미국, 중국, 일본은 법적 의무가 아니다.

정답　72 ②　73 ③　74 ⑤　75 ②　76 ③

77 GMP의 목적을 실행하기 위한 3대 요소에 해당하는 것을 고르면?

> ㄱ. 고도의 품질 관리 체계 확립 ㄴ. 미생물 및 교차오염으로 인한 품질 저하 방지
> ㄷ. 소비자 보호 ㄹ. 인위적 과오의 최소화
> ㅁ. 제품의 품질 보증

① ㄱ, ㄴ, ㄷ   ② ㄱ, ㄴ, ㄹ   ③ ㄴ, ㄷ, ㄹ
④ ㄴ, ㄷ, ㅁ   ⑤ ㄷ, ㄹ, ㅁ

해설 소비자를 보호하고 제품의 품질을 보증하는 것은 GMP의 목적에 해당한다.

78 다음 〈보기〉에서 설명하는 GMP의 주요 용어는?

┤ 보기 ├
벌크 제품의 제조에 투입하거나 포함되는 물질을 말한다.

① 원료   ② 원자재   ③ 제조단위
④ 완제품   ⑤ 소모품

해설 ② 원자재 : 화장품 원료 및 자재를 말한다.
③ 제조단위 : 하나의 공정이나 일련의 공정으로 제조되어 균질성을 갖는 화장품의 일정한 분량을 말한다.
④ 완제품 : 출하를 위해 제품의 포장 및 첨부문서 표시공정 등을 포함한 모든 제조공정이 완료된 화장품을 말한다.
⑤ 소모품 : 청소, 위생 처리 또는 유지 작업 동안에 사용되는 물품(세척제, 윤활제 등)을 말한다.

79 청정도 등급에 의한 구분 시 clean bench가 갖추어야 할 등급은?

① 1등급   ② 2등급   ③ 3등급
④ 4등급   ⑤ 5등급

해설 청정도는 일반적으로 1~4등급으로 분류되며 1등급이 가장 엄격히 관리되는 시설이다. clean bench는 청정도가 가장 엄격히 관리되어야 하는 시설로 1등급에 해당한다.

80 다음 중 작업소의 시설에 관한 규정으로 적합한 것은?

> ㄱ. 청소 및 위생 관리 절차에 따라 효능이 입증된 세척제 및 소독제를 사용할 것
> ㄴ. 제품의 품질에 영향을 주지 않는 소모품을 사용할 것
> ㄷ. 바닥, 벽, 천장은 가능한 거친 표면을 지니고 소독제 등의 부식성에 저항력이 있을 것
> ㄹ. 수세실과 화장실은 접근이 쉽도록 하여 생산구역과 분리되지 않게 할 것
> ㅁ. 제조하는 화장품의 종류·제형에 따라 적절히 구획·구분되어 있어 교차오염의 우려가 없을 것

① ㄱ, ㄴ, ㅁ   ② ㄱ, ㄴ, ㄹ   ③ ㄴ, ㄷ, ㄹ
④ ㄴ, ㄷ, ㅁ   ⑤ ㄷ, ㄹ, ㅁ

해설 ㄷ. 바닥, 벽, 천장은 가능한 청소하기 쉽게 매끄러운 표면을 지니고 소독제 등의 부식성에 저항력이 있을 것
ㄹ. 수세실과 화장실은 접근이 쉬워야 하나 생산구역과 분리되어 있을 것

정답 77 ② 78 ① 79 ① 80 ①

81 다음 중 $0.5\mu m$ 수준을 기준으로 여과하는 것은?

① Pre bag filter   ② Pre filter   ③ Hepa filter

④ Medium bag filter   ⑤ Nano filter

> 해설 ① Pre bag filter : $5\mu m$
> ② Pre filter : $5\mu m$
> ③ Hepa filter : $0.3\mu m$
> ⑤ Nano filter : 일반적인 분류명이 아님

82 곤충, 해충이나 쥐를 막는 원칙으로 옳지 <u>않은</u> 것은?

① 벌레가 좋아하는 것을 제거한다.

② 빛이 밖으로 새어나가지 않게 한다.

③ 벽, 천장, 창문, 파이프 구멍에 틈이 없도록 한다.

④ 개방할 수 있는 창문에 필터를 설치한다.

⑤ 배기구, 흡기구에 필터를 설치한다.

> 해설 개방할 수 있는 창문을 만들지 않는다. 이미 개방할 수 있는 창문이 있는 경우 창문이 열리지 않게 하고 창문은 차광한 후 야간에 빛이 밖으로 새어나가지 않게 한다.

83 세척 대상의 세척을 확인하는 방법 중 최종적으로 씻어져 나온 액을 분석하는 방법은?

① 육안 판정   ② 문질러 내 부착물 판정   ③ 린스액 화학 분석

④ 오염 판정   ⑤ 표면 판정

> 해설 제1순서로 육안 판정을 하고 이것이 불가능하면 닦여져 나온 것을 판정한다. 이 방법 또한 불가능한 경우 최후로 린스액을 분석하여 판정한다.

84 우수화장품 제조 기준 중 화장품 작업장 내 직원의 위생 기준에 적합하지 <u>않은</u> 것은?

① 청정도에 맞는 적절한 작업복, 모자와 신발을 착용하고 필요할 경우는 마스크, 장갑을 착용한다.

② 의약품을 포함한 개인적인 물품은 작업장 내 가까운 곳에 보관한다.

③ 피부에 외상이 있거나 질병에 걸린 직원은 의사의 소견이 있기 전까지는 격리해야 한다.

④ 제조구역별 접근 권한이 없는 작업원 및 방문객은 가급적 제조, 관리 및 보관구역 내에 들어가지 않도록 한다.

⑤ 적절한 위생 관리 기준 및 절차를 마련하고 제조소 내의 모든 직원은 이를 준수해야 한다.

> 해설 직원은 작업장이 아닌 별도의 지역에 의약품을 포함한 개인 물품을 보관해야 한다.

85 우수화장품 제조 기준 중 설비기구의 유지 관리 주요사항의 점검 항목과 세부 내용이 적절히 연결된 것은?

> ㄱ. 외관 검사 : 스위치, 연동성 등
> ㄴ. 작동 점검 : 더러움, 녹, 이상소음, 이취 등
> ㄷ. 기능 측정 : 회전수, 전압, 투과율, 감도 등
> ㄹ. 청소 : 외부표면, 내부

① ㄱ, ㄴ   ② ㄱ, ㄷ   ③ ㄴ, ㄷ
④ ㄴ, ㄹ   ⑤ ㄷ, ㄹ

해설 ㄱ. 외관 검사 : 더러움, 녹, 이상소음, 이취 등
ㄴ. 작동 점검 : 스위치, 연동성 등

86 다음 설비의 구성 재질과 세척 방법에 대한 설명으로 거리가 먼 것은?

> 제품 충전기는 제품을 1차 용기에 넣기 위해서 사용한다.

① 여러 제품을 교차 생산해서는 안 된다.
② 설비에서 물질이 완전히 빠져나가도록 설계한다.
③ 제품이 고여서 설비의 오염이 생기는 사각지대가 없도록 해야 한다.
④ 고온세척 또는 화학적 위생처리 조작을 할 때 구성 물질과 다른 설계 조건에 있어 문제가 일어나지 않아야 한다.
⑤ 청소를 위한 충전기의 해체가 용이한 것이 권장된다.

해설 여러 제품을 교차 생산하거나 미생물 오염 우려가 있는 제품인 경우 특히 청소, 위생 처리 및 정기적인 검사가 용이하도록 설계하여야 한다.

87 완제품의 입고, 보관 및 출하 절차의 순서로 적합한 것은?

> 포장 공정 - (㉠) - (㉡) - (㉢) - 합격 라벨 부착 - 보관 - 출하

	㉠	㉡	㉢
①	임시 보관	제품 시험 합격	시험 중 라벨 부착
②	임시 보관	시험 중 라벨 부착	제품 시험 합격
③	합격 라벨 부착	제품 시험 합격	보관
④	시험 중 라벨 부착	임시 보관	제품 시험 합격
⑤	제품 시험 합격	임시 보관	시험 중 라벨 부착

해설 제조된 제품의 포장 공정 후 시험 중 라벨을 부착하여 임시 보관한다. 제품 시험에 합격한 제품에 한해 합격 라벨을 부착하여 출하 전 보관 장소에 보관한다.

정답 85 ⑤ 86 ① 87 ④

88 원료, 내용물 및 포장재 입고 기준에서 빈칸에 들어갈 적합한 것은?

> [A. 입하 작업] : 발주서와 조합, 출하원 분석표 확인, 외관 (　　　) 검사
> [B. 입고시험 의뢰] : 의뢰서 발행
> [A. 입하 작업과 B. 입고시험 결과] : 입고 불합격일 때 불합격품 보관소에 옮기고 반품 조치

① 린스액   ② 육안   ③ 닦아내기
④ 교정기   ⑤ 표시

해설 원자재 입고 절차 중 육안 확인 시 물품에 결함이 있을 경우 입고를 보류하고 격리 보관 및 폐기하거나 원자재 공급업자에게 반송하여야 한다.

89 입고된 원료, 내용물 및 포장재의 보관·관리 기준에 적합하지 <u>않은</u> 것은?

① 물질의 특징 및 특성에 맞도록 보관, 취급
② 특수한 보관 조건은 적절하게 준수, 모니터링
③ 원료와 포장재의 용기는 개방하여 환기 유지
④ 청소와 검사가 용이하도록 충분한 간격 유지
⑤ 과도한 열기, 추위, 햇빛 또는 습기에 노출되어 변질되는 것을 방지

해설 원료와 포장재의 용기는 밀폐하여 보관한다.

90 다음 완제품의 출고 기준에서 보관용 검체의 주의사항에 대한 설명 중 빈칸에 들어갈 말은?

> [보관용 (　　　) 주의사항]
> • 제품을 그대로 보관한다.
> • 각 뱃치를 대표하는 (　　　)을/를 보관한다.
> • 일반적으로는 각 뱃치별로 제품 시험을 2번 실시할 수 있는 양을 보관한다.
> • 제품이 가장 안정한 조건에서 보관한다.
> • 사용기한 경과 후 1년간 또는 개봉 후 사용기간을 기재하는 경우에는 제조일로부터 3년간 보관한다.

① 검체   ② 완제품   ③ 벌크
④ 내용물   ⑤ 재고

해설 검체는 검사 대상물을 뜻한다.

91 다음에 해당하는 기준일탈 조사 과정은?

> 담당자의 실수, 분석기기 문제 등의 여부 조사

① Laboratory Error 조사   ② 추가 시험   ③ 재검체 채취
④ 재시험   ⑤ 결과 검토

해설 ② 추가 시험 : 오리지널 검체를 대상으로 다른 담당자가 실시
③ 재검체 채취 : 오리지널 검체와 다른 검체를 의미
④ 재시험 : 재검체를 대상으로 다른 담당자가 실시
⑤ 결과 검토 : 품질관리자가 결과를 승인

정답   88 ②   89 ③   90 ①   91 ①

92 기준일탈 제품의 폐기 처리 기준과 거리가 먼 것은?

① 품질에 문제가 있거나 회수 · 반품된 제품의 폐기 또는 재작업 여부는 품질보증책임자에 의해 승인되어야 한다.

② 변질 · 변패되거나 호기성 미생물에 오염된 경우 재작업이 가능하다.

③ 제조일로부터 1년이 경과하지 않은 경우 재작업이 가능하다.

④ 재입고할 수 없는 제품의 경우 폐기처리규정을 작성하여야 하며 폐기 대상은 따로 보관한다.

⑤ 재입고할 수 없는 제품의 경우 폐기처리규정에 따라 신속하게 폐기해야 한다.

해설 변질 · 변패되거나 병원 미생물에 오염되지 아니한 경우 가능하다.

93 우수화장품 관리 기준에서 기준일탈 제품의 폐기 처리 순서로 ㉠~㉢에 들어갈 말은?

---

1. 시험, 검사, 측정에서 기준일탈 결과 나옴
2. (　　　　㉠　　　　)
3. (　　　　㉡　　　　)
4. 기준일탈의 처리
5. 기준일탈 제품에 불합격 라벨 첨부
6. (　　　　㉢　　　　)
7. 폐기처분 또는 재작업 또는 반품

	㉠	㉡	㉢
①	기준일탈 조사	격리 보관	시험, 검사, 측정의 틀림없음 확인
②	기준일탈 조사	시험, 검사, 측정의 틀림없음 확인	격리 보관
③	시험, 검사, 측정의 틀림없음 확인	기준일탈 조사	격리 보관
④	시험, 검사, 측정의 틀림없음 확인	격리 보관	기준일탈 조사
⑤	격리 보관	시험, 검사, 측정의 틀림없음 확인	기준일탈 조사

해설 기준일탈 조사란 일탈 원인에 대해서 조사를 실시하고 시험 결과를 재확인하는 과정이다. 측정에서 일탈 결과가 나오면 기준일탈을 조사하게 된다. 측정에 틀림없음이 확인되면 기준일탈의 처리를 진행하고 불합격 라벨을 첨부하여 격리 보관한다. 격리 보관이란 폐기 대상을 따로 보관하는 것을 말하며, 이후 폐기처분이나 재작업, 반품을 진행한다.

정답 92 ② 93 ②

94 다음은 화장품을 제조하면서 비의도적으로 유도된 물질의 검출 허용 한도를 나타낸 것이다. ㉠, ㉡에 들어갈 숫자는?

> [납]
> • 점토를 원료로 사용한 분말 제품 : (㉠)
> • 그 밖의 제품 : (㉡)

	㉠	㉡
①	20ppm	50ppm
②	50ppm	20ppm
③	100ppm	50ppm
④	50ppm	100ppm
⑤	500ppm	200ppm

해설 분말 제품의 경우 일반 제품에 비해서 허용 한도가 높다. ㉠은 50ppm, ㉡은 20ppm이다.

95 다음 중 인위적으로 화장품을 제조하면서 비의도적으로 유도된 물질의 검출 허용 한도에 대한 안전관리 기준의 적용을 받지 <u>않는</u> 것은?

① 산화아연 ② 니켈 ③ 비소
④ 안티몬 ⑤ 납

해설 산화아연은 자외선 차단 성분으로 사용상의 제한이 있는 원료이다.
　　② 니켈 : 10ppm
　　③ 비소 : 10ppm
　　④ 안티몬 : 10ppm
　　⑤ 납 : 20ppm

96 화장품을 제조하면서 비의도적으로 유도된 물질의 검출 허용 한도로 바르게 연결된 것은?

① 마스카라 : 니켈 20ppm
② 파운데이션 : 니켈 20ppm
③ 물휴지 : 포름알데하이드 2,000ppm
④ 물휴지 : 메탄올 0.002(v/v)%
⑤ 크림 : 납 50ppm

해설 ① 마스카라 : 눈 화장 제품으로 니켈 35ppm
　　② 파운데이션 : 색조 화장품으로 니켈 30ppm
　　③ 물휴지 : 포름알데하이드 20ppm(일반 화장품의 경우 포름알데하이드 2,000ppm 이하)
　　⑤ 크림(그 밖의 제품군) : 납 20ppm

정답 94 ② 95 ① 96 ④

97 유통화장품 안전관리 기준에서 미생물이 허용 한도로 관리될 수 <u>없는</u> 경우는?

① 인체에 유익한 효모를 화장품에 첨가한 경우

② 화장품을 제조하면서 인위적으로 첨가하지 않은 경우

③ 보관 과정 중 비의도적으로 유래된 경우

④ 제조 과정 중 비의도적으로 유래된 경우

⑤ 기술적으로 완전한 제거가 불가능한 경우

해설 효모 발효물의 경우 미생물을 제거해야 화장품 원료로 사용 가능하다. ①의 경우 인위적으로 첨가한 경우가 되어 안전 관리 기준에 위반된다.

98 화장품 제품 내 미생물 한도 기준에 적합한 기준은?

어린이 제품의 총호기성생균수 기준은 (　　)개/g 이하이다.

① 50 　　　　　　　② 100 　　　　　　　③ 500

④ 1,000 　　　　　　⑤ 5,000

해설 어린이 제품은 눈 화장 제품과 동일하게 규제된다. 영·유아용 제품류 및 눈 화장용 제품류의 경우 500개/g 이하로 관리된다.

99 유통화장품 안전관리 기준 중 내용량의 기준에 해당하는 것은?

• 제품 3개를 가지고 시험할 때 그 평균 내용량이 표기량에 대하여 (　　) 이상   • 기준치를 벗어날 경우 9개의 평균 내용량이 위의 기준치 이상

① 90% 　　　　　　　② 95% 　　　　　　　③ 97%

④ 100% 　　　　　　⑤ 105%

해설 내용 물량이 표기량에서 벗어나지 않아야 하나, 시험 결과 97% 이상의 평균 내용량이 있으면 합격이다.

100 기준일탈 조사 절차에서 추가 시험에 대한 설명으로 옳지 <u>않은</u> 것은?

① 1회 실시한다.

② 추가 시험 이후에 재시험을 실시한다.

③ 최초의 담당자와 다른 담당자가 중복실시한다.

④ Laboratory error 조사 후 실시한다.

⑤ 재검체를 대상으로 실시한다.

해설 추가 시험은 Laboratory error 조사 후 실시하며 오리지널 검체를 대상으로 실시한다.

101 우수화장품 제조 기준의 문서 관리 체계에서 제조 과정에 착오가 없도록 규정하는 문서는?

① 제품 표준서   ② 제조관리 기준서   ③ 품질관리 기준서

④ 제조위생관리 기준서   ⑤ 제조지시서

> 해설   제조관리 기준서에는 제조공정에 관한 사항, 시설 및 기구관리에 대한 사항, 원자재 관리에 관한 사항, 완제품 관리에 대한 사항이 포함되어 있다.

102 다음 〈보기〉에서 설명하는 GMP의 주요 용어에 해당하는 것은?

―――| 보기 |―――

적합 판정 기준을 벗어난 완제품, 벌크 제품 또는 반제품을 재처리하여 품질이 적합한 범위에 들어오도록 하는 작업

① 출하   ② 재작업   ③ 제조

④ 교정   ⑤ 일탈

> 해설   ① 출하 : 주문 준비와 관련된 일련의 작업과 운송 수단에 적재하는 활동으로 제조소 외로 제품을 운반하는 것을 말한다.
> ③ 제조 : 원료 물질의 칭량부터 혼합, 충전(1차 포장), 2차 포장 및 표시 등의 일련의 작업을 말한다.
> ④ 교정 : 규정된 조건하에서 측정기기나 측정 시스템에 의해 표시되는 값과 표준기기의 참값을 비교하여 이들의 오차가 허용범위 내에 있음을 확인하고, 허용범위를 벗어나는 경우 범위 내에 들도록 조정하는 것을 말한다.
> ⑤ 일탈 : 제조 또는 품질관리 활동 등의 미리 정하여진 기준을 벗어나 이루어진 행위를 말한다.

103 GMP의 내용 중 완제품에 대한 설명으로 옳은 것은?

① 충전(1차 포장) 이전의 제조 단계까지 끝낸 제품

② 제조공정 단계에 있는 것으로서 필요한 제조공정을 더 거쳐야 하는 제품

③ 출하를 위해 제품의 포장 및 첨부문서에 표시공정 등을 포함한 모든 제조공정이 완료된 제품

④ 청소, 위생 처리 또는 유지 작업 동안에 사용되는 제품

⑤ 하나의 공정이나 일련의 공정으로 제조되어 균질성을 갖는 화장품의 일정한 분량

> 해설   ① 벌크 제품에 대한 설명이다.
> ② 반제품에 대한 설명이다.
> ④ 소모품에 대한 설명이다.
> ⑤ 뱃치에 대한 설명이다.

104 청정도 등급에 의한 구분 시 원료 칭량실, 내용물 보관소가 갖추어야 할 등급은?

① 1등급   ② 2등급   ③ 3등급

④ 4등급   ⑤ 5등급

> 해설   일반적으로 청정도는 1~4등급으로 분류되며 1등급이 가장 엄격하게 관리되는 시설이다. 원료 칭량실, 내용물 보관소는 내용물이 노출되는 작업실로서 2등급에 해당한다.

정답   101 ②   102 ②   103 ③   104 ②

105 제조 및 품질관리에 필요한 설비의 시설 기준에 적합하지 않은 것은?

① 제품과 설비가 오염되지 않도록 배관 및 배수관을 설치하지 않는다.

② 사용 목적에 적합하고, 청소가 가능하며, 필요한 경우 위생 · 유지 관리가 가능하여야 한다.

③ 설비 등은 제품의 오염을 방지하고 배수가 용이하도록 설계한다.

④ 파이프는 받침대 등으로 고정하고 벽에 닿지 않게 하여 청소가 용이하도록 설계하여야 한다.

⑤ 설비 등의 위치는 원자재나 직원의 이동으로 인하여 제품의 품질에 영향을 주지 않도록 하여야 한다.

해설 제품과 설비가 오염되지 않도록 배관 및 배수관을 설치하며, 배수관은 역류되지 않아야 하고 청결을 유지해야 한다.

106 곤충, 해충이나 쥐를 막는 원칙으로 옳지 않은 것은?

① 벽, 천장, 창문, 파이프 구멍에 틈이 없도록 한다.

② 빛이 밖으로 새어나가지 않게 한다.

③ 개방할 수 있는 창문을 만들지 않는다.

④ 문 하부에는 스커트를 설치한다.

⑤ 골판지, 나무 부스러기는 일정한 구역에 방치한다.

해설 골판지, 나무 부스러기는 벌레의 집이 될 수 있으므로 방치하지 않는다.

107 Bag 형태의 filter가 기본적인 filter보다 우수한 점으로 옳지 않은 것은?

① 처리 용량을 높일 수 있다.　　② 먼지 보유 용량이 크다　　③ 수명이 길다.

④ 압력 손실이 적다.　　⑤ filter 입자의 크기가 작다.

해설 Pre bag filter와 Medium bag filter가 있으나 입자의 크기는 동일하다.

108 다음 〈보기〉 중 각 설비에 대한 세척을 위한 조건과 구성 재질에 대한 내용으로 적합한 것은?

┤ 보기 ├

ㄱ. 칭량장치 : 제품과의 접촉을 고려하여 제품의 품질에 영향을 미치지 않는 패킹과 윤활제를 사용한다.

ㄴ. 교반장치 : 믹서와 탱크의 공존 여부와 관계없이 강화된 재질을 선택한다.

ㄷ. 제품 충전기 : 제품에 의해서나 어떠한 청소 또는 위생처리작업에 의해 부식되거나, 분해되거나 스며들게 해서는 안 된다.

ㄹ. 탱크 : 제조물과 반응하여 부식이 일어나지 않는 소재를 사용한다.

ㅁ. 펌프 : 젖은 부품들은 모든 온도 범위에서 제품과의 사용성이 적합해야 한다.

① ㄱ, ㄴ, ㄷ　　　　② ㄱ, ㄴ, ㄹ　　　　③ ㄱ, ㄷ, ㅁ

④ ㄴ, ㄷ, ㅁ　　　　⑤ ㄷ, ㄹ, ㅁ

해설 ㄱ. 칭량장치 : 계량적 눈금의 노출된 부분들은 칭량 작업에 간섭하지 않는다면 보호적인 피복제를 사용한다.

　　ㄴ. 교반장치 : 탱크와 믹서의 공존이 가능한지를 확인해야 한다.

정답 105 ① 106 ⑤ 107 ⑤ 108 ⑤

109 작업장의 위생 유지를 위한 설비 세척의 원칙과 거리가 먼 것은?

① 위험성이 없는 용제(물이 최적)로 세척한다.

② 브러시 등으로 문질러 지우는 것을 고려한다.

③ 세척의 유효기간을 설정한다.

④ 세척 여부를 확인하기 위해서 세척 전에 판정한다.

⑤ 분해할 수 있는 설비는 분해해서 세척한다.

해설 세척 후 판정해야 하며, 판정 후의 설비는 건조·밀폐해서 보관한다.

110 우수화장품 제조 기준 중 화장품 작업장 내 직원의 위생 기준으로 적합한 것은?

> ㄱ. 수세실과 화장실은 접근이 용이해야 하며 생산구역과 밀접해야 한다.
> ㄴ. 청정도에 맞는 적절한 작업복, 모자와 신발을 착용하고 필요할 경우는 마스크, 장갑을 착용한다.
> ㄷ. 음식물 반입은 불가능하다.
> ㄹ. 개방할 수 있는 창문은 만들지 않는다.
> ㅁ. 적절한 위생 관리 기준 및 절차를 마련하고 제조소 내의 모든 직원은 이를 준수해야 한다.

① ㄱ, ㄴ, ㄷ   ② ㄱ, ㄴ, ㅁ   ③ ㄴ, ㄷ, ㅁ

④ ㄷ, ㄹ, ㅁ   ⑤ ㄱ, ㄷ, ㅁ

해설 ㄱ. 수세실과 화장실은 접근이 쉬워야 하나 생산구역과 분리되어 있어야 한다.
    ㄹ. 작업소의 위생 및 시설 기준에 해당한다.

111 다음 중 설비의 명칭과 그 기능이 바르게 연결된 것은?

> ㄱ. 탱크 : 제품을 1차 용기에 넣기 위해 사용
> ㄴ. 펌프 : 액체를 한 지점에서 다른 지점으로 이동하기 위해 사용
> ㄷ. 교반장치 : 제품의 균일성을 얻기 위해 물리적으로 혼합하는 장치
> ㄹ. 칭량장치 : 양과 기준을 만족하는지를 보증하기 위해 중량적으로 측정
> ㅁ. 제품 충전기 : 공정 중이거나 보관하는 원료를 저장

① ㄱ, ㄴ, ㄷ   ② ㄱ, ㄴ, ㅁ   ③ ㄴ, ㄷ, ㄹ

④ ㄴ, ㄷ, ㅁ   ⑤ ㄷ, ㄹ, ㅁ

해설 ㄱ. 탱크 : 공정 중이거나 보관하는 원료를 저장
    ㅁ. 제품 충전기 : 제품을 1차 용기에 넣기 위해 사용

112 원료, 내용물 및 포장재 입고 기준에서 ㉠, ㉡에 각각 들어갈 말로 바르게 연결된 것은?

> 원자재 용기에 (㉠)이/가 없는 경우에는 (㉡)을/를 부여하여 보관하여야 한다.

	㉠	㉡
①	제조번호	성적서
②	라벨	사용기한
③	성적서	시험기록서
④	사용기한	수령일자
⑤	제조번호	관리번호

해설 원자재 용기에 제조번호가 없는 경우에는 관리번호를 부여하여 보관하여야 한다.

113 입고된 원료 및 내용물의 보관 관리 기준과 거리가 먼 것은?

① 품질에 나쁜 영향을 미치지 아니하는 조건에서 보관하여야 하며 보관기한을 설정한다.
② 바닥과 벽에 닿지 아니하도록 보관한다.
③ 선입선출에 의하여 출고할 수 있도록 보관한다.
④ 원자재, 시험 중인 제품 및 부적합품은 각각 구획된 장소에서 보관한다.
⑤ 설정된 보관기한이 지나면 모두 폐기하여야 한다.

해설 설정된 보관기한이 지난 원료 및 내용물의 사용상 적절성을 결정하기 위해 재평가 시스템을 확립한다.

114 다음은 제품의 출하 관리 기준 중 시험 및 판정에 관한 사항이다. 〈보기〉의 목적을 위해 별도로 준비하는 것은?

| 보기 |

- 목적 : 제품의 사용 중에 발생할지도 모르는 '재검토 작업'에 대비
- 재검토 작업 : 품질상에 문제가 발생하여 재시험이 필요할 때 또는 발생한 불만에 대처하기 위하여 품질 이외의 사항에 대한 검토가 필요하게 될 때 재시험이나 불만 사항의 해결을 위하여 사용

① 보관용 완제품 　　② 검체 　　③ 보관용 벌크
④ 보관용 뱃치 　　⑤ 보관용 검체

해설 검체 이외에 향후 발생할지 모르는 재시험에 대비하기 위해 보관용 검체를 준비해야 한다.

115 다음 완제품의 출고 기준 중 보관용 검체의 주의사항에서 빈칸에 들어갈 말로 적합한 것은?

> [보관용 검체 주의사항]
> • 제품을 그대로 보관한다.
> • 각 뱃치를 대표하는 검체를 보관한다.
> • 일반적으로는 각 뱃치별로 제품 시험을 2번 실시할 수 있는 양을 보관한다.
> • 제품이 가장 안정한 조건에서 보관한다.
> • 사용기한 경과 후 1년간 또는 개봉 후 사용기간을 기재하는 경우에는 (   )로부터 3년간 보관한다.

① 사용기한　　　　　　　② 제조일　　　　　　　③ 사용기간
④ 보존기간　　　　　　　⑤ 입고일

해설 개봉 후 사용기간을 기재하는 제품의 경우 사용자마다 개봉 시기가 다를 수 있어서 제조일로부터 3년간 보관하는 것으로 통일한다.

116 입고된 원료, 내용물 및 포장재의 품질관리 기준에서 기준일탈의 조사 과정의 순서로 적합한 것은?

> (㉠)-(㉡)-(㉢)-재시험 -결과 검토-재발 방지책

	㉠	㉡	㉢
①	Laboratory Error 조사	추가 시험	재검체 채취
②	Laboratory Error 조사	재검체 채취	추가 시험
③	추가 시험	Laboratory Error 조사	재검체 채취
④	재검체 채취	추가 시험	Laboratory Error 조사
⑤	재검체 채취	Laboratory Error 조사	추가 시험

해설 ㉠ Laboratory Error 조사 : 담당자의 실수, 분석기기 문제 등의 여부 조사
　　㉡ 추가 시험 : 오리지널 검체를 대상으로 다른 담당자가 실시
　　㉢ 재검체 채취 : 오리지널 검체와 다른 검체를 의미
　　• 재시험 : 재검체를 대상으로 다른 담당자가 실시

117 원료와 포장재, 벌크 제품과 완제품의 폐기 기준에서 기준일탈 제품의 처리 원칙과 거리가 먼 것은?

① 기준일탈 제품은 폐기하는 것이 가장 바람직하다.
② 미리 정한 절차를 따라 확실한 처리를 한다.
③ 실시한 내용을 모두 문서로 남긴다.
④ 기준일탈이 된 벌크 제품은 재작업할 수 있다.
⑤ 기준일탈이 된 완제품은 재작업할 수 없다.

해설 제품 품질에 악영향을 미치지 않는다면 완제품의 경우도 재작업할 수 있다.

정답　115 ②　116 ①　117 ⑤

118 우수화장품의 품질관리 기준과 거리가 먼 것은?

① 품질관리를 위한 시험업무에 대해 문서화된 절차를 수립하고 유지하여야 한다.
② 원자재, 반제품 및 완제품에 대한 적합 기준을 마련하고 제조번호별로 시험 기록을 작성 · 유지하여야 한다.
③ 시험 결과 적합인지 또는 부적합인지를 분명히 기록하여야 한다.
④ 원자재, 반제품 및 완제품은 적합 판정이 된 것만을 사용하거나 출고하여야 한다.
⑤ 정해진 보관 기간이 경과된 원자재 및 반제품은 반드시 폐기해야 한다.

해설 정해진 보관 기간이 경과된 원자재 및 반제품은 재평가하여 품질 기준에 적합한 경우 제조에 사용할 수 있다.

119 유통화장품의 안전관리 기준이 적용되지 않는 경우는?

> [안전관리 기준]
> • 유해물질을 선정하고 허용 한도를 설정
> • 미생물에 대한 허용 한도를 설정

① 화장품을 제조하면서 인위적으로 첨가하지 않았을 경우
② 제조 과정 중 비의도적으로 이행된 경우
③ 보관 과정 중 비의도적으로 이행된 경우
④ 포장재로부터 의도적으로 이행된 경우
⑤ 기술적으로 완전한 제거가 불가능한 경우

해설 포장재로부터 비의도적으로 이행된 경우 기준 적용이 가능하다.

120 화장품을 제조하면서 비의도적으로 유도된 물질의 검출 허용 한도로 적합한 것은?

> [포름알데하이드]
> • 일반 제품 : (   )(v/v)% 이하
> • 물휴지 : 20ppm 이하

① 20,000   ② 2,000   ③ 200
④ 2   ⑤ 0.02

해설 일반 제품은 물휴지에 비해서 허용 한도가 높아 2,000(v/v)% 이하로 검출되어야 한다.

121 화장품을 제조하면서 비의도적으로 유도된 물질의 검출 허용 한도가 잘못 연결된 것은?

① 수은 : 1ppm 이하   ② 카드뮴 : 5ppm 이하   ③ 비소 : 10ppm 이하
④ 니켈 : 10ppm(일반 제품)   ⑤ 디옥산 : 10ppm(일반 제품)

해설 디옥산은 발암 유발 가능성 물질이므로 100ppm의 한도를 가진다.

정답 118 ⑤ 119 ④ 120 ② 121 ⑤

122 화장품 제품 내 미생물 한도 기준에서 검출되면 안 되는 균을 모두 고른 것은?

ㄱ. 진균	ㄴ. 호기성 세균	ㄷ. 혐기성 세균
ㄹ. 녹농균	ㅁ. 황색포도상구균	

① ㄱ, ㄴ   ② ㄱ, ㄷ   ③ ㄷ, ㅁ
④ ㄹ, ㅁ   ⑤ ㄱ, ㄹ

해설 병원성 미생물[황색포도상구균(화농균), 녹농균, 대장균]은 검출되면 안 된다. 생균에는 진균(곰팡이), 세균이 포함되며 이 경우 기타 화장품에서 1,000개/g(mL) 이하로 관리한다.

123 화장품 제품 내 미생물 한도 기준으로 적합한 것은?

아이 메이크업 리무버의 총호기성생균수 기준은 ( )개/g 이하이다.

① 50   ② 100   ③ 500
④ 1,000   ⑤ 5,000

해설 아이메이크업 리무버는 눈 화장 제품류로 분류된다. 영·유아용 제품류 및 눈 화장용 제품류의 경우 총호기성생균수는 500개/g 이하로 관리된다. 기타 화장품은 1,000개/g 이하, 물휴지는 100개/g 이하이다.

124 다음 중 pH 3.0~9.0을 유지해야 하는 제품과 거리가 먼 것은?

① 눈 화장 제품류-마스카라
② 면도용 제품류-애프터셰이브 로션
③ 두발용 제품류-헤어 토닉
④ 기초 화장 제품류-크림
⑤ 면도용 제품류-셰이빙 크림

해설 사용한 후 곧바로 물로 씻어 내는 제품은 제외한다.

125 유통화장품 안전기준의 개별 화장품 기준 중 비누에 대한 것으로 빈칸에 들어갈 말은?

비누 : ( ) 0.1% 이하, 화장 비누에 한함

① 유리 알칼리   ② 유리 산   ③ 환원성 물질
④ 비소   ⑤ pH

해설 비누는 유지류나 오일에 수산화나트륨을 첨가하여 제조한다. 이때 유리 알칼리 성분이 0.1% 이하로 남아 있도록 유지해야 한다.

정답 122 ④ 123 ③ 124 ⑤ 125 ①

126 CGMP에서 작성되는 문서 관리 체계에서 가장 상위 등급에 있는 것은?

① 문서　　　　　　② 기준서　　　　　　③ 절차서
④ 지침서　　　　　　⑤ 기록 양식

해설 기준서 아래에 절차서와 지침서가 포함되고, 그 아래에 각종 기록 양식이 포함된다.

127 GMP의 주요 용어 중 〈보기〉에 해당하는 것은?

┤ 보기 ├

규정된 조건하에서 측정기기나 측정 시스템에 의해 표시되는 값과 표준기기의 참값을 비교하여 이들의 오차가 허용범위 내에 있음을 확인하고, 허용범위를 벗어나는 경우 허용범위 내에 들도록 조정하는 것을 말한다.

① 출하　　　　　　② 재작업　　　　　　③ 제조
④ 교정　　　　　　⑤ 일탈

해설 교정에 관한 설명이다.
　　② 재작업 : 적합 판정 기준을 벗어난 완제품, 벌크 제품 또는 반제품을 재처리하여 품질이 적합한 범위에 들어오도록 하는 작업을 말한다.
　　⑤ 일탈 : 제조 또는 품질관리 활동 등의 미리 정하여진 기준을 벗어나 이루어진 행위를 말한다.

128 청정도 등급에 의한 구분 시 포장실이 갖추어야 할 등급은?

① 1등급　　　　　　② 2등급　　　　　　③ 3등급
④ 4등급　　　　　　⑤ 5등급

해설 일반적으로 청정도는 1~4등급으로 분류되며 1등급이 가장 엄격하게 관리되는 시설이다. 원료 칭량실, 포장실처럼 화장품의 내용물이 노출되지 않는 곳은 3등급에 해당한다.

129 작업소 공기 조절의 4대 요소와 관리기기가 바르게 연결된 것은?

① 청정도－공기정화기　　　② 실내 온도－가습기　　　③ 향기－디퓨저
④ 습도－송풍기　　　　　　⑤ 기류－열교환기

해설 ② 실내 온도－열교환기
　　③ 향기－관리 항목에 포함되지 않음
　　④ 습도－가습기
　　⑤ 기류－송풍기

130 다음 중 가장 높은 압력으로 관리되는 시설은?

① 클린 벤치　　　　　② 제조실　　　　　③ 원료실
④ 포장실　　　　　　⑤ 분진 및 악취 발생 시설

해설 클린 벤치는 청정도 1급에 해당한다. 등급이 낮은 작업실의 공기가 높은 등급의 시설로 흘러 들어오지 않도록 하기 위해 높은 등급의 작업실일수록 더 높은 압력으로 관리된다.

정답　126 ②　127 ④　128 ③　129 ①　130 ①

131 작업소의 시설에 관한 규정으로 옳지 <u>않은</u> 것은?

① 제조하는 화장품의 종류 · 제형에 따라 적절히 구획 · 구분되어 있어 교차오염 우려가 없을 것

② 바닥, 벽, 천장은 가능한 거친 표면을 지니고 소독제 등의 부식성에 저항력이 있을 것

③ 외부와 연결된 창문은 가능한 열리지 않도록 할 것

④ 수세실과 화장실은 접근이 쉬워야 하나 생산구역과 분리되어 있을 것

⑤ 제품의 오염을 방지하고 적절한 온도 및 습도를 유지할 수 있는 공기조화시설 등 적절한 환기시설을 갖출 것

[해설] 바닥, 벽, 천장은 가능한 청소하기 쉽게 매끄러운 표면을 지니고, 소독제 등의 부식성에 저항력이 있어야 한다.

132 작업소의 위생 유지 원칙으로 옳지 <u>않은</u> 것은?

① 건물, 시설 및 주요 설비는 정기적으로 점검하여 화장품의 제조 및 품질관리에 지장이 없도록 유지 · 관리 · 기록하여야 한다.

② 결함 발생 및 정비 중인 설비는 적절한 방법으로 표시하고, 고장 등으로 인해 사용이 불가할 경우 표시하여야 한다.

③ 세척한 설비는 다음 사용 시까지 오염되지 아니하도록 관리하여야 한다.

④ 모든 제조 관련 설비는 승인된 자만이 접근 · 사용하여야 한다.

⑤ 제품의 품질에 영향을 주더라도 유지 관리 작업이 우선시되어야 한다.

[해설] 유지 관리 작업이 제품의 품질에 영향을 주어서는 안 된다.

133 다음 ㉠~㉢에 들어갈 적합한 말을 순서대로 고른 것은?

> 세척 대상의 확인 방법에서 (㉠)을 할 수 없는 부분은 (㉡)을 실시하고, (㉡)을 실시하기 어려운 경우 (㉢)을 실시한다.

	㉠	㉡	㉢
①	육안 판정	문질러 내 부착물 판정	린스액 화학 분석
②	문질러 내 부착물 판정	린스액 화학 분석	육안 판정
③	린스액 화학 분석	육안 판정	문질러 내 부착물 판정
④	린스액 화학 분석	문질러 내 부착물 판정	육안 판정
⑤	육안 판정	린스액 화학 분석	문질러 내 부착물 판정

[해설] 제1순서로 육안 판정을 하고 이것이 불가능하면 문질러 내 닦여져 나온 부착물을 판정한다. 이 방법 또한 불가능할 시 최후로 린스액을 분석하여 판정한다.

[정답] 131 ② 132 ⑤ 133 ①

134 우수화장품 제조 기준 중 화장품 작업장 내 직원의 위생 기준에 적합하지 <u>않은</u> 것은?

① 청정도에 맞는 적절한 작업복, 모자와 신발을 착용하고 필요할 경우는 마스크, 장갑을 착용한다.

② 반입한 음식물에 쥐와 해충이 모이지 않도록 잘 처리한다.

③ 피부에 외상이 있거나 질병에 걸린 직원은 의사의 소견이 있기 전까지는 격리해야 한다.

④ 작업 전에 복장 점검을 하고 적절하지 않을 경우는 시정한다.

⑤ 적절한 위생 관리 기준 및 절차를 마련하고 제조소 내의 모든 직원은 이를 준수해야 한다.

> **해설** 작업장에 음식물 등을 반입해서는 아니 된다.

135 우수화장품 제조 기준 중 설비기구의 유지 관리 주요 사항으로 적합하지 <u>않은</u> 것은?

① 예방적 활동 : 부품을 정기적으로 교체한다.

② 예방적 활동 : 시정 실시를 지양한다.

③ 유지보수 : 제품의 품질보다는 설비기구의 기능 유지를 중심으로 실시한다.

④ 유지보수 : 사용할 수 없을 때는 사용 불능 표시를 한다.

⑤ 정기 검교정 : 계측기에 대해 교정한다.

> **해설** 설비기구의 기능이 변화해도 좋으나 제품 품질에는 영향이 없도록 한다.

136 다음 설비의 구성 재질 및 세척 방법과 거리가 <u>먼</u> 것은?

> 펌프는 액체를 한 지점에서 다른 지점으로 이동하기 위해 사용한다.

① 하우징(housing)과 날개차(impeller)는 동일한 재질로 만들어져야 한다.

② 젖은 부품들은 모든 온도 범위에서 제품과 적합해야 한다.

③ 허용된 작업 범위에 대해 라벨을 확인한다.

④ 효과적인 청소와(세척과) 위생을 위해 각각의 펌프 디자인을 검증한다.

⑤ 철저한 예방적인 유지 관리 절차를 준수한다.

> **해설** 하우징(housing)과 날개차(impeller)는 닳는 특성 때문에 서로 다른 재질로 만들어져야 한다.

137 원료, 내용물 및 포장재 입고 기준과 거리가 <u>먼</u> 것은?

① 원자재 공급자에 대한 관리감독을 적절히 수행하여 입고 관리가 철저히 이루어지도록 하여야 한다.

② 원자재의 입고 시 구매 요구서, 원자재 공급업체 성적서 및 현품이 서로 일치하여야 한다.

③ 원자재 용기에 제조번호가 없는 경우에는 관리번호를 부여하여 보관하여야 한다.

④ 원자재 입고 절차 중 육안 확인 시 물품에 결함이 있을 경우 재작업하여 사용한다.

⑤ 입고된 원자재는 "적합", "부적합", "검사 중" 등으로 상태를 표시하여야 한다.

> **해설** 원자재 입고 절차 중 육안 확인 시 물품에 결함이 있을 경우 입고를 보류하고 격리 보관 및 폐기하거나 원자재 공급업자에게 반송하여야 한다.

정답 134 ② 135 ③ 136 ① 137 ④

138 입고된 원료, 내용물 포장재의 보관 및 관리 기준에 적합하지 **않은** 것은?

① 물질의 특징 및 특성에 맞도록 보관 및 취급한다.

② 특수한 보관 조건은 적절하게 준수, 모니터링한다.

③ 원료의 경우 원래 용기와 동일한 재질의 용기만 사용 가능하다.

④ 청소와 검사가 용이하도록 충분한 간격을 유지한다.

⑤ 과도한 열기, 추위, 햇빛 또는 습기에 노출되어 변질되는 것을 방지한다.

해설 적용할 수 있는 다른 대체 물질로 만들어진 용기를 사용해도 된다.

139 완제품의 입고, 보관 및 출하 절차의 순서로 적합한 것은?

> 포장 공정 – 시험 중 라벨 부착 – 임시 보관 – (㉠) – (㉡) – (㉢) – 출하

	㉠	㉡	㉢
①	보관	합격 라벨 부착	제품 시험 합격
②	합격 라벨 부착	보관	제품 시험 합격
③	합격 라벨 부착	제품 시험 합격	보관
④	제품 시험 합격	보관	합격 라벨 부착
⑤	제품 시험 합격	합격 라벨 부착	보관

해설 제조된 제품의 포장 공정 후 임시 보관한다. 제품 시험에 합격한 제품에 한해 합격 라벨을 부착하여 출하 전 보관 장소에 보관한다.

140 다음 완제품의 출고 기준 중 보관용 검체의 주의사항에서 빈칸에 들어갈 말로 적합한 것은?

> [보관용 검체 주의사항]
> • 제품을 그대로 보관한다.
> • 각 뱃치를 대표하는 검체를 보관한다.
> • 일반적으로는 각 뱃치별로 제품 시험을 2번 실시할 수 있는 양을 보관한다.
> • 제품이 가장 안정한 조건에서 보관한다.
> • 사용기한 경과 후 1년간 또는 개봉 후 사용기간을 기재하는 경우에는 제조일로부터 ( )년간 보관한다.

① 1 ② 2 ③ 3

④ 4 ⑤ 5

해설 개봉 후 사용기간을 기재하는 제품의 경우 사용자마다 개봉 시기가 다를 수 있어서 제조일로부터 3년간 보관하는 것으로 통일한다.

정답 138 ③ 139 ⑤ 140 ③

CHAPTER 03 유통화장품의 안전관리 **293**

PART 01
PART 02
PART 03
PART 04

141 입고된 원료, 내용물 및 포장재의 품질관리 기준 중 기준일탈의 조사 과정의 순서에서 다음에 해당하는 내용은?

> • 1회 실시
> • 오리지널 검체로 실시
> • 최초의 담당자와 다른 담당자가 중복 실시

① Laboratory Error 조사   ② 추가 시험   ③ 재검체 채취
④ 재시험   ⑤ 결과 검토

> 해설 ① Laboratory Error 조사 : 담당자의 실수, 분석기기 문제 등의 여부 조사
> ③ 재검체 채취 : 오리지널 검체와 다른 검체를 의미
> ④ 재시험 : 재검체를 대상으로 다른 담당자가 실시
> ⑤ 결과 검토 : 품질관리자가 결과를 승인

142 우수화장품 관리 기준에서 기준일탈 제품의 폐기 처리 순서로 알맞은 것은?

> 1. 시험, 검사, 측정에서 기준일탈 결과 나옴
> 2. 기준일탈 조사
> 3. 시험, 검사, 측정이 틀림없음을 확인
> 4. 기준일탈의 처리
> 5. (㉠)
> 6. (㉡)
> 7. (㉢)

	㉠	㉡	㉢
①	격리 보관	기준일탈 제품에 불합격 라벨 첨부	폐기처분 또는 재작업 또는 반품
②	격리 보관	폐기처분 또는 재작업 또는 반품	기준일탈 제품에 불합격 라벨 첨부
③	폐기처분 또는 재작업 또는 반품	격리 보관	기준일탈 제품에 불합격 라벨 첨부
④	기준일탈 제품에 불합격 라벨 첨부	폐기처분 또는 재작업 또는 반품	격리 보관
⑤	기준일탈 제품에 불합격 라벨 첨부	격리 보관	폐기처분 또는 재작업 또는 반품

> 해설 기준일탈 조사란 일탈 원인에 대해서 조사를 실시하고 시험 결과를 재확인하는 과정이다. 측정에서 일탈 결과가 나올 시 기준일탈을 조사하게 된다. 측정에 틀림없음이 확인되면 기준일탈 제품에 불합격 라벨을 부착하여 격리 보관한다. 격리 보관이란 불합격 제품을 따로 보관하는 것을 의미하여 이후 폐기처분, 재작업 또는 반품 등의 형식으로 기준일탈 제품에 대한 처리를 진행한다.

143 기준일탈 제품의 재작업의 원칙 및 절차와 거리가 먼 것은?

① 폐기하면 큰 손해가 되는 경우 재작업을 한다.

② 재작업은 제품의 품질에 문제가 없을 때 수행한다.

③ 재작업 처리 실시의 결정은 품질보증 책임자가 실시한다.

④ 품질보증 책임자의 승인을 얻기 전이라도 작업자의 육안 판정으로 다음 공정에 사용하거나 출하할 수 있다.

⑤ 재작업한 최종 제품 또는 벌크 제품의 제조 기록, 시험 기록을 충분히 남긴다.

> **해설** 품질이 확인되고 품질보증 책임자의 승인을 얻을 수 있을 때까지 재작업품은 다음 공정에 사용할 수 없고 출하할 수도 없다.

144 다음 중 인위적으로 화장품을 제조하면서 비의도적으로 유도된 물질의 검출 허용 한도에 대한 안전관리 기준의 적용을 받지 <u>않는</u> 것은?

① 수은   ② 안티몬   ③ 디옥산

④ 산화크롬   ⑤ 카드뮴

> **해설** 산화크롬은 착색제로 사용된다.
> ① 수은 : 1ppm 이하
> ② 안티몬 : 10ppm 이하
> ③ 디옥산 : 100ppm 이하
> ⑤ 카드뮴 : 100ppm 이하

145 화장품을 제조하면서 비의도적으로 유도된 물질의 검출 허용 한도로 적합한 것은?

[니켈]
- 눈 화장용 제품 : 35ppm 이하
- 색조 화장용 제품 : (㉠) 이하
- 그 밖의 제품 : (㉡) 이하

	㉠	㉡
①	20ppm	50ppm
②	50ppm	20ppm
③	100ppm	50ppm
④	30ppm	10ppm
⑤	300ppm	200ppm

> **해설** 눈 화장용 제품의 경우 일반 제품에 비해서 허용 한도가 높다. ㉠은 30ppm, ㉡은 10ppm 이하의 니켈이 검출되어야 한다.

146 화장품을 제조하면서 비의도적으로 유도된 니켈의 검출 허용 한도가 <u>잘못</u> 연결된 것은?

① 눈 화장용 제품류 : 35ppm　　② 색조 화장품 : 30ppm　　③ 크림 : 10ppm
④ 에센스 : 10ppm　　⑤ 물휴지 : 0.01ppm

해설 눈 화장과 색조 화장품에 대한 구별이 있고 그 밖의 제품으로 구분된다. 물휴지는 그 밖의 제품에 해당하므로 니켈의 검출 허용 한도는 10ppm 이하이다.

147 화장품 제품 내 미생물 한도 기준에서 검출되면 안 되는 균을 <u>모두</u> 고른 것은?

ㄱ. 대장균	ㄴ. 호기성 세균	ㄷ. 혐기성 세균
ㄹ. 진균	ㅁ. 황색포도상구균	

① ㄱ, ㄴ　　　　　　　　② ㄱ, ㄷ　　　　　　　　③ ㄷ, ㅁ
④ ㄹ, ㅁ　　　　　　　　⑤ ㄱ, ㅁ

해설 병원성 미생물(황색포도상구균 : 화농균, 녹농균, 대장균)은 검출되면 안 된다. 생균에는 진균, 세균이 포함되며, 진균은 곰팡이류를 의미한다.

148 화장품 제품 내 미생물 한도 기준으로 적합한 것은?

물휴지의 총호기성생균수는 (　　　)개/g 이하이다.

① 50　　　　　　　　　② 100　　　　　　　　　③ 500
④ 1,000　　　　　　　　⑤ 5,000

해설 기타 화장품은 1,000개/g 이하, 물휴지는 100개/g 이하이다. 영·유아용 제품은 눈 화장용 제품과 동일하게 규제(500개/g 이하)된다.

149 유통화장품 안전관리 기준 중 내용량 기준에 해당하는 것은?

- 제품 3개를 가지고 시험할 때 그 평균 내용량이 표기량에 대하여 97% 이상(다만, 화장 비누의 경우 건조중량을 내용량으로 한다)
- 기준치를 벗어날 경우 : (　　　)개의 평균 내용량이 제1호의 기준치 이상

① 5　　　　　　　　　② 6　　　　　　　　　③ 7
④ 8　　　　　　　　　⑤ 9

해설 기준치를 벗어나는 경우 기존 3개에 6개를 더 취하여 총 9개의 평균 내용량을 측정한다.

150 다음 중 제품의 pH가 3.0~9.0 사이를 유지하지 <u>않아도</u> 되는 것은?

① 로션　　　　　　　　② 셰이빙 크림　　　　　　③ 파운데이션
④ 헤어 토닉　　　　　　⑤ 크림

해설 물을 포함하지 않는 제품과 사용한 후 곧바로 물로 씻어 내는 제품은 제외한다.

정답　146 ⑤　147 ⑤　148 ②　149 ⑤　150 ②

151 우수화장품 제조 기준의 문서 관리 체계에서 작업소 내 위생 관리를 규정하는 문서는?

① 제품표준서   ② 제조관리기준서   ③ 품질관리기준서

④ 제조위생관리기준서   ⑤ 제조지시서

> 해설 제조위생관리 기준서는 작업소 내 위생 관리를 규정(작업원 수세, 소독법, 복장의 규격, 청소 등)한다.
>   ① 제품표준서 : 해당 품목의 모든 정보를 포함(제품명, 효능 · 효과, 원료명, 제조지시서 등)
>   ② 제조관리기준서 : 제조 과정에 착오가 없도록 규정(제조공정에 관한 사항, 시설 및 기구관리에 대한 사항, 원자재 관리에 관한 사항, 완제품 관리에 대한 사항 등)
>   ③ 품질관리기준서 : 품질 관련 시험사항 규정(시험지시서, 시험검체 채취방법 및 주의사항, 표준품 및 시약관리 등)

152 다음 〈보기〉에서 설명하는 GMP의 주요 용어로 옳은 것은?

┤ 보기 ├

제품에서 화학적, 물리적, 미생물학적 문제 또는 이들이 조합되어 나타내는 바람직하지 않은 문제의 발생을 말한다.

① 기준일탈   ② 재작업   ③ 오염

④ 교정   ⑤ 일탈

> 해설 ① 기준일탈(out-of-specification) : 규정된 합격 판정 기준에 일치하지 않는 검사, 측정 또는 시험결과를 말한다.
>   ② 재작업 : 적합 판정 기준을 벗어난 완제품 벌크 제품 또는 반제품을 재처리하여 품질이 적합한 범위에 들어오도록 하는 작업을 말한다.
>   ④ 교정 : 규정된 조건하에서 측정기기나 측정 시스템에 의해 표시되는 값과 표준기기의 참값을 비교하여 이들의 오차가 허용범위 내에 있음을 확인하고, 허용범위를 벗어나는 경우 허용범위 내에 들도록 조정하는 것을 말한다.
>   ⑤ 일탈 : 제조 또는 품질관리 활동 등의 미리 정하여진 기준을 벗어나 이루어진 행위를 말한다.

153 GMP의 내용 중 벌크 제품을 설명하는 것은?

① 충전(1차 포장) 이전의 제조 단계까지 끝낸 제품

② 제조공정 단계에 있는 것으로서 필요한 제조공정을 더 거쳐야 하는 제품

③ 출하를 위해 제품의 포장 및 첨부문서 표시공정 등을 포함한 모든 제조공정이 완료된 제품

④ 청소, 위생 처리 또는 유지 작업 동안에 사용되는 제품

⑤ 하나의 공정이나 일련의 공정으로 제조되어 균질성을 갖는 화장품의 일정한 분량

> 해설 ② 반제품에 대한 설명이다.
>   ③ 완제품에 대한 설명이다.
>   ④ 소모품에 대한 설명이다.
>   ⑤ 뱃치에 대한 설명이다.

154 청정도 등급에 의한 구분 시 작업복, 작업모, 작업화 등의 작업 복장을 준수해야 할 시설은 몇 등급부터 인가?

① 1등급   ② 2등급   ③ 3등급

④ 4등급   ⑤ 5등급

> 해설 일반적으로 청정도는 1~4등급으로 분류되며 1등급이 가장 엄격하게 관리되는 시설이다. 작업 복장을 갖추어야 하는 시설은 3등급부터 1등급까지 해당한다.

정답   151 ④   152 ③   153 ①   154 ③

155 제조 및 품질관리에 필요한 설비의 시설 기준에 적합하지 않은 것은?

① 설비 등의 위치는 원자재나 직원의 이동으로 인하여 제품의 품질에 영향을 주지 않도록 하여야 한다.

② 사용 목적에 적합하고, 청소가 가능하며, 필요한 경우 위생 · 유지 관리가 가능하여야 한다.

③ 설비 등은 제품의 오염을 방지하고 배수가 용이하도록 설계한다.

④ 파이프는 받침대 등으로 고정하고 벽에 닿아 안정하게 유지해야 한다.

⑤ 설비 등은 제품 및 청소 소독제와 화학반응을 일으키지 않아야 한다.

해설 파이프는 받침대 등으로 고정하고 벽에 닿지 않게 하여 청소가 용이하도록 설계하여야 한다.

156 공기 조절 장치에 사용되는 필터 중 다음에 해당하는 것은?

- Hepa Filter 전처리용
- 필터 입자 0.5μm

① Pre filter ② Pre bag filte ③ Ultra filter
④ Medium bag filter ⑤ Nano filter

해설 Medium bag filter는 빌딩의 공기정화나 산업공장 등에도 이용되며, Pre filter 이후 사용된다.

157 Hepa filter는 0.3μm 크기의 분진을 몇 % 제거할 수 있는가?

① 90% ② 95% ③ 99%
④ 99.9% ⑤ 99.97%

해설 Hepa Filter는 0.3μm 크기의 분진을 99.97%까지 제거할 수 있다. 이때 Pre filter−Medium filter−Hepa filter 순으로 처리된다. Hepa filter는 0.3μm 입자를 여과하고, Medium filter는 0.5μm 수준을 여과한다. Medium filter 에는 Medium bag filter도 존재한다.

158 작업장의 위생 유지를 위한 설비 세척의 원칙과 거리가 먼 것은?

① 가능한 세척력이 좋은 유기 용매를 사용하여 세척한다.

② 가능한 한 세제를 사용하지 않는다.

③ 증기 세척은 좋은 방법이다.

④ 가능하면 브러시 등으로 문질러 지우는 것을 고려한다.

⑤ 분해할 수 있는 설비는 분해해서 세척한다.

해설 위험성이 없는 용제(물이 최적)로 세척한다.

159 우수화장품 제조 기준 중 화장품 작업장 내 직원의 위생 기준에 적합하지 <u>않은</u> 것은?

① 방문객과 훈련을 받지 않은 직원도 필요한 보호 설비를 갖춘다면 안내자 없이 접근이 가능하다.

② 작업 전에 복장 점검을 하고 적절하지 않을 경우는 시정한다.

③ 작업복 등은 목적과 오염도에 따라 세탁을 하고 필요에 따라 소독한다.

④ 작업장에 음식물 등을 반입해서는 아니 된다.

⑤ 적절한 위생 관리 기준 및 절차를 마련하고 제조소 내의 모든 직원은 이를 준수해야 한다.

해설 방문객과 훈련받지 않은 직원은 안내자 없이는 접근이 허용되지 않는다.

160 우수화장품 제조 기준 중 설비기구의 유지 관리 주요사항의 점검 항목과 세부 내용이 바르게 연결된 것은?

> ㄱ. 외관 검사 : 회전수, 전압, 투과율, 감도 등
> ㄴ. 작동 점검 : 스위치, 연동성 등
> ㄷ. 기능 측정 : 더러움, 녹, 이상소음, 이취 등
> ㄹ. 청소 : 외부표면, 내부

① ㄱ, ㄴ   ② ㄱ, ㄷ   ③ ㄴ, ㄷ
④ ㄴ, ㄹ   ⑤ ㄷ, ㄹ

해설 ㄱ. 외관 검사 : 더러움, 녹, 이상소음, 이취 등
      ㄷ. 기능 측정 : 회전수, 전압, 투과율, 감도 등

161 다음 중 설비와 기능이 바르게 연결된 것은?

> ㄱ. 탱크 : 공정 중이거나 보관하는 원료 저장
> ㄴ. 펌프 : 액체를 한 지점에서 다른 지점으로 이동하기 위해 사용
> ㄷ. 교반장치 : 양과 기준을 만족하는지를 보증하기 위해 중량적으로 측정
> ㄹ. 칭량장치 : 제품의 균일성을 얻기 위해 물리적으로 혼합하는 장치
> ㅁ. 제품 충전기 : 제품을 1차 용기에 넣기 위해서 사용

① ㄱ, ㄴ, ㄷ   ② ㄱ, ㄴ, ㅁ   ③ ㄴ, ㄷ, ㄹ
④ ㄴ, ㄷ, ㅁ   ⑤ ㄷ, ㄹ, ㅁ

해설 ㄷ. 교반장치 : 제품의 균일성을 얻기 위해 물리적으로 혼합하는 장치
      ㄹ. 칭량장치 : 양과 기준을 만족하는지를 보증하기 위해 중량적으로 측정

162 원료, 내용물 및 포장재 입고 기준에서 빈칸에 들어갈 말로 옳은 것은?

> [입고 관리 목표와 방식]
> • 목적 : 화장품의 제조와 포장에 사용되는 모든 원료 및 포장재의 부적절하고 위험한 사용, 혼합 또는 오염을 방지
> • 방식
>   가. 해당 물질의 검증, 확인, 보관, 취급 및 사용을 보장할 수 있도록 절차 수립
>   나. 외부로부터 공급된 원료 및 포장재는 규정된 완제품 품질 (   )을/를 충족

① 격리 기준   ② 합격 판정 기준   ③ 재평가 기준
④ 재작업 기준   ⑤ 반품 기준

해설 합격 판정 기준에 적합하지 않은 것은 입고를 보류하고 격리 보관 및 폐기하거나 원자재 공급업자에게 반송하여야 한다.

163 입고된 원료 및 내용물의 재고관리 기준과 거리가 먼 것은?

① 허용 가능한 보관기한을 결정하기 위한 문서화된 시스템을 확립
② 보관기한이 규정되어 있지 않은 원료는 폐기
③ 해당 물질을 재평가하여 사용 적합성을 결정하는 단계들을 포함
④ 원칙적으로 원료공급처의 사용기한을 준수하여 보관기한을 설정
⑤ 사용기한 내에서 자체적인 재시험 기간과 최대 보관기한을 설정 · 준수

해설 보관기한이 규정되어 있지 않은 원료는 품질부문에서 적절한 보관기한을 설정한다.

164 보관용 검체에 대한 다음 설명에서 빈칸에 들어갈 말로 적절한 것은?

> [보관용 검체]
> • 목적 : 제품의 사용 중에 발생할지도 모르는 (   )에 대비
> • (   ) : 품질상에 문제가 발생하여 재시험이 필요할 때 또는 발생한 불만에 대처하기 위하여 품질 이외의 사항에 대한 검토가 필요하게 될 때 재시험이나 불만 사항의 해결을 위하여 사용

① 부적합   ② 재검토 작업   ③ 기준일탈
④ 재작업   ⑤ 폐기

해설 제품의 출하를 결정하는 검체 이외에 별도의 보관용 검체를 확보하여 재검토 작업 등의 상황에 대비해야 한다.
　　④ 재작업은 뱃치 전체 또는 일부에 추가 처리(한 공정 이상의 작업을 추가하는 일)를 하여 부적합품을 적합품으로 다시 가공하는 일을 말한다.

165 완제품의 출고 기준 중 보관용 검체의 주의사항에서 빈칸에 들어갈 말은?

[보관용 검체 주의사항]
- 제품을 그대로 보관한다.
- 각 뱃치를 대표하는 검체를 보관한다.
- 일반적으로는 각 뱃치별로 제품 시험을 (   )번 실시할 수 있는 양을 보관한다.
- 제품이 가장 안정한 조건에서 보관한다.
- 사용기한 경과 후 1년간 또는 개봉 후 사용기간을 기재하는 경우에는 제조일로부터 3년간 보관한다.

① 1   ② 2   ③ 3
④ 4   ⑤ 5

해설 각 뱃치별로 제품 시험을 2번 실시할 수 있는 양을 보관한다.

166 입고된 원료, 내용물 및 포장재의 품질관리 기준에서 기준일탈 조사 과정의 순서로 적합한 것은?

(㉠) → (㉡) → 재검체 채취 → (㉢) → 결과 검토 → 재발 방지책

	㉠	㉡	㉢
①	Laboratory Error 조사	재실험	추가 시험
②	Laboratory Error 조사	추가 시험	재실험
③	추가 시험	Laboratory Error 조사	재실험
④	추가 시험	재실험	Laboratory Error 조사
⑤	재실험	추가 시험	Laboratory Error 조사

해설 ㉠ Laboratory Error 조사 : 담당자의 실수, 분석기기 문제 등의 여부 조사
㉡ 추가 시험 : 오리지널 검체를 대상으로 다른 담당자가 실시
㉢ 재시험 : 재검체를 대상으로 다른 담당자가 실시

167 원료와 포장재, 벌크 제품과 완제품의 폐기 기준에서 기준일탈 제품의 처리 원칙과 거리가 먼 것은?

① 기준일탈 제품은 폐기하지 않고 재작업하는 것이 가장 바람직하다.
② 미리 정한 절차를 따라 확실한 처리를 한다.
③ 실시한 내용을 모두 문서에 남긴다.
④ 기준일탈이 된 벌크 제품은 재작업할 수 있다.
⑤ 기준일탈이 된 완제품은 재작업할 수 있다.

해설 기준일탈 제품은 폐기하는 것이 가장 바람직하다.

168 〈보기〉에서 설명하는 우수화장품 제조의 관리 기준은?

┤ 보기 ├

- 보관 조건은 각각의 원료와 포장재의 세부 요건에 따라 적절한 방식으로 정의(예 냉장, 냉동보관)
- 원료와 포장재가 재포장될 때, 새로운 용기에는 원래와 동일한 라벨링 부착
- 원료의 경우, 원래 용기와 같은 물질 혹은 적용할 수 있는 다른 대체 물질로 만들어진 용기를 사용

① 입고 관리　　　　　　② 품질 관리　　　　　　③ 출고 관리
④ 보관 관리　　　　　　⑤ 재고 관리

해설 보관 관리 시 출입제한, 오염 방지, 방충·방서 등이 대책으로 보관 환경을 관리한다.

169 유통화장품의 안전관리 기준이 적용되지 <u>않는</u> 경우는?

[안전관리 기준]
- 유해물질을 선정하고 허용 한도를 설정
- 미생물에 대한 허용 한도를 설정

① 화장품을 제조하면서 인위적으로 첨가하지 않았을 경우
② 제조 과정 중 비의도적으로 이행된 경우
③ 보관 과정 중 부주의로 이행된 경우
④ 포장재로부터 비의도적으로 이행된 경우
⑤ 기술적으로 완전한 제거가 불가능한 경우

해설 보관 과정 중 비의도적으로 이행된 경우 적용된다.

170 화장품을 제조하면서 비의도적으로 유도된 물질의 검출 허용 한도로 적합한 것은?

[포름알데하이드]
- 일반 제품 : 2,000ppm(v/v)% 이하
- 물휴지 : (　　　)ppm 이하

① 20,000　　　　　　　② 2,000　　　　　　　③ 200
④ 20　　　　　　　　　⑤ 0.2

해설 일반 제품은 물휴지에 비해서 허용 한도가 높으며 물휴지의 허용 한도는 20ppm 이하이다.

171 화장품 제품 내 미생물 한도 기준으로 적합한 것은?

눈 화장용 제품류의 총호기성생균수 : (　　　)개/g 이하

① 50　　　　　　　　　② 100　　　　　　　③ 500
④ 1,000　　　　　　　⑤ 5,000

해설 기타 화장품 1,000개/g 이하, 물휴지 100개/g 이하이다. 영·유아용 제품류 및 눈 화장용 제품류의 경우 500개/g 이하로 관리된다.

정답　168 ④　169 ③　170 ④　171 ③

172 화장품 제품 내 미생물 한도 관리 기준으로 옳은 것은?

① 마스카라 : 500개/g 이하
② 영 · 유아용 크림 : 1,000개/g 이하
③ 셰이빙 크림 : 2,000개/g 이하
④ 에센스 : 3,000개/g 이하
⑤ 헤어 토너 : 5,000개/g 이하

해설 마스카라는 눈 화장용 제품으로 분류된다. 영 · 유아용 제품 및 눈 화장용 제품은 500개/g이며, 기타 제품은 1,000개/g 가 기준이다.

173 화장품을 제조하면서 비의도적으로 유도된 물질의 검출 허용 한도로 잘못 연결된 것은?

① 비소 : 10ppm 이하
② 프탈레이트류 : 10ppm 이하
③ 디옥산 : 100ppm 이하
④ 메탄올 : 20(v/v)%(일반제품)
⑤ 포름알데히드 : 2000ppm(일반 제품)

해설 프탈레이트류(디부틸프탈레이트, 부틸벤질프탈레이트 및 디에칠헥실프탈레이트에 한함)는 총합 100ppm 이하의 검출 허용 한도를 갖는다.

174 다음 중 pH 3.0~9.0을 유지해야 하는 제품이 <u>아닌</u> 것은?

① 눈 화장용 제품류-마스카라
② 색조 화장용 제품류-파운데이션
③ 두발용 제품류-헤어 토닉
④ 기초 화장용 제품류-클렌징 워터
⑤ 두발용 제품류-헤어 컨디셔너

해설 사용한 후 곧바로 물로 씻어내는 제품은 제외한다.

175 화장품 제품 내 미생물 한도 기준에서 검출되면 안 되는 균을 <u>모두</u> 고른 것은?

ㄱ. 효모	ㄴ. 대장균	ㄷ. 녹농균
ㄹ. 유산균	ㅁ. 황색포도상구균	

① ㄱ, ㄴ, ㄷ
② ㄱ, ㄷ, ㄹ
③ ㄴ, ㄷ, ㅁ
④ ㄷ, ㄹ, ㅁ
⑤ ㄴ, ㄹ, ㅁ

해설 병원성 미생물(황색포도상구균, 화농균, 녹농균, 대장균)은 검출되면 안 된다.

176 CGMP의 2가지 양대 목적에 해당하는 것은?

> • (   )
> • 제품의 품질 보증

① 인위적 과오의 최소화

② 실행과정의 문서화

③ 미생물 및 교차오염으로 인한 품질 저하 방지

④ 소비자 보호

⑤ 고도의 품질 관리 체계 확립

해설 인위적 과오의 최소화 · 고도의 품질 관리 체계 확립, 미생물 및 교차오염으로 인한 품질 저하 방지 등은 소비자 보호와 제품의 품질 보증이라는 목적을 이루기 위한 3대 요소에 해당한다.

177 GMP의 주요 용어 중 〈보기〉에 해당하는 것은?

> ┤ 보기 ├
>
> 제조 및 품질 관련 문서에 명기된 설비로 제품의 품질에 영향을 미치는 필수적인 설비를 말한다.

① 원자재   ② 소모품   ③ 주요 설비

④ 제조소   ⑤ 건물

해설 ① 원자재 : 화장품 원료 및 자재를 말한다.
　　 ② 소모품 : 청소, 위생 처리 또는 유지 작업 동안에 사용되는 물품(세척제, 윤활제 등)을 말한다.
　　 ④ 제조소 : 화장품을 제조하기 위한 장소를 말한다.
　　 ⑤ 건물 : 제품, 원료 및 포장재의 수령, 보관, 제조, 관리 및 출하를 위해 사용되는 물리적 장소, 건축물 및 보조 건축물을 말한다.

178 청정도 등급에 의한 구분 시 포장재 보관소, 완제품 보관소가 갖추어야 할 등급은?

① 1등급   ② 2등급   ③ 3등급

④ 4등급   ⑤ 5등급

해설 포장재 보관소, 완제품 보관소 등과 같이 내용물이 완전 폐색되는 일반 작업실의 경우 4등급으로 관리되어야 한다.

179 작업소 공기 조절의 4대 요소와 관리기기가 바르게 연결된 것은?

① 청정도 – 송풍기   ② 실내 온도 – 공기정화기   ③ 향기 – 디퓨저

④ 습도 – 가습기   ⑤ 기류 – 열교환기

해설 실내의 습도는 가습기 등으로 일정하게 유지되어야 한다.
　　 ① 청정도 – 공기정화기
　　 ② 실내 온도 – 열교환기
　　 ③ 향기 – 관리 항목에 포함되지 않음
　　 ⑤ 기류 – 송풍기

정답　176 ④　177 ③　178 ④　179 ④

180 작업소의 시설에 관한 규정 중 옳지 않은 것은?

① 제조하는 화장품의 종류·제형에 따라 적절히 구획·구분되어 있어 교차오염 우려가 없을 것
② 바닥, 벽, 천장은 가능한 청소하기 쉽게 매끄러운 표면을 지니고 소독제 등의 부식성에 저항력이 있을 것
③ 외부와 연결된 창문은 가능한 열리도록 할 것
④ 수세실과 화장실은 접근이 쉬워야 하나 생산구역과 분리되어 있을 것
⑤ 제품의 오염을 방지하고 적절한 온도 및 습도를 유지할 수 있는 공기조화시설 등 적절한 환기시설을 갖출 것

해설 외부와 연결된 창문은 가능한 열리지 않도록 해야 한다.

181 곤충, 해충이나 쥐를 막기 위한 원칙으로 옳지 않은 것은?

① 실내압을 외부(실외)보다 낮게 한다.
② 빛이 밖으로 새어나가지 않게 한다.
③ 벽, 천장, 창문, 파이프 구멍에 틈이 없도록 한다.
④ 개방할 수 있는 창문을 만들지 않는다.
⑤ 문 하부에는 스커트를 설치한다.

해설 실내압을 외부(실외)보다 높게 한다.

182 공기 조절 장치에 사용되는 필터 중 다음에서 설명하는 필터는?

- 세척 후 3~4회 재사용 가능
- Medium Filter 전처리용
- 필터 입자 : 5μm

① Pre filter ② Medium filter ③ Ultra filter
④ Medium bag filter ⑤ Nano filter

해설 Pre filter는 Medium filter나 Hepa filter의 전처리용으로 사용된다.

183 작업장의 위생 유지를 위한 설비 세척의 원칙과 거리가 먼 것은?

① 세척 후는 반드시 "판정"한다.
② 판정 후의 설비는 개방하여 습도가 유지되게 한다.
③ 증기 세척은 좋은 방법이다.
④ 가능하면 브러시 등으로 문질러 지우는 것을 고려한다.
⑤ 세척의 유효기간을 설정한다.

해설 판정 후의 설비는 건조·밀폐해서 보존한다.

정답 180 ③ 181 ① 182 ① 183 ②

184 화장품 미생물 한도 시험법에서 다음 검체 전처리 과정 중 빈칸에 들어갈 희석 비율로 옳은 것은?

> [검체 전처리]
> • 목적 : 방부제 등을 충분히 희석하여 실험의 정확도 향상
> • 방식 : 검체에 희석액, 분산제, 용매 등을 첨가하여 충분히 분산시킴
> • 희석 비율 : (   )로 희석함

① 1 : 1   ② 1 : 2   ③ 1 : 5
④ 1 : 10   ⑤ 1 : 100

해설 화장품 내의 보존제 등이 미생물 실험에 영향을 주지 않게 전처리 과정에서 희석하는데, 이때 비율은 약 1:10이다. 그 후 고체 배지에 나타난 콜로니로 생균수를 확인할 때는 이 희석 비율을 고려하여 계산하여야 한다.

185 각 설비에 대한 세척을 위한 조건과 구성 재질에 대한 내용으로 적합한 것을 모두 고르면?

> ├ 보기 ┤
> ㄱ. 탱크 : 반응으로 부식되거나 분해를 초래하는 반응이 있어서는 안 된다.
> ㄴ. 교반장치 : 믹서를 설치할 모든 젖은 부분 및 탱크와의 공존이 가능한지를 확인한다.
> ㄷ. 제품 충전기 : 제조물과의 반응으로 인한 부식을 고려하여 정기 교체가 가능한 소재를 사용한다.
> ㄹ. 교반장치 : 제품과의 접촉을 고려하여 제품의 품질에 영향을 미치지 않는 패킹과 윤활제를 사용한다.
> ㅁ. 칭량장치 : 계량적 눈금의 노출된 부분들은 칭량 작업에 간섭하지 않는다면 보호적인 피복제를 사용한다.

① ㄱ, ㄴ, ㄷ   ② ㄱ, ㄴ, ㅁ   ③ ㄱ, ㄷ, ㅁ
④ ㄴ, ㄷ, ㅁ   ⑤ ㄷ, ㄹ, ㅁ

해설 ㄷ. 제품 충전기의 재질은 제품에 의해서나 어떠한 청소 또는 위생처리작업에 의해 부식되거나 분해되거나 스며들게 해서는 안 된다.
ㄹ. 교반장치는 봉인(seal)과 개스킷에 의해서 제품과의 접촉으로부터 분리되어 있는 내부 패킹과 윤활제를 사용한다.

186 다음 설비의 구성 재질과 세척 방법과 거리가 먼 것은?

> 탱크 : 공정 중이거나 보관하는 원료를 저장

① 온도/압력 범위가 조작 전반과 모든 공정 단계의 제품에 적합해야 한다.
② 제품과의 반응으로 부식되거나 분해를 초래하는 반응이 있어서는 안 된다.
③ 제품에 접촉하는 모든 표면은 오염 방지를 위해 접근이 어렵게 설계한다.
④ 세척을 위해 부속품 해체가 용이하다.
⑤ 최초 사용 전에 모든 설비는 세척되어야 하고 사용 목적에 따라 소독되어야 한다.

해설 제품에 접촉하는 모든 표면은 검사와 기계적인 세척을 하기 위해 접근할 수 있어야 한다.

187 원료, 내용물 및 포장재 입고 기준에서 빈칸에 들어갈 수 있는 말을 <u>모두</u> 고른 것은?

입고된 원자재는 (   ), (   ), (   ) 등으로 상태를 표시하여야 한다.
ㄱ. 입고   ㄴ. 부적합   ㄷ. 재작업 ㄹ. 적합   ㅁ. 검사 중

① ㄱ, ㄴ, ㅁ   ② ㄱ, ㄷ, ㄹ   ③ ㄴ, ㄷ, ㄹ
④ ㄴ, ㄹ, ㅁ   ⑤ ㄷ, ㄹ, ㅁ

해설 입고된 원자재는 "적합", "부적합", "검사 중" 등으로 상태를 표시하여야 한다.

---

188 입고된 원료, 내용물 포장재의 보관 및 관리 기준에 적합하지 <u>않은</u> 것은?

① 물질의 특징 및 특성에 맞도록 보관, 취급
② 특수한 보관 조건은 적절하게 준수, 모니터링
③ 원료와 포장재가 재포장될 때, 새로운 용기에는 원래와 구별되는 별도의 라벨링 부착
④ 청소와 검사가 용이하도록 충분한 간격 유지
⑤ 과도한 열기, 추위, 햇빛 또는 습기에 노출되어 변질되는 것을 방지

해설 원료와 포장재가 재포장될 때, 새로운 용기에는 원래와 동일한 라벨링을 부착하는 방식으로 관리한다.

---

189 완제품의 입고, 보관 및 출하 절차의 순서로 적합한 것은?

포장 공정 – 시험 중 라벨 부착 – (㉠) – 제품 시험 합격 – (㉡) – (㉢) – 출하

	㉠	㉡	㉢
①	보관	합격 라벨 부착	임시 보관
②	합격 라벨 부착	보관	임시 보관
③	임시 보관	합격 라벨 부착	보관
④	임시 보관	보관	합격 라벨 부착
⑤	보관	임시 보관	합격 라벨 부착

해설 제조된 제품은 포장 공정 후 임시 보관한다. 제품 시험에 합격하면 합격 라벨을 부착하고 보관 후 출하한다.

정답 187 ④   188 ③   189 ③

190 완제품의 출고 기준 중 보관용 검체의 주의사항에서 빈칸에 들어갈 말은?

[보관용 검체 주의사항]
- 제품을 그대로 보관한다.
- 각 뱃치를 대표하는 검체를 보관한다.
- 일반적으로는 각 뱃치별로 제품 시험을 2번 실시할 수 있는 양을 보관한다.
- 제품이 가장 안정한 조건에서 보관한다.
- 사용기한 경과 후 (   )년간 또는 개봉 후 사용기간을 기재하는 경우에는 제조일로부터 3년간 보관한다.

① 1   ② 2   ③ 3
④ 4   ⑤ 5

해설 사용기한 경과 후에는 일반적인 경우 화장품을 사용하지 않아 문제가 생기지 않을 수 있지만, 추가적으로 재검토 작업에 대비하기 위해 사용기간 경과 후 1년간 또는 제조일로부터 3년간 보관한다.

191 우수화장품 관리기준에서 기준일탈 제품의 폐기 처리 순서로 알맞은 것은?

1. 시험, 검사, 측정에서 기준일탈 결과 나옴
2. 기준일탈 조사
3. (㉠   )
4. 기준일탈의 처리
5. (㉡   )
6. 격리 보관
7. (㉢   )

	㉠	㉡	㉢
①	폐기처분 또는 재작업 또는 반품	기준일탈 제품에 불합격 라벨 첨부	시험, 검사, 측정이 틀림없음을 확인
②	폐기처분 또는 재작업 또는 반품	시험, 검사, 측정이 틀림없음을 확인	기준일탈 제품에 불합격 라벨 첨부
③	시험, 검사, 측정이 틀림없음을 확인	기준일탈 제품에 불합격 라벨 첨부	폐기처분 또는 재작업 또는 반품
④	기준일탈 제품에 불합격 라벨 첨부	폐기처분 또는 재작업 또는 반품	시험, 검사, 측정이 틀림없음을 확인
⑤	기준일탈 제품에 불합격 라벨 첨부	시험, 검사, 측정이 틀림없음을 확인	폐기처분 또는 재작업 또는 반품

해설 기준일탈 조사란 일탈 원인에 대해서 조사를 실시하고 시험 결과를 재확인하는 과정이다. 측정에서 일탈 결과가 나올 경우 기준일탈을 조사하게 된다. 측정에 틀림없음이 확인되면 기준일탈 제품에 불합격 라벨을 부착하고 격리 보관한다. 이후 폐기처분, 재작업 또는 반품 등의 형식으로 기준일탈의 처리를 진행한다.

192 다음에서 설명하는 입고된 원료, 내용물 및 포장재의 품질관리 기준 중 기준일탈의 조사 과정에 대한 설명으로 옳은 것은?

> (　　　　) : 재검체를 대상으로 최초의 담당자와 다른 담당자가 중복 실시

① Laboratory Error 조사　　② 추가 시험　　③ 재검체 채취
④ 재시험　　⑤ 결과 검토

해설 재시험은 재검체를 대상으로 다른 담당자가 실시하는 것을 말한다.
　① Laboratory Error 조사 : 담당자의 실수, 분석기기 문제 등의 여부 조사
　② 추가 시험 : 오리지널 검체를 대상으로 다른 담당자가 실시
　③ 재검체 채취 : 오리지널 검체와 다른 검체를 의미
　⑤ 결과 검토 : 품질관리자가 결과를 승인

193 기준일탈 제품의 재작업 원칙 및 절차와 거리가 먼 것은?

① 폐기해도 큰 손해가 나지 않는 경우 재작업하는 것이 가장 바람직하다.
② 재작업을 해도 제품 품질에 악영향을 미치지 않는 것을 예측한다.
③ 재작업 처리 실시의 결정은 품질보증 책임자가 실시한다.
④ 품질이 확인되고 품질보증 책임자의 승인을 얻을 수 있을 때까지 재작업품은 다음 공정에 사용할 수 없고 출하할 수 없다.
⑤ 재작업한 최종 제품 또는 벌크 제품의 제조기록, 시험기록을 충분히 남긴다.

해설 기준일탈 제품은 폐기하는 것이 가장 바람직하나 폐기하면 큰 손해가 되는 경우 재작업을 진행한다.

194 화장품을 제조하면서 비의도적으로 유도된 물질의 검출 허용 한도로 적합한 것은?

> [니켈]
> • 눈 화장용 제품 : (　㉠　) 이하
> • 색조 화장용 제품 : 30㎍/g 이하
> • 그 밖의 제품 : (　㉡　) 이하

	㉠	㉡
①	$35\mu g/g$	$10\mu g/g$
②	$50\mu g/g$	$20\mu g/g$
③	$100\mu g/g$	$50\mu g/g$
④	$30\mu g/g$	$10\mu g/g$
⑤	$300\mu g/g$	$200\mu g/g$

해설 니켈의 경우 눈 화장용 제품은 $35\mu g/g$ 이하, 그 밖의 제품은 $10\mu g/g$ 이하로 검출되어야 한다.

195 다음 중 인위적으로 화장품을 제조하면서 화장품 내에서 비의도적으로 유도된 물질의 검출 허용 한도에 대한 안전관리 기준의 적용을 받지 않는 것은?

① 에탄올　　　　　　　② 메탄올　　　　　　　③ 디옥산
④ 포름알데하이드　　　⑤ 프탈레이트류

해설 에탄올은 수성성분으로 화장품에 사용된다.
　　② 메탄올 : 0.2(v/v)% 이하
　　③ 디옥산 : 100㎍/g 이하
　　④ 포름알데하이드 : 20㎍/g 이하
　　⑤ 프탈레이트류 : 100㎍/g 이하

196 화장품을 제조하면서 비의도적으로 유도된 물질의 검출 허용 한도로 잘못 연결된 것은?

① 비소 : 10㎍/g 이하
② 프탈레이트류 : 100㎍/g 이하
③ 디옥산 : 100㎍/g 이하
④ 메탄올 : 0.2(v/v)%(일반 제품)
⑤ 포름알데하이드 : 200㎍/g(일반 제품)

해설 포름알데하이드는 일반 제품의 경우 2,000㎍/g 이하, 물휴지의 경우 20㎍/g 이하의 검출 허용 한도를 갖는다.

197 화장품 제품 내 미생물 한도 기준에 적합한 제품별 관리 기준으로 옳은 것은?

① 영·유아용 제품 : 500개/g 이하
② 물휴지 : 500개/g 이하
③ 크림 : 2,000개/g 이하
④ 에센스 : 2,000개/g 이하
⑤ 파운데이션 : 1,500개/g 이하

해설 영·유아용 제품과 눈 화장용 제품은 500개/g, 물휴지의 경우 100개/g 이하이며, 기타 제품은 1,000개/g의 관리 기준을 갖는다.

198 화장품 제품 내 미생물 한도 기준으로 적합한 것은?

영·유아 세정용제품의 총호기성생균수는 (　　　　)개/g 이하이다.

① 50　　　　　　　　② 100　　　　　　　　③ 500
④ 1,000　　　　　　⑤ 5,000

해설 기타 화장품은 1,000개/g 이하, 물휴지는 100개/g 이하이다. 영·유아용 제품류 및 눈 화장용 제품류의 경우 500개/g 이하로 관리된다.

199 유통화장품 안전관리 기준 중 내용량 기준에서 빈칸에 들어갈 말은?

> • 제품 3개를 가지고 시험할 때 그 평균 내용량이 표기량에 대하여 97% 이상이다.
> • 화장 비누의 경우 (   )을/를 내용량으로 한다.

① 평균 중량　　　　　　② 수분 중량　　　　　　③ 표시 중량
④ 건조 중량　　　　　　⑤ 용기 중량

해설 비누 내의 수분이 유통 과정 중 변할 수 있기 때문에 수분이 제거된 중량을 기준으로 한다.

200 다음 중 제품의 pH가 3.0~9.0 사이를 유지해야 하는 것은?

① 오일　　　　　　　　② 셰이빙 크림　　　　　③ 영 · 유아용 샴푸
④ 마스카라　　　　　　⑤ 린스

해설 물을 포함하지 않는 제품과 사용한 후 곧바로 물로 씻어내는 제품은 pH 기준에서 제외된다.

CHAPTER

맞춤형화장품의 이해

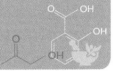

01 화장품의 기재사항에서 성분명을 제품명에 사용했을 때 그 성분명과 함량을 기재해야 하는 제품에 해당하지 <u>않는</u> 제품은?

① 면도용 제품류   ② 기초화장용 제품류   ③ 두발용 제품류

④ 눈화장 제품류   ⑤ 방향용 제품류

해설 화장품의 2차 포장에 기재하는 사항으로 총리령으로 정한 것 중의 하나이다. 방향용 제품은 위의 규제에서 제외된다.

02 다음은 새로운 립스틱제품의 관능 평가를 위해 소비자 20명을 대상으로 진행하는 관능평가이다. 해당하는 관능평가의 종류는?

〈설문지〉
제품의 정보가 적혀 있는 A 제품과 B 제품을 사용해 보시고 제품의 속성에 대한 점수를 작성해 주세요.

① 일반인 – 맹검 – 분석   ② 전문가 – 비맹검 – 기호성   ③ 전문가 – 맹검 – 분석

④ 일반인 – 비맹검 – 분석   ⑤ 일반인 – 맹검 – 기호성

해설 일반인을 대상으로 제품의 정보를 제공하고(비맹검), 점수를 부여하는 분석형 평가이다.

03 〈보기〉의 맞춤형화장품의 혼합에 사용하는 기기의 특성에 해당하는 것을 고르시오.

┤ 보기 ├
내용물 등을 가열하는 데 사용한다.

① 스패출라   ② 오버헤드스터러   ③ 온도계

④ 핫플레이트   ⑤ 스틱성형기

해설 핫플레이트는 내용물 등의 가열에 사용된다.
① 스패출라 : 내용물을 뜰 때 사용
② 오버헤드스터러 : 회전날개가 회전하며 내용물을 혼합
③ 온도계 : 온도의 측정
⑤ 스틱성형기 : 립스틱 등의 성형

정답 01 ⑤   02 ④   03 ④

04 다음 〈보기〉의 용기의 특징에 해당하는 것을 바르게 연결하시오.

┤ 보기 ├

㉠ 광택이 없음, 수분 투과가 적음
㉡ 내충격성 양호, 금속 느낌을 주기 위한 소재로 사용

	㉠	㉡
①	HDPE	ABS
②	PET	HDPE
③	PP	ABS
④	PET	PVC
⑤	LDPE	ABS

해설 • HDPE : 광택이 없음, 수분 투과가 적음
• PET : 딱딱함, 투명성 우수, 광택, 내약품성 우수
• PP : 반투명
• LDPE : 반투명, 광택, 유연성 우수, 튜브 등에 사용
• ABS : 내충격성 양호, 금속 느낌을 주기 위한 소재로 사용

05 다음의 전성분 표에서 글리세린의 함량이 될 수 있는 것을 고르시오. (단, 사용상의 제한이 있는 원료 및 기능성 고시원료는 최대함량을 사용하였다.)

〈전성분〉
정제수, 디메치콘, 닥나무추출물, 글리세린, 살리실릭애씨드

① 3% ② 1.5% ③ 0.4%
④ 0.1% ⑤ 0.05%

해설 닥나무 추출물(미백 기능성 고시원료)은 2%, 살리실릭애씨드(보존제, 사용상의 제한이 있는 원료)는 0.5%가 최대 함량이다. 전성분은 함량의 순서로 기입하는 원칙으로 글리세린의 함량은 2% 이하 0.5% 이상에 해당한다.

06 크림에 쓸 수 없고, 바디워시에만 사용 가능한 성분으로 연결된 것은?

① 살리실릭애씨드 – 트리클로산
② 벤제토늄클로라이드 – 메칠이소치아졸리논
③ 메칠이소치아졸리논 – 살리실릭애씨드
④ 벤제토늄클로라이드 – 징크피리치온
⑤ 트리클로카반 – 트리클로산

해설 • 징크피리치온 : 사용 후 씻어내는 제품류에 0.5%
• 메칠이소치아졸리논 : 사용 후 씻어내는 제품류에 0.0015%
• 트리클로카반 : 사용 후 씻어내는 제품류에 1.5%
• 트리클로산 : 사용 후 씻어내는 제품류에 0.3%

정답 04 ① 05 ② 06 ⑤

07 안전용기, 포장에 대한 규정과 가장 거리가 먼 것을 고르시오.

① 아세톤을 함유하는 네일 에나멜 리무버 및 네일 폴리시 리무버
② 어린이용 오일 등 개별포장당 탄화수소류를 20퍼센트 이상 함유
③ 운동점도가 21센티스톡스(섭씨 40도 기준) 이하인 비에멀젼 타입의 액체 상태 제품
④ 개별포장당 메틸 살리실레이트를 5퍼센트 이상 함유하는 액체 상태의 제품
⑤ 만 5세 미만의 어린이가 개봉하기 어렵게 설계 · 고안된 용기나 포장

> **해설** '어린이용 오일 등 개별포장당 탄화수소류를 10퍼센트 이상 함유'가 옳은 규정이다.

08 맞춤형화장품 판매업자의 의무와 거리가 먼 것은?

① 맞춤형화장품 혼합, 소분에 사용된 내용물, 원료 특성 설명의 의무가 있다.
② 맞춤형화장품판매장에서 수집된 고객의 개인정보는 개인정보보호법령에 따라 적법하게 관리해야 한다.
③ 맞춤형화장품 사용과 관련된 부작용 발생 사례에 대해서는 지체 없이 식품의약품안전처장에게 보고해야 한다.
④ 맞춤형화장품 판매내역서를 작성, 보관하여야 한다.
⑤ 맞춤형화장품의 혼합 · 소분 공간은 다른 공간과 동일하게 사용할 수 있다.

> **해설** 맞춤형화장품의 혼합 · 소분 공간은 다른 공간과 구분 또는 구획해야 한다.

09 맞춤형화장품 혼합 · 소분 장비 및 도구의 위생관리 규정과 거리가 먼 것은?

① 사용 전 · 후 세척 등을 통해 오염 방지
② 작업 장비 및 도구 세척 시에 사용되는 세제 · 세척제는 잔류하거나 표면 이상을 초래하지 않는 것을 사용
③ 세척한 작업 장비 및 도구는 잘 건조하여 다음 사용 시까지 오염 방지
④ 자외선 살균기 이용 시, 장비 및 도구가 서로 겹치게 쌓아서 살균
⑤ 맞춤형화장품 혼합·소분 장소가 위생적으로 유지될 수 있도록 위생관리

> **해설** 자외선 살균기 이용 시, 충분한 자외선 노출을 위해 적당한 간격을 두고 장비 및 도구가 서로 겹치지 않게 한 층으로 쌓아서 살균해야 한다.

10 다음 중 맞춤형화장품 조제관리사가 배합할 수 없는 원료를 모두 고른 것은?

소합향나무 발삼오일, 카나우바왁스, 베타글루칸, 쿠민 열매 추출물, 올리브오일

① 소합향나무 발삼오일, 쿠민 열매 추출물
② 카나우바왁스, 베타글루칸
③ 카나우바왁스, 소합향나무 발삼오일
④ 올리브오일, 카나우바왁스
⑤ 소합향나무 발삼오일, 베타글루칸

> **해설** 사용상의 제한이 있는 원료 [별표2]에 따르면 기타 원료로서 소합향나무 발삼오일은 0.6%, 쿠민 열매 추출물은 0.4%의 함량 제한이 있는 원료로 맞춤형화장품 조제관리사가 배합할 수 없는 원료이다.

정답 07 ② 08 ⑤ 09 ④ 10 ①

11 화장품의 포장에 기재해야 하는 사항 중 맞춤형화장품에는 생략이 가능한 항목은?

① 수입화장품인 경우에는 제조국의 명칭

② 기능성화장품의 경우 심사받거나 보고한 효능·효과, 용법·용량

③ 전성분 표시

④ 용량/중량

⑤ 화장품에 천연 또는 유기농으로 표시·광고하려는 경우에는 원료의 함량

> 해설 식품의약품안전처장이 정하는 바코드, 수입화장품인 경우에는 제조국의 명칭, 제조회사명 및 그 소재지는 맞춤형화 장품의 경우 생략이 가능하다.

12 다음 〈보기〉에서 맞춤형화장품의 변경 신고가 필요한 사항으로 묶인 것이 <u>아닌</u> 것은?

┤ 보기 ├

판매업자, 판매업소의 상호, 조제관리사, 판매업소 소재지, 판매 품목

① 판매업자, 판매업소의 상호

② 판매업소의 상호, 조제관리사

③ 조제관리사, 판매업소 소재지

④ 판매업자, 판매품목

⑤ 판매업소 소재지 판매업자

> 해설 판매업자, 판매업소의 상호, 조제관리사, 판매업소 소재지의 경우 변경 시 신고가 필요하다. 판매품목은 판매 신고 및 변경 신고 항목에 해당하지 않는다.

13 다음의 화장품의 제형에 대한 설명에 적합한 것을 고르시오.

┤ 보기 ├

수상과 유상을 유화제를 이용하여 일정하게 만든 제형

① 로션제   ② 침적마스크제   ③ 겔제

④ 에어로졸제   ⑤ 분말제

> 해설 로션제는 수상과 유상을 유화제를 이용하여 일정하게 만든 제형이다.
> ② 침적마스크제 : 액제, 로션제, 크림제, 겔제 등을 부직포 등의 지지체에 침적하여 만든 것
> ③ 겔제 : 액체를 침투시킨 분자량이 큰 유기분자로 이루어진 반고형상 제형
> ④ 에어로졸제 : 원액을 같은 용기 또는 다른 용기에 충전한 분사제(액화기체, 압축기체 등)의 압력을 이용하여 안개 모양, 포말상 등으로 분출하도록 만든 것
> ⑤ 분말제 : 균질하게 분말상 또는 미립상으로 만든 것을 말하며, 부형제 등을 사용할 수 있음

정답   11 ①   12 ④   13 ①

14 다음은 맞춤형화장품 조제관리사가 고객과의 상담을 통해서 제품을 추천해 준 내용이다. 정확하지 <u>않은</u> 것을 고르시오.

① 주름에 대해서 고민을 상담한 고객에게 레티놀 함유 제품을 추천하였다.
② 탈모에 대한 고민을 상담한 고객에게 비오틴 함유 제품을 추천하였다.
③ 자외선에 의한 일광화상을 고민하는 고객에게 이산화티탄함유 제품을 추천하였다.
④ 여드름성 피부를 고민하는 고객에게 트리클로산 함유 제품을 추천하였다.
⑤ 탈모에 대한 고민을 상담한 고객에게 멘톨 함유 제품을 추천하였다.

해설 트리클로산이 아니라 살리실릭애씨드를 함유한 제품이 여드름성 피부를 완화하는 데 도움을 주는 제품이다(인체세정용 제품에 한함).

15 다음 중 성분 중 0.4%를 배합할 수 있는 원료는?

① 트리클로산
② 페릴알데하이드
③ 벤조익애씨드, 그 염류 및 에스텔류
④ 세틸피리디늄클로라이드
⑤ 프로필리덴프탈라이드

해설 각 물질의 배합한도는 ① 0.3% 제한 ② 0.1% ③ 산으로서 0.5% ④ 0.08% ⑤ 0.01% 이다. 따라서 0.4%를 배합할 수 있는 원료는 ③이다.

16 다음 〈보기〉는 사용상의 제한이 있는 원료 중 만수국꽃 추출물에 대한 설명이다. 빈칸에 들어갈 농도로 적합한 것은?

┤ 보기 ├

> 만수국꽃 추출물 또는 오일 : 원료 중 알파테르티에닐의 함량은 (   )% 이하이고 자외선 차단 제품에는 사용 금지된다.

① 0.15   ② 0.25   ③ 0.35
④ 0.45   ⑤ 0.55

해설 만수국꽃 추출물 또는 오일 : 원료 중 알파테르티에닐의 함량은 0.35% 이하이고 자외선 차단 제품에는 사용 금지된다.

17 사용상의 제한이 있는 원료에서 2, 3급 아민을 함유하고 있는 제품에는 사용할 수 <u>없는</u> 성분은?

① 호모살레이트   ② 벤조페논-8   ③ 소듐나이트라이트
④ 벤질알코올   ⑤ 페녹시에탄올

해설 소듐나이트라이트는 2, 3급 아민 등과 반응하여 발암성 물질인 니트로소아민을 형성하므로 함께 사용할 수 없다.

18 10ml 초과 50ml 이하 맞춤형화장품의 용기의 2차 포장에 필수적으로 기재해야 하는 사항이 <u>아닌</u> 것은?

① 기능성 화장품의 효능 – 효과를 나타나게 하는 원료
② 제품명
③ 과일산
④ 식품의약품안전처장이 정하는 바코드
⑤ 보존제성분

해설 맞춤형화장품에서 바코드는 기재하지 않아도 된다. ①, ②, ③, ⑤는 표시성분에 해당하여 기재해야 한다.

19 기능성화장품의 보고 규정에서 같은 제형으로 보는 것에 해당하는 것을 고르면?

① 액제 – 분말제   ② 로션제 – 크림제   ③ 침적마스크제 – 에어로졸제
④ 크림제 – 분말제   ⑤ 분말제 – 에어로졸제

해설 이미 심사를 받은 기능성화장품과 제형이 같아야 보고 대상이다. 이때 액제, 로션제, 크림제는 같은 제형으로 본다.

20 화장품의 pH규정에 적합하지 <u>않은</u> 범위는?

① 약산성   ② 미산성   ③ 중성
④ 미알칼리성   ⑤ 약알칼리성

해설 pH는 약산성(3~5), 미산성(5~6.6), 중성(7), 미알칼리성(7.5~9), 약알칼리성(9~11)으로 분류된다. 화장품 안전 기준상 허용되는 pH는 3~9이다.

21 성분 중 10ml 초과 50ml 이하 화장품의 용기의 2차 포장에 필수적으로 기재해야 하는 사항이 <u>아닌</u> 것은?

① 타르색소   ② 글리세린   ③ 과일산
④ 샴푸와 린스의 인산염   ⑤ 페녹시에탄올

해설 ①, ③, ④, ⑤는 표시성분에 해당하여 기재해야 한다. 전성분을 기재하지 않아도 되므로 글리세린은 표시하지 않아도 된다.

22 다음의 성분 중 만 4세 이상부터 만 13세 이하까지의 어린이가 사용할 수 있는 제품임을 특정하여 표시·광고하려고 할 때, 그 함량을 기재해야 하는 성분은?

① 나이아신아마이드   ② 레티놀   ③ 토코페놀
④ 덱스판테놀   ⑤ 페녹시에탄올

해설 만 3세 이하의 영유아용 제품류, 만 4세 이상부터 만 13세 이하까지의 어린이가 사용할 수 있는 제품임을 특정하여 표시·광고하려는 경우 보존제의 함량을 기재해야 한다. 토코페놀은 보존제 성분이다.

정답   18 ④   19 ②   20 ⑤   21 ②   22 ③

23 다음 보기의 용기의 특징에 해당하는 것을 바르게 연결하시오.

┤ 보기 ├
ㄱ 딱딱함, 투명성 우수, 광택, 내약품성 우수
ㄴ 반투명, 광택, 유연성 우수, 튜브 등에 사용

	ㄱ	ㄴ
①	HDPE	ABS
②	PET	LDPE
③	PP	ABS
④	PET	PVC
⑤	LDPE	ABS

해설
• HDPE : 광택이 없음, 수분 투과가 적음
• PET : 딱딱함, 투명성 우수, 광택 및 내약품성 우수
• PP : 반투명
• LDPE : 반투명, 광택 및 유연성 우수, 튜브 등에 사용
• ABS : 내충격성 양호, 금속 느낌을 주기 위한 소재로 사용

24 다음의 〈전성분〉 표에서 솔비톨의 함량이 될 수 있는 것을 고르시오. (단, 사용상의 제한이 있는 원료 및 기능성 고시원료는 최대 함량을 사용하였다.)

〈전성분〉
정제수, 이소프로필 미리스테이트, 알부틴, 솔비톨, 살리실릭애씨드

① 3% ② 1.5% ③ 0.4%
④ 0.1% ⑤ 0.05%

해설 알부틴(미백 기능성 고시원료)은 2.5%, 우레아(사용상의 제한이 있는 원료 – 기타)는 1%가 최대 함량이다. 전성분은 함량의 순서로 기입하는 원칙으로 솔비톨의 함량은 2.5% 이하 1% 이상에 해당한다.

25 스프레이와 같은 에어로졸 제품에는 사용해서는 안 되는 성분은?

① 헥사미딘 ② 페녹시에탄올 ③ 엠디엠하이단토인
④ 클로로부탄올 ⑤ 헥사메칠렌테트라아민

해설 클로로부탄올은 보존제 성분으로 에어로졸 제품에는 사용할 수 없다.

26 점막에 사용되는 제품에는 사용할 수 <u>없는</u> 성분은?

① p-클로로-m-크레졸
② 페녹시에탄올
③ 소듐하이드록시메칠아미노 아세테이트
④ 클로로부탄올
⑤ 쿼터늄-15

해설 p-클로로-m-크레졸은 보존제 성분으로, 점막에 사용되는 제품에는 사용할 수 없다.

27 다음 〈보기〉에서 설명하는 화장품 제형으로 적합한 것을 고르시오.

┤ 보기 ├

분사제(액화기체, 압축기체 등)의 압력을 이용하여 안개 모양, 포말상 등으로 분출하도록 만든 것

① 로션제　　　　　　② 침적마스크제　　　　③ 겔제
④ 에어로졸제　　　　⑤ 분말제

해설 에어로졸제란 원액을 같은 용기 또는 다른 용기에 충전한 분사제(액화기체, 압축기체 등)의 압력을 이용하여 안개 모양, 포말상 등으로 분출하도록 만든 것을 말한다.
　① 로션제 : 수상과 유상을 유화제를 이용하여 일정하게 만든 제형
　② 침적마스크제 : 액제, 로션제, 크림제, 겔제 등을 부직포 등의 지지체에 침적하여 만든 것
　③ 겔제 : 액체를 침투시킨 분자량이 큰 유기분자로 이루어진 반고형상 제형을 말한다.
　⑤ 분말제 : 균질하게 분말상 또는 미립상으로 만든 것을 말하며, 부형제 등을 사용할 수 있다.

28 다음은 맞춤형화장품 조제관리사가 고객과의 상담을 통해서 제품을 추천해 준 내용이다. 정확하지 <u>않은</u> 것은?

① 주름에 대해서 고민을 상담한 고객에게 레티놀 함유 제품을 추천하였다.
② 미백에 대한 고민을 상담한 고객에게 나이아신아마이드 함유 제품을 추천하였다.
③ 자외선에 의한 일광화상을 고민하는 고객에게 살리실릭애씨드 제품을 추천하였다.
④ 피부 건조를 고민하는 고객에게 히알루론산 함유 제품을 추천하였다.
⑤ 탈모에 대한 고민을 상담한 고객에게 멘톨 함유 제품을 추천하였다.

해설 살리실릭애씨드를 함유한 제품은 여드름성 피부를 완화하는 데 도움을 주는 제품으로, 자외선을 차단하는 데에는 도움이 되지 않는다. 티타늄디옥사이드 등의 자외선 차단 성분 함유 제품을 추천해야 한다.

정답　26 ①　27 ④　28 ③

29 다음 중 맞춤형화장품의 주요 규정과 거리가 먼 것은?

① 화장품법에 따라 등록된 업체에서 공급된 특정 성분을 혼합하는 것을 원칙으로 한다.

② 책임판매업자가 특정 성분의 혼합 범위를 규정하고 있는 경우에는 그 범위 내에서 특정 성분의 혼합이 이루어져야 한다.

③ 혼합 시 기존 표시ㆍ광고된 화장품의 효능ㆍ효과에 변화가 생기면 반드시 소비자에게 안내해야 한다.

④ 소비자의 직ㆍ간접적인 요구에 따라 기존 화장품의 특정 성분의 혼합이 이루어져야 한다.

⑤ 브랜드명(제품명을 포함한다)이 있어야 하고, 브랜드명의 변화가 없이 혼합이 이루어져야 한다.

해설 혼합 시 기존 표시ㆍ광고된 화장품의 효능ㆍ효과에 변화가 없는 범위 내에서 특정 성분의 혼합이 이루어져야 한다.

30 맞춤형화장품 판매업자의 판매장 내 시설ㆍ기구의 관리 방법, 혼합ㆍ소분 안전관리 기준의 준수 의무에서 빈칸에 들어갈 내용으로 적합한 것은?

혼합ㆍ소분에 사용되는 (　　　) 등은 사용 전에 그 위생 상태를 점검하고, 사용 후에는 오염이 없도록 세척할 것

① 제조소　　　　　　　② 격리장치　　　　　　③ 장비 또는 기구

④ 포장용기　　　　　　⑤ 소모품

해설 호모믹서 등의 기구를 사용하여 혼합하게 되면 사용 전 위생 상태를 점검하고 사용 후에는 세척해야 한다.

④ 포장용기 등은 1회성으로 사용한다.

⑤ 소모품이란 청소, 위생 처리, 또는 유지 작업 동안에 사용되는 물품(세척제, 윤활제 등)을 말한다.

31 다음 중 맞춤형화장품에 사용할 수 없는 원료에 해당하는 것은?

① 고분자원료　　　　　② 항산화제　　　　　　③ 유성원료

④ 보존제　　　　　　　⑤ 수성원료

해설 사용금지원료, 사용상의 제한이 있는 원료, 기능성화장품 고시 원료 등은 맞춤형화장품에 사용할 수 없다. 보존제는 사용상의 제한이 있는 원료에 해당한다.

32 다음 〈보기〉의 화장품 전성분 표기 중 사용상의 제한이 필요한 자외선 차단제에 해당하는 성분 하나를 고르면?

보기
정제수, 글리세린, 다이프로필렌글라이콜, 토코페릴아세테이트, 에칠헥실트리아존, 이소프로필이리스테이트, 다이메티콘/비닐다이메티콘크로스폴리머, 향료

① 정제수

② 이소프로필이리스테이트

③ 다이메티콘/비닐다이메티콘크로스폴리머

④ 토코페릴 아세테이트

⑤ 에칠헥실트리아존

해설 에칠헥실트리아존은 사용상의 제한이 필요한 원료 중 하나인 자외선 차단제이다. 법에서 정한 농도와 함량을 준수하면 안전한 것으로 판단하지만, 이를 맞춤형화장품 조제관리사가 직접 배합하는 것은 금지된다.

정답 **29** ③ **30** ③ **31** ④ **32** ⑤

33 다음의 성분 중 맞춤형화장품 제조 시 혼합할 수 <u>없는</u> 원료는?

① 히알루론산   ② 트리클로카반   ③ 파라핀

④ 에탄올   ⑤ 카보머

해설 트리클로카반은 사용상의 제한이 있는 원료인 보존제 성분이다.

34 다음 원료 중 맞춤형화장품에 혼합할 수 없는 미백 기능성 원료에 해당하는 것은?

① 레티닐팔미테이트

② 폴리에톡실레이티드레틴아마이드

③ 나이아신아마이드

④ 카보머

⑤ 페녹시에탄올

해설 식품의약품안전처장이 고시한 기능성화장품의 효능·효과를 나타내는 원료는 맞춤형화장품에 혼합할 수 없다. 나이아신아마이드는 미백 기능성 원료이다.

   ※ 단, 맞춤형화장품 판매업자에게 원료를 공급하는 화장품 책임판매업자가 「화장품법」 제4조에 따라 해당 원료를 포함하여 기능성화장품에 대한 심사를 받거나 보고서를 제출한 경우는 제외한다.

35 기능성화장품 심사 시 제출해야 하는 유효성 자료로 적합한 것은?

① 단회 투여 독성 시험 자료

② 1차 피부 자극 시험 자료

③ 인체 첩포 시험 자료

④ 피부 감작성 시험 자료

⑤ 효력 시험 자료

해설 유효성 자료는 기능성화장품의 기능이 있다는 것을 증명하는 자료로서 인체 시험 자료와 효력 시험 자료가 포함된다.

36 유화 제형의 외상과 내상의 상태를 구별하는 방법 중 w/o 제형(오일을 연속상으로 하고 물이 분산된 제형)의 구분 방법에 해당하는 것은?

① 제형을 물에 떨어뜨렸을 때 잘 섞인다.

② 제형을 오일에 떨어뜨렸을 때 잘 섞이지 않는다.

③ 친수성 염료을 물에 녹여 제형에 떨어뜨리면 잘 섞인다.

④ 친유성 염료를 오일에 녹여 제형에 떨어뜨리면 잘 섞이지 않는다.

⑤ 전극을 제형에 넣으면 전류가 잘 통하지 않는다.

해설 w/o 제형은 외상이 오일이므로 전류가 흐르지 않는 것을 확인한다.

정답 33 ② 34 ③ 35 ⑤ 36 ⑤

37 〈보기〉 제품에 해당하는 제형의 형태는?

┤ 보기 ├

투명한 형태의 토너류

① 가용화 제형　　　　　② 유용화 제형　　　　　③ 유화 제형
④ 분산 제형　　　　　　⑤ 수용화 제형

해설 가용화 제형은 소량의 오일이 수상에 혼합되어 있어 투명한 형상을 보이는 제형이다.

38 〈보기〉에서 설명하는 피부 타입의 분류는?

┤ 보기 ├

• 유 · 수분의 밸런스가 좋다.
• 피부 표면이 매끄럽고 부드럽다.
• 화장의 지속력이 좋다.

① 정상 피부　　　　　　② 지성 피부　　　　　　③ 건성 피부
④ 복합성 피부　　　　　⑤ 민감성 피부

해설 피지의 분비와 장벽의 기능에 문제가 없는 건강한 상태의 피부이다.

39 맞춤형화장품 조제관리사인 소영은 매장을 방문한 고객과 다음과 같은 〈대화〉를 나누었다. 조제관리사가 고객에게 혼합하여 추천할 제품으로 〈보기〉 중 옳은 것을 <u>모두</u> 고르면?

┤ 대화 ├

고객　　：최근에 야근을 많이 해서 그런지 얼굴에 주름이 많이 생겼어요. 피부가 많이 건조해지기도 했구요.
관리사：아. 그러신가요? 그럼 고객님 피부 상태를 측정해 보도록 할까요?
고객　　：그럴까요? 지난번 방문 시와 비교해 주시면 좋겠네요.
관리사：네. 이쪽에 앉으시면 저희 측정기로 측정을 해드리겠습니다.

－피부 측정 후－

관리사：고객님은 한 달 전 측정 시보다 얼굴에 수분이 20%가량 낮아져 있고, 피부 주름이 15%가량 증가하였습니다.
고객　　：음. 걱정이네요. 그럼 어떤 제품을 쓰는 것이 좋을지 추천 부탁드려요.

┤ 보기 ├

ㄱ. 소듐 PCA 함유 제품　　　　　　　ㄴ. 산화아연 함유 제품
ㄷ. 벤질알코올 함유 제품　　　　　　ㄹ. 호모살레이트 함유 제품
ㅁ. 아데노신 함유 제품

① ㄱ, ㄷ　　　　　　　② ㄱ, ㅁ　　　　　　　③ ㄴ, ㄹ
④ ㄴ, ㅁ　　　　　　　⑤ ㄷ, ㅁ

해설 수분을 잡아주는 소듐 PCA 함유 제품과 아데노신을 함유하고 주름 개선 기능성화장품으로 인정받은 화장품을 추천할 수 있다.

───────────────────────────────

정답　37 ①　38 ①　39 ②

40 〈보기〉 중 맞춤형화장품 조제관리사가 올바르게 업무를 진행한 경우를 <u>모두</u> 고르면?

| 보기 |

ㄱ. 주름 개선 화장품을 만들기 위해서 레티놀을 첨가하여 판매하였다
ㄴ. 책임판매업자와 계약한 사항에 맞추어 내용물 및 원료의 비율을 유지하였다.
ㄷ. 내용물 및 원료 정보는 기밀이므로 소비자에게 설명하지 않았다.
ㄹ. 내용물 및 원료의 사용기한 또는 개봉 후 사용기간을 확인한 뒤에 혼합하였다.

① ㄱ, ㄴ ② ㄱ, ㄷ ③ ㄴ, ㄷ
④ ㄴ, ㄹ ⑤ ㄷ, ㄹ

해설 ㄱ. 기능성화장품 고시 원료인 레티놀은 맞춤형화장품 조제관리사가 혼합할 수 없는 원료이다.
ㄷ. 내용물 및 원료 정보는 소비자에게 반드시 설명해야 한다.

41 맞춤형화장품 매장에 근무하는 조제관리사에게 향료 알러지가 있는 고객이 제품에 대해 문의를 해 왔다. 조제관리사가 제품에 부착된 〈보기〉의 설명서를 참조하여 고객에게 안내해야 할 말로 가장 적절한 것은?

| 보기 |

• 제품명 : 유기농 모이스처로션
• 제품의 유형 : 액상 에멀전류
• 내용량 : 50g
• 전성분 : 정제수, 1,3부틸렌글리콜, 글리세린, 라놀린, 호호바유, 모노스테아린산글리세린, 피이지 소르비탄지방산에스터, 1,2헥산디올, 알파비사보롤, 황금추출물, 리날룰, 토코페롤, 잔탄검, 구연산나트륨, 수산화칼륨

① 이 제품은 알러지를 유발할 수 있는 라놀린이 포함되어 있어 사용 시 주의를 요합니다.
② 이 제품은 알러지를 유발할 수 있는 리날룰이 포함되어 있어 사용 시 주의를 요합니다.
③ 이 제품은 알러지를 유발할 수 있는 알파비사보롤이 포함되어 있어 사용 시 주의를 요합니다.
④ 이 제품은 알러지를 유발할 수 있는 글리세린이 포함되어 있어 사용 시 주의를 요합니다.
⑤ 이 제품은 알러지를 유발할 수 있는 황금추출물이 포함되어 있어 사용 시 주의를 요합니다.

해설 리날룰은 향료의 성분 중 알러지 유발 가능성이 있는 성분이므로 조제관리사는 고객에게 이에 대해 안내해야 한다.

42 미백 기능성 고시 성분 및 제한 함량으로 옳은 것은?

① 벤질알코올 – 1%
② 글루타랄 – 0.1%
③ 티타늄디옥사이드 – 25%
④ 나이아신아마이드 – 2~5%
⑤ 마그네슘아스코빌포스페이트 – 0.05%

해설 참고로 마그네슘아스코빌포스페이트도 미백 고시 성분이나 함량 제한은 3%이다.

43 다음 중 사용상의 제한이 있는 자외선 차단제와 그 제한 함량으로 옳은 것은?

① 알파비사보롤 − 0.5%

② 글루타랄 − 0.1%

③ 티타늄디옥사이드 − 25%

④ 세틸피리듐 클로라이드 − 0.08%

⑤ 트리클로카반 − 0.2%

해설 알파비사보롤은 미백 기능성 소재이고 글루타랄, 세틸피리듐 클로라이드, 트리클로카반 등은 보존제이다.

44 튜브 등의 탄력이 있는 용기에 적합한 재질로, 공기 유입을 차단하는 데 적합한 재질은?

① LDPE   ② HDPE   ③ PP

④ 유리   ⑤ 알루미늄

해설 알루미늄은 자외선 등의 차단에도 우수한 특성을 나타낸다.

45 안전용기 포장 규정의 예외가 되는 제품이 <u>아닌</u> 것은?

① 일회용 제품

② 입구 부분이 펌프로 작동되는 분무용기 제품

③ 입구 부분이 방아쇠로 작동되는 분무용기 제품

④ 튜브 타입 용기 속의 어린이용 오일 제품

⑤ 압축 분무용기 제품(에어로졸 제품 등)

해설 튜브 타입의 어린이용 오일 제품은 안전용기 포장 규정을 따라야 한다.

46 화장품 표시 − 광고 규정 및 자원재활용과 촉진에 관한 법률에 따른 용기 기재 사항 중 50ml 초과 제품의 1차 포장에 필수로 기재해야 하는 사항이 <u>아닌</u> 것은?

① 제품명   ② 분리배출 표시   ③ 책임판매업자의 주소

④ 제조번호   ⑤ 사용기한

해설 책임판매업자의 주소는 2차 포장에 기재해야 하는 사항이다.

47 표피의 구조 중 다음의 기능과 특징에 해당하는 것은?

(   ) : 피부의 최외곽을 구성. 생명 활동 없이 죽은 세포로 구성. 피부장벽의 핵심 구조

① 기저층   ② 유극층   ③ 과립층

④ 각질층   ⑤ 망상층

해설 표피는 최외곽의 각질층을 형성하기 위해서 분화하는데, 기저층 → 유극층 → 과립층 → 각질층의 순서로 분화한다.

정답   43 ③   44 ⑤   45 ④   46 ③   47 ④

48 화장품의 제조품질관리를 위한 관능평가항목과 내용이 바르게 연결된 것은?

> ㄱ. 성상 : 색상, 향취, 투명도
> ㄴ. 형태 : 점도, 경도, 윤기
> ㄷ. 사용감 : 펌핑력, 씰링, 유출 여부, 이물질
> ㄹ. 포장 상태 : 미끌거림, 수분감, 오일감, 끈적임

① ㄱ, ㄴ   ② ㄱ, ㄹ   ③ ㄴ, ㄷ
④ ㄴ, ㄹ   ⑤ ㄷ, ㄹ

해설 ㄷ. 사용감은 제품 사용 시의 감촉으로 미끌거림, 수분감, 오일감, 끈적임 등을 판단한다.
　　ㄹ. 포장 상태는 펌핑력, 씰링, 유출 여부, 이물질 등을 판단한다.

49 피부의 색소 증가에 가장 많은 영향을 미치는 것은?

① X-Ray   ② UVC   ③ UVB
④ UVA   ⑤ 적외선

해설 UVA는 피부를 흑화시키며 광노화를 유발한다. X-Ray와 UVC는 지표에 닿지 못하며, UVB는 주로 일광 화상을 발생시킨다.

50 피부의 겉보기 구조 중 피부 속에서 모발이 자라 나오는 곳을 뜻하는 것은?

① 모근   ② 소릉   ③ 소구
④ 한공   ⑤ 모공

해설 모공에서 모발이 나오고 피지가 분비된다.
　　③ 소구는 피부에서 오목하게 들어간 부분으로 여기에 모공이 위치한다.

51 피부의 부속 기관 중 체온 유지에 핵심적인 무색무취의 땀을 분비하는 기관은?

① 소한선   ② 대한선   ③ 피지선
④ 모발   ⑤ 표피

해설 ② 대한선은 수분과 함께 단백질 등의 성분을 함유하여 체취를 구성하는 땀을 분비한다.

52 모발의 구조 중 다음에서 설명하는 것은?

> • 구성 : 벌집 모양의 세포로 구성. 멜라닌 색소 포함
> • 특징 : 모발의 가장 안쪽을 구성. 경모에는 있으나 연모에는 없음

① 모표피   ② 모피질   ③ 모수질
④ 모간   ⑤ 모근

해설 모수질은 경모에는 있으나 연모에는 없다.

정답　48 ①　49 ④　50 ⑤　51 ①　52 ③

53 피부 각질층의 pH는 외부의 미생물에 대한 화학적인 방어 측면에서 중요하고 각질의 턴오버 주기를 결정하는 데도 중요하다. 각질층의 적정 pH 범위에 해당하는 것은?

① pH4.5~5.5   ② pH3.0~9.0   ③ pH7.0~8.0
④ pH3.0~5.5   ⑤ pH9.0~10.0

해설 피지에서 분비된 지방산 등에 의하여 각질층의 pH는 낮게 유지된다. 살아 있는 조직에 해당하는 나머지 구조는 다른 신체 부위와 같은 pH를 유지한다.

54 표피층에서 만들어져 자외선에 의한 손상을 막는 역할을 하며, 피부의 색을 결정하는 색소의 합성을 담당하는 세포는 무엇인가?

① 교원세포   ② 멜라닌세포   ③ 각질형성 세포
④ 면역세포   ⑤ 신경세포

해설 색소는 표피층의 기저층에 존재하는 멜라닌세포(멜라노사이트)에 의해서 합성된다.

55 다음 중 항암제에 의한 탈모가 속하는 유형은?

① 원형 탈모   ② 휴지기 탈모   ③ 성장성 탈모
④ 퇴행성 탈모   ⑤ 노화 탈모

해설 항암제 탈모는 세포분열이 활발한 조직에 항암제가 작용하여 탈모가 일어나는 것으로 성장성 탈모에 해당한다.

56 피부 분석 기기는 피부 유형과 피부 상태를 파악하여 분석한 내용을 토대로 적합한 제품을 제안하기 위해 사용한다. 다음의 설명에 해당하는 측정 기기는?

[원리]
• 두피 표면의 각질 탈락, 붉은 기 등을 확대하여 확인
• 동일한 지역의 모발의 수 변화를 수치적으로 계산

① 피지 측정기   ② 안면 진단기   ③ 피부 거칠기 측정기
④ 두피 진단기   ⑤ 표면 광택 측정 기기

해설 두피 진단기는 확대경, phototrichogram(면적 내의 모발 수를 분석) 등으로 구성된다.

57 맞춤형화장품의 변경신고 규정과 거리가 먼 것은?

① 중앙식품의약안전청장에게 신고해야 한다.
② 맞춤형화장품 판매업소의 상호를 변경하는 경우 신고해야 한다.
③ 맞춤형화장품 판매업소의 소재지를 변경하는 경우 신고해야 한다.
④ 맞춤형화장품 판매업자를 변경하는 경우 신고해야 한다.
⑤ 맞춤형화장품 조제관리사를 변경하는 경우 신고해야 한다.

해설 맞춤형화장품 판매업소의 소재지를 관할하는 지방식품의약품안전청장에게 신고한다.

정답 53 ① 54 ② 55 ③ 56 ④ 57 ①

58 맞춤형화장품 판매업자의 의무와 거리가 먼 것은?

① 맞춤형화장품 판매장 내 시설 · 기구를 정기적으로 점검하여 보건위생상 위해가 없도록 관리할 것

② 맞춤형화장품 사용 시의 주의사항을 소비자에게 설명할 것

③ 혼합 · 소분에 사용된 내용물 · 원료의 내용 및 특성을 소비자에게 설명할 것

④ 맞춤형화장품 사용과 관련된 부작용 발생 사례에 대해서는 지체 없이 식품의약품안전처장에게 보고할 것

⑤ 혼합 · 소분 전에 혼합 · 소분에 사용되는 내용물 또는 원료에 대한 판매내역서를 확인할 것

해설 혼합 · 소분 전에 혼합 · 소분에 사용되는 내용물 또는 원료에 대한 품질성적서를 확인해야 한다.

59 맞춤형화장품 판매업자는 맞춤형화장품 사용과 관련된 부작용 발생 사례에 대해서 식품의약안전처장에게 보고할 의무를 가진다. 그 기한으로 적절한 것은?

① 즉시   ② 15일   ③ 1개월

④ 6개월   ⑤ 1년

해설 맞춤형화장품 사용과 관련된 부작용 발생 사례에 대해서는 지체 없이 식품의약품안전처장에게 보고해야 한다.

60 다음 성분 중 맞춤형화장품 제조 시 혼합할 수 <u>없는</u> 원료는?

① 사이클로메치콘   ② 페녹시에탄올   ③ 파라핀

④ 에탄올   ⑤ 카보머

해설 페녹시에탄올은 사용상의 제한이 있는 원료인 보존제 성분이다.

61 다음 〈보기〉의 화장품 전성분 표기 중 사용상의 제한이 필요한 자외선 차단제에 해당하는 성분 하나를 고르면?

┤ 보기 ├

정제수, 프로필렌글리콜, 비즈왁스, 티타늄디옥사이드, 카보머, 트리클로카반, 향료

① 정제수   ② 티타늄디옥사이드   ③ 프로필렌글리콜

④ 트리클로카반   ⑤ 향료

해설 티타늄디옥사이드는 사용상의 제한이 필요한 원료의 하나인 자외선 차단제이다. 법에서 정한 농도와 함량을 준수하면 안전한 것으로 판단하나, 이를 맞춤형화장품 조제관리사가 직접 배합하는 것은 금지된다. 참고로 트리클로카반은 보존제이다.

62 다음의 원료 중 맞춤형화장품에 혼합할 수 없는 주름 개선 기능성 고시 원료에 해당하는 것은?

① 아데노신   ② 알부틴   ③ 유용성 감초 추출물

④ 나이아신아마이드   ⑤ 알파비사보롤

해설 아데노신은 식품의약품안전처장이 고시한 주름 개선 기능성화장품의 효능 · 효과를 나타내는 원료로서 맞춤형화장품에 혼합할 수 없다. 나머지 원료는 미백 기능성 고시 원료에 해당한다.

정답 58 ⑤ 59 ① 60 ② 61 ② 62 ①

63 다음의 원료 중 맞춤형화장품에 혼합할 수 <u>없는</u> 미백 기능성 원료에 해당하는 것은?

① 아스코빌글루코사이드 ② 스쿠알란 ③ 디메치콘
④ 글리세린 ⑤ 벤조페논

> 해설 식품의약품안전처장이 고시한 기능성화장품의 효능·효과를 나타내는 원료는 맞춤형화장품에 혼합할 수 없다. 아스코빌글루코사이드는 맞춤형화장품에 혼합할 수 없는 미백 기능성 원료이다.
>
> ※ 단, 맞춤형화장품판매업자에게 원료를 공급하는 화장품책임판매업자가 「화장품법」 제4조에 따라 해당 원료를 포함하여 기능성화장품에 대한 심사를 받거나 보고서를 제출한 경우는 제외한다.
>
> ⑤ 벤조페논은 보존제로서 사용 제한 소재이다.

64 다음의 제조원리에 해당하는 제형의 형태는?

다량의 유상과 수상이 혼합되어 유윳빛을 나타내는 제형

① 가용화 제형 ② 겔화 제형 ③ 유화 제형
④ 분산 제형 ⑤ 수용화 제형

> 해설 유화 제형은 에멀전, 크림 등의 제형에 해당한다. 마이셀의 크기가 커서 가시광선을 산란시켜 희게 보인다.

65 다음 제품에 해당하는 제형의 형태는?

마스카라류의 색조 제품

① 가용화 제형 ② 유용화 제형 ③ 유화 제형
④ 분산 제형 ⑤ 수용화 제형

> 해설 분산 제형은 다량의 안료(고체입자)들이 수상이나 유상에 균일하게 혼합되어 있는 제형이다.

66 다음에서 설명하는 피부 타입의 분류는?

• 외부 환경에 따라 자극반응이 심하다. • 붉어지기 쉽고 가려움이 많다.

① 정상 피부 ② 지성 피부 ③ 건성 피부
④ 복합성 피부 ⑤ 민감성 피부

> 해설 민감성 피부는 피부장벽이 약화되어 외부의 이물질이 침입하기 쉽고 자극반응이 심하다.

67 맞춤형화장품 조제관리사인 소영은 매장을 방문한 고객과 다음과 같은 〈대화〉를 나누었다. 조제관리사가 고객에게 혼합하여 추천할 제품으로 〈보기〉 중 옳은 것을 <u>모두</u> 고르면?

┤ 대화 ├

고객 : 여름이 되어 야외활동을 많이 할 계획입니다. 벌써 얼굴 피부에 주름이 많이 생겼습니다.

관리사 : 아. 그러신가요? 그럼 고객님 피부 상태를 측정해 보도록 할까요?

고객 : 그럴까요? 지난번 방문 시와 비교해 주시면 좋겠네요.

관리사 : 네. 이쪽에 앉으시면 저희 측정기로 측정을 해드리겠습니다.

– 피부 측정 후 –

관리사 : 고객님은 한 달 전 측정 시보다 얼굴의 주름이 15%가량 높아졌습니다.

고객 : 음. 걱정이네요. 자외선에도 대비하고 피부 주름도 줄일 수 있는 제품 추천을 부탁드려요.

┤ 보기 ├

ㄱ. 아데노신(Adenosine) 함유 제품　　　　ㄴ. 이산화티탄 함유 제품
ㄷ. 히알루론산 함유 제품　　　　　　　　　ㄹ. 소듐 PCA 함유 제품
ㅁ. 유용성 감초 추출물

① ㄱ, ㄴ　　　　　　　　② ㄱ, ㅁ　　　　　　　　③ ㄴ, ㄹ
④ ㄴ, ㅁ　　　　　　　　⑤ ㄷ, ㄹ

해설 아데노신을 함유하여 주름 개선 기능성을 인정받은 화장품과 이산화티탄을 함유하여 자외선 차단 기능성을 인정받은 화장품을 추천할 수 있다.

68 〈보기〉 중 올바르게 업무를 진행한 경우를 <u>모두</u> 고르면?

┤ 보기 ├

ㄱ. 고객으로부터 선택된 맞춤형화장품을 조제관리사가 매장 조제실에서 직접 조제하여 전달하였다.
ㄴ. 조제관리사가 책임판매업자와 계약한 사항에 맞추어 내용물 및 원료의 비율을 유지하였다.
ㄷ. 내용물 및 원료 정보는 기밀이므로 소비자에게 설명하지 않을 수 있다.
ㄹ. 인터넷으로 맞춤형화장품을 구매한 고객에게 개인정보보호 책임자가 제품을 제작한 후 배송하였다.

① ㄱ, ㄴ　　　　　　　　② ㄱ, ㄷ　　　　　　　　③ ㄴ, ㄷ
④ ㄴ, ㄹ　　　　　　　　⑤ ㄷ, ㄹ

해설 ㄷ. 내용물 및 원료 정보는 소비자에게 반드시 설명해야 한다.
　　　ㄹ. 개인정보보호 책임자가 아니라 조제관리사가 직접 진행해야 한다.

정답 **67** ①　**68** ①

69 맞춤형화장품 매장에 근무하는 조제관리사에게 향료 알러지가 있는 고객이 제품에 대해 문의를 해 왔다. 조제관리사가 제품에 부착된 〈보기〉의 설명서를 참조하여 고객에게 안내해야 할 말로 가장 적절한 것은?

┤ 보기 ├

- 제품명 : 유기농 모이스처로션
- 제품의 유형 : 액상 에멀전류
- 내용량 : 50g
- 전성분 : 정제수, 1,3부틸렌글리콜, 글리세린, 스쿠알란, 호호바유, 모노스테아린산글리세린, 피이지 소르비탄지방산에스터, 알파비사보롤, 1,2헥산디올, 녹차추출물, 황금추출물, 시트로넬롤, 토코페롤, 잔탄검, 구연산나트륨, 수산화칼륨

① 이 제품은 알러지를 유발할 수 있는 스쿠알란이 포함되어 있어 사용 시 주의를 요합니다.
② 이 제품은 알러지를 유발할 수 있는 시트로넬롤이 포함되어 있어 사용 시 주의를 요합니다.
③ 이 제품은 알러지를 유발할 수 있는 호호바유가 포함되어 있어 사용 시 주의를 요합니다.
④ 이 제품은 알러지를 유발할 수 있는 알파비사보롤이 포함되어 있어 사용 시 주의를 요합니다.
⑤ 이 제품은 알러지를 유발할 수 있는 토코페롤이 포함되어 있어 사용 시 주의를 요합니다.

해설 향료의 성분 중 시트로넬롤은 알러지 유발 가능성이 있는 성분이므로 이에 대해 안내해야 한다.

70 미백 기능성 고시 성분 및 그 제한 함량으로 옳은 것은?

① 유용성감초추출물－0.05% ② 글루타랄－0.1% ③ 호모살레이트－10%
④ 아데노신－2~5% ⑤ 벤조페논－4~5%

해설 ② 글루타랄은 보존제 성분이다.
③, ⑤ 호모살레이트와 벤조페논－4는 자외선 차단 소재이다.
④ 아데노신은 주름 개선 기능성 소재이다.

71 다음 중 사용상의 제한이 있는 보존제 및 그 제한 함량으로 옳은 것은?

① 알파비사보롤－0.5% ② 징크피리치온－1% ③ 아데노신－0.5%
④ 호모살레이트－0.08% ⑤ 벤질알코올－1%

해설 참고로 징크피리치온도 보존제이지만 함량 제한은 사용 후 씻어내는 제품에 한해 0.5%이다.

72 다음의 특징을 가지는 용기의 타입은?

광선의 투과를 방지하는 용기 또는 투과를 방지하는 포장을 한 용기

① 자 타입 용기 ② 튜브 타입 용기 ③ 펌프 타입 용기
④ 에어리스 타입 용기 ⑤ 차광 용기

해설 차광 용기는 빛에 의해서 분해될 수 있는 성분을 보호하기 위한 용기이다.

정답 69 ② 70 ① 71 ⑤ 72 ⑤

73 다음 안전용기의 포장규정에서 빈칸에 들어갈 말로 적절한 것은?

> [안전용기 – 포장]
> 품목 : 어린이용 오일 등 개별 포장당 (　　　)류를 10퍼센트 이상 함유하고 운동점도가 21센티스톡스(섭씨 40도 기준) 이하인 비에멀젼 타입의 액체 상태 제품

① 나이아신아마이드　　　② 이산화탄소　　　③ 증류수
④ 에탄올　　　⑤ 탄화수소

해설 안전용기 포장은 어린이가 투명한 유성 성분 등을 물로 오인하여 먹는 경우를 방지하기 위한 포장이다. 오일의 특성은 탄화수소의 구조로 정의될 수 있다.

74 50ml 초과 제품의 1차 포장에 필수적으로 기재해야 하는 사항 중 자원 재활용과 촉진에 관한 법률에 따른 사항에 해당하는 것은?

① 제품명　　　② 분리배출 표시　　　③ 사용기한
④ 제조번호　　　⑤ 제조업자의 상호

해설 분리배출 표시는 용기의 재질 등을 표시하여 재활용을 쉽게 하도록 하는 표시사항이다.

75 자원 재활용과 촉진에 관한 법률에 따른 용기 기재 사항에서 분리배출 표시를 의무적으로 기재하지 않아도 되는 용기는?

① 50ml 1차 포장　　　② 50ml 2차 포장　　　③ 40ml 1차 포장
④ 40ml 2차 포장　　　⑤ 30ml 1차 포장

해설 30ml 이하 제품의 1, 2차 포장에는 분리배출 표시를 기재하지 않아도 된다.

76 진피 조직의 특징과 거리가 먼 것은?
① 표피에 비해서 얇은 두께를 가진다.
② 콜라겐섬유가 있다.
③ 혈관 등이 분포한다.
④ 교원세포가 존재한다.
⑤ 피부의 탄력을 결정한다.

해설 진피는 표피에 비해서 두꺼운 층을 형성한다.

73 ⑤　74 ②　75 ⑤　76 ①

77 〈보기〉 중 피부의 기능과 그 설명이 바르게 짝지어진 것을 모두 고르면?

┤ 보기 ├

ㄱ. 보호 기능 : 피부 표면에서 자외선에 의해 비타민 D 생성
ㄴ. 체온 조절 기능 : 땀 발산, 혈관 축소 및 확장
ㄷ. 배설 기능 : 피지와 땀의 분비
ㄹ. 감각 기능 : 온도, 촉각, 통증 등을 감지
ㅁ. 합성 작용 : 외부 물질의 침입 방어, 충격 마찰 저항

① ㄱ, ㄴ, ㄷ   ② ㄱ, ㄴ, ㄹ   ③ ㄴ, ㄹ, ㅁ
④ ㄴ, ㄷ, ㄹ   ⑤ ㄷ, ㄹ, ㅁ

해설 ㄱ. 보호 기능은 외부 물질의 침입을 방어하고 충격 마찰에 저항하는 기능이다.
ㅁ. 합성 작용은 피부 표면에서 자외선에 의해 비타민 D를 합성하는 것이다.

78 피부의 세부 구조 중 피부에서 가장 많은 부분을 차지하고 피부 탄력을 유지하는 부분은?

① 진피   ② 피하지방   ③ 표피
④ 모간   ⑤ 모공

해설 ② 피하지방은 지방세포로 구성되어 단열, 충격 흡수, 뼈와 근육 보호 등의 역할을 한다.
③ 표피는 피부의 가장 외부에 존재하는 층으로 유해물질을 차단하는 장벽 역할을 한다.

79 표피의 구조 중 다음의 기능과 특징에 해당하는 것은?

• 진피층과의 경계를 형성. 1층으로 구성됨
• 표피층 형성에 필요한 새로운 세포를 형성

① 기저층   ② 유극층   ③ 과립층
④ 각질층   ⑤ 망상층

해설 기저층은 표피층의 가장 아랫부분에 있다. 여기에 표피줄기세포가 존재하며, 이들이 분화하여 표피를 형성하는 세포를 구성한다.

80 다음은 피부장벽의 기능에 대한 설명이다. 빈칸에 들어갈 말로 적절한 것은?

피부장벽 : 각질층으로 구성된 피부 보호 구조의 명칭
• 기능 : 피부 수분의 증발 억제, 외부의 미생물, 오염물질의 침입 방지
• 구성 : 각질세포와 세포 간 지질로 구성됨
• 성분 : (   ) 58%, 천연보습인자 31%, 지질 11%
• 특징 : 벽돌과 시멘트 구조(Brick&Mortar), 장벽 기능 손상 시 피부 트러블 발생

① 세라마이드   ② 케라틴 단백질   ③ 콜라겐 단백질
④ 엘라스틴 단백질   ⑤ 자유지방산

해설 피부장벽은 각질세포와 세포 간 지질을 모두 포함하는데, 이 중 각질세포의 비율이 가장 높다. 각질세포는 주로 케라틴 단백질로 구성된다.

정답 77 ④   78 ①   79 ①   80 ②

81 피부의 색을 결정하는 색소로 표피층에서 만들어져 자외선에 의한 손상을 막는 역할을 하며, 아미노산의 일종인 타이로신으로부터 합성된 것은?

① 헤모글로빈   ② 베타카로틴   ③ 멜라닌

④ 엘라스틴   ⑤ 콜라겐

해설 멜라닌은 표피층의 기저층에 존재하는 멜라닌세포(멜라노사이트)에 의해서 합성된다.

82 진피를 구성하는 섬유구조의 성분으로 섬유 성분의 2~3%를 차지하며 신축성을 가지는 것은?

① 케라틴   ② 콜라겐   ③ 엘라스틴

④ 히알루론산   ⑤ 세라마이드

해설 엘라스틴은 교원세포에 의해서 만들어진 섬유구조의 단백질이다. 참고로 콜라겐의 경우 물리적 압력에 저항하여 진피의 구조를 유지하나 자체적인 탄성을 가지지는 않는다.

83 모발은 일정한 주기를 반복하며 성장을 반복한다. 아래의 설명에 해당하는 모발의 성장 주기는?

> • 비율 : 1% 정도 차지
> • 특징 : 대사과정이 느려지며 성장이 정지됨

① 성장기   ② 휴지기   ③ 퇴화기

④ 반복기   ⑤ 탈락기

해설 퇴화기는 성장기 이후 대사과정이 느려지는 중간 과정을 의미한다.

84 피부 분석 기기는 피부 유형과 피부 상태를 파악하여, 분석 내용을 토대로 적합한 제품을 제안하기 위해 사용한다. 다음의 설명에 해당하는 측정 기기는?

> [원리]
> • 피부 장벽을 통해서 증발하는 수분의 양을 측정
> • 수분 증발도가 높을수록 피부 장벽이 좋지 않음을 의미

① 피부 수분 측정기
② 경피 수분 손실 측정기
③ 피부 탄력 측정기
④ 색차계
⑤ 표면 광택 측정 기기

해설 피부장벽의 기능을 검증하기 위해서 경피 수분 손실 측정기를 사용하여 분석한다. 피부장벽이 개선되면 수분 손실량이 감소한다.

정답   81 ③   82 ③   83 ③   84 ②

85 다음 중 맞춤형화장품의 정의와 거리가 <u>먼</u> 것은?

① 제조된 화장품의 내용물에 수입된 화장품의 내용물을 추가하여 혼합한 화장품
② 수입된 화장품의 내용물에 제조된 화장품의 내용물을 추가하여 혼합한 화장품
③ 제조된 화장품의 내용물에 식품의약안전처장이 정하는 원료를 추가하여 혼합한 화장품
④ 식품의약안전처장이 정하는 원료를 사용하여 제작한 화장품
⑤ 제조 또는 수입된 화장품의 내용물을 소분(小分)한 화장품

해설 기본 제형(유형을 포함한다)이 정해져 있어야 하고, 기본 제형의 변화가 없는 범위 내에서 특정 성분의 혼합이 이루어져야 한다. 원료만 가지고 제형을 구성하는 것은 금지된다.

86 맞춤형화장품 판매업자의 판매장 내 시설·기구의 관리 방법, 혼합·소분 안전관리기준의 준수 의무에서 빈칸에 들어갈 말로 적절한 것은?

혼합·소분 전에 혼합·소분된 제품을 담을 (   )의 오염 여부를 확인할 것

① 탱크   ② 칭량 장치   ③ 장비 또는 기구
④ 포장용기   ⑤ 소모품

해설 제품과 직접 접촉하는 경우 1차 포장용기라고 한다. 참고로 소모품이란 청소, 위생 처리 또는 유지 작업 동안에 사용되는 물품(세척제, 윤활제 등)을 말한다.

87 다음 중 맞춤형화장품에 사용할 수 <u>없는</u> 원료는?

① 고분자원료
② 기능성화장품 주름 개선 고시 원료
③ 유성원료
④ 수성원료
⑤ 항산화제

해설 사용 금지 원료, 사용상의 제한이 있는 원료, 기능성화장품 고시 원료 등은 맞춤형화장품에 사용할 수 없다.

88 다음의 성분 중 맞춤형화장품 제조 시 혼합할 수 <u>없는</u> 원료는?

① 벤잘코늄클로라이드   ② 스쿠알렌   ③ 글리세린
④ 에뮤오일   ⑤ 프로필렌 글리콜

해설 벤잘코늄클로라이드는 사용상의 제한이 있는 원료인 보존제 성분이다.

89 다음 〈보기〉의 화장품 전성분 표기 중 사용상의 제한이 필요한 자외선 차단제에 해당하는 성분을 고르면?

┤ 보기 ├

정제수, 글리세린, 다이프로필렌글라이콜, 토코페릴아세테이트, 비스에칠헥실옥시페놀메톡시페닐트리아진,
이소프로필이리스테이트, C12-14파레스-3, 향료

① 정제수
② 이소프로필이리스테이트
③ 다이프로필렌글라이콜
④ 토코페릴아세테이트
⑤ 비스에칠헥실옥시페놀메톡시페닐트리아진

해설 비스에칠헥실옥시페놀메톡시페닐트리아진은 사용상의 제한이 필요한 원료의 하나인 자외선 차단제이다. 법에서 정
한 농도와 함량을 준수하면 안전한 것으로 판단하나, 이를 맞춤형화장품 조제관리사가 직접 배합하는 것은 금지된다.

90 다음의 원료 중 맞춤형화장품에 혼합할 수 없는 미백 기능성 원료에 해당하는 것은?

① 레티닐팔미테이트
② 마그네슘아스코빌 포스페이트
③ 아데노신
④ 글리세린
⑤ 페녹시에탄올

해설 마그네슘아스코빌 포스페이트는 식품의약품안전처장이 고시한 미백 기능성화장품의 효능 · 효과를 나타내는 원료로
서 맞춤형화장품에 혼합할 수 없다.
※ 단, 맞춤형화장품판매업자에게 원료를 공급하는 화장품책임판매업자가 「화장품법」 제4조에 따라 해당 원료를 포
함하여 기능성화장품에 대한 심사를 받거나 보고서를 제출한 경우는 제외한다.
① 레티닐팔미테이트는 주름 개선 기능성 고시 원료이다.

91 유화 제형 중 외상과 내상의 상태를 구별하는 방법 중 w/o 제형(오일을 연속상으로 하고 물이 분산된
제형)의 구분 방법에 해당하는 것은?

① 제형을 물에 떨어뜨렸을 때 잘 섞인다.
② 제형을 오일에 떨어뜨렸을 때 잘 섞인다.
③ 친수성 염료을 물에 녹여 제형에 떨어뜨리면 잘 섞인다.
④ 친유성 염료를 오일에 녹여 제형에 떨어뜨리면 잘 섞이지 않는다.
⑤ 전극을 제형에 넣으면 전류가 잘 통한다.

해설 w/o 제형은 외상이 오일이므로 제형을 오일에 떨어뜨려 확인 가능하다.

92 기능성화장품 심사 시 제출해야 하는 유효성 자료에서 인체 외 시험(in vitro 실험) 자료 등에 해당하는 것은?

① 효력 시험 자료　　　　② 1차 피부 자극 시험 자료　　③ 인체 첩포 시험 자료
④ 피부 감작성 시험 자료　⑤ 인체 적용 시험 자료

해설 유효성 자료는 기능성화장품의 기능이 있다는 것을 증명하는 자료이다. 효력 시험 자료는 성분을 중심으로 인체 외 시험을 한다.

93 다음 제품에 해당하는 제형의 형태는?

파우더류의 색조제품

① 가용화 제형　　　　② 유용화 제형　　　　③ 유화 제형
④ 분산 제형　　　　　⑤ 수용화 제형

해설 분산 제형은 다량의 안료(고체입자)들이 수상이나 유상에 균일하게 혼합되어 있는 제형이다.

94 맞춤형화장품 조제관리사인 소영은 매장을 방문한 고객과 다음과 같은 〈대화〉를 나누었다. 조제관리사가 고객에게 혼합하여 추천할 제품으로 〈보기〉 중 옳은 것을 모두 고르면?

┤ 대화 ├

고객　　: 여름이 되어 야외활동을 많이 할 계획입니다. 벌써 얼굴 피부가 검어지고 칙칙해졌어요.
관리사 : 아. 그러신가요? 그럼 고객님 피부 상태를 측정해 보도록 할까요?
고객　　: 그럴까요? 지난번 방문 시와 비교해 주시면 좋겠네요.
관리사 : 네. 이쪽에 앉으시면 저희 측정기로 측정을 해드리겠습니다.

－ 피부 측정 후 －

관리사 : 고객님은 한 달 전 측정 시보다 얼굴에 색소 침착도가 20%가량 높아졌습니다.
고객　　: 음. 걱정이네요. 자외선에도 대비하고 피부색도 밝게 할 수 있는 제품 추천을 부탁드려요.

┤ 보기 ├

ㄱ. 아데노신(Adenosine) 함유 제품　　　ㄴ. 산화아연 함유 제품
ㄷ. 히알루론산 함유 제품　　　　　　　ㄹ. 소듐 PCA 함유 제품
ㅁ. 유용성 감초 추출물

① ㄱ, ㄹ　　　　　　② ㄱ, ㅁ　　　　　　③ ㄴ, ㄹ
④ ㄴ, ㅁ　　　　　　⑤ ㄷ, ㄹ

해설 산화아연을 함유하여 자외선 차단 기능성화장품으로 인정받은 화장품과 유용성 감초 추출물을 함유하여 피부 미백 기능성화장품으로 인정받은 화장품을 추천할 수 있다.

정답　92 ①　93 ④　94 ④

95 다음에서 설명하는 피부 타입의 분류는?

> • 피지 분비가 많아 번들거린다.
> • 화장이 잘 먹지 않고 지워진다.
> • 모공이 막혀 면포와 여드름 생성이 잘된다.

① 정상 피부   ② 지성 피부   ③ 건성 피부
④ 복합성 피부   ⑤ 민감성 피부

해설 지성 피부의 경우 건조함 등은 없으나 번들거림과 화장 지속력의 문제가 있다.

96 다음 〈보기〉 중 맞춤형화장품 조제관리사가 올바르게 업무를 진행한 경우를 <u>모두</u> 고르면?

─┤ 보기 ├─

> ㄱ. 고객으로부터 선택된 맞춤형화장품을 조제관리사가 매장 조제실에서 직접 조제하여 전달하였다
> ㄴ. 내용물 및 원료의 사용기한이 지난 것을 사용하여 제작하였다.
> ㄷ. 외국에서 수입된 향수를 소분하여 판매하였다.
> ㄹ. 내용물 및 원료 정보는 기밀이므로 소비자에게 설명하지 않았다.

① ㄱ, ㄴ   ② ㄱ, ㄷ   ③ ㄴ, ㄷ
④ ㄴ, ㄹ   ⑤ ㄷ, ㄹ

해설 ㄴ. 내용물 및 원료의 사용기한 또는 개봉 후 사용기간이 지난 것은 사용해서는 안 된다.
        ㄹ. 내용물 및 원료 정보는 소비자에게 설명해야 한다.

97 맞춤형화장품 매장에 근무하는 조제관리사에게 향료 알러지가 있는 고객이 제품에 대해 문의를 해 왔다. 조제관리사가 제품에 부착된 〈보기〉의 설명서를 참조하여 고객에게 안내해야 할 말로 가장 적절한 것은?

─┤ 보기 ├─

> • 제품명 : 유기농 모이스처로션
> • 제품의 유형 : 액상 에멀전류
> • 내용량 : 50g
> • 전성분 : 정제수, 1,3부틸렌글리콜, 글리세린, 비즈왁스, 호호바유, 모노스테아린산글리세린, 피이지 소르비탄지방산에스터, 1,2헥산디올, 페녹시에탄올, 알파비사보롤, 파네솔, 이산화티탄, 토코페롤, 잔탄검, 구연산나트륨, 수산화칼륨

① 이 제품은 알러지를 유발할 수 있는 비즈왁스가 포함되어 있어 사용 시 주의를 요합니다.
② 이 제품은 알러지를 유발할 수 있는 이산화티탄이 포함되어 있어 사용 시 주의를 요합니다.
③ 이 제품은 알러지를 유발할 수 있는 파네솔이 포함되어 있어 사용 시 주의를 요합니다.
④ 이 제품은 알러지를 유발할 수 있는 글리세린이 포함되어 있어 사용 시 주의를 요합니다.
⑤ 이 제품은 알러지를 유발할 수 있는 페녹시에탄올이 포함되어 있어 사용 시 주의를 요합니다.

해설 파네솔은 향료의 성분 중 알러지 유발 가능성이 있는 성분이므로 이에 대해 안내해야 한다.

정답   95 ②   96 ②   97 ③

98 미백 기능성 고시 성분 및 그 제한 함량으로 옳은 것은?

① 에칠헥실메톡시신나메이트 – 7.5%

② 글루타랄 – 0.1%

③ 페녹시에탄올 – 1%

④ 레티놀 – 2~5%

⑤ 닥나무추출물 – 2%

해설 참고로 레티놀은 주름 개선 기능성 고시 원료이다.

99 다음 중 사용상의 제한이 있는 자외선 차단제 및 그 제한 함량으로 옳은 것은?

① 호모살레이트 – 7.5%   ② 글루타랄 – 0.1%   ③ 징크옥사이드 – 25%

④ 페녹시에탄올 – 0.08%   ⑤ 옥토크릴렌 – 5%

해설 참고로 호모살레이트와 옥토크릴렌의 함량 제한은 10%이다.

100 다음과 같은 특징 및 구조를 가지는 용기 타입은?

- 특징 : 저점도의 제형 토출에 유리하며 손 등이 닿지 않아 위생적 보관이 가능
- 구조 : 밸브의 기능을 이용하여 용기 속의 내용물을 토출함

① 자 타입 용기   ② 튜브 타입 용기   ③ 펌프 타입 용기

④ 에러리스 타입 용기   ⑤ 스프레이 타입 용기

해설 펌프 타입 용기는 내부에 스테인리스 재질의 스프링이 존재하고 이것이 내용물에 접촉하게 된다. 또한 내부의 튜브가 닿지 않는 부분은 토출되지 않는다(뒤집힌 경우).

101 다음 안전용기 포장 규정에서 빈칸에 들어갈 말로 적절한 것은?

[안전용기 – 포장]
품목 – (   )을 함유하는 네일 에나멜 리무버 및 네일 폴리시 리무버

① 증류수   ② 아세톤   ③ 글리세린

④ 카보머   ⑤ 아데노신

해설 어린이가 아세톤과 같은 투명한 성분 등을 물로 오인하여 먹는 경우를 방지하기 위한 포장이다.

102 화장품 표시 – 광고 규정 및 자원재활용과 촉진에 관한 법률에 따른 용기 기재 사항에서 50ml 초과 제품의 1차 포장에 필수적으로 기재해야 하는 사항이 <u>아닌</u> 것은?

① 제품명   ② 분리배출 표시   ③ 책임판매업자의 상호

④ 기능성화장품 문구   ⑤ 사용기한

해설 기능성화장품 문구는 2차 포장에 기재해야 하는 사항에 해당한다.

정답   98 ⑤   99 ③   100 ③   101 ②   102 ④

103 소비자 선호도의 관능평가 방법 중 다음의 설명에 해당하는 것은?

> • 기준 설정 : 퍼짐성, 부드러움 느낌, 끈적임 없는 정도, 유분감 없는 정도, 선호도 등 선정
> • 점수 설정 : 대단히 강하다(6점)~대단히 약하다(1점) 등의 형식

① 순위시험법　　　　　　② 채점척도법　　　　　　③ 설문조사법
④ 수분측정법　　　　　　⑤ 점도측정법

해설 채점척도법은 한 가지 제품에 대하여 다양한 항목을 조사할 수 있는 방법이다.

104 피부에서 UV 등을 흡수할 때 생성되는 비타민은?

① 비타민 A　　　　　　② 비타민 B　　　　　　③ 비타민 C
④ 비타민 D　　　　　　⑤ 비타민 E

해설 비타민 D의 전구체는 체내와 피부에 존재한다. 이들이 UV를 흡수하여 비타민 D의 형태로 변화한다.

105 피부의 겉보기 구조 중 피부에서 튀어나온 부분을 뜻하는 것은?

① 모근　　　　　　　　② 소릉　　　　　　　　③ 소구
④ 한공　　　　　　　　⑤ 모공

해설 반대로 피부에서 오목하게 들어간 부분을 소구라 하며 이곳에 모공이 위치한다.

106 표피를 이루는 세부 구조에 속하지 <u>않는</u> 것은?

① 과립층　　　　　　　② 망상층　　　　　　　③ 기저층
④ 각질층　　　　　　　⑤ 유극층

해설 유두층과 망상층은 표피가 아닌 진피층의 구조에 속한다.

107 표피의 구조 중 다음의 기능과 특징에 해당하는 것은?

> 피부장벽 형성에 필요한 성분을 제작하여 분비

① 기저층　　　　　　　② 유극층　　　　　　　③ 과립층
④ 각질층　　　　　　　⑤ 망상층

해설 과립층은 유극층과 각질층 사이에 존재하며, 각질층의 피부장벽을 구성하기 위해 필요한 성분을 합성한다.

108 피부의 표피층의 분화 과정 중 기저층에서 각질층으로 분화되어 탈락하는 데까지 걸리는 주기는?

① 1주　　　　　　　　② 2주　　　　　　　　③ 3주
④ 4주　　　　　　　　⑤ 5주

해설 기저층에서 각질층이 되기까지 2주가 걸리고 각질층이 탈락하기까지 다시 2주가 소요된다.

정답　103 ②　104 ④　105 ②　106 ②　107 ③　108 ④

109 피부 표피 장벽 내의 천연보습인자를 구성하는 원료가 되는 단백질로, 아토피 환자 등에서 부족한 것으로 알려진 단백질 성분은?

① 케라틴　　　　　　② 콜라겐　　　　　　③ 엘라스틴
④ 젤라틴　　　　　　⑤ 필라그린

해설 필라그린은 표피 분화 과정에서 분해되어 천연보습인자가 된다.

110 진피 내 결합 섬유와 세포 사이를 채우고 있는 물질로, 수분 보유력이 뛰어나 진피 내의 수분을 보존하는 기능을 하는 것은?

① 기질 물질　　　　　② 콜라겐　　　　　　③ 엘라스틴
④ 케라틴　　　　　　⑤ 멜라닌

해설 기질 물질은 당−단백질 복합체(GAG ; glycosaminoglycans)로 존재하며, 대표 성분은 히알루론산(Hyaluronic acid), 콘드로이친 황산(chondroitin sulfate) 등이다.

111 다음 중 남성형 탈모가 속하는 유형은?

① 원형 탈모　　　　　② 휴지기 탈모　　　　③ 성장성 탈모
④ 퇴행성 탈모　　　　⑤ 노화 탈모

해설 남성형 탈모는 성호르몬이 머리카락과 수염의 성장에 반대로 작용하여 경모가 연모로 변화하는 성장성 탈모이다.

112 피부 분석 기기는 피부 유형과 피부 상태를 파악하여, 분석 내용을 토대로 적합한 제품을 제안하기 위해 사용한다. 다음의 설명에 해당하는 측정 기기는?

> • 원리 : 다양한 빛의 영역을 활용하여 피부 상태를 이미징함
> • 가시광선 : 주름, 피부결, 모공 등 확인
> • 편광 : 표피층의 색소 침착 등 확인(각질층의 산란된 빛을 제거하여 색소 관찰 가능)

① 피지 측정기　　　　② 안면진단기　　　　③ 피부 거칠기 측정기
④ 색차계　　　　　　⑤ 표면 광택 측정 기기

해설 안면진단기는 한 번에 여러 가지 요소를 측정할 수 있다. 자외선은 모공, 여드름균, 피지 등에서 확인 가능하다.

113 맞춤형화장품 판매업의 신고 시 제출해야 할 내용과 거리가 먼 것은?

① 맞춤형화장품 판매업 신고 법인의 대표자 성명
② 맞춤형화장품 판매업자의 상호 및 소재지
③ 맞춤형화장품 판매업 신고 법인 대표자의 생년월일
④ 맞춤형화장품 판매 품목의 가격
⑤ 맞춤형화장품 판매업소의 상호 및 소재지

해설 맞춤형화장품 신고서에 포함된 내용을 맞춤형화장품 판매업소의 소재지를 관할하는 지방식품의약품안전청장에게 제출해야 한다. 이때 판매 품목의 가격은 신고 사항이 아니다.

정답 109 ⑤　110 ①　111 ③　112 ②　113 ④

114 맞춤형화장품 판매업자의 의무와 거리가 <u>먼</u> 것은?

① 맞춤형화장품 판매장 내 시설 · 기구를 정기적으로 점검하여 보건위생상 위해가 없도록 관리할 것

② 맞춤형화장품 사용 시의 주의사항을 소비자에게 설명할 것

③ 혼합 · 소분에 사용된 내용물 · 원료의 내용 및 특성을 소비자에게 설명할 것

④ 혼합 · 소분 시 일회용 장갑을 착용하기 전 반드시 손을 소독하거나 세정할 것

⑤ 혼합 · 소분에 사용되는 장비 또는 기구 등은 사용 전에 그 위생 상태를 점검하고, 사용 후에는 오염이 없도록 세척할 것

> 해설 혼합 · 소분 전에 손을 소독하거나 세정해야 한다. 다만, 혼합 · 소분 시 일회용 장갑을 착용하는 경우에는 그렇지 않다.

115 맞춤형화장품 판매업자는 소비자에 대한 설명의 의무를 가진다. 다음 중 설명해야 하는 사항을 <u>모두</u> 고른 것은?

> ㄱ. 혼합 및 소분에 사용된 원료의 특성
> ㄴ. 혼합 및 소분에 사용된 혼합기의 특성
> ㄷ. 맞춤형화장품 사용 시의 주의사항
> ㄹ. 혼합 및 소분에 사용된 용기의 특성
> ㅁ. 혼합 및 소분에 사용된 내용물의 특성

① ㄱ, ㄴ, ㄷ   ② ㄱ, ㄷ, ㅁ   ③ ㄴ, ㄷ, ㅁ

④ ㄴ, ㄷ, ㄹ   ⑤ ㄷ, ㄹ, ㅁ

> 해설 맞춤형화장품 판매업자는 혼합 · 소분에 사용된 원료 및 내용물의 특성과 맞춤형화장품 사용 시의 주의사항에 대한 설명의 의무를 가진다.

116 다음 성분 중 맞춤형화장품 제조 시 혼합할 수 없는 원료는?

① 라놀린   ② 올리브오일   ③ 이소프로필미리스테이트

④ 프로필렌글리콜   ⑤ 세틸피리디늄클로라이드

> 해설 세틸피리디늄클로라이드는 사용상의 제한이 있는 원료인 보존제 성분이다.

117 다음 〈보기〉의 화장품 전성분 표기 중 사용상의 제한이 필요한 자외선 차단제에 해당하는 성분을 고르면?

> ┤ 보기 ├
>
> 정제수, 디메치콘, 프로필렌글리콜, 비즈왁스, 징크옥사이드 , 카복시메틸셀룰로오즈, 트리클로산, 향료

① 정제수   ② 징크옥사이드   ③ 프로필렌글리콜

④ 트리클로산   ⑤ 디메치콘

> 해설 징크옥사이드는 사용상의 제한이 필요한 원료 중 하나인 자외선 차단제이다. 법에서 정한 농도와 함량을 준수하면 안전한 것으로 판단하나, 이를 맞춤형화장품 조제관리사가 직접 배합하는 것은 금지된다. 참고로 트리클로산은 보존제이다.

정답   114 ④   115 ②   116 ⑤   117 ②

118 다음의 원료 중 맞춤형화장품에 혼합할 수 없는 미백 기능성 고시 원료로서 비타민 C(아스코빅산) 유도체가 <u>아닌</u> 것은?

① 에칠아스코빌 에텔
② 알부틴
③ 아스코빌글루코사이드
④ 마그네슘아스코빌 포스페이트
⑤ 아스코빌테트라이소팔미테이트

해설 알부틴은 의약품 소재인 히드로퀴논에 당이 결합한 구조로, 나머지 원료와는 다른 구조를 가진다.

119 기능성화장품 심사 시 제출해야 하는 유효성 자료로 적합한 것은?

① 단회 투여 독성 시험 자료
② 1차 피부 자극 시험 자료
③ 인체 첩포 시험 자료
④ 피부 감작성 시험 자료
⑤ 인체 적용 시험 자료

해설 유효성 자료는 기능성화장품의 기능이 있다는 것을 증명하는 자료로, 인체 적용 시험 자료와 효력 시험 자료가 이에 포함된다.

120 다음 중 맞춤형화장품에서 혼합할 수 없는 원료에 해당하는 것은?

① 스쿠알란   ② 천수국오일   ③ 1,3 부틸렌글리콜
④ 잔탄검   ⑤ 모노스테아린산글리세린

해설 천수국오일은 화장품 배합 금지 원료에 해당하며, 따라서 맞춤형 화장품에도 혼합할 수 없다.
　　① 스쿠알란 : 유성성분
　　③ 1,3 부틸렌글리콜 : 보습제
　　④ 잔탄검 : 고분자 소재
　　⑤ 모노스테아린산글리세린 : 비이온 계면활성제

121 다음 제품에 해당하는 제형의 형태는?

우윳빛의 로션류

① 가용화 제형   ② 유용화 제형   ③ 유화 제형
④ 분산 제형   ⑤ 수용화 제형

해설 유화 제형은 다량의 유상과 수상이 혼합되어 우윳빛을 나타내는 제형으로, 마이셀의 크기가 커서 가시광선을 산란시켜 희게 보인다.

정답 118 ② 119 ⑤ 120 ② 121 ③

122 화장품의 원료를 제형과 균일하게 혼합하기 위해 사용하는 장비인 호모믹서의 특징을 모두 고른 것은?

> ㄱ. 수상원료와 유상원료를 분산하여 마이셀의 형성을 유도한다.
> ㄴ. 일반 교반기에 비해서 분산력이 약하다.
> ㄷ. 호모믹서를 사용하더라도 계면활성제가 필요하다.
> ㄹ. 고정되어 있는 스테이터 주위를 로테이터가 밀착되어 회전하면서 혼합한다.
> ㅁ. 유성원료 믹스의 혼합에만 사용한다.

① ㄱ, ㄴ, ㄷ   ② ㄱ, ㄷ, ㄹ   ③ ㄴ, ㄷ, ㅁ
④ ㄴ, ㄷ, ㄹ   ⑤ ㄷ, ㄹ, ㅁ

해설 ㄴ. 교반기(Disper)는 1개의 블레이드를 사용하고 호모믹서에 비해 분산력이 약하다.
         ㅁ. 유성원료와 수성원료의 혼합 시 사용한다.

123 맞춤형화장품 조제관리사인 소영은 매장을 방문한 고객과 다음과 같은 〈대화〉를 나누었다. 조제관리사가 고객에게 혼합하여 추천할 제품으로 다음 〈보기〉 중 옳은 것을 모두 고르면?

┤ 대화 ├

고객   : 최근에 야외활동을 많이 해서 그런지 얼굴 피부가 검어지고 칙칙해졌어요. 주름이 많이 생기기도 하구요.
관리사 : 아. 그러신가요? 그럼 고객님 피부 상태를 측정해 보도록 할까요?
고객   : 그럴까요? 지난번 방문 시와 비교해 주시면 좋겠네요.
관리사 : 네. 이쪽에 앉으시면 저희 측정기로 측정을 해드리겠습니다.

– 피부 측정 후 –

관리사 : 고객님은 한 달 전 측정 시보다 얼굴에 색소 침착도가 20%가량 높아져 있고, 피부주름이 15%가량 증가하였습니다.
고객   : 음. 걱정이네요. 그럼 어떤 제품을 쓰는 것이 좋을지 추천 부탁드려요.

┤ 보기 ├

> ㄱ. 닥나무 추출물 함유 제품   ㄴ. 산화아연 함유 제품
> ㄷ. 히알루론산 함유 제품   ㄹ. 호모살레이트 함유 제품
> ㅁ. 아데노신(Adenosine) 함유 제품

① ㄱ, ㄷ   ② ㄱ, ㅁ   ③ ㄴ, ㄹ
④ ㄴ, ㅁ   ⑤ ㄷ, ㄹ

해설 닥나무 추출물을 함유하여 피부 미백 기능성화장품으로 인정받은 화장품과 아데노신을 함유하여 주름 개선 기능성화장품으로 인정받은 화장품을 추천할 수 있다.

정답 122 ② 123 ②

124 다음 〈보기〉 중 올바르게 업무를 진행한 경우를 모두 고르면?

| 보기 |

ㄱ. 고객으로부터 선택된 맞춤형화장품을 조제관리사가 매장 조제실에서 직접 조제하여 전달하였다.

ㄴ. 조제관리사가 선크림을 조제하기 위하여 옥토크릴렌을 5%로 배합, 조제하여 판매하였다.

ㄷ. 조제관리사가 외국에서 수입된 향수를 소분하여 판매하였다.

ㄹ. 맞춤형화장품 구매를 위하여 인터넷 주문을 진행한 고객에게 맞춤형화장품 판매업자가 직접 제품을 조제하여 배송하였다.

① ㄱ, ㄴ   ② ㄱ, ㄷ   ③ ㄴ, ㄷ

④ ㄴ, ㄹ   ⑤ ㄷ, ㄹ

해설 ㄴ. 자외선 차단 성분인 옥토크릴렌은 사용상의 제한이 있는 원료로서 맞춤형화장품 배합 금지 원료이다.
ㄹ. 맞춤형화장품 판매업자가 아니라 고용된 조제관리사가 직접 진행해야 한다.

125 맞춤형화장품 매장에 근무하는 조제관리사에게 향료 알러지가 있는 고객이 제품에 대해 문의를 해 왔다. 조제관리사가 제품에 부착된 〈보기〉의 설명서를 참조하여 고객에게 안내해야 할 말로 가장 적절한 것은?

| 보기 |

- 제품명 : 유기농 모이스처로션
- 제품의 유형 : 액상 에멀전류
- 내용량 : 50g
- 전성분 : 정제수, 1,3부틸렌글리콜, 글리세린, 스쿠알란, 호호바유, 모노스테아린산글리세린, 피이지 소르비탄지방산에스터, 1,2헥산디올, 유용성감초추출물, 이소유게놀, 글루타랄, 카보머, 페녹시에탄올, 구연산나트륨, 수산화칼륨

① 이 제품은 알러지를 유발할 수 있는 유용성감초추출물이 포함되어 있어 사용 시 주의를 요합니다.

② 이 제품은 알러지를 유발할 수 있는 글루타랄이 포함되어 있어 사용 시 주의를 요합니다.

③ 이 제품은 알러지를 유발할 수 있는 이소유게놀이 포함되어 있어 사용 시 주의를 요합니다.

④ 이 제품은 알러지를 유발할 수 있는 페녹시에탄올이 포함되어 있어 사용 시 주의를 요합니다.

⑤ 이 제품은 알러지를 유발할 수 있는 카보머가 포함되어 있어 사용 시 주의를 요합니다.

해설 이소유게놀은 향료의 성분 중 알러지 유발 가능성이 있는 성분이므로 이에 대해 안내해야 한다.

126 주름 개선 기능성 고시 성분 및 제한 함량으로 옳은 것은?

① 알파비사보롤 – 0.5%

② 글루타랄 – 0.1%

③ 아데노신 – 0.4%

④ 세틸피리듐 클로라이드 – 0.08%

⑤ 폴리에톡실레이티드레틴아마이드 – 0.05~0.2%

해설 참고로 아데노신도 주름 개선 고시 원료이나 제한 함량은 0.04%이다.

정답   124 ②   125 ③   126 ⑤

127 다음 중 사용상의 제한이 있는 보존제 및 제한 함량으로 옳은 것은?

① 징크옥사이드-1%   ② 옥시벤존-1%   ③ 아데노신-0.5%
④ 호모살레이트-0.08%   ⑤ 벤조익애시드-0.5%

해설 징크옥사이드, 옥시벤존, 호모살레이트는 자외선 차단 성분이며, 아데노신은 주름 개선 기능성 고시 원료이다.

128 자 타입 용기의 장점에 해당하는 것은?

① 손이 닿지 않아 위생적 보관이 가능하다.
② 제형 내 공기 유입이 적고, 뒤집어도 토출이 가능하다.
③ 크림 등 경도가 있는 제형을 담기에 유리하다.
④ 내부의 튜브가 닿지 않는 부분은 토출되지 않는다.
⑤ 점도가 작은 제형은 흘러내릴 수 있어 주의가 필요하다.

해설 ① 에어리스타입 및 펌프타입의 장점
② 에어리스타입의 장점
④ 펌프타입의 단점
⑤ 자 타입의 단점

129 다음 안전용기 포장 규정에서 빈칸에 들어갈 말로 적합한 것은?

> [안전용기-포장]
> 품목-어린이용 (   ) 등 개별포장당 탄화수소류를 10퍼센트 이상 함유하고 운동점도가 21센티스톡스(섭씨 40도 기준) 이하인 비에멀전 타입의 액체 상태의 제품

① 로션   ② 에센스   ③ 오일
④ 파운데이션   ⑤ 크림

해설 어린이가 투명한 유성성분 등을 물로 오인하여 먹는 경우를 방지하기 위한 포장이다.

130 화장품 표시-광고 규정 및 자원재활용과 촉진에 관한 법률에 따른 용기 기재 사항에서 50ml 초과 제품의 2차 포장에 필수적으로 기재해야 하는 사항이 <u>아닌</u> 것은?

① 중량   ② 분리배출 표시   ③ 표시성분
④ 제조번호   ⑤ 사용 시의 주의사항

해설 사용 시의 주의사항은 50ml 이하 제품 2차 포장의 필수 기재 사항이다.

131 화장품 표시-광고 규정 및 자원재활용과 촉진에 관한 법률에 따른 용기 기재 사항에서 50ml 초과 제품의 1차 포장에 필수적으로 기재해야 하는 사항은?

① 사용 시의 주의사항   ② 기능성화장품 관련 문구   ③ 책임판매업자의 주소
④ 제조번호   ⑤ 전성분

해설 ①~③, ⑤는 2차 포장에 기재해야 하는 사항이다.

정답 127 ⑤ 128 ③ 129 ③ 130 ⑤ 131 ④

132 다음 빈칸에 들어갈 말로 적절한 것은?

> 화장품 표시 – 광고 규정에 따라서 50㎖ 이하의 2차 포장에는 전성분 대신 (   )을 기입할 수 있으나 다음의 규정을 따라야 한다.
> • 함량의 한도가 정해져 있는 성분 표기
> • 다만, 모든 성분을 확인할 수 있는 전화번호나 홈페이지 주소 등 기재

① 표시 성분   ② 기능성 성분   ③ 주름 개선 고시 성분
④ 피부 미백 고시 성분   ⑤ 고분자 성분

해설 표시 성분에는 자외선 차단 성분, 보존제 등이 해당된다.

133 〈보기〉 중 피부의 기능과 그 설명이 바르게 짝지어진 것을 모두 고르면?

> ┤ 보기 ├
> ㄱ. 보호 기능 : 외부 물질의 침입 방어, 충격 마찰 저항
> ㄴ. 체온 조절 기능 : 피지와 땀의 분비
> ㄷ. 배설 기능 : 땀 발산, 혈관 축소 및 확장
> ㄹ. 감각 기능 : 온도, 촉각, 통증 등을 감지
> ㅁ. 합성 작용 : 피부 표면에서 자외선에 의해 비타민 D 생성

① ㄱ, ㄴ, ㄷ   ② ㄱ, ㄹ, ㅁ   ③ ㄴ, ㄹ, ㅁ
④ ㄴ, ㄷ, ㄹ   ⑤ ㄷ, ㄹ, ㅁ

해설 ㄴ. 체온 조절 : 땀 발산, 혈관 축소 및 확장의 기능을 말한다.
ㄷ. 배설 기능 : 피지와 땀의 분비를 말한다.

134 피부의 세부 구조 중 피부의 가장 외부에 존재하는 층이며 유해물질을 차단하는 장벽 역할을 하는 부분은?

① 진피   ② 피하지방   ③ 표피
④ 모간   ⑤ 모공

해설 ① 진피 : 피부의 가장 많은 부분을 차지하며, 피부 탄력을 유지한다.
② 피하지방 : 지방세포로 구성되어 단열, 충격흡수, 뼈와 근육 보호의 역할을 한다.

135 표피가 분화해 가는 과정에서 빈칸 ㉠, ㉡에 각각 들어갈 말로 적합한 것은?

> (㉠) → (㉡) → 과립층 → 각질층

① ㉠ 유극층, ㉡ 기저층   ② ㉠ 유두층, ㉡ 기저층   ③ ㉠ 유두층, ㉡ 망상층
④ ㉠ 기저층, ㉡ 유극층   ⑤ ㉠ 망상층, ㉡ 기저층

해설 ㉠ 기저층 : 진피층과의 경계를 형성하고 표피층 형성에 필요한 새로운 세포를 형성한다.
㉡ 유극층 : 표피에서 가장 두꺼운 층으로 상처 발생 시 재생을 담당한다.

136 다음 피부장벽에 대한 설명 중 빈칸에 들어갈 말로 적절한 것은?

> 피부장벽 : 각질층으로 구성된 피부 보호 구조의 명칭
> • 기능 : 피부 수분의 증발 억제, 외부의 미생물, 오염물질의 침입 방지
> • 구성 : 각질세포와 세포 간 지질로 구성됨
> • 성분 : 케라틴 단백질 58%, (   ) 31%, 지질 11%
> • 특징 : 벽돌과 시멘트 구조(Brick&Mortar), 장벽 기능 손상 시 피부 트러블 발생

① 세라마이드　　　　　　② 자유지방산　　　　　　③ 콜라겐 단백질
④ 엘라스틴 단백질　　　　⑤ 천연보습인자

해설　피부장벽은 각질세포와 세포 간 지질을 모두 의미하며 이 중 각질세포의 비율이 가장 높다. 각질세포는 주로 케라틴 단백질과 수분을 잡아주는 천연보습인자 성분으로 구성된다.

137 피부의 색을 결정하는 색소의 합성을 담당하는 세포는 피부의 구조 중 어디에 위치하는가?

① 표피 – 기저층　　　　　② 표피 – 유극층　　　　　③ 표피-과립층
④ 표피 – 각질층　　　　　⑤ 진피 – 망상층

해설　색소는 표피의 기저층에 존재하는 멜라닌세포(멜라노사이트)에 의해서 합성되고 각질형성세포에 전달된다.

138 모발의 세부 구조에 대한 다음 설명에서 빈칸에 들어갈 말로 옳은 것은?

> • 모간 : 피부 표면에 노출된 모발
> 　– 구조 : 모표피, 모피질, 모수질로 구성
> • (   ) : 피부 속에 있는 모발
> 　– 모낭 : 모근을 둘러싸고 있으며 모발을 만드는 기관
> 　– 모모세포 : 모발의 구조를 만드는 세포
> 　– 모유두 : 진피에서 유래한 세포로, 모낭 속에 있는 모모세포 등에 영양 공급

① 모근　　　　　　　　　② 모공　　　　　　　　　③ 입모근
④ 피지선　　　　　　　　⑤ 소구

해설　피부 속에 있는 부분은 모근이라고 하고 피부 밖으로 노출된 것을 모간이라 한다.

139 모발은 일정한 주기를 반복하며 성장을 반복한다. 아래의 설명에 해당하는 모발의 성장 주기는?

> • 비율 : 10~15%
> • 특질 : 모발 – 피부 결합력이 약화되어 물리적 충격에 탈모

① 성장기　　　　　　　　② 휴지기　　　　　　　　③ 퇴화기
④ 반복기　　　　　　　　⑤ 탈락기

해설　휴지기는 퇴화기 이후 완전히 대사과정을 멈춘 상태를 의미한다.

정답　136 ⑤　137 ①　138 ①　139 ②

140 피부 분석 기기는 피부 유형과 피부 상태를 파악하여, 분석 내용을 토대로 적합한 제품을 제안하기 위해 사용한다. 다음의 설명에 해당하는 측정 기기는?

> 원리 : 음압(펌프로 공기를 빨아들임)으로 피부를 당겼을 때 피부가 당겨지는 정도, 압력을 제거하였을 때 피부가 되돌아가는 정도를 측정한다.

① 피부 수분 측정기　　　　② 경피 수분 손실 측정기　　　③ 피부 탄력 측정기
④ 색차계　　　　　　　　　⑤ 표면 광택 측정 기기

해설 피부의 탄력이 높은 경우 압력 제거 이후에 빨리 원상태로 회복된다. 피부 탄력 측정기를 이용하여 이를 분석할 수 있으며, 주름 개선 화장품 등의 사용 이후 탄력 개선의 정도를 분석하는 데 사용된다.

141 맞춤형화장품 판매업을 신고할 수 없는 사람과 관계가 <u>먼</u> 것은?

① 피성년후견인 선고를 받고 복권되지 아니한 자
② 정신질환자
③ 보건범죄단속에 관한 특별조치법 위반으로 금고 이상의 형을 선고받고 집행이 끝나지 않은 자
④ 파산선고를 받고 복권되지 아니한 자
⑤ 화장품법 위반으로 등록이 취소되거나 영업소가 폐쇄된 이후 1년이 지나지 않은 자

해설 ②의 결격사유는 화장품 제조업 등록 시에만 해당한다.

142 맞춤형화장품 판매업자의 의무 중 맞춤형화장품 판매 내역서에 포함되어야 하는 사항이 <u>아닌</u> 것은?

① 제조번호　　　　　　　　② 책임판매업자의 상호　　　③ 판매량
④ 판매일자　　　　　　　　⑤ 개봉 후 사용기간

해설 책임판매업자의 상호는 판매 내역서에 의무적으로 포함해야 할 사항이 아니다.

143 맞춤형화장품 판매업자의 의무로 옳지 <u>않은</u> 것은?

① 맞춤형화장품 판매장 내 시설 · 기구를 정기적으로 점검하여 보건위생상 위해가 없도록 관리할 것
② 맞춤형화장품 사용 시의 주의사항을 소비자에게 설명할 것
③ 혼합 · 소분에 사용된 내용물 · 원료의 내용 및 특성을 소비자에게 설명할 것
④ 전염성 질환이 있는 경우 반드시 혼합 · 소분 시 일회용 장갑을 착용할 것
⑤ 혼합 · 소분 전에 혼합 · 소분된 제품을 담을 포장용기의 오염 여부를 확인할 것

해설 전염성 질환이 있는 경우에는 혼합 행위를 해서는 안 된다.

144 다음의 성분 중 맞춤형화장품 제조 시 혼합할 수 <u>없는</u> 원료는?

① 트리클로산　　　　　　　② 파라핀　　　　　　　　　③ 이소프로필미리스테이트
④ 프로필렌글리콜　　　　　⑤ 카보머

해설 트리클로산은 사용상의 제한이 있는 원료인 보존제 성분이다.

정답　140 ③　141 ②　142 ②　143 ④　144 ①

145 다음 〈보기〉의 화장품 전성분 표기 중 사용상의 제한이 필요한 자외선 차단제에 해당하는 성분 하나를 고르면?

┤ 보기 ├

정제수, 글리세린, 다이프로필렌글라이콜, 토코페릴아세테이트, 옥시벤존, 다이메티콘/비닐다이메티콘크로스폴리머, C12－14파레스－3, 향료

① 정제수
② 향료
③ 다이메티콘/비닐다이메티콘크로스폴리머
④ 토코페릴아세테이트
⑤ 옥시벤존

해설 옥시벤존은 사용상의 제한이 필요한 원료의 하나인 자외선 차단제이다. 법에서 정한 농도와 함량을 준수하면 안전한 것으로 판단하나, 이를 맞춤형화장품 조제관리사가 직접 배합하는 것은 금지된다.

146 다음의 원료 중 맞춤형화장품에 혼합할 수 없는 미백 기능성 원료에 해당하는 것은?

① 글리세린   ② 스쿠알란   ③ 디메치콘
④ 유용성감초추출물   ⑤ 페녹시에탄올

해설 유용성감초추출물은 식품의약품안전처장이 고시한 미백 기능성화장품의 효능·효과를 나타내는 원료로서 맞춤형화장품에 혼합할 수 없다.
 ※ 다만, 맞춤형화장품판매업자에게 원료를 공급하는 화장품책임판매업자가 「화장품법」 제4조에 따라 해당 원료를 포함하여 기능성화장품에 대한 심사를 받거나 보고서를 제출한 경우는 제외한다.
 ⑤ 페녹시에탄올은 보존제이다.

147 다음의 원료 중 맞춤형화장품에 혼합할 수 없는 주름 개선 기능성 고시 원료에 해당하는 것은?

① 닥나무 추출물
② 알부틴
③ 유용성 감초 추출물
④ 나이아신아마이드
⑤ 폴리에톡실레이티드레틴아마이드

해설 폴리에톡실레이티드레틴아마이드는 식품의약품안전처장이 고시한 주름 개선 기능성화장품의 효능·효과를 나타내는 원료로서 맞춤형화장품에 혼합할 수 없다. 나머지 원료는 미백 기능성 고시원료에 해당한다.
 ※ 다만, 맞춤형화장품판매업자에게 원료를 공급하는 화장품책임판매업자가 「화장품법」 제4조에 따라 해당 원료를 포함하여 기능성화장품에 대한 심사를 받거나 보고서를 제출한 경우는 제외한다.

148 다음 중 투명한 형태의 스킨류에 해당하는 제형의 형태는?

① 가용화 제형   ② 유용화 제형   ③ 유화제형
④ 분산제형   ⑤ 수용화 제형

해설 투명한 형태의 스킨류는 소량의 오일이 수상에 혼합되어 있어 투명한 형상을 보이는 가용화 제형이다.

정답   145 ⑤   146 ④   147 ⑤   148 ①

149 다음 중 o/w 제형(물을 연속상으로 하고 오일이 분산된 제형)과 거리가 먼 것은?

① 기초화장품 – 크림
② 기능성화장품 – 내수성의 자외선 차단 크림
③ 기초화장품 – 로션
④ 기능성화장품 – 주름개선 기능성 크림
⑤ 기능성화장품 – 에멀전

해설 내수성을 가지기 위해서는 오일을 연속상으로 하는 제형이어야 한다.

150 다음 중 피부 타입과 특징에 대한 설명으로 옳지 않은 것은?

① 정상 피부 – 유·수분의 밸런스가 좋다.
② 지성 피부 – 피지 분비가 많아 번들거린다.
③ 건성 피부 – 건조하고 윤기가 없다.
④ 복합성 피부 – U–zone 주위로 지성 피부의 특성을 나타낸다.
⑤ 민감성 피부 – 피부장벽이 약화되어 자극에 민감하다.

해설 복합성 피부의 경우 U–zone 주위는 피지 분비가 적어 건성 피부의 특성을 나타낸다.

151 매장을 방문한 고객과 맞춤형화장품 조제관리사가 다음과 같은 〈대화〉를 나누었다. 조제관리사가 고객에게 혼합하여 추천할 제품으로 다음 〈보기〉 중 옳은 것을 모두 고르면?

┤ 대화 ├

고객 : 최근에 야외활동을 많이 해서 그런지 얼굴 피부가 검어지고 칙칙해졌어요. 주름이 많이 생기기도 하구요.
관리사 : 아. 그러신가요? 그럼 고객님 피부 상태를 측정해 보도록 할까요?
고객 : 그럴까요? 지난번 방문 시와 비교해 주시면 좋겠네요.
관리사 : 네. 이쪽에 앉으시면 저희 측정기로 측정을 해드리겠습니다.

– 피부 측정 후 –

관리사 : 고객님은 한 달 전 측정 시보다 얼굴의 색소 침착도가 20%가량 높아져 있고, 피부 주름이 15%가량
증가하였습니다.
고객 : 음. 걱정이네요. 그럼 어떤 제품을 쓰는 것이 좋을지 추천 부탁드려요.

┤ 보기 ├

ㄱ. 산화아연 함유 제품   ㄴ. 알파비사보롤 함유 제품
ㄷ. 카페인(Caffeine) 함유 제품   ㄹ. 글리세린 함유 제품
ㅁ. 아데노신(Adenosine)함유 제품

① ㄱ, ㄷ   ② ㄱ, ㅁ   ③ ㄴ, ㄹ
④ ㄴ, ㅁ   ⑤ ㄷ, ㄹ

해설 알파비사보롤을 함유하고 피부 미백 기능성화장품으로 인정받은 제품과 아데노신을 함유하고 주름 개선 기능성화장품으로 인정받은 제품을 추천할 수 있다.

152 다음 〈보기〉 중 올바르게 업무를 진행한 경우를 <u>모두</u> 고르면?

┤ 보기 ├

ㄱ. 고객으로부터 선택된 맞춤형화장품을 조제관리사가 매장 조제실에서 직접 조제하여 전달하였다.
ㄴ. 조제관리사는 선크림을 조제하기 위하여 이산화티탄을 10%로 배합, 조제하여 판매하였다.
ㄷ. 책임판매업자가 기능성화장품으로 심사 또는 보고를 완료한 제품을 맞춤형화장품 조제관리사가 소분하여 판매하였다.
ㄹ. 맞춤형화장품 구매를 위하여 인터넷 주문을 진행한 고객에게 개인정보보호 책임자가 제작 후 제품을 배송하였다.

① ㄱ, ㄴ   ② ㄱ, ㄷ   ③ ㄴ, ㄷ
④ ㄴ, ㄹ   ⑤ ㄷ, ㄹ

해설 ㄴ. 자외선 차단 성분인 이산화티탄은 사용상의 제한이 있는 원료로서 맞춤형화장품 배합 금지 원료이다.
ㄹ. 개인정보보호 책임자가 아니라 조제관리사가 직접 진행해야 한다.

153 맞춤형화장품 매장에 근무하는 조제관리사에게 향료 알러지가 있는 고객이 제품에 대해 문의를 해 왔다. 조제관리사가 제품에 부착된 〈보기〉의 설명서를 참조하여 고객에게 안내해야 할 말로 가장 적절한 것은?

┤ 보기 ├

• 제품명 : 유기농 모이스처 로션
• 제품의 유형 : 액상 에멀전류
• 내용량 : 50g
• 전성분 : 정제수, 1,3부틸렌글리콜, 글리세린, 스쿠알란, 호호바유, 모노스테아린산글리세린, 피이지 소르비탄지방산에스터, 1,2헥산디올, 녹차추출물, 제라니올, 레티놀, 토코페롤, 잔탄검, 구연산나트륨, 수산화칼륨

① 이 제품은 알러지를 유발할 수 있는 글리세린이 포함되어 있어 사용 시 주의를 요합니다.
② 이 제품은 알러지를 유발할 수 있는 잔탄검이 포함되어 있어 사용 시 주의를 요합니다.
③ 이 제품은 알러지를 유발할 수 있는 토코페롤이 포함되어 있어 사용 시 주의를 요합니다.
④ 이 제품은 알러지를 유발할 수 있는 레티놀이 포함되어 있어 사용 시 주의를 요합니다.
⑤ 이 제품은 알러지를 유발할 수 있는 제라니올이 포함되어 있어 사용 시 주의를 요합니다.

해설 향료의 성분 중 제라니올은 알러지 유발 가능성이 있는 성분으로 고객에게 별도로 안내해야 한다.

154 미백 기능성 고시 성분 및 제한 함량으로 옳은 것은?

① 벤질알코올 – 1%   ② 글루타랄 – 0.1%   ③ 티타늄디옥사이드 – 25%
④ 레티닐 팔미테이트 – 2~5%   ⑤ 아스코빌글루코사이드 – 2%

해설 ① 벤질알코올 : 보존제 성분
② 글루타랄 : 보존제 성분
③ 티타늄디옥사이드 : 자외선 차단 성분
④ 레티닐 팔미테이트 : 주름 개선 성분

155 다음 중 사용상의 제한이 있는 자외선 차단제 성분 및 제한 함량으로 옳은 것은?

① 에칠헥실메톡시신나메이트－7.5%

② 트리클로산－0.1%

③ 징크옥사이드－10%

④ 세틸피리듐 클로라이드－0.08%

⑤ 옥토크릴렌－5%

해설 ②, ④ 보존제 성분
③ 징크옥사이드 : 25%
⑤ 옥토크릴렌 : 10%

156 펌프 타입 용기의 특징에 해당하는 것은?

① 손이 닿지 않아 위생적인 보관이 가능하다.

② 뒤집어도 토출이 가능하다.

③ 알루미늄 등의 소재로 되어 차광에 유리하다.

④ 내부의 튜브가 닿지 않으면 토출되지 않는다.

⑤ 제형의 형태를 유지하기에 유리하다.

해설 ① 펌프, 에어리스타입의 장점
②, ⑤ 에어리스타입의 장점
③ 튜브타입의 장점

157 안전용기 포장 규정에서 빈칸에 들어갈 말로 적합한 것은?

[안전용기－포장] 아세톤을 함유하는 네일 (　　　)

① 탑코트 ② 에센스 ③ 언더코트

④ 폴리시 ⑤ 에나멜 리무버

해설 어린이가 에나멜 등 투명한 유성성분 등을 물로 오인하여 먹는 경우를 방지하기 위한 포장규정이다.

158 화장품 표시－광고 규정 및 자원재활용과 촉진에 관한 법률에 따른 용기 기재 사항에서 50ml 초과 제품의 2차 포장에 필수적으로 기재해야 하는 사항이 <u>아닌</u> 것은?

① 중량 ② 분리배출 표시 ③ 책임판매업자의 상호

④ 제조번호 ⑤ 가격

해설 가격은 2차 포장의 필수 기재 사항이 아니다.

159 화장품 표시 – 광고 규정에 따라서 전성분 대신 지정성분을 표시할 수 있는 포장은?

① 50ml 1차 포장   ② 60ml 2차 포장   ③ 40ml 1차 포장
④ 40ml 2차 포장   ⑤ 30ml 1차 포장

해설 50ml 이하 제품의 2차 포장에는 전성분 대신 지정성분을 표시할 수 있다.

160 기능성화장품의 안정성 심사 자료와 관계가 <u>없는</u> 것은?

① 인체 첩포 시험 자료   ② 안전막 자극 시험 자료   ③ 광독성 및 광감작성 자료
④ 관능검사 자료   ⑤ 단회 투여 독성 시험 자료

해설 관능검사 자료는 안전성 자료로 인정되지 않고 사용자 등의 주관적인 의견에 해당한다.

161 피부의 겉보기 구조 중 피지가 분비되어 나오는 곳을 뜻하는 것은?

① 모근   ② 소릉   ③ 소구
④ 한공   ⑤ 모공

해설 소구는 피부에서 우묵하게 들어간 부분을 뜻하고, 여기에 모공이 위치한다. 모공에서 모발이 나오고 피지가 분비된다.

162 피부의 부속 기관 중 모공에 연결되어 지방 성분을 피부 밖으로 배출하여 표면을 보호하는 기관은?

① 소한선   ② 대한선   ③ 피지선
④ 모발   ⑤ 진피

해설 피지선은 지방 성분의 피지를 분비하고 피부 모발에 윤기를 부여한다.

163 진피를 구성하는 구조와 그 특성이 바르게 연결된 것은?

① 각질층 : 피부의 최외곽을 구성, 생명 활동 없이 죽은 세포로 구성, 피부장벽의 핵심 구조
② 유극층 : 표피에서 가장 두꺼운 층, 상처 발생 시 재생을 담당
③ 망상층 : 섬유조직이 많고 대부분의 진피를 구성하는 부분
④ 기저층 : 진피층과의 경계를 형성, 1층으로 구성, 표피층 형성에 필요한 새로운 세포를 형성
⑤ 유두층 : 표피에서 가장 두꺼운 층, 상처 발생 시 재생을 담당

해설 각질층, 유극층, 기저층은 피부의 표피 조직을 구성하는 부분이다. 유두층은 표피와 접해 있고 섬유조직이 적어 표피로의 혈액 및 체액 공급이 용이하다.

164 pH4.5~5.5 정도를 유지하는 피부의 구조는?

① 피하지방층   ② 망상층   ③ 기저층
④ 유극층   ⑤ 각질층

해설 각질층의 pH는 피지에서 분비된 지방산 등에 의하여 낮게 유지된다. 살아 있는 조직에 해당하는 나머지 구조는 다른 신체 부위와 같은 pH를 유지한다.

정답   159 ④   160 ④   161 ⑤   162 ③   163 ③   164 ⑤

165 다음 피부 구조 중 외부의 환경에 따라서 수분의 함량이 10~40% 사이로 변하며 건조함과 거칠음을 느끼는 주요 원인이 되는 곳은?

① 표피 – 기저층　　　　② 표피 – 유극층　　　　③ 표피 – 과립층
④ 표피 – 각질층　　　　⑤ 진피 – 망상층

해설 표피층의 각질층은 죽은 세포들로 구성되어 있다. 다른 피부 구조는 살아 있는 세포로 구성되어 70% 수준의 수분을 항상 유지하고 있다.

166 모발의 세부 구조에 대한 다음 설명에서 빈칸에 들어갈 말로 옳은 것은?

- (　　　) : 피부 표면에 노출된 모발
  – 구조 : 모표피, 모피질, 모수질로 구성
- 모근 : 피부 속에 있는 모발
  – 모낭 : 모근을 둘러싸고 있으며 모발을 만드는 기관
  – 모모세포 : 모발의 구조를 만드는 세포
  – 모유두 : 진피에서 유래한 세포, 모낭 속에 있는 모모세포 등에 영양 공급

① 모간　　　　② 모공　　　　③ 입모근
④ 피지선　　　　⑤ 소릉

해설 피부 속에 있는 부분은 모근이라고 하고 피부 밖으로 노출된 것을 모간이라 한다.

167 다음에서 설명하는 탈모의 종류는?

- 특징 : 성장기에 있는 모발이 영향을 받음
- 원인 : 항암제 탈모(세포분열이 활발한 조직에 항암제가 작용하여 탈모), 남성형 탈모(남성 호르몬이 머리 카락과 수염의 성장에 반대로 작용)

① 원형 탈모　　　　② 휴지기 탈모　　　　③ 성장성 탈모
④ 퇴행성 탈모　　　　⑤ 노화 탈모

해설 남성형 탈모는 대표적인 성장성 탈모로 남성 호르몬에 반응하여 경모가 연모로 변화하고 머리카락이 얇아지며 주로 이마 부분부터 반응한다. 얼굴의 수염은 굵어진다.

168 피부 분석 기기는 피부 유형과 피부 상태를 파악하여, 분석 내용을 토대로 적합한 제품을 제안하기 위해 사용한다. 다음의 설명에 해당하는 측정 기기는?

원리 : 테이프를 일정한 압력과 시간 동안 피부에 접촉, 투명하게 변화한 정도를 기기로 수치화

① 피지 측정기　　　　② pH 분석기　　　　③ 피부 거칠기 측정기
④ 색차계　　　　⑤ 표면 광택 측정 기기

해설 피지 측정기는 테이프에 피지가 흡수된 후 투명하게 변화한 정도를 수치화한다.

정답　165 ④　166 ①　167 ③　168 ①

169 다음 피부의 구조 중 진피에 위치하지 <u>않는</u> 것은?

① 소한선   ② 대한선   ③ 피지선

④ 모근   ⑤ 모간

해설 모간은 모발이 피부 밖에 노출된 부분으로서 진피에 위치하지 않는다. 대한선과 피지선, 모근은 모두 모공 속에 있으며 진피에 위치한다. 소한선 또한 진피에 위치하며, 한공을 통해 땀을 분비한다.

170 맞춤형화장품 판매업자의 의무 중 맞춤형화장품 판매 내역서에 포함될 사항과 거리가 <u>먼</u> 것은?

① 제조번호   ② 사용기한   ③ 판매량

④ 판매일자   ⑤ 판매 금액

해설 판매 금액은 판매 내역서에 의무적으로 포함해야 할 사항이 아니다.

171 맞춤형화장품 제조관리사는 화장품의 안전성 확보 및 품질관리에 관한 교육을 얼마의 주기로 받아야 하는가?

① 3개월   ② 6개월   ③ 1년

④ 2년   ⑤ 5년

해설 책임판매관리자 및 맞춤형화장품 조제관리사는 화장품의 안전성 확보 및 품질관리에 관한 교육을 매년 받아야 한다.

172 다음 성분 중 맞춤형화장품 제조 시 혼합할 수 <u>없는</u> 원료는?

① 소듐 PCA   ② 카나우바 왁스   ③ 세틸에틸헥사노에이트

④ 벤조익 애시드   ⑤ 카보시메틸셀룰로오즈

해설 벤조익 애시드는 사용상의 제한이 있는 원료인 보존제 성분이다.

173 다음 〈보기〉의 화장품 전성분 표기 중 사용상의 제한이 필요한 자외선 차단제에 해당하는 성분 하나를 고르면?

┤ 보기 ├

정제수, 프로필렌글리콜, 비즈왁스, 벤조페논-4, 카보머, 페녹시에탄올, 향료

① 정제수   ② 벤조페논-4   ③ 프로필렌글리콜

④ 페녹시에탄올   ⑤ 향료

해설 벤조페논-4는 사용상의 제한이 필요한 원료의 하나인 자외선 차단제이다. 법에서 정한 농도와 함량을 준수하면 안전한 것으로 판단하나, 이를 맞춤형화장품 조제관리사가 직접 배합하는 것은 금지된다.
④ 페녹시에탄올은 보존제이다.

174 다음의 원료 중 맞춤형화장품에 혼합할 수 없는 미백 기능성 원료에 해당하는 것은?

① 스쿠알란

② 폴리비닐 피롤리돈

③ 아데노신

④ 페녹시에탄올

⑤ 아스코빌테트라이소팔미테이트

해설 아스코빌테트라이소팔미테이트는 식품의약품안전처장이 고시한 미백 기능성화장품의 효능·효과를 나타내는 원료로서 맞춤형화장품에 혼합할 수 없다.
※ 다만, 맞춤형화장품판매업자에게 원료를 공급하는 화장품책임판매업자가 「화장품법」 제4조에 따라 해당 원료를 포함하여 기능성화장품에 대한 심사를 받거나 보고서를 제출한 경우는 제외한다.
③ 아데노신은 주름 개선 기능성 고시 원료이다.

175 다음의 원료 중 맞춤형화장품에 혼합할 수 없는 주름 개선 기능성 고시 원료에 해당하는 것은?

① 닥나무 추출물　　　　② 알부틴　　　　③ 유용성 감초 추출물

④ 아스코빌글루코사이드　　⑤ 레티놀

해설 레티놀은 식품의약품안전처장이 고시한 주름 개선 기능성화장품의 효능·효과를 나타내는 원료로서 맞춤형화장품에 혼합할 수 없다. 나머지 원료는 미백 기능성 고시 원료에 해당한다.
※ 다만, 맞춤형화장품판매업자에게 원료를 공급하는 화장품책임판매업자가 「화장품법」 제4조에 따라 해당 원료를 포함하여 기능성화장품에 대한 심사를 받거나 보고서를 제출한 경우는 제외한다.

176 유화 제형의 외상과 내상의 상태를 구별하는 방법 중 o/w 제형(물을 연속상으로 하고 오일이 분산된 제형)의 구분 방법에 해당하는 것은?

① 제형을 물에 떨어뜨렸을 때 잘 섞이지 않는다.

② 제형을 오일에 떨어뜨렸을 때 잘 섞인다.

③ 친수성 염료를 물에 녹여 제형에 떨어뜨리면 잘 섞이지 않는다.

④ 친유성 염료를 오일에 녹여 제형에 떨어뜨리면 잘 섞인다.

⑤ 전극을 제형에 넣으면 전류가 잘 통한다.

해설 o/w 제형은 외상이 수상이므로 물에 전류가 흐르는 원리를 이용하여 구별할 수 있다.

177 수성성분을 유성성분과 유화시키는 w/o 유화를 실시하기에 적절한 계면활성제의 HLB 값 범위는?

① 1~3　　　　② 4~6　　　　③ 7~9

④ 8~18　　　　⑤ 15~18

해설 HLB의 범위에 따른 제작에 적합한 제형의 종류
• 1~3 : 소포제
• 4~6 : w/o 유화
• 7~9 : 분산제
• 8~18 : o/w 유화
• 15~18 : 가용화제

정답　174 ⑤　175 ⑤　176 ⑤　177 ②

178 여드름성 피부를 완화하는 데 도움을 주는 고시 성분에 해당하는 것은?

① 덱스판테놀　　　　　　　② 살리실릭애씨드　　　　　③ 치오글리콜산
④ 알파비사보롤　　　　　　⑤ 레티닐팔미테이트

해설　① 덱스판테놀 : 탈모 증상의 완화에 도움
　　　③ 치오글리콜산 : 체모를 제거
　　　④ 알파비사보롤 : 미백
　　　⑤ 레티닐팔미테이트 : 주름 완화

179 맞춤형화장품 조제관리사인 소영은 매장을 방문한 고객과 다음과 같은 〈대화〉를 나누었다. 조제관리사가 고객에게 혼합하여 추천할 제품으로 다음 〈보기〉 중 옳은 것을 모두 고르면?

| 대화 |

고객　　：최근에 야근을 많이 해서 그런지 얼굴 피부가 검어지고 칙칙해졌어요. 피부가 많이 건조해지기도 하구요.
관리사 : 아. 그러신가요? 그럼 고객님 피부 상태를 측정해 보도록 할까요?
고객　　：그럴까요? 지난번 방문 시와 비교해 주시면 좋겠네요.
관리사 : 네. 이쪽에 앉으시면 저희 측정기로 측정을 해드리겠습니다.

– 피부 측정 후 –

관리사 : 고객님은 한 달 전 측정 시보다 얼굴의 수분이 20%가량 낮아져 있고, 피부 주름이 10%가량 증가하였습니다.
고객　　：음. 걱정이네요. 그럼 어떤 제품을 쓰는 것이 좋을지 추천 부탁드려요.

| 보기 |

ㄱ. 닥나무 추출물　　　　　　　　　　　ㄴ. 산화아연 함유 제품
ㄷ. 히알루론산 함유 제품　　　　　　　ㄹ. 호모살레이트 함유 제품
ㅁ. 레티닐팔미테이트 함유 제품

① ㄱ, ㄷ　　　　　　　② ㄱ, ㅁ　　　　　　　③ ㄴ, ㄹ
④ ㄴ, ㅁ　　　　　　　⑤ ㄷ, ㅁ

해설　수분을 잡아주는 히알루론산 함유 제품과 레티닐팔미테이트를 함유하고 주름 개선 기능성화장품으로 인정받은 제품을 추천할 수 있다.

180 다음 〈보기〉 중 맞춤형화장품 조제관리사가 올바르게 업무를 진행한 경우를 모두 고르면?

| 보기 |

ㄱ. 피부 미백 화장품을 만들기 위해서 나이아신아마이드를 첨가하여 판매하였다.
ㄴ. 자외선 차단 화장품을 만들기 위해서 호모살레이트를 5% 첨가하여 제조하였다.
ㄷ. 내용물 및 원료의 사용기한 또는 개봉 후 사용기간을 확인 후 혼합하였다.
ㄹ. 내용물 및 원료의 제조번호를 확인하고 혼합하였다.

① ㄱ, ㄴ　　　　　　　② ㄱ, ㄷ　　　　　　　③ ㄴ, ㄷ
④ ㄴ, ㄹ　　　　　　　⑤ ㄷ, ㄹ

해설　ㄱ. 피부 미백 기능성화장품 고시 원료인 나이아신아마이드는 맞춤형화장품 조제 시 혼합할 수 없는 원료이다.
　　　ㄴ. 자외선 차단 성분은 사용상의 제한이 있는 원료로 맞춤형화장품 조제 시 혼합할 수 없는 원료이다.

정답　178 ②　179 ⑤　180 ⑤

181 맞춤형화장품 매장에 근무하는 조제관리사에게 향료 알러지가 있는 고객이 제품에 대해 문의를 해 왔다. 조제관리사가 제품에 부착된 〈보기〉의 설명서를 참조하여 고객에게 안내해야 할 말로 가장 적절한 것은?

보기

- 제품명 : 유기농 모이스처 로션
- 제품의 유형 : 액상 에멀전류
- 내용량 : 50g
- 전성분 : 정제수, 1,3부틸렌글리콜, 글리세린, 스쿠알란, 호호바유, 모노스테아린산글리세린, 피이지 소르비탄지방산에스터, 1,2헥산디올, 녹차추출물, 황금추출물, 참나무이끼추출물, 토코페롤, 잔탄검, 구연산나트륨, 수산화칼륨
---

① 이 제품은 알러지를 유발할 수 있는 스쿠알란이 포함되어 있어 사용 시 주의를 요합니다.
② 이 제품은 알러지를 유발할 수 있는 잔탄검이 포함되어 있어 사용 시 주의를 요합니다.
③ 이 제품은 알러지를 유발할 수 있는 참나무이끼추출물이 포함되어 있어 사용 시 주의를 요합니다.
④ 이 제품은 알러지를 유발할 수 있는 글리세린이 포함되어 있어 사용 시 주의를 요합니다.
⑤ 이 제품은 알러지를 유발할 수 있는 황금추출물이 포함되어 있어 사용 시 주의를 요합니다.

해설 향료의 성분 중 알러지 유발 가능성이 있는 성분인 참나무이끼추출물에 대하여 고객에게 안내해야 한다.

182 다음 중 미백 기능성 고시 성분 및 그 제한 함량으로 옳은 것은?

① 벤질알코올−1% ② 글루타랄−0.1% ③ 에칠아스코빌에텔−1~2%
④ 레티닐 팔미테이트−2~5% ⑤ 벤조페논−4~5%

해설 벤질알코올과 글루타랄은 모두 보존제 성분이다. 레티닐 팔미테이트는 주름 개선 고시 성분이며, 벤조페논−4는 자외선 차단 성분이다.

183 다음 중 사용상의 제한이 있는 보존제 성분 및 그 제한 함량으로 옳은 것은?

① 알파비사보롤−0.5% ② 글루타랄−0.1% ③ 벤질알코올−5%
④ 호모살레이트−0.08% ⑤ 징크옥사이드−0.2%

해설 참고로 벤질알코올도 보존제이나 제한 함량은 1%이다.

184 다음에서 설명하는 용기의 타입은?

- 특징
  - 펌핑 시 용기 아래쪽의 플레이트 자체가 올라오는 형식으로 토출
  - 점도가 낮은 제형에 적합
- 장점 : 제형 내 공기 유입이 적고, 뒤집어도 토출이 가능, 제형의 형태를 유지하기에 유리
---

① 자 타입 용기 ② 튜브 타입 용기 ③ 펌프 타입 용기
④ 에어리스 타입 용기 ⑤ 스프레이 타입 용기

해설 에어리스 타입 용기의 경우 크림 형식의 경도가 높은 제형은 보관이 불가하다.

정답 181 ③ 182 ③ 183 ② 184 ④

185 안전용기 포장규정에서 빈칸에 들어갈 말로 적합한 것은?

> [안전용기 – 포장]
> 아세톤을 함유하는 네일 (   )

① 탑코트   ② 에센스   ③ 언더코트
④ 폴리시 리무버   ⑤ 에나멜

해설 안전용기는 어린이가 투명한 아세톤을 함유한 리무버 등을 물로 오인하여 먹는 경우를 방지하기 위한 포장이다.

186 화장품 표시 – 광고 규정 및 자원재활용과 촉진에 관한 법률에 따른 용기 기재 사항에서 50ml 초과 제품의 1차 포장에 필수적으로 기재 해야 하는사항이 아닌 것은?

① 중량   ② 분리배출 표시   ③ 책임판매업자의 상호
④ 제조번호   ⑤ 사용기한

해설 중량은 2차 포장에 기재해야 하는 사항이다.

187 다음 중 사용 시의 분리배출 표시를 표기해야 하는 포장을 모두 고르면?

> ㄱ. 50ml 1차 포장   ㄴ. 50ml 2차 포장   ㄷ. 40ml 1차 포장
> ㄹ. 30ml 2차 포장   ㅁ. 30ml 1차 포장

① ㄱ, ㄴ, ㄷ   ② ㄱ, ㄴ, ㅁ   ③ ㄴ, ㄷ, ㄹ
④ ㄴ, ㄷ, ㅁ   ⑤ ㄷ, ㄹ, ㅁ

해설 30ml를 초과하는 1차, 2차 포장에는 의무적으로 분리배출 표시해야 한다.

188 피부의 기능과 그 설명이 바르게 짝지어진 것을 모두 고르면?

> ㄱ. 보호 기능 : 온도, 촉각, 통증 등을 감지
> ㄴ. 체온 조절 기능 : 땀 발산, 혈관 축소 및 확장
> ㄷ. 배설 기능 : 피지와 땀의 분비
> ㄹ. 감각 기능 : 외부 물질의 침입 방어, 충격 마찰 저항
> ㅁ. 합성 작용 : 피부 표면에서 자외선에 의해 비타민 D 생성

① ㄱ, ㄴ, ㄷ   ② ㄱ, ㄹ, ㅁ   ③ ㄴ, ㄹ, ㅁ
④ ㄴ, ㄷ, ㅁ   ⑤ ㄷ, ㄹ, ㅁ

해설 ㄱ. 보호 기능 : 외부 물질의 침입 방어, 충격 마찰 저항 등
　　ㄹ. 감각 기능 : 온도 · 촉각 · 통증 등을 감지하는 기능

정답 185 ④ 186 ① 187 ① 188 ④

189 다음 중 화장품의 기능을 평가하는 시험법과 거리가 먼 것은?

① 피부 수분량 측정법 　　② 피부 광택 측정법 　　③ 피부 색상 측정법
④ 피부 감작성 측정법 　　⑤ 피부 수분 증량 측정법

해설 피부 감작성 측정법은 화장품의 기능이 아닌 피부의 안전성을 측정하는 방식이다. 반복 도포 후 알러지 반응 등을 확인한다.

190 피부의 세부 구조 중 지방세포로 구성되어 단열, 충격 흡수, 뼈와 근육 보호 등의 역할을 하는 부분은?

① 진피 　　② 피하지방 　　③ 표피
④ 모간 　　⑤ 모공

해설 ① 진피 : 피부의 가장 많은 부분을 차지하며 피부 탄력을 유지한다.
③ 표피 : 피부의 가장 외부에 존재하는 층으로 유해물질을 차단하는 장벽 역할을 한다.

191 표피의 구조 중 다음의 기능과 특징에 해당하는 것은?

(   ) : 표피에서 가장 두꺼운 층, 상처 발생 시 재생을 담당

① 기저층 　　② 유극층 　　③ 과립층
④ 각질층 　　⑤ 망상층

해설 기저층에서 분화한 표피는 유극층을 구성한다. 기저층은 1개의 층으로 이루어진 반면 유극층은 가장 많은 층을 이루어 표피 부피의 대부분을 차지한다.

192 각질층의 각질세포 속에서 수분을 잡아주는 역할을 하는 천연보습인자의 구성 성분에 해당하지 <u>않는</u> 것은?

① 콜레스테롤 　　② 소듐 PCA 　　③ 이온
④ 우레아 　　⑤ 단당류

해설 천연보습인자는 수분과의 친화력이 좋은 성분으로 ②~⑤의 성분으로 구성된다. 콜레스테롤은 세포 간 지질을 이뤄 물과 친화력이 없는 지질성분이다.

193 피부장벽의 세포 간 지질은 세라마이드, 콜레스테롤, 자유지방산으로 구성된다. 이들은 친수성 성분과 친유성 성분이 교대로 반복되어 있는데, 이 구조의 명칭은?

① 라멜라 　　② 마이셀 　　③ 벽돌과 시멘트
④ 섬유 　　⑤ 망상

해설 친수성 성분과 친유성 성분이 서로 모여 있는 형태로 배열된 기본 구조가 여러 층으로 반복되는 구조를 라멜라 구조라고 한다.

정답　189 ④　190 ②　191 ②　192 ①　193 ①

194 모발의 구조에서 다음 설명에 해당하는 구조는?

- 구성 : 편상의 무핵세포가 비늘 모양으로 겹쳐져 있음
- 기능 : 화학적 저항성이 강하여 외부로부터 보호
- 구조 : 사람의 경우 5~10층을 이룸. 1개의 세포가 모발의 1/2~1/3을 덮고 있음. 약 20%만 노출되고 80%는 다른 세포에 겹쳐져 있음

① 모표피
② 모피질
③ 모수질
④ 모간
⑤ 모근

해설 모표피는 모간의 제일 바깥 구조를 의미한다. 최외곽 부분에 지질이 결합되어 있으나 멜라닌 색소가 없다.

195 다음에서 설명하는 탈모의 종류는?

- 특징 : 10% 수준의 휴지기가 20% 수준으로 늘어난 것
- 원인 : 견인성(머리를 땋거나 묶음), 산후, 약물성 원인 등

① 원형 탈모
② 휴지기 탈모
③ 성장성 탈모
④ 퇴행성 탈모
⑤ 노화 탈모

해설 휴지기 탈모는 일시적인 원인에 의한 것으로 해당 원인이 사라지면 다시 회복된다.

196 피부 분석 기기는 피부 유형과 피부 상태를 파악하여, 분석 내용을 토대로 적합한 제품을 제안하기 위해 사용한다. 다음의 설명에 해당하는 측정 기기는?

원리 : 탐침기 끝부분의 수소이온의 농도를 검출

① 피부 수분 측정기
② pH 분석기
③ 피부 거칠기 측정기
④ 색차계
⑤ 표면 광택 측정 기기

해설 pH 분석기는 탐침기 끝부분의 수소이온 농도를 검출하여 pH를 계산한다. 비누 등의 사용에 의해서 피부 표면의 pH가 변화할 수 있다. 일반적으로 pH4.5~5.5 정도가 가장 건강한 상태이다.

197 맞춤형화장품 판매업의 신고 시 제출해야 할 내용과 거리가 먼 것은?

① 맞춤형화장품판매업을 신고한 자
② 맞춤형화장품판매업자의 상호 및 소재지
③ 맞춤형화장품조제관리사의 성명, 생년월일
④ 맞춤형화장품조제관리사의 자격증 번호
⑤ 맞춤형화장품 판매 품목

해설 맞춤형화장품 신고서에 포함된 내용을 맞춤형화장품 판매업소의 소재지를 관할하는 지방식품의약품안전청장에게 제출한다. 이때 판매 품목은 신고 사항이 아니다.

정답 194 ① 195 ② 196 ② 197 ⑤

198 맞춤형화장품 판매업자의 의무로 옳지 않은 것은?

① 맞춤형화장품 판매장 내 시설·기구를 정기적으로 점검하여 보건위생상 위해가 없도록 관리할 것

② 맞춤형화장품 사용 시의 주의사항을 소비자에게 설명할 것

③ 혼합·소분에 사용된 내용물·원료의 내용 및 특성을 소비자에게 설명할 것

④ 혼합·소분의 안전을 위해 식품의약품안전처장이 정하여 고시하는 사항을 준수할 것

⑤ 혼합·소분에 사용되는 장비 또는 기구 등은 사용 후에 그 위생 상태를 점검하고, 사용 전에는 오염이 없도록 세척할 것

해설 혼합·소분에 사용되는 장비 또는 기구 등은 사용 전에 그 위생 상태를 점검하고, 사용 후에는 오염이 없도록 세척해야 한다.

199 맞춤형화장품에 사용할 수 있는 원료에 해당하는 것은?

① 화장품 사용 금지 원료

② 기능성화장품 주름 개선 고시 원료

③ 사용상의 제한이 있는 보존제

④ 사용상의 제한이 있는 자외선 차단제

⑤ 항산화제

해설 사용 금지 원료, 사용상의 제한이 있는 원료, 기능성화장품 고시 원료 등은 사용할 수 없다.

200 다음 성분 중 맞춤형화장품 제조 시 혼합할 수 없는 원료는?

① 헥산디올　　　　　　② 징크피리치온　　　　　　③ 솔비톨

④ 이소프로필미리스테이트　　⑤ 카나우바 왁스

해설 징크피리치온은 사용상의 제한이 있는 원료인 보존제 성분이다.

201 다음 〈보기〉의 화장품 전성분 표기 중 사용상의 제한이 필요한 자외선 차단제에 해당하는 성분을 고르면?

┤ 보기 ├

정제수, 글리세린, 라놀린, 토코페릴아세테이트, 옥토크릴렌, 다이메티콘/비닐다이메티콘크로스폴리머, C12
－14파레스－3, 페녹시에탄올, 향료

① 정제수　　　　　　② 라놀린　　　　　　③ 옥토크릴렌

④ 토코페릴 아세테이트　　⑤ 페녹시에탄올

해설 옥토크릴렌은 사용상의 제한이 필요한 원료의 하나인 자외선 차단제이다. 법에서 정한 농도와 함량을 준수하면 안전한 것으로 판단하나, 이를 맞춤형화장품 조제관리사가 직접 배합하는 것은 금지된다.

202 다음의 원료 중 맞춤형화장품에 혼합할 수 없는 미백 기능성 고시 원료에 해당하는 것은?

① 글리세린

② 알부틴

③ 옥토크릴렌

④ 카보머

⑤ 폴리에톡실레이티드레틴아마이드

해설 알부틴은 식품의약품안전처장이 고시한 기능성화장품의 효능·효과를 나타내는 원료로서 맞춤형화장품에 혼합할 수 없다.
  ※ 단, 맞춤형화장품 판매업자에게 원료를 공급하는 화장품책임판매업자가 화장품법 제4조에 따라 해당 원료를 포함하여 기능성화장품에 대한 심사를 받거나 보고서를 제출한 경우는 제외한다.
  ⑤ 폴리에톡실레이티드레틴아마이드는 주름 개선 기능성 고시 원료이다.

203 〈보기〉 중 기능성화장품 심사 시 제출해야 하는 안전성 자료로 적합한 것을 <u>모두</u> 고르면?

┤ 보기 ├

ㄱ. 다회 투여 독성 시험 자료　　　　ㄴ. 피부 감작성 시험 자료
ㄷ. 인체 첩포시험 자료　　　　　　　ㄹ. 광안정성 시험 자료
ㅁ. 1차 피부 자극시험 자료

① ㄱ, ㄴ, ㄷ　　　　　　② ㄱ, ㄴ, ㄹ　　　　　　③ ㄱ, ㄴ, ㅁ
④ ㄴ, ㄷ, ㅁ　　　　　　⑤ ㄷ, ㄹ, ㅁ

해설 이외에 단회 투여 독성 시험 자료, 독성 및 광감작성 시험 자료 등이 필요하다.

204 다음 중 w/o 제형(오일을 연속상으로 하고 물이 분산된 제형)에 해당하는 것은?

① 기초화장품 - 크림

② 색조화장품 - 워터프루프 기능의 파운데이션

③ 기초화장품 - 로션

④ 기능성화장품 - 주름개선 기능성 크림

⑤ 기능성화장품 - 에멀전

해설 내수성(워터프루프 기능)을 가지기 위해서는 오일을 연속상으로 해야 한다. 참고로 기초화장품은 주로 o/w 제형에 해당한다.

205 우윳빛의 주름 개선 기능성 에센스류에 해당하는 제형의 형태는?

① 가용화 제형　　　　　② 유용화 제형　　　　　③ 유화 제형
④ 분산 제형　　　　　　⑤ 수용화 제형

해설 유화 제형은 다량의 유상과 수상이 혼합되어 우윳빛을 나타내는 제형으로 마이셀의 크기가 커서 가시광선을 산란시켜 희게 보인다.

정답　202 ②　203 ④　204 ②　205 ③

206 다음에서 설명하는 피부 타입의 분류는?

- 건조하고 윤기가 없다.
- 당김이 심하다.
- 거칠어 보이고 잔주름이 많다.

① 정상 피부　　　　　② 지성 피부　　　　　③ 건성 피부
④ 복합성 피부　　　　⑤ 민감성 피부

해설 건성 피부는 피부 내 보습 성분의 부족, 피지 분비 감소 등에 의해서 건조한 상태를 나타낸다.

207 매장을 방문한 고객과 맞춤형화장품 조제관리사가 다음과 같이 〈대화〉를 나누었다. 조제관리사가 고객에게 혼합하여 추천할 제품으로 다음 〈보기〉 중 옳은 것을 모두 고르면?

┤ 대화 ├

고객　：여름이 되어 야외활동을 많이 할 계획입니다. 벌써 얼굴 피부에 주름이 많이 생겼습니다.
관리사：아. 그러신가요? 그럼 고객님 피부 상태를 측정해 보도록 할까요?
고객　：그럴까요? 지난번 방문 시와 비교해 주시면 좋겠네요.
관리사：네. 이쪽에 앉으시면 저희 측정기로 측정을 해드리겠습니다.

－ 피부 측정 후 －

관리사：고객님은 한 달 전 측정 시보다 얼굴의 주름이 15%가량 높아졌습니다.
고객　：음. 걱정이네요. 자외선에도 대비하고 피부 주름도 줄일 수 있는 제품을 추천 부탁드려요.

┤ 보기 ├

ㄱ. 아데노신(Adenosine) 함유 제품　　　ㄴ. 산화아연 함유 제품
ㄷ. 히알루론산 함유 제품　　　　　　　ㄹ. 소듐 PCA 함유 제품
ㅁ. 유용성 감초 추출물 함유 제품

① ㄱ, ㄴ　　　　　② ㄱ, ㅁ　　　　　③ ㄴ, ㄹ
④ ㄴ, ㅁ　　　　　⑤ ㄷ, ㄹ

해설 아데노신을 함유하고 주름 개선 기능성화장품으로 인정받은 화장품과 산화아연을 함유하고 자외선 차단 기능성화장품으로 인정받은 화장품을 추천할 수 있다.

208 미백 기능성 고시 성분 및 제한 함량으로 옳은 것은?

① 벤질알코올 － 1%
② 글루타랄 － 0.1%
③ 티타늄디옥사이드 － 25%
④ 마그네슘아스코빌포스페이트 － 3%
⑤ 아스코빌글루코사이드 － 5%

해설 ⑤ 아스코빌글루코사이드도 미백 고시 성분이나 제한 함량은 2%이다.

정답　206 ③　207 ①　208 ④

209 다음 〈보기〉 중 맞춤형화장품 조제관리사가 올바르게 업무를 진행한 경우를 <u>모두</u> 고르면?

┤ 보기 ├

ㄱ. 고객으로부터 선택된 맞춤형화장품을 조제관리사가 매장 조제실에서 직접 조제하여 전달하였다.
ㄴ. 피부 미백 화장품을 만들기 위해서 알부틴을 첨가하여 판매하였다.
ㄷ. 책임판매업자가 기능성화장품으로 심사 또는 보고를 완료한 제품을 맞춤형화장품 조제관리사가 소분하여 판매하였다.
ㄹ. 내용물 및 원료의 사용기한이 지난 것을 사용하여 제작하였다.

① ㄱ, ㄴ   ② ㄱ, ㄷ   ③ ㄴ, ㄷ
④ ㄴ, ㄹ   ⑤ ㄷ, ㄹ

해설 ㄴ. 피부 미백 기능성화장품 고시 원료인 알부틴은 혼합할 수 없는 원료이다.
        ㄹ. 내용물 및 원료의 사용기한 또는 개봉 후 사용기간이 지난 원료는 사용해선 안 된다.

210 맞춤형화장품 매장에 근무하는 조제관리사에게 향료 알러지가 있는 고객이 제품에 대해 문의를 해 왔다. 조제관리사가 제품에 부착된 〈보기〉의 설명서를 참조하여 고객에게 안내해야 할 말로 가장 적절한 것은?

┤ 보기 ├

• 제품명 : 유기농 모이스처 로션
• 제품의 유형 : 액상 에멀전류
• 내용량 : 50g
• 전성분 : 정제수, 1,3부틸렌글리콜, 글리세린, 스쿠알란, 호호바유, 모노스테아린산글리세린, 피이지 소르비탄지방산에스터, 1,2헥산디올, 나이아신아마이드, 아데노신, 쿠마린, 토코페롤, 잔탄검, 구연산나트륨, 수산화칼륨.

① 이 제품은 알러지를 유발할 수 있는 1,2헥산디올이 포함되어 있어 사용 시 주의를 요합니다.
② 이 제품은 알러지를 유발할 수 있는 쿠마린이 포함되어 있어 사용 시 주의를 요합니다.
③ 이 제품은 알러지를 유발할 수 있는 아데노신이 포함되어 있어 사용 시 주의를 요합니다.
④ 이 제품은 알러지를 유발할 수 있는 글리세린이 포함되어 있어 사용 시 주의를 요합니다.
⑤ 이 제품은 알러지를 유발할 수 있는 나이아신아마이드가 포함되어 있어 사용 시 주의를 요합니다.

해설 향료의 성분 중 알러지 유발 가능성이 있는 쿠마린에 대해 고객에게 따로 안내를 해야 한다.

211 다음 중 사용상의 제한이 있는 자외선 차단제 및 제한 함량으로 옳은 것은?

① 페녹시에탄올 – 7.5%
② 벤조페논 – 3(옥시벤존) – 5%
③ 알부틴 – 25%
④ 세틸피리듐 클로라이드 – 0.08%
⑤ 유용성 감초추출물 – 2%

해설 ③, ⑤ 알부틴과 유용성 감초추출물은 미백 기능성 고시 원료이다.

212 자 타입 용기와 같이 단단한 용기에 적합한 플라스틱 재질은?

① LDPE　　　　　　　② HDPE　　　　　　　③ 알루미늄
④ 유리　　　　　　　　⑤ 스테인리스스틸

해설 HDPE(High Density PolyEthylene)는 단단한 용기에 적합한 플라스틱 재질이다.
　　① LDPE : 탄력이 있는 튜브형에 적합하다.

213 안전용기 포장규정에서 빈칸 안에 들어갈 말로 적합한 것은?

[안전용기 – 포장]
　품목 : 어린이용 오일 등 개별포장당 탄화수소를 10퍼센트 이상 함유하고 운동점도가 21센티스톡스(섭씨 40도 기준) 이하인 (　　　　) 타입의 액체 상태의 제품

① 비에멀젼　　　　　　② 에멀젼　　　　　　③ 크림
④ 분산 제형　　　　　　⑤ 로션

해설 안전용기는 어린이가 투명한 유성성분 등을 물로 오인하여 먹는 경우를 방지하기 위한 포장이다. 탄화수소를 10퍼센트 이상 함유하고 운동정도가 21센티스톡스 이하인 비에멀젼 타입의 액체 상태 상품은 안전용기에 포장해야 한다.

214 화장품의 제조품질관리를 위한 관능평가 항목과 내용이 바르게 연결된 것은?

ㄱ. 성상 : 색상, 향취, 투명도
ㄴ. 형태 : 미끌거림, 수분감, 오일감, 끈적임
ㄷ. 사용감 : 점도, 경도, 윤기
ㄹ. 포장상태 : 펌핑력, 씰링, 유출 여부, 이물질

① ㄱ, ㄴ　　　　　　　② ㄱ, ㄹ　　　　　　　③ ㄴ, ㄷ
④ ㄴ, ㄹ　　　　　　　⑤ ㄷ, ㄹ

해설 ㄴ. 형태 : 점도, 경도, 윤기 등을 판단한다.
　　ㄷ. 사용감 : 제품 사용 시의 감촉으로 미끌거림, 수분감, 오일감, 끈적임 등을 판단한다.

215 50ml 초과 제품의 2차 포장에 필수적으로 기재해야 하는 사항에서 자원의 절약과 재활용 촉진에 관한 법률에 따른 사항에 해당하는 것은?

① 중량　　　　　　　　② 분리배출 표시　　　　③ 전성분
④ 제조번호　　　　　　⑤ 사용 시의 주의사항

해설 용기 등의 재질 및 분리배출을 표시하여 재활용이 용이하도록 하기 위하여 자원의 절약과 재활용 촉진에 관한 법률에서 규정하고 있다.

216 화장품 표시 – 광고 규정 및 자원의 절약과 재활용 촉진에 관한 법률에 따른 용기 기재 사항에서 50ml 초과 제품의 1차 포장에 필수적으로 기재해야 하는 사항은?

① 사용 시의 주의사항　　　　② 기능성화장품 관련 문구　　　③ 책임판매업자의 주소
④ 용량/중량　　　　　　　　⑤ 분리배출 표시

해설 ①~④는 2차 포장에 기재해야 하는 사항이다.

217 피부의 구조 중 체온을 낮추는 땀이 분비되는 곳은?

① 모근　　　　　　　　　　② 소릉　　　　　　　　　　③ 소구
④ 한공　　　　　　　　　　⑤ 모공

해설 한공은 체온을 조절하기 위한 땀이 분비되는 곳으로 소릉에 위치한다. 반면 모공은 소구에 위치한다.

218 피부의 부속 기관 중 수분과 함께 단백질 등의 성분을 함유하여 체취를 구성하는 땀을 분비하는 기관은?

① 소한선　　　　　　　　　② 대한선　　　　　　　　　③ 피지선
④ 모발　　　　　　　　　　⑤ 진피

해설 대한선은 체취를 구성하는 땀을 분비하는 기관으로 모공 속에 위치한다.
　　① 소한선 : 체온 유지에 핵심적인 무색무취의 땀을 분비한다.

219 표피가 분화해 가는 과정에서 빈칸 ㉠, ㉡에 들어갈 말로 적합한 것은?

기저층 → (㉠) → 과립층 → (㉡)

① ㉠ 유두층, ㉡ 각질층　　② ㉠ 망상층, ㉡ 각질층　　③ ㉠ 각질층, ㉡ 유극층
④ ㉠ 망상층, ㉡ 유두층　　⑤ ㉠ 유극층, ㉡ 각질층

해설 ㉠ 유극층 : 표피에서 가장 두꺼운 층으로 상처 발생 시 재생을 담당한다.
　　㉡ 각질층 : 피부의 최외곽을 구성하며 생명 활동 없이 죽은 세포로 구성되고, 피부장벽의 핵심 구조이다.

220 다음 피부장벽에 대한 설명에서 빈칸에 들어갈 말로 적절한 것은?

- 정의 : 각질층으로 구성된 피부 보호 구조의 명칭
- 기능 : 피부 수분의 증발 억제, 외부의 미생물, 오염물질의 침입 방지
- 구성 : 각질세포와 세포 간 지질로 구성됨
- 성분 : 케라틴 단백질 58%, 천연보습인자 31%, 지질 11%
- 특징 : (　　　) 구조 장벽 기능 손상 시 피부 트러블 발생

① 라멜라　　　　　　　　　② 마이셀　　　　　　　　　③ 벽돌과 시멘트
④ 섬유　　　　　　　　　　⑤ 망상

해설 피부장벽은 각질세포와 세포 간 지질을 모두 의미하고, 벽돌과 시멘트 구조는 이들이 교차되어 있는 구조의 형태를 의미한다.

PART 01
PART 02
PART 03
PART 04

221 피부를 자외선 등으로부터 방어해주는 멜라닌은 멜라노사이트 내의 소기관에서 형성된 후 전달되는데, 이 소기관을 무엇이라 하는가?

① 핵   ② 멜라노좀   ③ 세포막

④ 세포질   ⑤ 세포 간 지질

> **해설** 멜라노사이트는 멜라노좀이라는 소기관에서 멜라닌을 합성하고 보관한다. 이후 멜라노좀 전체를 각질형성세포에 전달한다.

222 진피 내 결합 섬유와 세포 사이를 채우고 있는 물질로, 수분 보유력이 뛰어나 진피 내의 수분을 보존하는 기능을 하는 기질 물질에 해당하는 것은 ?

① 콜라겐   ② 히알루론산   ③ 엘라스틴

④ 케라틴   ⑤ 멜라닌

> **해설** 기질 물질은 당－단백질 복합체(GAG ; glycosaminoglycans)로 존재하며, 대표 성분은 히알루론산(Hyaluronic acid), 콘드로이친 황산(chondroitin sulfate) 등이다.

223 모발의 분류 중 다음에서 설명하는 것은?

> • 특징 : 일반적인 모발, 모수질이 있고 멜라닌 색소가 많다.
> • 주기 : 3~6년을 성장기로 보내고 길이가 길다.

① 연모   ② 경모   ③ 모피질

④ 모수질   ⑤ 모표피

> **해설** 연모(Vellus hair)는 생후 5~6개월 후 경모(Terminal hair)로 바뀐다. 출생 후 모발 기관은 추가로 생성되지 않고 연모가 경모로 바뀐다.

224 피부 분석 기기는 피부 유형과 피부 상태를 파악하여, 분석 내용을 토대로 적합한 제품을 제안하기 위해 사용한다. 다음의 설명에 해당하는 측정 기기는?

> [원리]
> • 피부 표면에서의 빛의 정반사(비율을 측정)
> • 표면이 고르게 존재할수록 입사각과 반사각이 일정한 정반사 증가
> • 표면이 고르지 않을수록 다양한 방향으로 빛을 반사하는 난반사 증가

① 피부 수분 측정기   ② pH 분석기   ③ 피부 거칠기 측정기

④ 색차계   ⑤ 표면 광택 측정 기기

> **해설** 피지 분비량이 과다한 경우 피부 표면에 균일한 오일막을 형성하여 광택이 증가하고, 수분 공급이 잘되어 건조 각질량이 감소하고 표면이 균일해질 때도 광택이 증가한다. 이를 파악하기 위해 표면 광택 측정 기기를 이용한다.

정답   **221** ②   **222** ②   **223** ②   **224** ⑤

225 맞춤형화장품 판매업의 신고 내용 및 규정과 거리가 먼 것은?

① 맞춤형화장품 판매업을 신고한 자
② 맞춤형화장품 조제관리사의 성명, 생년월일
③ 맞춤형화장품 판매업을 신고한 법인의 대표자 성명
④ 중앙식품의약안전청장에 신고
⑤ 맞춤형화장품 판매업소의 상호 및 소재지

해설 맞춤형화장품 판매업소의 소재지를 관할하는 지방식품의약품안전청장에게 신고한다.

226 맞춤형화장품 판매업자의 의무와 거리가 먼 것은?

① 맞춤형화장품 판매장 내 시설 · 기구를 정기적으로 점검하여 보건위생상 위해가 없도록 관리할 것
② 맞춤형화장품 사용 시의 주의사항을 소비자에게 설명할 것
③ 혼합 · 소분에 사용된 내용물 · 원료의 내용 및 특성을 소비자에게 설명할 것
④ 혼합 · 소분 시 일회용 장갑을 착용하지 않을 경우 반드시 손을 소독하거나 세정할 것
⑤ 혼합 · 소분에 사용되는 장비 또는 기구 등은 사용 후 그 위생 상태를 점검하고, 오염이 없도록 세척할 것

해설 혼합 · 소분에 사용되는 장비 및 기구 등은 사용 전 위생 상태를 점검하고 사용 후 세척한다.

227 맞춤형화장품 판매업자가 의무적으로 작성 · 보관해야 하는 문서 중 다음의 내용이 포함된 것은?

- 제조번호
- 사용기한 또는 개봉 후 사용기간
- 판매일자 및 판매량

① 판매내역서   ② 제조지시서   ③ 품질보증서
④ 제품표준서   ⑤ 품질관리기준서

해설 판매내역서는 제품표준서, 품질관리기준서 등과 함께 CGMP에서 관리되는 문서이다.

228 다음 〈보기〉의 전성분 표기 중 사용상의 제한이 필요한 자외선 차단제에 해당하는 성분 하나를 고르면?

─── 보기 ───

정제수, 프로필렌글리콜, 라놀린, 토코페릴아세테이트, 호모살레이트, 카보머, 벤질알코올, 향료

① 정제수   ② 호모살레이트   ③ 프로필렌글리콜
④ 벤질알코올   ⑤ 향료

해설 호모살레이트는 사용상의 제한이 필요한 원료의 하나인 자외선 차단제이다. 법에서 정한 농도와 함량을 준수하면 안전한 것으로 판단한다. 단 이를 맞춤형화장품 조제관리사가 직접 배합하는 것은 금지된다.
④ 벤질알코올은 보존제이다.

229 다음의 성분 중 맞춤형화장품 제조 시 혼합할 수 <u>없는</u> 원료는?

① 글리세린   ② 세린   ③ 벤질알코올

④ 에탄올   ⑤ 카보머

> **해설** 벤질알코올은 사용상의 제한이 있는 원료인 보존제 성분이다.

230 다음의 원료 중 맞춤형화장품에 혼합할 수 없는 미백 기능성 고시 원료에 해당하는 것은?

① 닥나무 추출물

② 레티놀

③ 옥토크릴렌

④ 페녹시에탄올

⑤ 폴리에톡실레이티드레틴아마이드

> **해설** 닥나무 추출물은 식품의약품안전처장이 고시한 미백 기능성화장품의 효능 · 효과를 나타내는 원료로서 맞춤형화장품에 혼합할 수 없다.
> ※ 단, 맞춤형화장품 판매업자에게 원료를 공급하는 화장품 책임판매업자가 화장품법 제4조에 따라 해당 원료를 포함하여 기능성화장품에 대한 심사를 받거나 보고서를 제출한 경우는 제외한다.
> ② 레티놀은 주름 개선 기능성 고시 원료이다.

231 기능성화장품 심사 시 제출해야 하는 안전성 자료로 적합한 것은?

ㄱ. 효력 시험 자료   ㄴ. 피부 감작성 시험 자료   ㄷ. 인체 첩포 시험 자료   ㄹ. 광독성 및 광감작성 시험 자료   ㅁ. 2차 피부 자극 시험 자료

① ㄱ, ㄴ, ㄷ   ② ㄱ, ㄴ, ㄹ   ③ ㄱ, ㄴ, ㅁ

④ ㄴ, ㄷ, ㄹ   ⑤ ㄷ, ㄹ, ㅁ

> **해설** 이 외에 1차 피부 자극 시험 자료, 단회 투여 독성 시험 자료 등이 필요하다. 효력 시험 자료는 기능성화장품의 효능을 입증하는 자료의 하나이다.

232 제형의 외상과 내상의 상태를 구별하는 방법 중 o/w 제형(물을 연속상으로 하고 오일이 분산된 제형)의 구별 방법에 해당하는 것은?

① 제형을 물에 떨어뜨렸을 때 잘 섞인다.

② 제형을 오일에 떨어뜨렸을 때 잘 섞인다.

③ 친수성 염료을 물에 녹여 제형에 떨어뜨리면 잘 섞이지 않는다.

④ 친유성 염료를 오일에 녹여 제형에 떨어뜨리면 잘 섞인다.

⑤ 전극을 제형에 넣으면 전류가 잘 통하지 않는다.

> **해설** o/w 제형은 외상이 수상이므로 제형을 물에 떨어뜨려 잘 섞이는지로 확인 가능하다.

정답   229 ③   230 ①   231 ④   232 ①

233 우윳빛의 피부 미백 로션류 제품에 해당하는 제형은?

① 가용화 제형　　　　　　② 유용화 제형　　　　　　③ 유화 제형
④ 분산 제형　　　　　　　⑤ 수용화 제형

해설 유화 제형은 다량의 유상과 수상이 혼합되어 우윳빛을 나타내는 제형이다. 마이셀의 크기가 커서 가시광선을 산란시켜 희게 보인다.

234 매장을 방문한 고객과 맞춤형화장품 조제관리사가 다음과 같이 〈대화〉를 나누었다. 조제관리사가 고객에게 혼합하여 추천할 제품으로 다음 〈보기〉 중 옳은 것을 모두 고르면?

┤ 대화 ├

고객　　: 여름이 되어 야외활동을 많이 할 계획입니다. 벌써 얼굴 피부가 검어지고 칙칙해졌어요.
관리사 : 아. 그러신가요? 그럼 고객님 피부 상태를 측정해 보도록 할까요?
고객　　: 그럴까요? 지난번 방문 시와 비교해 주시면 좋겠네요.
관리사 : 네. 이쪽에 앉으시면 저희 측정기로 측정을 해드리겠습니다.

– 피부 측정 후 –

관리사 : 고객님은 한 달 전 측정 시보다 얼굴의 색소 침착도가 20%가량 높아졌습니다.
고객　　: 음. 걱정이네요. 자외선에도 대비하고 피부색도 밝게 할 수 있는 제품을 추천 부탁드려요.

┤ 보기 ├

ㄱ. 닥나무 추출물 함유 제품　　　　　　ㄴ. 레티놀 함유 제품
ㄷ. 히알루론산 함유 제품　　　　　　　ㄹ. 옥토크릴렌 함유 제품
ㅁ. 아데노신(Adenosine) 함유 제품

① ㄱ, ㄹ　　　　　　　② ㄱ, ㅁ　　　　　　　③ ㄴ, ㄹ
④ ㄴ, ㅁ　　　　　　　⑤ ㄷ, ㄹ

해설 닥나무 추출물을 함유하고 피부 미백 기능성화장품으로 인정받은 화장품과 옥토크릴렌을 함유하고 자외선 차단 기능성화장품으로 인정받은 화장품을 추천할 수 있다.

235 다음에서 설명하는 피부 타입의 분류는?

• 2가지 이상의 타입이 공존한다.
• T – zone 주위로 지성 피부의 특성을 나타낸다.
• U – zone 주위로 건성 피부의 특성을 나타낸다.

① 정상 피부　　　　　　② 지성 피부　　　　　　③ 건성 피부
④ 복합성 피부　　　　　⑤ 민감성 피부

해설 복합성 피부는 T – zone 주위로는 피지선의 활동이 활발하지만 U – zone을 중심으로는 피지의 분비량이 적어서 두 가지 타입의 고민이 같이 나타난다.

정답　233 ③　234 ①　235 ④

236 다음 〈보기〉 중 맞춤형화장품 조제관리사가 올바르게 업무를 진행한 경우를 <u>모두</u> 고르면?

┤ 보기 ├

ㄱ. 주름 개선 화장품을 만들기 위해서 아데노신을 첨가하여 판매하였다.
ㄴ. 책임판매업자와 계약한 사항과 별도로 내용물 및 원료의 비율을 다르게 혼합하였다.
ㄷ. 외국에서 수입된 향수를 소분하여 판매하였다.
ㄹ. 내용물 및 원료의 제조번호를 확인하고 혼합하였다.

① ㄱ, ㄴ   ② ㄱ, ㄷ   ③ ㄴ, ㄷ
④ ㄴ, ㄹ   ⑤ ㄷ, ㄹ

해설 ㄱ. 기능성화장품 고시 원료인 아데노신은 혼합할 수 없는 원료이다.
ㄴ. 책임판매업자와 계약한 사항과 별도로 내용물 및 원료의 비율을 다르게 할 수 없다.

237 맞춤형화장품 매장에 근무하는 조제관리사에게 향료 알러지가 있는 고객이 제품에 대해 문의를 해 왔다. 조제관리사가 제품에 부착된 〈보기〉의 설명서를 참조하여 고객에게 안내해야 할 말로 가장 적절한 것은?

┤ 보기 ├

• 제품명 : 유기농 모이스처로션
• 제품의 유형 : 액상 에멀전류
• 내용량 : 50g
• 전성분 : 정제수, 1,2 헥산 디올, 글리세린, 비즈왁스, 호호바유, 모노스테아린산글리세린, 피이지 소르비탄 지방산에스터, 프로필렌글리콜, 페녹시에탄올, 인삼추출물, 유게놀, 토코페롤, 잔탄검, 구연산나트륨, 수산화칼륨

① 이 제품은 알러지를 유발할 수 있는 유게놀이 포함되어 있어 사용 시 주의를 요합니다.
② 이 제품은 알러지를 유발할 수 있는 잔탄검이 포함되어 있어 사용 시 주의를 요합니다.
③ 이 제품은 알러지를 유발할 수 있는 페녹시에탄올이 포함되어 있어 사용 시 주의를 요합니다.
④ 이 제품은 알러지를 유발할 수 있는 토코페롤이 포함되어 있어 사용 시 주의를 요합니다.
⑤ 이 제품은 알러지를 유발할 수 있는 비즈왁스가 포함되어 있어 사용 시 주의를 요합니다.

해설 향료의 성분 중 알러지 유발 가능성이 있는 유게놀에 대해서는 고객에게 따로 안내를 해야 한다.

238 미백 기능성 고시 성분 및 제한 함량으로 옳은 것은?

① 에칠헥실메톡시신나메이트 – 7.5%
② 페녹시에탄올 – 1%
③ 옥토크릴렌 – 10%
④ 알부틴 – 2~5%
⑤ 닥나무 추출물 – 10%

해설 ①, ③ 에칠헥실메톡시신나메이트, 옥토크릴렌은 자외선 차단 성분이다.
② 페녹시에탄올은 보존제 성분이다.
⑤ 닥나무 추출물도 피부 미백 기능의 기능성 원료이나 제한 함량은 2%이다.

239 다음 중 사용상의 제한이 있는 보존제 및 제한 함량으로 옳은 것은?

① 페녹시에탄올 – 1% ② 옥시벤존 – 1% ③ 아데노신 – 0.5%

④ 호모살레이트 – 0.08% ⑤ 벤조익애시드 – 0.1%

해설 ②, ④ 옥시벤존과 호모살레이트는 자외선 차단 성분이다.
③ 아데노신은 주름 개선 기능성 성분이다.
⑤ 벤조익애시드도 보존제이나 제한 함량은 0.5%이다.

240 튜브 등과 같이 탄력이 있는 용기에 적합한 재질은?

① LDPE ② HDPE ③ PP

④ 유리 ⑤ 스테인리스스틸

해설 LDPE(Low Density PolyEthylene)는 탄력이 있는 용기에 적합한 재질이다. HDPE(High Density Poly propylene)나 PP(Poly propylene) 등은 단단한 형태의 용기에 적합하다.

241 안전용기 포장규정에서 빈칸 안에 들어갈 말로 적합한 것은?

> [안전용기 – 포장]
> 품목 – 개별포장당 (　　　)을/를 5퍼센트 이상 함유하는 액체 상태의 제품

① 글리세린 ② 아세톤 ③ 아데노신

④ 메틸살리실레이트 ⑤ 탄화수소

해설 메틸살리실레이트 등에 의한 피부 자극이 우려되므로 이를 5퍼센트 이상 함유하는 액체 상태의 제품은 안전용기로 포장해야 한다.

242 화장품 표시 – 광고 규정 및 자원의 절약과 재활용 촉진에 관한 법률에 따른 용기 기재 사항에서 50ml 초과 제품의 1차 포장에 필수적으로 기재해야 하는 사항이 <u>아닌</u> 것은?

① 제품명 ② 제조업자의 상호 ③ 책임판매업자의 상호

④ 용량 ⑤ 사용기한

해설 용량은 2차 포장의 필수 기재 사항에 해당한다.

243 화장품 표시 – 광고 규정에 따라서 책임판매업자의 주소를 기입해야 하는 포장은?

① 50ml 1차 포장 ② 50ml 2차 포장 ③ 40ml 1차 포장

④ 30ml 1차 포장 ⑤ 20ml 1차 포장

해설 제품의 용량과는 상관없이 책임판매업자의 주소는 2차 포장에 기입해야 한다. 1차 포장에는 책임판매업자의 상호만 기입하면 된다.

정답 239 ① 240 ① 241 ④ 242 ④ 243 ②

244 다음 중 화장품의 기능을 평가하는 시험법과 거리가 먼 것은?

① 피부 거칠기 측정법   ② 피부 탄력 측정법   ③ 피부 광택 측정기
④ 피부 수분 증발량 측정법   ⑤ 인체 첩포 시험

해설 인체 첩포 시험은 화장품의 기능이 아닌 피부의 안전성을 측정하는 방법으로, 피부의 염증반응 등을 확인한다.

245 피부의 기능과 그 설명이 바르게 짝지어진 것은?

ㄱ. 보호 기능 : 외부 물질의 침입 방어, 충격 마찰 저항
ㄴ. 체온 조절 기능 : 땀 발산, 혈관 축소 및 확장
ㄷ. 배설 기능 : 온도, 촉각, 통증 등을 감지
ㄹ. 감각 기능 : 피지와 땀의 분비
ㅁ. 합성 작용 : 피부 표면에서 자외선에 의해 비타민 D 생성

① ㄱ, ㄴ, ㄷ   ② ㄱ, ㄴ, ㅁ   ③ ㄴ, ㄹ, ㅁ
④ ㄴ, ㄷ, ㄹ   ⑤ ㄷ, ㄹ, ㅁ

해설 배설 기능은 피지와 땀의 분비를 말하고, 감각 기능은 온도, 촉각, 통증 등을 감지하는 것을 말한다.

246 얼굴의 윤곽을 결정하는 다양한 요소를 가장 내부에 있는 것부터 순서대로 나열한 것은?

① 뼈 – 지방 – 근육 – 피부   ② 뼈 – 근육 – 지방 – 피부   ③ 근육 – 뼈 – 지방 – 피부
④ 지방 – 피부 – 뼈 – 근육   ⑤ 지방 – 뼈 – 근육 – 피부

해설 가장 내부에 뼈가 위치하고 그 위에 근육이 위치한다. 이후 지방과 피부의 순서로 배치되어 있다. 노화에 따라 뼈와 근육의 양과 형태가 변하면서 얼굴의 형태가 달라진다.

247 다음 모발의 성장을 담당하는 세포의 기능에 해당하는 세포명을 순서대로 작성하시오.

• (㉠) : 모유두(毛乳頭) 조직 내에 있으면서 두발을 만들어 내는 세포이다.
• (㉡) : 모세혈관이 엉켜 있으며 이로부터 두발을 성장시키는 영양분과 산소를 운반하고 있다.

해설 모유두세포가 공급하는 영양분을 바탕으로 모모세포가 분화하여 모발의 구조를 이룬다.

248 다음 〈보기〉는 기능성 화장품의 로션제의 개별 기준 및 시험방법에 대한 사항이다. 어떤 기능성 성분을 함유하는 제품인지 기입하시오.

── 보기 ──

기능성화장품 약 1g을 정밀하게 달아 이동상을 넣어 분산시킨 다음 10mL로 하고 필요하면 여과하여 검액으로 한다. 따로 히드로퀴논 표준품 약 10mg을 정밀하게 달아 이동상을 넣어 녹여 100mL로 한 액 1mL를 정확하게 취한 후, 이동상을 넣어 정확하게 1,000mL로 한 액을 표준액으로 한다. 검액 및 표준액 각 20mL씩을 가지고 다음 조작조건으로 액체크로마토그래프법에 따라 시험할 때 검액의 히드로퀴논 피크는 표준액의 히드로퀴논 피크보다 크지 않다(1ppm).

해설 히드로퀴논은 알부틴과 유사한 구조를 가진 성분으로, 기미 치료 성분인 의약품에 해당한다. 알부틴 로션제에서 검출 한계를 정해 두고 있다.

정답 244 ⑤ 245 ② 246 ② 247 ㉠ 모모세포, ㉡ 모유두세포 248 알부틴

249 다음 〈보기〉는 기능성 화장품의 로션제의 개별 기준 및 시험방법에 대한 사항이다. 어떤 기능성 성분을 함유하는 제품인지 기입하시오.

── 보기 ──

Glycyrrhiza uralensis Fisher 또는 그 밖의 근연식물(Leguminosae)의 뿌리를 무수 에탄올로 추출하여 얻은 추출물을 다시 에칠아세테이트로 추출한 다음 추출액을 감압 농축하여 건조한 유용성 추출물을 가루로 한 것이다. 이 원료는 정량할 때 글라브리딘(C₂OH₂₀O₄ : 324.38) 35.0% 이상을 함유한다.

해설 미백기능성 성분인 유용성 감초 추출물 내에는 글라블리딘이 함유되어 있다.

250 다음은 맞춤형화장품의 품질·안전 확보를 위한 시설기준이다. 빈칸에 적합한 것을 순서대로 적으시오

- 맞춤형화장품의 혼합·소분 공간은 다른 공간과 (㉠)또는 (㉡) 할 것
- (㉠) : 선, 그물망, 줄 등으로 충분한 간격을 두어 착오나 혼동이 일어나지 않도록 되어 있는 상태
- (㉡) : 동일 건물 내에서 벽, 칸막이, 에어커튼 등으로 교차오염 및 외부오염물질의 혼입이 방지될 수 있도록 되어 있는 상태

해설 • 구분 : 충분한 간격을 두어 착오나 혼동이 일어나지 않도록 되어 있는 상태
• 구획 : 동일 건물 내에서 벽, 칸막이, 에어커튼 등으로 교차오염 및 외부오염물질의 혼입이 방지될 수 있도록 되어 있는 상태

251 다음의 맞춤형화장품 규정 중 빈칸에 적절한 것을 기입하시오.

다음 각 목의 사항이 포함된 맞춤형화장품 판매내역서를 작성·보관할 것
가. 제조번호(   )
나. 사용기한 또는 개봉 후 사용기간
다. 판매량 및 판매일자

해설 식별번호는 맞춤형화장품의 혼합·소분에 사용되는 내용물 또는 원료의 제조번호와 혼합·소분기록을 추적할 수 있도록 맞춤형화장품판매 업자가 숫자·문자·기호 또는 이들의 특징적인 조합으로 부여한 번호이다.

252 피부의 구조의 하나로 진피층 아래에 있으며 단열, 충격 흡수, 뼈와 근육의 보호를 담당하는 것은?

해설 피하지방은 진피층보다 아래에 있으며, 지방세포로 구성되어 지방을 저장하고 있다.

253 다음 〈보기〉는 화장품 책임판매업자의 보고에 대한 의무이다. 빈칸에 적절한 것을 작성하시오.

── 보기 ──

- 화장품책임판매업자는 (   ) 또는 수입실적을 식품의약품안전처장에게 보고하여야 한다.
- 화장품의 제조과정에 사용된 원료의 목록을 화장품의 유통·판매 전까지 보고해야 한다.

해설 생산실적은 화장품의 안전을 지키기 위한 사후관리 항목의 하나로 영업자의 의무 중 하나이다.

───

정답 249 유용성 감초 추출물 250 ㉠ 구분, ㉡ 구획 251 식별번호 252 피하지방 253 생산실적

254 식품의약품안전처장은 화장품 제조 등에서 사용할 수 없는 원료를 지정하여 고시하여야 한다. 또한 보존제, 색소, 자외선차단제 등과 같이 특별한 (   )이 필요한 원료에 대하여는 그 사용기준을 지정하여 고시하여야 한다.

> 해설 맞춤형화장품 조제관리사는 보존제, 자외선 차단제 등의 [별표 2]에 해당하는 원료를 배합할 수 없다. 색소의 경우도 [별표2] 에는 해당하지 않으나 종류와 함량에 대한 사용기준이 정해져 있다. 성분의 종류와 기능에 대하여 제한을 둔 것을 '사용상의 제한이 있는 원료'라고 한다.

255 다음의 대화를 보고 추천해줄 수 있는 최소의 PA 수치를 제시하시오.

> • 손님 : 저는 10분 정도 햇빛을 받으면 피부색이 짙어지는 타입입니다. 그러나 야외 수영장에서 80분 정도 활동하고 싶습니다. PA 수치는 어느 정도인 제품이 좋을까요?
> • 조제관리사 : PA(   ) 이상의 제품을 추천드립니다.

> 해설 10분 만에 피부색이 짙어지는 사람을 기준으로 피부에 닿는 UVA의 양을 1/8로 감소 시켜야 하고, 이는 PA + + + 제품으로 가능하다. PA에서 + + +는 UVB를 1/6로 감소시킨다는 의미이다.

256 피부 세포의 기능에 대한 다음 설명을 보고 각각에 해당하는 세포의 이름을 〈보기〉에서 찾아서 순서대로 기입하시오.

> • (   ) : 표피를 구성하고 피부장벽을 형성
> • (   ) : 표피층에서 면역을 담당함

─────────────| 보기 |─────────────

섬유아세포, 지방세포, 멜라닌세포, 각질형성세포, 랑게르한세포

> 해설 • 멜라닌세포 : 멜라닌을 합성하여 피부색을 결정
> • 각질형성세포 : 표피를 구성하고 각질층으로 분화함
> • 랑게르한세포 : 표피에서 면역 기능을 담당
> • 섬유아세포 : 진피층의 콜라겐섬유와 세포외 기질 등을 합성함
> • 지방세포 : 지방을 합성하고 보존하여 체온을 유지하고 충격을 흡수함

257 다음 기능성 화장품에 대한 설명에서 (   )안에 들어갈 말로 적절한 것을 순서대로 기입하시오.

> 모발의 색상을 변화[(   ), (   )을/를 포함한다]시키는 기능을 가진 화장품. 다만, 일시적으로 모발의 색상을 변화시키는 제품은 제외한다.

> 해설 탈염(염색으로 착색된 색상을 제거), 탈색(멜라닌 색소를 분해하여 색을 빼는 것)과 같이 색을 빼는 형태도 색상을 변화시키는 데 포함된다.

정답 **254** 사용상의 제한 **255** + + + **256** 각질형성세포, 랑게르한세포 **257** 탈염, 탈색

258 다음의 설명에서 나열되는 것과 같이 다양한 기능으로 사용되는 성분은?

- 보존제 성분의 일종으로 함량 기준 1.0%
- 알러지유발 가능성이 있는 향료 25종의 성분에 포함

해설 벤질알코올은 아로마틱하고 달콤한 꽃향기를 나타내는 향료로도 사용된다.

259 다음 중 빈칸에 해당하는 부분의 명칭을 작성하시오.

- 유두층 : 표피와 접해 있음, 섬유조직이 적어 표피로의 혈액 및 체액 공급이 용이함
- (   ) : 섬유조직이 많고 대부분의 진피를 구성하는 부분

해설 망상층은 섬유조직이 그물같은 형태로 배열된 구조이다.

260 피부 진피층의 섬유 구조 중 콜라겐 다음으로 많은 비율을 차지하고, 자체적인 탄력을 보유하고 있는 섬유 구조는?

해설 엘라스틴은 탄성을 가지는 구조로, 콜라겐 사이를 연결하면서 탄력을 부여한다.

261 화장품을 사용한 전후 피부 장벽의 세기를 측정하려고 한다. 다음 〈보기〉에서 적절한 기기를 고르시오.

┤ 보기 ├

Corneometer, TEWL meter, Cutometer, Chromameter, Firiction meter

해설 TEWL meter로 경피 수분 손실량을 측정하여 피부의 장벽 세기를 확인할 수 있다.

262 기능성 화장품의 유효성 심사 자료에서 인체 외 실험을 한 효력 시험 자료와 함께 인체에 대한 효능이 있는 것을 검증하는 자료는?

해설 인체 적용 시험 시 효능 및 성분이 포함된 최종 제형을 가지고 실험을 진행한다.

263 맞춤형화장품 판매업을 신고하려는 경우 다음에 해당하는 내용이 포함된 문서를 제출해야 한다. 이 문서는?

- 맞춤형화장품 판매업을 신고한 자의 성명과 생년월일
- 맞춤형화장품 판매업소의 상호 및 소재지
- 맞춤형화장품 조제관리사의 성명, 생년월일 및 자격증 번호

해설 맞춤형화장품 판매업을 신고하려는 자는 판매신고서에 조제관리사 자격증을 첨부하여 해당 작업장이 있는 지방식품의약품안전청장에게 제출해야 한다.

정답 258 벤질알코올 259 망상층 260 엘라스틴 261 TEWL meter 262 인체 적용 시험 자료 263 맞춤형화장품 판매신고서

264 다음은 맞춤형화장품의 안전성 – 유효성 – 안정성을 확보하기 위한 가이드라인이다. 빈칸에 들어갈 적합한 용어는?

> 화장품법에 따라 등록된 업체에서 공급된 특정 성분을 혼합하는 것을 원칙으로 하되, 화학적인 변화 등 (　　　) 공정을 거치지 않는 성분의 혼합도 가능하다.

해설 원칙적으로 안전성 및 품질관리 등이 검증된 성분의 사용을 권장한다.

265 다음은 에멀젼의 형태를 구분하기 위한 결과이다. 이 제형의 형태는?

> (　　　) type 제형
> • 전기전도도 : 수상의 전도도 높음
> • 염색법 : 수성 염료를 떨어뜨려 잘 섞임

해설 o/w 제형은 외상(연속상)이 물로 이루어진 제형을 의미한다.

266 다음 중 1차 포장에 꼭 기재해야 하는 사항으로서 빈칸에 들어갈 말로 적절한 것은?

> • 화장품의 (　　　)
> • 영업자 상호
> • 제조번호
> • 사용기한 또는 개봉 후 사용기간

해설 용기의 크기에 따라서 50㎖ 이하의 경우 분리배출을 표기하지 않아도 되며, 모든 상황에서 표시해야 하는 것은 화장품의 명칭이다.

267 다음 〈보기〉의 화장품 전성분 표기 중 미백 기능성화장품의 고시 원료에 해당하는 성분을 하나 골라 작성하시오.

> ┤ 보기 ├
>
> 정제수, 글리세린, 1,2 헥산 – 디올, 나이아신아마이드, 아데노신, 아보벤존, 카보머, 메틸 파라벤, 리모넨

해설 식품의약품안전처장이 고시한 미백 기능성화장품의 효능 · 효과를 나타내는 원료 중 하나인 나이아신아마이드는 맞춤형화장품 조제관리사가 직접 배합할 수 없다. 다만, 맞춤형화장품 판매업자에게 원료를 공급하는 화장품 책임판매업자가 화장품법 제4조에 따라 해당 원료를 포함하여 기능성화장품에 대한 심사를 받거나 보고서를 제출한 경우는 제외한다.

268 다음 〈보기〉의 화장품 성분 리스트 중 사용상의 제한이 있는 자외선 차단제에 해당하는 성분을 하나 고르고 그 제한 함량을 작성하시오.

┤ 보기 ├

아데노신, 징크피리치온, 닥나무 추출물, 리날룰, 벤조페논 – 3(옥시벤존)

해설 자외선 차단제에 해당하는 성분은 벤조페논 – 3(옥시벤존)이며, 제한 함량은 5%이다. 아데노신은 주름개선 성분, 징크피리치온은 보존제 성분, 닥나무 추출물은 미백 성분, 리날룰은 착향제 성분이다.

269 화장품 전성분 표시제도에서 〈보기〉의 빈칸에 들어갈 말로 옳은 것은?

┤ 보기 ├

pH 조절 목적으로 사용되는 성분은 그 성분을 표시하는 대신 (   ) 반응의 생성물로 표시 가능

해설 중화 반응이란 산과 염기가 반응하여 물과 염이 생성되는 것이다. pH의 조절을 위해 첨가한 성분의 경우 중화 반응 이후 생성된 성분으로 표시할 수 있다.

270 제품의 종류별 포장방법에 관한 기준에서 종합 제품으로서 화장품류의 포장 횟수는 (   ) 이하로 제한된다.

해설 제품을 포장할 때에는 포장재의 사용량과 포장 횟수를 2차 이하로 줄여 불필요한 포장을 감소시켜야 한다.

271 피부의 표피 구조를 바깥층에서부터 나열한 것이다. 빈칸에 해당하는 것은?

- 각질층 : 피부의 최외곽을 구성, 생명 활동 없이 죽은 세포로 구성, 피부장벽의 핵심 구조
- 과립층 : 피부장벽 형성에 필요한 성분을 제작하여 분비 담당
- 유극층 : 표피에서 가장 두꺼운 층, 상처 발생 시 재생을 담당
- (   ) : 진피층과의 경계를 형성, 1층으로 구성, 표피층 형성에 필요한 새로운 세포를 형성

해설 기저층에는 표피 줄기세포 및 멜라닌 형성 세포 등이 존재한다.

272 피부의 각질층의 세포 간 지질 성분 중 가장 높은 비율을 차지하는 성분은?

해설 세포 간 지질은 지방산과 콜레스테롤 등 세라마이드로 구성되어 각질세포 사이를 채우고 있다.

273 탈모의 증상에 대한 설명과 명칭 중 빈칸에 들어갈 말로 적절한 것은?

- (   ) : 머리카락이 불규칙적 · 국소적으로 빠진 것
- 휴지기 탈모 : 견인성(머리를 땋거나 묶음), 산후, 약물성 등등(원인 요인 제거 시 개선)
- 성장형 탈모 : 성장기에 있는 모발에 영향을 받음. 항암제 탈모(세포분열이 활발한 조직에 항암제가 작용하여 탈모), 남성형 탈모 등

해설 원형 탈모는 정신적 외상, 자가면역, 감염 등으로 인해 형성되나, 원인이 사라지면 자연 치유된다.

정답 268 벤조페논 – 3(옥시벤존), 5% 269 중화 270 2차 271 기저층 272 세라마이드 273 원형 탈모

274 다음은 맞춤형화장품의 정의이다. 빈칸에 적합한 용어는?

> **맞춤형화장품**
> ① 제조 또는 수입된 화장품의 내용물에 다른 화장품의 내용물을 추가하여 혼합한 화장품
> ② 제조 또는 수입된 화장품의 내용물에 식품의약품안전처장이 정하는 원료를 추가하여 혼합한 화장품
> ③ 제조 또는 수입된 화장품의 내용물을 ( )한 화장품

해설 소분이란 큰 용량의 화장품 내용물을 작은 단위로 나누어 담는 것을 의미한다.

275 맞춤형화장품판매업자의 의무에 대한 설명이다. 빈칸에 들어갈 말로 적합한 것은?

> 다음 각 목의 사항이 포함된 맞춤형화장품 판매내역서를 작성·보관할 것
> 가. 제조번호
> 나. ( ) 또는 개봉 후 사용기간
> 다. 판매일자 및 판매량

해설 사용기한은 제조된 화장품이 변질하지 않고 안전하게 사용할 수 있는 기간을 말한다.

276 다음은 맞춤형화장품의 안전성 – 유효성 – 안정성을 확보하기 위한 가이드라인이다. 빈칸에 들어갈 말로 적합한 것은?

> ( )명이 있어야 하고 ( )명의 변화 없이 혼합이 이루어져야 함

해설 타사 브랜드에 특정 성분을 혼합하여 새로운 브랜드로 판매하는 것은 금지된다.

277 다음에서 설명하는 원료 혼합기의 명칭은?

> • 구조 : 날(블레이드)이 돌아가면서 혼합한다.
> • 특징 : 호모믹서에 비해서 분산력은 약하다.

해설 수상원료 믹스 자체, 유상원료 믹스 자체를 교반시킬 때 주로 사용된다.

278 1차 포장에 꼭 기재해야 하는 사항 중 빈칸에 들어갈 말로 적절한 것은?

> • 화장품의 명칭
> • 영업자의 ( )
> • 제조번호
> • 사용기한 또는 개봉 후 사용기간

해설 영업자의 상호는 1차 포장에 꼭 기재해야 한다. 용기의 크기에 따라서 50ml 이하의 경우 분리배출을 표기하지 않아도 되며, 영업자의 주소는 2차 포장에 기입한다.

정답 274 소분 275 사용기한 276 브랜드 277 교반기(디스퍼) 278 상호

279 다음 〈보기〉의 화장품 전성분 표기 중 사용상의 제한이 있는 보존제에 해당하는 성분을 하나 골라 작성하시오.

> ─────────────────────────│ 보기 │──────────────────────────
>
> 정제수, 라놀린, 글리세린, 부틸렌글리콜, 알파비사보롤, 레티놀, 티타늄디옥사이드, 카보머, 페녹시에탄올,
> 참나무이끼추출물, 인삼추출물

해설 보존제 성분인 페녹시에탄올은 함량과 용도에 제한이 있는 성분이며, 맞춤형화장품 조제관리사가 배합할 수 없는 원료이다.

280 화장품 규정 중 용기 기재 사항 등에 대한 정의에서 빈칸에 들어갈 말로 적합한 것은?

> • (   ) : 화장품의 용기 · 포장에 기재하는 문자 · 숫자 · 도형
> • 광고 : 라디오 · 텔레비전 · 신문 등에 화장품에 대한 정보를 나타내거나 알리는 행위

해설 제품명, 사용 시 주의사항 등을 용기나 포장에 기입하는 행위를 표시라고 정의한다.

281 다음이 설명하는 안전용기의 기준에서 운동점도에 대한 기준을 작성하시오.

> • 정의 : 만 5세 미만의 어린이가 개봉하기 어렵게 설계 · 고안된 용기나 포장
> • 품목 : 어린이용 오일 등 개별포장당 탄화수소류를 10% 이상 함유하고 운동점도가 (   )센티스톡스(섭씨 40도 기준) 이하인 비에멀전 타입의 액체 상태 제품

해설 안전용기는 오일 등을 물로 오인하고 섭취하는 것을 방지하기 위한 포장이다. 점도가 낮아(21센티스톡스 이하) 물로 오인할 수 있는 제형에 해당한다.

282 화장품 제조업과 책임판매업은 등록의 과정이 필요하고, 맞춤형화장품 판매업을 하기 위해서는 (   )을/를 해야 한다.

해설 맞춤형 화장품 판매업은 제조업과 책임판매업과 달리 신고하며, 필요 서류를 지방식품의약품안전처장에게 제출하는 형식으로 이루어진다.

283 피부를 외부에서 보았을 때 구별되는 구조의 명칭을 작성하시오.

> • (   ) : 소릉에 위치하고, 소한선에서 땀이 나오는 구멍
> • 모공 : 모발(털), 피지, 대한선에서 분비되는 땀이 나오는 구멍으로 소구에 위치

해설 한공은 체온을 조절하는 데 중요한 역할을 하는 소한선과 연결된 땀구멍을 의미한다.

284 피부 장벽을 이루는 각질층에서 가장 높은 비율을 차지하는 단백질은?

해설 케라틴은 각질세포의 주요 성분으로 외부 이물질의 침입을 막는다.

───

정답 279 페녹시에탄올 280 표시 281 21 282 신고 283 한공 284 케라틴

285 화장품 사용 전후의 피부 수분 보유량을 측정하려고 할 때 〈보기〉에서 적절한 기기를 고르시오.

---| 보기 |---

Corneometer, TEWL meter, Cutometer, Chromameter, Firiction meter

해설 Corneometer는 피부의 수분량을 전기전도도 분석을 통해 측정하는 장비이다.

286 다음은 맞춤형화장품에 사용할 수 없는 원료에 대한 설명이다. 빈칸에 들어갈 말로 적절한 것은?

> 가. 화장품에 사용할 수 없는 원료
> 나. 화장품에 (   )이/가 필요한 원료
> 다. 식품의약품안전처장이 고시한 기능성화장품의 효능 · 효과를 나타내는 원료

해설 보존제, 자외선 차단제와 같이 함량과 기능에 제한이 있는 원료를 의미한다.

287 맞춤형화장품 판매업자의 의무에 대한 설명이다. 빈칸에 들어갈 말로 적합한 것은?

> 다음 각 목의 사항이 포함된 맞춤형화장품 (   )을/를 작성 · 보관할 것
> 가. 제조번호
> 나. 사용기한 또는 개봉 후 사용기간
> 다. 판매일자 및 판매량

해설 전자문서로 작성된 판매내역서도 인정된다.

288 다음은 맞춤형화장품의 안전성 – 유효성 – 안정성을 확보하기 위한 가이드라인이다. 빈칸에 들어갈 적합한 용어는?

> 원료 등은 가능한 (   )을/를 피하여 품질에 영향을 미치지 않는 장소에서 보관하도록 할 것

해설 빛과 열에 민감한 소재를 보호하는 방식이다.

289 유상과 수상의 혼합에 사용되는 계면활성제의 특성을 설명하기 위해 빈칸에 들어갈 말로 적합한 것은?

> (   ) : 계면활성제가 일정한 농도 이상으로 유지되면 일정한 형태로 모인 집합체를 형성함

해설 수상과 유상의 계면에 존재하던 계면활성제가 수상 등의 내부에 구형의 구조를 형성한다.

290 화장품 포장용기 정의에서 1차 포장을 수용하는 1개 이상의 보호재 및 포장을 의미하는 것은?

해설 1차 포장은 화장품과 직접 접촉하는 용기를 의미한다.

정답 285 Corneometer 286 사용상의 제한 287 판매내역서 288 직사광선 289 마이셀(미셀) 290 2차 포장

291 다음 〈보기〉의 화장품 전성분 표기 중 사용상의 제한이 있는 자외선 차단제에 해당하는 성분을 하나 골라 작성하시오.

─┤ 보기 ├─

정제수, 글리세린, 1,2 헥산-디올, 아데노신, 아보벤존, 카보머, 메틸 파라벤, 리모넨

해설 아보벤존 등의 자외선 차단제 성분은 함량과 용도에 제한이 있는 성분이며, 맞춤형화장품조제관리사가 배합할 수 없는 원료이다.

292 다음 화장품 성분 리스트 중 사용상의 제한이 있는 자외선 차단제에 해당하는 성분을 〈보기〉에서 하나 고르고 그 제한 함량을 작성하시오.

─┤ 보기 ├─

에칠헥실메톡시신나메이트, 레티놀, 알부틴, 트리클로카반, 아밀산남알

해설 에칠헥실메톡시신나메이트는 유기 자외선 차단 성분으로서 그 사용 한도는 7.5%이다.

293 다음 설명하는 안전용기의 기준에서 빈칸에 들어갈 말로 옳은 것은?

- 정의 : 만 5세 미만의 어린이가 개봉하기 어렵게 설계·고안된 용기나 포장
- 품목 : 어린이용 오일 등 개별포장당 탄화수소류를 (   ) 이상 함유하고 운동점도가 21센티스톡스(섭씨 40도 기준) 이하인 비에멀전 타입의 액체상태 제품

해설 안전용기는 어린이가 오일 등을 물로 오인하고 섭취하는 것을 방지하기 위한 용기이다. 따라서 오일 제품 그 자체이거나, 탄화수소(오일류의 기본구조를 의미)의 비율이 높은 제품에 대해 규제를 한다. 이때 그 함량 범위는 10% 이상으로 규정한다.

294 제품의 종류별 포장방법에 관한 기준에서 단위제품으로 그 밖의 화장품류의 포장 횟수는 (   ) 이하로 제한된다.

해설 포장공간의 제한은 단위제품-화장품, 단위제품-인체-두발 세정 제품, 종합제품 등으로 구분된다. 단위제품으로서 화장품은 공간 비율 10% 이하 포장 횟수 2회 이하로 제한된다.

295 피부의 구조를 외부에서 내부의 순서대로 나열한 것이다. 빈칸에 적절한 것은?

표피-진피-(   )

해설 피하지방은 에너지를 저장하고 보온 및 내부 근육 보호의 기능을 한다.

정답 291 아보젠존 292 에칠헥실메톡시신나메이트, 7.5% 293 10% 294 2회 295 피하지방

296 다음 설명하는 (   )의 명칭은?

> - (   ) : 수분과 함께 단백질 등의 성분을 함유하여 체취를 구성
> - 소한선 : 체온 유지의 기능에 핵심적인 역할, 무색무취
> - 피지선 : 지방 성분의 피지 분비, 피부 모발에 윤기 부여

해설 모공에 연결된 땀샘, 세균 등에 의해 부패되면 악취를 형성하는 주요 원인이다.

297 모발의 성장주기에 대한 설명이다. 빈칸에 들어갈 말로 적절한 것은?

> - 성장기 : 모발 성장 활동이 활발하고 모발이 지속적으로 자라나는 시기
> - (   ) : 대사과정이 느려지며 성장이 정지됨
> - 휴지기 : 모발 – 피부 결합력이 약화되어 물리적 충격에 탈모

해설 퇴행기는 성장주기의 1%를 차지하며 휴지기가 되기 전에 기능이 감소하는 시기이다.

298 기능성화장품의 심사 시 기능성화장품에 기능이 있다는 것을 입증하는 자료로 효력 시험 자료와 인체 적용 시험 자료가 포함되는 것은?

해설 기능성화장품 심사 시 부작용이 없다는 안전성 자료와 함께 제출해야 한다.

299 맞춤형화장품 판매업을 신고하려는 경우 다음에 해당하는 맞춤형화장품 판매신고서를 제출해야 한다. 빈칸에 적합한 것은?

> - 맞춤형화장품판매업을 신고한 자의 성명과 생년월일
> - (   )의 성명, 생년월일 및 자격증 번호

해설 맞춤형화장품판매업을 하기 위해서는 반드시 맞춤형화장품 조제관리사를 고용해야 한다.

300 다음은 맞춤형화장품의 안전성 – 유효성 – 안정성을 확보하기 위한 가이드라인이다. 빈칸에 적합한 용어는?

> (   ) 질환 등이 있는 경우에는 혼합행위를 하지 아니하도록 함

해설 전염성 질환이 있는 경우 내용물을 통해서 소비자에게 전염 등의 문제를 일으킬 수 있으므로 혼합행위를 금지한다.

301 다음 설명에서 말하는 유화 제형의 종류는?

> 물을 연속상으로 하고 오일이 분산됨

해설 대부분의 기초화장품 제형에 해당한다.

정답 296 대한선 297 퇴행기 298 유효성 자료 299 맞춤형화장품 조제관리사 300 전염성 301 o/w 제형

302 자원의 절약과 재활용 촉진에 관한 법률에서 30ml 초과 제품의 1차, 2차 포장에 표시해야 하는 것은?

해설 용기의 재질을 표시하여 재활용을 용이하게 하기 위해 사용된다.

303 〈보기〉의 화장품 전성분 표기 중 알러지 유발 가능성이 있는 원료로 주의사항을 안내해야 하는 향료에 해당하는 성분을 하나 골라 작성하시오.

┤ 보기 ├

정제수, 라놀린, 글리세린, 부틸렌글리콜, 알파비사보롤, 레티놀, 티타늄디옥사이드, 카보머, 페녹시에탄올, 참나무이끼추출물, 인삼추출물

해설 참나무이끼추출물은 식약청장이 고시한 25종의 알러지 유발 향료에 해당한다.

304 피부 감작성 시험은 화장품에 의해서 나타날 수 있는 (　　　) 반응을 확인하는 시험이다. 이는 면역체계의 과민성 반응에 해당한다.

해설 개인별로 알러지 반응에 대한 차이를 보일 수도 있다.

305 다음 〈보기〉의 화장품 성분 리스트 중 사용상의 제한이 있는 보존제에 해당하는 성분을 하나 고르고 그 제한 함량을 작성하시오.

┤ 보기 ├

벤조페논, 레티놀, 트리클로산, 징크옥사이드, 나무이끼추출물

해설 트리클로산은 보존제 성분으로서 0.3%의 함량 제한을 가진다. 벤조페논과 징크옥사이드는 자외선 차단 소재이며, 나무이끼추출물은 알러지 유발 가능성이 있는 향료이다.

306 다음 〈보기〉 중 제품의 pH 기준으로 3.0~9.0을 지켜야 하는 것을 2개 고르시오.

┤ 보기 ├

영유아 목욕용 제품, 영유아용 샴푸, 유연화장수, 프레쉐이브 로션, 클렌징 크림

해설 물을 포함하지 않는 제품과 사용한 후 곧바로 물로 씻어 내는 제품은 제외한다.

307 피부를 외부에서 보았을 때 구별되는 구조의 명칭을 작성하시오.

- 소릉 : 피부에서 튀어나온 부분
- (　　　) : 피부에서 우묵하게 들어간 부분

해설 계곡과 같은 형태를 나타낸 명칭이다.

정답 302 분리배출 표시　303 참나무이끼추출물　304 알러지　305 트리클로산, 0.3%　306 유연화장수, 프레쉐이브 로션
307 소구

308 피부 장벽을 이루는 각질층에서 각질세포 속에 존재하며 수분을 잡는 성분 등을 지칭하는 것은? (소듐 PCA 등의 성분이 있다.)

해설 아미노산, 유레아, 젖산 등의 성분으로 물과 친화력이 좋은 수용성 성분으로 구성된다.

309 모간의 구조에 대한 설명이다. 빈칸에 들어갈 말로 적절한 것은?

• 모표피 : 최외곽 부분에 지질이 결합되어 있음, 멜라닌 색소가 없음
• (   ) : 모발의 85~90%를 차지하고 멜라닌 색소를 보유하여 탄력, 질감, 색상 등 주요 특성을 나타냄
• 모수질 : 모발의 가장 안쪽을 구성하며 경모에는 있으나 연모에는 없음

해설 모피질 세포는 세로 방향의 케라틴 단백질 섬유구조로 형성되어 있다. 모피질 세포는 간층 물질로 결합되어 있다.

310 다음은 맞춤형화장품의 정의이다. 빈칸에 적합한 용어는?

맞춤형화장품
① 제조 또는 수입된 화장품의 내용물에 다른 화장품의 내용물을 추가하여 혼합한 화장품
② 제조 또는 수입된 화장품의 내용물에 식품의약품안전처장이 정하는 (   )을/를 추가하여 혼합한 화장품
③ 제조 또는 수입된 화장품의 내용물을 소분한 화장품

해설 맞춤형화장품 조제관리사가 추가하지 못하는 원료의 종류가 정의되어 있다.

311 맞춤형화장품 판매업자의 의무에 대한 설명이다. 빈칸에 들어갈 말로 적합한 것은?

혼합 · 소분 전에 혼합 · 소분에 사용되는 내용물 또는 원료에 대한 (   )을/를 확인할 것

해설 제조업체의 원료에 대한 자가품질검사 또는 공인검사기관 성적서 등을 의미한다.

312 다음은 맞춤형화장품 판매업자의 의무이다. 빈칸에 적합한 용어는?

혼합 · 소분되는 내용물 및 원료에 대한 설명 의무
가. 혼합 · 소분에 사용된 내용물 · 원료의 내용 및 특성
나. 맞춤형화장품 (   )

해설 부작용, 사용법, 보관방법이 이에 해당한다.

313 유상과 수상의 혼합에 사용되는 계면활성제의 특성이다. 빈칸에 들어갈 말로 적합한 것은?

마이셀 : 계면활성제가 일정한 농도, 즉 (   ) 이상으로 유지되면 일정한 형태로 모인 집합체를 형성함

해설 수상과 유상의 계면에 존재하며, 계면활성제가 수상 등의 내부에 구형의 구조를 형성한다. 이 현상이 발생하는 최소한의 농도를 뜻한다.

정답 308 천연보습인자 309 모피질(Cortex) 310 원료 311 품질성적서 312 사용 시의 주의사항 313 임계 마이셀 농도

314 다음에서 말하는 용기의 타입을 작성하시오.

> • 특징 : 저점도의 제형의 토출에 유리, 손 등이 닿지 않아 위생적 보관 가능
> • 구조 : 밸브의 기능을 이용하여 용기 속의 내용물을 토출함

해설 펌프 타입은 흐를 수 있는 저점도의 제형의 토출에 유리하다. 다만 용기가 뒤집힌 경우에는 토출이 안 되며, 경도가 높은 크림 등은 보관 등이 불가능하다. 참고로 에어리스 타입의 경우 제형 내 공기 유입이 적으며, 뒤집어진 상태에서도 내용물의 토출이 가능하다.

315 다음 〈보기〉의 화장품 전성분 표기 중 사용상의 제한이 있는 보존제에 해당하는 성분을 하나 골라 작성하시오.

> ┤ 보기 ├
>
> 정제수, 글리세린, 1,2 헥산-디올, 아데노신, 아보벤존, 카보머, 메틸파라벤, 리모넨

해설 메틸파라벤과 같은 보존제 성분은 함량과 용도에 제한이 있는 성분이며, 맞춤형화장품 조제관리사가 배합할 수 없는 원료이다.

316 계면활성제의 친수성과 친유성의 비율을 수치화한 것으로 숫자가 클수록 친수성 성질이 강하고 작을수록 친유성 성질이 강한 것을 의미한다. 이것을 의미하는 영문 약자는?

해설 HLB는 Hydrophile Lipophile Balance의 약자로 Hydrophile은 친수성, Lipophile은 친유성을 나타낸다. 숫자가 커질수록 유상을 수상에 유화시키기에 유리하여 o/w제형을 만들기에 적합하다.

317 피부의 효소 중 피부색을 결정하는 멜라닌 형성에 관여하는 효소는?

해설 티로시나아제는 멜라닌 형성 세포 내에서 발현되어 티로신이라는 아미노산을 산화시킴으로써 멜라닌 형성에 관여한다.

318 제품의 종류별 포장방법에 관한 기준에서 단위제품으로서 두발 세정용 화장품류의 포장 횟수는 (   ) 이하로 제한된다.

해설 포장공간의 제한은 단위제품-화장품, 단위제품-인체-두발 세정 제품, 종합제품 등으로 구분된다. 단위제품으로서 두발 세정용 제품은 공간 비율 15% 이하, 포장 횟수 2회 이하로 제한된다.

319 피부의 구조를 외부에서 내부의 순서대로 나열한 것이다. 빈칸에 적절한 것은?

> 표피-(   )-피하지방

해설 진피는 콜라겐 등의 섬유구조로 주로 구성되어 피부 탄력의 유지에 중요한 부분이다.

정답 314 펌프 타입 용기 315 메틸파라벤 316 HLB 317 티로시나아제 318 2회 319 진피

320 피부의 표피층에서 만들어지는 색소로, UV 등으로부터 피부를 보호하기 위한 기능을 가지고 있는 것은?

> **해설** 멜라닌은 타이로신이라는 아미노산에 기반하여 생성된다. 멜라닌형성세포가 합성하여 각질형성세포에 전달한다.

321 피부의 색상을 측정할 수 있는 색차계에서는 L, a, b값 등을 측정한다. 측정 전후의 수치로 피부 미백 효능을 확인할 수 있는 수치는?

> **해설** 피부의 밝기를 나타내는 수치로 a는 붉은 기, b는 노란 기를 나타낸다.

322 다음은 맞춤형화장품에 사용할 수 없는 원료에 대한 설명이다. 빈칸에 적절한 것은?

> 가. 화장품에 사용할 수 없는 원료
> 나. 화장품에 사용상의 제한이 필요한 원료
> 다. 식품의약품안전처장이 (   )한 기능성화장품의 효능 · 효과를 나타내는 원료

> **해설** 맞춤형화장품 판매업자에게 원료를 공급하는 화장품책임판매업자가 「화장품법」 제4조에 따라 해당 원료를 포함하여 기능성화장품에 대한 심사를 받거나 보고서를 제출한 경우는 제외한다.

323 맞춤형화장품 판매업자의 의무에 대한 설명이다. 빈칸에 적합한 것은?

> 혼합 · 소분 전에 손을 소독하거나 세정할 것. 다만, 혼합 · 소분 시 (   )을/를 착용하는 경우에는 그렇지 않다.

> **해설** 내용물과 원료에 손이 닿지 않도록 해야 한다.

324 다음은 맞춤형화장품의 안전성 – 유효성 – 안정성을 확보하기 위한 가이드라인이다. 빈칸에 들어갈 적합한 용어는?

> (   )(유형을 포함한다)이 정해져 있어야 하고, (   )의 변화가 없는 범위 내에서 특정 성분의 혼합이 이루어져야 한다.

> **해설** 조제관리사의 내용물이나 원료의 첨가로 제형의 안정성이 변하지 않는 범위에서 실시해야 한다.

325 다음에서 설명하는 원료 혼합기의 명칭은?

> • 구조 : 고정되어 있는 스테이터 주위를 로테이터가 밀착되어 회전하면서 혼합
> • 특징 : 일반 교반기에 비해서 분산력이 강함

> **해설** 수상원료와 유상원료를 분산하여 마이셀의 형성을 유도한다.

정답 320 멜라닌 321 L값 322 고시 323 일회용 장갑 324 기본 제형 325 호모믹서

326 화장품 표시 – 광고 규정에 따른 용기 기재 사항에서 2차 포장에 전성분 대신 표시성분을 표시해야 하는 제품은 (　　　)㎖ 이하 제품이다.

해설 포장의 크기가 작아 전성분을 모두 기입하기 어려울 때 표시성분을 기입한다.

327 제품의 종류별 포장방법에 관한 기준에서 단위제품으로서 두발 세정용 화장품류의 포장 공간 비율은 (　　　) 이하로 제한된다.

해설 제품을 포장할 때에는 포장재의 사용량과 포장 횟수를 줄여 불필요한 포장을 억제하여야 한다.

328 〈보기〉의 화장품 전성분 표기 중 미백 기능성화장품의 고시 원료에 해당하는 성분을 하나 골라 작성하시오.

┤ 보기 ├

정제수, 라놀린, 글리세린, 부틸렌글리콜, 알파비사보롤, 레티놀, 티타늄디옥사이드, 카보머, 페녹시에탄올, 참나무이끼추출물, 인삼추출물

해설 알파비사보롤은 식품의약품안전처장이 고시한 기능성화장품의 효능·효과를 나타내는 원료로서 맞춤형화장품 조제관리사가 직접 배합할 수 없다. 다만, 맞춤형화장품 판매업자에게 원료를 공급하는 화장품 책임판매업자가 「화장품법」 제4조에 따라 해당 원료를 포함하여 기능성화장품에 대한 심사를 받거나 보고서를 제출한 경우는 제외한다.

329 다음 〈보기〉의 화장품 성분 리스트 중 사용상의 제한이 있는 보존제에 해당하는 성분을 하나 고르고 그 제한 함량을 작성하시오.

┤ 보기 ├

닥나무 추출물, 아데노신, 호모살레이트, 카보머, 벤조익애씨드, 쿠마린

해설 보존제 성분은 자외선 차단제 성분보다는 배합 함량이 낮다.

330 다음 중 안전용기를 사용해야 하는 제품 2개를 〈보기〉에서 고르시오.

┤ 보기 ├

일회용 제품, 압축분무용기 제품, 어린이용 오일, 아세톤 함유 네일 리무버, 펌프작동 분무용기 제품

해설 일회용 제품, 압축 분무용기 제품, 펌프작동 분무용기 제품 등은 제외된다.

331 피부를 외부에서 보았을 때 구별되는 구조의 명칭을 작성하시오.

• (　　　) : 피부에서 튀어나온 부분
• 소구 : 피부에서 우묵하게 들어간 부분

해설 언덕과 같은 형태를 가리키는 명칭이다.

정답 326 50　327 15%　328 알파비사보롤　329 벤조익애씨드, 0.5%　330 어린이용 오일, 아세톤 함유 네일 리무버
331 소릉

332 진피를 이루는 섬유 구조 중 가장 많은 비율을 차지하고 물리적 압력에 저항하는 성질을 가지고 있어서 노화에 따라 감소할수록 주름의 원인이 되는 것은?

> 해설 콜라겐은 교원세포 등에 의해 형성된다. 엘라스틴과 달리 자체적인 탄성을 보유하지 않았다.

333 모간의 구조에 대한 설명이다. 빈칸에 들어갈 말로 적절한 것은?

> • 모표피 : 최외곽 부분에 지질이 결합되어 있고 멜라닌 색소가 없음
> • 모피질 : 모발의 85~90%를 차지하고 멜라닌 색소를 보유하여 탄력, 질감, 색상 등 주요 특성을 나타냄
> • (   ) : 모발의 가장 안쪽을 구성하며 경모에는 있으나 연모에는 없음

> 해설 모수질은 벌집 모양의 세포로 구성되어 있으며 멜라닌 색소를 포함한다.

334 다음은 맞춤형화장품에 사용할 수 없는 원료에 대한 설명이다. 빈칸에 들어갈 말로 적절한 것은?

> 가. 화장품에 사용할 수 없는 원료
> 나. 화장품에 사용상의 제한이 필요한 원료
> 다. 식품의약품안전처장이 고시한 (   )의 효능 · 효과를 나타내는 원료

> 해설 주름, 미백 등의 기능을 나타내는 고시 원료는 배합할 수 없다.

335 맞춤형화장품 판매업자의 의무에 대한 설명이다. 빈칸에 들어갈 말로 적합한 것은?

> 다음 각 목의 사항이 포함된 맞춤형화장품 판내매역서를 작성 · 보관할 것
> 가. (   )
> 나. 사용기한 또는 개봉 후 사용기간
> 다. 판매일자 및 판매량

> 해설 내용물과 원료 등을 식별하기 위해 할당된 일련의 고유한 번호이다.

336 다음은 맞춤형화장품의 안전성 – 유효성 – 안정성을 확보하기 위한 가이드라인이다. 빈칸에 적합한 용어는?

> 혼합 후에는 물리적 현상(층분리 등)에 대하여 (   )으로 이상 유무를 확인하고 판매하도록 함

> 해설 기기 등을 사용하지 않고 실시하는 기초적인 관능평가 방식이다.

정답   332 콜라겐   333 모수질   334 기능성화장품   335 제조번호   336 육안

337 화장품의 제형의 형태에 따른 분류 중 다음에서 설명하는 제형은?

> 다량의 안료(고체입자)들이 수상이나 유상에 균일하게 혼합되어 있는 제형

해설 주로 색조 제품의 제작에 사용되는 형태이다.

338 화장품 포장용기의 정의에서 화장품과 직접 접촉하는 용기를 의미하는 것은?

해설 2차 포장은 1차 포장을 수용하는 1개 이상의 보호재 및 포장을 의미한다.

339 〈보기〉의 화장품 전성분 표기 중 주름 개선 기능성화장품의 고시 원료에 해당하는 성분을 하나 골라 작성하시오.

> ┤ 보기 ├
>
> 정제수, 글리세린, 1,2 헥산–디올, 나이아신아마이드, 아데노신, 아보벤존, 카보머, 메틸 파라벤, 리모넨

해설 아데노신은 식품의약품안전처장이 고시한 기능성화장품의 효능·효과를 나타내는 원료로서 맞춤형화장품 조제관리사가 직접 배합할 수 없다. 다만, 맞춤형화장품 판매업자에게 원료를 공급하는 화장품 책임판매업자가 화장품법 제4조에 따라 해당 원료를 포함하여 기능성화장품에 대한 심사를 받거나 보고서를 제출한 경우는 제외한다.

340 다음 〈보기〉의 화장품 성분 리스트 중 사용상의 제한이 있는 자외선 차단제에 해당하는 성분을 하나 고르고 그 제한 함량을 작성하시오.

> ┤ 보기 ├
>
> 에칠헥실메톡시신나메이트, 레티놀, 알부틴, 벤질알코올, 아밀산남알

해설 보존제 성분은 자외선 차단제 성분보다는 배합 함량이 낮다.

341 맞춤형화장품 판매업자는 제조번호와 판매일자, 판매량 등이 포함된 (　　　)을/를 작성·보관해야 한다. 이때 전자문서로 된 (　　　)도 포함된다.

해설 맞춤형화장품 판매업자는 판매내역서(전자문서로 된 판매내역서를 포함한다)를 작성·보관해야 한다.

342 피부의 진피에 있는 혈관으로 직경이 $10\mu\mathrm{m}$ 정도이며 외부 자극에 의해서 확장되면 피부가 붉게 보이는 원인이 된다. 이 혈관의 이름을 작성하시오.

해설 입술은 진피의 유두층이 표피층에 깊이 교차하여 붉게 보인다. 일광화상을 입게 되면 혈관이 확장되어 붉게 나타난다.

정답 **337** 분산 제형 **338** 1차 포장 **339** 아데노신 **340** 에칠헥실메톡시신나메이트, 7.5% **341** 판매내역서 **342** 모세혈관

343 다음 진피층의 특징에 해당하는 부분의 명칭을 작성하시오.

> • (   ) : 표피와 접해 있음. 섬유조직이 적어 표피로의 혈액 및 체액 공급이 용이함
> • 망상층 : 섬유조직이 많고 대부분의 진피를 구성하는 부분

[해설] 표피층과 교차하는 형태를 나타낸다.

344 피부의 각질형성 세포가 기저층에서 각질층이 되어 탈락하기까지 걸리는 주기는?

[해설] 기저층에서 각질층이 되기까지 2주, 각질층이 탈락하기까지 다시 2주가 소요된다.

345 모발의 성장주기에 대한 설명이다. 빈칸에 들어갈 말로 적절한 것은?

> • (   ) : 모발 성장 활동이 활발하고 모발이 지속적으로 자라나는 시기
> • 퇴행기 : 대사과정이 느려지며 성장이 정지됨
> • 휴지기 : 모발 – 피부 결합력이 약화되어 물리적 충격에 탈모

[해설] 성장기는 성장주기의 80~90%를 차지하며, 성장 속도와 성장기의 기간에 비례하여 모발의 길이가 결정된다.

346 기능성화장품의 심사 시 기능성화장품이 부작용이 없다는 입증하는 자료로, 단회 투여 독성 시험 자료, 1차 피부 자극 시험 자료 등이 포함되는 것은?

[해설] 기능성화장품의 심사 시 기능성화장품의 기능이 있다는 유효성 자료와 함께 안전성 자료를 제출해야 한다.

347 맞춤형화장품 판매업자의 의무에 대한 설명이다. 빈칸에 들어갈 말로 적합한 것은?

> 다음 사항이 포함된 맞춤형화장품 판내매역서를 작성 · 보관할 것
> • 제조번호
> • 사용기한 또는 개봉 후 사용기간
> • (   ) 및 판매량

[해설] 판매일자와 판매량을 기록하여 맞춤형화장품 사용과 관련된 부작용 발생 사례에 대해서 추적이 쉽도록 관리한다.

348 다음은 맞춤형화장품의 안전성 – 유효성 – 안정성을 확보하기 위한 가이드라인이다. 빈칸에 적합한 용어는?

> (   )이/가 특정 성분의 혼합 범위를 규정하고 있는 경우에는 그 범위 내에서 특정 성분의 혼합이 이루어져야 한다.

[해설] 책임판매업자는 내용물의 기본 제형의 특성에 대해 이해하고 책임지는 사업자이다.

[정답] 343 유두층   344 4주(28일)   345 성장기   346 안전성 자료   347 판매일자   348 책임판매업자

349 다음에서 설명하는 화장품의 제형은?

> 소량의 오일이 수상에 혼합되어 있어 투명한 형상을 보이는 제형

해설 마이셀 입자의 크기가 작아 가시광선에 영향을 주지 않는 토너 등이 가용화 제형에 해당한다.

350 제품의 종류별 포장방법에 관한 기준에서 단위제품으로 그 밖의 화장품류의 포장공간 비율은 (　　) 이하로 제한된다.

해설 포장공간의 제한은 단위제품–화장품, 단위제품–인체–두발 세정 제품, 종합제품 등으로 구분된다. 단위제품–화장품은 공간 비율 10% 이하로, 가장 작은 범위가 허용된다.

정답　349 가용화 제형　350 10%

P / A / R / T

03

실전모의고사

제1회 | 실전모의고사
제2회 | 실전모의고사
제3회 | 실전모의고사
제4회 | 실전모의고사
제5회 | 실전모의고사

제1회 실전모의고사

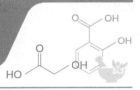

맞춤형화장품 조제관리사 핵심요약+기출유형 1,300제

01 개인정보의 유출 시 행정안전부 장관 혹은 전문기관에 신고하여야 하는 경우는?

① 1명 이상 유출   ② 10명 이상 유출   ③ 100명 이상 유출
④ 500명 이상 유출   ⑤ 1,000명 이상 유출

02 행정처분 종류 중에서 시정명령은 행정법규 위반에 의하여 초래되는 위법 상태를 제거하는 것을 명하는 행정행위이다. 따라서 시정명령을 받은 사람은 시정 의무를 부담하게 된다. 다음 중 1차 위반 시 시정명령을 받는 것과 거리가 먼 것은?

① 맞춤형화장품판매업자의 변경신고를 하지 않은 경우
② 맞춤형화장품판매업소 상호의 변경신고를 하지 않은 경우
③ 맞춤형화장품판매업소 소재지의 변경신고를 하지 않은 경우
④ 맞춤형화장품조제관리사의 변경신고를 하지 않은 경우
⑤ 제조 시설 중 쥐·해충 및 먼지 등을 막을 수 있는 시설 위반한 경우

03 다음 중 화장품책임판매업 등록을 할 수 있는 자는?

① 피성년후견인 선고를 받고 복권되지 아니한 자
② 정신질환자
③ 화장품법 위반으로 등록이 취소되거나 영업소가 폐쇄된 이후 1년이 지나지 않은 자
④ 파산선고를 받고 복권되지 아니한 자
⑤ 보건범죄 단속에 관한 특별조치법 위반으로 금고 이상의 형을 선고받고 집행이 끝나지 않은 자

04 천연화장품 및 유기농화장품의 기준에 관한 규정 중 중량 기준 합성원료는 전체 제품에서 얼마 미만이 되어야 하는가?

① 5%   ② 10%   ③ 80%
④ 90%   ⑤ 95%

05 화장품의 유형 중 두발용 제품류의 유형에 속하지 않는 것은?

① 헤어 컨디셔너   ② 헤어 토닉   ③ 헤어 크림·로션
④ 헤어 그루밍 에이드   ⑤ 헤어 틴트

06 다음 중 기능성화장품에 속하지 <u>않는</u> 것은?

① 피부에 탄력을 주어 피부의 주름을 완화 또는 개선하는 기능을 가진 화장품

② 체모를 제거하는 기능을 가진 화장품

③ 탈모 증상의 완화에 도움을 주는 화장품

④ 여드름성 피부를 완화하는 데 도움을 주는 기초화장품

⑤ 튼살로 인한 붉은 선을 엷게 하는 데 도움을 주는 화장품

07 화장품의 사후관리를 위해 화장품에 화학적으로 불안정한 성분을 0.5% 이상 사용한 경우 안정성 시험 자료를 최종 제조된 제품의 사용기한이 만료되는 날부터 1년간 보존해야 하는 소재와 거리가 먼 것은?

① 레티놀(비타민 A) 및 그 유도체

② 토코페롤(비타민 E) 및 그 유도체

③ 아스코빅애시드(비타민 C) 및 그 유도체

④ 과산화화합물

⑤ 효소

08 계면활성제의 친수성 부위에 따른 분류 중 세정력과 기포형성력이 우수해 세정용 제품에 주로 쓰이는 계면활성제는?

① 양쪽이온성 계면활성제　　② 친수성 계면활성제　　③ 음이온성 계면활성제

④ 비이온성 계면활성제　　⑤ 양이온성 계면활성제

09 아래의 설명에 해당하는 유성성분은?

식물에서 얻은 유지류로 상온에서 액체로 존재함

① 에스테르 오일(이소프포필 미리스테이트 등)

② 에뮤 오일

③ 실리콘 오일

④ 쉐어버터

⑤ 올리브 오일

10 화장품에 사용되는 원료의 특성으로 옳은 것은?

① 금속이온봉쇄제는 수분의 증발을 억제하고 사용 감촉을 향상시키는 등의 목적으로 사용된다.

② 계면활성제는 원료 중에 혼입되어 있는 이온을 제거할 목적으로 사용된다.

③ 고분자 화합물은 주로 점도 증가, 피막 형성 등의 목적으로 사용된다.

④ 산화방지제는 계면에 흡착하여 계면의 성질을 현저히 변화시키는 물질이다.

⑤ 유성원료는 산화되기 쉬운 성분을 함유한 물질에 첨가하여 산패를 막을 목적으로 사용된다.

11 계면활성제의 특징 중 HLB에 대한 설명으로 거리가 <u>먼</u> 것은?

① 친수성과 친유성의 비율을 수치화한 것이다.
② 숫자가 클수록 친수성이 강하다.
③ 숫자가 클수록 유상을 수상에 유화시키기에 유리하다.
④ 숫자가 작을수록 수상을 유상에 유화시키기에 유리하다.
⑤ 비이온계 계면활성제는 HLB 값이 크다.

12 착향제 성분 중 알러지 유발 가능성으로 기재 · 표시해야 하는 성분에 해당하지 <u>않는</u> 것은?

① 아밀신남알   ② 신남알   ③ 유게놀
④ 리날룰   ⑤ 나이아신아마이드

13 화장품 전성분 표시제도의 표시 방법에서 거리가 <u>먼</u> 것은?

① 글자 크기 : 5포인트 이상
② 표시 순서 : 제조에 사용된 함량이 많은 것부터 기입
③ 순서 예외 : 5% 이하로 사용된 성분, 착향료, 착색제는 함량 순으로 기입하지 않아도 됨
④ 표시 제외 : 원료 자체에 이미 포함되어 있는 미량의 보존제 및 안정화제
⑤ 표시 제외 : 제조과정에서 제거되어 최종 제품에 남아있지 않은 성분

14 화장품에 사용할 수 있는 원료를 규정할 때, 사용할 수 없거나 제한이 있는 원료를 제외하고는 모든 원료를 책임하에 사용하는 제도를 뜻하는 것은?

① Negative 리스트   ② Positive 리스트   ③ 화장품 배합 금지 원료
④ 사용상의 제한이 있는 원료   ⑤ 기능성 고시 원료

15 피부의 멜라닌 생성을 일으키는 UV 영역대로 PA 지수를 산출하는 대상이 되는 것은?

① UVC   ② UVB   ③ UVA
④ 적외선   ⑤ 감마선

16 다음의 효능 및 효과를 표시 · 광고할 수 있는 화장품은?

두피를 깨끗하게 하고 가려움을 없어지게 해 준다.

① 헤어 컨디셔너   ② 헤어 토닉   ③ 헤어 그루밍에이드
④ 헤어 오일   ⑤ 포마드

17 화장품의 사용상 주의사항 표시에서 보기의 내용을 포함해야 할 2가지가 바르게 연결된 것은?

> 인체 적용시험자료에서 구진과 경미한 가려움이 보고된 예가 있음

① 알부틴 2% 이상 함유 제품 – 폴리에톡실레이티드레틴아마이드 0.2% 이상 함유 제품
② 아이오도프로피닐부틸카바메이트(IPBC) 함유 제품 – 살리실릭애씨드 및 그 염류 함유 제품
③ 과산화수소 함유 제품 – 벤잘코늄클로라이드 함유 제품
④ 카민추출물 함유 제품 – 프롬알데히드 0.05% 이상 함유 제품
⑤ 산화수소 함유 제품 – 살리실릭애씨드 및 그 염류 함유 제품

18 다음 광고의 밑줄 친 부분에서, 금지된 표현의 수 (㉠) 및 실증이 필요한 표현의 수 (㉡)는 몇 개인지 바르게 연결된 것을 고르시오.

> [광고]
> 이 크림은 경쟁제품 A보다 보습 효능이 25% 더 뛰어납니다. A사의 광고는 신뢰할 수 없음이 밝혀졌습니다. 피부 세포의 성장을 촉진하여 콜라겐의 생성을 증가시키고 피부 노화의 징후를 감소시킵니다.

	㉠	㉡
①	5	0
②	4	1
③	3	2
④	2	3
⑤	1	4

19 다음 중 회수대상 화장품의 위해 등급이 다른 것은?
① 기능성화장품의 기능성을 나타나게 하는 주원료 함량이 기준치에 부적합한 경우
② 비누 내 알칼리 함량의 기준이 적합하지 않은 것
③ 맞춤형화장품 조제관리사를 두지 아니하고 판매한 맞춤형화장품
④ 등록을 하지 아니한 자가 제조한 화장품 또는 제조·수입하여 유통·판매한 화장품
⑤ 전부 또는 일부가 변패(變敗)된 화장품

20 다음에 설명하는 화장품의 위해 사례 판단과 보고의 용어로 옳은 것은?

> 독성이 있는 화학물질에 노출되는 경우 사람의 건강이나 환경에 피해를 줄 수 있는 정도

① 유해성   ② 위해성   ③ 유해물질
④ 실마리 정보   ⑤ 안전성 정보

21 화장품 책임판매업자의 안전관리 정보에서 정기보고의 보고 주기는?

① 1년 　　　　　　　② 6개월 　　　　　　　③ 3개월
④ 1개월 　　　　　　　⑤ 15일

22 다음 중 일반적인 화장품의 보관 및 취급 방법과 거리가 먼 것은?

① 사용 후에는 반드시 마개를 닫아둘 것
② 직사광선이 닿는 곳에는 보관하지 말 것
③ 유아 · 소아의 손이 닿지 않는 곳에 보관할 것
④ 저온의 장소에 보관하지 말 것
⑤ 섭씨 40도 이상의 장소에서 보관하지 말 것

23 화장품 책임판매 후 안전관리 기준으로 적절하지 않은 것은?

① 책임판매관리자는 학회, 문헌, 그 밖의 연구보고 등에서 정보를 수집 · 기록해야 한다.
② 책임판매관리자는 안전관리 정보를 신속히 검토 · 기록해야 한다.
③ 책임판매관리자는 조치가 필요하다고 판단될 경우 회수의 조치를 취해야 한다.
④ 책임판매관리자는 안전관리정보를 원료업체에 보고하여야 한다.
⑤ 책임판매관리자는 조치가 필요하다고 판단될 경우 첨부문서를 개정해야 한다.

24 화장품의 원료 중 색을 나타내는 안료의 색감과 광택, 사용감 등을 조절할 목적으로 사용하는 것은?

① 카르사민 　　　　　　② 코치닐 　　　　　　　③ 산화아연
④ 울트라마린 　　　　　　⑤ 카올린

25 화장품 주의사항의 공통사항에 해당하는 것은?

① 화장품 사용 시 또는 사용 후 직사광선에 의하여 사용 부위에 붉은 반점, 부어오름 또는 가려움증 등의 이상 증상이나 부작용이 있는 경우 전문의 등과 상담할 것
② 눈에 들어갔을 때에는 즉시 씻어낼 것
③ 같은 부위에 연속해서 3초 이상 분사하지 말 것
④ 개봉한 제품은 7일 이내에 사용할 것
⑤ 털을 제거한 직후에는 사용하지 말 것

26 다음 중 위해성 등급이 가장 높은 회수대상 화장품은?

① 등록을 하지 아니한 자가 제조한 화장품 또는 제조 · 수입하여 유통 · 판매한 화장품

② 맞춤형화장품 조제관리사를 두지 아니하고 판매한 맞춤형화장품

③ 기능성화장품의 기능성을 나타나게 하는 주원료 함량이 기준치에 부적합한 화장품

④ 사용기한 또는 개봉 후 사용기간을 위조 · 변조한 화장품

⑤ 기준 이상의 유해물질이 검출된 화장품

27 다음 〈보기〉는 안전성 보고에서 "중대한 유해사례"의 경우이다. 빈칸에 들어갈 단어로 적절한 것은?

┤ 보기 ├

- 사망을 초래하거나 생명을 위협하는 경우
- 입원 또는 입원기간의 연장이 필요한 경우
- 지속적 또는 중대한 불구나 기능 저하를 초래하는 경우
- 선천적 (   ) 또는 이상을 초래하는 경우

① 가려움　　　　　　② 부어오름　　　　　　③ 알러지
④ 요양　　　　　　　⑤ 기형

28 다음 중 우수화장품 제조기준을 의미하는 약자는?

① CGMP　　　　　　② cGMP　　　　　　③ GMP
④ ISO　　　　　　　⑤ SOP

29 다음 〈보기〉에서 설명하는 GMP의 주요 용어에 해당하는 것은?

┤ 보기 ├

청소, 위생 처리 또는 유지 작업 동안에 사용되는 물품(세척제, 윤활제 등)을 말한다.

① 원자재　　　　　　② 소모품　　　　　　③ 주요 설비
④ 제조소　　　　　　⑤ 원료

30 차압을 통해 작업실의 공기의 흐름을 조절할 때, 차압관리 없이 환기 장치만으로 유지되는 작업실의 등급은?

① 1등급　　　　　　② 2등급　　　　　　③ 3등급
④ 4등급　　　　　　⑤ 5등급

31 〈보기〉의 CGMP 규정 중 작업장에 사용되는 세제의 종류와 사용법에 대해서 바르게 연결된 것을 고르시오.

┤ 보기 ├

ㄱ : 세정제의 주요 성분으로 이물질을 제거한다. 알킬설페이트 등이 있다.
ㄴ : 미생물의 살균을 위한 성분으로 알코올류 등이 있다.

	ㄱ	ㄴ
①	표백제	금속이온 봉쇄제
②	유기폴리머	연마제
③	연마제	금속이온 봉쇄제
④	계면활성제	살균제
⑤	연마제	유기폴리머

32 작업소의 시설에 관한 규정 중 거리가 먼 것은?
① 제조하는 화장품의 종류·제형에 따라 적절히 구획·구분되어 있어 교차오염의 우려가 없을 것
② 바닥, 벽, 천장은 가능한 청소하기 쉽게 매끄러운 표면을 지니고 가능한 한 세제 없이 청소할 것
③ 외부와 연결된 창문은 가능한 열리지 않도록 할 것
④ 수세실과 화장실은 접근이 쉬워야 하나 생산구역과 분리되어 있을 것
⑤ 환기가 잘되고 청결할 것

33 작업장의 위생 상태에 대한 내용으로 틀린 것은?
① 곤충, 해충이나 쥐를 막을 수 있는 대책을 마련하고 정기적으로 점검·확인하여야 한다.
② 제조, 관리 및 보관 구역 내의 바닥, 벽, 천장 및 창문은 항상 청결하게 유지되어야 한다.
③ 제조시설이나 설비의 세척에 사용되는 세제 또는 소독제는 효능이 입증된 것을 사용한다.
④ 제조시설이나 설비의 세척에 사용되는 세제 또는 소독제는 적용하는 표면에 이상을 초래할 것을 반영하여야 한다.
⑤ 제조시설이나 설비는 적절한 방법으로 청소하여야 하며, 필요한 경우 위생관리 프로그램을 운영하여야 한다.

34 기준일탈 조사 절차에서 Laboratory error 조사에 해당하지 않는 것은?
① 분석절차(담당자)의 실수를 조사한다.
② 분석기기의 문제(고장)를 조사한다.
③ 조제액의 문제를 조사한다.
④ 재검체를 채취하여 조사한다.
⑤ 절차서의 문제를 조사한다.

35 세척 대상의 세척을 확인하는 방법 중 가장 먼저 실시하는 방법으로, 관리자의 눈으로 오염 제거 여부를 확인하는 방법은?

① 육안 판정
② 문질러 내 부착물 판정
③ 린스액 화학 분석
④ 오염 판정
⑤ 표면 판정

36 우수화장품 제조기준 중 화장품 작업장 내 직원의 위생 기준에 적합하지 <u>않은</u> 것은?

① 청정도에 맞는 적절한 작업복, 모자와 신발을 착용하고 필요할 경우는 마스크, 장갑을 착용한다.
② 음식물 반입은 불가능하다.
③ 피부에 외상이 있거나 질병에 걸린 직원은 마스크, 장갑을 착용한다.
④ 작업 전에 복장점검을 하고 적절하지 않을 경우에는 시정한다.
⑤ 적절한 위생관리 기준 및 절차를 마련하고 제조소 내의 모든 직원은 이를 준수해야 한다.

37 다음 〈보기〉의 우수화장품 제조기준 중 설비기구의 유지관리 주요사항의 점검 항목과 세부 내용이 바르게 연결된 것은?

┤ 보기 ├

ㄱ. 외관 검사 : 더러움, 녹, 이상 소음, 이취 등
ㄴ. 작동 점검 : 외부 표면, 내부
ㄷ. 기능 측정 : 회전수, 전압, 투과율, 감도 등
ㄹ. 청소 : 스위치, 연동성 등

① ㄱ, ㄴ
② ㄱ, ㄷ
③ ㄴ, ㄷ
④ ㄴ, ㄹ
⑤ ㄷ, ㄹ

38 원료, 내용물 및 포장재 입고 기준에서 시험기록서의 필수적인 기재사항이 <u>아닌</u> 것은?

① 원자재 공급자가 정한 제품명
② 원자재 공급자명
③ 수령일자
④ 공급자가 부여한 제조번호 또는 관리번호
⑤ 공급자의 판정

39 입고된 원료, 내용물 및 포장재의 보관·관리 기준에 적합하지 않은 것은?

① 물질의 특징 및 특성에 맞도록 보관, 취급
② 특수한 보관 조건은 적절하게 준수, 모니터링
③ 원료와 포장재의 용기는 밀폐
④ 청소와 검사가 용이하도록 충분한 간격 유지
⑤ 바닥에 밀착하여 보관

40 다음 〈보기〉 중 설비와 기능이 바르게 연결된 것을 <u>모두</u> 고르면?

┤ 보기 ├

ㄱ. 탱크 : 액체를 한 지점에서 다른 지점으로 이동하기 위해 사용
ㄴ. 펌프 : 공정 중이거나 보관하는 원료 저장
ㄷ. 교반장치 : 제품의 균일성을 얻기 위해 물리적으로 혼합하는 장치
ㄹ. 칭량장치 : 양과 기준을 만족하는지를 보증하기 위해 중량적으로 측정
ㅁ. 제품 충전기 : 제품을 1차 용기에 넣기 위해서 사용

① ㄱ, ㄴ, ㄷ   ② ㄱ, ㄴ, ㅁ   ③ ㄴ, ㄷ, ㄹ
④ ㄴ, ㄷ, ㅁ   ⑤ ㄷ, ㄹ, ㅁ

41 제품의 출하 관리 기준에서 시험 및 판정에 관한 사항 중 빈칸에 들어갈 말로 적절한 것은?

[시험 및 판정]
• 시장 출하 전에, 모든 완제품은 설정된 시험 방법에 따라 관리한다.
• 합격 판정 기준에 부합하여야 한다.
• 뱃치에서 취한 (　　　)가 합격 기준에 부합했을 때만 완제품의 뱃치를 불출할 수 있다.

① 검체   ② 재고   ③ 기록서
④ 반제품   ⑤ 벌크

42 입고된 원료, 내용물 및 포장재의 품질관리 기준에서 기준일탈의 조사과정 순서로 적합한 것은?

Laboratory Error 조사 - (㉠) - (㉡) - (㉢) - 결과 검토 - 재발 방지책

	㉠	㉡	㉢
①	재검체 채취	추가 시험	재실험
②	재실험	추가 시험	재검체 채취
③	재실험	재검체 채취	추가 시험
④	추가 시험	재실험	재검체 채취
⑤	추가 시험	재검체 채취	재실험

43 다음은 완제품의 출고 기준 중 보관용 검체의 주의사항이다. 빈칸에 들어갈 말로 적합한 것은?

> [보관용 검체 주의사항]
> • 제품을 그대로 보관한다.
> • 각 뱃치를 대표하는 검체를 보관한다.
> • 일반적으로는 각 뱃치별로 제품 시험을 2번 실시할 수 있는 양을 보관한다.
> • 제품은 가장 (   ) 조건에서 보관한다.
> • 사용기한 경과 후 1년간 또는 개봉 후 사용기간을 기재하는 경우에는 제조일로부터 3년간 보관한다.

① 개방된   ② 가혹한   ③ 고온의
④ 저온의   ⑤ 안정한

44 원료와 포장재, 벌크제품과 완제품의 폐기기준에서 빈칸에 들어갈 말로 적합한 것은?

> (   ) 제품 : 벌크제품과 완제품이 적합판정기준을 만족시키지 못할 경우

① 재작업   ② 기준일탈   ③ 일탈
④ 뱃치   ⑤ 폐기처분

45 우수화장품 품질관리기준에서 기준일탈 조사 결과의 처리 기준과 거리가 먼 것은?

① 시험 결과가 기준일탈이라는 것이 확실하다면 제품 품질이 "부적합"이다.
② 제품의 부적합이 확정되면 우선 해당 제품에 부적합 라벨을 부착(식별표시)한다.
③ 부적합보관소(필요 시 시건장치를 채울 필요도 있다)에 격리 보관한다.
④ 부적합의 원인 조사(제조, 원료, 오염, 설비 등 종합적인 원인을 조사한다)를 시작한다.
⑤ 부적합품은 폐기한다.

46 화장품을 제조하면서 비의도적으로 유도된 물질의 검출 허용 한도로 적합한 것은?

> 〈메탄올〉
> • 일반 제품 : 0.2(v/v)% 이하
> • 물휴지 : (   )(v/v)% 이하

① 20   ② 2   ③ 0.02
④ 0.002   ⑤ 0.0002

47 다음 유통화장품의 안전관리 기준이 적용되지 <u>않는</u> 경우는?

> [안전관리 기준]
> • 유해물질을 선정하고 허용한도를 설정
> • 미생물에 대한 허용한도를 설정

① 화장품을 제조하면서 인위적으로 첨가하지 않았을 경우
② 제조과정 중 비의도적으로 이행된 경우
③ 보관과정 중 비의도적으로 이행된 경우
④ 포장재로부터 비의도적으로 이행된 경우
⑤ 제거 비용이 발생하여 제거하지 않은 경우

48 화장품을 제조하면서 비의도적으로 유도된 물질의 검출 허용 한도(일반 제품)로 잘못 연결된 것은?

① 수은 : 1ppm 이하   ② 카드뮴 : 5ppm 이하   ③ 비소 : 10ppm 이하
④ 안티몬 : 10ppm 이하   ⑤ 니켈 : 100ppm 이하

49 다음의 화장품 제품 내 미생물 한도 기준에 해당하는 미생물은?

> 기타 화장품의 경우 1,000개/g(mL) 이하

① 총혐기성생균수   ② 총호기성생균수   ③ 대장균
④ 녹농균   ⑤ 황색포도상구균

50 다음의 화장품 제품 내 미생물 한도 기준에 들어갈 적합한 수치는?

> 바디 클렌저의 총호기성생균수는 (   )개/g 이하

① 50   ② 100   ③ 500
④ 1,000   ⑤ 5,000

51 다음 중 pH 3.0~9.0을 유지해야 하는 제품이 <u>아닌</u> 것은?

① 영 · 유아용 제품류 – 영유아 샴푸
② 면도용 제품류 – 애프터세이브로션
③ 두발용 제품류 – 헤어 토닉
④ 기초화장용 제품류 – 크림
⑤ 기초화장용 제품류 – 액체

52 우수화장품 제조기준 중 제조위생관리기준서에 포함될 내용과 거리가 <u>먼</u> 것은?

① 작업원의 수세　　　　　② 소독법　　　　　③ 복장의 규격
④ 표준품 및 시약관리　　　⑤ 청소법

53 다음 중 맞춤형화장품의 주요 규정과 거리가 <u>먼</u> 것은?

① 화장품법에 따라 등록된 업체에서 공급된 특정 성분을 혼합하는 것을 원칙으로 한다.
② 책임판매업자가 특정 성분의 혼합 범위를 규정하고 있는 경우에는 그 범위 내에서 특정 성분의 혼합이 이루어져야 한다.
③ 특정 성분이 혼합되어 기본제형의 유형이 변화한 경우는 안정성을 확인하여 사용기한을 설정한다.
④ 소비자의 직·간접적인 요구에 따라 기존 화장품의 특정 성분의 혼합이 이루어져야 한다.
⑤ 브랜드명(제품명을 포함한다)이 있어야 하고, 브랜드명의 변화가 없이 혼합이 이루어져야 한다.

54 맞춤형화장품 판매업자의 의무가 <u>아닌</u> 것은?

① 맞춤형화장품 판매장의 시설·기구를 정기적으로 점검하여 보건위생상 위해가 없도록 관리할 것
② 혼합·소분에 사용된 내용물·원료의 내용 및 특성을 소비자에게 설명할 것
③ 맞춤형화장품 사용 시의 주의사항을 소비자에게 설명할 것
④ 맞춤형화장품 사용과 관련된 부작용 발생사례에 대해서는 지체 없이 식품의약품안전처장에게 보고할 것
⑤ 기능성화장품의 보고 자료를 식품의약품안전처장에게 제출할 것

55 맞춤형화장품 판매업자는 맞춤형화장품 사용과 관련된 부작용 발생 사례에 대해서 보고할 의무를 가진다. 보고 대상으로 적절한 것은?

① 소비자　　　　　　　　② 원료공급업체　　　　③ 제조업체
④ 식품의약품안전처장　　⑤ 유통업자

56 다음의 성분 중 맞춤형화장품 제조 시 혼합할 수 <u>없는</u> 원료는?

① 라놀린　　　　　　　　② 올리브오일　　　　　③ 이소프로필미리스테이트
④ 프로필렌글리콜　　　　⑤ 디아졸리디닐우레아

57 다음 〈보기〉의 화장품 전성분 표기 중 사용상의 제한이 필요한 자외선 차단제에 해당하는 성분 하나를 고르면?

┤ 보기 ├

정제수, 글리세린, 비즈왁스, 벤조페논 – 3, 카보머, 벤질알코올, 향료

① 정제수　　　　　② 벤조페논 – 3　　　　　③ 벤질알코올
④ 글리세린　　　　　⑤ 향료

58 다음 원료 중 맞춤형화장품에 혼합할 수 없는 미백 기능성 원료에 해당하는 것은?
① 스쿠알란　　　　　② 폴리비닐 피롤리돈　　　　　③ 아데노신
④ 알파비사보롤　　　　　⑤ 카보머

59 다음 중 기능성화장품 심사 시 제출해야 하는 안전성 자료를 모두 고른 것은?

ㄱ. 효력 시험 자료　　　　　　　　　ㄴ. 피부 감작성 시험 자료
ㄷ. 인체 첩포 시험 자료　　　　　　ㄹ. 인체 적용 시험 자료
ㅁ. 광독성 및 광감작성 시험 자료

① ㄱ, ㄴ, ㄷ　　　　　② ㄱ, ㄴ, ㄹ　　　　　③ ㄱ, ㄴ, ㅁ
④ ㄴ, ㄷ, ㅁ　　　　　⑤ ㄷ, ㄹ, ㅁ

60 다음 〈보기〉에서 화장품의 원료를 제형과 균일하게 혼합하기 위해 사용하는 장비인 호모믹서의 특징을 모두 고른 것은?

┤ 보기 ├

ㄱ. 단일한 날(블레이드)이 돌아가면서 혼합한다.
ㄴ. 일반 교반기에 비해서 분산력이 강하다.
ㄷ. 호모믹서를 사용하더라도 계면활성제가 필요하다.
ㄹ. 고정되어 있는 스테이터 주위를 로테이터가 밀착되어 회전하면서 혼합한다.
ㅁ. 수성원료 믹스의 혼합에만 사용한다.

① ㄱ, ㄴ, ㄷ　　　　　② ㄱ, ㄴ, ㅁ　　　　　③ ㄴ, ㄷ, ㅁ
④ ㄴ, ㄷ, ㄹ　　　　　⑤ ㄷ, ㄹ, ㅁ

61 다음의 제조원리에 해당하는 제형의 형태는?

소량의 오일이 수상에 혼합되어 있어 투명한 형상을 보이는 제형

① 가용화 제형   ② 유용화 제형   ③ 유화제형
④ 분산제형   ⑤ 수용화 제형

62 10ml 초과 50ml 이하 주름 개선 기능성화장품의 용기의 2차 포장에 필수적으로 기재해야 하는 성분으로 거리가 먼 것은?

① 타르색소   ② 1.2 헥산디올   ③ 금박
④ 아데노신   ⑤ 벤질알코올

63 맞춤형화장품 조제관리사인 소영은 매장을 방문한 고객과 다음과 같은 〈대화〉를 나누었다. 조제관리사가 고객에게 혼합하여 추천할 제품으로 다음 〈보기〉 중 옳은 것을 모두 고르면?

─┤ 대화 ├─

고객 : 최근에 야외활동을 많이 해서 그런지 얼굴 피부가 검어지고 칙칙해졌어요. 건조하기도 하고요.
관리사 : 아. 그러신가요? 그럼 고객님 피부 상태를 측정해 보도록 할까요?
고객 : 그럴까요? 지난번 방문 시와 비교해 주시면 좋겠네요.
관리사 : 네. 이쪽에 앉으시면 저희 측정기로 측정을 해드리겠습니다.

– 피부 측정 후 –

관리사 : 고객님은 한 달 전 측정 시보다 얼굴에 색소 침착도가 20%가량 높아져 있고, 피부 보습도는 25%가량 많이 낮아져 있군요.
고객 : 음. 걱정이네요. 그럼 어떤 제품을 쓰는 것이 좋을지 추천 부탁드려요.

─┤ 보기 ├─

ㄱ. 티타늄디옥사이드(Titanium Dioxide) 함유 제품
ㄴ. 나이아신아마이드(Niacinamide) 함유 제품
ㄷ. 카페인(Caffeine) 함유 제품
ㄹ. 소듐 PCA 함유 제품
ㅁ. 아데노신(Adenosine) 함유 제품

① ㄱ, ㄷ   ② ㄱ, ㅁ   ③ ㄴ, ㄹ
④ ㄴ, ㅁ   ⑤ ㄷ, ㄹ

64 다음 〈보기〉 중 올바르게 업무를 진행한 경우를 모두 고르면?

┤ 보기 ├

ㄱ. 고객이 선택한 맞춤형화장품을 조제관리사가 매장 조제실에서 직접 조제하여 전달하였다.
ㄴ. 조제관리사가 외국에서 수입된 아이크림을 소분하여 판매하였다.
ㄷ. 조제관리사가 책임판매업자와 계약한 사항과 별도로 내용물 및 원료의 비율을 다르게 조제하였다.
ㄹ. 인터넷 주문으로 맞춤형화장품을 구매한 고객에게 맞춤형화장품 판매업자가 제품을 직접 조제하여 배송하였다.

① ㄱ, ㄴ   ② ㄱ, ㄷ   ③ ㄴ, ㄷ
④ ㄴ, ㄹ   ⑤ ㄷ, ㄹ

65 맞춤형화장품 매장에 근무하는 조제관리사에게 향료 알러지가 있는 고객이 제품에 대해 문의를 해 왔다. 조제관리사가 제품에 부착된 〈보기〉의 설명서를 참조하여 고객에게 안내해야 할 말로 가장 적절한 것은?

┤ 보기 ├

• 제품명 : 유기농 모이스처로션
• 제품의 유형 : 액상 에멀전류
• 내용량 : 50g
• 전성분 : 정제수, 1,3부틸렌글리콜, 글리세린, 스쿠알란, 호호바유, 모노스테아린산글리세린, 피이지 소르비탄지방산에스터, 1,2헥산디올, 녹차추출물, 황금추출물, 신남알, 에틸아스코빌 에텔, 호모살레이트, 토코페롤, 잔탄검, 구연산나트륨, 수산화칼륨

① 이 제품은 알러지를 유발할 수 있는 신남알이 포함되어 있어 사용 시 주의를 요합니다.
② 이 제품은 알러지를 유발할 수 있는 에틸아스코빌 에텔이 포함되어 있어 사용 시 주의를 요합니다.
③ 이 제품은 알러지를 유발할 수 있는 호모살레이트가 포함되어 있어 사용 시 주의를 요합니다.
④ 이 제품은 알러지를 유발할 수 있는 글리세린이 포함되어 있어 사용 시 주의를 요합니다.
⑤ 이 제품은 알러지를 유발할 수 있는 구연산나트륨이 포함되어 있어 사용 시 주의를 요합니다.

66 주름 개선 기능성 고시 성분 및 그 제한 함량으로 옳은 것은?

① 알파비사보롤-0.5%
② 글루타랄-0.1%
③ 아데노신-0.04%
④ 세틸피리듐 클로라이드-0.08%
⑤ 트리클로카반-0.2%

67 다음 중 사용상의 제한이 있는 보존제 및 함량으로 옳은 것은?

① 알파비사보롤-0.5%   ② 글루타랄-0.1%   ③ 벤질알코올-5%
④ 호모살레이트-0.08%   ⑤ 징크옥사이드-0.2%

68 다음에서 설명하는 용기의 타입으로 옳은 것은?

> • 특징 : 저점도의 제형 및 펌프가 되지 않는 제형에 적합하며, 손 등이 닿지 않아 위생적 보관이 가능하다.
> • 재질 : LDPE 등의 탄력이 있는 형태가 많이 쓰인다.

① 자 타입 용기   ② 튜브 타입 용기   ③ 펌프 타입 용기
④ 에러리스 타입 용기 ⑤ 스프레이 타입 용기

69 다음 안전용기의 포장 규정에서 빈칸에 들어갈 말로 적합한 것은?

> [안전용기 – 포장]
> 정의 : 만 (   )세 미만의 어린이가 개봉하기 어렵게 설계 · 고안된 용기나 포장

① 3   ② 4   ③ 5
④ 6   ⑤ 7

70 화장품 표시 – 광고 규정 및 자원재활용과 촉진에 관한 법률에 따른 용기 기재사항에서 50ml 초과 제품의 1차 포장에 필수적으로 기재해야 하는 사항이 <u>아닌</u> 것은?

① 제품명   ② 제조업자의 상호   ③ 책임판매업자의 상호
④ 제조번호   ⑤ 전성분

71 다음 〈보기〉 중 사용 시의 주의사항을 표기해야 하는 포장을 <u>모두</u> 고르면?

> ┤ 보기 ├
> ㄱ. 50ml 1차 포장   ㄴ. 40ml 1차 포장   ㄷ. 50ml 2차 포장
> ㄹ. 40ml 2차 포장   ㅁ. 30ml 2차 포장

① ㄱ, ㄴ, ㄷ   ② ㄱ, ㄴ, ㅁ   ③ ㄴ, ㄷ, ㄹ
④ ㄴ, ㄷ, ㅁ   ⑤ ㄷ, ㄹ, ㅁ

72 맞춤형화장품 소비자에게 안내해야 할 사항과 거리가 <u>먼</u> 것은?

① 가격
② 혼합에 사용된 원료 특성
③ 사용 시의 주의사항
④ 소분에 사용된 내용물의 특성
⑤ 혼합에 사용된 내용물의 특성

73 다음 〈보기〉 중 피부의 기능과 그 설명이 바르게 짝지어진 것을 <u>모두</u> 고르면?

┤ 보기 ├

ㄱ. 보호 기능 : 외부 물질의 침입 방어, 충격 마찰 저항
ㄴ. 체온 조절 기능 : 땀 발산, 혈관 축소 및 확장
ㄷ. 배설 기능 : 피부 표면에서 자외선에 의해 비타민 D 생성
ㄹ. 감각 기능 : 온도, 촉각, 통증 등을 감지
ㅁ. 합성 작용 : 피지와 땀의 분비

① ㄱ, ㄴ, ㄷ   ② ㄱ, ㄴ, ㄹ   ③ ㄴ, ㄹ, ㅁ
④ ㄴ, ㄷ, ㅁ   ⑤ ㄷ, ㄹ, ㅁ

74 피부의 구조의 순서를 외부에서 내부로 바르게 나열한 것은?
① 표피 - 진피 - 피하지방   ② 표피 - 피하지방 - 진피   ③ 진피 - 표피 - 피하지방
④ 진피 - 피하지방 - 표피   ⑤ 피하지방 - 진피 - 표피

75 표피가 분화해 가는 과정에서 ㉠과 ㉡에 각각 들어갈 말로 적합한 것은?

기저층 → (㉠) → (㉡) → 각질층

	㉠	㉡
①	유극층	과립층
②	과립층	유극층
③	유극층	망상층
④	유두층	과립층
⑤	과립층	망상층

76 다음 〈보기〉의 피부 각질층에 대한 설명에서 빈칸에 들어갈 말로 옳은 것은?

┤ 보기 ├

• (   ) : 각질층으로 구성된 피부 보호 구조의 명칭
• 기능 : 피부 수분의 증발 억제, 외부의 미생물 및 오염물질 등의 침입 방지
• 특징 : 벽돌과 시멘트 구조(Brick&Mortar), 기능 손상 시 피부 트러블 발생

① 세라마이드   ② 피부장벽   ③ 세포막
④ 진피층   ⑤ 피부 보습 인자

77 피부의 감각 중 가장 예민하여 가장 많은 측정세포가 분포하는 감각은?

① 통각   ② 압각   ③ 온각
④ 냉각   ⑤ 촉각

78 진피를 구성하는 섬유 성분 중 가장 높은 비율을 차지하는 것은?

① 케라틴   ② 콜라겐   ③ 엘라스틴
④ 히알루론산   ⑤ 세라마이드

79 모발은 일정한 주기를 반복하며 성장을 반복한다. 〈보기〉의 설명에 해당하는 모발의 성장 주기는?

┤ 보기 ├

- 비율 : 80~90%를 차지
- 특징 : 모모세포 등에 의한 모발 성장 활동이 활발하고 모발이 지속적으로 자라나는 시기
- 기간 : 이에 비례하여 모발의 길이가 결정됨

① 성장기   ② 휴지기   ③ 퇴화기
④ 반복기   ⑤ 탈락기

80 피부 분석 기기는 피부 유형과 피부 상태를 파악하여, 분석 내용을 토대로 적합한 제품을 제안하기 위해 사용한다. 다음의 설명에 해당하는 측정 기기는?

피부 표면의 전기 · 전류도 측정, 수분 함량이 많을수록 전류가 많이 흐르는 원리

① 피부 수분 측정기   ② 경피수분손실 측정기   ③ 피부 탄력 측정기
④ 색차계   ⑤ 표면 광택 측정 기기

81 다음 개인정보보호법에 따른 용어 중 빈칸에 해당하는 것을 기입하시오.

"(   )"란 처리되는 정보에 의하여 알아볼 수 있는 사람으로서 그 정보의 주체가 되는 사람이다.

82 다음은 어떤 화장품의 세부적인 내용을 정의한 것인지 기입하시오.

- 여드름성 피부를 완화하는 데 도움을 주는 화장품. 다만, 인체세정용 제품류로 한정한다.
- 피부장벽의 기능을 회복하여 가려움 등의 개선에 도움을 주는 화장품
- 튼살로 인한 붉은 선을 엷게 하는 데 도움을 주는 화장품

83 화장품의 제품 카테고리 중 만 3세 이하의 어린이용 제품류를 구분한 명칭으로서 다음 빈칸에 공통으로 들어갈 말을 기입하시오.

- (   )용 샴푸, 린스
- (   )용 로션, 크림
- (   )용 오일
- (   ) 인체 세정용 제품
- (   ) 목욕용 제품

84 화장품 안료의 형식에 대한 설명 중 빈칸에 적절한 단어는?

- 백색 안료 : 피부를 희게 표현하는 기능의 안료
- 착색 안료 : 피부에 색을 부여하는 데 사용되는 안료
- (   ) 안료 : 제형을 구성하여 희석제로서의 역할을 하며 색감과 광택, 사용감 등을 조절할 목적으로 사용되는 안료

85 다음 향료의 전성분 표시기준에서 빈칸에 들어갈 내용을 기입하시오.

〈향료의 전성분 표시〉
㉠ "향료"로 표시 : 들어간 성분이 영업상의 비밀일 경우 고려
㉡ 예외 : 알러지 유발 가능성이 있는 성분은 성분명 표기
  • 사용 후 세척되는 제품은 (   )%를 초과하여 함유하는 경우
  • 사용 후 세척되는 제품 이외의 화장품은 0.001%를 초과하여 함유하는 경우
  • 알러지 유발 가능성이 있는 25종의 향료 성분 리스트

86 다음 〈보기〉는 화장품 사용상 주의사항의 개별사항 표시에 대한 규정이다. 빈칸에 들어갈 적절한 수치는?

─────── 보기 ───────

- 햇빛에 대한 피부의 감수성을 증가시킬 수 있으므로 자외선 차단제를 함께 사용할 것
- 일부에 시험사용하여 피부 이상을 확인할 것
- 고농도의 AHA 성분이 들어 있어 부작용이 발생할 우려가 있으므로 전문의 등에게 상담할 것(AHA 성분이 10퍼센트를 초과하여 함유되어 있거나 산도가 pH 3.5 미만인 제품만 표시한다.)
- 단, (   )% 이하 AHA 함유 제품에는 해당하지 않음

87 다음 〈보기〉의 개별 화장품의 사용상 주의사항에서 빈칸에 들어갈 말로 적합한 것은?

┤ 보기 ├

- 제품류 : 외음부 세정제
- 주의사항
  가. 정해진 용법과 용량을 잘 지켜 사용할 것
  나. 만 (   )세 이하 어린이에게는 사용하지 말 것
  다. 임신 중에는 사용하지 않는 것이 바람직하며, 분만 직전의 외음부 주위에는 사용하지 말 것
  라. 프로필렌 글리콜(Propylene glycol)을 함유하고 있으므로 이 성분에 과민하거나 알려진 병력이 있는 사람은 신중히 사용할 것

88 사용상의 제한이 있는 원료 중 자외선 차단 성분 중 이산화티탄의 최대 함량은?

89 피부의 표피 구조를 바깥층에서부터 나열한 것이다. 빈칸에 들어갈 말로 옳은 것은?

- (   ) : 피부의 최외곽을 구성, 생명 활동 없이 죽은 세포로 구성, 피부장벽의 핵심 구조
- 과립층 : 피부장벽 형성에 필요한 성분을 제작하여 분비 담당
- 유극층 : 표피에서 가장 두꺼운 층, 상처 발생 시 재생을 담당
- 기저층 : 진피층과의 경계를 형성, 1층으로 구성, 표피층 형성에 필요한 새로운 세포를 형성

90 다음은 맞춤형화장품의 정의이다. 빈칸에 적합한 용어는?

맞춤형화장품
① 제조 또는 수입된 화장품의 (   )에 다른 화장품의 (   )을/를 추가하여 혼합한 화장품
② 제조 또는 수입된 화장품의 (   )에 식품의약품안전처장이 정하는 원료를 추가하여 혼합한 화장품
③ 제조 또는 수입된 화장품의 (   )을/를 소분한 화장품

91 다음은 화장품의 pH를 측정하는 방식이다. 빈칸에 해당하는 부피를 작성하시오.

검체 약 2g 또는 2mL를 취하여 100mL 비커에 넣고 물 (   )를 넣어 수욕상에서 가온하여 지방분을 녹이고 흔들어 섞은 다음 냉장고에서 지방분을 응결시켜 여과한다. 이때 지방층과 물층이 분리되지 않을 때는 그대로 사용한다. 이 여액의 pH를 측정한다. 단, 투명한 액상인 경우에는 그대로 측정한다.

92 다음은 모발의 성장주기에 대한 설명이다. 빈칸에 들어갈 말로 적절한 것은?

> • 성장기 : 모발 성장 활동이 활발하고 모발이 지속적으로 자라나는 시기
> • 퇴행기 : 대사과정이 느려지며 성장이 정지됨
> • (   ) : 모발−피부 결합력이 약화되어 물리적 충격에 탈모

93 맞춤형화장품 판매업자의 의무에 대한 설명이다. 빈칸에 들어갈 말로 적합한 것은?

> 다음 사항이 포함된 맞춤형화장품 판매내역서를 작성 · 보관할 것
> • 제조번호
> • 사용기한 또는 개봉 후 사용기간
> • 판매일자 및 (   )

94 맞춤형화장품 조제관리사의 화장품의 안전성 확보 및 품질관리에 관한 교육 주기는?

95 다음 〈보기〉의 화장품 전성분 표기 중 주름 개선 기능성화장품의 고시원료에 해당하는 성분을 하나 골라 작성하시오.

> ┤ 보기 ├
>
> 정제수, 라놀린, 글리세린, 부틸렌글리콜, 알파비사보롤, 레티놀, 티타늄디옥사이드, 카보머, 메틸 파라벤, 참나무이끼추출물, 인삼추출물

96 다음 〈보기〉의 화장품 성분 리스트 중 사용상의 제한이 있는 자외선 차단제에 해당하는 성분을 하나 고르고 그 제한 함량을 작성하시오.

> ┤ 보기 ├
>
> 알파비사보롤, 레티놀, 티타늄디옥사이드, 카보머, 페녹시에탄올, 참나무이끼추출물

97 다음의 대화를 보고 제안해 줄 수 있는 것을 작성하시오.

> 손님 : 저는 10분 정도 햇빛을 받으면 피부색이 짙어지는 타입이고, PA+++ 제품을 사용하고 있습니다. 피부가 짙어지지 않으려면 야외 수영장에서 몇 분 정도 활동할 수 있나요?
> 조제관리사 : 네, (   )분 이하로 활동하시는 것을 제안합니다.

98 화장품의 제형 중 액제, 로션제, 크림제, 겔제 등을 부직포 등의 지지체에 침적하여 만든 것을 의미하는 것은?

99 멜라닌세포 내에서 멜라닌의 합성을 담당하는 효소로, 피부미백 소재의 주요 타겟이 되는 효소는?

100 다음의 점도 및 안정용기의 규정의 설명에 공통적으로 들어갈 적절한 단위를 작성하시오.

[점도의 정의]
• 액체가 일정 방향으로 운동할 때 그 흐름에 평행한 평면의 양측에 내부마찰력이 일어나고 이 성질을 점성이라고 함
• 점성은 면의 넓이 및 그 면에 대하여 수직 방향의 속도구배에 비례함. 그 비례정수를 절대점도라 하고 일정 온도에 대하여 그 액체의 고유한 정수임. 그 단위로서는 포아스 또는 센티포아스를 씀
• 절대점도를 같은 온도의 그 액체의 밀도로 나눈 값을 운동점도라고 말하고 그 단위로는 (　　　) 또는 센티 (　　　)를 씀

[안전용기, 포장]
품목 : 어린이용 오일 등 개별포장당 탄화수소류를 10퍼센트 이상 함유하고 운동점도가 21센티 (　　　)(섭씨 40도 기준) 이하인 비에멀전 타입의 액체 상태 제품

01 개인정보처리 동의를 받을 때 정보주체에게 알려야 할 내용과 거리가 먼 것은?

① 개인정보의 수집 및 이용 목적
② 개인정보의 항목
③ 정보주체에게 피해가 발생한 경우 신고 등을 접수할 수 있는 담당부서 및 연락처
④ 동의를 거부할 권리가 있다는 사실 및 동의 거부 시의 불이익
⑤ 개인정보의 보유 및 이용기간

02 화장품의 영업 형태가 잘못 연결된 것은?

① 화장품 책임판매업 : 수입된 화장품을 유통·판매하는 영업
② 화장품 제조업 : 화장품을 직접 제조하여 유통·판매하는 영업
③ 화장품 책임판매업 : 화장품제조업자에게 위탁하여 제조된 화장품을 유통·판매하는 영업
④ 화장품 제조업 : 화장품을 1차 포장하는 영업
⑤ 화장품 책임판매업 : 수입대행형 거래를 하는 영업

03 화장품법상 화장품의 정의와 거리가 먼 것은?

① 기능 : 피부의 모발의 건강을 유지하고 증진함
② 방법 : 인체에 바르고 문지르거나 먹는 방식 등 또는 이와 유사한 것
③ 작용 : 인체에 대한 작용이 경미한 것
④ 제외 : 약품에 해당하는 물품 제외
⑤ 기능 : 인체를 청결, 미화하여 매력을 더하고 용모를 밝게 변화시킴

04 화장품의 유형 중 색조 화장용 제품류의 유형에 속하지 않는 것은?

① 메이크업 베이스
② 메이크업 픽서티브
③ 분장용 제품
④ 립밤
⑤ 베이스코트

05 다음 중 민감정보에 속하지 <u>않는</u> 것은?

① 정치적 견해
② 운전면허의 면허번호
③ 건강에 대한 정보
④ 사상과 신념
⑤ 유전자 검사 등으로 얻어진 유전정보

06 화장품을 사용하여도 보습과 수분 공급의 기능이 충분하지 않을 경우 화장품 품질 속성의 어느 부분을 갖추지 <u>못한</u> 것인가?

① 안전성   ② 안정성   ③ 유효성
④ 사용성   ⑤ 약효성

07 개인정보 처리법상 용어의 정의 중 "업무를 목적으로 개인정보파일을 운용하기 위하여 스스로 또는 다른 사람을 통하여 개인정보를 처리하는 공공기관, 법인, 단체 및 개인"을 의미하는 것은?

① 개인정보 처리자   ② 정보주체   ③ 제3자
④ 법정대리인   ⑤ 개인정보보호 책임자

08 개인정보 처리 동의를 받을 때 주의 사항과 거리가 먼 것은?

① 내용 : 개인정보의 수집 · 이용 목적, 수집 · 이용하려는 개인정보의 항목을 포함
② 내용 : 계약 체결 등을 위하여 정보주체의 동의 없이 처리할 수 있는 개인정보 동의가 필요한 개인정보 구분
③ 대리 : 만 14세 미만 아동의 개인정보를 처리하기 위하여 법정대리인의 동의를 받아야 함
④ 표시 방법 : 글씨의 크기 9포인트 이상 표시
⑤ 표시 방법 : 다른 내용보다 40% 이상 크게 표시

09 다음 〈보기〉에서 유해성에 대한 설명으로 옳은 것을 모두 고르면?

┤ 보기 ├

ㄱ. 생식 · 발생 독성 : 자손 생성을 위한 기관의 능력 감소 및 개체의 발달 과정에 부정적인 영향 미침
ㄴ. 면역 독성 : 장기간 투여 시 암(종양) 발생
ㄷ. 항원성 : 항원으로 작용하여 알러지 및 과민반응 유발
ㄹ. 유전 독성 : 유전자 및 염색체에 상해를 입힘
ㅁ. 발암성 : 면역 장기에 손상을 주어 생체 방어기전 저해

① ㄱ, ㄹ, ㅁ   ② ㄱ, ㄴ, ㄷ   ③ ㄱ, ㄷ, ㄹ
④ ㄴ, ㄷ, ㄹ   ⑤ ㄷ, ㅁ, ㄹ

10 〈보기〉에서 설명하는 유성 성분은?

| 보기 |

식물에서 얻은 유지류로서 상온에서 고체로 존재함

① 에스테르 오일(이소프로필 미리스테이트 등)
② 에뮤 오일
③ 실리콘 오일
④ 쉐어버터
⑤ 올리브 오일

11 화장품에 사용되는 원료의 특성에 대한 설명으로 옳은 것은?
① 금속이온봉쇄제는 원료 중에 혼입되어 있는 이온을 제거할 목적으로 사용된다.
② 계면활성제는 산화되기 쉬운 성분을 함유한 물질에 첨가하여 산패를 막을 목적으로 사용된다.
③ 고분자화합물은 계면에 흡착하여 계면의 성질을 현저히 변화시키는 물질이다.
④ 산화방지제는 주로 점도 증가, 피막 형성 등의 목적으로 사용된다.
⑤ 유성원료는 물과 친화력이 좋아서 수분을 잡아두는 목적으로 사용되는 친수성 원료이다.

12 색을 나타내는 색소 중 용매에 녹지 않고 고체의 형태로 색을 나타내는 안료에 해당하는 것은?
① 코치닐   ② 카르사민   ③ 적색 산화철
④ 이산화티탄   ⑤ 적색 504호

13 착향제 성분 중 알러지 유발 가능성으로 기재·표시해야 하는 성분에 해당하지 <u>않는</u> 것은?
① 하이드록시이소헥실3 – 사이클로헥센 카복스알데하이드
② 쿠마린
③ 제라니올
④ 파네솔
⑤ 리날룰

14 자외선 차단 성분과 그 최대 사용한도로 맞는 것은?
① 징크옥사이드 : 25%   ② 아데노신 : 1%   ③ 글루타랄 : 5%
④ 페녹시에탄올 : 1%   ⑤ 옥토크릴렌 : 25%

15 피부에 홍반을 일으키는 UV 영역대로 SPF 지수의 산출 대상이 되는 것은?

① UVC   ② UVB   ③ UVA
④ 적외선   ⑤ 감마선

16 〈보기〉의 효능 및 효과를 표시·광고할 수 있는 화장품의 유형은?

┤ 보기 ├

- 면도 후 면도 자국을 방지하여 피부를 가다듬는다.
- 피부에 수분을 공급하고 조절하여 촉촉함을 주며, 유연하게 한다.
- 피부를 보호하고 건강하게 한다.
- 면도로 인한 상처를 방지한다.
- 면도 후 이완된 모공을 수축시켜 피부를 건강하게 한다.

① 눈화장 제품류   ② 방향용 제품류   ③ 메이크업 제품류
④ 기초화장용 제품류   ⑤ 면도용 제품류

17 다음 중 화장품으로서 표시·광고할 수 있는 효능은?

① 상처로 인한 반흔을 제거   ② 피부 독소를 제거   ③ 피부 수렴 효과
④ 면역 강화   ⑤ 가려움을 완화

18 다음 중 화장품의 표시·광고에 대한 준수 사항과 거리가 <u>먼</u> 것은?

① 의약품으로 오인하게 할 우려가 있는 표시·광고 금지
② 기능성화장품이 아닌 것으로서 기능성화장품으로 오인시킬 우려가 있는 효능·효과 표시 금지
③ 화장품의 유형별 효능·효과의 범위를 벗어나는 표시·광고 금지
④ 외국제품을 국내제품으로 또는 국내제품을 외국제품으로 오인하게 할 우려가 있는 표시·광고 금지
⑤ 비교실험을 실시해야만 "최고" 또는 "최상" 사용 가능

19 위해도의 평가를 위한 데이터로 하루에 화장품 사용 시 흡수되어 전신에 걸쳐 작용되는 양을 뜻하는 것은?

① SED   ② NOAEL   ③ MOS
④ Retension Factor   ⑤ Adverse Event

20 다음 중 회수대상 화장품의 위해 등급이 다른 것은?

① 사용기한 또는 개봉 후 사용기간을 위조 · 변조한 화장품

② 신고를 하지 아니한 자가 판매한 맞춤형화장품

③ 맞춤형화장품 조제관리사를 두지 아니하고 판매한 맞춤형화장품

④ 등록을 하지 아니한 자가 제조한 화장품 또는 제조 · 수입하여 유통 · 판매한 화장품

⑤ 화장품에 사용할 수 없는 원료를 사용한 화장품

21 화장품의 위해사례 판단과 보고의 용어의 정의 중 〈보기〉에 해당하는 것은?

┤ 보기 ├

화학물질의 독성 등 사람의 건강이나 환경에 좋지 아니한 영향을 미치는 화학물질 고유의 성질

① 유해성   ② 위해성   ③ 유해물질

④ 실마리 정보   ⑤ 안전성 정보

22 화장품이 제조된 날부터 적절한 보관 상태에서 제품이 고유의 특성을 간직한 채 소비자가 안정적으로 사용할 수 있는 최소한의 기한을 의미하는 것은?

① 사용기간   ② 사용기한   ③ 개봉 후 사용기간

④ 제조연월일   ⑤ 제조번호

23 다음 〈보기〉는 어떤 화장품의 사용상 주의사항인가?

┤ 보기 ├

• 눈에 들어갔을 때에는 즉시 씻어낼 것
• 사용 후 물로 씻어내지 않으면 탈모 또는 탈색의 원인이 될 수 있으므로 주의할 것

① 모발용 샴푸

② 퍼머넌트 웨이브 제품 및 헤어스트레이트너 제품

③ 두발용, 두발염색용 및 눈 화장용 제품류

④ 미세한 알갱이가 함유되어 있는 스크러브세안제

⑤ 손발의 피부연화 제품

24 다음 중 화장품의 안전을 확보하기 위한 일반적인 사항과 화장품 위해평가 시 고려해야 할 사항, 방법, 절차로 옳은 것은?

① 위해도 결정 : 화장품 등을 통하여 사람이 바르거나 섭취하는 위해요소의 양 또는 수준을 정량적 · 정성적으로 산출하는 과정

② 노출평가 : 위해요소의 노출량과 유해영향 발생과의 관계를 정량적으로 규명하는 단계로 동물실험 등의 불확실성 등을 고려하여 독성값(NOAEL) 또는 인체안전기준(TDI, ADI, RfD 등)을 결정

③ 위험성 결정 : 인체가 화장품 사용으로 유해요소에 노출되었을 때 발생할 수 있는 위해영향과 발생확률을 과학적으로 예측하는 일련의 과정

④ 위해평가 : 평가대상 위해요인이 인체건강에 미치는 위해영향 발생과 위해 정도를 정량적 또는 정성적으로 예측하는 과정

⑤ 위험성 확인 : 독성실험 및 역학연구 등 문헌을 통해 화학적 · 미생물적 · 물리적 위해요인의 유해성, 독성 및 그 정도와 영향 등을 파악하고 확인하는 과정

25 화장품 책임판매 후 안전관리 기준으로 적절하지 <u>않은</u> 것은?

① 책임판매관리자는 학회, 문헌, 그 밖의 연구보고 등에서 정보를 수집 · 기록해야 한다.

② 책임판매관리자는 안전관리 정보를 신속히 검토 · 기록해야 한다.

③ 책임판매관리자는 조치가 필요하다고 판단될 경우 회수해야 한다.

④ 책임판매관리자는 안전관리 정보를 제조업체에 보고하여야 한다.

⑤ 책임판매관리자는 조치가 필요하다고 판단될 경우 폐기해야 한다.

26 화장품 주의사항의 공통사항에 해당하는 것은?

① 손 · 발톱 및 그 주위 피부에 이상이 있는 경우에는 사용하지 말 것

② 눈에 들어갔을 때에는 즉시 씻어낼 것

③ 얼굴에 직접 분사하지 말고 손에 덜어 얼굴에 바를 것

④ 개봉한 제품은 7일 이내에 사용할 것

⑤ 어린이의 손이 닿지 않는 곳에 보관할 것

27 다음 중 위해성 등급이 가장 낮은 회수대상 화장품은?

① 어린이 안전 용기 포장을 위반한 화장품

② 비누 내 알칼리 함량기준을 위반한 화장품

③ 기능성화장품의 기능성을 나타나게 하는 주원료 함량이 기준치에 부적합한 경우

④ 화장품에 사용할 수 없는 원료를 사용한 화장품

⑤ 유통화장품 안전관리 기준에 적합하지 않은 화장품

28 〈보기〉는 안전성 보고에서 "중대한 유해사례"의 경우이다. 빈칸에 들어갈 단어로 적합한 것은?

┤ 보기 ├

- 사망을 초래하거나 생명을 위협하는 경우
- 입원 또는 입원기간의 연장이 필요한 경우
- 지속적 또는 중대한 불구나 (   )을/를 초래하는 경우
- 선천적 기형 또는 이상을 초래하는 경우

① 가려움　　　　　　　② 부어오름　　　　　　　③ 기능 저하
④ 요양　　　　　　　　⑤ 발암성

29 수화장품 제조기준의 문서 관리 체계에서 품질 관련 시험사항을 규정하는 문서는?

① 제품 표준서　　　　　② 제조관리 기준서　　　　③ 품질관리 기준서
④ 제조위생관리 기준서　⑤ 제조지시서

30 GMP의 주요 용어 중 〈보기〉에 해당하는 것은?

┤ 보기 ├

규정된 합격 판정 기준에 일치하지 않는 검사, 측정 또는 시험결과를 말한다.

① 기준일탈　　　　　　② 재작업　　　　　　　　③ 제조
④ 교정　　　　　　　　⑤ 일탈

31 청정도 등급에 의한 구분 시 미생물 실험실이 갖추어야 할 등급은?

① 1등급　　　　　　　② 2등급　　　　　　　　③ 3등급
④ 4등급　　　　　　　⑤ 5등급

32 작업소 공기조절의 4대 요소와 관리기기가 바르게 연결된 것은?

① 청정도 – 열교환기　　② 실내온도 – 가습기　　③ 향기 – 디퓨저
④ 습도 – 공기정화기　　⑤ 기류 – 송풍기

33 제조 및 품질관리에 필요한 설비의 시설기준에 적합하지 <u>않은</u> 것은?

① 설비 등의 위치는 원자재나 직원의 이동으로 인하여 제품의 품질에 영향을 주지 않도록 하여야 한다.
② 용기는 먼지나 수분으로부터 내용물을 보호할 수 있어야 한다.
③ 설비 등은 제품의 오염을 방지하고 배수가 용이하도록 설계한다.
④ 천장 주위의 대들보, 파이프, 덕트 등은 눈으로 확인하기 쉽게 노출되어야 한다.
⑤ 설비 등은 제품 및 청소 소독제와 화학반응을 일으키지 않아야 한다.

34 곤충, 해충이나 쥐를 막는 원칙으로 옳지 <u>않은</u> 것은?

① 벌레가 좋아하는 것을 제거한다.

② 빛을 이용해 일정한 장소로 유인한다.

③ 벽, 천장, 창문, 파이프 구멍에 틈이 없도록 한다.

④ 개방할 수 있는 창문을 만들지 않는다.

⑤ 배기구, 흡기구에 필터를 단다.

35 우수화장품 제조기준 중 화장품 작업장 내 직원의 위생 기준에서 음식물 섭취와 흡연이 가능한 지역은?

① 제조소 내 흡연 · 취식 구역

② 보관지역 내 흡연 · 취식 구역

③ 4등급 시설 내 흡연 · 취식 구역

④ 2등급 시설 내 흡연 · 취식 구역

⑤ 제조 및 보관 지역과 분리된 지역 내 흡연 · 취식 구역

36 우수화장품제조기준 중 화장품 작업장 내 직원의 위생 기준에 적합하지 <u>않은</u> 것은?

① 청정도에 맞는 적절한 작업복, 모자와 신발을 착용하고 필요할 경우는 마스크, 장갑을 착용한다.

② 작업장에 음식물 등을 반입해서는 아니 된다.

③ 피부에 외상이 있거나 질병에 걸린 직원은 화장품의 품질에 영향을 주지 않는다는 감독관의 소견이 있기 전까지는 격리해야 한다.

④ 작업 전에 복장점검을 하고 적절하지 않을 경우는 시정한다.

⑤ 적절한 위생관리 기준 및 절차를 마련하고 제조소 내의 모든 직원은 이를 준수해야 한다.

37 〈보기〉 중 설비기구의 유지관리 주요사항의 점검 항목과 세부 내용이 적절하게 연결된 것은?

┤ 보기 ├

ㄱ. 외관검사 : 더러움, 녹, 이상소음, 이취 등

ㄴ. 작동점검 : 스위치, 연동성 등

ㄷ. 기능측정 : 외부표면, 내부

ㄹ. 청소 : 회전수, 전압, 투과율, 감도 등

① ㄱ, ㄴ   ② ㄱ, ㄷ   ③ ㄴ, ㄷ

④ ㄴ, ㄹ   ⑤ ㄷ, ㄹ

38 〈보기〉 중 설비와 그 기능이 바르게 연결된 것을 모두 고르면?

┤ 보기 ├

ㄱ. 탱크 : 공정중이거나 보관하는 원료 저장
ㄴ. 펌프 : 액체를 한 지점에서 다른 지점으로 이동하기 위해 사용
ㄷ. 교반장치 : 제품의 균일성을 얻기 위해 물리적으로 혼합하는 장치
ㄹ. 칭량장치 : 제품을 1차 용기에 넣기 위해서 사용
ㅁ. 제품 충전기 : 양과 기준을 만족하는지를 보증하기 위해 중량적으로 측정

① ㄱ, ㄴ, ㄷ   ② ㄱ, ㄴ, ㅁ   ③ ㄴ, ㄷ, ㄹ
④ ㄴ, ㄷ, ㅁ   ⑤ ㄷ, ㄹ, ㅁ

39 입고된 원료 및 내용물의 재고관리 기준으로 옳지 <u>않은</u> 것은?

① 허용 가능한 보관 기한을 결정하기 위한 문서화된 시스템을 확립
② 보관기한이 규정되어 있지 않은 원료는 품질부문에서 적절한 보관기한을 설정
③ 입고 기준에 적합한 원료는 해당 물질의 추가적인 재평가 과정을 생략
④ 원칙적으로 원료공급처의 사용기한을 준수하여 보관기한을 설정
⑤ 사용기한 내에서 자체적인 재시험 기간과 최대 보관기한을 설정 · 준수

40 제품의 출하 관리 기준에서 완제품의 관리항목에 해당하지 <u>않는</u> 것은?

① 검체 채취   ② 보관용 검체   ③ 제품시험
④ 합격−출하 판정   ⑤ 원자재 공급자명

41 입고된 원료, 내용물 및 포장재의 품질관리 기준에서 기준일탈의 조사과정의 순서로 적합한 것은?

(㉠)−추가시험−(㉡)−재시험−(㉢)−재발 장지책

	㉠	㉡	㉢
①	결과 검토	재검체 채취	Laboratory Error 조사
②	결과 검토	Laboratory Error 조사	재검체 채취
③	재검체 채취	결과 검토	Laboratory Error 조사
④	Laboratory Error 조사	재검체 채취	결과 검토
⑤	Laboratory Error 조사	결과 검토	재검체 채취

42 기준일탈 제품의 재작업의 원칙과 절차와 거리가 <u>먼</u> 것은?

① 폐기하면 큰 손해가 되는 경우 실시한다.

② 재작업을 해도 제품 품질에 악영향을 미치지 않는 것을 예측한다.

③ 재작업 처리 실시의 결정은 작업자가 육안 판단으로 실시한다.

④ 품질이 확인되고 품질보증 책임자의 승인을 얻을 수 있을 때까지 재작업품은 다음 공정에 사용할 수 없고 출하할 수 없다.

⑤ 재작업한 최종 제품 또는 벌크제품의 제조기록, 시험기록을 충분히 남긴다.

43 우수화장품 관리기준에서 기준일탈 제품의 폐기 처리 순서로 알맞은 것은?

> 1. 시험, 검사, 측정에서 기준일탈 결과 나옴
> 2. (㉠)
> 3. (㉡)
> 4. 기준일탈의 처리
> 5. 기준일탈 제품에 불합격 라벨 첨부
> 6. 격리 보관
> 7. (㉢)

	㉠	㉡	㉢
①	기준일탈 조사	시험, 검사, 측정이 틀림없음을 확인	폐기처분 또는 재작업 또는 반품
②	기준일탈 조사	폐기처분 또는 재작업 또는 반품	시험, 검사, 측정이 틀림없음을 확인
③	폐기처분 또는 재작업 또는 반품	시험, 검사, 측정이 틀림없음을 확인	기준일탈 조사
④	시험, 검사, 측정이 틀림없음을 확인	기준일탈 조사	폐기처분 또는 재작업 또는 반품
⑤	시험, 검사, 측정이 틀림없음을 확인	폐기처분 또는 재작업 또는 반품	기준일탈 조사

44 다음 중 화장품 내에 인위적으로 화장품을 제조하면서 비의도적으로 유도된 물질의 검출 허용 한도에 대한 안전관리 기준의 적용을 받지 <u>않는</u> 것은?

① 납   ② 니켈   ③ 비소

④ 산화크롬   ⑤ 안티몬

45 화장품을 제조하면서 비의도적으로 유도된 물질의 검출 허용 한도(일반 제품)로 잘못 연결된 것은?

① 수은 : $1\mu g/g$ 이하　　　② 카드뮴 : $5\mu g/g$ 이하　　　③ 비소 : $10\mu g/g$ 이하
④ 니켈 : $10\mu g/g$　　　⑤ 납 : $10\mu g/g$

46 다음 〈보기〉에서 화장품 제품 내 미생물 한도 기준에서 검출되면 안 되는 균을 모두 고른 것은?

┤ 보기 ├

ㄱ. 호기성 세균　　　　　ㄴ. 대장균　　　　　ㄷ. 혐기성 세균
ㄹ. 진균　　　　　　　　ㅁ. 녹농균

① ㄱ, ㄴ　　　　　② ㄱ, ㄷ　　　　　③ ㄴ, ㅁ
④ ㄹ, ㅁ　　　　　⑤ ㄱ, ㅁ

47 화장품 제품 내 미생물 한도 기준 중 빈칸에 들어갈 말은?

크림의 총호기성생균수는 (　　　)개/g 이하이다.

① 50　　　　　② 100　　　　　③ 500
④ 1,000　　　　⑤ 5,000

48 유통화장품 안전기준 등에 관한 규정에서 액체크로마토그래피법으로 확인할 수 있는 유해 성분은?

① 디옥산　　　　　② 메탄올　　　　　③ 비소
④ 포름알데하이드　　⑤ 프탈레이트

49 표피가 분화해 가는 과정 중 ㉠, ㉡ 안에 각각 들어갈 말로 적합한 것은?

(㉠) → 유극층 → (㉡) → 각질층

	㉠	㉡
①	망상층	과립층
②	과립층	기저층
③	유두층	기저층
④	기저층	과립층
⑤	망상층	과립층

50 피부장벽의 세포 간 지질을 구성하는 성분으로 가장 높은 비율을 차지하는 것은?

① 자유지방산   ② 콜레스테롤   ③ 세라마이드
④ 인지질   ⑤ 중성지방

51 피부를 자외선 등에서 방어해주는 멜라닌은 멜라노사이트 내에서 합성된다. 멜라노사이트 내에서 이를 담당하는 효소로 피부미백 소재의 주요 타겟이 되는 것은?

① 케라티나아제(Kerainase)   ② 타이로시나제(Tyrosinase)   ③ 프로티나아제(Proteinase)
④ 콜라게나제(Collagenase)   ⑤ 엘라스티나아제(Elastinase)

52 〈보기〉에서 설명하는 모발의 구조는?

┤ 보기 ├

- 구성 : 각화된 세포와 결합 물질로 구성
- 기능 : 모발의 85~90%를 차지하고 멜라닌 색소를 보유하여 탄력, 질감, 색상 등 주요 특성을 나타냄
- 구조 : 세로 방향의 케라틴 단백질 섬유구조로 형성

① 모표피   ② 모피질   ③ 모수질
④ 모간   ⑤ 모근

53 〈보기〉에서 설명하는 탈모의 종류는?

┤ 보기 ├

- 특징 : 머리카락이 불규칙적 · 국소적으로 빠진 것
- 원인 : 정신적 외상, 자가면역, 감염 등

① 원형 탈모   ② 휴지기 탈모   ③ 성장성 탈모
④ 퇴행성 탈모   ⑤ 노화 탈모

54 피부 분석 기기는 피부 유형과 피부 상태를 파악하여, 분석 내용을 토대로 적합한 제품을 제안하기 위해 사용한다. 〈보기〉에 해당하는 측정 기기는?

┤ 보기 ├

- 원리 : 피부 표면에 일정한 빛을 조사 후 피부에 의해서 흡수되어 변화한 빛을 측정
- 특징 : 멜라닌의 합성 변화에 따른 피부색 변화를 주로 측정

① 피부 수분 측정기   ② 경피 수분 손실 측정기   ③ 피부 탄력 측정기
④ 색차계   ⑤ 표면 광택 측정 기기

55 맞춤형화장품 판매업을 신고할 수 없는 사람과 관계가 **먼** 것은?

① 피성년후견인 선고를 받고 복권되지 아니한 자

② 화장품법 위반으로 금고 이상의 형을 선고받고 집행이 끝나지 않은 자

③ 보건범죄 단속에 관한 특별조치법 위반으로 금고 이상의 형을 선고받고 집행이 끝나지 않은 자

④ 파산선고를 받고 복권되지 아니한 자

⑤ 보건범죄 단속에 관한 특별조치법 위반으로 등록이 취소되거나 영업소가 폐쇄된 이후 2년이 지나지 않은 자

56 맞춤형화장품 판매업자의 의무 중 맞춤형화장품 판매내역서에 포함될 사항과 거리가 **먼** 것은?

① 제조번호   ② 구입자 정보   ③ 판매량

④ 판매일자   ⑤ 개봉 후 사용기간

57 맞춤형화장품에 관한 설명으로 〈보기〉 중 적절한 것을 고르면?

┤ 보기 ├

ㄱ. 화장품법에 따라 등록된 업체에서 공급된 특정 성분을 혼합하는 것을 원칙으로 한다.

ㄴ. 브랜드명(제품명을 포함한다)이 있어야 하고, 브랜드명의 변화가 없이 혼합이 이루어져야 한다.

ㄷ. 소비자의 직·간접적인 요구에 따라 기본 제형을 변화시켜야 한다.

ㄹ. 책임판매업자가 특정 성분의 혼합 범위를 규정하고 있는 경우에는 그 범위 내에서 특정 성분의 혼합이 이루어져야 한다.

ㅁ. 기존 표시·광고된 화장품의 효능·효과에 변화가 생기면 반드시 소비자에게 안내해야 한다.

① ㄱ, ㄴ, ㄷ   ② ㄱ, ㄴ, ㄹ   ③ ㄴ, ㄷ, ㄹ

④ ㄴ, ㄷ, ㅁ   ⑤ ㄷ, ㄹ, ㅁ

58 다음 성분 중 맞춤형화장품 제조 시 혼합할 수 <u>없는</u> 원료는?

① 콜라겐   ② 쿼터늄-15   ③ 밀납

④ 디메치콘   ⑤ 유동 파라핀

59 다음 〈보기〉의 맞춤형화장품의 전성분 항목 중 사용상의 제한이 필요한 자외선 차단제에 해당하는 성분을 고르면?

┤ 보기 ├

정제수, 프로필렌글리콜, 스쿠알렌, 아데노신, 에틸헥실메톡시신나메이트, 카보머, 벤질알코올, 향료

① 정제수   ② 에틸헥실메톡시신나메이트   ③ 프로필렌글리콜

④ 벤질알코올   ⑤ 향료

60 다음 원료 중 맞춤형화장품에 혼합할 수 없는 미백 기능성 원료에 해당하는 것은?

① 글리세린   ② 아데노신   ③ 에칠아스코빌에텔
④ 카보머   ⑤ 벤조페논

61 다음 원료 중 맞춤형화장품에 혼합할 수 없는 주름 개선 기능성 고시 원료에 해당하는 것은?

① 닥나무 추출물   ② 레티놀팔미테이트   ③ 유용성 감초 추출물
④ 나이아신아마이드   ⑤ 알파비사보롤

62 유화 제형 중 외상과 내상의 상태를 구별하는 방법 중 o/w 제형(물을 연속상으로 하고 오일이 분산된 제형)의 구별 방법에 해당하는 것은?

① 제형을 물에 떨어뜨렸을 때 잘 섞이지 않는다.
② 제형을 오일에 떨어뜨렸을 때 잘 섞인다.
③ 친수성 염료를 물에 녹여 제형에 떨어뜨리면 잘 섞인다.
④ 친유성 염료를 오일에 녹여 제형에 떨어뜨리면 잘 섞인다.
⑤ 전극을 제형에 넣으면 전류가 잘 통하지 않는다.

63 우유빛의 크림류 제품에 해당하는 제형은?

① 가용화 제형   ② 유용화 제형   ③ 유화 제형
④ 분산 제형   ⑤ 수용화 제형

64 〈보기〉는 화장품 용기 중 어느 것에 해당하는가?

┤ 보기 ├

(㉠) : 일상의 취급 또는 보통의 보존 상태에서 외부로부터 고형의 이물이 들어가는 것을 방지
(㉡) : 광선의 투과를 방지하는 용기 또는 투과를 방지하는 포장을 한 용기

	㉠	㉡
①	기밀용기	밀폐용기
②	차광용기	기밀용기
③	밀폐용기	밀폐용기
④	밀폐용기	차광용기
⑤	차광용기	밀폐용기

65 화장품의 원료를 제형과 균일하게 혼합하기 위해 사용하는 계면활성제의 특징을 바르게 설명한 것은?

① 물리적인 교반 없이 계면활성제만으로 안정한 제형의 제작이 가능하다.

② 임계 마이셀 농도(CMC) 이하로 사용해야 안전하다.

③ 화장품에는 주로 비이온계 계면활성제를 사용한다.

④ HLB 값은 높은 것을 사용하여 w/o 제형으로 제작한다.

⑤ HLB 값은 낮은 것을 사용하여 가용화 제형으로 제작한다.

66 매장을 방문한 고객과 맞춤형화장품 조제관리사가 다음과 같이 〈대화〉를 나누었다. 다음 〈보기〉 중 조제관리사가 고객에게 혼합하여 추천할 제품으로 옳은 것을 <u>모두</u> 고르면?

┤ 대화 ├

고객　 : 최근에 야외활동을 많이 해서 그런지 얼굴 피부가 검어지고 칙칙해졌어요. 건조하기도 하고요.

관리사 : 아. 그러신가요? 그럼 고객님 피부 상태를 측정해 보도록 할까요?

고객　 : 그럴까요? 지난번 방문 시와 비교해 주시면 좋겠네요.

관리사 : 네. 이쪽에 앉으시면 저희 측정기로 측정을 해드리겠습니다.

－ 피부 측정 후 －

관리사 : 고객님은 한 달 전 측정 시보다 얼굴에 색소 침착도가 20%가량 높아져 있고, 피부 보습도는 25%가량 많이 낮아져 있군요.

고객　 : 음. 걱정이네요. 그럼 어떤 제품을 쓰는 것이 좋을지 추천 부탁드려요.

┤ 보기 ├

ㄱ. 산화아연 함유 제품　　　　　　　ㄴ. 알파비사보롤 함유 제품

ㄷ. 카페인(Caffeine) 함유 제품　　　　ㄹ. 글리세린 함유 제품

ㅁ. 아데노신(Adenosine)함유 제품

① ㄱ, ㄷ　　　　　　② ㄱ, ㅁ　　　　　　③ ㄴ, ㄹ

④ ㄴ, ㅁ　　　　　　⑤ ㄷ, ㄹ

67 화장품의 안정성 시험 중 〈보기〉의 조건에 해당하는 것은?

┤ 보기 ├

실온보관 화장품 : 온도 40±2℃, 상대습도 75±5%

① 장기보존시험　　　　② 가속 시험　　　　③ 가혹 시험

④ 피부감작성 시험　　　⑤ 개봉 후 안정성 시험

68 〈보기〉는 어떤 미백 기능성화장품의 전성분 표시이며 해당 제품은 식품의약품안전처에 자료 제출이 생략되는 기능성화장품 미백 고시 성분과 사용상의 제한이 필요한 원료를 최대 사용 한도로 제조하였다. 이때, 유추 가능한 인삼 추출물 함유 범위(%)는?

┤보기├

정제수, 사이클로펜타실록세인, 글리세린, 알부틴, 인삼추출물, 다이메티콘, 올리브오일, 호호바오일, 토코페릴아세테이트, 벤질알코올, 스쿠알란, 솔비탄세스 퀴올리에이트, 알란토인

① 7~10% ② 5~7% ③ 1~5%
④ 1~2% ⑤ 0.5~1%

69 10ml 초과 50ml 이하 제품에 전성분 대신 기재하는 표시성분에 해당하지 않는 것은?
① 1,2 헥산디올 ② 타르색소 ③ 아데노신
④ 페녹시에탄올 ⑤ 글라이콜릭애시드

70 다음의 피부 분석 기기 중 피지의 분비를 측정하기에 적합한 것은?
① pH meter ② Friction meter ③ Sebumeter
④ Cutometer ⑤ Chromameter

71 다음 사용상의 제한이 있는 염모제 성분 중 그 기능이 다른 것은?
① 피크라민산 ② m-아미노페놀 ③ m-페닐렌디아민
④ 과붕산나트륨 ⑤ 피로갈롤

72 화장품 미생물 한도 시험법에서 균의 종류, 배지, 온도가 적절히 연결된 것은?

	미생물	배지	온도
①	세균	대두카제인소화액배지	20~25℃
②	진균	대두카제인소화액배지	20~25℃
③	세균	대두카제인소화액배지	30~35℃
④	진균	사부로포도당한천배지	30~35℃
⑤	세균	사부로포도당한천배지	30~35℃

73 화장품 벌칙의 위반사항 중 1년이하의 징역과 1천만원 이하의 벌금에 해당하는 위반사항이 <u>아닌</u> 것은?

① 영 · 유아 또는 어린이가 사용할 수 있는 화장품임을 표시 · 광고하려는 경우, 제품별 안전과 품질을 입증할 수 있는 자료의 작성 및 보관 위반
② 의약품으로 잘못인식 할 우려의 표시 광고 위반
③ 기능성화장품이 아닌 화장품을 기능성화장품으로 잘못 인식할 우려의 표시광고 위반
④ 위해화장품 회수조치 취반
⑤ 안전용기-포장 사용 위반

74 기능성 화장품의 성분과 목적이 <u>잘못</u> 짝지어진 것은?

① 주름 개선 — 아데노신
② 피부미백 — 나이아신아마이드
③ 여드름 완화 — 살리실릭애씨드
④ 탈모증상 완화 — 비오틴
⑤ 체모 제거 — 징크피리치온

75 맞춤형화장품 조제관리사가 혼합할 수 <u>없는</u> 원료는?

① 만수국꽃 오일
② 올리브오일
③ 카렌듈라오일
④ 캐모마일 오일
⑤ 라벤더오일

76 화장품 보관 및 취급상의 주의사항과 거리가 <u>먼</u> 것은?

① 어린이의 접근이 쉬운 곳에 보관할 것
② 직사광선을 피해 보관할 것
③ 상처 부위에 사용을 자제할 것
④ 이상 증상이 있을 경우 전문의 등과 상담할 것
⑤ 눈에 들어갔을 때는 즉시 씻어 낼 것

77 〈보기〉 중 화장품의 전성분 표시제도에서 생략 가능한 것끼리 바르게 짝지어진 것은?

┤ 보기 ├

ㄱ. 향료
ㄴ. 보존제
ㄷ. 원료 자체에 이미 포함되어 있는 미량의 보존제 및 안정화제
ㄹ. 기능성화장품 원료
ㅁ. 제조 과정에서 제거되어 최종 제품에 남아 있지 않는 성분

① ㄱ, ㄴ
② ㄱ, ㄷ
③ ㄴ, ㄷ
④ ㄷ, ㅁ
⑤ ㄹ, ㅁ

78 화장품에 사용할 수 없는 원료를 사용한 화장품의 회수 기간은?

① 5일　　　　　　　　② 15일　　　　　　　　③ 30일
④ 6개월　　　　　　　⑤ 1년

79 다음 중 표피에서 면역 기능을 담당하는 세포는?

① 각질형성세포　　　　② 섬유아세포　　　　　③ 랑게르한세포
④ 메르켈세포　　　　　⑤ 멜라닌형성세포

80 기능성화장품의 안전성 자료 중 특정 물질이 DNA 등에 손상을 주는지 확인 확인하는 시험은?

① 1차 피부 자극 시험　　② 피부감작성 시험　　③ 유전독성 시험
④ 안점막 자극 시험　　　⑤ 광독성 시험

81 처리되는 정보에 의하여 알아볼 수 있는 사람으로서 그 정보의 주체가 되는 사람이 누구인지 기입하시오.

82 화장품업을 하기 위하여 화장품 제조업자와 화장품 책임판매업자는 (　　　)을/를 해야 한다. 이에 비하여 맞춤형화장품판매업은 신고를 하여야 한다.

83 화장품 안료의 형식 중 다음 특성을 가지는 안료를 기입하시오.

> • 백색 안료 : 피부를 희게 표현하는 기능의 안료
> • (　　　) 안료 : 피부에 색을 부여하는 데 사용되는 안료
> • 체질 안료 : 제형을 구성하여, 희석제로서의 역할, 색감과 광택, 사용감 등을 조절할 목적으로 사용되는 안료

84 무기 자외선 차단제의 단점 중 하나로 자외선뿐만 아니라 가시광선의 영역도 산란시켜 피부를 의도하지 않게 희게 나타내는 현상을 기입하시오.

85 화장품의 표시·광고 준수사항 중 빈칸에 적합한 것을 기입하시오.

> • 불법적으로 외국 상표·상호를 사용하는 광고나 외국과의 기술제휴를 하지 아니하고 외국과의 기술제휴 등을 표현하는 표시·광고를 하지 말 것
> • 국제적 (　　　)의 가공품이 함유된 화장품을 표현 또는 암시하는 표시·광고는 하지 말 것
> • 사실과 다르거나 부분적으로 사실이라고 하더라도 전체적으로 보아 소비자가 오인할 우려가 있는 표시·광고 또는 소비자를 속이거나 소비자가 속을 우려가 있는 표시·광고를 하지 말 것

86 다음 〈보기〉에 해당하는 회수대상 화장품의 위해등급을 표시하시오.

┤ 보기 ├

- 전부 또는 일부가 변패(變敗)되었거나 병원미생물에 오염된 화장품
- 이물이 혼입되었거나 부착되어 보건위생상 위해를 발생할 우려가 있는 화장품
- 기능성화장품의 기능성을 나타나게 하는 주원료 함량이 기준치에 부적합한 경우

87 자외선 차단 성분 중 산화아연의 최대 함량을 기입하시오.

88 GMP의 주요 용어 중 〈보기〉에 해당하는 것을 기입하시오.

┤ 보기 ├

충전(1차 포장) 이전의 제조 단계까지 끝낸 제품을 말한다.

89 원료, 내용물 및 포장재 입고 기준에서 〈보기〉의 빈칸에 각각 들어갈 말을 기입하시오.

┤ 보기 ├

원자재 입고절차 중 육안 확인 시 물품에 결함이 있을 경우 입고를 (㉠)하고, (㉡) 및 폐기하거나 원자재 공급업자에게 반송하여야 한다.

90 완제품의 출고 기준 중 보관용 검체의 주의사항이다. 빈칸에 공통으로 들어갈 말을 기입하시오.

[보관용 검체 주의사항]
- 제품을 그대로 보관한다.
- 각 (   )을/를 대표하는 검체를 보관한다.
- 일반적으로는 각 (   )별로 제품 시험을 2번 실시할 수 있는 양을 보관한다.
- 제품이 가장 안정한 조건에서 보관한다.
- 사용기한 경과 후 1년간 또는 개봉 후 사용기간을 기재하는 경우에는 제조일로부터 3년간 보관한다.

91 기준일탈 제품의 폐기 처리 기준에서 빈칸에 공통으로 들어갈 말을 기입하시오.

- 재작업 처리 실시의 결정은 (   )이/가 실시한다.
- 품질에 문제가 있거나 회수 · 반품된 제품의 폐기 또는 재작업 여부는 (   )에 의해 승인되어야 한다.
- 품질이 확인되고 (   )의 승인을 얻을 수 있을 때까지 재작업품은 다음 공정에 사용할 수 없고 출하할 수 없다.

92 〈보기〉의 화장품 제품 내 미생물 한도 기준으로 적합한 것을 기입하시오.

┤ 보기 ├
에센스의 총호기성생균수는 (   )개/g 이하이다.

93 〈보기〉의 1차 포장에 반드시 기재해야 하는 사항 중 빈칸에 들어갈 말로 적합한 것을 기입하시오.

┤ 보기 ├
화장품의 명칭, 영업자의 상호, 제조번호, 사용기한 또는 개봉 후 (   )

94 다음 〈보기〉의 화장품 전성분 표기 중 알러지 유발 가능성이 있는 원료로 주의사항을 안내해야 하는 향료에 해당하는 성분을 하나 골라 작성하시오.

┤ 보기 ├
정제수, 글리세린, 1,2 헥산 – 디올, 아데노신, 아보벤존, 카보머, 메틸 파라벤, 리모넨

95 다음 〈보기〉의 화장품 성분 리스트 중 사용상의 제한이 있는 자외선 차단제에 해당하는 성분을 하나 고르고 그 제한 함량을 작성하시오.

┤ 보기 ├
아데노신, 페녹시에탄올, 옥토크릴렌, 유용성 감초 추출물, 유게놀

96 〈보기〉는 안전용기의 기준 중 제형의 형태에 대한 기준이다. 빈칸 ㉠, ㉡에 각각 들어갈 말을 작성하시오.

┤ 보기 ├
• 정의 : 만 5세 미만의 어린이가 개봉하기 어렵게 설계 · 고안된 용기나 포장
• 품목 : 어린이용 오일 등 개별포장당 탄화수소류를 10% 이상 함유하고 운동점도가 (㉠)센티스톡스(섭씨 40도 기준) 이하인 (㉡) 타입의 액체상태 제품

97 〈보기〉는 피부의 구조를 외부에서 내부의 순서대로 나열한 것이다. 빈칸에 들어갈 말을 작성하시오.

┤ 보기 ├
(   ) – 진피 – 피하 지방

98 〈보기〉의 피부의 부속기관에 대한 설명 중 빈칸에 해당하는 것을 작성하시오.

┤ 보기 ├

- 대한선 : 수분과 함께 단백질 등의 성분을 함유하여 체취를 구성
- ( ) : 체온 유지의 기능에 핵심적인 역할, 무색무취
- 피지선 : 지방 성분의 피지 분비, 피부 모발에 윤기 부여

99 모간의 구조에 대한 다음 설명 중 〈보기〉의 빈칸에 들어갈 말을 작성하시오.

┤ 보기 ├

- ( ) : 최외곽 부분에 지질이 결합되어 있고 멜라닌 색소가 없음
- 모피질 : 모발의 85~90%를 차지하고 멜라닌 색소를 보유하여 탄력, 질감, 색상 등 주요 특성을 나타냄
- 모수질 : 모발의 가장 안쪽을 구성. 경모에는 있으나 연모에는 없음

100 〈보기〉는 맞춤형화장품의 정의이다. 빈칸에 적합한 용어를 작성하시오.

┤ 보기 ├

- 제조 또는 수입된 화장품의 내용물에 다른 화장품의 내용물을 추가하여 ( )한 화장품
- 제조 또는 수입된 화장품의 내용물에 식품의약품안전처장이 정하는 원료를 추가하여 ( ) 화장품
- 제조 또는 수입된 화장품의 내용물을 소분한 화장품

제3회 실전모의고사

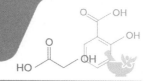

맞춤형화장품 조제관리사 핵심요약+기출유형 1,300제

01 개인정보 처리 방침에서 필수적인 기재 사항이 <u>아닌</u> 것은?

① 개인정보의 처리 목적

② 개인정보의 처리 및 보유 기간

③ 영상정보처리기기 운영 · 관리에 대한 사항

④ 개인정보의 파기에 관한 사항

⑤ 개인정보 보호책임자에 관한 사항

02 다음 중 고유식별정보에 속하지 <u>않는</u> 것은?

① 유전자 검사 등으로 얻어진 유전정보

② 주민등록번호

③ 운전면허번호

④ 외국인등록번호

⑤ 여권번호

03 화장품의 영업 형태에 대한 설명으로 옳지 <u>않은</u> 것은?

① 화장품 책임판매업 : 화장품을 직접 제조하여 유통 · 판매하는 영업

② 화장품 제조업 : 화장품 제조를 위탁받아 제조하는 영업

③ 화장품 책임판매업 : 수입된 화장품의 내용물을 소분(小分)한 화장품을 판매하는 영업

④ 화장품 제조업 : 화장품을 직접 제조하는 영업

⑤ 화장품 책임판매업 : 화장품 제조업자에게 위탁하여 제조된 화장품을 유통 · 판매하는 영업

04 화장품법상 화장품의 정의와 거리가 <u>먼</u> 것은?

① 기능 : 인체를 청결, 미화하여 매력을 더하고 용모를 밝게 변화시킴

② 기능 : 피부와 모발 및 안구의 건강을 유지하고 증진함

③ 방법 : 인체에 바르고 문지르거나 뿌리는 등의 방식 및 이와 유사한 것

④ 작용 : 인체에 대한 작용이 경미한 것

⑤ 제외 : 약품에 해당하는 물품 제외

PART 01

PART 02

PART 03

PART 04

05 화장품의 유형 중 목욕용 제품류에 속하지 <u>않는</u> 것은?

① 목욕용 오일   ② 목욕용 소금류   ③ 목욕용 정제

④ 목욕용 바디 클렌저   ⑤ 버블 배스

06 화장품 사용 시 사용감이 좋지 않고 발림성과 흡수성 등의 품질이 좋지 않은 경우 화장품 품질 속성의 어느 부분을 갖추지 못한 것인가?

① 안전성   ② 안정성   ③ 유효성

④ 사용성   ⑤ 약효성

07 화장품제조업 등록을 위한 기본적인 시설기준과 거리가 <u>먼</u> 것은?

① 원료 · 자재 및 제품을 보관하는 보관소

② 원료 · 자재 및 제품의 품질검사를 위하여 필요한 시험실

③ 품질검사에 필요한 시설 및 기구

④ 2등급 이상의 조제 시설

⑤ 쥐 · 해충 및 먼지 등을 막을 수 있는 시설

08 개인정보 처리 동의를 받을 때의 주의사항과 거리가 <u>먼</u> 것은?

① 내용 : 개인정보의 수집 · 이용 목적, 수집 · 이용하려는 개인정보의 항목을 포함

② 내용 : 계약 체결 등을 위하여 정보주체의 동의 없이 처리할 수 있는 개인정보와 동의가 필요한 개인정보를 구분

③ 대리 : 만 14세 미만 아동의 개인정보를 처리하기 위해서는 법정대리인의 동의를 받아야 함

④ 표시 방법 : 글씨의 크기는 9포인트 이상

⑤ 동의 방법 : 전화 통화를 통한 동의 방법은 사용할 수 없고 반드시 서면으로 진행

09 화장품 원료 중 알코올의 기능으로 올바른 것은?

① 피부 유연   ② 피부 수렴   ③ 피부 장벽 개선

④ 피부 수분 보호   ⑤ 피부 수분 증발 억제

10 다음 〈보기〉의 설명에 해당하는 유성성분은?

┤ 보기 ├

- 실록산 결합(Si－O－Si)을 기본 구조로 갖는다.
- 끈적거림이 없고 사용감이 가볍다.

① 에스테르 오일   ② 에뮤 오일   ③ 실리콘 오일

④ 쉐어버터   ⑤ 올리브 오일

11 다음의 성분 중 피막을 형성하기에 적절한 고분자 성분은?

① 카보머
② 알코올
③ 비즈왁스
④ 고급지방산
⑤ 폴리비닐피롤리돈

12 다음은 유성원료 중 스쿠알란에 대한 설명이다. 스쿠알란이 포함되는 유성성분의 분류는?

- 상어 혹은 식물에서 얻어진 스쿠알렌의 이중결합 구조를 수소로 포화시켜 스쿠알란으로 제작
- 피부 퍼짐성과 친화력이 좋음

① 왁스
② 유지류
③ 탄화수소
④ 에스테르 오일
⑤ 실리콘 오일

13 화장품 전성분 표시제도의 표시 방법으로 옳지 <u>않은</u> 것은?

① 글자 크기 : 3포인트 이상
② 표시 순서 : 제조에 사용된 함량이 많은 것부터 기입
③ 순서 예외 : 1% 이하로 사용된 성분, 착향료, 착색제는 함량 순으로 기입하지 않아도 됨
④ 표시 제외 : 원료 자체에 이미 포함되어 있는 미량의 보존제 및 안정화제
⑤ 향료 표시 : 착향제는 "향료"라고 기입

14 로션에 알러지 유발 가능성이 있는 향료 성분이 들어갔을 때, 그 함량이 몇 %를 초과한 경우 별도 표시해야 하는가?

① 1%
② 0.1%
③ 0.01%
④ 0.001%
⑤ 0.0001%

15 다음과 같은 경우에 해당하는 자외선 차단 수치는?

- 제품 바른 피부의 최소 흑화량 : 8
- 제품을 바르지 않은 피부의 최소 흑화량 : 1

① SPF 15
② SPF 50
③ PA+
④ PA+++
⑤ SPF 30

16 화장품 사용상의 제한이 있는 원료 중 제품의 변질을 막고 미생물의 성장을 억제하는 것은?

① 살균제
② 항생제
③ 보존제
④ 착향제
⑤ 염색제

17 다음 중 화장품으로서 표시·광고할 수 있는 효능은?

① 체중 감량　　　　　② 피부를 청정하게 함　　　　③ 속눈썹이 자람
④ 세포 활력　　　　　⑤ 얼굴 윤곽 개선

18 화장품의 위해도 평가를 위한 전신노출량 산정 시 체중은 기본적으로 어떻게 정의하는가?

> 전신노출량(SED) = (화장품 1일 사용량×잔류지수×제품 내 농도×흡수율)/체중

① 40kg　　　　　　② 50kg　　　　　　③ 60kg
④ 70kg　　　　　　⑤ 80kg

19 생식발생 독성의 위험성이 있는 물질이 함유된 화장품의 위해도 평가 결과에서 안전역을 산출할 때, 안전하다고 판단하는 것은?

① 안전역 = 10 − 6　　　② 안전역 = 10−5　　　③ 안전역 = 1
④ 안전역 = 10　　　　　⑤ 안전역 = 100

20 다음 중 회수대상 화장품의 위해 등급이 <u>다른</u> 것은?

① 기준 이상의 유해물질이 검출된 화장품
② 신고를 하지 아니한 자가 판매한 맞춤형화장품
③ 맞춤형화장품 조제관리사를 두지 아니하고 판매한 맞춤형화장품
④ 등록을 하지 아니한 자가 제조한 화장품 또는 제조·수입하여 유통·판매한 화장품
⑤ 이물이 혼입되었거나 부착되어 보건위생상 위해가 발생할 우려가 있는 화장품

21 다음에서 설명하는 화장품의 위해사례 판단과 보고의 용어에 해당하는 것은?

> 화장품의 사용 중 발생한 바람직하지 않고 의도되지 아니한 징후, 증상 또는 질병

① 유해성　　　　　　② 유해사례　　　　　③ 유해물질
④ 실마리 정보　　　　⑤ 안전성 정보

22 퍼머넌트 제품 사용상의 주의사항에서 사용을 피해야 하는 사람과 거리가 먼 것은?

① 손·발톱에 이상이 있는 사람
② 생리 중인 사람
③ 출산 전·후인 사람
④ 질환이 있는 사람
⑤ 특이 체질인 사람

23 다음 중 사용상의 제한이 있는 원료는?

① 증점제 ② 금속이온봉쇄제 ③ 피막제
④ 보존제 ⑤ 알코올

24 다음 중 일반적인 화장품의 보관 및 취급 방법과 거리가 먼 것은?

① 사용 후에는 반드시 마개를 닫아둘 것
② 섭씨 15도 이하의 어두운 장소에 보존할 것
③ 유아·소아의 손이 닿지 않는 곳에 보관할 것
④ 직사광선이 닿는 곳에는 보관하지 말 것
⑤ 고온의 장소에 보관하지 말 것

25 화장품에서 색을 나타내는 색재의 종류 중 물이나 용매에 용해된 형태로 발색하는 것은?

① 염료 ② 안료 ③ 레이크
④ 유기안료 ⑤ 카보머

26 〈보기〉는 모든 화장품에 적용되는 주의사항이다. 일반적으로 발생할 수 있는 부작용의 사례로 빈칸에 들어가기에 적절한 것은?

┤ 보기 ├

화장품 사용 시 또는 사용 후 직사광선에 의하여 사용 부위에 붉은 반점, 부어오름 또는 (   ) 등의 이상 증상이나 부작용이 있는 경우 전문의 등과 상담할 것

① 피부 감수성 ② 가려움 ③ 점막 손상
④ 알러지 ⑤ 특이체질

27 다음 중 회수대상 화장품에 해당하지 않는 것은?

① 사용기한 또는 개봉 후 사용기간을 위조·변조한 화장품
② 등록을 하지 아니한 자가 제조한 화장품 또는 제조·수입하여 유통·판매한 화장품
③ 신고를 하지 아니한 자가 판매한 맞춤형화장품
④ 맞춤형화장품 조제관리사를 두지 아니하고 판매한 맞춤형화장품
⑤ 사용 부위에 붉은 반점의 부작용이 생긴 화장품

28 다음 중 비이온성 계면활성제가 사용되기에 적합한 제품의 종류는?

① 헤어트리트먼트 ② 샴푸 ③ 크림
④ 헤어린스 ⑤ 바디워시

29 우수화장품 제조 및 품질관리 기준의 4대 기준서에서 시험지시서, 시험검체 채취 방법 및 주의사항, 표준품 및 시약관리 등의 내용이 기록되는 문서는?

① 제품표준서   ② 제조관리기준서   ③ 품질관리기준서
④ 제조위생관리기준서   ⑤ 제조지시서

30 GMP의 주요 용어 중 〈보기〉에 해당하는 것은?

┤ 보기 ├

원료 물질의 칭량부터 혼합, 충전(1차 포장), 2차 포장 및 표시 등의 일련의 작업을 말한다.

① 출하   ② 재작업   ③ 제조
④ 교정   ⑤ 일탈

31 차압을 통해 작업실 공기의 흐름을 조절할 때, 다음 중 가장 높은 압력을 유지하여 외부 공기의 흐름을 차단해야 하는 작업실은?

① 1등급   ② 2등급   ③ 3등급
④ 4등급   ⑤ 5등급

32 다음 〈보기〉 중 작업소의 시설에 관한 규정으로 적합한 것을 모두 고르면?

┤ 보기 ├

ㄱ. 제조하는 화장품의 종류·제형에 따라 적절히 구획·구분되어 있어 교차오염 우려가 없을 것
ㄴ. 외부와 연결된 창문은 가능한 열리도록 할 것
ㄷ. 제품의 품질에 영향을 주지 않는 소모품을 사용할 것
ㄹ. 환기가 잘 되고 청결할 것
ㅁ. 수세실과 화장실은 접근이 쉽도록 하여 생산구역과 분리되지 않게 할 것

① ㄱ, ㄴ, ㅁ   ② ㄱ, ㄷ, ㄹ   ③ ㄴ, ㄷ, ㄹ
④ ㄴ, ㄷ, ㅁ   ⑤ ㄷ, ㄹ, ㅁ

33 다음 filter 중 $5\mu m$ 수준으로 여과하는 것은?

① Pre Bag filter   ② Medium filter   ③ Hepa filter
④ Medium Bag filter   ⑤ Nano Filter

34 다음 중 가장 낮은 압력으로 관리되는 시설은?

① 클린벤치   ② 제조실   ③ 원료실
④ 포장실   ⑤ 분진 및 악취 발생 시설

35 작업장의 위생 유지를 위한 설비 세척의 원칙과 거리가 먼 것은?

① 세척 후는 반드시 "판정"한다.

② 판정 후의 설비는 건조 · 밀폐하여 보관한다.

③ 증기 세척은 좋은 방법이다.

④ 가능하면 브러시 등으로 문질러 지우는 것을 고려한다.

⑤ 세척력이 우수한 세제를 사용하는 것을 항상 고려한다.

36 우수화장품 제조기준 중 화장품 작업장 내 직원의 위생 기준으로 적합하지 <u>않은</u> 것은?

① 청정도에 맞는 적절한 작업복, 모자와 신발을 착용하고 필요할 경우는 마스크, 장갑을 착용한다.

② 작업장에 음식물 등을 반입해서는 아니 된다.

③ 피부에 외상이 있거나 질병에 걸린 직원은 화장품의 품질에 영향을 주지 않는다는 의사 소견이 있기 전까지는 격리해야 한다.

④ 작업 후에 복장점검을 하고 적절하지 않을 경우는 시정한다.

⑤ 적절한 위생관리 기준 및 절차를 마련하고 제조소 내의 모든 직원은 이를 준수해야 한다.

37 우수화장품 제조기준 중 설비기구의 유지관리 주요 사항에 적합하지 <u>않은</u> 것은?

예방적 실시(Preventive Maintenance)

① 설비마다 절차서를 작성한다.

② 주간 계획을 가지고 실행한다.

③ 책임 내용을 명확하게 한다.

④ 유지하는 "기준"은 절차서에 포함한다.

⑤ 점검체크시트를 사용하면 편리하다.

38 다음 설비의 구성 재질 및 세척 방법과 거리가 <u>먼</u> 것은?

교반 장치 : 제품의 균일성을 얻기 위해 물리적으로 혼합하는 장치

① 믹서의 재질이 믹서를 설치할 모든 젖은 부분 및 탱크와의 공존이 가능한지를 확인한다.

② 봉인(seal)과 개스킷에 의해서 제품과의 접촉으로부터 분리되어 있는 내부 패킹과 윤활제를 사용한다.

③ 윤활제가 새서 제품을 오염시키지 않는지 확인한다.

④ 구성 설비와 물리적으로 결합된 혼합기를 선택하여 혼합 효율을 높인다.

⑤ 풋베어링, 조절장치 받침, 주요 진로, 고정나사 등은 청소하기 적합한 구조로 구성한다.

39 입고된 원료, 내용물 포장재의 보관 및 관리 기준으로 적합하지 <u>않은</u> 것은?

① 물질의 특징 및 특성에 맞도록 보관, 취급한다.
② 특수한 보관 조건은 적절하게 준수, 모니터링한다.
③ 원료와 포장재의 용기는 밀폐한다.
④ 청소와 검사가 용이하도록 충분한 간격을 유지한다.
⑤ 원료와 포장재는 재포장해서는 안 된다.

40 완제품의 입고, 보관 및 출하 절차의 순서로 적합한 것은?

포장 공정-(㉠)-임시 보관-제품시험 합격-(㉡)-(㉢)-출하

	㉠	㉡	㉢
①	시험 중 라벨 부착	합격 라벨 부착	보관
②	시험 중 라벨 부착	보관	합격 라벨 부착
③	합격 라벨 부착	시험 중 라벨 부착	보관
④	합격 라벨 부착	보관	시험 중 라벨 부착
⑤	보관	보관	시험 중 라벨 부착

41 입고된 원료, 내용물 및 포장재의 품질관리 기준 중 기준일탈의 조사 과정에서 다음에 해당하는 내용은?

품질관리책임자가 실시하고 결과를 승인한다.

① Laboratory Error 조사 ② 추가 시험 ③ 재검체 채취
④ 재시험 ⑤ 결과 검토

42 다음 중 기준일탈 제품의 재작업 원칙 및 절차와 거리가 <u>먼</u> 것은?

① 폐기하면 큰 손해가 되는 경우 실시한다.
② 재작업을 했을 때 발생하는 제품 품질에 발생하는 악영향을 감수하고 한다.
③ 재작업 처리 실시의 결정은 품질보증 책임자가 실시한다.
④ 품질이 확인되고 품질보증 책임자의 승인을 얻을 수 있을 때까지 재작업품은 다음 공정에 사용할 수 없고 출하할 수 없다.
⑤ 재작업한 최종 제품 또는 벌크제품의 제조기록, 시험기록을 충분히 남긴다.

43 화장품을 제조하면서 비의도적으로 유도된 물질의 검출 허용 한도로 적합한 것은?

[니켈]
- 눈화장용 제품 : (㉠) 이하
- 색조화장용 제품 : (㉡) 이하
- 그 밖의 제품 : 10ppm 이하

	㉠	㉡
①	35ppm	10ppm
②	50ppm	20ppm
③	100ppm	50ppm
④	30ppm	10ppm
⑤	35ppm	30ppm

44 다음 중 화장품 내에 인위적으로 화장품을 제조하면서 비의도적으로 유도된 물질의 검출 허용 한도에 대한 안전관리 기준을 적용받지 <u>않는</u> 것은?

① 프탈레이트류   ② 메탄올   ③ 디옥산
④ 포름알데하이드   ⑤ 옥토크릴렌

45 화장품을 제조하면서 비의도적으로 유도된 물질의 검출 허용 한도가 <u>잘못</u> 연결된 것은?

① 비소 : 10ppm 이하
② 프탈레이트류 : 100ppm 이하
③ 디옥산 : 100ppm 이하
④ 메탄올 : 20(v/v)%(일반 제품)
⑤ 포름알데하이드 : 2,000ppm(일반 제품)

46 화장품 제품 미생물 한도 기준에 적합한 제품별 관리 기준으로 옳은 것은?

① 영·유아용 제품 : 1,000개/g 이하
② 물휴지 : 100개/g 이하
③ 크림 : 500개/g 이하
④ 에센스 : 2,000개/g 이하
⑤ 파운데이션 : 2,000개/g 이하

47 다음 중 pH3.0~9.0을 유지해야 하는 제품이 <u>아닌</u> 것은?

① 눈화장용 제품류 – 마스카라
② 색조화장용 제품류 – 파운데이션
③ 두발용 제품류 – 헤어토닉
④ 기초화장용 제품류 – 로션
⑤ 두발용 제품류 – 린스

48 유통화장품 안전기준 등에 관한 규정에서 푹신아황산법으로 확인할 수 있는 유해 성분은?

① 메탄올   ② 납   ③ 비소
④ 포름알데하이드   ⑤ 프탈레이트

49 다음 〈보기〉 중 맞춤형화장품 조제관리사가 올바르게 업무를 진행한 경우를 <u>모두</u> 고르면?

┤ 보기 ├

ㄱ. 외국에서 수입된 향수를 소분하여 판매하였다.
ㄴ. 조제관리사가 선크림을 조제하기 위하여 산화아연을 10%로 배합, 조제하여 판매하였다.
ㄷ. 책임판매업자가 기능성화장품으로 심사 또는 보고를 완료한 제품을 맞춤형화장품 조제관리사가 소분하여 판매하였다.
ㄹ. 내용물 및 원료 정보는 기밀이므로 소비자에게 설명하지 않았다.

① ㄱ, ㄴ   ② ㄱ, ㄷ   ③ ㄴ, ㄷ
④ ㄴ, ㄹ   ⑤ ㄷ, ㄹ

50 맞춤형화장품 매장에 근무하는 조제관리사에게 향료 알러지가 있는 고객이 제품에 대해 문의를 해 왔다. 조제관리사가 제품에 부착된 〈보기〉의 설명서를 참조하여 고객에게 안내해야 할 말로 가장 적절한 것은?

┤ 보기 ├

• 제품명 : 유기농 모이스처 로션
• 제품의 유형 : 액상 에멀전류
• 내용량 : 50g
• 전성분 : 정제수, 1,3부틸렌글리콜, 글리세린, 스쿠알란, 호호바유, 모노스테아린산글리세린, 피이지 소르비탄지방산에스터, 1,2헥산디올, 녹차추출물, 황금추출물, 나무이끼추출물, 토코페롤, 잔탄검, 구연산나트륨, 수산화칼륨

① 이 제품은 알러지를 유발할 수 있는 황금추출물이 포함되어 있어 사용 시 주의를 요합니다.
② 이 제품은 알러지를 유발할 수 있는 잔탄검이 포함되어 있어 사용 시 주의를 요합니다.
③ 이 제품은 알러지를 유발할 수 있는 녹차추출물이 포함되어 있어 사용 시 주의를 요합니다.
④ 이 제품은 알러지를 유발할 수 있는 글리세린이 포함되어 있어 사용 시 주의를 요합니다.
⑤ 이 제품은 알러지를 유발할 수 있는 나무이끼추출물이 포함되어 있어 사용 시 주의를 요합니다.

51 미백 기능성 고시 성분 및 제한 함량으로 옳은 것은?

① 알파비사보롤 : 0.5%
② 글루타랄 : 0.1%
③ 티타늄디옥사이드 : 25%
④ 세틸피리듐 클로라이드 : 0.08%
⑤ 트리클로카반 : 0.2%

52 다음 중 사용상의 제한이 있는 자외선 차단제 및 제한 함량으로 옳은 것은?

① 아데노신 : 0.5%
② 글루타랄 : 0.1%
③ 징크옥사이드 : 10%
④ 세틸피리듐 클로라이드 : 0.08%
⑤ 옥토크릴렌 : 10%

53 다음의 특징 및 주의사항을 가지는 용기의 타입은?

> • 특징 : 크림 등 경도가 있는 제형을 담기에 유리함
> • 주의 : 에멀젼 로션 등 점도가 작은 제형은 흘러내릴 수 있어 주의가 필요함

① 자 타입 용기　　　　② 튜브 타입 용기　　　　③ 펌프 타입 용기
④ 에러리스 타입 용기　　⑤ 스프레이 타입 용기

54 안전용기의 포장규정에서 빈칸에 들어갈 말로 적합한 것은?

> [안전용기 – 포장]
> 품목 – 어린이용 오일 등 개별포장당 (　　　)류를 10퍼센트 이상 함유하고 운동점도가 21센티스톡스(섭씨 40도 기준) 이하인 비에멀젼 타입의 액체상태의 제품

① 나이아신아마이드　　② 이산화탄소　　　　③ 증류수
④ 에탄올　　　　　　　⑤ 탄화수소

55 화장품 표시·광고 규정 및 자원 재활용과 촉진에 관한 법률에 따른 용기 기재 사항에서 50ml 초과 제품의 1차 포장에 필수적으로 기재해야 하는 사항이 <u>아닌</u> 것은?

① 사용 시의 주의사항　　② 분리배출 표시　　　③ 책임판매업자의 상호
④ 제조번호　　　　　　　⑤ 사용기한

56 소비자 선호도의 관능평가 방법 중 다음 설명에 해당하는 것은?

> 여러 시료를 제시하여 기호도에 따라서 순위를 정하게 하는 방법

① 순위시험법   ② 채점척도법   ③ 설문조사법
④ 수분측정법   ⑤ 점도측정법

57 맞춤형화장품의 안전성을 확보하기 위한 사항에서 거리가 먼 것은?

① 사용하고 남은 제품은 재사용을 금지하고 폐기하도록 한다.
② 판매장 또는 혼합 · 판매 시의 오염 등 문제가 발생했을 경우에는 세척, 소독, 위생관리 등을 통하여 조치를 취한다.
③ 원료 등은 가능한 직사광선을 피하는 등 품질에 영향을 미치지 않는 장소에서 보관하도록 한다.
④ 혼합 후에는 물리적 현상(층분리 등)에 대하여 육안으로 이상 유무를 확인하고 판매하도록 한다.
⑤ 혼합 · 소분의 안전을 위해 식품의약품안전처장이 정하여 고시하는 사항을 준수한다.

58 피부의 겉보기 구조 중 피부에서 우묵하게 들어간 부분은?

① 모근   ② 소릉   ③ 소구
④ 한공   ⑤ 모공

59 표피를 이루는 세부 구조에 속하지 않는 것은?

① 기저층   ② 유두층   ③ 과립층
④ 각질층   ⑤ 유극층

60 진피를 구성하는 구조와 특성이 바르게 연결된 것은?

① 각질층 : 피부의 최외곽을 구성, 생명 활동 없이 죽은 세포로 구성, 피부장벽의 핵심 구조
② 유극층 : 표피에서 가장 두꺼운 층, 상처 발생 시 재생을 담당
③ 망상층 : 피부장벽 형성에 필요한 성분을 제작하여 분비 담당
④ 기저층 : 진피층과의 경계를 형성, 1층으로 구성, 표피층 형성에 필요한 새로운 세포를 형성
⑤ 유두층 : 표피와 접해 있고, 섬유조직이 적어 표피로의 혈액 및 체액 공급이 용이함

61 각질층의 각질세포 속에서 수분을 잡아주는 역할을 하는 천연보습인자의 구성 성분에 해당하지 않는 것은?

① 아미노산   ② 소듐 PCA   ③ 젖산
④ 우레아   ⑤ 세라마이드

62 〈보기〉 중 피부의 장벽을 이루는 세포 간 지질의 구성 성분에 포함되는 것은?

┤ 보기 ├

ㄱ. 중성지방   ㄴ. 자유지방산   ㄷ. 인지질
ㄹ. 세라마이드   ㅁ. 콜레스테롤

① ㄱ, ㄴ, ㄷ   ② ㄱ, ㄴ, ㅁ   ③ ㄱ, ㄴ, ㄹ
④ ㄴ, ㄹ, ㅁ   ⑤ ㄷ, ㄹ, ㅁ

63 진피를 구성하는 섬유조직인 콜라겐 등의 단백질과 기질물질인 히알루론산 등을 합성하는 역할을 하는 세포는?

① 섬유아세포   ② 멜라닌세포   ③ 각질형성세포
④ 면역세포   ⑤ 신경세포

64 다음은 모발의 분류 중 무엇에 해당하는가?

• 특징 : 모수질이 없으며 멜라닌 색소가 적어 갈색을 띰
• 주기 : 90%를 telogen으로 보냄(길이가 길지 않음)
• 위치 : 갓 태어났을 때 보유

① 연모   ② 경모   ③ 머리카락
④ 속눈썹   ⑤ 수염

65 피부 분석 기기는 피부 유형과 피부를 상태 파악하여, 분석 내용을 토대로 적합한 제품을 제안하기 위해 사용한다. 다음 설명에 해당하는 측정 기기는?

원리 : 원판이 피부 표면에서 회전하며 마찰력을 측정

① 피부 수분 측정기   ② pH 분석기   ③ 피부 거칠기 측정기
④ 색차계   ⑤ 표면 광택 측정 기기

66 다음의 재질 중 천연화장품의 용기로 쓸 수 없는 것은?

① HDPE   ② LDPE   ③ 폴리프로필렌(PP)
④ 폴리스티렌폼   ⑤ 유리

67 화장품 안정성 시험의 물리적 시험 항목과 거리가 먼 것은?

① 성상   ② 미생물   ③ 점도
④ 유화 상태   ⑤ 경도

68 〈보기〉는 자외선 차단 기능성화장품의 전성분 표시이다. 사용상의 제한이 있는 자외선 차단 성분을 최대 사용 한도로 제조하였다. 또한 사용상의 제한이 있는 보존제 성분도 최대한으로 사용하였다. 이때, 유추 가능한 호호바오일의 함유 범위(%)는?

┤ 보기 ├

정제수, 벤조페논－3, 글리세린, 호호바오일, 다이메티콘, 올리브오일, 토코페릴아세테이트, 벤질알코올, 스쿠알란, 솔비탄세스 퀴올리에이트, 알란토인

① 7~10　　　　　　　② 5~7　　　　　　　③ 1~5
④ 1~2　　　　　　　⑤ 0.5~1

69 10ml 이하의 제품에 1차 포장에 기입해야 할 사항과 거리가 먼 것은?
① 화장품제조업자의 상호
② 화장품책임판매자의 상호
③ 맞춤형화장품판내업자의 상호
④ 제품명
⑤ 제조번호 및 사용기한

70 화장품의 안정성 시험 중 장기보존시험, 가속시험 등에서 선정하는 로트의 최소한의 수는?
① 1　　　　　　　　② 2　　　　　　　　③ 3
④ 4　　　　　　　　⑤ 6

71 〈보기〉의 퍼머넌트 웨이브용 제품 성분 중 그 기능이 같은 것끼리 연결된 것은?

┤ 보기 ├

㉠ 치오글리콜릭애씨드　　　㉡ 시스테인　　　　　　㉢ 브롬산나트륨
㉣ 과산화수소수　　　　　　㉤ 아세틸 시스테인

① ㉠, ㉡　　　　　　② ㉠, ㉢　　　　　　③ ㉡, ㉢
④ ㉢, ㉤　　　　　　⑤ ㉣, ㉤

72 인체세포배양액을 화장품 원료로 사용할 경우, 인체세포배양액 안전기준에 적합해야 한다. 다음 중 인체세포배양액 안전기준과 거리가 먼 것은?
① 세포 · 조직 채취 및 검사기록서를 작성 · 보존해야 한다.
② 누구든지 세포나 조직을 주고받으면서 금전 또는 재산상의 이익을 취할 수 없다.
③ 공여자에 대하여 문진, 검사 등에 의한 진단을 실시하여 해당 공여자가 세포배양액에 사용되는 세포 또는 조직을 제공하는 것에 대해 적격성이 있는지를 판정(공여자 적격성 검사)해야 한다.
④ 공여자 적격성 검사를 통과해야 특정인의 세포 또는 조직을 사용하였다는 내용의 광고를 할 수 있다.
⑤ 체취 혹은 보존에 필요한 위생상의 관리가 가능한 의료기관에서 채취된 것만을 사용해야 한다.

73 표시광고 위반에 따른 행정 처분 중 1회 위반 기준 처분이 <u>다른</u> 하나는?

① 사실 유무와 관계없이 다른 제품을 비방하거나 비방한다고 의심이 되는 표시 · 광고를 하지 말 것
② 외국제품을 국내제품으로 또는 국내제품을 외국제품으로 잘못 인식할 우려가 있는 표시 · 광고를 하지 말 것
③ 배타성을 띤 "최고" 또는 "최상" 등의 절대적 표현의 표시 · 광고를 하지 말 것
④ 저속하거나 혐오감을 주는 표현 · 도안 · 사진 등을 이용하는 표시 · 광고를 하지 말 것
⑤ 국제적 멸종위기종의 가공품이 함유된 화장품임을 표현하거나 암시하는 표시 · 광고를 하지 말 것

74 기능성 화장품의 목적과 성분이 바르게 짝지어진 것은?

① 주름 개선 – 알부틴
② 피부 미백 – 레티놀
③ 여드름 완화 – 아데노신
④ 탈모 증상 완화 – 덱스판테놀
⑤ 체모 제거 – 살리실릭애씨드

75 다음 중 맞춤형화장품 조제관리사가 혼합할 수 <u>없는</u> 원료는?

① 녹차추출물   ② 소합향 나무 추출물   ③ 홍삼추출물
④ 쑥추출물   ⑤ 곡물 추출물

76 다음 중 계면활성제의 구분과 종류가 바르게 연결된 것을 고르면?

구분	종류
㉠ 음이온	베헨트라이모늄 클로라이드
㉡ 양이온	소듐라우릴설페이트
㉢ 양쪽성	코카미도프로필베타인
㉣ 비이온	글리세릴 모노스테아레이트
㉤ 음이온	폴리쿼터늄

① ㉠, ㉡   ② ㉠, ㉢   ③ ㉡, ㉢
④ ㉢, ㉣   ⑤ ㉣, ㉤

77 다음 〈보기〉에 해당하는 표시기재 사항의 내용은?

---| 보기 |---

- 개개의 화장품을 식별하기 위하여 고유하게 설정된 번호로서 국가식별코드, 화장품제조업자 등의 식별코드, 품목코드 및 검증번호(Check Digit)를 포함한 12 또는 13자리의 숫자를 말한다.
- 국내에 유통되는 모든 화장품은 이것을 표시해야 하며, 그 의무는 책임판매업자에게 있다.

① 제조번호　　　　　　② 바코드　　　　　　③ 제품명
④ 전성분　　　　　　　⑤ 용량

78 다음 화장품의 회수 기간은?

맞춤형화장품 조제관리사를 두지 아니하고 판매한 맞춤형화장품

① 5일　　　　　　　② 15일　　　　　　③ 30일
④ 6개월　　　　　　⑤ 1년

79 다음 중 표피에서 감각 기능을 담당하는 세포는?

① 각질형성세포　　　　② 섬유아세포　　　　③ 랑게르한세포
④ 메르켈세포　　　　　⑤ 멜라닌형성세포

80 유통화장품 안전기준의 미생물 한도 시험법에 따라서 로션의 미생물 한도 측정을 위해 전처리 과정이 끝난 검체 0.1ml를 미생물 배양 고체 배지에 분주하여 확인한 결과 세균은 평균 6개가 나왔다. 유통화장품 안전기준에 적합하기 위해서는 진균은 몇 개 이하가 나와야 하는가?

① 4개　　　　　　② 94개　　　　　　③ 494개
④ 994개　　　　　⑤ 9,994개

81 정보주체의 사생활을 현저히 침해할 개인정보는 처리를 금지한다. 〈보기〉의 내용에 해당하는 정보를 의미하는 것은?

---| 보기 |---

- 사상 · 신념, 노동조합 · 정당의 가입 · 탈퇴, 정치적 견해
- 건강, 성생활 등에 대한 정보
- 유전자 검사 등의 결과로 얻어진 유전정보

82 〈보기〉에 해당하는 영업의 형태와 작업시설을 갖추어야 하는 영업자는?

---보기---

- 시설 기준
  - 쥐 · 해충 및 먼지 등을 막을 수 있는 시설
  - 작업대 등 제조에 필요한 시설 및 기구
  - 가루가 날리는 작업실은 가루를 제거하는 시설
- 화장품의 포장(1차 포장만 해당한다)을 하는 영업

83 화장품 안료의 형식 중 빈칸에 적절한 안료를 기입하시오.

- (   )안료 : 피부를 희게 표현하는 기능의 안료
- 착색안료 : 피부에 색을 부여하는 데 사용되는 안료
- 체질안료 : 제형을 구성하여 희석제로서의 역할, 색감과 광택, 사용감 등을 조절할 목적으로 사용되는 안료

84 다음 〈보기〉는 향료의 전성분 표시기준이다. 빈칸에 들어갈 내용을 기입하시오.

---보기---

향료의 전성분 표시
- "향료"로 표시 : 들어간 성분이 영업상의 비밀일 경우 고려
- 예외 : 알러지 유발 가능성이 있는 성분은 성분명 표기
  - 사용 후 세척되는 제품은 0.01%를 초과하여 함유하는 경우
  - 사용 후 세척되는 제품 이외의 화장품은 0.001%를 초과하여 함유하는 경우
  - 알러지 유발 가능성이 있는 (   )종의 향료 성분 리스트

85 화장품의 표시 · 광고 준수사항 중 빈칸에 들어갈 말로 적합한 것을 기입하시오.

- 불법적으로 외국 상표 · 상호를 사용하는 광고나 외국과의 기술제휴를 하지 아니하고 외국과의 기술제휴 등을 표현하는 표시 · 광고를 하지 말 것
- 경쟁상품에 관한 비교표시는 화장품 성분에 한하여 사실대로 하여야 하며, 배타성을 띤 "(   )" 또는 "최상" 등의 절대적 표현의 표시 · 광고를 하지 말 것
- 사실과 다르거나 부분적으로 사실이라고 하더라도 전체적으로 보아 소비자가 오인할 우려가 있는 표시 · 광고 또는 소비자를 속이거나 소비자가 속을 우려가 있는 표시 · 광고를 하지 말 것

86 화장품 사용상의 주의사항과 개별 화장품의 주의사항에서 빈칸에 적합한 단어를 기입하시오.

> • 제품류 : 미세한 알갱이가 함유되어 있는 (   ) 세안제
> • 주의사항 : 알갱이가 눈에 들어갔을 때에는 물로 씻어내고, 이상이 있는 경우에는 전문의와 상담할 것

87 다음 유해성의 종류와 그에 관한 설명 중 빈칸에 적절한 것은?

> • 생식 · 발생 독성 : 자손 생성을 위한 기관의 능력 감소 및 개체의 발달과정에 부정적인 영향을 미침
> • 면역 독성 : 면역 장기에 손상을 주어 생체 방어기전 저해
> • 항원성 : 항원으로 작용하여 알러지 및 과민 반응 유발
> • 유전 독성 : 유전자 및 염색체에 상해를 입힘
> • (   ) : 장기간 투여 시 암(종양) 발생

88 작업장의 위생 유지를 위한 설비 세척의 원칙에서 빈칸 안에 들어갈 단어로, 기준에 맞추어 적합성 여부를 가리는 것을 뜻하는 것은?

> 세척 후에는 반드시 (   )한다.

89 원료, 내용물 및 포장재 입고 기준에서 (   )에 들어갈 말로 옳은 것은?

> 원자재의 입고 시 구매요구서, 원자재 공급업체의 (   ) 및 현품이 서로 일치하여야 한다.

90 완제품의 출고 기준 중 보관용 검체의 주의사항에서 빈칸에 들어갈 말로 옳은 것은?

> [보관용 검체 주의사항]
> • 제품을 그대로 보관한다.
> • 각 뱃치를 대표하는 검체를 보관한다.
> • 일반적으로는 각 뱃치별로 제품 시험을 2번 실시할 수 있는 양을 보관한다.
> • 제품이 가장 안정한 조건에서 보관한다.
> • 사용기한 경과 후 1년간 또는 개봉 후 (   )을 기재하는 경우에는 제조일로부터 3년간 보관한다.

91 화장품을 제조하면서 비의도적으로 유도된 물질의 검출 허용 한도로 적합한 것은?

> [물휴지]
> • 메탄올 : 0.002(v/v)% 이하
> • 포름알데하이드 : (   )ppm 이하

92 유통화장품 안전관리 기준 중 내용량 기준에서 빈칸에 들어갈 말로 옳은 것은?

> • 제품 (   )개를 가지고 시험할 때 그 평균 내용량이 표기량에 대하여 97% 이상(다만, 화장 비누의 경우 건조중량을 내용량으로 한다)
> • 기준치를 벗어날 경우 9개의 평균 내용량이 제1호의 기준치 이상

93 맞춤형화장품 판매업을 신고하려는 경우 맞춤형화장품 판매신고서는 어디에 제출하여야 하는가?

> • 제출 : (   )식품의약품안전청장
> • 서식 : 맞춤형화장품 판매 신고서

94 다음은 맞춤형화장품의 안전성 – 유효성 – 안정성을 확보하기 위한 가이드라인이다. 빈칸에 적합한 용어는?

> 완제품 및 원료의 입고 시 (   )을/를 확인하고 (   )이/가 지난 제품은 사용하지 않도록 함

95 다음에서 설명하는 유화 제형의 종류는?

> 오일을 연속상으로 하고 물이 분산됨

96 자원의 절약과 재활용 촉진에 관한 법률에서 1차, 2차 포장에 '분리배출'을 표시해야 하는 용기의 부피는 (   )ml 이상의 제품에 해당한다.

97 다음 〈보기〉의 화장품 전성분 표기 중 사용상의 제한이 있는 자외선 차단제에 해당하는 성분을 하나 골라 작성하시오.

> ┤ 보기 ├
>
> 정제수, 라놀린, 글리세린, 부틸렌글리콜, 알파비사보롤, 레티놀, 티타늄디옥사이드, 카보머, 페녹시에탄올, 참나무이끼추출물, 인삼추출물

98 다음 〈보기〉의 화장품 성분 리스트 중 사용상의 제한이 있는 보존제에 해당하는 성분을 하나 고르고, 그 제한 함량을 작성하시오.

> ┤ 보기 ├
>
> 알파비사보롤, 레티놀, 티타늄디옥사이드, 카보머, 페녹시에탄올, 참나무이끼추출물

99 다음 〈보기〉 중 제품의 pH를 기준으로 3.0~9.0을 지켜야 하는 것을 2개 고르시오.

┤ 보기 ├

클렌징 오일, 영유아용 린스, 메이크업 리무버, 셰이빙 크림, 클렌징 워터, 마스카라, 헤어토닉

100 제품의 종류별 포장 방법에 관한 기준에서 종합제품으로서 화장품류의 포장공간 비율은 (   ) 이하로 제한된다.

제4회 실전모의고사

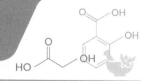

맞 춤 형 화 장 품   조 제 관 리 사   핵 심 요 약 + 기 출 유 형   1 . 3 0 0 제

01 다음 중 화장품책임판매업으로 등록할 수 있는 자는?

① 피성년후견인 선고를 받고 복권되지 아니한 자

② 보건범죄 단속에 관한 특별조치법 위반으로 등록이 취소되거나 영업소가 폐쇄된 이후 1년이 지나지 않은 자

③ 보건범죄 단속에 관한 특별조치법 위반으로 금고 이상의 형을 선고받고 집행이 끝나지 않은 자

④ 파산선고를 받고 복권되지 아니한 자

⑤ 정신질환자, 마약중독자

02 천연화장품 및 유기농화장품의 기준에 관한 규정 중 유기농화장품은 중량 기준 천연 함량이 전체 제품에서 얼마 이상이 되어야 하는가?

① 5%   ② 10%   ③ 80%

④ 90%   ⑤ 95%

03 화장품의 유형 중 방향용 제품류의 유형에 속하지 <u>않는</u> 것은?

① 향수   ② 향낭(香囊)   ③ 콜롱(cologne)

④ 분말향   ⑤ 디퓨저

04 다음 중 기능성화장품과 거리가 <u>먼</u> 것은?

① 피부에 침착된 멜라닌 색소의 색을 엷게 하여 피부의 미백에 도움을 주는 기능을 가진 화장품

② 피부에 수분을 공급하는 화장품

③ 피부에 탄력을 주어 피부의 주름을 완화 또는 개선하는 기능을 가진 화장품

④ 강한 햇볕을 방지하여 피부를 곱게 태워주는 기능을 가진 화장품

⑤ 자외선을 차단 또는 산란시켜 자외선으로부터 피부를 보호하는 기능을 가진 화장품

PART 01

PART 02

PART 03

PART 04

05 과태료 대상자에 해당하지 <u>않는</u> 것은?

① 화장품의 판매 가격을 표시하지 아니한 경우

② 화장품의 생산실적 또는 수입실적 또는 화장품 원료의 목록 등을 보고하지 아니한 경우

③ 책임판매 관리자 및 맞춤형화장품 조제관리사의 교육이수 의무에 따른 명령을 위반한 경우

④ 화장품의 기재 – 표시사항을 위반한 화장품을 유통 · 판매한 경우

⑤ 동물 실험을 실시한 화장품 또는 동물 실험을 실시한 화장품 원료를 사용하여 제조 또는 수입한 화장품을 유통 · 판매한 경우

06 개인정보의 파기에 관련된 규정과 거리가 <u>먼</u> 것은?

① 보유기간의 경과, 개인정보의 처리 목적 달성 등 그 개인정보가 불필요하게 되었을 때

② 개인정보를 파기할 때에는 복구 또는 재생되지 아니하도록 조치

③ 전자적 파일 형태인 경우 복원이 불가능한 방법으로 영구 삭제

④ 전자적 파일 형태인 경우 만약에 대비하여 클라우드에 백업 파일 저장

⑤ 기록물, 그 밖의 기록매체인 경우 파쇄 또는 소각

07 개인정보가 분실, 도난, 유출, 위조, 변조, 훼손되지 않도록 해야 하는 안전성 확보 조치와 거리가 <u>먼</u> 것은?

① 민감정보의 수집에 대비하여 보안조치 강화

② 개인정보를 안전하게 저장 · 전송할 수 있는 암호화 기술의 적용 또는 이에 상응하는 조치

③ 개인정보 침해사고 발생에 대응하기 위한 접속기록의 보관 및 위조 · 변조 방지를 위한 조치

④ 개인정보에 대한 보안프로그램의 설치 및 갱신

⑤ 개인정보의 안전한 보관을 위한 보관시설의 마련 또는 잠금장치의 설치 등 물리적 조치

08 계면활성제의 친수성 부위에 따른 분류와 사용처가 바르게 연결된 것은?

① 음이온성 계면활성제 – 기포형성력이 우수해 세정용 제품에 사용

② 양이온성 계면활성제 – 화장품 제형에 주로 사용

③ 양쪽이온성 계면활성제 – 모발 등에 대한 결합력이 우수해 헤어 세정용 제품에 사용

④ 비이온성 계면활성제 – 어린이 세정제품에 사용

⑤ 친수성 계면활성제 – 화장품에 사용

09 다음의 설명에 해당하는 유성성분은?

> 식물에서 얻은 유지류로 상온에서 액체로 존재한다.

① 에스테르오일(이소프로필 미리스테이트 등)
② 에뮤오일
③ 호호바오일
④ 라놀린
⑤ 실리콘오일

10 색을 나타내는 색소 중 염료(dye)의 형태로 홍화에서 얻어지는 것은?

① 코치닐　　　　　　② 카르사민　　　　　　③ 적색산화철
④ 이산화티탄　　　　⑤ 적색 504호

11 다음의 유성 성분 중 광물 등에서 얻어진 탄화수소 구조를 가지는 것은?

① 라놀린　　　　　　② 디메치콘　　　　　　③ 세틸알코올
④ 올리브 오일　　　　⑤ 파라핀

12 화장품에 사용할 수 있는 원료를 규정할 때, 고시된 성분과 목적 이외에 사용할 수 없는 원료를 뜻하는 것과 그 예시가 바르게 연결된 것은?

① Negative 리스트 – 보존제
② Positive 리스트 – 올리브 오일
③ 화장품 배합 금지 원료 – 스테로이드
④ 사용상의 제한이 있는 원료 – 자외선 차단제
⑤ 기능성 고시 원료 – 아데노신

13 자외선 차단 성분과 최대 사용 한도로 옳은 것은?

① 글루타랄 – 5%
② 알파비사보롤 – 1%
③ 에칠헥실메톡시신나메이트 – 10%
④ 페녹시에탄올 – 1%
⑤ 옥토크릴렌 – 10%

14 화장품 사용상의 제한이 있는 원료 중 제품의 변질을 막고 미생물의 성장을 억제하기 위한 성분과 예시가 바르게 짝지어진 것은?

① 보존제 – 페녹시에탄올
② 항생제 – 글루타랄
③ 항생제 – 벤질알코올
④ 살균제 – 디아조디닐우레아
⑤ 염색제 – 트리클로산

15 다음의 자외선 차단 성분 중 백탁의 우려는 없으나 자극의 우려가 있는 유기 자외선 차단제에 속하는 원료는?

① 글루타랄   ② 티타늄디옥사이드   ③ 징크옥사이드
④ 옥토크릴렌   ⑤ 페녹시에탄올

16 다음 중 화장품으로 표시 · 광고할 수 있는 효능은?

① 항암   ② 이뇨   ③ 기저귀 발진
④ 세포활력   ⑤ 피부를 건강하게 유지

17 다음에서 설명하는 위해도 평가를 위한 데이터로 옳은 것은?

- 제품의 형태에 따라서 피부와 접촉하는 시간이 다르다.
- 크림과 같은 리브온 제품 : 1
- 메이크업 리무버와 같은 세정 제품 : 0.1

① SED   ② NOAEL   ③ MOS
④ Retention Factor   ⑤ Adverse Event

18 다음 중 위해도 평가 결과에 따라 안전하다고 판단하는 것은?

① 비발암성 물질 안전역 : 10
② 비발암성 물질 안전역 : 50
③ 비발암성 물질 안전역 : 1,000
④ 발암 물질 평생발암 위험도 : 1,000
⑤ 피부감작성 물질 안전역 : 0.1

19 화장품의 위해사례 판단과 보고에서 유해성에 해당하는 것은?

① 화학물질의 독성 등 사람의 건강이나 환경에 좋지 아니한 영향을 미치는 화학물질 고유의 성질

② 유해성이 있는 화학물질이 노출되는 경우 사람의 건강이나 환경에 피해를 줄 수 있는 정도

③ 유해성을 가진 화학물질

④ 유해사례와 화장품 간의 인과관계 가능성이 있다고 보고된 정보로서 그 인과관계가 알려지지 아니하거나 입증자료가 불충분한 것

⑤ 화장품과 관련하여 국민보건에 직접 영향을 미칠 수 있는 안전성·유효성에 관한 새로운 자료, 유해사례 정보

20 다음 중 화장품 위해평가 시 고려해야 할 절차의 순서로 옳은 것은?

| ㄱ. 위험성 결정 | ㄴ. 위해도 결정 |
| ㄷ. 노출 평가 | ㄹ. 위험성 확인 |

① ㄱ-ㄴ-ㄷ-ㄹ ② ㄱ-ㄴ-ㄹ-ㄷ ③ ㄷ-ㄴ-ㄱ-ㄹ
④ ㄷ-ㄹ-ㄱ-ㄴ ⑤ ㄹ-ㄱ-ㄷ-ㄴ

21 알파-하이드록시애시드(α-hydroxyacid, AHA) 함유 제품은 몇 %의 농도를 초과하면 〈보기〉와 같이 주의사항을 표시해야 하는가?

┤ 보기 ├

• 햇빛에 대한 피부의 감수성을 증가시킬 수 있으므로 자외선 차단제를 함께 사용할 것(씻어내는 제품 및 두발용 제품은 제외한다)
• 일부에 시험 사용하여 피부 이상을 확인할 것

① 0.1% ② 0.5% ③ 1%
④ 5% ⑤ 10%

22 화장품의 원료에 대한 품질 성적서의 요건과 거리가 먼 것은?

① 원료업체의 원료에 대한 자가품질검사 성적서(1로트 이상의 신뢰성을 확보한 경우)

② 제조업체의 원료에 대한 공인검사기관 성적서

③ 책임판매업체의 원료에 대한 자가품질검사 성적서

④ 원료업체의 원료에 대한 공인검사기관 성적서

⑤ 제조업체의 원료에 대한 자가품질검사 성적서

23 전신노출량은 '전신노출량(SED) = (화장품 1일 사용량×잔류지수×제품 내 농도×흡수율)/체중'으로 정의된다. 이때 화장품의 유형마다 접촉하는 시간이 다르므로 잔류지수 또한 화장품의 유형에 따라 다르다. ㉠, ㉡에 각각 적합한 수치는?

- 크림과 같은 리브온 제품 : (㉠)
- 메이크업 리무버와 같은 세정 제품 : 0.1
- 샤워젤이나 비누 같은 세정 제품 : (㉡)

	㉠	㉡
①	1	1
②	1	0.1
③	1	0.01
④	0.1	1
⑤	0.01	1

24 다음 중 ㉠, ㉡에 해당하는 것은?

(㉠) : 화장품에서 색을 나타내는 색재의 종류 중 물이나 용매에 용해된 형태로 발색하는 것
(㉡) : 화장품에서 색을 나타내는 색재의 종류 중 물이나 용매에 용해되지 않은 상태로 발색하는 것

	㉠	㉡
①	레이크	카보머
②	유기안료	레이크
③	안료	염료
④	염료	안료
⑤	염료	카보머

25 다음은 화장품 사용 시 공통된 주의사항이다. 일반적으로 발생할 수 있는 부작용의 사례로서 빈칸에 들어갈 말로 적절한 것은?

화장품 사용 시 또는 사용 후 직사광선에 의하여 사용 부위에 붉은 반점, 부어오름 또는 (   ) 등의 이상 증상이나 부작용이 있는 경우 전문의 등과 상담할 것

① 피부 감수성   ② 아토피   ③ 점막 손상
④ 발열   ⑤ 가려움

26 위해성 등급이 가장 높은 회수대상 화장품을 고르면?

① 맞춤형화장품 조제관리사를 두지 않고 판매한 맞춤형 화장품

② 사용기한 또는 개봉 후 사용기한을 위조·변조한 화장품

③ 기능성화장품의 기능성을 나타나게 하는 주원료 함량이 기준치에 부적합한 경우

④ 기준 이상의 유해물질이 검출된 화장품

⑤ 신고를 하지 아니한 자가 판매한 맞춤형화장품

27 다음은 안전성 보고에서 중대한 유해사례의 경우이다. 빈칸에 들어갈 단어로 적합한 것은?

- (   )을/를 초래하거나 생명을 위협하는 경우
- 입원 또는 입원 기간의 연장이 필요한 경우
- 지속적 또는 중대한 불구나 기능 저하를 초래하는 경우
- 선천적 기형 또는 이상을 초래하는 경우

① 가려움　　　　　　② 부어오름　　　　　③ 기능 저하
④ 요양　　　　　　　⑤ 사망

28 CGMP의 2가지 양대 목적은?

- (㉠)을/를 보호
- (㉡)의 품질 보증

	㉠	㉡
①	인위적 과오	제품
②	소비자	제품
③	미생물	공정
④	품질 관리 체계	실행 과정
⑤	고도의 품질	소비자

29 다음 〈보기〉에 해당하는 GMP의 주요 용어로 옳은 것은?

| 보기 |

청소, 위생 처리 또는 유지 작업 동안에 사용되는 물품

① 원료　　　　　　　② 소모품　　　　　　③ 주요 설비
④ 제조소　　　　　　⑤ 원자재

30 차압을 통해 작업실의 공기의 흐름을 조절할 때, 차압관리 없이 환기 장치만으로 유지되는 작업실의 등급과 시설이 바르게 연결된 것은?

① 1등급 - 클린벤치
② 2등급 - 제조실
③ 3등급 - 포장재 보관소
④ 4등급 - 포장재 보관소
⑤ 5등급 - 완제품 보관소

31 청정도 등급에 의한 구분 시 제조실과 포장실이 갖추어야 할 등급은 각각 얼마인가?

① 1등급, 1등급
② 2등급, 3등급
③ 3등급, 4등급
④ 2등급, 4등급
⑤ 4등급, 5등급

32 제조 및 품질관리에 필요한 설비의 시설기준에 적합하지 <u>않는</u> 것은?

① 사용 목적에 적합하고, 청소가 가능하며, 필요한 경우 위생 · 유지 관리가 가능하여야 한다.
② 설비 등은 제품의 오염을 방지하고 배수가 용이하도록 설계한다.
③ 사용하지 않는 연결 호스와 부속품은 건조한 상태로 유지한다.
④ 설비 등은 제품 및 청소 소독제와 화학반응을 일으키지 않아야 한다.
⑤ 설비 등의 위치는 품질보다는 원자재나 직원의 이동을 최우선으로 고려한다.

33 다음 filter 중 필터 입자의 기준과 명칭이 바르게 연결된 것은?

① Pre bag filter - 0.5μm
② Pre filter - 0.5μm
③ Hepa filter - 0.3μm
④ Medium bag filter - 0.3μm
⑤ Nano filter - 0.3μm

34 작업장의 위생 유지를 위한 설비 세척의 원칙과 거리가 <u>먼</u> 것은?

① 최대한 분해하지 않고 세척한다.
② 판정 후의 설비는 건조 · 밀폐해서 보존한다.
③ 세척의 유효기간을 설정한다.
④ 가능하면 브러시 등으로 문질러 지우는 것을 고려한다.
⑤ 세척 후 반드시 "판정"한다.

35 우수화장품 제조기준 중 설비기구의 유지관리 주요사항의 점검 항목과 세부 내용이 바르게 연결된 것은?

┤ 보기 ├

ㄱ. 외관검사 : 스위치, 연동성 등
ㄴ. 작동점검 : 더러움, 녹, 이상소음, 이취 등
ㄷ. 기능측정 : 회전수, 전압, 투과율, 감도 등
ㄹ. 부품교환 : 제품 품질에 영향을 미치지 않는 것이 확인되면 적극적으로 개선

① ㄱ, ㄴ
② ㄱ, ㄷ
③ ㄴ, ㄷ
④ ㄴ, ㄹ
⑤ ㄷ, ㄹ

36 다음 설비의 구성 재질과 세척방법과 거리가 먼 것은?

> 제품 충전기 : 제품을 1차 용기에 넣기 위해서 사용한다.

① 청소와 위생처리 과정의 효과를 확인하기 어려워도 정밀한 구조로 설계한다.
② 설비에서 물질이 완전히 빠져나가도록 설계한다.
③ 제품이 고여서 설비의 오염이 생기는 사각지대가 없도록 해야 한다.
④ 고온세척 또는 화학적 위생처리 조작을 할 때 구성 물질과 다른 설계 조건에 있어 문제가 일어나지 않아야 한다.
⑤ 청소를 위한 충전기의 해체가 용이할 것이 권장된다.

37 원료, 내용물 및 포장재 입고 기준 중 빈칸 ㉠, ㉡에 각각 들어갈 말은?

> [A. 입하 작업] : 발주서와 조합, 출하원 분석표 확인, 외관 (㉠) 검사
> [B. 입고시험의뢰] : 의뢰서 발행
> [A. 입하 작업과 B. 입고시험 결과] : 입고 불합격일 때 (㉡) 보관소에 옮기고 반품 조치

	㉠	㉡
①	린스액	원자재
②	육안	불합격품
③	표시	격리
④	육안	교정기
⑤	닦아내기	재고

38 입고된 원료 및 내용물의 보관 관리 기준과 거리가 먼 것은?

① 품질에 나쁜 영향을 미치지 아니하는 조건에서 보관하여야 하며 보관기한을 설정한다.
② 바닥과 벽에 닿지 아니하도록 보관한다.
③ 선입선출에 의하여 출고할 수 있도록 보관한다.
④ 설정된 보관기한이 지나면 사용의 적절성을 결정하기 위해 재평가 시스템을 확립한다.
⑤ 설정된 보관기한이 지나면 모두 폐기하여야 한다.

39 제품의 출하 관리 기준에서 시험 및 판정에 관한 사항이다. 다음 〈보기〉의 목적을 위해 별도로 준비하는 것은?

┤ 보기 ├

• 목적 : 제품의 사용 중에 발생할지도 모르는 "재검토 작업"에 대비
• 재검토 작업 : 품질상에 문제가 발생하여 재시험이 필요할 때 또는 발생한 불만에 대처하기 위하여 품질 이외의 사항에 대한 검토가 필요하게 될 때 실시

① 보관용 완제품   ② 검체   ③ 보관용 검체
④ 보관용 원료   ⑤ 보관용 뱃치

40 완제품의 출고 기준에서 보관용 검체의 주의사항 중 빈칸 ㉠, ㉡에 각각 들어갈 말은?

[보관용 검체 주의사항]
• 제품을 그대로 보관한다.
• 각 (㉠)을/를 대표하는 검체를 보관한다.
• 일반적으로는 각 뱃치별로 제품 시험을 2번 실시할 수 있는 양을 보관한다.
• 제품이 가장 안정한 조건에서 보관한다.
• 사용기한 경과 후 1년간 또는 개봉 후 사용기간을 기재하는 경우에는 제조일로부터 (㉡)년간 보관한다.

	㉠	㉡
①	벌크	1
②	벌크	3
③	뱃치	3
④	뱃치	2
⑤	완제품	3

41 입고된 원료, 내용물 및 포장재의 품질관리 기준 중 기준일탈의 조사 과정에서 다음 빈칸에 해당하는 내용은?

추가 시험 : 1회 실시 (   ) 검체로 실시, 최초의 담당자와 다른 담당자가 중복 실시

① 벌크   ② 오리지널   ③ 재검체
④ 재시험   ⑤ 결과 검토

42 원료와 포장재, 벌크제품과 완제품의 폐기 기준에서 기준일탈 제품의 처리원칙과 거리가 먼 것은?

① 기준일탈이 된 벌크제품은 재작업할 수 있다.

② 미리 정한 절차를 따라 확실한 처리를 한다.

③ 실시한 내용을 모두 문서에 남긴다.

④ 기준일탈 제품은 반드시 재작업해야 한다.

⑤ 기준일탈이 된 완제품은 재작업할 수 있다.

43 〈보기〉는 우수화장품 제조기준에 대한 설명이다. 빈칸 ㉠, ㉡에 각각 들어갈 말은?

┤ 보기 ├

[㉠]
- 보관 조건은 각각의 원료와 포장재의 세부 요건에 따라 적절한 방식으로 정의(例 냉장, 냉동보관)
- 원료와 포장재가 재포장될 때, 새로운 용기에는 원래와 동일한 라벨링 부착
- 원료의 경우, 원래 용기와 같은 물질 혹은 적용할 수 있는 다른 대체 물질로 만들어진 용기를 사용

[㉡]
- 허용 가능한 보관 기한을 결정하기 위한 문서화된 시스템을 확립
- 보관기한이 규정되어 있지 않은 원료는 품질부문에서 적절한 보관기한을 설정
- 해당 물질을 재평가하여 사용 적합성을 결정하는 단계들을 포함

	㉠	㉡
①	입고관리	보관관리
②	품질관리	보관관리
③	출고관리	보관관리
④	보관관리	재고관리
⑤	재고관리	입고관리

44 다음 중 화장품 내에 인위적으로 화장품을 제조하면서 비의도적으로 유도된 물질의 검출 허용 한도에 대한 안전관리 기준에 적용을 받지 않는 것은?

① 실리콘　　　　② 메탄올　　　　③ 디옥산
④ 포름알데하이드　　　⑤ 프탈레이트류

45 화장품을 제조하면서 비의도적으로 유도된 물질의 검출 허용 한도에 적합한 것은?

[니켈]
• 눈 화장용 제품은 35ppm 이하
• 색조화장용 제품은 (㉠) 이하
• 그 밖의 제품은 (㉡) 이하

	㉠	㉡
①	35ppm	10ppm
②	50ppm	20ppm
③	100ppm	50ppm
④	30ppm	10ppm
⑤	300ppm	200ppm

46 화장품을 제조하면서 비의도적으로 유도된 물질의 검출 허용 한도로 잘못 연결된 것은?

① 수은 : 1ppm 이하   ② 카드뮴 : 5ppm 이하   ③ 비소 : 10ppm 이하
④ 니켈 : 10ppm(일반 제품)   ⑤ 납 : 50ppm(일반 제품)

47 화장품 제품 내 미생물 한도 기준에서 검출되면 안 되는 균은?

ㄱ. 호기성 세균   ㄴ. 화농균   ㄷ. 혐기성 세균
ㄹ. 진균   ㅁ. 녹농균

① ㄱ, ㄴ   ② ㄱ, ㄷ   ③ ㄴ, ㅁ
④ ㄹ, ㅁ   ⑤ ㄱ, ㅁ

48 화장품 제품 내 미생물 한도 기준으로 적합한 기준은?

일반 로션, 크림류의 총호기성생균수 기준은 ( )개/g 이하이다.

① 5   ② 10   ③ 50
④ 100   ⑤ 1,000

49 다음 중 pH 3.0~9.0을 유지해야 하는 제품과 거리가 먼 것은?

① 눈 화장 제품류 - 마스카라
② 색조화장용 제품류 - 파운데이션
③ 두발용 제품류 - 헤어토닉
④ 기초화장 제품류 - 로션
⑤ 두발용 제품류 - 샴푸

50 다음 유통화장품의 안전관리 기준이 적용되지 <u>않는</u> 경우는?

> [안전관리 기준]
> • 유해물질을 선정하고 허용 한도를 설정한다.
> • 미생물에 대한 허용 한도를 설정한다.

① 기술적으로 완전한 제거가 불가능한 경우
② 제조과정 중 비의도적으로 이행된 경우
③ 보관과정 중 비의도적으로 이행된 경우
④ 포장재로부터 비의도적으로 이행된 경우
⑤ 화장품의 사용감 개선을 위해서 인위적으로 허용치 이하로 첨가한 경우

51 화장품 제품 내 미생물한도 기준에 따라 해당 제품과 관리 기준이 바르게 연결된 것은?

① 영 · 유아용 제품 : 500개/g 이하
② 물휴지 : 200개/g 이하
③ 크림 : 3,000개/g 이하
④ 에센스 : 2,000개/g 이하
⑤ 파운데이션 : 1,500개/g 이하

52 유통화장품 안전관리 기준 중 내용량 기준에 해당하는 것은?

> • 제품 3개를 가지고 시험할 때 그 평균 내용량이 표기량에 대하여 (㉠) 이상 있어야 한다.
> • 화장 비누의 경우 (㉡)을 내용량으로 한다.

	㉠	㉡
①	90%	평균 중량
②	92%	수분 중량
③	95%	표시 중량
④	97%	건조 중량
⑤	98%	용기 중량

53 다음 중 맞춤형화장품의 주요 규정과 거리가 먼 것은?

① 화장품법에 따라 등록된 업체에서 공급된 특정 성분을 혼합하는 것을 원칙으로 한다.

② 책임판매업자가 특정 성분의 혼합 범위를 규정하고 있는 경우에는 그 범위 내에서 특정 성분의 혼합이 이루어져야 한다.

③ 특정 성분이 혼합되어 기본 제형의 유형이 변화한 경우는 안정성을 반드시 육안으로 확인한다.

④ 소비자의 직·간접적인 요구에 따라 기존 화장품의 특정 성분의 혼합이 이루어져야 한다.

⑤ 브랜드명(제품명을 포함한다)이 있어야 하고, 브랜드명의 변화가 없이 혼합이 이루어져야 한다.

54 맞춤형화장품 판매업자의 의무가 <u>아닌</u> 것은?

① 맞춤형화장품 판매장 시설·기구를 정기적으로 점검하여 보건위생상 위해가 없도록 관리할 것

② 혼합·소분에 사용된 내용물·원료의 내용 및 특성을 소비자에게 설명할 것

③ 맞춤형화장품 사용 시의 주의사항을 소비자에게 설명할 것

④ 맞춤형화장품 사용과 관련된 부작용 발생사례에 대해서는 지체 없이 식품의약품안전처장에게 보고할 것

⑤ 화장품의 위해성 판단 및 실마리 정보를 판단할 것

55 다음 성분 중 맞춤형화장품에 혼합할 수 없는 원료에 해당하는 것은?

① 고분자원료   ② 보습원료   ③ 유성원료
④ 자외선 차단제   ⑤ 수성원료

56 다음 성분 중 맞춤형화장품 제조 시 혼합할 수 없는 원료는?

① 히알루론산   ② 페녹시에탄올   ③ 파라핀
④ 에탄올   ⑤ 라놀린

57 다음의 화장품 전성분 표기 중 사용상의 제한이 필요한 자외선 차단제에 해당하는 성분을 고르면?

정제수, 프로필렌글리콜, 비즈왁스, 아보벤존, 카보머, 트리클로카반, 향료

① 정제수   ② 아보벤존   ③ 프로필렌글리콜
④ 트리클로카반   ⑤ 향료

58 다음 원료 중 맞춤형화장품에 혼합할 수 없는 미백 기능성 원료에 해당하는 것은?

① 아스코빌글루코사이드   ② 아데노신   ③ 디메치콘
④ 레티놀   ⑤ 벤조페논

59 기능성화장품 심사 시 제출해야 하는 유효성 자료에서 효능·성분들이 세포실험 등에서 효능이 있다는 것을 검증한 인체 외 시험(in vitro 실험) 자료 등이 해당하는 것은?

① 인체 적용 시험 자료　　　② 1차 피부 자극시험 자료　　　③ 인체 첩포시험 자료
④ 피부 감작성시험 자료　　　⑤ 효력 시험 자료

60 유화 제형의 외상과 내상의 상태를 구별하는 방법 중 w/o 제형(오일을 연속상으로 하고 물이 분산된 제형)의 구별 방법에 해당하는 것은?

① 제형을 물에 떨어뜨렸을 때 잘 섞인다.
② 제형을 오일에 떨어뜨렸을 때 잘 섞이지 않는다.
③ 친수성 염료을 물에 녹여 제형에 떨어뜨리면 잘 섞인다.
④ 친유성 염료를 오일에 녹여 제형에 떨어뜨리면 잘 섞인다.
⑤ 전극을 제형에 넣으면 전류가 잘 통한다.

61 다음 제품에 해당하는 제형은?

우윳빛 형태의 흰색을 나타내는 로션, 에멀전류

① 가용화 제형　　　② 유용화 제형　　　③ 유화 제형
④ 분산 제형　　　⑤ 수용화 제형

62 화장품의 원료를 제형과 균일하게 혼합하기 위해 사용하는 장비인 호모믹서의 특징으로 옳은 것은?

ㄱ. 수상원료와 유상원료를 분산하여 마이셀의 형성을 유도한다.
ㄴ. 일반 교반기에 비해서 분산력이 강하다.
ㄷ. 호모믹서를 사용하면 계면활성제가 필요없다.
ㄹ. 고정되어 있는 스테이터 주위를 로테이터가 밀착되어 회전하면서 혼합한다.
ㅁ. 유성원료 믹스의 혼합에만 사용한다.

① ㄱ, ㄴ, ㄷ　　　② ㄱ, ㄴ, ㄹ　　　③ ㄴ, ㄷ, ㅁ
④ ㄴ, ㄷ, ㄹ　　　⑤ ㄷ, ㄹ, ㅁ

63 맞춤형화장품 조제관리사인 소영은 매장을 방문한 고객과 다음과 같은 대화를 나누었다. 조제관리사가 고객에게 혼합하여 추천할 제품으로 다음 〈보기〉 중 옳은 것을 모두 고르면?

┤ 대화 ├

고객 : 최근에 야외활동을 많이 해서 그런지 얼굴 피부가 검어지고 칙칙해졌어요. 주름이 많이 생기기도 하구요.
관리사 : 아 그러신가요? 그럼 고객님 피부 상태를 측정해 보도록 할까요?
고객 : 그럴까요. 지난번 방문 시와 비교해 주시면 좋겠네요.
관리사 : 네. 이쪽에 앉으시면 저희 측정기로 측정을 해드리겠습니다.

– 피부 측정 후 –

관리사 : 고객님은 1달 전 측정 시보다 얼굴의 색소 침착도가 20%가량 높아져 있고, 피부주름이 15%가량 증가하였습니다.
고객 : 음. 걱정이네요. 그럼 어떤 제품을 쓰는 것이 좋을지 추천 부탁드려요.

┤ 보기 ├

ㄱ. 산화아연 함유 제품   ㄴ. 유용성 감초추출물 함유 제품
ㄷ. 카페인(Caffeine) 함유 제품   ㄹ. 글리세린 함유 제품
ㅁ. 아데노신(Adenosine) 함유 제품

① ㄱ, ㄷ   ② ㄱ, ㅁ   ③ ㄴ, ㄹ
④ ㄴ, ㅁ   ⑤ ㄷ, ㄹ

64 다음 〈보기〉 중 올바르게 업무를 진행한 경우를 모두 고르면?

┤ 보기 ├

ㄱ. 고객으로부터 선택된 맞춤형화장품을 조제관리사가 매장 조제실에서 직접 조제하여 전달하였다.
ㄴ. 조제관리사는 선크림을 조제하기 위하여 이산화티탄을 10%로 배합, 조제하여 판매하였다.
ㄷ. 책임판매업자가 기능성화장품으로 심사 또는 보고를 완료한 제품을 맞춤형화장품 조제관리사가 소분하여 판매하였다.
ㄹ. 맞춤형화장품 구매를 위하여 인터넷 주문을 진행한 고객에게 개인정보보호 책임자가 제작 후 제품을 배송하였다.

① ㄱ, ㄴ   ② ㄱ, ㄷ   ③ ㄴ, ㄷ
④ ㄴ, ㄹ   ⑤ ㄷ, ㄹ

65 맞춤형화장품 매장에 근무하는 조제관리사에게 향료 알러지가 있는 고객이 제품에 대해 문의를 해 왔다. 조제관리사가 제품에 부착된 〈보기〉의 설명서를 참조하여 고객에게 안내해야 할 말로 가장 적절한 것은?

┤ 보기 ├

- 제품명 : 유기농 모이스처로션
- 제품의 유형 : 액상 에멀전류
- 내용량 : 50g
- 전성분 : 정제수, 1,3부틸렌글리콜, 글리세린, 스쿠알란, 호호바유, 모노스테아린산글리세린, 피이지 소르비탄지방산에스터, 1,2헥산디올, 녹차추출물, 황금추출물, 참나무이끼추출물, 리모넨, 토코페롤, 잔탄검, 구연산나트륨, 수산화칼륨

---

① 이 제품은 알러지를 유발할 수 있는 스쿠알란, 글리세린이 포함되어 있어 사용 시 주의를 요합니다.
② 이 제품은 알러지를 유발할 수 있는 잔탄검, 녹차추출물이 포함되어 있어 사용 시 주의를 요합니다.
③ 이 제품은 알러지를 유발할 수 있는 참나무이끼추출물, 리모넨이 포함되어 있어 사용 시 주의를 요합니다.
④ 이 제품은 알러지를 유발할 수 있는 글리세린, 1,2 헥산디올이 포함되어 있어 사용 시 주의를 요합니다.
⑤ 이 제품은 알러지를 유발할 수 있는 황금추출물, 토코페롤이 포함되어 있어 사용 시 주의를 요합니다.

66 다음 중 미백 기능성 고시 성분과 그 제한 함량으로 옳은 것은?
① 페녹시에탄올－1% ② 글루타랄－0.1% ③ 에칠아스코빌에텔－1~2%
④ 레티닐팔미테이트－2~5% ⑤ 아보벤존－5%

67 다음 중 사용상의 제한이 있는 자외선 차단제와 그 제한 함량으로 옳은 것은?
① 알부틴－7.5%
② 벤조페논－3(옥시벤존)－5%
③ 레티놀－25%
④ 세틸피리듐클로라이드－0.08%
⑤ 유용성 감초추출물－2%

68 단단한 용기에 적합한 플라스틱 재질로서 튜브 형태에는 적합하지 않은 것은?
① LDPE ② 유리 ③ 알루미늄
④ HDPE ⑤ 스테인리스스틸

69 안전용기의 포장규정 중 빈칸 ㉠, ㉡에 각각 들어갈 말은?

[안전용기 – 포장]
품목 개별 포장당 (㉠   )을/를 (㉡   )퍼센트 이상 함유하는 액체 상태의 제품

	㉠	㉡
①	글리세린	10
②	아세톤	10
③	아데노신	10
④	메틸살리실레이트	5
⑤	탄화수소	5

70 화장품 표시 – 광고 규정 및 자원재활용과 촉진에 관한 법률에 따른 용기 기재 사항에서 50ml 초과 제품의 1차 포장에 필수적으로 기재해야 하는 사항은?

ㄱ. 제품명   ㄴ. 제조업자의 상호   ㄷ. 책임판매업자의 주소
ㄹ. 용량   ㅁ. 사용기한

① ㄱ, ㄴ, ㄹ   ② ㄱ, ㄴ, ㅁ   ③ ㄴ, ㄷ, ㄹ
④ ㄴ, ㄷ, ㅁ   ⑤ ㄷ, ㄹ, ㅁ

71 다음에서 설명하는 소비자 선호도의 관능평가 방법으로 옳은 것은?

여러 제품을 제시하고 선호도에 따라서 순위를 정하게 하는 방법

① 수분측정법   ② 채점척도법   ③ 설문조사법
④ 순위시험법   ⑤ 점도측정법

72 맞춤형화장품의 안전성을 확보하기 위한 사항으로 옳지 않은 것은?

ㄱ. 사용하고 남은 제품은 재사용을 금지하고 폐기하도록 한다.
ㄴ. 원료 등은 가능한 직사광선을 피하는 등 품질에 영향을 미치지 않는 장소에서 보관하도록 한다.
ㄷ. 전염병에 걸린 경우 반드시 일회용 장갑을 착용하고 작업한다.
ㄹ. 혼합 후에는 물리적 현상(층분리 등)에 대하여 육안으로 이상 유무를 확인하고 판매하도록 한다.
ㅁ. 혼합 · 소분의 안전을 위해 식품의약품안전처장이 정하여 고시하는 사항을 준수한다.

① ㄱ, ㄴ   ② ㄱ, ㄷ   ③ ㄴ, ㄷ
④ ㄷ, ㄹ   ⑤ ㄹ, ㅁ

73 피부의 기능에 대한 설명으로 옳지 <u>않은</u> 것은?

> ㄱ. 보호 기능 : 외부 물질의 침입 방어, 충격 마찰 저항
> ㄴ. 체온 조절 기능 : 땀 발산, 혈관 축소 및 확장
> ㄷ. 배설 기능 : 피부 표면에서 자외선에 의해 비타민 D 생성
> ㄹ. 감각 기능 : 온도, 촉각, 통증 등을 감지
> ㅁ. 합성 작용 기능 : 피지와 땀의 분비

① ㄱ, ㄷ   ② ㄱ, ㄹ   ③ ㄴ, ㅁ
④ ㄴ, ㄷ   ⑤ ㄷ, ㅁ

74 피부 부속기관의 기능으로 옳은 것은?

① 소한선 : 체온 유지의 핵심적인 무색, 무취의 땀을 분비한다.
② 대한선 : 물리적 충격 등에 대한 완충작용을 한다.
③ 피지선 : 체취를 유발하는 땀 성분이 발생한다.
④ 모발 : 각질 구조를 형성하여 물리적 · 화학적 방어 역할을 한다.
⑤ 표피 : 유성성분의 분비로 피부를 보호한다.

75 표피의 구조 중 그 기능과 특징으로 옳은 것은?

① 기저층 : 표피층 형성에 필요한 새로운 세포를 형성
② 유극층 : 표피와 접해 있고, 섬유조직이 적어 표피로의 혈액 및 체액 공급이 용이
③ 과립층 : 표피의 최외곽층으로 피부 장벽 형성
④ 각질층 : 피부 장벽 구성에 필수적인 성분 생산
⑤ 망상층 : 섬유세포들로 구성되어 피부의 탄력을 유지

76 피부의 표피층의 분화과정 중 기저층에서 각질층으로 분화되어 탈락하는 데까지 걸리는 주기는?

① 7일   ② 14일   ③ 21일
④ 28일   ⑤ 35일

77 피부의 색을 결정하는 색소의 합성인 멜라닌 세포(melanocyte)는 피부의 구조 중 어디에 위치하는가?

① 표피 : 기저층   ② 진피 : 기저층   ③ 표피 : 과립층
④ 표피 : 각질층   ⑤ 진피 : 망상층

78 모발의 세부 구조에 대한 설명 중 빈칸 ㉠, ㉡에 각각 들어갈 말은?

> • (㉠) : 피부 표면에 노출된 모발
> −구조 : 모표피, 모피질, 모수질로 구성
> • (㉡) : 피부 속에 있는 모발
> −모낭 : 모근을 둘러싸고 있으며 모발을 만드는 기관
> −모모세포 : 모발의 구조를 만드는 세포
> −모유두 : 진피에서 유래한 세포, 모낭 속에 있는 모모세포 등에 영양 공급

	㉠	㉡
①	모간	모근
②	모공	모간
③	입모근	모근
④	피지선	모간
⑤	소릉	모근

79 다음 중 탈모의 종류와 설명으로 옳은 것은?

① 원형 탈모 : 남성 호르몬에 반응하여 경모가 연모로 변화하는 것
② 휴지기 탈모 : 10% 수준의 휴지기가 20% 수준으로 늘어난 것
③ 성장성 탈모 : 신적 외상, 자가면역, 감염 등에 의한 불규칙한 탈모
④ 퇴행성 탈모 : 세포분열이 활발한 조직에 항암제가 작용하여 탈모되는 것
⑤ 노화 탈모 : 남성 호르몬의 작용이 머리카락과 수염의 성장에 반대의 역할을 하는 것

80 피부 분석 기기는 피부 유형과 피부 상태를 파악하여, 분석 내용을 토대로 적합한 제품을 제안하기 위해 사용한다. 다음 설명에 해당하는 측정 기기는?

> • 원리 : 피부 표면에 일정한 빛을 조사 후 피부에 의해서 흡수되어 변화한 빛을 측정
> • 특징 : 멜라닌의 합성 변화에 따른 피부색 변화를 주로 측정

① 피부 수분 측정기 : 전기전도도로 수분량 환산
② 경피 수분 손실 측정기 : 시간당 수분 증발량 측정
③ 피부 탄력 측정기 : 음압에 의한 피부 변화 측정
④ 색차계 : L값을 측정
⑤ 표면 광택 측정 기기 : 정반사율 측정

81 기능성 화장품의 세부적인 내용을 정의한 것이다. 빈칸에 적합한 내용은?

( )의 기능을 회복하여 가려움 등의 개선에 도움을 주는 화장품

82 다음에 해당하는 화장품의 영업 형태는?

- 화장품을 직접 제조하는 영업
- 화장품 제조를 위탁받아 제조하는 영업

83 정보주체의 사생활을 현저히 침해하는 개인정보는 처리를 금지한다. 빈칸에 해당하는 것은?

- 사상 · 신념, 노동조합 · 정당의 가입 · 탈퇴, 정치적 견해
- 건강, 성생활 등에 대한 정보
- 유전자 검사 등의 결과로 얻어진 (   )

84 다음은 향료의 전성분 표시기준이다. 빈칸에 적합한 내용을 작성하시오.

[향료의 전성분 표시]
- "향료"로 표시 : 들어간 성분이 영업상의 비밀일 경우 고려
- 예외 : 알러지 유발 가능성이 있는 성분은 성분명 표기
  – 사용 후 세척되는 제품은 0.01%를 초과하여 함유하는 경우
  – 사용 후 세척되는 제품 이외의 화장품은 0.001%를 초과하여 함유하는 경우
- (㉠) 유발 가능성이 있는 (㉡)종의 향료 성분 리스트

85 화장품 안료의 형식 중 아래의 특성을 가지는 안료를 작성하시오.

- (㉠) 안료 : 피부를 희게 표현하는 기능의 안료
- 착색 안료 : 피부에 색을 부여하는 데 사용되는 안료
- (㉡) 안료 : 제형을 구성하여 희석제로서의 역할, 색감과 광택, 사용감 등을 조절할 목적으로 사용되는 안료

86 다음은 책임판매업자의 안정성 정보관리와 보고 규정이다. 빈칸에 적합한 것을 작성하시오.

> • 신속보고 : 중대한 유해사례 또는 이와 관련하여 (㉠)이/가 보고를 지시한 경우
> • (㉡) : 신속보고 대상이 아닌 경우, 매반기 종료 후 보고

87 화장품 전성분 표시제도의 표시 방법에서 빈칸에 들어갈 내용을 작성하시오.

> ㉠ 글자 크기 : (㉠) 포인트 이상
> ㉡ 표시 순서 : 제조에 사용된 함량이 많은 것부터 기입
> ㉢ 순서 예외 : (㉡)% 이하로 사용된 성분, 착향료, 착색제는 함량 순으로 기입하지 않아도 됨
> ㉣ 표시 제외 : 원료 자체에 이미 포함되어있는 미량의 보존제 및 안정화제
> ㉤ 향료 표시 : 착향제는 "향료"라고 기입

88 화장품 사용상의 주의사항과 개별 화장품의 주의사항에서 빈칸에 적합한 단어를 작성하시오.

> • 제품류 : ( )을/를 사용하는 에어로졸 제품
> • 주의사항
>   가) 같은 부위에 연속해서 3초 이상 분사하지 말 것
>   나) 가능하면 인체에서 20센티미터 이상 떨어져서 사용할 것
>   다) 눈 주위 또는 점막 등에 분사하지 말 것. 다만, 자외선 차단제의 경우 얼굴에 직접 분사하지 말고 손에
>   덜어 얼굴에 바를 것

89 피부의 표피 구조를 바깥층에서부터 나열한 것이다. 빈칸에 해당하는 것을 작성하시오.

> • (㉠) : 피부의 최외곽을 구성, 생명 활동 없이 죽은 세포로 구성, 피부장벽의 핵심 구조
> • 과립층 : 피부장벽 형성에 필요한 성분을 제작하여 분비 담당
> • 유극층 : 표피에서 가장 두꺼운 층, 상처 발생 시 재생 담당
> • (㉡) : 진피층과의 경계를 형성, 1층으로 구성, 표피층 형성에 필요한 새로운 세포 형성

90 다음에서 설명하는 명칭에 해당하는 것을 작성하시오.

> • (㉠) : 수분과 함께 단백질 등의 성분을 함유하여 체취를 구성하는 땀을 분비
> • 소한선 : 체온 유지의 기능에 핵심적인 역할, 무색, 무취의 땀을 분비
> • (㉡) : 지방 성분의 분비, 피부 모발에 윤기 부여

91 화장품을 사용한 전후 피부 장벽의 세기와 수분량을 측정하려고 한다. 〈보기〉에서 적절한 기기를 고르시오.

┌─────────────── 보기 ───────────────┐

Corneometer, TEWL meter, Cutometer, Chromameter, Firiction meter

└──────────────────────────────────┘

92 기능성 화장품의 유효성 심사자료는 인체 외 실험을 한 (㉠) 자료와 함께 인체에 대한 효능이 있는 것을 검증한 (㉡) 자료를 제출한다.

93 다음은 맞춤형화장품 판매업자의 의무에 대한 설명이다. 빈칸에 들어갈 말을 작성하시오.

┌──┐
다음 각 목의 사항이 포함된 맞춤형화장품 판내매역서를 작성 · 보관할 것
가. 제조번호
나. (㉠) 또는 개봉 후 사용기간
다. (㉡) 일자 및 판매량
└──┘

94 다음은 맞춤형화장품의 안전성 – 유효성 – 안정성을 확보하기 위한 가이드 라인이다. 빈칸에 적합한 용어를 작성하시오.

┌──┐
• (㉠)명이 있어야 하고 (㉠)명의 변화 없이 혼합이 이루어져야 함
• (㉡)의 변화가 없는 범위 내에서 특정 성분의 혼합이 이루어져야 함
└──┘

95 맞춤형화장품의 신고 절차에서 다음 내용을 포함하여 지방식품의약품안전처장에게 제출해야 하는 서류를 작성하시오.

┌──┐
• 맞춤형화장품 판매업을 신고한 자(이하 "맞춤형화장품 판매업자"라 한다)의 성명 및 생년월일(법인인 경우에는 대표자의 성명 및 생년월일)
• 맞춤형화장품 판매업자의 상호 및 소재지
• 맞춤형화장품 판매업소의 상호 및 소재지
└──┘

96 맞춤형화장품 판매업자의 의무에서 다음 각 목의 사항이 포함된 맞춤형화장품의 무엇을 작성 · 보관해야 하는가?

┌──┐
가. 제조번호
나. 사용기한 또는 개봉 후 사용기간
다. 판매일자 및 판매량
└──┘

97 다음 〈보기〉에서 알러지 유발 가능성이 있는 원료로서 주의사항을 안내해야 하는 향료에 해당하는 성분을 2개 골라 작성하시오.

┤ 보기 ├

정제수, 라놀린, 글리세린, 부틸렌글리콜, 알파비사보롤, 레티놀, 티타늄디옥사이드, 카보머, 페녹시에탄올, 참나무이끼추출물, 리모넨, 인삼추출물

98 다음 〈보기〉의 화장품 성분 리스트 중 사용상의 제한이 있는 자외선 차단제에 해당하는 성분을 하나 고르고 그 제한 함량을 작성하시오.

┤ 보기 ├

아데노신, 레티놀, 트리클로산, 징크옥사이드, 리날룰

99 다음 〈보기〉 중 제품의 pH 기준 3.0~9.0을 지켜야 하는 것을 2개 고르시오.

┤ 보기 ├

영유아용 오일, 영유아용 린스, 영유아용 크림, 영유아용 로션, 셰이빙 크림, 셰이빙폼, 클렌징 워터

100 제품의 종류별 포장방법에 관한 기준에서 단위제품으로 두발 세정용 화장품류의 포장 횟수는 (㉠) 이하로 제한되고 공간 비율은 (㉡) 이하로 제한된다.

제5회 실전모의고사

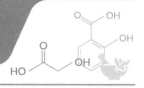

맞춤형화장품 조제관리사 핵심요약+기출유형 1,300제

01 다음 ㉠, ㉡에 들어갈 내용으로 옳은 것은?

> • 화장품의 사후관리를 위해 화장품에 함유된 성분이 화학적으로 불안정한 성분을 사용한 경우 사용기한 내 (㉠)을/를 확보해야 한다.
> • 레티놀(비타민 A) 및 그 유도체, 아스코빅애시드(비타민 C) 및 그 유도체가 0.5% 이상 사용된 경우 시험 자료를 최종 제조된 제품의 사용기한이 만료되는 날부터 (㉡)년간 보존해야 한다.

	㉠	㉡
①	유효성	1
②	사용성	1
③	안전성	2
④	안정성	1
⑤	약효성	1

02 다음 중 천연 원료에 포함되지 <u>않는</u> 것은?

① 유기농 원료　　　　　② 식물원료　　　　　③ 동물원료
④ 미네랄 원료(화석 기원 제외)　⑤ 유기 자외선 차단제

03 화장품의 유형 중 기초화장용 제품류의 유형에 속하지 <u>않는</u> 것은?

① 손발의 피부연화 제품　② 포마드　　　　　③ 파우더
④ 눈 주위 제품　　　　　⑤ 클렌징 워터

04 다음 중 기능성화장품에 속하지 <u>않는</u> 것은?

① 피부에 탄력을 주어 피부의 주름을 완화 또는 개선하는 기능을 가진 화장품
② 체모를 제거하는 기능을 가진 화장품
③ 탈모 증상의 완화에 도움을 주는 화장품
④ 셀룰라이트를 없애주는 기초화장품
⑤ 튼살로 인한 붉은 선을 엷게 하는 데 도움을 주는 화장품

05 화장품 책임판매업자의 의무와 거리가 <u>먼</u> 것은?

① 품질관리 업무를 총괄한다.

② 쥐 · 해충 및 먼지 등을 막을 수 있는 시설을 갖춘다.

③ 화장품제조업자, 맞춤형화장품 판매업자 등 관계자에게 문서로 연락 및 지시한다.

④ 품질관리에 관한 기록 및 화장품제조업자의 관리에 관한 기록을 작성, 제조일(수입의 경우 수입일을 말한다)로부터 3년간 보관한다.

⑤ 품질관리 업무가 적정하고 원활하게 수행되는 것을 확인한다.

06 다음 중 고유 식별 정보와 거리가 <u>먼</u> 것은?

① 주민등록번호   ② 여권번호   ③ 운전면허의 면허 번호

④ 화장품 선호도 정보   ⑤ 외국인 등록번호

07 개인정보가 분실, 도난, 유출, 위조, 변조, 훼손되지 않도록 해야 하는 안전성 확보 조치와 거리가 <u>먼</u> 것은?

① 동의를 거부할 권리가 있다는 사실 및 동의 거부 시의 불이익을 정보주체에 알린다.

② 개인정보를 안전하게 저장 · 전송할 수 있는 암호화 기술의 적용 또는 이에 상응하는 조치를 취한다.

③ 개인정보 침해사고 발생에 대응하기 위한 접속기록의 보관 및 위조 · 변조 방지를 위한 조치를 취한다.

④ 개인정보에 대한 보안프로그램의 설치 및 갱신한다.

⑤ 개인정보의 안전한 보관을 위한 보관시설의 마련 또는 잠금장치의 설치 등 물리적 조치를 취한다.

08 색을 나타내는 안료로 벤가라, 울트라마린 등이 대표적인 소재인 화장품의 원료는?

① 백색 안료   ② 착색 안료   ③ 체질 안료

④ 진주 광택 안료   ⑤ 채색 안료

09 다음 피부의 수분 유지를 위해 사용되는 성분 중 성격이 <u>다른</u> 하나는?

① 글리세린   ② 히알루론산   ③ 올리브오일

④ 솔비톨   ⑤ 프로필렌글리콜

10 다음의 성분 중 제형의 점도를 증가시키기에 적절한 고분자 성분은?

① 카복시메틸셀룰로오즈   ② 니트로셀룰로오즈   ③ 비즈왁스

④ 고급지방산   ⑤ 파라핀

11 계면활성제의 특징 중 HLB에 대한 특성에 대한 설명으로 거리가 <u>먼</u> 것은?

① 친수성과 친유성의 비율을 수치화한 것이다.
② 숫자가 작을수록 친수성이 강하다.
③ 숫자가 클수록 유상을 수상에 유화시키기에 유리하다.
④ 숫자가 작을수록 수상을 유상에 유화시키기에 유리하다.
⑤ 비이온계 계면활성제도 구조에 따라서 다양한 HLB값을 가진다.

12 다음 ㉠, ㉡에 들어갈 내용으로 옳은 것은?

(㉠) : 화장품에 사용할 수 있는 원료를 규정할 때, 사용할 수 없는 원료와 사용상의 제한이 있는 원료 이외에는 모두 다 사용할 수 있는 제도
(㉡) : 의약품 원료 등 화장품의 안전성을 위해 사용할 수 없는 원료

	㉠	㉡
①	Negative 리스트	화장품 배합 금지 원료
②	Positive 리스트	화장품 배합 금지 원료
③	화장품 배합 금지 원료	Negative 리스트
④	사용상의 제한이 있는 원료	Positive 리스트
⑤	기능성 화장품 고시 원료	Negative 리스트

13 자외선 차단 성분과 그 최대 사용 한도로 옳은 것은?

① 벤조페논-4 : 3~25% ② 아데노신 : 1% ③ 페녹시에탄올 : 1%
④ 호모살레이트 : 10% ⑤ 알파비사볼롤 : 5%

14 피부에 홍반을 일으키는 최소의 에너지를 뜻하는 것으로 빈칸에 해당하는 것은?

(   ) = 제품을 바른 후의 MED / 제품을 바르기 전의 MED

① MED ② MPPD ③ SPF
④ UVC ⑤ 아보벤존

15 다음의 화장품의 효능 · 효과를 표시 · 광고할 수 있는 화장품은?

"메이크업의 효과를 지속시킨다."

① 페이스파우더(케익) ② 메이크업 픽서티브 ③ 탑코트
④ 메이크업 베이스 ⑤ 립글로스

16 다음 중 화장품으로 표시 · 광고할 수 있는 효능은?

① 살균을 소독한다.
② 피하지방을 분해시킨다.
③ 면역을 강화시킨다.
④ 두피를 깨끗하게 하고 가려움을 없어지게 해준다.
⑤ 신체의 일부를 날씬하게 한다.

17 다음 중 화장품의 표시 · 광고에 대한 준수 사항과 거리가 먼 것은?

① 의약품으로 오인하게 할 우려가 있는 표시 · 광고는 금지한다.
② 다른 제품의 비방광고는 사실 여부에 기반을 두어야 한다.
③ 화장품의 유형별 효능 · 효과의 범위를 벗어나는 표시 · 광고는 금지한다.
④ 외국제품을 국내제품으로 오인하게 할 우려가 있는 표시 · 광고는 금지한다.
⑤ 저속하거나 혐오감을 주는 표현이 있는 표시 · 광고를 하지 말아야 한다.

18 다음 생식발생 독성의 위험성이 있는 물질이 함유된 화장품의 위해도 평가 결과에서 안전역을 산출한 중 안전하다고 판단하는 것은?

① 안전역 $= 20^{-6}$ ② 안전역 $= 20^{-5}$ ③ 안전역 $= 2$
④ 안전역 $= 20$ ⑤ 안전역 $= 200$

19 다음 중 회수대상 화장품의 위해 등급이 다른 것은?

① 기준 이상의 호기성생균수가 검출된 화장품
② 신고를 하지 아니한 자가 판매한 맞춤형화장품
③ 맞춤형화장품 조제관리사를 두지 아니하고 판매한 맞춤형화장품
④ 등록을 하지 아니한 자가 제조한 화장품 또는 제조 · 수입하여 유통 · 판매한 화장품
⑤ 이물이 혼입되었거나 부착되어 보건위생상 위해를 발생할 우려가 있는 화장품

20 화장품의 위해사례 판단과 보고의 용어의 정의에 해당하는 것은?

> (㉠) : 화학물질의 독성 등 사람의 건강이나 환경에 좋지 아니한 영향을 미치는 화학물질 고유의 성질
>
> (㉡) : 유해사례와 화장품 간의 인과관계 가능성이 있다고 보고된 정보로서 그 인과관계가 알려지지 아니하거나 입증자료가 불충분한 것

	㉠	㉡
①	유해성	실마리 정보
②	위해성	안전성 정보
③	유해물질	안전성 정보
④	실마리 정보	유해물질
⑤	안전성 정보	위해성

21 다음 〈보기〉에 해당하는 사용상의 주의사항에 해당하는 화장품의 유형은?

> ┤ 보기 ├
>
> • 두피 · 얼굴 · 눈 · 목 · 손 등에 약액이 묻지 않도록 유의하고, 얼굴 등에 약액이 묻었을 때에는 즉시 물로 씻어낼 것
> • 특이체질, 생리 또는 출산 전후이거나 질환이 있는 사람 등은 사용을 피할 것
> • 머리카락의 손상 등을 피하기 위하여 용법 · 용량을 지켜야 하며, 가능하면 일부에 시험적으로 사용하여 볼 것

① 모발용 삼푸
② 퍼머넌트웨이브 제품 및 헤어스트레이트너 제품
③ 두발용, 두발염색용 및 눈 화장용 제품류
④ 미세한 알갱이가 함유되어 있는 스크러브세안제
⑤ 손 · 발의 피부연화 제품

22 다음 ㉠, ㉡에 들어갈 말로 적절한 것은?

> 화장품의 (㉠) 대신에 개봉 후 사용기간을 표시할 경우 병행 표기해야 하는 것은 (㉡)이다.

	㉠	㉡
①	배치번호	입고번호
②	사용기한	제조연월일
③	입고번호	사용기한
④	제조연월일	제조번호
⑤	사용기한	배치번호

23 다음 착색 안료 중 검은색을 나타내는 것은?

① 벤가라 　　　　　② 울트라마린 　　　　　③ 카본블랙

④ 산화크롬 　　　　　⑤ 이산화티탄

24 다음 중 회수대상 화장품에 해당하지 않는 것은?

① 사용기한 또는 개봉 후 사용기간을 위조 · 변조한 화장품

② 등록을 하지 아니한 자가 제조한 화장품 또는 제조 · 수입하여 유통 · 판매한 화장품

③ 신고를 하지 아니한 자가 판매한 맞춤형화장품

④ 맞춤형화장품 조제관리사를 두지 아니하고 판매한 맞춤형화장품

⑤ 소비자가 클레임을 제기한 화장품

25 다음 중 사용상의 제한이 있는 향료 성분은?

① 나무이끼추출물 　　　　② 참나무이끼추출물 　　　　③ 리모넨

④ 헥실신남알 　　　　　　⑤ 머스크자일렌

26 다음 중 위해성 등급이 가장 높은 회수대상 화장품을 고르면?

① 기준 이상의 미생물이 검출된 화장품

② 맞춤형화장품 조제관리사를 두지 아니하고 판매한 맞춤형화장품

③ 기능성화장품의 기능성을 나타나게 하는 주원료 함량이 기준치에 부적합한 경우

④ 사용기한 또는 개봉 후 사용기간을 위조 · 변조한 화장품

⑤ 화장품에 사용할 수 없는 원료를 사용한 화장품

27 화장품 책임판매업자 안전관리 정보의 정기보고 주기는?

① 15일 　　　　　② 1개월 　　　　　③ 3개월

④ 6개월 　　　　　⑤ 1년

28 CGMP의 4개 기준서에 속하지 않는 것은?

① 제품 표준서 　　　　　② 제조 지침서 　　　　　③ 품질관리 기준서

④ 제조위생관리 기준서 　　⑤ 제조관리 기준서

29 GMP의 주요 용어 중 〈보기〉에 해당하는 것은?

┤ 보기 ├

(㉠) : 주문 준비와 관련된 일련의 작업과 운송 수단에 적재하는 활동으로 제조소 외로 제품을 운반하는 것
(㉡) : 적합 판정기준을 벗어난 완제품, 벌크제품 또는 반제품을 재처리하여 품질이 적합한 범위에 들어오도록 하는 작업

	㉠	㉡
①	출하	재작업
②	재작업	출하
③	제조	교정
④	교정	일탈
⑤	일탈	출하

30 GMP의 주요 용어 중 〈보기〉에 해당하는 것은?

┤ 보기 ├

(㉠) : 벌크 제품의 제조에 투입하거나 포함되는 물질
(㉡) : 출하를 위해 제품의 포장 및 첨부문서의 표시공정 등을 포함한 모든 제조공정이 완료된 화장품

	㉠	㉡
①	원자재	완제품
②	원료	완제품
③	제조단위	소모품
④	완제품	벌크
⑤	소모품	뱃치

31 청정도 등급에 의한 구분 시 원료칙량실, 미생물 실험실이 갖추어야 할 등급은?

① 1등급 ② 2등급 ③ 3등급
④ 4등급 ⑤ 5등급

32 제조 및 품질관리에 필요한 설비의 시설기준에 적합하지 <u>않은</u> 것은?

① 천장 주위의 대들보, 파이프, 덕트 등은 상태를 확인하기 쉽도록 노출되게 설계한다.
② 사용목적에 적합하고, 청소가 가능하며, 필요한 경우 위생 · 유지 관리가 가능하여야 한다.
③ 설비 등은 제품의 오염을 방지하고 배수가 용이하도록 설계한다.
④ 파이프는 받침대 등으로 고정하고 벽에 닿지 않게 하여 청소가 용이하도록 설계하여야 한다.
⑤ 설비 등의 위치는 원자재나 직원의 이동으로 인하여 제품의 품질에 영향을 주지 않도록 하여야 한다.

33 곤충, 해충이나 쥐를 막는 방법으로 옳은 것은?

① 벽, 천장, 창문, 파이프 구멍에 틈을 제작한다.
② 빛이 밖으로 나가게 한다.
③ 실내압을 외부보다 낮게 유지한다.
④ 문 하부에는 스커트를 설치한다.
⑤ 골판지, 나무 부스러기 등은 일정 구역에 방치한다.

34 Bag 형태의 filter가 기본적인 filter보다 우수한 점과 거리가 먼 것은?

① 처리용량을 높일 수 있다.
② 먼지 보유용량이 크다.
③ 수명이 길다.
④ 압력 손실이 적다.
⑤ fllter 입자의 크기가 크다.

35 다음 중 ㉠, ㉡에 들어갈 말을 고르면?

> 세척대상의 확인 방법에서 육안 판정을 할 수 없는 부분은 (㉠)을 실시하고 (㉠)을 실시하기 어려운 곳은 (㉡)을 실시한다.

	㉠	㉡
①	문질러 내 부착물 판정	린스액 화학 분석
②	린스액 화학 분석	문질러 내 부착물 판정
③	반제품 화학 분석	린스액 화학 분석
④	검체 화학 분석	문질러 내 부착물 판정
⑤	반제품 화학 분석	검체 화학 분석

36 우수화장품 제조기준 중 화장품 작업장 내 직원의 위생기준에 적합하지 않은 것은?

① 적절한 위생관리 기준 및 절차를 마련하고 제조소 내의 모든 직원은 이를 준수해야 한다.
② 반입한 음식물은 작업장 내 일정 지역에서 보관한다.
③ 피부에 외상이 있거나 질병에 걸린 직원은 의사의 소견이 있기 전까지는 격리해야 한다.
④ 작업 전에 복장점검을 하고 적절하지 않을 경우는 시정한다.
⑤ 청정도에 맞는 적절한 작업복, 모자와 신발을 착용하고 필요할 경우는 마스크, 장갑을 착용한다.

37 우수화장품 제조기준 중 설비기구의 유지관리 주요사항에 적합하지 <u>않은</u> 것은?

① 예방적 활동 : 부품을 정기적으로 교체한다.

② 예방적 활동 : 시정실시를 지양한다.

③ 정기 검교정 : 계측기에 대한 교정을 실시한다.

④ 유지보수 : 사용할 수 없을 때 사용 불능 표시를 한다.

⑤ 유지보수 : 제품의 안정성과 품질보다는 설비기구의 기능 확보를 우선한다.

38 다음 중 설비와 그 기능이 바르게 연결된 것을 모두 고르면?

> ㄱ. 펌프 : 액체를 한 지점에서 다른 지점으로 이동하기 위해 사용
> ㄴ. 탱크 : 공정 중이거나 보관하는 원료 저장
> ㄷ. 교반 장치 : 양과 기준을 만족하는지를 보증하기 위해 중량적으로 측정
> ㄹ. 칭량 장치 : 제품의 균일성을 얻기 위해 물리적으로 혼합하는 장치
> ㅁ. 제품 충전기 : 원료를 혼합하여 제형을 제작하는 기구

① ㄱ, ㄷ   ② ㄱ, ㄴ   ③ ㄴ, ㄷ

④ ㄴ, ㄷ   ⑤ ㄷ, ㄹ

39 다음 중 작업장 내 공기조절의 4대 요소 중 하나는?

① 밀도   ② 습도   ③ 용해도

④ 농도   ⑤ 향기

40 입고된 원료, 내용물 포장재의 보관 및 관리 기준에 적합하지 <u>않은</u> 것은?

> ㄱ. 원자재, 반제품 및 벌크 제품은 바닥과 벽에 닿아 안정하게 위치한다.
> ㄴ. 특수한 보관 조건은 적절하게 준수, 모니터링을 한다.
> ㄷ. 원료와 포장재가 재포장될 때, 새로운 용기에는 원래와 구별되는 별도의 라벨링을 부착한다.
> ㄹ. 청소와 검사가 용이하도록 충분한 간격을 유지한다.
> ㅁ. 과도한 열기, 추위, 햇빛 또는 습기에 노출되어 변질되는 것을 방지한다.

① ㄱ, ㄴ   ② ㄱ, ㄷ   ③ ㄴ, ㄷ

④ ㄴ, ㄷ   ⑤ ㄷ, ㄹ

41 완제품의 입고, 보관 및 출하절차의 순서로 옳은 것은?

포장 공정 – 시험 중 라벨 부착 – (㉠) – 제품시험 합격 – (㉡) – 보관 – (㉢)

	㉠	㉡	㉢
①	보관	합격 라벨 부착	출하
②	합격 라벨 부착	보관	임시보관
③	임시보관	합격 라벨 부착	출하
④	임시보관	보관	임시보관
⑤	출하	임시보관	합격 라벨 부착

42 입고된 원료, 내용물 및 포장재의 품질관리 기준에서 기준일탈 조사과정의 순서로 옳은 것은?

(㉠) – 추가시험 – (㉡) – 재시험 – 결과검토 – 재발 장지책

	㉠	㉡
①	결과 확정	재검체 채취
②	결과 확정	Laboratory Error 조사
③	재검체 채취	결과 검토
④	Laboratory Error 조사	재검체 채취
⑤	Laboratory Error 조사	결과 확정

43 완제품의 출고 기준에서 보관용 검체의 주의사항 중 ㉠, ㉡에 들어갈 말로 적합한 것은?

[보관용 검체 주의 사항]
• 제품을 그대로 보관한다.
• 각 뱃치를 대표하는 검체를 보관한다.
• 일반적으로는 각 뱃치별로 제품 시험을 2번 실시할 수 있는 양을 보관한다.
• 제품이 가장 안정한 조건에서 보관한다.
• 사용기한 경과 후 (㉠)년간 또는 개봉 후 (㉡)을 기재하는 경우에는 제조일로부터 3년간 보관한다.

	㉠	㉡
①	1	사용기한
②	2	입고일
③	1	사용기간
④	1	보존기간
⑤	2	상미기간

44 기준일탈 제품의 재작업의 원칙과 절차로 가장 적절한 것은?

① 폐기해도 손해가 아닌 경우 실시한다.

② 재작업을 했을 때 발생하는 제품 품질에 악영향을 감수하고 한다.

③ 재작업처리 실시의 결정은 작업자가 실시한다.

④ 품질이 확인되고 작업자의 승인을 얻을 수 있을 때까지 재작업품은 다음 공정에 사용할 수 없고 출하 또한 할 수 없다.

⑤ 재작업한 최종 제품 또는 벌크제품의 제조기록, 시험기록을 충분히 남긴다.

45 다음은 우수화장품 제조기준에 대한 설명이다. 빈칸에 적합한 용어는?

> [기준일탈 제품 폐기 기준]
> • 재작업 처리 실시의 결정은 (㉠   )가 실시한다.
> • 품질에 문제가 있거나 회수 · 반품된 제품의 폐기 또는 재작업 여부는 (㉠   )에 의해 승인되어야 한다.
>
> [작업장 내 위생기준]
> • 제조구역별 제조, 관리 및 보관구역 내에는 (㉡   )이/가 혼자 들어가지 않도록 한다.

	㉠	㉡
①	작업자	품질보증 책임자
②	품질보증 책임자	방문객
③	품질보증 책임자	품질보증 책임자
④	방문객	접근권한이 없는 작업원
⑤	접근권한이 없는 작업원	품질보증 책임자

46 유통화장품의 안전관리 기준이 적용되지 <u>않는</u> 경우는?

> [안전관리 기준]
> • 유해물질을 선정하고 허용한도를 설정
> • 미생물에 대한 허용한도를 설정

① 화장품을 제조하면서 인위적으로 첨가하지 않았을 경우

② 제조과정 중 비의도적으로 이행된 경우

③ 보관과정 중 비의도적으로 이행된 경우

④ 포장재로부터 비의도적으로 이행된 경우

⑤ 공정이 추가되어 비용이 발생하여 제거하지 않은 경우

47 화장품을 제조하면서 비의도적으로 유도된 물질의 검출 허용 한도에 적합한 것은?

> • 메탄올 : 0.2(v/v)% 이하, 물휴지는 (　ⓐ　)(v/v)% 이하
> • 포름알데히드 : 2,000ppm 이하, 물휴지는 (　ⓑ　)ppm 이하

	ⓐ	ⓑ
①	20	0.02
②	2	2,000
③	0.02	200
④	0.002	20
⑤	0.0002	2

48 유통화장품 안전관리 기준에 위반되는 경우는?

① 인체에 무해한 균을 화장품에 첨가한 경우
② 화장품을 제조하면서 미생물을 인위적으로 첨가하지 않은 경우
③ 보관 과정 중 비의도적으로 유래된 경우
④ 제조 과정 중 비의도적으로 유래된 경우
⑤ 기술적으로 완전한 제거가 불가능한 경우

49 다음 중 우수화장품 제조 및 품질관리 기준의 4대 기준서에 포함되지 <u>않는</u> 문서는?

① 제품표준서　　　　② 제조관리기준서　　　　③ 품질관리기준서
④ 제조위생관리기준서　　　　⑤ 제조지시서

50 유통화장품 안전관리 기준 중 내용량 기준에서 빈칸 ⓐ, ⓑ에 각각 해당하는 것은?

> 1. 제품 (　ⓐ　)개를 가지고 시험할 때 그 평균 내용량이 표기량에 대하여 97% 이상(다만, 화장 비누의 경우 건조중량을 내용량으로 함)
> 2. 기준치를 벗어날 경우 : (　ⓑ　)개의 평균 내용량이 제1호의 기준치 이상

	ⓐ	ⓑ
①	3	6
②	3	9
③	4	8
④	5	8
⑤	5	10

51 다음 중 pH3.0~9.0을 유지해야 하는 제품이 <u>아닌</u> 것은?

① 눈화장 제품류－아이라이너
② 색조화장용 제품류－메이크업베이스
③ 두발용 제품류－헤어토닉
④ 기초화장 제품류－클렌징 크림
⑤ 두발용 제품류－헤어크림

52 다음 중 화장품 제품 내 미생물한도 기준에서 검출되면 <u>안 되는</u> 균은?

ㄱ. 효모	ㄴ. 대장균
ㄷ. 녹농균	ㄹ. 유산균

① ㄱ, ㄴ   ② ㄱ, ㄷ   ③ ㄴ, ㄷ
④ ㄷ, ㄹ   ⑤ ㄴ, ㄹ

53 다음 중 맞춤형화장품의 주요 규정으로 옳은 것은?

① 화장품법에 따라 등록된 업체에서 기본 제형 없이 원료로 제형을 제작해야 한다.
② 원료의 혼합에 따라 제형이 변화하면 안정성을 확인해야 한다.
③ 기존 표시 · 광고된 화장품의 효능 · 효과에 변화가 생기면 반드시 소비자에게 안내해야 한다.
④ 소비자의 직 · 간접적인 요구에 따라 기존 화장품의 특정 성분의 혼합이 이루어져야 한다.
⑤ 원료의 혼합에 따라 변화한 브랜드명을 표시해야 한다.

54 다음은 맞춤형화장품 판매업자의 판매장 시설 · 기구의 관리 방법, 혼합 · 소분 안전관리 기준의 준수의무에 대한 설명이다. ㉠, ㉡에 들어갈 말은?

혼합 · 소분에 사용되는 (㉠) 등은 사용 전에 그 위생 상태를 점검하고, 사용 후에는 오염이 없도록 (㉡)할 것

	㉠	㉡
①	제조소	폐기
②	격리장치	소분
③	장비 또는 기구	세척
④	포장용기	세척
⑤	소모품	격리

55 맞춤형화장품 판매업자는 맞춤형화장품 사용과 관련된 부작용 발생 사례에 대해서 식품의약안전처장에게 보고할 의무를 가진다. 그 기한으로 적절한 것은?

① 지체 없이   ② 15일   ③ 1개월
④ 6개월   ⑤ 1년

56 다음 성분 중 맞춤형화장품 제조 시 혼합할 수 없는 원료는?

① 사이클로메치콘   ② 트리클로카반   ③ 파라핀
④ 에탄올   ⑤ 카보머

57 다음 〈보기〉에서 사용상의 제한이 필요한 자외선 차단제에 해당하는 성분을 고르면?

┤ 보기 ├

정제수, 글리세린, 다이프로필렌글라이콜, 토코페릴아세테이트, 이산화티탄, 이소프로필이리스테이트, C12－14파레스－3, 향료

① 정제수   ② 이소프로필이리스테이트   ③ 다이프로필렌글라이콜
④ 토코페릴아세테이트   ⑤ 이산화티탄

58 다음의 원료 중 맞춤형화장품에 혼합할 수 없는 미백 기능성 원료에 해당하는 것은?

① 레티닐팔미테이트   ② 알파비사보롤   ③ 아데노신
④ 글리세린   ⑤ 페녹시에탄올

59 기능성 화장품 심사 시 제출해야 하는 유효성 자료로 적합한 것은?

① 단회 투여 독성 시험 자료, 인체 적용 시험 자료
② 1차 피부 자극 시험 자료, 효력 시험 자료
③ 인체 첩포 시험 자료, 인체 적용 시험 자료
④ 피부 감작성 시험 자료, 인체 적용 시험 자료
⑤ 인체 적용 시험 자료, 효력 시험 자료

60 다음 제조원리에 각각 해당하는 제형의 형태는?

> (㉠) : 다량의 안료(고체입자)들이 수상이나 유상에 균일하게 혼합되어 있는 제형
> (㉡) : 소량의 오일이 수상에 함유되어 투명하게 보이는 제형

	㉠	㉡
①	가용화 제형	유용화 제형
②	유용화 제형	분산 제형
③	유화 제형	유용화 제형
④	분산 제형	가용화 제형
⑤	가용화 제형	분산 제형

61 투명한 형태의 토너, 스킨류에 해당하는 제형의 형태는?

① 가용화 제형   ② 유용화 제형   ③ 유화 제형
④ 분산 제형   ⑤ 수용화 제형

62 매장을 방문한 고객과 맞춤형화장품 조제관리사가 다음과 같은 〈대화〉를 나누었다. 다음 〈보기〉 중 조제관리사가 고객에게 혼합하여 추천할 제품으로 옳은 것을 모두 고르면?

┤ 대화 ├

고객 : 최근에 야근을 많이 해서 그런지 얼굴 피부가 검어지고 칙칙해졌어요. 피부가 많이 건조해지기도 하고요.
관리사 : 아. 그러신가요? 그럼 고객님 피부 상태를 측정해 보도록 할까요?
고객 : 그럴까요? 지난번 방문 시와 비교해 주시면 좋겠네요.
관리사 : 네. 이쪽에 앉으시면 저희 측정기로 측정을 해드리겠습니다.

– 피부 측정 후 –

관리사 : 고객님은 1달 전 측정 시보다 얼굴의 수분이 20%가량 감소하였고, 피부 주름이 15%가량 증가하였습니다.
고객 : 음. 걱정이네요. 그럼 어떤 제품을 쓰는 것이 좋을지 추천 부탁드려요.

┤ 보기 ├

ㄱ. 닥나무 추출물 함유 제품   ㄴ. 산화아연 함유 제품   ㄷ. 소듐 PCA 함유 제품
ㄹ. 호모살레이트 함유 제품   ㅁ. 아데노신 함유 제품

① ㄱ, ㄷ   ② ㄱ, ㅁ   ③ ㄴ, ㄹ
④ ㄴ, ㅁ   ⑤ ㄷ, ㅁ

63 다음 중 피부 타입과 특징에 대한 설명으로 거리가 먼 것은?

① 정상 피부 : 유 · 수분의 밸런스가 좋다.
② 지성 피부 : 피지 분비가 많아 번들거린다.
③ 건성 피부 : 건조하고 윤기가 없다.
④ 복합성 피부 : T-zone 주위로 건성, U-zone 주위로 지성 피부의 특성을 나타낸다.
⑤ 민감성 피부 : 피부장벽이 약화되어 자극에 민감하다.

64 다음 〈보기〉 중 맞춤형화장품 조제관리사가 올바르게 업무를 진행한 경우를 <u>모두</u> 고르면?

┤ 보기 ├

ㄱ. 피부 미백 화장품을 만들기 위해서 알부틴을 첨가하여 판매하였다.
ㄴ. 자외선 차단 화장품을 만들기 위해서 호모살레이트를 5% 첨가하여 제조하였다.
ㄷ. 내용물 및 원료의 사용기한 또는 개봉 후 사용기간을 확인한 후 혼합하였다.
ㄹ. 소비자의 요구에 따라 내용물과 원료의 특성을 설명하였다.

① ㄱ, ㄴ   ② ㄱ, ㄷ   ③ ㄴ, ㄷ
④ ㄴ, ㄹ   ⑤ ㄷ, ㄹ

65 맞춤형화장품 매장에 근무하는 조제관리사에게 향료 알러지가 있는 고객이 제품에 대해 문의를 해 왔다. 조제관리사가 제품에 부착된 〈보기〉의 설명서를 참조하여 고객에게 안내해야 할 말로 가장 적절한 것은?

┤ 보기 ├

- 제품명 : 유기농 모이스처 로션
- 제품의 유형 : 액상 에멀전류
- 내용량 : 50g
- 전성분 : 정제수, 1,3부틸렌글리콜, 글리세린, 스쿠알란, 호호바유, 모노스테아린산글리세린, 피이지 소르비탄지방산에스터, 1,2헥산디올, 나이아신아마이드, 아데노신, 쿠마린, 참나무이끼추출물, 토코페롤, 잔탄검, 구연산나트륨, 수산화칼륨

① 이 제품은 알러지를 유발할 수 있는 1,2헥산디올, 스쿠알란이 포함되어 있어 사용 시 주의를 요합니다.
② 이 제품은 알러지를 유발할 수 있는 쿠마린, 참나무이끼추출물이 포함되어 있어 사용 시 주의를 요합니다.
③ 이 제품은 알러지를 유발할 수 있는 아데노신, 잔탄검이 포함되어 있어 사용 시 주의를 요합니다.
④ 이 제품은 알러지를 유발할 수 있는 글리세린, 잔탄검이 포함되어 있어 사용 시 주의를 요합니다.
⑤ 이 제품은 알러지를 유발할 수 있는 나이아신아마이드, 호호바유가 포함되어 있어 사용 시 주의를 요합니다.

66 다음 중 미백 기능성 고시 성분 및 그 함량으로 옳은 것은?

① 벤질알코올 : 1%

② 글루타랄 : 0.1%

③ 티타늄디옥사이드 : 25%

④ 마그네슘아스코빌포스페이트 : 5%

⑤ 아스코빌글루코사이드 : 2%

67 다음 중 사용상의 제한이 있는 보존제 및 그 함량으로 옳은 것은?

① 벤질알코올 : 1%

② 옥시벤존 : 1%

③ 벤조익애시드 : 0.1%

④ 호모살레이트 : 0.08%

⑤ 아데노신 : 0.5%

68 튜브 등의 탄력이 있는 용기에 적합한 재질과 단단한 자 형태의 재질에 적합한 플라스틱 재질을 각각 무엇이라 하는가?

① LDPE, HDPE

② HDPE, PP

③ PP, HDPE

④ 유리, HDPE

⑤ 스테인리스 스틸, HDPE

69 안전용기의 포장규정 중 빈칸 ㉠, ㉡에 각각 들어갈 말로 적합한 것은?

> [안전용기 – 포장]
> 어린이용 (㉠) 등 개별포장당 (㉡)류를 10퍼센트 이상 함유하고, 운동점도가 21센티스톡스(섭씨 40도 기준) 이하인 비에멀전 타입의 액체 상태 제품

	㉠	㉡
①	나이아신아마이드	탄화수소
②	에멀젼	이산화탄소
③	오일	증류수
④	에탄올	메탄올
⑤	오일	탄화수소

70 화장품 표시 – 광고 규정 및 자원재활용과 촉진에 관한 법률에 따른 용기 기재 사항 중 50ml 초과 제품의 1차 포장에 필수적으로 기재해야 하는 사항이 <u>아닌</u> 것은?

① 표시성분 ② 분리배출 표시 ③ 책임판매업자의 상호
④ 제조번호 ⑤ 사용기한

71 화장품의 제조품질관리를 위한 관능평가 항목과 그 내용이 바르게 연결된 것을 <u>모두</u> 고르면?

ㄱ. 성상 : 점도, 경도, 윤기
ㄴ. 형태 : 색상, 향취, 투명도
ㄷ. 사용감 : 미끌거림, 수분감, 오일감, 끈적임
ㄹ. 포장상태 : 펌핑력, 씰링, 유출 여부, 이물질

① ㄱ, ㄴ ② ㄱ, ㄹ ③ ㄴ, ㄷ
④ ㄴ, ㄹ ⑤ ㄷ, ㄹ

72 탈모 증상의 완화에 도움을 줄 수 있는 기능성 성분에 해당하지 <u>않는</u> 것은?

① 비오틴 ② 살리실릭애씨드 ③ L–멘톨
④ 징크피리치온 ⑤ 덱스판테놀

73 피부의 기능과 그 설명이 바르게 짝지어진 것을 <u>모두</u> 고르면?

ㄱ. 보호 기능 : 외부 물질의 침입 방어, 충격 마찰 저항
ㄴ. 체온 조절 기능 : 땀 발산, 혈관 축소 및 확장
ㄷ. 배설 기능 : 온도, 촉각, 통증 등을 감지
ㄹ. 감각 기능 : 피지와 땀의 분비
ㅁ. 합성 작용 : 피부 표면에서 자외선에 의해 비타민 D 생성

① ㄱ, ㄴ, ㅁ ② ㄱ, ㄹ, ㅁ ③ ㄴ, ㄹ, ㅁ
④ ㄴ, ㄷ, ㅁ ⑤ ㄷ, ㄹ, ㅁ

74 표피가 분화해 가는 과정에서 빈칸에 들어갈 말은?

기저층 → (㉠) → (㉡) → 각질층

	㉠	㉡
①	유두층	망상층
②	망상층	과립층
③	각질층	유극층
④	망상층	유두층
⑤	유극층	과립층

75 피부장벽에 대한 설명 중 빈칸 ㉠, ㉡에 각각 들어갈 말로 적절한 것은?

[피부장벽]
- 정의 : (㉠)으로 구성된 피부 보호 구조의 명칭
- 기능 : 피부 수분의 증발억제, 외부의 미생물, 오염물질의 침입 방지
- 구성 : 각질세포와 세포 간 지질로 구성됨
- 성분 : 케라틴 단백질 58%, 천연보습인자 31%, 지질 11%
- 특징 : (㉡) 구조의 장벽 기능 손상 시 피부 트러블 발생

	㉠	㉡
①	각질층	라멜라
②	기저층	마이셀
③	각질층	벽돌과 시멘트
④	망상층	섬유
⑤	유두층	망상

76 피부의 부속 기관 중 모공에 존재하지 않는 것은?

① 피지 ② 모낭 ③ 대한선
④ 소한선 ⑤ 모근

77 피부장벽을 이루는 세포 간 지질성분 중 가장 높은 비율로 존재하고, 아토피 환자 등에서 감소하는 것으로 나타나는 등 장벽 기능에 중요한 성분은?

① 세라마이드 ② 지방산 ③ 콜레스테롤
④ 케라틴 ⑤ 히알루론산

78 진피 내 결합 섬유와 세포 사이를 채우고 있는 물질로 수분 보유력이 뛰어나 진피 내의 수분을 보존하는 기능을 하는 것과 그 예시가 바르게 연결된 것은?

① 기질 물질 – 히알루론산   ② 섬유조직 – 콜라겐   ③ 천연보습인자 – 엘라스틴
④ 섬유조직 – 케라틴   ⑤ 색소 – 멜라닌

79 다음 중 남성형 탈모와 항암제에 의한 탈모가 속하는 유형은?

① 원형 탈모   ② 휴지기 탈모   ③ 성장성 탈모
④ 퇴행성 탈모   ⑤ 노화 탈모

80 피부 분석 기기는 피부 유형과 피부 상태 파악하려 분석 내용을 토대로 적합한 제품을 제안하기 위해 사용한다. 다음의 설명에 해당하는 측정 기기와 측정 대상을 바르게 연결한 것은?

> 테이프를 일정한 압력과 시간 동안 피부에 접촉하여, 투명하게 변화한 정도를 기기로 수치화한다.

① 피지 측정기 – 피지 분비량
② pH 분석기 – 각질 내 pH
③ 피부 거칠기 측정기 – 피부의 마찰
④ 색차계 – 피부색
⑤ 표면 광택 측정 기기 – 피부의 정반사 비율

81 〈보기〉에 해당하는 영업의 형태와 작업시설을 갖추어야 하는 영업자를 작성하시오.

┤ 보기 ├

- 작업시설
  - 원료 · 자재 및 제품을 보관하는 보관소
  - 원료 · 자재 및 제품의 품질검사를 위하여 필요한 시험실
  - 품질검사에 필요한 시설 및 기구
- 영업의 형태 : 화장품 제조를 위탁받아 제조하는 영업

82 화장품의 분류 중 한공과 모공을 물리적으로 막아서 땀의 분비를 억제하는 제품으로 빈칸 ㉠, ㉡에 각각 들어갈 말을 작성하시오.

- (㉠) 방지용 제품류
- (㉡)

83 개인정보처리법의 주요 용어로서 다음 빈칸에 들어갈 말을 각각 작성하시오.

> • (㉠) : 처리되는 정보에 의하여 알아볼 수 있는 사람으로서 그 정보의 주체가 되는 사람
> • (㉡) : 업무를 목적으로 개인정보파일을 운용하기 위하여 스스로 또는 다른 사람을 통하여 개인정보를 처리하는 공공기관, 법인, 단체 및 개인

84 다음은 자외선의 영역에 대한 설명이다. 빈칸 ㉠, ㉡에 각각 들어갈 말을 작성하시오.

> • UVB : 일광화상을 유발하는 영역을 SPF지수의 산출 대상이 된다.
> • (㉠) : 피부 흑화와 노화의 원인으로 (㉡) 지수 산출의 대상이 된다.

85 화장품 제조에 사용된 모든 물질을 화장품 용기 및 포장에 한글로 표시하는 제도를 작성하시오.

> 화장품 (   ) 표시 제도

86 다음은 화장품 안전성 정보관리 규정 중 용어의 정의이다. 빈칸에 적합한 것을 작성하시오.

> • (   ) : 화장품의 사용 중 발생한 바람직하지 않고 의도되지 아니한 징후, 증상 또는 질병을 말한다.
> • 실마리 정보 : 유해사례와 화장품 간의 인과관계 가능성이 있다고 보고된 정보로서 그 인과관계가 알려지지 아니하거나 입증자료가 불충분한 것을 말한다.
> • 안정성 정보 : 화장품과 관련하여 국민보건에 직접 영향을 미칠 수 있는 안전성·유효성에 관한 새로운 자료, 유해사례 정보 등을 말한다.

87 다음 〈보기〉에 해당하는 회수대상 화장품의 위해등급을 표시하시오.

> ┤ 보기 ├
> 기능성화장품의 기능성을 나타나게 하는 주원료 함량이 기준치에 부적합한 경우

88 화장품을 구성하는 원료로 분자 내에 친수성 구조와 친유성 구조를 모두 포함하여 수상 및 유상의 안정적인 혼합을 유지시키는 성분을 작성하시오.

89 다음은 맞춤형화장품 관련 규정이다. 빈칸에 공통적으로 들어갈 내용을 작성하시오.

> • 맞춤형화장품 판매업을 신고하려는 자는 맞춤형화장품 (   )의 성명, 생년월일, 자격증 번호를 포함한 서류를 제출하여야 한다.
> • 책임판매관리자 및 맞춤형화장품 (   )은/는 화장품의 안전성 확보 및 품질관리에 관한 교육을 매년 받아야 한다.

90 다음은 맞춤형화장품의 정의에 해당하는 것이다. 빈칸에 적합한 용어를 작성하시오.

> [맞춤형화장품]
> • 제조 또는 수입된 화장품의 내용물에 다른 화장품의 내용물을 추가하여 혼합한 화장품
> • 제조 또는 수입된 화장품의 내용물에 식품의약품안전처장이 정하는 원료를 추가하여 혼합한 화장품
> • 제조 또는 수입된 화장품의 내용물을 (   )한 화장품

91 1차 포장에 반드시 기재해야 하는 사항으로 빈칸 ㉠, ㉡에 각각 들어갈 말을 작성하시오.

> • 화장품의 (㉠)
> • 영업자 상호
> • 제조번호
> • 사용기한 또는 개봉 후 (㉡)

92 맞춤형화장품 판매업자의 의무에 대한 설명이다. 빈칸에 적합한 용어를 작성하시오.

> 다음 각 목의 사항이 포함된 맞춤형화장품 판매매역서를 작성 · 보관할 것
> 가. (㉠)
> 나. (㉡) 또는 개봉 후 사용기간
> 다. 판매일자 및 판매량

93 다음 〈보기〉의 화장품 성분 리스트 중 사용상의 제한이 있는 자외선 차단제에 해당하는 성분을 2개 고르고 그 제한 함량을 각각 작성하시오.

> ─────── 보기 ───────
> 알파비사보롤, 레티놀, 티타늄디옥사이드, 징크옥사이드, 카보머, 페녹시에탄올, 참나무이끼추출물

94 다음 〈보기〉 중 제품의 pH 기준 3.0~9.0을 지켜야 하는 것을 2개 고르시오.

┤ 보기 ├
바디클렌저, 영 · 유아용 린스, 유연화장수, 애프터쉐이브 로션, 클렌징 오일

95 다음 중 빈칸에 들어갈 말을 적으시오.

제품의 종류별 포장방법에 관한 기준에서 단위제품으로 그 밖의 화장품류의 포장 공간 부피는 (㉠) 이하로, 횟수는 (㉡) 이하로 제한된다.

96 〈보기〉에서 알러지 유발 가능성이 있는 원료로서 주의사항을 안내해야 하는 향료에 해당하는 성분을 2개 골라 작성하시오.

┤ 보기 ├
정제수, 라놀린, 글리세린, 부틸렌글리콜, 알파비사보롤, 레티놀, 티타늄디옥사이드, 카보머, 페녹시에탄올, 리날룰, 나무이끼추출물, 인삼추출물

97 기능성 화장품의 심사 시 제출하는 자료에 대한 설명이다. 빈칸 ㉠, ㉡에 각각 들어갈 말을 작성하시오.

(㉠) : 기능성 화장품이 기능이 있다는 것을 입증하는 자료
(㉡) : 부작용이 없다는 자료. 피부 감작성 시험 자료 등

98 다음 빈칸에 들어갈 말을 작성하시오.

맞춤형화장품 혼합에 사용할 수 없는 원료 중 기능과 함량에 대한 제한이 있는 원료로는 대표적으로 자외선 차단제, 보존제가 있다. 그중 자외선 차단제는 자외선으로부터 피부를 보호하는 성분으로 자외선을 흡수하여 열에너지로 바꾸는 형식의 (㉠)와 빛을 산란시키는 형식의 (㉡)이 있다.

99 화장품 표시 – 광고 규정에 따른 용기 기재 사항에서 2차 포장에 분리배출을 표시하지 않아도 되는 제품은 ( )ml 이하 제품이다.

100 모간의 구조에서 빈칸에 들어갈 말을 작성하시오.

• (㉠) : 최외곽 부분에 지질이 결합되어 있음. 멜라닌 색소가 없음
• 모피질 : 모발의 85~90%를 차지하고 멜라닌 색소를 보유하여 탄력, 질감, 색상 등 주요 특성을 나타냄
• (㉡) : 모발의 가장 안쪽을 구성. 경모에는 있으나 연모에는 없음

맞춤형화장품
조제관리사
핵심요약
+기출유형 1,300제

MeMO

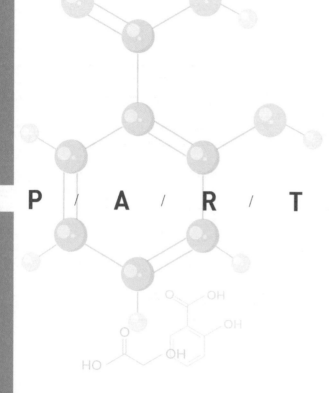

PART 04

실전모의고사 정답 및 해설

제1회 ┃ 실전모의고사 정답 및 해설
제2회 ┃ 실전모의고사 정답 및 해설
제3회 ┃ 실전모의고사 정답 및 해설
제4회 ┃ 실전모의고사 정답 및 해설

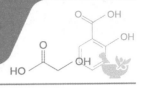

제1회 실전모의고사 정답 및 해설

맞춤형화장품 조제관리사 핵심요약+기출유형 1,300제

■ 선다형

01	02	03	04	5	6	7	8	9	10
⑤	③	②	①	⑤	④	②	③	⑤	③
11	12	13	14	15	16	17	18	19	20
⑤	⑤	③	①	③	②	①	④	②	②
21	22	23	24	25	26	27	28	29	30
②	⑤	④	⑤	①	⑤	⑤	①	②	④
31	32	33	34	35	36	37	38	39	40
④	②	④	④	①	③	②	⑤	⑤	⑤
41	42	43	44	45	46	47	48	49	50
①	⑤	⑤	②	⑤	④	⑤	⑤	②	④
51	52	53	54	55	56	57	58	59	60
①	④	③	⑤	④	⑤	②	④	④	④
61	62	63	64	65	66	67	68	69	70
①	②	③	①	①	③	②	②	③	⑤
71	72	73	74	75	76	77	78	79	80
⑤	①	②	①	①	②	①	②	①	①

■ 단답형

81	정보주체	91	30ml
82	기능성화장품	92	휴지기
83	영·유아	93	판매량
84	체질	94	매년(1년)
85	0.01	95	레티놀
86	0.5	96	티타늄디옥사이드, 25%
87	3	97	80
88	25%	98	침적 마스크제
89	각질층	99	타이로시나아제(Tyrosinase)
90	내용물	100	스톡스

01 정답 | ⑤
해설 | 1천 명 이상의 개인정보가 유출된 경우 개인정보처리자는 행정안전부 장관 혹은 전문기관에 신고하여야 한다.

02 정답 | ③
해설 | ③의 경우는 판매업무정지 1개월에 해당한다.

03 정답 | ②
해설 | ②의 결격사유는 화장품제조업 등록에만 해당한다.

04 정답 | ①
해설 | 천연화장품은 중량 기준 천연 함량이 전체 제품에서 95% 이상으로 구성되어야 하므로, 합성원료의 중량은 5% 미만이 되어야 한다.

05 정답 | ⑤

해설 | 헤어 틴트는 두발 염색용 제품에 포함된다.

06 정답 | ④

해설 | ④는 인체 세정용 화장품으로 한정된다.

07 정답 | ②

해설 | 토코페롤(비타민 E)은 해당되나, 그 유도체는 해당하지 않는다.

08 정답 | ③

해설 | ① 양쪽이온성 계면활성제는 음이온성에 비해 자극이 적어 유아용 세정제에 주로 쓰인다.
② 친수성 계면활성제는 공식적인 분류법이 아니다.
④ 비이온성 계면활성제는 화장품 제조에 가장 많이 사용된다.
⑤ 양이온성 계면활성제는 모발 등과의 결합력이 우수하여 린스 등에 사용된다.

09 정답 | ⑤

해설 | ①, ③ 에스테르 오일과 실리콘 오일은 합성오일이다.
② 에뮤 오일은 동물로부터 얻는 오일이다.
④ 쉐어버터는 식물에서 얻은 유지류로 상온에서 고체로 존재한다.

10 정답 | ③

해설 | 피막의 형성도 고분자 화합물의 중요 기능이다.
① 금속이온봉쇄제는 원료 중에 혼입되어 있는 이온을 제거할 목적으로 사용된다.
② 계면활성제는 계면에 흡착하여 계면의 성질을 현저히 변화시키는 물질이다.
④ 산화방지제는 산화되기 쉬운 성분을 함유한 물질에 첨가하여 산패를 막을 목적으로 사용된다.
⑤ 유성원료는 수분의 증발을 억제하고 사용 감촉을 향상시키는 등의 목적으로 사용된다.

11 정답 | ⑤

해설 | 비이온계 계면활성제도 구조에 따라서 다양한 HLB 값을 가진다.

12 정답 | ⑤

해설 | 나이아신아마이드는 미백 기능성 고시 성분이다.

13 정답 | ③

해설 | 1% 이하로 사용된 것은 함량 순으로 기입하지 않아도 된다.

14 정답 | ①

해설 | Negative 리스트에 대한 설명으로, 사용할 수 있는 원료만 정하는 제도와 반대의 의미이다.

15 정답 | ③

해설 | UVA는 피부 표피에 즉각적인 손상을 주어 일광화상 등의 원인이 된다.
①, ⑤ UVC 및 감마선은 강한 에너지를 지니지만 지구 표면까지 닿지 않는다.
② UVB는 홍반을 일으킨다.
④ 적외선은 피부에 영향을 미치지 않는다.

16 정답 | ②

해설 | 헤어 토닉에 한정된 제품의 기능이다. 두피와 모근을 대상으로 하는 제품도 두발용 제품으로 분류된다.

17 정답 | ①

해설 | ② 아이오도프로피닐부틸카바메이트(IPBC) 함유 제품 – 살리실릭애씨드 및 그 염류 함유 제품 : 만 3세 이하 어린이에게는 사용하지 말 것
③ 과산화수소 함유 제품 – 벤잘코늄클로라이드 함유 제품 : 눈에 접촉을 피하고 들어갔을 때 즉시 씻어낼 것
④ 카민추출물 함유 제품 – 프롬알데히드 0.05% 이상 함유 제품 : 이 성분에 과민한 사람은 신중히 사용할 것

18 정답 | ④

해설 | • 금지 표현 : 경쟁사의 비방, 피부 세포 성장을 촉진
　　　　 • 실증 대상 : 경쟁 제품 A보다 보습 효능이 25% 더 뛰어납니다. 콜라겐의 생성을 증가, 피부 노화의 징후를 감소

19 정답 | ②

해설 | ②는 나 등급, 그 외는 다 등급에 해당한다. 나 등급에 해당하는 것이 다 등급보다 위해성이 높다고 판단한다.

20 정답 | ②

해설 | 위해성에 대한 설명으로, 독성 등을 가진 물질의 특성과 노출량 등을 판단해야 한다.

21 정답 | ②

해설 | 신속보고와 정기보고는 보고 기간에 대한 규정이 다르다. 신속보고는 15일 이내이며 정기보고는 6개월 이내이다.

22 정답 | ⑤

해설 | ⑤는 고압가스를 사용하는 제품의 경우 표시해야 하는 특별한 취급 방법이다.

23 정답 | ④

해설 | 책임판매관리자는 안전관리정보를 원료업체가 아닌 식품의약품안전처장에게 보고해야 한다.

24 정답 | ⑤

해설 | 체질 안료(카올린)는 발색단을 가지지 않지만 백색 안료 수준의 흰색을 나타내지는 않고, 주로 사용감 등을 조절하기 위해 사용된다.

25 정답 | ①

해설 | ①은 공통적인 화장품 부작용에 대한 주의사항이다

26 정답 | ⑤

해설 | ⑤는 나 등급에 해당하며, 나머지는 다 등급에 해당한다. 나 등급이 다 등급보다 위해성이 높다고 판단한다.

27 정답 | ⑤

해설 | 선천적 기형 또는 이상을 초래하는 경우는 의학적으로 중대한 사례에 해당한다.

28 정답 | ①

해설 | CGMP는 Cosmetic GMP의 약자이다. 참고로 cGMP는 current GMP의 약자로 의약품에 해당한다.

29 정답 | ②

해설 | ① 원자재 : 화장품 원료 및 자재를 말한다.
　　　 ③ 주요 설비 : 제조 및 품질 관련 문서에 명기된 설비로 제품의 품질에 영향을 미치는 필수적인 설비를 말한다.
　　　 ④ 제조소 : 화장품을 제조하기 위한 장소를 말한다.
　　　 ⑤ 원료 : 벌크 제품의 제조에 투입하거나 포함되는 물질을 말한다.

30 정답 | ④

해설 | 작업실의 등급은 1~4등급까지 있으며, 높은 등급의 시설일수록 압력을 가장 높게 관리하여야 한다. 내용물이 완전 폐색되는 일반작업실은 4등급으로 관리하며, 악취나 분진 발생 시설은 음압으로 관리해 시설 밖으로 나가지 않도록 해야 한다.

31 정답 | ④

해설 | • 계면활성제 : 세정제의 주요 성분, 이물질 제거(알킬설페이트 등)
　　　　 • 살균제 : 미생물의 살균(4급 암모늄염, 알코올 등)
　　　　 • 유기폴리머 : 세정 효과 증대 및 잔류성 강화(폴리올 등)
　　　　 • 표백제 : 색상 개선 및 살균(활성염소 등)

32 정답 | ②

해설 | 바닥, 벽, 천장은 가능한 청소하기 쉽게 매끄러운 표면을 지니고 소독제 등의 부식성에 저항력이 있어야 한다.

33 정답 | ④

해설 | 제조시설이나 설비의 세척에 사용되는 세제 또는 소독제는 적용하는 표면에 이상을 초래하지 않아야 한다.

34 정답 | ④

해설 | Laboratory error 조사란 최초의 시험결과에서 검사방법 등의 문제가 없는지를 확인하는 작업이다. 재검체 채취는 추가시험 이후 재시험 과정에서 실시된다.

35 정답 | ①

해설 | 제1순서로 육안 판정을 하고 이것이 불가능하면 닦여져 나온 것을 판정한다. 하지만 이 방법 또한 어렵다면 최후로 린스액을 분석하여 판정한다.

36 정답 | ③

해설 | 피부에 외상이 있거나 질병에 걸린 직원은 화장품과 직접적으로 접촉되지 않도록 격리되어야 한다.

37 정답 | ②

해설 | ㄴ. 작동 점검 : 스위치, 연동성 등을 점검하여야 한다.
　　　ㄹ. 청소 : 외부 표면, 내부를 점검하여야 한다.

38 정답 | ⑤

해설 | 공급자의 판정은 시험기록서에 기재되지 않아도 된다.

39 정답 | ⑤

해설 | 바닥과 떨어진 곳에 보관해야 청소가 용이하다.

40 정답 | ⑤

해설 | ㄱ. 탱크 : 공정 중이거나 보관하는 원료를 저장한다.
　　　ㄴ. 펌프 : 액체를 한 지점에서 다른 지점으로 이동하기 위해 사용한다.

41 정답 | ①

해설 | 검체는 검사 대상물을 뜻하고 시험에 적합한 수량을 확보해야 한다.

42 정답 | ⑤

해설 | ㉠ 추가 시험 : 오리지널 검체를 대상으로 다른 담당자가 실시
　　　㉡ 재검체 채취 : 오리지널 검체와 다른 검체를 의미
　　　㉢ 재실험 : 재검체를 대상으로 다른 담당자가 실시

43 정답 | ⑤

해설 | 시험용 검체가 오염되거나 변질되지 않고 원상태를 유지하도록 가장 안정한 조건에서 보관해야 한다.

44 정답 | ②

해설 | 기준일탈(out-of-specification)이란 규정된 합격 판정 기준에 일치하지 않는 검사, 측정 또는 시험결과를 말한다.
　　　③ 일탈 : 제조 또는 품질관리 활동 등의 미리 정하여진 기준을 벗어나 이루어진 행위를 말한다.

45 정답 | ⑤

해설 | 조사 결과를 근거로 부적합품의 처리 방법(폐기처분, 재작업, 반품)을 결정하고 실행한다.

46 정답 | ④

해설 | 물휴지의 경우 일반 제품에 비해서 허용 한도가 낮은 0.002(v/v)% 이하이다.

47 정답 | ⑤

해설 | 기술적으로 완전히 제거가 불가능한 경우에만 검출한도가 적용된다.

48 정답 | ⑤

해설 | 니켈의 경우 눈 화장용 제품은 35ppm 이하, 색조화장용 제품은 30ppm 이하, 그 밖의 제품은 10ppm 이하의 한도로 검출되어야 한다.

49 정답 | ②

해설 | 병원성 미생물인 대장균, 녹농균, 황색포도상구균은 검출되면 안 된다. 혐기성균은 산소가 없을 때 자라는 미생물로 규제 범위에 없다.

50 정답 | ④

해설 | 인체 세정용 제품으로 분류되는 바디 클렌저는 기타화장품에 포함된다. 이때 총호기성생균수는 기타화장품 1,000개/g, 이하, 물휴지 100개/g 이하이다.

51 정답 | ①

해설 | 사용한 후 곧바로 물로 씻어내는 제품은 제외된다.

52 정답 | ④

해설 | 제조위생관리기준서는 작업소 내 위생관리를 규정한다. 표준품 등은 품질관리기준서에 해당한다.

53 정답 | ③

해설 | 기본제형의 유형 변화가 없는 범위에서 혼합이 이루어져야 한다.

54 정답 | ⑤

해설 | ⑤의 경우는 맞춤형화장품 판매업의 범위를 벗어난다.

55 정답 | ④

해설 | 맞춤형화장품 사용과 관련된 부작용 발생 사례에 대해서는 지체 없이 식품의약품안전처장에게 보고하여야 한다.

56 정답 | ⑤

해설 | 디아졸리디닐우레아는 사용상의 제한이 있는 원료인 보존제 성분이다.

57 정답 | ②

해설 | 벤조페논 – 3는 사용상의 제한이 필요한 원료 중 하나인 자외선 차단제이다. 법에서 정한 농도와 함량을 준수하면 안전한 것으로 판단하지만, 이를 맞춤형화장품 조제관리사가 직접 배합하는 것은 금지된다. 참고로 벤질알코올은 보존제이다.

58 정답 | ④

해설 | 식품의약품안전처장이 고시한 기능성화장품의 효능·효과를 나타내는 원료는 맞춤형화장품에 혼합할 수 없다. 알파비사보롤은 미백 기능성 원료이다.
※ 다만, 맞춤형화장품판매업자에게 원료를 공급하는 화장품책임판매업자가 「화장품법」 제4조에 따라 해당 원료를 포함하여 기능성화장품에 대한 심사를 받거나 보고서를 제출한 경우는 제외한다.

59 정답 | ④

해설 | 효력 시험 자료와 인체 적용 시험 자료는 안전성 자료가 아닌 기능성화장품의 효능을 입증하는 자료이다.

60 정답 | ④

해설 | ㄱ. 블레이드 방식은 교반기(Disper)에 해당한다. 이는 호모믹서에 비해 분산력이 약하다.
　　ㅁ. 수성원료와 유성원료의 혼합에 사용한다.

61 정답 | ①

해설 | 제시된 설명은 스킨, 토너류 등의 가용화 제형에 대한 설명이다. 마이셀의 크기가 작아서 투명하다.

62 정답 | ②

해설 | ①, ③, ④, ⑤는 표시성분에 해당하여 기재해야 한다. 전성분을 기재하지 않아도 되므로 글리세린, 1.2 헥산디올은 표시하지 않아도 된다.

63 정답 | ③

해설 | ㄴ. 나이아신아마이드를 함유하고 피부 미백 기능성화장품으로 인정받은 화장품을 추천할 수 있다.

ㄹ. 소듐 PCA는 수분을 잡아줄 수 있는 보습제의 역할을 하는 성분으로, 보습도가 낮아졌을 때 이를 함유한 화장품을 추천할 수 있다

64 정답 | ①

해설 | ㄷ. 책임판매업자와 계약한 사항대로 내용물 및 원료의 비율을 유지해야 한다.

ㄹ. 맞춤형화장품 판매업자가 아니라 고용된 조제관리사가 직접 제품 조제를 진행해야 한다.

65 정답 | ①

해설 | 신남알은 향료의 성분 중 알러지 유발 가능성이 있는 성분이므로 이에 대해 안내해야 한다.

66 정답 | ③

해설 | 아데노신은 주름 개선 고시 성분, 알파비사보롤은 미백 고시 원료이다. 글루타랄, 세틸피리듐 클로라이드, 트리클로카반은 보존제 성분이다.

67 정답 | ②

해설 | 글루타랄은 0.1%의 함량 제한, 벤질알코올은 1%의 함량 제한을 가지는 보존제이다.

68 정답 | ②

해설 | 알루미늄 형태의 튜브는 공기가 들어가지 않아서 유리하다.

69 정답 | ③

해설 | 만 5세 미만의 어린이가 오일 등을 물로 오인하여 먹는 경우를 방지하기 위한 포장이다.

70 정답 | ⑤

해설 | 전성분은 2차 포장의 필수 기재 사항에 해당한다.

71 정답 | ⑤

해설 | 사용 시의 주의사항은 용량과 관계없이 모든 2차 포장의 의무 기재 사항이다.

72 정답 | ①

해설 | 가격은 의무적으로 설명해야 하는 사항이 아니다.

73 정답 | ②

해설 | ㄷ. 배설 기능 : 피지와 땀의 분비로, 체내 노폐물이 체외로 배출되는 것이다.

ㅁ. 합성 작용 : 피부 표면에서 자외선에 의해 비타민 D가 합성되는 현상을 말한다.

74 정답 | ①

해설 | 피부의 가장 외부에 존재하는 층은 표피로 유해물질을 차단하는 장벽 역할을 한다. 그 아래의 진피는 피부의 가장 많은 부분을 차지하며 피부 탄력을 유지하고, 최하층의 피하지방은 지방세포로 구성되어 단열, 충격 흡수, 뼈와 근육 보호 등의 역할을 한다.

75 정답 | ①

해설 | 표피는 각질층을 형성하기 위해서 분화한다. 유극층은 표피에서 가장 두꺼운 층으로 상처 발생 시 재생을 담당하고, 과립층은 피부장벽 형성에 필요한 성분을 제작하여 분비한다.

76 정답 | ②

해설 | 피부장벽은 각질층의 핵심 구조로 피부 수분 손실 억제 등의 기능을 한다.

77 정답 | ①

해설 | 통각 → 촉각 → 냉각 → 압각 → 온각의 순서로 측정세포가 많이 분포한다.

78 정답 | ②

해설 | 콜라겐은 교원세포에 의해서 만들어진 섬유구조의 단백질로 물리적 압력에 저항하여 진피의 구조를 유지한다(자체적인 탄성을 가지지는 않음).

79 정답 | ①

해설 | 성장기의 주기와 속도는 머리카락 3~5년(12mm/개월), 눈썹 3~5개월(5.4mm/개월), 수염 2~3년(11.4mm/개월)이다.

80 정답 | ①

해설 | 피부 수분 측정기는 화장품 사용에 의한 피부의 수분 보유량 등을 확인하기 위한 장비이다.

81 정답 | 정보주체

해설 | 정보주체는 개인정보의 출처가 되는 사람이다.

82 정답 | 기능성화장품

해설 | 기능성 화장품은 화장품법 시행규칙에 따라서 11종류의 기능의 종류와 효능의 범위를 규정하여 안전성과 유효성을 확보하기 위한 화장품의 종류이다.

83 정답 | 영 · 유아

해설 | 영 · 유아용 제품은 안전을 위해서 독립적인 카테고리로 분류한다.

84 정답 | 체질

해설 | 마이카, 탈크 등이 체질 안료에 해당한다.

85 정답 | 0.01

해설 | 사용 후 세척되는 제품은 사용 후 세척되지 않는 화장품보다 많은 양의 향료를 쓸 수 있다.

86 정답 | 0.5

해설 | 〈보기〉는 AHA를 포함한 화장품의 사용상 주의사항이다. 함량이 낮은 경우에는 해당하지 않으며, 그 기준은 0.5%로 정하였다.

87 정답 | 3

해설 | 화장품법상 분류되는 어린이의 나이 기준은 3세로, 이는 영유아 제품의 기준이 되기도 한다. 어린이에게는 사용을 금지하기 위해 설정한다.

88 정답 | 25%

해설 | 이산화티탄의 경우 기본적인 유기 자외선 차단제보다는 배합한도가 높다.

89 정답 | 각질층

해설 | 피부 최외곽의 각질층은 피부의 수분 증발을 막는 핵심적인 구조로 되어 있다.

90 정답 | 내용물

해설 | 책임판매업자가 공급하는 완성된 형태의 제형을 이룬 것을 의미한다.

91 정답 | 30mL

해설 | 유화 제형 등은 물에 희석하여 지방분을 제거하고 측정한다. 이때 희석하는 물의 부피는 30mL이다.

92 정답 | 휴지기

해설 | 휴지기는 성장주기의 10~15%를 차지하고 대사과정이 정지된 채로 있어 결합력이 약하다.

93 정답 | 판매량

해설 | 판매일자와 판매량을 기록해 맞춤형화장품 사용과 관련된 부작용 발생 사례에 대해서 추적이 쉽도록 관리한다.

94 정답 | 매년(1년)

해설 | 책임판매관리자의 교육 주기와 같이 매년 교육을 받아야 한다.

95 정답 | 레티놀

해설 | 식품의약품안전처장이 고시한 주름 개선 기능성화장품의 효능·효과를 나타내는 원료 중 하나인 레티놀은 맞춤형화장품 조제관리사가 직접 배합할 수 없다. 다만, 맞춤형화장품판매업자에게 원료를 공급하는 화장품책임판매업자가 화장품법 제4조에 따라 해당 원료를 포함하여 기능성화장품에 대한 심사를 받거나 보고서를 제출한 경우는 제외한다.

96 정답 | 티타늄디옥사이드, 25%

해설 | 티타늄디옥사이드는 무기 자외선 차단제에 해당한다. 유기 자외선 차단 성분보다 배합 한도가 높아 25%의 제한 함량 제한을 가진다.

97 정답 | 80

해설 | PA+++ 제품을 쓰면 10분 만에 피부색이 짙어지는 사람을 기준으로 피부에 닿는 UVA의 양을 1/8로 감소시킨다. 따라서 8배 더 긴 시간 동안, 즉 80분 동안 활동이 가능하다. 참고로 PA에서 +++의 의미는 UVB를 1/6로 감소시킨다는 의미이다.

98 정답 | 침적 마스크제

해설 | 액상 등의 제형과 지지체가 사용되는 제형의 종류이다.

99 정답 | 타이로시나아제(Tyrosinase)

해설 | 타이로시나제는 타이로신이라는 아미노산을 산화시켜 멜라닌을 형성한다.

100 정답 | 스톡스

해설 | 절대점도 포아스의 단위를 밀도로 나눈 것을 운동점도라 하고 단위는 스톡스를 쓴다. 점도가 낮아서 물로 오인할 수 있는 오일류 등은 안전용기를 사용해야 한다.

■ 선다형

01	02	03	04	05	06	07	08	09	10
③	②	②	⑤	②	③	①	⑤	③	④
11	12	13	14	15	16	17	18	19	20
①	③	①	①	②	⑤	③	⑤	①	⑤
21	22	23	24	25	26	27	28	29	30
①	②	①	⑤	④	⑤	③	③	③	①
31	32	33	34	35	36	37	38	39	40
②	⑤	④	②	⑤	③	①	①	③	⑤
41	42	43	44	45	46	47	48	49	50
④	③	①	④	⑤	③	④	④	④	③
51	52	53	54	55	56	57	58	59	60
②	②	①	④	⑤	②	②	②	②	③
61	62	63	64	65	66	67	68	69	70
②	③	③	④	③	③	②	③	①	③
71	72	73	74	75	76	77	78	79	80
④	③	④	⑤	①	①	④	②	③	③

■ 단답형

81	정보주체	91	품질 보증 책임자
82	등록	92	1,000
83	착색	93	사용기간
84	백탁현상	94	리모넨
85	멸종위기종	95	옥토크릴렌, 10%
86	다 등급	96	㉠ 21, ㉡ 비에멀전타입
87	25%	97	표피
88	벌크제품	98	소한선
89	㉠ 보류, ㉡ 격리 보관	99	모표피
90	뱃치	100	혼합

01 정답 | ③

해설 | ③은 개인정보의 유출 확인 시 정보주체에게 알려야 하는 사항이다.

02 정답 | ②

해설 | 화장품 제조업은 화장품을 직접 제조하는 영업이며, 유통 · 판매하는 것은 책임판매업의 범위이다.

03 정답 | ②

해설 | 먹는 방식은 화장품의 영역에 해당하지 않는다.

04 정답 | ⑤

해설 | 베이스코트(basecoats)는 손·발톱용 제품에 속한다. 립밤의 경우 입술을 보호하는 의미가 크지만 색소를 사용할 수 있다는 점에서 립스틱, 립라이너, 립글로스와 함께 색조화장품으로 분류되어 관리되고 있다.

05 정답 | ②

해설 | 운전면허의 면허번호는 고유식별정보에 해당한다. 민감정보는 처리가 불가하고 고유식별정보는 처리가 가능하다. 이때, 처리는 개인정보의 수집, 생성, 연계, 연동, 기록, 저장, 보유, 편집, 제공, 이용 등과 같은 행위를 의미한다.

06 정답 | ③

해설 | 유효성에 대한 설명으로 색조화장품의 발색, 기능성화장품의 개별 기능이 발휘되는 것을 의미한다.

07 정답 | ①

해설 | ② 정보주체 : 처리되는 정보에 의하여 알아볼 수 있는 사람으로서 그 정보의 주체가 되는 사람을 말한다.
　　　③ 제3자 : 법률관계에 있어서 직접 참여하는 자를 당사자라고 하며, 당사자 이외의 자를 제3자라고 한다.
　　　④ 법정대리인 : 본인의 대리권수여에 의하지 않고, 대리권을 부여받은 사람을 말한다.
　　　⑤ 개인정보보호 책임자 : 개인정보의 안전한 관리를 위한 계획을 수립하고 개인정보 파일의 관리·감독을 진행하는 사람을 말한다.

08 정답 | ⑤

해설 | 개인정보 처리 동의를 받을 때 다른 내용보다 20% 이상 크게 작성하여야 한다.

09 정답 | ③

해설 | ㄴ. 면역 독성 : 면역 장기에 손상을 주어 생체 방어기전 저해
　　　ㅁ. 발암성 : 장기간 투여 시 암(종양) 발생

10 정답 | ④

해설 | 쉐어버터는 결합한 지방산의 구조가 포화되어 있어 분자 간 결합력이 높아 상온에서 고형 형태를 유지한다.

11 정답 | ①

해설 | ② 계면활성제는 계면에 흡착하여 계면의 성질을 현저히 변화시키는 물질이다.
　　　③ 고분자화합물은 주로 점도 증가, 피막 형성 등의 목적으로 사용된다.
　　　④ 산화방지제는 산화되기 쉬운 성분을 함유한 물질에 첨가하여 산패를 막을 목적으로 사용된다.
　　　⑤ 유성원료는 수분의 증발을 억제하고 사용감촉을 향상시키는 등의 목적으로 사용된다. 물과 잘 섞이지 않는다.

12 정답 | ③

해설 | 적색 산화철, 황색 산화철, 울트라마린 등이 용매에 녹지 않고 고체의 형태로 색을 나타내는 착색 안료에 해당한다.

13 정답 | ①

해설 | 하이드록시이소헥실3-사이클로헥센 카복스알데하이드는 알러지 유발 가능성이 심하여 화장품 사용 금지 원료로 지정되었다.

14 정답 | ①

해설 | ② 아데노신(0.04%)은 주름개선 기능성 성분이다.
　　　③, ④ 글루타랄(0.1%) 및 페녹시에탄올(1%)은 보존제 성분이다.
　　　⑤ 옥토크릴렌(10%)은 자외선 차단 성분이다.

15 정답 | ②

해설 | UVB는 피부 표피에 즉각적인 손상을 주어 일광화상 등의 원인이 된다.

16 정답 | ⑤

해설 | 〈보기〉는 면도용 제품류 중 애프터세이브로션 및 남성용 탈쿰의 효능·효과이다.

17 정답 | ③

해설 | 수렴 효과는 알코올 등의 증발로 수축되는 느낌을 주는 효능으로 기초화장품 제품류의 효능·효과에 해당한다. 상처 반흔, 독소, 면역, 가려움 완화는 질병을 진단·치료·경감·처치 또는 예방하는 효과 또는 의학적 효능·효과 관련 표현에 해당하여 금지된다.

18 정답 | ⑤

해설 | 최고 또는 최상과 같이 배타성을 띠는 절대적 표현은 금지된다.

19 정답 | ①

해설 | SED는 Systemic Exposure Dosage의 약자로 전신노출량을 의미한다. 전신노출량은 하루에 화장품 사용 시 흡수되어 전신에 걸쳐 작용되는 양을 의미한다.

20 정답 | ⑤

해설 | ⑤는 가 등급, ①~④는 다 등급에 해당한다. 이 중 위해성이 가장 높은 등급은 가 등급이다.

21 정답 | ①

해설 | 유해성은 독성 등을 가진 물질의 특성과 노출량 등을 판단하여 결정한다.

22 정답 | ②

해설 | 사용기한은 화장품이 제조된 날부터 적절한 보관 상태에서 제품이 고유의 특성을 간직한 채 소비자가 안정적으로 사용할 수 있는 최소한의 기한을 의미한다.
③ 개봉 후 사용기간을 기재할 경우 제조연월일을 병행하여 표기해야 한다.

23 정답 | ①

해설 | 〈보기〉는 모발용 샴푸의 개별 주의사항이다.

24 정답 | ⑤

해설 | ① 위해도 결정 : 평가대상 위해요인이 인체건강에 미치는 위해영향 발생과 위해 정도를 정량적 또는 정성적으로 예측하는 과정
② 노출평가 : 화장품 등을 통하여 사람이 바르거나 섭취하는 위해요소의 양 또는 수준을 정량적·정성적으로 산출하는 과정
③ 위험성 결정 : 위해요소의 노출량과 유해영향 발생과의 관계를 정량적으로 규명하는 단계
④ 위해평가 : 인체가 화장품 사용으로 유해요소에 노출되었을 때 발생할 수 있는 위해영향과 발생 확률을 과학적으로 예측하는 일련의 과정

25 정답 | ④

해설 | 책임판매관리자는 안전관리 정보를 식품의약안전처장에게 보고해야 한다.

26 정답 | ⑤

해설 | ① 손·발톱용 제품의 주의사항이다.
② 두발용, 두발염색용 및 눈화장용 제품의 주의사항이다.
③ 고압가스를 사용하지 않는 분무형 자외선 차단제의 주의사항이다.
④ 퍼머넌트 웨이브 제품 및 헤어스트레이트너 제품의 주의사항이다.

27 정답 | ③

해설 | ①, ②, ⑤는 나 등급, ③은 다 등급, ④는 가 등급에 해당한다. 이때 다 등급의 위해성 등급이 가장 낮다고 판단한다.

28 정답 | ③

해설 | 신체적인 손상을 입어 불구가 되거나 기능 저하를 가져오는 것은 의학적으로 중요한 사례에 해당한다.

29 정답 | ③

해설 | 품질관리 기준서에는 시험지시서, 시험검체 채취 방법 및 주의사항, 표준품 및 시약관리 등이 포함되어 있다.

30 정답 | ①

해설 | ② 재작업 : 적합 판정기준을 벗어난 완제품, 벌크제품 또는 반제품을 재처리하여 품질이 적합한 범위에 들어오도록 하는 작업을 말한다.

③ 제조 : 원료 물질의 총량부터 혼합, 충전(1차 포장), 2차 포장 및 표시 등의 일련의 작업을 말한다.

④ 교정 : 규정된 조건하에서 측정기기나 측정 시스템에 의해 표시되는 값과 표준기기의 참값을 비교하여 이들의 오차가 허용범위 내에 있음을 확인하고, 허용범위를 벗어나는 경우 허용범위 내에 들도록 조정하는 것을 말한다.

⑤ 일탈 : 제조 또는 품질관리 활동 등의 미리 정하여진 기준을 벗어나 이루어진 행위를 말한다.

31 정답 | ②

해설 | 미생물 실험실은 화장품 내용물이 노출되는 실험실로 2등급에 해당하며, 외부 미생물에 의한 오염으로 데이터가 변하지 않는 등급을 유지해야 한다.

32 정답 | ⑤

해설 | ① 청정도 – 공기정화기

② 실내온도 – 열교환기

③ 향기 – 관리항목이 아님

④ 습도 – 가습기

33 정답 | ④

해설 | 천장 주위의 대들보, 파이프, 덕트 등은 가급적 노출되지 않도록 설계해야 한다.

34 정답 | ②

해설 | 빛이 밖으로 새어나가지 않게 한다.

35 정답 | ⑤

해설 | 제조소 및 보관지역 등과 분리된 곳은 흡연 및 취식이 가능하다. 2, 4등급 시설은 제조소와 보관시설 등이 있는 곳이므로 흡연 및 취식이 불가하다.

36 정답 | ③

해설 | 피부에 외상이 있거나 질병에 걸린 직원은 화장품의 품질에 영향을 주지 않는다는 '의사'의 소견이 있기 전까지는 격리해야 한다.

37 정답 | ①

해설 | ㄷ. 기능측정 : 회전수, 전압, 투과율, 감도 등

ㄹ. 청소 : 외부표면, 내부

38 정답 | ①

해설 | ㄹ. 칭량장치 : 양과 기준을 만족하는지를 보증하기 위해 중량적으로 측정한다.

ㅁ. 제품 충전기 : 제품을 1차 용기에 넣기 위해서 사용한다.

39 정답 | ③

해설 | 해당 물질을 재평가하여 사용 적합성을 결정해야 한다.

40 정답 | ⑤

해설 | 원자재 공급자명은 원자재의 입고 관리 기준에서 시험기록서에 기재해야 하는 사항이다.

41 정답 | ④

해설 | ㉠ Laboratory Error 조사 : 담당자의 실수, 분석기기 문제 등의 여부 조사

ⓛ 재검체 채취 : 오리지널 검체와 다른 검체의 채취를 의미

ⓒ 결과 검토 : 품질관리자가 결과를 승인

• 추가 시험 : 오리지널 검체를 대상으로 다른 담당자가 실시

• 재시험 : 재검체를 대상으로 다른 담당자가 실시

42 정답 | ③

해설 | 재작업 처리 실시의 결정은 품질보증 책임자가 실시한다.

43 정답 | ①

해설 | 기준일탈 조사란 일탈원인에 대해서 조사를 실시하고 시험 결과를 재확인하는 과정이다. 측정에서 일탈 결과가 나오면 기준일탈을 조사하게 된다. 측정에 틀림없음이 확인되면 기준일탈의 처리를 진행한다. 기준일탈 결과가 불합격인 경우에는 폐기처분 또는 재작업이나 반품 등의 처리를 진행한다.

44 정답 | ④

해설 | 산화크롬은 착색제로 사용된다.
① 납 : 20ppm 이하
② 니켈 : 10ppm 이하
③ 비소 : 10ppm 이하
⑤ 안티몬 : 10ppm이하

45 정답 | ⑤

해설 | 납의 경우 점토를 원료로 사용한 분말제품은 $50\mu g/g$ 이하, 그 밖의 제품은 $20\mu g/g$ 이하의 검출 허용 한도를 갖는다.

46 정답 | ③

해설 | 병원성 미생물(화농균, 녹농균, 대장균)은 검출되면 안 된다.
ㄹ. 진균은 곰팡이류를 의미하며 생균에 포함된다.

47 정답 | ④

해설 | 크림은 기타화장품으로 포함되며, 기타화장품의 총호기성생균수는 1,000개/g 이하이다.

48 정답 | ④

해설 | ①, ②, ⑤ 디옥산, 메탄올, 프탈레이트 등은 기체크로마토그래피법으로 확인할 수 있다.
③ 비소는 비색법, 유도결합플라즈마 – 질량분석기(ICP – MS)법으로 확인이 가능하다.

49 정답 | ④

해설 | ㉠ 기저층 : 진피층과의 경계를 형성하고 1층으로 구성되어 있으며 표피층 형성에 필요한 새로운 세포를 형성한다.
㉡ 과립층 : 피부장벽 형성에 필요한 성분을 제작하여 분비한다.

50 정답 | ③

해설 | 세라마이드가 가장 높은 비율을 차지하고, 그 다음 자유지방산, 콜레스테롤의 순으로 높은 비율을 차지한다.
④ 인지질 : 살아있는 세포막을 구성하는 성분이다.
⑤ 중성지방 : 지방세포에서 지질을 저장하는 형태이며, 피지의 주요 성분이다

51 정답 | ②

해설 | 타이로시나제 효소는 아미노산의 일종인 Tyrosine으로부터 멜라닌을 합성한다. Tyrosine을 변형시키는 효소이기 때문에 타이로시나제라고 명명되었다.

52 정답 | ②

해설 | 모피질에 대한 설명이다. 모피질 세포는 간층 물질로 결합되어 있고, 가로 방향으로 절단하기는 어려우나 세로 방향으로는 잘 갈라진다.

53 정답 | ①

해설 | 원형 탈모에 대한 설명으로, 일시적인 원인이 사라지면 다시 회복된다.

54 정답 | ④

해설 | 색차계의 L값은 밝기를 의미하며, L값이 증가할수록 피부색이 엷어진 것을 의미한다.

55 정답 | ⑤

해설 | 보건범죄 단속에 관한 특별조치법 위반으로 등록이 취소되거나 영업소가 폐쇄된 이후 1년이 지나지 않은 자는 맞춤형화장품 판매업을 신고할 수 없다.

56 정답 | ②

해설 | 구입자 정보는 맞춤형화장품 판매내역서에 의무적으로 작성해야 할 사항이 아니다.

57 정답 | ②

해설 | ㄷ. 기본 제형(유형을 포함한다)이 정해져 있어야 하고, 기본 제형의 변화가 없는 범위 내에서 특정 성분의 혼합이 이루어져야 한다.
ㅁ. 기존 표시 · 광고된 화장품의 효능 · 효과에 변화가 없는 범위 내에서 특정 성분의 혼합이 이루어져야 한다.

58 정답 | ②

해설 | 쿼터늄 – 15는 맞춤형화장품 제조 시 사용상의 제한이 있는 원료인 보존제 성분이다.

59 정답 | ②

해설 | 에틸헥실메톡시신나메이트는 사용상의 제한이 필요한 원료의 하나인 자외선 차단제이다. 법에서 정한 농도와 함량을 준수하면 안전한 것으로 판단하지만, 이를 맞춤형화장품 조제관리사가 직접 배합하는 것은 금지된다. 참고로 아데노신은 주름 개선 고시 원료이고, 벤질알코올은 보존제이다.

60 정답 | ③

해설 | 에칠아스코빌에텔은 식품의약품안전처장이 고시한 미백 기능성화장품의 효능 · 효과를 나타내는 원료로서 맞춤형화장품에 혼합할 수 없다.
※ 다만, 맞춤형화장품 판매업자에게 원료를 공급하는 화장품 책임판매업자가 화장품법 제4조에 따라 해당 원료를 포함하여 기능성화장품에 대한 심사를 받거나 보고서를 제출한 경우는 제외한다.
① 글리세린 : 보습제
② 아데노신 : 주름 개선 기능성 고시 원료
④ 카보머 : 점증 기능의 고분자 원료
⑤ 벤조페논 : 자외선 차단제

61 정답 | ②

해설 | 식품의약품안전처장이 고시한 주름 개선 기능성화장품의 효능 · 효과를 나타내는 원료 중 하나인 레티놀팔미테이트는 맞춤형화장품에 혼합할 수 없다. 나머지 원료는 미백 기능성 고시원료에 해당한다.
※ 다만, 맞춤형화장품 판매업자에게 원료를 공급하는 화장품 책임판매업자가 화장품법 제4조에 따라 해당 원료를 포함하여 기능성화장품에 대한 심사를 받거나 보고서를 제출한 경우는 제외한다.

62 정답 | ③

해설 | 외상이 수상이므로 친수성 염료를 떨어뜨리면 확인이 가능하다.

63 정답 | ③

해설 | 다량의 유상과 수상이 혼합되어 우윳빛을 나타내는 유화 제형은 마이셀의 크기가 커서 가시광선을 산란시켜 희게 보인다.

64 정답 | ④

해설 | • 기밀용기 : 일상의 취급 또는 보통 보존 상태에서 액상 또는 고형의 이물 또는 수분이 침입하지 않음. 내용물을 손실, 풍화, 조해 또는 증발로부터 보호할 수 있는 용기
• 밀봉용기 : 일상의 취급 또는 보통의 보존상태에서 기체 또는 미생물이 침입할 염려가 없는 용기

65 정답 | ③

해설 | ① 물리적인 힘이 가해져야 한다.
② CMC 이상의 농도가 되어야 마이셀의 형성이 가능하다.
④, ⑤ HLB 값은 높은 것을 사용하여 가용화 제형을 제작한다.

66 정답 | ③

해설 | ㄴ. 알파비사보롤을 함유하고 피부 미백 기능성화장품으로 인정받은 화장품을 추천 가능하다.
ㄹ. 글리세린은 수분을 잡아줄 수 있는 보습제의 역할을 하는 성분으로 보습도가 낮아졌을 때 추천 가능하다.

67 정답 | ②

해설 | 가속 시험은 6개월 이상 시험하는 것을 원칙으로 하고, 온도는 장기보존 시험보다 15℃ 높은, 40±2℃가 적당하다.
① 장기보존 시험은 일반적인 온도, 습도(온도 25±2℃, 상대습도 60±5%) 조건에서 실시한다.
③ 가혹 시험은 온도 순환(−15~45℃)을 통해 냉동 · 해동 조건을 실시한다.
④ 피부감작성 시험은 알러지 여부를 테스트 하는 안전성 시험이다.
⑤ 개봉 후 안정성 시험은 일반적인 온도, 습도 조건에서 실시한다.

68 정답 | ③

해설 | 알부틴의 최대 한도는 5%이다. 인삼추출물은 전성분 표시에서 알부틴보다 뒤에 있기 때문에 알부틴(5%)보다 적게 사용되었다. 또한 사용상의 제한이 있는 원료인 벤질알코올의 최대 함량은 1%이고, 인삼추출물은 벤질알코올보다 전성분 표시에서 이보다 앞에 있기 때문에 1%보다 많이 사용되었다. 따라서 유추 가능한 인삼추출물의 함유 범위는 1~5% 사이이다.

69 정답 | ①

해설 | 1,2 헥산디올은 보습을 위한 일반적인 성분으로 표시하지 않아도 된다. 타르색소, 아데노신(기능성화장품의 경우 그 효능 · 효과가 나타나게 하는 원료), 페녹시에탄올(식품의약품안전처장이 사용 한도를 고시한 화장품의 원료)은 표시해야 한다. 글라이콜릭애시드는 AHA의 성분으로 역시 표시해야 한다.

70 정답 | ③

해설 | Sebumeter은 피지분비량을 측정하기에 적합한 기기이다.
① pH meter : 피부의 pH 측정
② Friction meter : 피부의 거칠기 측정
④ Cutometer : 피부의 탄력 측정
⑤ Chromameter : 피부의 색상 측정

71 정답 | ④

해설 | 과붕산나트륨은 산화제의 역할을 한다. 나머지 성분은 발색제의 역할을 한다.

72 정답 | ③

해설 | 세균은 대두카제인소화액배지에서 30~35℃ 조건으로 18~24시간 배양한다. 진균은 사부로포도당한천배지에서 20~25℃조건으로 48시간 배양한다.

73 정답 | ④

해설 | ④는 200만원 이하의 벌금 사항에 해당한다.

74 정답 | ⑤

해설 | 체모 제거에는 이황화결합을 약화시키는 치오글리콜산을 사용한다. 징크피리치온은 탈모증상 완화에 도움을 준다.

75 정답 | ①

해설 | 만수국꽃 오일은 사용상의 제한이 있는 기타 원료로 구분된다. 사용 후 씻어내는 제품은 0.1%, 사용 후 씻어내지 않는 제품은 0.01%의 사용 한도가 적용되며, 맞춤형화장품 조제관리사가 혼합할 수는 없다.

76 정답 | ①

해설 | 화장품은 어린이의 손이 닿지 않는 곳에 보관해야 한다.
②~④ 일반적인 화장품의 주의사항
⑤ 모발에 사용하는 화장품의 주의사항

77 정답 | ④

해설 | 착향제는 기본적으로 향료로 기입할 수 있다. 보존제와 기능성화장품 원료는 함량이 많은 순서대로 반드시 기입해야 한다.

78 정답 | ②

해설 | 나, 다 등급의 회수 기간은 30일 이내이며, 가 등급은 15일 이내이다. 화장품에 사용할 수 없는 원료를 사용한 화장품은 가 등급에 해당한다.

79 정답 | ③

해설 | 랑게르한세포는 표피에서 면역을 담당한다.
① 각질형성세포 : 각질의 형성 담당
② 섬유아세포 : 진피의 세포로 진피성분 제작 담당
④ 메르켈세포 : 촉각 담당
⑤ 멜라닌형성세포 : 색소 담당

80 정답 | ③

해설 | ① 1차 피부 자극 시험 : 피부도포 시 자극 발생 여부를 확인하는 시험
② 피부감작성 시험 : 알러지 발생 여부를 확인하는 시험
④ 안점막 자극 시험 : 눈의 점막에 자극을 주는지 확인하는 시험
⑤ 광독성 시험 : 특정 물질이 자외선을 흡수한 후 자극을 발생시키는지 확인하는 시험

81 정답 | 정보주체

해설 | 정보주체에 대한 설명이다. 참고로 업무를 목적으로 개인정보파일을 운용하는 자는 개인정보처리자이다.

82 정답 | 등록

해설 | 맞춤형화장품판매업은 식품의약품안전처장에게 신고하지만, 화장품 제조업자와 화장품 책임판매업자는 식품의약품안전처장에게 등록해야 한다.

83 정답 | 착색

해설 | 착색 안료는 피부에 색을 부여하는 데 사용되며, 벤가라, 울트라마린 등이 있다.

84 정답 | 백탁현상

해설 | 가시광선이 산란되면 흰색을 나타낸다. 이산화티탄 등은 자외선 차단제뿐만 아니라 색조제품에서 백색 안료로도 사용된다. 무기 자외선 차단제의 입자 사이즈를 줄이면 백탁현상이 줄어들 수 있다.

85 정답 | 멸종위기종

해설 | 국제적 멸종위기종의 가공품이 함유된 화장품을 표현 또는 암시하는 표시 · 광고는 하지 말아야 한다.

86 정답 | 다 등급

해설 | 위해등급 중 낮은 수준에 해당하는 위반 사항이다. 병원성 미생물에 오염되어 안전에 문제가 있는 경우와 기능성 성분의 함량이 기준치에 부적합해 그 기능을 담보할 수 없을 때에도 다 등급을 위반한 사례에 해당한다.

87 정답 | 25%

해설 | 산화아연(징크옥사이드)의 사용한도는 25%로 기본적인 유기 자외선 차단제보다는 배합 한도가 높다.

88 정답 | 벌크제품

해설 | 완제품은 출하를 위해 제품의 포장 및 첨부문서의 표시 공정 등을 포함한 모든 제조공정이 완료된 화장품을 말한다. 반면 벌크제품은 원료를 이용하여 제형 제작을 마치고 충전의 단계만 남겨둔 것을 의미한다.

89 정답 | ㉠ 보류, ㉡ 격리 보관

해설 | 원자재 입고절차 중 육안 확인 시 물품에 결함이 있을 경우 입고를 보류하고, 물품을 격리 보관 및 폐기하거나 원자재 공급업자에게 반송하여야 한다.

90 정답 | 뱃치

해설 | 뱃치(제조단위)란 하나의 공정이나 일련의 공정으로 제조되어 균질성을 갖는 화장품의 일정한 분량을 말한다.

91 정답 | 품질 보증 책임자

해설 | 재작업의 실시 결정과 재작업 여부, 재작업품 합격 결정은 모두 품질 보증 책임자가 결정한다.

92 정답 | 1,000

　　해설 | 에센스는 기타화장품에 포함되며, 기타화장품의 총호기성생균수는 1,000개/g 이하이다.

93 정답 | 사용기간

　　해설 | 개봉 후 사용기간은 개봉 후에도 안전하게 사용할 수 있는 기간을 의미한다. 이는 1차 포장에 반드시 기재해야 한다.

94 정답 | 리모넨

　　해설 | 리모넨은 식약처장이 고시한 25종의 알러지 유발 가능성 향료에 해당한다.

95 정답 | 옥토크릴렌, 10%

　　해설 | 옥토크릴렌은 유기 자외선 차단제 성분으로서 제한 함량은 10%이다.

96 정답 | ㉠ 21, ㉡ 비에멀전타입

　　해설 | 에멀전 타입은 흰색을 나타내지만 비에멀전 타입은 투명하여 물과 혼동될 수 있다. 즉, 어린이용 오일 등 개별포장당 21센티스
　　톡스 이하인 비에멀전 타입의 액체 상태 제품은 안전용기를 사용해야 한다.

97 정답 | 표피

　　해설 | 표피는 피부의 장벽을 구성하고 각질층을 형성하는 구조이다.

98 정답 | 소한선

　　해설 | 소릉에 독립적으로 확보된 한공을 통해서 땀을 분비하므로 체온 유지를 할 수 있다.

99 정답 | 모표피

　　해설 | 편상의 무핵세포가 비늘 모양으로 겹쳐져 있고 화학적 저항성이 강하여 모발 내부를 외부의 자극으로부터 보호한다.

100 정답 | 혼합

　　해설 | 기본 제형(유형을 포함한다)이 정해져 있어야 하고, 기본 제형의 변화가 없는 범위 내에서 특정 성분이 혼합(배합)되어야
　　한다.

■ 선다형

01	02	03	04	05	06	07	08	09	10
③	①	③	②	④	④	④	⑤	②	③
11	12	13	14	15	16	17	18	19	20
⑤	③	①	④	④	③	②	③	⑤	①
21	22	23	24	25	26	27	28	29	30
②	①	④	②	①	②	⑤	③	③	③
31	32	33	34	35	36	37	38	39	40
①	②	①	⑤	⑤	④	②	④	⑤	①
41	42	43	44	45	46	47	48	49	50
⑤	②	⑤	⑤	④	②	⑤	①	②	⑤
51	52	53	54	55	56	57	58	59	60
①	⑤	①	⑤	①	①	①	③	②	⑤
61	62	63	64	65	66	67	68	69	70
⑤	④	①	①	③	④	②	③	①	③
71	72	73	74	75	76	77	78	79	80
①	④	①	④	②	④	②	③	④	①

■ 단답형

81	민감정보	91	20
82	화장품제조업자	92	3
83	백색	93	지방
84	25	94	사용기한
85	최고	95	w/o 제형
86	스크럽	96	30
87	발암성	97	티타늄디옥사이드
88	판정	98	페녹시에탄올, 1%
89	성적서	99	마스카라, 헤어토닉
90	사용기간	100	25%

01 정답 | ③
   해설 | 개인정보 처리 방침은 필수적 기재 사항과 임의적 기재 사항으로 구분되며, ③은 임의적 기재 사항이다.

02 정답 | ①
   해설 | ①은 민감정보에 해당한다. 민감정보는 처리가 불가하고 고유식별정보는 처리가 가능하다.

03 정답 | ③
   해설 | 수입된 화장품의 내용물을 소분한 화장품을 판매하는 것은 화장품 책임판매업이 아니라 맞춤형화장품 판매업이다.

04 정답 | ②

해설 | 안구의 건강 유지 · 증진은 화장품이 아니라 의약품 등의 영역에 해당한다.

05 정답 | ④

해설 | 바디 클렌저(body cleanser)는 목욕용 제품류가 아니라 인체 세정용 제품에 속한다.

06 정답 | ④

해설 | 화장품은 사용하기 쉽고 품질에 문제가 없어야 하는 등 '사용성'을 갖추어야 한다.

07 정답 | ④

해설 | ④는 우수화장품제조기준(CGMP)에 의한 분류법이며, 법률상의 의무는 아니다.

08 정답 | ⑤

해설 | 전화 통화, 인터넷 홈페이지 게시 등 다양한 동의 방법이 있다.

09 정답 | ②

해설 | 알코올은 세면 직후 사용하는 토너 등에 함유되어 피부 수렴의 기능을 한다.

10 정답 | ③

해설 | 실리콘 오일은 유지류에 비해 산뜻한 사용감을 가지고 번들거림이 없어 화장품에 많이 사용되는 유성성분이다.

11 정답 | ⑤

해설 | 폴리비닐피롤리돈은 피막 형성을 돕는 고분자 성분이다.
① 카보머는 점도 증가를 위해 많이 사용되는 고분자 성분이다.

12 정답 | ③

해설 | 탄화수소는 다른 치환기가 없는 단순한 구조로 구성된다.

13 정답 | ①

해설 | 글자는 알아볼 수 있는 크기인 5포인트 이상으로 기입해야 한다.

14 정답 | ④

해설 | 로션은 사용 후 세척되지 않는 제품이므로 알러지 유발 가능성이 있는 향료 성분의 함량이 0.001%를 초과한 경우 별도로 표시한다.

15 정답 | ④

해설 | PA(Protection Factor of UVA)는 검증을 통해 피부의 흑화를 억제하는 기능을 산출한 수치이다. 1의 에너지로 홍반이 생기는 피부가 제품을 바르고 8의 에너지에 흑화가 시작될 경우 PA는 8/1 = +++(8배)[+(2배), ++(4배), ++++(16배)] 이다.

16 정답 | ③

해설 | 보존제는 화장품 내 미생물의 성장을 억제하는 역할을 한다. 항생제와 같은 의약품이나 살균제 등은 생활화학제품 등에 사용되는 명칭으로 작용이 조금씩 다르다.

17 정답 | ②

해설 | 질병을 진단 · 치료 · 경감 · 처치 또는 예방하는 효과나 의학적 효능 · 효과와 관련된 표현은 금지된다. 또한 신체 개선 표현과 생리활성 관련 표현도 금지된다.

18 정답 | ③

해설 | 전신노출량 산정 시 체중은 60kg을 기준으로 계산한다. 따라서 동일한 농도의 제품을 동일한 양으로 사용하더라도 전신에 작용하는 위험성일 경우 체중이 큰 사람이 노출량이 적은 것으로 판단된다.

19 정답 | ⑤

해설 | 생식발생 독성의 위험성은 비발암성 물질의 위해도 결정을 따른다. 비발암성 물질은 안전역이 100 이상인 경우에 안전하다고 판단한다.

20 정답 | ①

해설 | ②~⑤는 다 등급에 해당하며, ①은 나 등급에 해당한다. 나 등급이 다 등급보다 위해성이 높다고 판단한다.

21 정답 | ②

해설 | 유해사례에 대한 설명으로, 이때 징후 증상 또는 질병은 해당 화장품과 반드시 인과관계를 가지지 않아도 된다.

22 정답 | ①

해설 | ①은 퍼머넌트 제품이 아니라 손·발톱 제품 사용상의 주의사항에서 사용을 피해야 하는 사람이다.

23 정답 | ④

해설 | 보존제는 자외선 차단제 등과 함께 용도 및 함량의 제한이 있다.

24 정답 | ②

해설 | ②는 퍼머넌트 웨이브 제품 및 헤어스트레이트너 제품의 개별 사항에 해당한다.

25 정답 | ①

해설 | 물에 녹으면 수용성 염료, 오일에 녹으면 유용성 염료이다.

26 정답 | ②

해설 | 〈보기〉 이외에 '상처 부위 등에는 사용을 자제할 것' 등이 포함된다.

27 정답 | ⑤

해설 | 회수대상 위해등급 다 등급에 해당하는 것과 회수대상이 아닌 것을 구분해야 한다.

28 정답 | ③

해설 | 비이온성 계면활성제는 계면활성제 중 가장 자극이 적어 주로 기초화장품(스킨, 로션, 크림 등) 등의 제작 시 사용된다.

29 정답 | ③

해설 | ① 제품표준서 : 해당 품목의 모든 정보를 포함(제품명, 효능·효과, 원료명, 제조지시서 등)
② 제조관리기준서 : 제조 과정에 착오가 없도록 규정
④ 제조위생관리기준서 : 작업소 내 위생관리를 규정
⑤ 제조지시서 : 제품표준서 내의 관리 항목을 규정

30 정답 | ③

해설 | ① 출하 : 주문 준비와 관련된 일련의 작업과 운송 수단에 적재하는 활동으로 제조소 외로 제품을 운반하는 것
② 재작업 : 적합 판정기준을 벗어난 완제품, 벌크제품 또는 반제품을 재처리하여 품질이 적합한 범위에 들어오도록 하는 작업
④ 교정 : 규정된 조건하에서 측정기기나 측정 시스템에 의해 표시되는 값과 표준기기의 참값을 비교하여 이들의 오차가 허용범위 내에 있음을 확인하고, 허용범위를 벗어나는 경우 허용범위 내에 들도록 조정하는 것
⑤ 일탈 : 제조 또는 품질관리 활동 등의 미리 정하여진 기준을 벗어나 이루어진 행위

31 정답 | ①

해설 | 등급이 높게 관리되는 시설의 압력을 가장 높게 관리여야 한다. 단, 악취나 분진 등이 발생하는 시설은 음압으로 관리하여 시설 밖으로 나가지 않게 해야 한다.

32 정답 | ②

해설 | ㄴ. 외부와 연결된 창문은 가능한 열리지 않도록 할 것
ㅁ. 수세실과 화장실은 접근이 쉬워야 하나 생산구역과 분리되어 있을 것

33 정답 | ①

해설 | ② Medium filter : $0.5\mu m$

③ Hepa filter : $0.3\mu m$

④ Medium Bag filter : $0.5\mu m$

⑤ Nano Filter : 규정에 없음

34 정답 | ⑤

해설 | 분진과 악취가 밖으로 새어 나가지 않게 작업실을 음압으로 관리하며, 오염방지책을 마련해야 한다.

35 정답 | ⑤

해설 | 가능한 한 세제를 사용하지 않는 것이 좋다.

36 정답 | ④

해설 | 작업 전에 복장점검을 하고 적절하지 않을 경우는 시정한다.

37 정답 | ②

해설 | 주간 계획이 아닌 연간 계획이 일반적이다.

38 정답 | ④

해설 | 구성 설비에서 쉽게 제거될 수 있는 혼합기를 선택하여 세척이 용이하게 한다.

39 정답 | ⑤

해설 | 원료와 포장재가 재포장될 때, 새로운 용기에 원래와 동일한 라벨링을 부착하는 방식으로 관리한다.

40 정답 | ①

해설 | 제조된 제품의 포장 공정 후 시험 중 라벨을 부착하고 임시보관한다. 그리고 제품시험에 합격하면 합격 라벨을 부착하고 보관한다.

41 정답 | ⑤

해설 | 결과 검토는 품질관리자가 행하고 그 결과를 승인한다.

① Laboratory Error 조사 : 담당자의 실수, 분석기기 문제 등의 여부 조사

② 추가 시험 : 오리지널 검체를 대상으로 다른 담당자가 실시

③ 재검체 채취 : 오리지널 검체와 다른 검체의 채취를 의미

④ 재시험 : 재검체를 대상으로 다른 담당자가 실시

42 정답 | ②

해설 | 재작업을 해도 제품 품질에 악영향을 미치지 않을 것이 예측되면 재작업을 실시한다.

43 정답 | ⑤

해설 | 니켈의 경우 눈화장용 제품은 35ppm, 색조화장용 제품은 30ppm의 검출 허용 한도를 갖는다.

44 정답 | ⑤

해설 | 옥토크릴렌은 자외선 차단 성분으로 사용상의 제한이 있는 원료에 속한다.

① 프탈레이트류 : 100ppm 이하

② 메탄올 : 0.2(v/v)% 이하

③ 디옥산 : 100ppm 이하

④ 포름알데하이드 : 20ppm 이하

45 정답 | ④

해설 | 메탄올은 일반 제품의 경우 0.2(v/v)% 이하, 물휴지의 경우 0.002%(v/v) 이하의 검출 허용 한도를 갖는다.

46 정답 | ②

해설 | 물휴지의 경우 100개/g 이하, 영·유아용 제품과 눈화장용 제품은 500개/g이며 기타 제품은 1,000개/g이다.

47 정답 | ⑤

해설 | 사용한 후 곧바로 물로 씻어내는 제품은 pH 기준에서 제외된다.

48 정답 | ①

해설 | 메탄올은 푹신아황산법과 기체크로마토그라피법, 기체크로마토그라피 – 질량분석기법 등으로 분석이 가능하다.

49 정답 | ②

해설 | ㄴ. 자외선 차단 성분인 산화아연은 사용상의 제한이 있는 원료로서 맞춤형화장품 배합 금지 원료이다.
　　ㄹ. 내용물 및 원료 정보는 소비자에게 반드시 설명해야 한다.

50 정답 | ⑤

해설 | 향료의 성분 중 알러지 유발 가능성이 있는 나무이끼추출물은 고객에게 별도로 안내해야 한다.

51 정답 | ①

해설 | 참고로 세틸피리듐 클로라이드와 트리클로카반은 보존제 성분이다.

52 정답 | ⑤

해설 | ① 아데노신은 주름 개선 기능성 성분이다.
　　②, ④ 글루타랄, 세틸피리듐 클로라이드는 보존제 성분이다.
　　③ 징크옥사이드도 자외선 차단 소재이나 제한 함량은 25%이다.

53 정답 | ①

해설 | 자 타입 용기는 손으로 떠서 쓰는 형태가 많아 미생물에 의한 대비가 잘되어 있어야 한다.

54 정답 | ⑤

해설 | 안전용기는 어린이가 투명한 유성성분 등을 물로 오인하여 먹는 경우를 방지하기 위한 포장으로, 오일의 특성은 탄화수소의 구조로 정의될 수 있다.

55 정답 | ①

해설 | 사용 시의 주의사항은 2차 포장의 필수 기재 사항에 해당한다.

56 정답 | ①

해설 | 순위시험법은 여러 가지 제품에 대한 상대적인 선호도를 확인할 수 있다.

57 정답 | ①

해설 | 사용하고 남은 제품은 개봉 후 사용기한을 정하고 밀폐를 위한 마개 사용 등을 통해 비의도적인 오염방지를 할 수 있도록 한다.

58 정답 | ③

해설 | 참고로 소릉은 피부에서 튀어나온 부분으로 여기에 한공이 위치한다.

59 정답 | ②

해설 | 유두층은 표피가 아닌 진피층의 구조에 속한다.

60 정답 | ⑤

해설 | 진피는 유두층과 망상층으로 구성된다. 망상층은 섬유조직이 많고 대부분의 진피를 구성하는 부분이다. 나머지는 표피에 속한다.

61 정답 | ⑤

해설 | 세라마이드는 피부의 세포 간 지질을 구성하는 성분으로 수분과의 친화력이 없다. 나머지 성분은 물과의 친화력이 좋은 성질을 가지고 있는 천연보습인자 성분에 해당한다.

62 정답 | ④

해설 | ㄱ. 중성지방은 지방세포에서 지질을 저장하는 형태로, 피지의 주요 성분이다.
ㄷ. 인지질은 살아 있는 세포막을 구성하는 성분이다.

63 정답 | ①

해설 | 섬유아세포는 Fibroblast라고도 불리는 세포로, 콜라겐이나 히알루론산 등을 합성하는 역할을 한다.
② 멜라닌세포 : 피부색을 결정하는 멜라닌을 합성
③ 각질형성세포 : 표피를 구성하고 각질층을 형성
④ 면역세포 : 외부의 미생물 등을 방어
⑤ 신경세포 : 통각, 온각 등의 감각을 느끼는 데 관여

64 정답 | ①

해설 | 연모는 솜털이라고도 불리며, 탈모의 경우 경모가 연모로 바뀌는 과정을 거친다.

65 정답 | ③

해설 | 피부 거칠기 측정기는 마찰이 클수록 피부가 거칠다고 판단하여, 화장품 사용 후의 거칠기 개선 등을 평가한다.

66 정답 | ④

해설 | HDPE, LDPE, 폴리프로필렌(PP) 등도 플라스틱 재질이나 인체교란물질을 방출하지 않아서 화장품 용기로 많이 사용된다.

67 정답 | ②

해설 | 성상, 점도, 유화 상태, 경도 등은 제형의 물리적 안정성에 대한 평가 항목이다. 미생물의 증식은 일반적인 사용조건에서 미생물이 억제됨을 확인하는 시험이다.

68 정답 | ③

해설 | 벤조페논-3의 최대 한도는 5%이다. 호호바오일은 전성분 표에서 벤조페논-3보다 뒤에 있기 때문에 벤조페논-3(5%)보다 적게 사용되었다. 또한 사용상의 제한이 있는 원료인 벤질알코올은 최대 함량인 1%가 사용되었다. 호호바오일은 벤질알코올 보다 전성분 표시에서 앞에 있기 때문에 1%보다 많이 사용되었다. 따라서 유추 가능한 호호바오일의 함유 범위는 1~5% 사이이다.

69 정답 | ①

해설 | 10ml를 초과하는 제품에는 화장품제조업자의 상호가 필요하나 10ml 이하의 경우에는 생략 가능하다.

70 정답 | ③

해설 | 장기보존시험, 가속시험, 개봉 후 안정성 시험은 3로트 이상을 한다. 가혹시험은 검체에 특성에 따라 실시하고 로트 수가 정해져 있지 않다.

71 정답 | ①

해설 | 치오글리콜릭애씨드, 시스테인, 아세틸 시스테인은 모발 사이의 이황화결합을 절단하는 환원제이다. 브롬산나트륨, 과산화 수소수는 이황화결합을 다시 생성시키는 환원제이다.

72 정답 | ④

해설 | 특정인의 세포 또는 조직을 사용하였다는 내용의 광고는 할 수 없다.

73 정답 | ①

해설 | ①은 판매 혹은 광고 정지 3개월, ②~⑤는 판매 혹은 광고 정지 2개월에 해당한다.

74 정답 | ④

해설 | ① 알부틴 : 미백
②, ③ 레티놀, 아데노신 : 주름 완화
⑤ 살리실릭애씨드 : 여드름 완화

75 정답 | ②

해설 | 소합향 나무 추출물은 사용상의 제한이 있는 기타 원료로 구분된다. 사용 한도는 0.6%이다.

76 정답 | ④

해설 | • 양이온 : 베헨트라이모늄 클로라이드, 폴리쿼터늄
　　　• 음이온 : 소듐라우릴설페이트

77 정답 | ②

해설 | 바코드는 2차 포장에 기입해야 할 사항으로 총리가 정한 사항에 해당한다. 나머지 정보도 의무적으로 50ml 초과용량의 2차 포장에 기입해야 하는 사항에 속한다.

78 정답 | ③

해설 | 나, 다 등급 회수 기간은 30일 이내이며 가 등급은 15일 이내이다. 맞춤형화장품 조제관리사를 두지 아니하고 판매한 맞춤형화장품은 위해등급 다 등급에 해당하므로 30일 이내에 회수해야 한다.

79 정답 | ④

해설 | 메르켈세포는 표피에서 촉각을 담당한다.
　　　① 각질형성세포 : 각질의 형성 담당
　　　② 섬유아세포 : 진피의 세포로서 진피 성분의 제작 담당
　　　③ 랑게르한세포 : 표피에서 면역 담당
　　　⑤ 멜라닌형성세포 : 색소의 생성 담당

80 정답 | ①

해설 | 검체 전처리를 위하여 미생물 배양 배지에 제품을 1/10로 희석한 후 이를 0.1ml만 분주하게 된다. 진균이 4개 이하로 나와야 6(세균)+4(진균) = 10, $10 \times 100 = 1,000$개이므로 1,000개/ml 이하로 관리되는 기준에 적합하게 된다.

81 정답 | 민감정보

해설 | 〈보기〉는 민감정보에 해당하는 내용으로 고유식별정보 등과 함께 처리가 제한되는 정보이다.

82 정답 | 화장품제조업자

해설 | 화장품을 직접 제조하므로 위생과 안전을 관리하는 영업 형태 및 작업시설을 갖추어야 한다.

83 정답 | 백색

해설 | 백색안료에는 이산화티탄, 산화아연 등이 있다.

84 정답 | 25

해설 | 식약청장이 위해성을 판단하여 지정한 원료는 총 25종이다.

85 정답 | 최고

해설 | 최고의 기능인 것은 실증하기 어려우므로 절대적 표현을 금지한다.

86 정답 | 스크럽

해설 | 스크럽 세안제는 미세입자의 마찰을 통한 세정제품이다.

87 정답 | 발암성

해설 | 장기간 투여 시 암이 발생 가능함을 나타내는 것으로, HT25 등의 수치를 사용한다.

88 정답 | 판정

해설 | 제1순서로 육안판정을 하고 이것이 불가능하면 닦여져 나온 것을 판정한다. 만일 이 방법도 어려울 경우 최후로 린스액을 분석하여 판정한다.

89 정답 | 성적서

해설 | 원자재의 입고 시 구매요구서, 원자재 공급업체의 성적서 및 현품이 서로 일치하여야 한다. 시험기록서, 제품표준서, 품질관리 기록서는 공급받은 제조업자가 작성한다.

90 정답 | 사용기간

해설 | 사용기한 경과 후에도 재검토 작업에 대비하기 위해 보관한다.

91 정답 | 20

해설 | 포름알데하이드의 경우 메탄올보다 허용 기준치가 높으며 20ppm 이하이다.

92 정답 | 3

해설 | 내용 물량이 표기량에서 벗어나지 않아야 하나, 시험 결과 97% 이상의 내용량이 있으면 합격이다. 이때 처음에는 3개의 제품으로 측정하고, 기준치를 벗어날 경우 6개를 더 취하여 측정한다.

93 정답 | 지방

해설 | 판매신고서는 맞춤형화장품판매업소의 소재지를 관할하는 지방식품의약품안전청장에게 제출해야 한다.

94 정답 | 사용기한

해설 | 사용기한이란 내용물과 원료가 변질되지 않고 안전하게 사용할 수 있는 기간을 말한다.

95 정답 | w/o 제형

해설 | 색조화장품, 선크림 등(워터프루프 기능 부여)이 이에 해당한다.

96 정답 | 30

해설 | 용기의 재질을 표시하여 재활용을 용이하게 하기 위해 사용된다.

97 정답 | 티타늄디옥사이드

해설 | 티타늄디옥사이드 등의 자외선 차단제 성분은 함량과 용도에 제한이 있는 성분으로서 맞춤형화장품 조제관리사가 배합할 수 없는 원료이다.

98 정답 | 페녹시에탄올, 1%

해설 | 보존제 성분은 자외선 차단제 성분보다는 제한 함량이 낮다.

99 정답 | 마스카라, 헤어토닉

해설 | 물을 포함하지 않는 제품과 사용한 후 곧바로 물로 씻어 내는 제품은 pH 기준에서 제외된다.

100 정답 | 25%

해설 | 포장공간의 제한은 단위제품 – 화장품, 단위제품 – 인체 – 두발 세정제품, 종합제품 등으로 구분된다. 종합제품은 다른 제품 단위 2개 이상을 포함한 것으로서 단위제품과 구분되며, 공간 비율은 25% 이하로서 가장 큰 범위가 허용된다.

■ 선다형

01	02	03	04	05	06	07	08	09	10
⑤	⑤	⑤	②	④	④	①	①	③	②
11	12	13	14	15	16	17	18	19	20
②	④	⑤	①	④	⑤	④	③	①	⑤
21	22	23	24	25	26	27	28	29	30
②	①	③	④	⑤	④	⑤	②	②	④
31	32	33	34	35	36	37	38	39	40
②	⑤	③	①	⑤	①	②	⑤	③	③
41	42	43	44	45	46	47	48	49	50
②	④	④	①	④	⑤	③	⑤	⑤	⑤
51	52	53	54	55	56	57	58	59	60
①	④	③	⑤	④	②	②	①	⑤	④
61	62	63	64	65	66	67	68	69	70
③	②	④	②	③	③	②	④	④	②
71	72	73	74	75	76	77	78	79	80
④	②	⑤	①	①	④	①	①	②	④

■ 단답형

81	아토피성	91	Corneometer, TEWL meter
82	화장품 제조업	92	㉠ 효력 시험, ㉡ 인체 적용 시험
83	유전정보	93	㉠ 사용기한, ㉡ 판매
84	㉠ 알러지, ㉡ 25	94	㉠ 브랜드, ㉡ 기본 제형
85	㉠ 백색, ㉡ 체질	95	맞춤형화장품 판매신고서
86	㉠ 식품의약품안전처장, ㉡ 정기보고	96	판매내역서
87	㉠ 5, ㉡ 1	97	참나무이끼추출물, 리모넨
88	고압가스	98	징크옥사이드, 25%
89	㉠ 각질층, ㉡ 기저층	99	영유아용 크림, 영유아용 로션
90	㉠ 대한선, ㉡ 피지선	100	㉠ 2차, ㉡ 15%

01 정답 | ⑤
 해설 | ⑤의 결격사유는 화장품 제조업 등록에만 해당한다.

02 정답 | ⑤
 해설 | 유기농화장품도 천연 함량이 전체 제품에서 95% 이상으로 구성되어야 한다.

03 정답 | ⑤
 해설 | 디퓨저는 화장품의 영역이 아니다.

04 정답 | ②

해설 | 피부에 수분을 공급하는 화장품은 기본적인 화장품의 기능이다.

05 정답 | ④

해설 | 화장품의 기재 – 표시사항을 위반한 화장품을 유통 · 판매한 경우 과태료가 아닌 200만원 이하의 벌금에 해당한다.

06 정답 | ④

해설 | 전자적 파일 형태인 경우에는 영구 삭제한다.

07 정답 | ①

해설 | 정보 주체의 사생활을 현저히 침해할 개인정보, 즉 민감정보는 처리를 제한한다.

08 정답 | ①

해설 | ② 양이온성 계면활성제는 모발 등과의 결합력이 우수하다.
② 양쪽이온성 계면활성제는 음이온성에 비해 자극이 적어 유아용 세정제에 주로 쓰인다.
④ 비이온성 계면활성제는 화장품 제조에 가장 많이 사용된다.
⑤ 친수성 계면활성제는 공식적인 분류법이 아니다.

09 정답 | ③

해설 | ① 에스테르오일 : 합성오일
② 에뮤오일 : 동물에서 얻은 오일
④ 라놀린 : 양털에서 얻은 성분
⑤ 실리콘오일 : 합성오일

10 정답 | ②

해설 | ① 연지벌레에서 얻은 염료
② 착색 안료
④ 백색 안료
⑤ 합성 연료(타르 색소)

11 정답 | ②

해설 | 디메치콘은 다양한 길이의 탄화수소가 섞여 있어 젤리 형태를 나타낸다.

12 정답 | ④

해설 | 사용상의 제한이 있는 원료는 목적과 함량의 규제를 둔 것을 의미하며, 보존제와 자외선 차단제가 이에 해당한다.
① Negative 리스트 : 사용할 수 없는 원료와 사용상의 제한이 있는 원료 외에 모든 원료를 사용할 수 있는 제도
② Positive 리스트 : 사용할 수 있는 성분만 사용할 수 있는 제도로 주로 식품 등의 제품(화장품 규정은 아님)
③ 화장품 배합 금지 원료 : 화장품에 배합할 수 없는 원료
⑤ 기능성 고시 원료 : 기능성 화장품의 기능을 구현하는 원료로 식약청장이 고시한 것

13 정답 | ⑤

해설 | 자외선 차단제의 종류별로 사용 한도가 규정되어 있다.
① 글루타랄 : 0.1%
② 알파비사보롤 : 미백 기능성 소재
③ 에칠헥실메톡시신나메이트 : 7.5%
④ 페녹시에탄올 : 보존제 성분

14 정답 | ①

해설 | 화장품 제형 내 미생물의 성장을 억제하는 것을 보존제라고 한다. 항생제는 의약품 등에 함유되어 인체 내에서 작용한다. 살균제 등은 생활화학제품 등에 사용되는 명칭으로 사물 표면의 미생물을 죽이는 등의 작용을 한다.

15 정답 | ④

해설 | 옥토크릴렌은 분자구조의 특성상 빛을 흡수하여 열에너지로 발산한다.

16 정답 | ⑤

해설 | 화장품에서 질병을 진단 · 치료 · 경감 · 처치 또는 예방한다는 표현이나 의학적 효능 · 효과와 관련된 표현, 신체 개선 혹은 생리활성에 대한 표현은 금지된다.

17 정답 | ④

해설 | 위해도 평가를 위한 데이터 중 잔류 지수(Retention Factor)를 의미한다.
① SED(전신노출량) : 하루에 화장품을 사용할 때 흡수되어 혈류로 들어가서 전신적으로 작용할 것으로 예상하는 양
② NOAEL(최대무독성량) : 유해 작용이 관찰되지 않는 최대 투여량
③ MOS(안전역) : 최대무독성량 대비 전신노출량의 비율
⑤ Adverse Event(유해사례) : 화장품의 사용 중 발생한 바람직하지 않고 의도되지 아니한 징후, 증상 또는 질병

18 정답 | ③

해설 | ①, ② 비발암성 물질은 안전역이 100 이상이 되어야 안전하다고 판단한다.
④ 평생발암 위험도가 5~10인 경우 안전하다고 판단한다.
⑤ 피부감작성 물질은 안전역이 1 이상인 경우 안전하다고 판단한다.

19 정답 | ①

해설 | ② 위해성에 대한 설명이다.
③ 유해물질에 대한 설명이다.
④ 실마리 정보에 대한 설명이다.
⑤ 안전성 정보에 대한 설명이다.

20 정답 | ⑤

해설 | 위해평가는 인체가 화장품 사용으로 유해요소에 노출되었을 때 발생할 수 있는 위해 영향과 그 발생 확률을 과학적으로 예측하는 일련의 과정으로, '위험성 확인 → 위험성 결정 → 노출평가 → 위해도 결정'의 4단계로 진행된다.

21 정답 | ②

해설 | AHA 성분은 각질의 탈락을 촉진하는 성분이나, 피부 자극을 유발할 수 있으므로 0.5% 이상 함유 시 〈보기〉와 같은 주의사항을 표시해야 한다.

22 정답 | ①

해설 | 원료공급자의 검사결과 신뢰 기준 자율규약에 따라 3로트 이상에 대해서 신뢰성을 확보하여야 한다.

23 정답 | ③

해설 | 크림과 같은 리브온 제품은 사용량이 그대로 반영되어 1이고, 세정 제품 사용 시 오래 잔류하는 제품은 0.1에 해당한다. 샤워젤과 같이 세정 후 바로 씻어 내어 접촉시간이 적은 제품은 더 작은 수치인 0.01이 적용된다.

24 정답 | ④

해설 | 염료는 물이나 용매에 분자 하나씩 용해되어 발색하며, 안료는 고체 입자의 형태로 발색한다. 레이크는 염료의 형태를 침전시켜 안료의 기능을 한다.

25 정답 | ⑤

해설 | 가려움은 공통적으로 발생할 수 있는 가벼운 수준의 화장품 부작용이다.

26 정답 | ④

해설 | 기준 이상의 유해물질이 검출된 화장품은 나 등급에 해당하고 나머지는 다 등급에 해당한다. 나 등급이 다 등급보다 위해성 등급이 높다.

27 정답 | ⑤

해설 | 사망을 초래하거나 생명을 위협하는 경우는 의학적으로 중대한 유해사례에 해당한다.

28 정답 | ②

해설 | 소비자를 보호하고 제품의 품질을 보증하는 것이 CGMP의 목적이다. 이를 이루기 위한 방법으로 인위적 과오의 최소화, 고도의 품질 관리 체계 확립, 미생물 및 교차오염으로 인한 품질 저하 방지가 있다.

29 정답 | ②

해설 | ① 원료 : 벌크 제품의 제조에 투입하거나 포함되는 물질을 말한다.
　　　③ 주요 설비 : 제조 및 품질 관련 문서에 명기된 설비로 제품의 품질에 영향을 미치는 필수적인 설비를 말한다.
　　　④ 제조소 : 화장품을 제조하기 위한 장소를 말한다.
　　　⑤ 원자재 : 화장품 원료 및 자재를 말한다.

30 정답 | ④

해설 | 차압관리 없이 환기 장치만으로 유지되는 작업실은 4등급으로 포장재 보관소, 완제품 보관소, 관리품 보관소 등 일반 작업실이
　　　이에 해당한다.

31 정답 | ②

해설 | 화장품 내용물이 노출되는 제조실은 2등급으로 유지되어야 한다. 또한 포장실은 화장품의 내용물이 노출되지 않는 곳이므로
　　　3등급에 해당한다.

32 정답 | ⑤

해설 | 설비 등의 위치는 원자재나 직원의 이동으로 인하여 제품의 품질에 영향을 주지 않도록 해야 한다.

33 정답 | ③

해설 | ① Pre bag filter : $5\mu m$
　　　② Pre filter : $5\mu m$
　　　④ Medium filter : $0.5\mu m$
　　　⑤ Nano filter : 관리항목이 아님

34 정답 | ①

해설 | 분해할 수 있는 설비는 분해해서 세척한다.

35 정답 | ⑤

해설 | ㄱ. 외관검사 : 더러움, 녹, 이상소음, 이취 등을 점검하여야 한다.
　　　ㄴ. 작동점검 : 스위치, 연동성 등을 점검하여야 한다.

36 정답 | ①

해설 | 청소와 위생처리 과정의 효과를 적절한 방법으로 확인할 수 있는 구조로 설계한다.

37 정답 | ②

해설 | 원자재 입고 절차 중 육안 확인 시 물품에 결함이 있을 경우 입고를 보류하고 불합격품 보관소에 격리 보관 및 폐기하거나
　　　원자재 공급업자에게 반송하여야 한다.

38 정답 | ⑤

해설 | 재평가 시스템을 통해 보관기한이 경과한 경우 사용하지 않도록 규정하여야 한다.

39 정답 | ③

해설 | 검체 이외에 향후 발생할지 모르는 재시험에 대비하기 위해 보관용 검체를 준비한다.

40 정답 | ③

해설 | 사용기한 경과 후에도 재검토 작업에 대비하기 위해 보관용 검체를 보관한다. "뱃치"란 하나의 공정이나 일련의 공정으로
　　　제조되어 균질성을 갖는 화장품의 일정한 분량을 말하는 것으로, 뱃치를 대표하는 검체를 보관해야 한다. 개봉 후 사용기간을
　　　기재하는 제품의 경우 사용자마다 개봉시기가 다를 수 있어서 제조일로부터 3년간 보관하는 것으로 통일한다.

41 정답 | ②

해설 | 추가 시험은 오리지널 검체를 대상으로 다른 담당자가 실시한다.

42 정답 | ④

해설 | 기준일탈 제품은 폐기하는 것이 가장 바람직하다.

43 정답 | ④

해설 | ㉠ 보관관리 시 출입 제한, 오염방지, 방충 · 방서 등의 대책으로 보관 환경을 관리한다.
　　　㉡ 재고관리 시 사용기한 내에서 자체적인 재시험 기간과 최대 보관기한을 설정 · 준수한다.

44 정답 | ①

해설 | 실리콘은 유성성분으로 화장품에 사용된다.
　　　② 메탄올 : 0.2(v/v)% 이하
　　　③ 디옥산 : 100ppm 이하
　　　④ 포름알데하이드 : 20ppm 이하
　　　⑤ 프탈레이트류 : 100ppm 이하

45 정답 | ④

해설 | 니켈의 허용 한도는 눈 화장용 제품의 경우 35ppm 이하, 색조화장용 제품의 경우 30ppm 이하, 그 밖의 제품은 10ppm 이하이다.

46 정답 | ⑤

해설 | 납의 경우 점토를 원료로 사용한 분말 제품은 50ppm 이하, 그 밖의 제품은 20ppm 이하의 검출 허용 한도를 갖는다.

47 정답 | ③

해설 | 병원성 미생물(화농균, 녹농균, 대장균)은 검출되면 안 된다.
　　　ㄹ. 진균 : 곰팡이류를 의미하며 생균에 포함된다.

48 정답 | ⑤

해설 | 기타 화장품의 총호기성생균수는 1,000개/g 이하, 물휴지는 100개/g 이하이다. 어린이 제품은 눈 화장 제품과 동일하게 규제된다.

49 정답 | ⑤

해설 | 사용한 후 곧바로 물로 씻어내는 제품은 제외된다.

50 정답 | ⑤

해설 | 화장품을 제조하면서 사용감을 위해 인위적으로 첨가해서는 안 된다.

51 정답 | ①

해설 | 영 · 유아 제품과 눈 화장용 제품은 500개/g, 물휴지의 경우 100개/g 이하이며 기타 제품은 1,000개/g의 관리 기준을 갖는다.

52 정답 | ④

해설 | 내용물의 양이 표기량에서 벗어나지 않아야 하나, 시험 결과 97% 이상 내용량이 있으면 합격이다. 이때 처음에는 3개의 제품을 가지고 하며 기준치를 벗어나는 경우 6개를 더 취하여 측정한다. 화장 비누의 경우 비누 내의 수분량이 유통 과정 중 변할 수 있기 때문에 수분이 제거된 건조 중량을 기준으로 한다.

53 정답 | ③

해설 | 기본 제형의 유형에 변화가 없는 범위에서 혼합이 이루어져야 한다.

54 정답 | ⑤

해설 | ⑤의 경우 맞춤형화장품 판매업자가 아닌 식품의약품안전처장의 의무이다.

55 정답 | ④

해설 | 사용 금지 원료, 사용상의 제한이 있는 원료, 기능성화장품 고시 원료는 사용할 수 없다. 자외선 차단제는 사용상의 제한이 있는 원료이므로 혼합할 수 없다.

56 정답 | ②

해설 | 페녹시에탄올은 사용상의 제한이 있는 원료인 보존제 성분이다.

57 정답 | ②

해설 | 아보벤존은 사용상의 제한이 필요한 원료의 하나인 자외선 차단제이다. 법에서 정한 농도와 함량을 준수하면 안전한 것으로 판단하지만 이를 맞춤형화장품 조제관리사가 직접 배합하는 것은 금지된다.
④ 트리클로카반은 보존제이다.

58 정답 | ①

해설 | 식품의약품안전처장이 고시한 기능성화장품의 효능·효과를 나타내는 원료인 아스코빌글루코사이드는 맞춤형화장품에 혼합할 수 없다. 참고로 벤조페논은 보존제로서 사용 제한 소재이다(다만, 맞춤형화장품 판매업자에게 원료를 공급하는 화장품 책임판매업자가 화장품법 제4조에 따라 해당 원료를 포함하여 기능성화장품에 대한 심사를 받거나 보고서를 제출한 경우는 제외한다).

59 정답 | ⑤

해설 | 유효성 자료는 기능성화장품의 기능이 있다는 것을 증명하는 자료이다. 인체 적용 시험 자료는 최종 제품으로 인체에 대해서 평가한 자료이고, 효력 시험 자료는 성분을 중심으로 인체 외 시험을 진행하여 습득한다.

60 정답 | ④

해설 | 외상이 오일이므로 친유성 염료를 오일에 녹여 제형에 떨어뜨려 확인 가능하다.

61 정답 | ③

해설 | 제시된 제품들은 다량의 유상과 수상이 혼합되어 우윳빛을 나타내는 유화 제형이며, 마이셀의 크기가 커서 가시광선을 산란시켜 희게 보인다.

62 정답 | ②

해설 | ㄷ. 계면활성제가 반드시 있어야 안정한 제형을 만들 수 있다.
ㅁ. 유성원료만의 믹스를 진행할 때는 디스퍼를 사용한다.

63 정답 | ④

해설 | 유용성 감초추출물을 함유하고 피부미백 기능성 화장품으로 인정받은 화장품과 아데노신을 함유하고 주름개선 기능성 화장품으로 인정받은 제품을 추천할 수 있다.

64 정답 | ②

해설 | ㄴ. 자외선 차단 성분인 이산화티탄은 사용상의 제한이 있는 원료로서 맞춤형화장품 배합 금지 원료이다.
ㄹ. 개인정보보호 책임자가 아니라 조제관리사가 직접 제작해야 한다.

65 정답 | ③

해설 | 조제관리사는 고객에게 향료의 성분 중 알러지 유발 가능성이 있는 성분을 안내해야 하며, 참나무이끼추출물, 리모넨 등이 이에 해당한다.

66 정답 | ③

해설 | ① 페녹시에탄올 : 보존제 성분
② 글루타랄 : 보존제 성분
④ 레티닐팔미테이트 : 주름 개선 고시 원료
⑤ 아보벤존 : 유기 자외선 차단제 성분

67 정답 | ②

해설 | ①, ⑤ 알부틴과 유용성 감초추출물은 미백 기능성 고시 원료이다.
③ 레티놀은 주름 개선 기능성 고시 원료이다.
④ 세틸피리듐클로라이드는 보존제이다.

68 정답 | ④

해설 | HDPE는 High Density PolyEthylene의 약자이며, 단단한 용기에 적합한 재질로 튜브에는 적합하지 않다.
① LDPE : 탄력이 있는 튜브형에 적합하다.

69 정답 | ④

해설 | 피부 자극 우려가 있는 메틸살리실레이트 등을 5% 이상 함유한 제품은 어린이를 보호하기 위하여 안전용기에 포장해야 한다.

70 정답 | ②

해설 | 책임판매업자의 주소와 제품 용량은 2차 포장 기재사항에 해당한다.

71 정답 | ④

해설 | 순위시험법은 여러 가지 제품에 대한 상대적인 선호도를 확인할 수 있는 관능평가 방법이다.

72 정답 | ②

해설 | ㄱ. 사용하고 남은 제품은 개봉 후 사용기한을 정하고 밀폐를 위한 마개 사용 등 비의도적인 오염 방지를 할 수 있도록 한다.
　　ㄷ. 전염병에 걸린 경우 작업하지 않는다.

73 정답 | ⑤

해설 | ㄷ. 배설 기능 : 피지와 땀의 분비로 체내 노폐물이 배설된다.
　　ㅁ. 합성 작용 기능 : 피부 표면에서 자외선에 의해 비타민 D가 합성된다.

74 정답 | ①

해설 | ② 대한선 : 수분과 함께 단백질 등의 성분을 함유하여 체취를 구성하는 땀을 분비한다.
　　③ 피지선 : 유성성분의 분비로 피부를 보호한다.
　　④ 모발 : 물리적 충격 등에 대한 완충작용을 한다.
　　⑤ 표피 : 각질 구조를 형성하여 물리적 · 화학적 방어 역할을 한다.

75 정답 | ①

해설 | ② 유극층 : 표피의 많은 부분을 구성하고 상처 재생 등의 기능을 담당한다.
　　③ 과립층 : 피부 장벽 구성에 필수적인 성분을 생산한다.
　　④ 각질층 : 표피의 최외곽층으로 피부 장벽을 형성한다.
　　⑤ 망상층 : 섬유세포들로 구성되어 피부의 탄력을 유지하나 진피층의 구조이다.

76 정답 | ④

해설 | 기저층에서 각질층이 되기까지 2주가 걸리고 각질층이 탈락하기까지 2주가 더 소요된다.

77 정답 | ①

해설 | 멜라닌 색소는 표피층의 기저층에 존재하는 멜라닌 세포(멜라노사이트)에 의해서 합성되고 각질형성 세포에 전달된다.

78 정답 | ①

해설 | 피부 밖으로 노출된 것을 모간이라 하고, 피부 속에 있는 부분은 모근이라고 한다.

79 정답 | ②

해설 | ① 원형 탈모 : 신적 외상, 자가면역, 감염 등에 의한 불규칙한 탈모, 일시적인 원인이 사라지면 다시 회복된다.
　　③ 성장성 탈모 : 남성 호르몬에 반응하여 경모가 연모로 변화한다.
　　④ 항암제 탈모 : 세포분열이 활발한 조직에 항암제가 작용하여 탈모된다.
　　⑤ 남성형 탈모 : 남성 호르몬의 작용이 머리카락과 수염의 성장에 반대의 역할을 한다.

80 정답 | ④

해설 | 색차계의 L값은 밝기를 의미하고, L값이 증가할수록 피부색이 엷어진 것을 의미한다.

81 정답 | 피부장벽

해설 | 피부장벽은 피부의 가장 바깥쪽에 존재하는 각질층의 표피를 말한다. 이를 개선하여 가려움 등을 개선하는 것은 기능성 화장품에 속한다.

82 정답 | 화장품 제조업

해설 | 화장품을 포장(1차 포장만 해당한다)하는 영업도 해당한다.

83 정답 | 유전정보

해설 | 고유 식별 정보 등과 함께 처리가 제한되는 정보의 종류이다.

84 정답 | ㉠ 알러지, ㉡ 25

해설 | 알러지 유발 가능성이 있는 25종의 향료 성분은 사용상의 제한이 있다.

85 정답 | ㉠ 백색, ㉡ 체질

해설 | ㉠ 백색 안료로 이산화티탄 등이 있다.

　　　㉡ 체질 안료로 마이카, 탈크 등이 있다.

86 정답 | ㉠ 식품의약품안전처장, ㉡ 정기보고

해설 | 참고로 신속보고는 정보를 안 날부터 15일 이내에 보고해야 한다.

87 정답 | ㉠ 5, ㉡ 1

해설 | 표시사항을 잘 확인할 수 있을 정도의 5포인트 크기로 표시한다. 1% 이하로 들어간 것은 순서 적용에서 예외가 될 수 있다.

88 정답 | 고압가스

해설 | 무스 등의 제품은 제외된다.

89 정답 | ㉠ 각질층, ㉡ 기저층

해설 | 피부의 수분 증발을 막는 핵심적인 구조는 각질층이다. 표피줄기세포, 멜라닌세포 등은 기저층에 분포한다.

90 정답 | ㉠ 대한선, ㉡ 피지선

해설 | 대한선과 피지선은 모공과 연결되어 있고, 호르몬 등의 영향을 받아 여드름의 원인이 되기도 한다.

91 정답 | Corneometer, TEWL meter

해설 | TEWL meter는 경피 수분 손실량을 측정하여 피부장벽의 세기를 확인할 수 있고, Corneometer는 수분량을 측정하여 보습 기능의 변화를 확인할 수 있다.

92 정답 | ㉠ 효력 시험, ㉡ 인체 적용 시험

해설 | 효능 성분이 포함된 최종 제형을 가지고 실험을 진행한다.

93 정답 | ㉠ 사용기한, ㉡ 판매

해설 | ㉠ 사용기한은 제조된 화장품이 변질되지 않고 안전하게 사용할 수 있는 기간이다.

　　　㉡ 판매한 제품의 정보를 관리하기 위하여 제조된 화장품이 변질되지 않고 안전하게 사용할 수 있는 기간과 함께 판매한 날짜 및 판매량 정보를 작성 · 보관한다.

94 정답 | ㉠ 브랜드, ㉡ 기본 제형

해설 | 타사 브랜드에 특정 성분을 혼합하여 새로운 브랜드로 판매하는 것은 금지되어 있다.

95 정답 | 맞춤형화장품 판매신고서

해설 | 맞춤형화장품 조제관리사의 성명, 생년월일 및 자격증 번호 등의 내용도 포함된다.

96 정답 | 판매내역서

해설 | 문제가 될 수 있는 제품의 추적을 용이하게 하기 위해서 작성한다.

97 정답 | 참나무이끼추출물, 리모넨

해설 | 식약청장이 고시한 25종의 알러지 유발 향료에 해당한다.

98 정답 | 징크옥사이드, 25%

해설 | 무기 자외선 차단제 성분은 유기 자외선 차단제 성분보다 배합 한도가 높다.

99 정답 | 영유아용 크림, 영유아용 로션

해설 | 물을 포함하지 않는 제품과 사용한 후 곧바로 물로 씻어 내는 제품은 제외된다.

100 정답 | ㉠ 2차, ㉡ 15%

해설 | 제품을 포장할 때 포장 횟수는 2차 이하로, 포장재의 공간 비율은 15% 이하로 줄여 불필요한 포장을 억제하여야 한다.

■ 선다형

01	02	03	04	05	06	07	08	09	10
④	⑤	②	④	②	④	①	②	③	①
11	12	13	14	15	16	17	18	19	20
②	①	④	③	②	④	②	⑤	①	①
21	22	23	24	25	26	27	28	29	30
②	②	③	⑤	⑤	⑤	④	②	①	②
31	32	33	34	35	36	37	38	39	40
②	①	④	⑤	①	②	⑤	②	②	②
41	42	43	44	45	46	47	48	49	50
③	④	③	⑤	②	⑤	④	①	⑤	②
51	52	53	54	55	56	57	58	59	60
④	③	④	③	①	②	⑤	②	⑤	④
61	62	63	64	65	66	67	68	69	70
①	⑤	④	⑤	②	⑤	①	①	⑤	①
71	72	73	74	75	76	77	78	79	80
⑤	②	①	⑤	③	④	①	①	③	①

■ 단답형

81	화장품 제조업	91	㉠ 명칭, ㉡ 사용기간
82	㉠ 체취, ㉡ 데오도런트	92	㉠ 제조번호, ㉡ 사용기한
83	㉠ 정보주체, ㉡ 개인정보처리자	93	티타늄디옥사이드 25%, 징크옥사이드 25%
84	㉠ UVA, ㉡ PA	94	유연화장수. 애프터쉐이브 로션
85	전성분	95	㉠ 10%, ㉡ 2차
86	유해사례	96	리날룰, 나무이끼추출물
87	다 등급	97	㉠ 유효성 자료, ㉡ 안전성 자료
88	계면활성제	98	㉠ 유기 자외선 차단제, ㉡ 무기 자외선 차단제
89	조제관리사	99	30
90	소분	100	㉠ 모표피(큐티클), ㉡ 모수질

01 정답 | ④
해설 | ㉠ 화장품의 제형이나 성분이 물리적·화학적으로 기능을 유지하도록 하는 것은 안정성(stability)에 관련된 문제이다. 참고로 화장품을 사용하였을 때 피부자극 등을 다루는 것은 안전성(safety)에 해당한다.
㉡ 레티놀 및 그 유도체, 아스코빅애씨드 등의 성분은 화학적으로 불안정하여 화장품 제형 내의 안정성을 관리해야 한다. 따라서 사용기한이 만료되는 날부터 1년간 안정성 기록을 보존해야 한다.

02 정답 | ⑤
해설 | 유기 자외선 차단제는 천연 원료에 해당하지 않는다.

03 정답 | ②
해설 | 포마드는 두발용 제품군에 속한다.

04 정답 | ④
해설 | 셀룰라이트를 일시적으로 감소시키는 경우는 그 기능을 실증하면 광고할 수 있으나, 셀룰라이트를 없애주는 등의 제품은 화장품의 범위를 벗어난다.

05 정답 | ②
해설 | ②는 화장품 책임판매관리자의 업무에 해당한다.

06 정답 | ④
해설 | 개인을 고유하게 구별하기 위해 구별된 개인정보들이 고유 식별 정보에 해당한다.

07 정답 | ①
해설 | 동의를 거부할 권리가 있다는 사실 및 동의 거부 시의 불이익을 정보주체에 알리는 과정은 개인정보의 수집이 가능한 기본적인 과정이다.

08 정답 | ②
해설 | 벤가라는 붉은색, 울트라마린은 파란색을 나타내기 위해서 사용되는 착색 안료이다.
④ 진주 광택 안료 : 메탈릭한 광채를 나타낼 때 사용된다.

09 정답 | ③
해설 | 올리브오일 등의 유성성분은 피부 표면에 유성막을 형성하여 수분 증발을 억제한다(occlusive). 반면 나머지는 수분과 친화력이 있는 수성성분으로, 수분과의 결합을 통해 수분 증발을 억제한다(humectant).

10 정답 | ①
해설 | 카복시메틸셀룰로오즈는 고분자 성분으로 제형의 점도를 증가시키기 위해서 사용한다.
② 니트로셀룰로오즈도 고분자 성분이나 피막을 형성하기 위해서 사용한다.
③~⑤ 비즈왁스, 고급지방산, 파라핀은 유성성분이다.

11 정답 | ②
해설 | HLB의 숫자가 클수록 계면활성제의 친수성이 강하다.

12 정답 | ①
해설 | ㉠ Negative 리스트 제도는 화장품 원료를 관리하는 형식으로, 사용할 수 없는 것을 제외하고 모두 다 사용할 수 있다는 의미이다. 이와는 반대로 사용할 수 있는 것만 정해 놓은 것은 Positive 리스트 제도이며, 식품원료 등이 이에 해당한다.
㉡ 화장품 배합 금지 원료에는 스테로이드 등 의약품 원료로서 부작용이 우려되는 원료 등이 포함된다.

13 정답 | ④
해설 | ① 벤조페논 – 4도 자외선 차단 성분이나 함량 제한은 5%이다.
② 아데노신은 주름 개선 고시 성분이다.
③ 페녹시에탄올은 보존제 성분이다.
⑤ 알파비사보롤은 미백 기능성 고시 성분이다.

14 정답 | ③
해설 | SPF(Sun Protection Factor)는 UVB 차단에 의한 홍반 생성 감소를 나타낸다.

15 정답 | ②
해설 | 메이크업 제품류에 속하지만 특정 기능의 경우 한정된 제품에서만 표시가 가능하다.

16 정답 | ④
해설 | 헤어토닉에 한해 두피를 깨끗하게 하고 가려움을 없어지게 해준다는 효능은 광고할 수 있다. 질병을 진단 · 치료 · 경감 · 처치 또는 예방하는 효과나 의학적 효능 · 효과, 신체 개선에 대한 표현 등은 금지된다.

17 정답 | ②

해설 | 사실 여부와 관계없이 다른 제품을 비방하거나 비방한다고 의심이 되는 광고를 하지 말아야 한다.

18 정답 | ⑤

해설 | 생식발생 독성의 위험성은 비발암성 물질의 위해도 결정을 따른다. 즉, 안전역이 100 이상이면 안전하다고 판단한다.

19 정답 | ①

해설 | ①은 나 등급, 나머지는 다 등급에 해당한다. 나 등급이 다 등급보다 위해성이 높다고 판단한다.

20 정답 | ①

해설 | ㉠ 독성 등을 가진 물질의 특성과 노출량 등 '유해성'을 판단해야 위해성을 판단할 수 있다.
　　　㉡ 식품의약품안전처장이 보고받은 정보 중 인과관계가 불충분한 것을 '실마리 정보'로 정의하고 관리한다.

21 정답 | ②

해설 | 약액에 의한 손상을 주의해야 하는 제품군에 속하는 퍼머넌트웨이브 제품 및 헤어스트레이트너 제품의 주의사항이다.

22 정답 | ②

해설 | 화장품이 제조된 연월일부터 적절한 보관 상태에서 제품이 고유의 특성을 간직한 채 소비자가 안정적으로 사용할 수 있는
　　　최소한의 사용기한 정보를 제공해야 한다.

23 정답 | ③

해설 | ① 벤가라는 붉은색을 띤다.
　　　② 울트라마린은 푸른색을 띤다.
　　　④ 산화크롬은 녹색을 띤다.
　　　⑤ 이산화티탄은 흰색을 띤다.

24 정답 | ⑤

해설 | ①~④는 다 등급에 해당하는 화장품이다. ⑤와 같이 일반적인 품질에 클레임을 제기하는 화장품은 회수대상이 아니다.

25 정답 | ⑤

해설 | 알려지 유발 가능성으로 표시해야 하는 것은 25종이 있고, 사용상의 제한이 있는 원료에는 머스크자일렌 등 향료 성분이
　　　있다. ①~④는 알려지 유발 가능성을 표시해야 하는 향료이다.

26 정답 | ⑤

해설 | ⑤의 경우 가 등급에 해당하여 가장 높은 등급의 회수대상 화장품이다.

27 정답 | ④

해설 | 신속보고와 정기보고는 보고 기간에 대한 규정이 서로 다르다. 정기보고는 6개월, 신속보고는 15일 이내이다.

28 정답 | ②

해설 | 제조 지침서는 제조관리 기준서 내에 포함되는 문서이다.

29 정답 | ①

해설 | • 제조 : 원료 물질의 칭량부터 혼합, 충전(1차 포장), 2차 포장 및 표시 등의 일련의 작업
　　　• 교정 : 규정된 조건하에서 측정기기나 측정 시스템에 의해 표시되는 값과 표준기기의 참값을 비교하여 이들의 오차가
　　　　허용범위 내에 있음을 확인하는 것
　　　• 일탈 : 제조 또는 품질관리 활동 등의 미리 정하여진 기준을 벗어나 이루어진 행위

30 정답 | ②

해설 | • 제조단위 또는 뱃치 : 하나의 공정이나 일련의 공정으로 제조되어 균질성을 갖는 화장품의 일정한 분량을 말한다.
　　　• 원자재 : 화장품 원료 및 자재를 말한다.
　　　• 벌크제품 : 충전(1차 포장) 이전의 제조 단계까지 끝낸 제품을 말한다.
　　　• 소모품 : 청소, 위생 처리 또는 유지 작업 동안에 사용되는 물품을 말한다.

31 정답 | ②

해설 | 화장품의 내용물이 노출되는 작업실은 2등급에 해당한다.

32 정답 | ①

해설 | 천장 주위의 대들보, 파이프, 덕트 등은 가급적 노출되지 않도록 설계하고, 파이프는 받침대 등으로 고정하여 벽에 닿지 않게 함으로써 청소가 용이하도록 설계해야 한다.

33 정답 | ④

해설 | 골판지, 나무 부스러기 등은 벌레의 집이 되므로 방치하지 않는다. 또한 각각의 구조에 틈을 만들지 않는다.

34 정답 | ⑤

해설 | bag 형태의 filter에는 Pre bag filter와 Medium bag filter가 있으나 입자의 크기는 동일하다.

35 정답 | ①

해설 | 제1의 순서로 육안판정을 하고 이것이 불가능하면 닦여져 나온 것을 판정한다. 이 방법 또한 안 되면 최후로 린스액을 분석하여 판정한다.

36 정답 | ②

해설 | 음식물 등을 작업장 내에 반입해서는 아니 된다.

37 정답 | ⑤

해설 | 기능이 변화해도 제품 품질에는 영향이 없도록 해야 한다.

38 정답 | ②

해설 | ㄷ. 교반 장치 : 제품의 균일성을 얻기 위해 물리적으로 혼합하는 장치
ㄹ. 칭량 장치 : 양과 기준을 만족하는지를 보증하기 위해 중량적으로 측정
ㅁ. 제품 충전기 : 제품을 1차 용기에 넣는 기기

39 정답 | ②

해설 | 공기조절의 4대 요소는 청정도, 온도, 습도, 기류이다.

40 정답 | ②

해설 | ㄱ. 원자재, 반제품 및 벌크 제품은 바닥과 벽에 닿지 아니하도록 보관한다.
ㄷ. 원료와 포장재가 재포장될 때, 새로운 용기에는 원래와 동일한 라벨링을 부착하는 방식으로 관리하면 된다.

41 정답 | ③

해설 | 제조된 제품의 포장공정 후 임시보관하고, 제품 시험이 합격하면 합격을 의미하는 합격 라벨을 부착하여 시험 중 라벨이 부착된 것과 구별되게 한다. 그리고 보관 후 출하한다.

42 정답 | ④

해설 | ㉠ Laboratory Error 조사 : 담당자의 실수, 분석기기 문제 등의 여부 조사
㉡ 재검체 채취 : 오리지널 검체와 다른 검체의 채취를 의미
• 추가 시험 : 오리지널 검체를 대상으로 다른 담당자가 실시
• 재시험 : 재검체를 대상으로 다른 담당자가 실시
• 결과 검토 : 품질관리자가 결과를 승인

43 정답 | ③

해설 | 사용기간 경과 후에는 일반적인 경우 화장품을 사용하지 않아 문제가 생기지 않을 수 있지만 추가적으로 재검토 작업에 대비하기 위해 1년간 보관한다. 개봉 후 사용기간을 기재하는 제품의 경우 사용자마다 개봉시기가 다를 수 있어서 제조일로부터 3년간 보관하는 것으로 통일한다.

44 정답 | ⑤

해설 | ① 폐기하면 큰 손해가 되는 경우 실시한다.

② 재작업을 해도 제품 품질에 악영향을 미치지 않는 것을 예측하고 한다.

③ 품질보증 책임자의 결정하에 진행한다.

④ 품질이 확인된 경우 작업자가 아닌 품질보증 책임자의 승인을 얻을 수 있을 때까지 재작업품은 다음 공정에 사용할 수 없고 출하할 수 없다.

45 정답 | ②

해설 | 재작업의 실시 결정과 재작업품 합격 결정은 품질보증 책임자가 결정한다. 제조구역에는 방문객이나 접근권한이 없는 작업원이 혼자 들어가지 않도록 한다.

46 정답 | ⑤

해설 | 유해물질과 미생물 등은 비의도적으로 이행된 경우와 기술적으로 제거가 어려운 경우에 검출한도가 허용된다. 하지만 비용 발생 등의 원인으로 제거하지 않는 경우는 해당하지 않는다.

47 정답 | ④

해설 | 메탄올의 경우 검출 허용 한도가 0.2(v/v)% 이하, 물휴지는 0.002%(v/v) 이하이고, 포름알데하이드의 경우 2,000ppm 이하, 물휴지는 20ppm 이하의 검출 허용 한도를 갖는다.

48 정답 | ①

해설 | ①의 경우 인위적으로 균을 첨가한 경우가 되므로 안전관리기준에 위배된다.

49 정답 | ⑤

해설 | 제조지시서는 제품표준서 내에 포함된다.

① 제품표준서 : 해당 품목의 모든 정보를 포함

② 제조관리기준서 : 제조 과정에 착오가 없도록 규정

③ 품질관리기준서 : 품질 관련 시험 사항을 규정

④ 제조위생관리기준서 : 작업소 내 위생관리를 규정

50 정답 | ②

해설 | 내용물량이 표기량에서 벗어나지 않아야 하나, 시험결과 97% 이상 내용량이 있으면 합격이다. 이때 처음에는 3개의 제품을 가지고 한다. 기준치를 벗어난 경우 정확도를 높이기 위해서 샘플 6개를 더 취하여 9개 제품의 평균을 사용한다.

51 정답 | ④

해설 | 사용한 후 곧바로 물로 씻어 내는 제품인 클렌징 크림은 pH 제한을 받지 않는다.

52 정답 | ③

해설 | 병원성 미생물인 화농균, 녹농균, 대장균 등은 검출되면 안 된다.

53 정답 | ④

해설 | ① 원료 등만을 혼합하는 경우는 제외(기본 제형이 없이 원료로 제형을 만드는 경우 맞춤형화장품이 아님)한다.

② 기본 제형(유형을 포함한다)이 정해져 있어야 하고, 기본 제형의 변화가 없는 범위 내에서 특정 성분의 혼합이 이루어져야 한다.

③ 기존 표시 · 광고된 화장품의 효능 · 효과에 변화가 없는 범위 내에서 특정 성분의 혼합이 이루어져야 한다.

⑤ 브랜드명(제품명을 포함한다)이 있어야 하고, 브랜드명의 변화가 없이 혼합이 이루어져야 한다.

54 정답 | ③

해설 | 위생 상태를 점검한 장비와 기구를 활용하여 소분을 진행한다. 사용 후에는 오염이 없도록 세척해야 한다.

55 정답 | ①

해설 | 맞춤형화장품 사용과 관련된 부작용 발생사례에 대해서는 그 즉시 식품의약품안전처장에게 보고해야 한다.

56 정답 | ②

해설 | 트리클로카반은 사용상의 제한이 있는 원료인 보존제 성분이다.

57 정답 | ⑤

해설 | 이산화티탄은 사용상의 제한이 필요한 원료의 하나인 자외선 차단제이다. 법에서 정한 농도와 함량을 준수하면 안전한 것으로 판단하지만 이를 맞춤형화장품 조제관리사가 직접 배합하는 것은 금지된다.

58 정답 | ②

해설 | ①, ③ 레티닐팔미테이트와 아데노신은 주름 개선 기능성 고시 소재이다.

④ 글리세린은 보습 소재이다.

⑤ 페녹시에탄올은 보존제 성분이다.

59 정답 | ⑤

해설 | 유효성 자료는 기능성화장품의 기능이 있다는 것을 증명하는 자료로, 인체 적용 시험 자료와 효력 시험 자료가 이에 해당한다.

60 정답 | ④

해설 | ㉠ 분산 제형으로 파운데이션 등 안료가 사용된 제품이 이에 해당한다.

㉡ 가용화 제형으로 토너 등이 이에 해당한다.

61 정답 | ①

해설 | 가용화 제형은 소량의 오일이 수상에 혼합되어 있어 투명한 형상을 보이는 제형이다.

62 정답 | ⑤

해설 | ㄷ. 수분을 잡아주는 천연 보습인자 성분인 소듐 PCA 함유 제품을 추천해준다.

ㅁ. 아데노신을 함유하고 주름 개선 기능성 화장품으로 인정받은 제품을 추천해준다.

63 정답 | ④

해설 | 복합성 피부의 경우 T-zone 주위는 지성, U-zone 주위는 피지 분비가 적어 건성 피부의 특성을 나타낸다.

64 정답 | ⑤

해설 | ㄱ. 피부 미백 기능성 화장품 고시 원료인 알부틴은 혼합할 수 없는 원료이다.

ㄴ. 자외선 차단제 성분은 사용상의 제한이 있는 원료로 혼합할 수 없는 원료이다.

65 정답 | ②

해설 | 향료의 성분 중 알러지 유발 가능성이 성분인 쿠마린, 참나무이끼추출물은 별도로 안내해야 한다.

66 정답 | ⑤

해설 | ①, ② 벤질알코올, 글루타랄은 보존제 성분이다.

③ 티타늄디옥사이드는 자외선 차단 성분이다.

④ 마그네슘아스코빌포스페이트도 미백 고시 성분이나 함량 제한은 3%이다.

67 정답 | ①

해설 | ②, ④ 옥시벤존, 호모살레이트는 자외선 차단 성분이다.

③ 벤조익애시드도 보존제이나 함량 제한은 0.5%이다.

⑤ 아데노신은 주름 개선 기능성 고시 성분이다.

68 정답 | ①

해설 | LDPE는 Low Density PolyEthylene의 약자이며, HDPE에 비해 가교 정도(가교도)가 약하여 탄력성을 나타내어 튜브 형태에 적합하다. HDPE나 PP(Polypropylene) 등은 단단한 구조에 적합하다.

69 정답 | ⑤

해설 | 어린이가 투명한 유성성분 등을 물로 오인하여 먹는 경우를 방지하기 위한 포장을 안전용기라고 한다. 오일은 탄화수소의 구조로 정의될 수 있어 탄화수소의 함량으로 규제한다.

② 에멀전 타입은 우윳빛을 나타내어 물로 오인하기 어려우므로 규제 대상이 아니다.

④ 메탄올 등은 화장품에 사용할 수 없다.

70 정답 | ①
해설 | 표시성분은 50㎖ 이하 제품의 2차 포장 기재 사항에 해당한다.

71 정답 | ⑤
해설 | ㄱ. 성상 : 색상, 향취, 투명도
　　　 ㄴ. 형태 : 점도, 경도, 윤기

72 정답 | ②
해설 | 살리실릭애씨드는 여드름 완화에 도움을 줄 수 있는 원료이다.

73 정답 | ①
해설 | ㄷ. 배설 기능 : 피지와 땀의 분비
　　　 ㄹ. 감각 기능 : 온도, 촉각, 통증 등을 감지

74 정답 | ⑤
해설 | ㉠ 유극층 : 표피에서 가장 두꺼운 층으로 상처 발생 시 재생을 담당
　　　 ㉡ 과립층 : 각질층 형성에 중요한 성분을 생성

75 정답 | ③
해설 | ㉠ 피부장벽은 표피가 최종적으로 분화한 각질층으로 구성한다.
　　　 ㉡ 각질세포와 세포 간 지질이 교차하며 벽돌과 시멘트의 형태를 이루고 있다.

76 정답 | ④
해설 | 소한선은 모공이 아닌 독립적인 한공에 위치하여 땀을 분비하는 땀샘이다.

77 정답 | ①
해설 | 세라마이드, 자유지방산, 콜레스테롤이 피부장벽의 핵심 성분이고 그중 세라마이드의 비율이 가장 높다.

78 정답 | ①
해설 | 기질 물질 성분은 당 – 단백질 복합체(GAG ; glycosaminoglycans)의 구조, 즉 히알루론산(Hyaluronic acid), 콘드로이친 황산(Chondroitin sulfate)과 같은 당성분이 단백질과 함께 결합한 구조로 존재한다.

79 정답 | ③
해설 | 남성형 탈모는 성 호르몬의 작용이 머리카락과 수염의 성장에 반대 역할을 하여 경모가 연모로 변화하고, 항암제는 성장하고 분열하는 세포를 죽게 하여 탈모가 진행된다. 따라서 두 유형은 성장성 탈모에 속한다.

80 정답 | ①
해설 | 테이프에 피지가 흡수된 후 투명하게 변화한 정도를 수치화하는 기기는 피지 측정기이다.

81 정답 | 화장품 제조업
해설 | 화장품을 직접 제조하며 위생과 안전을 관리해야 하는 영업 형태이다.

82 정답 | ㉠ 체취, ㉡ 데오도런트
해설 | 체취 방지용 제품도 의약외품의 분류에서 화장품의 영역으로 변경되었다.

83 정답 | ㉠ 정보주체, ㉡ 개인정보처리자
해설 | ㉠ 자신의 정보를 제공하는 사람을 정보주체라고 한다.
　　　 ㉡ 업무를 목적으로 개인정보파일을 운용하는 자를 개인정보처리자라고 한다.

84 정답 | ㉠ UVA, ㉡ PA
해설 | ㉠ UVA는 UVB보다 파장이 짧고 에너지가 약한 영역이다. UVB에 의한 일광화상과 달리 피부색이 검게 되는 흑화와 노화의 원인이 된다.
　　　 ㉡ PA 지수는 자외선 차단 이후 피부 흑화가 얼마나 줄어드는지를 검증한 수치이고, UVA를 얼마나 잘 차단하는지에 따라 정의된다.

85 정답 | 전성분

　　해설 | 소비자의 알 권리를 보장하고 부작용 발생 시 원인 규명을 용이하게 하는 것이 목적이다.

86 정답 | 유해사례

　　해설 | 유해사례의 정보를 수집하는 것은 책임판매관리자의 의무이다. 이를 식약처장에게 보고하게 되면 실마리 정보 등으로 관리되게 된다.

87 정답 | 다 등급

　　해설 | 가, 나, 다 등급의 순서대로 위해도가 낮아진다.

88 정답 | 계면활성제

　　해설 | 화장품에는 친수성 성분이 비이온성 성분으로 구성된 것을 사용한다.

89 정답 | 조제관리사

　　해설 | 맞춤형화장품 판매업을 하기 위해서는 자격이 있는 맞춤형화장품 조제관리사를 의무적으로 고용해야 한다.

90 정답 | 소분

　　해설 | 소분은 큰 용량의 화장품 내용물을 작은 단위로 나누어 담는 것을 의미한다.

91 정답 | ㉠ 명칭, ㉡ 사용기간

　　해설 | 50ml 이하의 경우 분리배출을 표기하지 않아도 된다.

92 정답 | ㉠ 제조번호, ㉡ 사용기한

　　해설 | ㉠ 판매내역서의 작성은 사후 문제 사항의 추적을 용이하게 한다. 배치별로 제조번호를 부여하면 사용된 내용물과 원료를 추적하기 쉽다.
　　　　㉡ 사용기한은 제조된 화장품이 변질되지 않고 안전하게 사용할 수 있는 기간이다.

93 정답 | 티타늄디옥사이드 25%, 징크옥사이드 25%

　　해설 | 티타늄디옥사이드와 징크옥사이드는 무기 자외선 차단제 성분이다. 무기 자외선 차단제 성분은 유기 자외선 차단제 성분보다 배합 한도가 높다.

94 정답 | 유연화장수, 애프터쉐이브 로션

　　해설 | 물을 포함하지 않는 제품과 사용한 후 곧바로 물로 씻어 내는 제품은 pH 기준에서 제외된다.

95 정답 | ㉠ 10%, ㉡ 2차

　　해설 | 제품을 포장할 때 포장재의 공간 부피는 10% 이하로, 포장 횟수는 2차 이하로 줄여 불필요한 포장을 억제하여야 한다.

96 정답 | 리날룰, 나무이끼추출물

　　해설 | 리날룰과 나무이끼추출물은 식약청장이 고시한 25종의 알러지 유발 향료에 해당한다.

97 정답 | ㉠ 유효성 자료, ㉡ 안전성 자료

　　해설 | ㉠ 효력 시험 자료와 인체 적용 실험 자료 등이 있다.
　　　　㉡ 1차 피부 자극 시험 등이 있다.

98 정답 | ㉠ 유기 자외선 차단제, ㉡ 무기 자외선 차단제

　　해설 | ㉠ 아보벤존, 호모살레이트 등이 있다.
　　　　㉡ 이산화티탄 등이 있다.

99 정답 | 30

　　해설 | 포장의 크기가 30ml 이하인 경우에는 2차 포장에 분리배출을 표시하지 않는다.

100 정답 | ㉠ 모표피(큐티클), ㉡ 모수질

　　해설 | ㉠ 편상의 무핵세포가 비늘 모양으로 겹쳐져 있음. 화학적 저항성이 강하여 외부로부터 모발을 보호함
　　　　㉡ 모발의 중심부를 구성하는 구조

맞춤형화장품
조제관리사
핵심요약
+기출유형 1,300제

MeMO

맞춤형화장품 조제관리사

이름

수험번호

1	①	②	③	④	⑤	21	①	②	③	④	⑤	41	①	②	③	④	⑤	61	①	②	③	④	⑤
2	①	②	③	④	⑤	22	①	②	③	④	⑤	42	①	②	③	④	⑤	62	①	②	③	④	⑤
3	①	②	③	④	⑤	23	①	②	③	④	⑤	43	①	②	③	④	⑤	63	①	②	③	④	⑤
4	①	②	③	④	⑤	24	①	②	③	④	⑤	44	①	②	③	④	⑤	64	①	②	③	④	⑤
5	①	②	③	④	⑤	25	①	②	③	④	⑤	45	①	②	③	④	⑤	65	①	②	③	④	⑤
6	①	②	③	④	⑤	26	①	②	③	④	⑤	46	①	②	③	④	⑤	66	①	②	③	④	⑤
7	①	②	③	④	⑤	27	①	②	③	④	⑤	47	①	②	③	④	⑤	67	①	②	③	④	⑤
8	①	②	③	④	⑤	28	①	②	③	④	⑤	48	①	②	③	④	⑤	68	①	②	③	④	⑤
9	①	②	③	④	⑤	29	①	②	③	④	⑤	49	①	②	③	④	⑤	69	①	②	③	④	⑤
10	①	②	③	④	⑤	30	①	②	③	④	⑤	50	①	②	③	④	⑤	70	①	②	③	④	⑤
11	①	②	③	④	⑤	31	①	②	③	④	⑤	51	①	②	③	④	⑤	71	①	②	③	④	⑤
12	①	②	③	④	⑤	32	①	②	③	④	⑤	52	①	②	③	④	⑤	72	①	②	③	④	⑤
13	①	②	③	④	⑤	33	①	②	③	④	⑤	53	①	②	③	④	⑤	73	①	②	③	④	⑤
14	①	②	③	④	⑤	34	①	②	③	④	⑤	54	①	②	③	④	⑤	74	①	②	③	④	⑤
15	①	②	③	④	⑤	35	①	②	③	④	⑤	55	①	②	③	④	⑤	75	①	②	③	④	⑤
16	①	②	③	④	⑤	36	①	②	③	④	⑤	56	①	②	③	④	⑤	76	①	②	③	④	⑤
17	①	②	③	④	⑤	37	①	②	③	④	⑤	57	①	②	③	④	⑤	77	①	②	③	④	⑤
18	①	②	③	④	⑤	38	①	②	③	④	⑤	58	①	②	③	④	⑤	78	①	②	③	④	⑤
19	①	②	③	④	⑤	39	①	②	③	④	⑤	59	①	②	③	④	⑤	79	①	②	③	④	⑤
20	①	②	③	④	⑤	40	①	②	③	④	⑤	60	①	②	③	④	⑤	80	①	②	③	④	⑤

81	
82	
83	
84	
85	
86	
87	
88	
89	
89	
91	
92	
93	
94	
95	
96	
97	
98	
99	
100	

※ 본 답안지는 마킹 연습용입니다.

맞춤형화장품 조제관리사

이름

수험번호

1	①	②	③	④	⑤	21	①	②	③	④	⑤	41	①	②	③	④	⑤
2	①	②	③	④	⑤	22	①	②	③	④	⑤	42	①	②	③	④	⑤
3	①	②	③	④	⑤	23	①	②	③	④	⑤	43	①	②	③	④	⑤
4	①	②	③	④	⑤	24	①	②	③	④	⑤	44	①	②	③	④	⑤
5	①	②	③	④	⑤	25	①	②	③	④	⑤	45	①	②	③	④	⑤
6	①	②	③	④	⑤	26	①	②	③	④	⑤	46	①	②	③	④	⑤
7	①	②	③	④	⑤	27	①	②	③	④	⑤	47	①	②	③	④	⑤
8	①	②	③	④	⑤	28	①	②	③	④	⑤	48	①	②	③	④	⑤
9	①	②	③	④	⑤	29	①	②	③	④	⑤	49	①	②	③	④	⑤
10	①	②	③	④	⑤	30	①	②	③	④	⑤	50	①	②	③	④	⑤
11	①	②	③	④	⑤	31	①	②	③	④	⑤	51	①	②	③	④	⑤
12	①	②	③	④	⑤	32	①	②	③	④	⑤	52	①	②	③	④	⑤
13	①	②	③	④	⑤	33	①	②	③	④	⑤	53	①	②	③	④	⑤
14	①	②	③	④	⑤	34	①	②	③	④	⑤	54	①	②	③	④	⑤
15	①	②	③	④	⑤	35	①	②	③	④	⑤	55	①	②	③	④	⑤
16	①	②	③	④	⑤	36	①	②	③	④	⑤	56	①	②	③	④	⑤
17	①	②	③	④	⑤	37	①	②	③	④	⑤	57	①	②	③	④	⑤
18	①	②	③	④	⑤	38	①	②	③	④	⑤	58	①	②	③	④	⑤
19	①	②	③	④	⑤	39	①	②	③	④	⑤	59	①	②	③	④	⑤
20	①	②	③	④	⑤	40	①	②	③	④	⑤	60	①	②	③	④	⑤

	①	②	③	④	⑤
61	①	②	③	④	⑤
62	①	②	③	④	⑤
63	①	②	③	④	⑤
64	①	②	③	④	⑤
65	①	②	③	④	⑤
66	①	②	③	④	⑤
67	①	②	③	④	⑤
68	①	②	③	④	⑤
69	①	②	③	④	⑤
70	①	②	③	④	⑤
71	①	②	③	④	⑤
72	①	②	③	④	⑤
73	①	②	③	④	⑤
74	①	②	③	④	⑤
75	①	②	③	④	⑤
76	①	②	③	④	⑤
77	①	②	③	④	⑤
78	①	②	③	④	⑤
79	①	②	③	④	⑤
80	①	②	③	④	⑤

81	
82	
83	
84	
85	
86	
87	
88	
89	
89	
91	
92	
93	
94	
95	
96	
97	
98	
99	
100	

※ 본 답안지는 마킹 연습용입니다.

맞춤형화장품 조제관리사

이름 [   ]

수험번호 [   ]

1	①	②	③	④	⑤	21	①	②	③	④	⑤	41	①	②	③	④	⑤	61	①	②	③	④	⑤
2	①	②	③	④	⑤	22	①	②	③	④	⑤	42	①	②	③	④	⑤	62	①	②	③	④	⑤
3	①	②	③	④	⑤	23	①	②	③	④	⑤	43	①	②	③	④	⑤	63	①	②	③	④	⑤
4	①	②	③	④	⑤	24	①	②	③	④	⑤	44	①	②	③	④	⑤	64	①	②	③	④	⑤
5	①	②	③	④	⑤	25	①	②	③	④	⑤	45	①	②	③	④	⑤	65	①	②	③	④	⑤
6	①	②	③	④	⑤	26	①	②	③	④	⑤	46	①	②	③	④	⑤	66	①	②	③	④	⑤
7	①	②	③	④	⑤	27	①	②	③	④	⑤	47	①	②	③	④	⑤	67	①	②	③	④	⑤
8	①	②	③	④	⑤	28	①	②	③	④	⑤	48	①	②	③	④	⑤	68	①	②	③	④	⑤
9	①	②	③	④	⑤	29	①	②	③	④	⑤	49	①	②	③	④	⑤	69	①	②	③	④	⑤
10	①	②	③	④	⑤	30	①	②	③	④	⑤	50	①	②	③	④	⑤	70	①	②	③	④	⑤
11	①	②	③	④	⑤	31	①	②	③	④	⑤	51	①	②	③	④	⑤	71	①	②	③	④	⑤
12	①	②	③	④	⑤	32	①	②	③	④	⑤	52	①	②	③	④	⑤	72	①	②	③	④	⑤
13	①	②	③	④	⑤	33	①	②	③	④	⑤	53	①	②	③	④	⑤	73	①	②	③	④	⑤
14	①	②	③	④	⑤	34	①	②	③	④	⑤	54	①	②	③	④	⑤	74	①	②	③	④	⑤
15	①	②	③	④	⑤	35	①	②	③	④	⑤	55	①	②	③	④	⑤	75	①	②	③	④	⑤
16	①	②	③	④	⑤	36	①	②	③	④	⑤	56	①	②	③	④	⑤	76	①	②	③	④	⑤
17	①	②	③	④	⑤	37	①	②	③	④	⑤	57	①	②	③	④	⑤	77	①	②	③	④	⑤
18	①	②	③	④	⑤	38	①	②	③	④	⑤	58	①	②	③	④	⑤	78	①	②	③	④	⑤
19	①	②	③	④	⑤	39	①	②	③	④	⑤	59	①	②	③	④	⑤	79	①	②	③	④	⑤
20	①	②	③	④	⑤	40	①	②	③	④	⑤	60	①	②	③	④	⑤	80	①	②	③	④	⑤

81	
82	
83	
84	
85	
86	
87	
88	
89	
89	
91	
92	
93	
94	
95	
96	
97	
98	
99	
100	

※ 본 답안지는 마킹 연습용입니다.

맞춤형화장품 조제관리사

이름

수험번호

번호	①	②	③	④	⑤
1	①	②	③	④	⑤
2	①	②	③	④	⑤
3	①	②	③	④	⑤
4	①	②	③	④	⑤
5	①	②	③	④	⑤
6	①	②	③	④	⑤
7	①	②	③	④	⑤
8	①	②	③	④	⑤
9	①	②	③	④	⑤
10	①	②	③	④	⑤
11	①	②	③	④	⑤
12	①	②	③	④	⑤
13	①	②	③	④	⑤
14	①	②	③	④	⑤
15	①	②	③	④	⑤
16	①	②	③	④	⑤
17	①	②	③	④	⑤
18	①	②	③	④	⑤
19	①	②	③	④	⑤
20	①	②	③	④	⑤

번호	①	②	③	④	⑤
21	①	②	③	④	⑤
22	①	②	③	④	⑤
23	①	②	③	④	⑤
24	①	②	③	④	⑤
25	①	②	③	④	⑤
26	①	②	③	④	⑤
27	①	②	③	④	⑤
28	①	②	③	④	⑤
29	①	②	③	④	⑤
30	①	②	③	④	⑤
31	①	②	③	④	⑤
32	①	②	③	④	⑤
33	①	②	③	④	⑤
34	①	②	③	④	⑤
35	①	②	③	④	⑤
36	①	②	③	④	⑤
37	①	②	③	④	⑤
38	①	②	③	④	⑤
39	①	②	③	④	⑤
40	①	②	③	④	⑤

번호	①	②	③	④	⑤
41	①	②	③	④	⑤
42	①	②	③	④	⑤
43	①	②	③	④	⑤
44	①	②	③	④	⑤
45	①	②	③	④	⑤
46	①	②	③	④	⑤
47	①	②	③	④	⑤
48	①	②	③	④	⑤
49	①	②	③	④	⑤
50	①	②	③	④	⑤
51	①	②	③	④	⑤
52	①	②	③	④	⑤
53	①	②	③	④	⑤
54	①	②	③	④	⑤
55	①	②	③	④	⑤
56	①	②	③	④	⑤
57	①	②	③	④	⑤
58	①	②	③	④	⑤
59	①	②	③	④	⑤
60	①	②	③	④	⑤

번호	①	②	③	④	⑤
61	①	②	③	④	⑤
62	①	②	③	④	⑤
63	①	②	③	④	⑤
64	①	②	③	④	⑤
65	①	②	③	④	⑤
66	①	②	③	④	⑤
67	①	②	③	④	⑤
68	①	②	③	④	⑤
69	①	②	③	④	⑤
70	①	②	③	④	⑤
71	①	②	③	④	⑤
72	①	②	③	④	⑤
73	①	②	③	④	⑤
74	①	②	③	④	⑤
75	①	②	③	④	⑤
76	①	②	③	④	⑤
77	①	②	③	④	⑤
78	①	②	③	④	⑤
79	①	②	③	④	⑤
80	①	②	③	④	⑤

번호	답
81	
82	
83	
84	
85	
86	
87	
88	
89	
90	
91	
92	
93	
94	
95	
96	
97	
98	
99	
100	

※ 본 답안지는 마킹 연습용입니다.

맞춤형화장품 조제관리사

이름

수험번호

	1	①	②	③	④	⑤	21	①	②	③	④	⑤	41	①	②	③	④	⑤	61	①	②	③	④	⑤	81
	2	①	②	③	④	⑤	22	①	②	③	④	⑤	42	①	②	③	④	⑤	62	①	②	③	④	⑤	82
	3	①	②	③	④	⑤	23	①	②	③	④	⑤	43	①	②	③	④	⑤	63	①	②	③	④	⑤	83
	4	①	②	③	④	⑤	24	①	②	③	④	⑤	44	①	②	③	④	⑤	64	①	②	③	④	⑤	84
	5	①	②	③	④	⑤	25	①	②	③	④	⑤	45	①	②	③	④	⑤	65	①	②	③	④	⑤	85
	6	①	②	③	④	⑤	26	①	②	③	④	⑤	46	①	②	③	④	⑤	66	①	②	③	④	⑤	86
	7	①	②	③	④	⑤	27	①	②	③	④	⑤	47	①	②	③	④	⑤	67	①	②	③	④	⑤	87
	8	①	②	③	④	⑤	28	①	②	③	④	⑤	48	①	②	③	④	⑤	68	①	②	③	④	⑤	88
	9	①	②	③	④	⑤	29	①	②	③	④	⑤	49	①	②	③	④	⑤	69	①	②	③	④	⑤	89
	10	①	②	③	④	⑤	30	①	②	③	④	⑤	50	①	②	③	④	⑤	70	①	②	③	④	⑤	89
	11	①	②	③	④	⑤	31	①	②	③	④	⑤	51	①	②	③	④	⑤	71	①	②	③	④	⑤	91
	12	①	②	③	④	⑤	32	①	②	③	④	⑤	52	①	②	③	④	⑤	72	①	②	③	④	⑤	92
	13	①	②	③	④	⑤	33	①	②	③	④	⑤	53	①	②	③	④	⑤	73	①	②	③	④	⑤	93
	14	①	②	③	④	⑤	34	①	②	③	④	⑤	54	①	②	③	④	⑤	74	①	②	③	④	⑤	94
	15	①	②	③	④	⑤	35	①	②	③	④	⑤	55	①	②	③	④	⑤	75	①	②	③	④	⑤	95
	16	①	②	③	④	⑤	36	①	②	③	④	⑤	56	①	②	③	④	⑤	76	①	②	③	④	⑤	96
	17	①	②	③	④	⑤	37	①	②	③	④	⑤	57	①	②	③	④	⑤	77	①	②	③	④	⑤	97
	18	①	②	③	④	⑤	38	①	②	③	④	⑤	58	①	②	③	④	⑤	78	①	②	③	④	⑤	98
	19	①	②	③	④	⑤	39	①	②	③	④	⑤	59	①	②	③	④	⑤	79	①	②	③	④	⑤	99
	20	①	②	③	④	⑤	40	①	②	③	④	⑤	60	①	②	③	④	⑤	80	①	②	③	④	⑤	100

※ 본 답안지는 마킹 연습용입니다.

맞춤형화장품 조제관리사
핵심요약＋기출유형 1,300제

———

초 판 발 행	2020년 7월 20일	
개정2판1쇄	2022년 2월 25일	

편　　　저	이설훈	
발 행 인	정용수	
발 행 처	예문사	
주　　　소	경기도 파주시 직지길 460[출판도시] 도서출판 예문사	
T E L	031) 955 – 0550	
F A X	031) 955 – 0660	

등 록 번 호	11 – 76호	
정　　　가	23,000원	

홈페이지 http://www.yeamoonsa.com

ISBN　　978 – 89 – 274 – 4300 – 1　　[13590]